心理辅导与服务能力考试用书

心理咨询与辅导专业理论与实务

主编◎张　麒　吴增强　张海燕

Psychological Counseling and Service

华东师范大学出版社
·上海·

图书在版编目(CIP)数据

心理咨询与辅导专业理论与实务/张麒,吴增强,张海燕主编. —上海:华东师范大学出版社,2023
ISBN 978-7-5760-4307-5

Ⅰ. ①心… Ⅱ. ①张…②吴…③张… Ⅲ. ①心理咨询—资格考试—自学参考资料②心理辅导—资格考试—自学参考资料 Ⅳ. ①B849.1

中国国家版本馆CIP数据核字(2023)第220747号

心理咨询与辅导专业理论与实务

主　　编　张　麒　吴增强　张海燕
责任编辑　范美琳
审读编辑　范美琳　王丹丹
责任校对　刘伟敏
装帧设计　俞　越

出版发行　华东师范大学出版社
社　　址　上海市中山北路3663号　邮编200062
网　　址　www.ecnupress.com.cn
电　　话　021-60821666　行政传真021-62572105
客服电话　021-62865537　门市(邮购)电话021-62869887
地　　址　上海市中山北路3663号华东师范大学校内先锋路口
网　　店　http://hdsdcbs.tmall.com

印 刷 者　上海昌鑫龙印务有限公司
开　　本　787毫米×1092毫米　1/16
印　　张　28
字　　数　621千字
版　　次　2023年12月第1版
印　　次　2025年1月第3次
书　　号　ISBN 978-7-5760-4307-5
定　　价　68.00元

出 版 人　王　焰

前　言

心理健康是个体在成长和发展过程中，认知合理、情绪稳定、行为适当、人际和谐，以及能适应变化的一种完好状态，是个体健康不可或缺的重要组成部分，对个人的幸福生活和社会的长治久安有着极为重要的意义。党的二十大报告指出：推进健康中国建设是增进民生福祉、提高人民生活品质的重要举措，推进健康中国建设要重视心理健康和精神卫生，把健全社会心理服务体系、加大培养社会心理服务人才作为健康中国建设的重要内容。

社会心理服务以心理学知识为基础，系统性地看待微观、中观、宏观，以及个体、群体和社会之间的关系，通过不同的手段和方法，有效解决不同层面的心理问题。社会心理服务是促进与保障大众心理健康的重要保证。2016 年 10 月，中共中央、国务院印发的《"健康中国2030"规划纲要》中提出加强心理健康服务体系建设和规范化管理，加大全民心理健康科普宣传力度，提升心理健康素养。到 2030 年，常见精神障碍防治和心理行为问题识别干预水平显著提高。2022 年 5 月，国务院办公厅印发的《"十四五"国民健康规划》中提出要完善心理健康和精神卫生服务。2023 年 5 月，教育部等 17 个部门联合印发的《全面加强和改进新时代学生心理健康工作专项行动计划(2023—2025 年)》中提出力争三年内健全健康教育、监测预警、咨询服务、干预处置"四位一体"的学生心理健康工作体系，完善学校、家庭、社会和相关部门协同联动的学生心理健康工作格局。

社会心理服务的有效开展，不仅仅局限于心理咨询与治疗，还包括心理测评、教育教学、社会工作、用户研究等应用心理学的各个领域，这些都需要能够向大众普及的心理学知识，并要在此基础上，结合人们各自的岗位，将相关的知识应用到与人相关的方方面面的服务工作中去。例如，青少年的教育、老年人的照护、犯罪行为的预防和矫正、组织机构与社会的管理、城乡环境的建设决策等。总而言之，有人生活工作的地方，就有社会心理服务的需要，就需要人们拥有社会心理服务的意识和能力，这是社会和谐发展奔向美好未来的保障。

2016 年 12 月，中宣部等 22 个部门联合印发的《关于加强心理健康服务的指导意见》中明确要求加强心理健康领域社会工作专业人才队伍建设，医学、教育、康复、社会工作等相关专业要加强心理学理论教学和实践技能培养，促进学生理论素养和实践技能的全面提升。目前，全国开设心理学专业的大专院校和研究所已经超过百家；在基础教育方面，中小学中也普遍落实了心理健康教育教师的岗位设置，进一步建立健全了三级心理健康教育网络体系。

本教材是应心理辅导与服务能力考试的需求而编写的，教材分为《心理咨询与辅导基础理论》和《心理咨询与辅导专业理论与实务》两册。《心理咨询与辅导基础理论》共分为三个部分，旨在帮助读者系统性地学习和掌握社会心理服务相关的心理学基础知识，了解什么是科学心理学，帮助读者科学地认识心理和心理学。其中：第一部分系统性地梳理了心理学重要的基础概念、研究领域、研究方法和主要流派，包括注意、感知觉、记忆、情绪、动机、能力等内容；第二部分阐述了个体心理发展的主要理论，从认知、情绪、人格、道德、同伴关系等方面介绍了个体心理发展的规律；第三部分介绍了社会心理学的基础理论，包括社会认知、社会态度、利他、群体影响等内容，帮助读者更好地理解群体中的自己和"个体与他人""个体与群体"之间的关系。《心理咨询与辅导专业理论与实务》聚焦社会心理服务中需要了解的心理咨询、心理辅导知识，介绍了心理咨询与治疗理论对"人的服务"的作用与意义，帮助读者更加客观地看待心理成长与积极的人文建设对于个体心理健康的必要性；同时，也介绍了一些基本的心理咨询技术及其在具体情境中的应用，从技术实务层面为读者提供了具体的操作指导。

本教材是心理辅导与服务能力考试初级和中级的考试配套教材，在此基础上，关于中级和高级的考试认证还会结合各领域的专项需要，推出新的教材，聚焦强化心理咨询与治疗能力、心理测量与评估能力、家庭教育与辅导能力、特殊人群的心理照护能力、公众事件的心理引导与援助能力等，强化理论与实操能力的进阶培养。

本教材也可以作为大众的心理健康科普读物，在个体层面，帮助读者了解"人的心理"，从而预防心理问题的发生，减少心理疾病，维护心理健康，建构积极健康的人际关系；在社会层面，化解社会矛盾，维护社会稳定，提升人民整体心理健康水平与幸福感，实现社会安定、和谐、进步，促进健康中国、平安中国、幸福中国的建设。

本教材的编写得到了上海市心理学会、上海市教育人才交流协会、上海赢鑫心理研究院和华东师范大学出版社等各方面的大力支持，在此表示衷心的感谢！也欢迎读者朋友对教材提出完善意见，以便进一步提升教材质量。

编　者

2023 年 10 月

目　录

01 上篇 专业理论

02 下篇 实 务

专 业 理 论

第一章
心理咨询概述

第一节 心理咨询的基本概念

一、关于心理咨询的常见误解

提到心理咨询(Psychological Counseling),许多人脑海里立即会出现这样一个场景:在静谧、安全的室内一角,一个善解人意、侃侃而谈的智者模样的人正在安慰一个忧郁、困惑的人,为他提供信息、同情、支持、建议、忠告等帮助,以使其解除疑惑、走出阴影、重拾快乐。不错,心理咨询确实是一个帮助来访者的过程,但人们对它的助人机制和方式、助人目标等诸多方面存在许多似是而非的见解。要真正理解心理咨询的内涵和实质,就有必要先对这些误解予以澄清。

误解一:心理咨询就是信息提供过程。

咨询一词,就中文字面意思来理解,确实有提供信息、析疑解惑、给以忠告建议的意思。现代社会的许多行业和领域都使用咨询一词,如管理咨询、法律咨询、行政咨询、政策咨询、留学咨询等,但心理咨询与它们的主要区别在于信息的提供远不是心理咨询的主要内容,心理咨询更加强调通过构建心理咨询师和来访者之间的建设性关系与情感来解决问题。

误解二:心理咨询就是替人解决问题。

不错,来访者往往都是在被问题困扰、束手无策时,才前来向心理咨询师寻求帮助。帮助来访者解决问题应是心理咨询的关键。但是不是来访者就可以如此被动,坐等心理咨询师一一给出解决问题的良方,或是干脆就等心理咨询师解决问题呢?不是。事实上,心理咨询特别强调来访者的自助意愿和努力,也肯定来访者有足够的自助资源和潜能,而心理咨询师只不过是充当了助产士的角色,并不能替代来访者的"生产"过程。

误解三:心理咨询就是安慰、同情来访者,给来访者提供建议和忠告的过程。

日常生活中,我们对面临困境的亲朋好友经常予以安慰、同情,进而提出忠告,在这当中也取得过不错的助人效果。但在心理咨询师看来,这样往往置助人者和被助者于不平等的地位,不够尊重被助者,忽视了其意愿和需要,有违心理咨询的宗旨和原则。

误解四:心理咨询就是说教。

心理咨询师往往有一定的专业、学历背景,受过专业的训练,这很容易让来访者期望找到他们人生的导师,认为心理咨询师负有为他们规划人生、指点迷津的职责,有些心理咨询师也自觉或不自觉地以此为荣、以此为责。但是说教会置来访者于无知和无能的地位,其结果是在彰显心理咨询师的优越感的同时,也损伤了来访者的自尊心。此外,说教抽取的往往是片面的人生哲理或解决问题之道，并不必然符合来访者的具体需要和情境，也并不必然给来访者带来行为改变和行动实施。

误解五：心理咨询就是逻辑分析。

为避免心理咨询师由于过分的情感投入而不能自拔，有人认为心理咨询师应该“超然事外”，保持自己的客观立场，就事论事，以自己的专业知识和丰富经验对来访者的问题进行条分缕析，并顺理成章地提出建议。诚然，心理咨询师需要对来访者的困境及问题作准确而客观的心理评估，并提出相应的对策建议。但如果没有彼此信任的咨访关系，心理咨询师忽视或不能激活来访者的意愿、感受、动力，那么咨询恐怕会过早结束，咨询建议或流于空谈，或被来访者束之高阁。

二、心理咨询的定义及特征

澄清了对心理咨询的常见误解，似乎我们便以为可以轻易地给心理咨询下一个定义了。然而，问题并不是这么简单。也许是心理咨询的内涵太丰富了，国内外许多学者从不同角度给出了不同的定义，以致“没有哪一种已知定义得到专业工作者的公认，也没有哪一种定义能简洁、明了地反映出咨询与治疗工作的丰富内涵”。以下列举了不同学者给心理咨询下的定义：

罗杰斯(C. Rogers)认为：(心理咨询是)通过与个体继续的、直接的接触，向其提供心理援助并力图使其行为、态度改变的过程。

里斯曼(D. R. Riesman)认为：(心理)咨询乃是通过人际关系而达到的一种帮助过程、教育过程和增长过程。

帕特森(C. Patterson)认为：咨询是一种人际关系，在这种关系中咨询人员提供一定的心理气氛或条件，使对象发生变化，作出选择，解决自己的问题，并且形成一个有责任感的独立个性，从而成为更好的人和更好的社会成员。

钱铭怡认为：咨询是通过人际关系，运用心理学方法，帮助来访者自强自立的过程。

马建青认为：心理咨询是运用有关心理科学的理论和方法，通过解决咨询对象的心理问题，来维护和增进心理健康，促进个性发展和潜能开发的过程。

国际心理学联合会推出的《心理学百科全书》对心理咨询是这样界定的：心理咨询始终是遵循着教育的，而不是临床的、治疗的或医学的模式，咨询对象不是病人，而是被认为在应对生活中的压力和任务方面需要帮助的正常人。心理咨询师的任务就是教会他们模仿某些策略和新行为，从而能最大程度地发挥自己已有的潜能，或形成更为适当的应变能力。

由以上可见，心理咨询是一种构建心理咨询师和来访者之间人际关系的过程，是一个助人自助的过程，是一个运用心理学有关理论和方法以促使来访者的心理与行为有所改变的过程。从心理咨询的工作对象、工作人员、工作手段、工作目标和工作过程的角度，我们可以尽可能准确地理解和把握心理咨询的性质。

第一，心理咨询的工作对象是来访者的心理问题，如焦虑、紧张等情绪障碍，强迫、成瘾等行为障碍，偏执、反社会等人格障碍，抱住认知偏差不放等认知障碍等。尽管来访者所带来的问题往往并非纯粹的心理问题，它们经常与现实生活事件直接相连，可能涉及法律、政治、经济、思想和道德等很多方面，但心理咨询师关注和处理的主要是来访者心理层面的问题，或者说是帮助来访者进行心理调整和心理适应。

第二，心理咨询的工作人员是受过心理咨询专门训练的专业人员。尽管亲朋好友的安慰支持可以暖心，让人去除困惑与烦恼，但不能说他们提供的是心理咨询服务。因为助人者没有受过心理学，严格地说，没有受过心理咨询的专业训练。成熟的心理咨询业对从业人员的专业培训及资格作出了严格的规定，并借此将心理咨询工作纳入专业轨道与专业考量，由此也赢得了来访者的信赖，增强了来访者的主动性和合作性。

第三，心理咨询的工作手段是运用心理学原理和技术来减轻或解决来访者的心理问题。尽管有时运用政治、法律、经济等手段也可能使来访者的心理问题得以减轻或暂时得以解决，但心病还要心药治，心理咨询师必须运用心理学的许多原理，采取一定的咨询策略，使用合适的心理学技术与方法，以帮助来访者恰当地认识自己和现实情境，恰当地评估自己行为的意义和有效性，作出有效抉择，最终达到自助的目标。

第四，心理咨询的根本目标在于来访者的自助。心理咨询需要帮助来访者，但帮助本身不是目的，通过心理咨询师的帮助使来访者获得心理成长，使其即使以后再碰到类似问题也能够自主抉择，这才是咨询的根本目标。举例来说，一个女大学生前来咨询，她的问题是男友对她似乎不是很在意，她不知道是不是要与他分手，为此特意征求心理咨询师的意见。对此，心理咨询师不能简单地给她出主意，此时是否建议她和男友分手都不能帮助她摆脱迷茫与困惑，而且任何建议都无助于她的心理成长，反而可能会增加她的依赖性。比较正确的做法是接纳她此时此刻的情绪感受，帮助她分析其恋爱动机和择偶要求，斟酌她和男友在对方心中的分量和价值，最后由来访者理智地作出选择。因此，有人将咨询简要地归纳为助人自助的过程，确实是有道理的。

第五，心理咨询是一个助人的过程。作为一个助人过程，心理咨询师通常要经过以下阶段：建立良好的人际关系，通过会谈或心理测验评估来访者的心理问题，与来访者商定咨询目标，选择合适的干预策略和技术、实施干预，最后评估咨询效果、结束咨询。鉴于每一次咨询都受到时间的限制（一次咨询通常是50分钟到1个小时），以使来访者在咨询间隙可以将咨询结果运用于工作、学习和社会实践中，因此心理咨询极少能在短时间里一次性解决问题，即使来访者的问题很简单。通常一个常规个案少则需要2—3次，多则需要10余次的咨询历程。

三、心理咨询与心理治疗、心理辅导的关系

（一）心理咨询与心理治疗的关系

提到心理咨询就不能不提到心理治疗（Psychotherapy）。与心理咨询一样，心理治疗也

很少被严格地定义过，学者们对什么是心理治疗也各有看法。从以下所列举的关于心理治疗的定义就可见一斑。

《美国精神病学词汇表》对心理治疗的定义是，在心理治疗的过程中，一个人希望消除症状，或解决生活中出现的问题，或因寻求个人发展而进入一种含蓄的或明确的契约关系，以一种规定的方式与心理治疗家相互作用。

沃尔泊格(L. R. Wolberger)认为，心理治疗是针对情绪问题的一种治疗方法，由一位经过专门训练的人员以慎重细致的态度与来访者建立起一种业务性的联系，用以消除、矫正或缓和现有症状，调解异常行为方式，促进积极的人格成长和发展。

北京大学陈仲庚教授提出，心理治疗是治疗者与来访者之间的一种合作努力的行为，是一种伙伴关系；治疗是关于人格和行为的改变过程。

曾文星教授认为，心理治疗是指应用心理学的方法来治疗病人的心理问题。其目的在于通过治疗者与病人建立的关系，善用病人求愈的愿望与潜力，改善病人的心理与适应方式，以解除病人的症状与痛苦，并帮助病人，促进其人格的成熟。

从以上心理治疗的定义可以看出，与心理咨询一样，心理治疗也强调构建良好的治疗关系，强调心理治疗也是一个助人过程，强调治疗者的专业性，强调工作对象及解决问题手段的心理性。正因如此，许多学者认为两者性质相同，几乎是同义词，并无区分的必要。但与此同时，也有许多学者认为在实践中两者还是有一些细微的差别。哈恩(M. E. Hahn)的一段话最能表明心理咨询与心理治疗之间可分又不可分的怪结：

就我所知，极少有咨询工作者和心理治疗家对于已有的对咨询与治疗之间的明确的区分感到满意……意见最一致的几点可能是：其一，咨询与心理治疗之间是不能完全区别开来的；其二，咨询者的实践在心理治疗家看来是心理治疗；其三，心理治疗家的实践又被咨询者看作是咨询；其四，尽管如此，咨询与心理治疗还是不同的。

综合国内外文献及学者的看法，心理咨询与心理治疗的区别主要体现在以下几个方面。

(1) 在工作对象上，心理咨询主要针对正常人的心理适应与心理成长、发展问题，如人际适应、学习适应、升学择业等，帮助对象往往被称为来访者、咨客、求询者。心理治疗主要针对具有心理障碍的人，这些心理障碍主要包括情绪障碍、行为障碍、人格障碍、神经症、心身疾病等，帮助对象可以被称为患者或病人。(近年来，越来越多的人使用当事人这一更加中性的词来称呼咨询或治疗对象)

(2) 在专业人员上，提供心理咨询帮助者往往被称为心理咨询师或咨询心理学家，他们接受过心理学的专业训练。心理治疗的提供者往往被称为治疗者或医生，接受过医学训练或临床心理学训练。

(3) 在干预策略上，心理咨询重视支持性、指导性、发展性，强调来访者潜能和资源的开掘、利用以及来访者的自助，耗时相对较短。心理治疗则重视治病，重视人格的重建和行为的矫正，耗时相对较长，可以从几次到几个月，甚至几年。

(4) 在组织构建上,心理咨询多在学校、社区等非医疗机构中开展,心理治疗则多在医院、诊所等医疗机构中进行。

本书主要讨论心理咨询的问题,但有时也兼取心理治疗的内容,因而是侧重心理咨询但又不将它与心理治疗作严格区分。

(二) 心理咨询与心理辅导的关系

在学校心理健康教育中,心理咨询与心理辅导经常被作为同义词使用,但细细体会,二者仍有区别。

与心理咨询、心理治疗有确定的、相对应的英文词不同,中文中"辅导"一词至少有两个相对应的英文词汇,即 Counseling、Guidance。我们前面已经谈到,Counseling 就是心理咨询。之所以又被叫作辅导,主要是翻译不同的缘故。在我国香港和台湾地区可见的文献中,许多学者直接将 Counseling 译作心理辅导,尤其是在学校教育领域和青少年成长指导机构中,这种译法用得更加广泛。这除了是纯粹翻译的技术性问题,恐怕还与这些领域中的心理咨询实践更加强调心理咨询师对大部分发展正常的来访者的指导、引导有关。而 Guidance 一词被译作辅导,虽然中文同词、同义,但对应两个不同的英文词汇,自然在内涵方面有一些区别,最主要的区别在于其应用范围扩大了,不仅指学校教育人员对学生的一种协助,也泛指专业人员给他人所提供的服务。以下列举的是国内外学者给"辅导"所下的有代表性的几个定义。

林孟平指出,辅导(Counseling)是一个过程,在这个过程当中,一位受过专业训练的辅导员,致力于与当事人建立一个具有治疗功能的关系,来协助对方认识自己、接纳自己,进而欣赏自己,以致可以克服成长的障碍,充分发挥个人的潜能,使人生有统合并丰富的发展,迈向自我实现。

琼斯(Jones)认为,辅导(Guidance)是某人给予另一人的协助,使其能作明智的抉择与适应,并解决问题。

莫腾森(Mortensen)和施穆勒(Schmuller)认为,辅导(Guidance)是整个教育计划的一部分,它提供机会与特殊性服务,以便所有学生可以根据民主的原则,充分发挥其特殊能力与潜能。

查普林(Chaplin)认为,辅导(Guidance)是协助个人在教育与职业生涯中获得最大满足的方法。它包括使用晤谈、测验和资料收集,以协助个人有系统地计划其教育与职业的发展。它紧邻治疗,而且可能用到辅导咨商员(Guidance Counselor)。

吴武典指出,辅导(Guidance)乃是一种助人的历程或方法,由辅导人员根据某种信念,提供某些经验,以协助学生自我了解与充分发展。在教育体系中,它是一种思想(信念),是一种情操(精神),也是一种行动(服务)。

吴增强认为,辅导(Guidance)是一种特殊的教育历程,旨在帮助个人自我了解、自我适应、自我发展与成长。

就以上有关辅导的定义(第一种辅导与咨询完全同义不论)可以看出,辅导与咨询在助人关系、工作对象、工作目标、工作手段与方法方面大同小异,没有质的区别。只是辅导比咨询更加强调指导性、发展性与教育性,治疗性则更加弱化。在工作对象上,辅导更加重视大多数发展正常的个体,且服务的手段、方法与范围更加宽广。在本书中,我们说的辅导主要是指 Guidance。在谈到心理咨询在学校中的应用时,咨询与辅导经常作为同义词交替使用。

第二节 心理咨询的对象与任务

一、心理咨询的对象

心理咨询的主要对象可分为三大类:(1)精神正常,但遇到了与心理有关的现实成长性问题并请求帮助的人群;(2)精神正常,但心理健康出现问题并请求帮助的人群;(3)特殊对象,即临床治疗康复中或治愈后的精神疾病患者。

精神正常人群在现实生活中会面临许多问题,如婚姻家庭问题、择业求学问题、社会适应问题等。他们在面对上述自我成长的问题时,需要作出理性的选择,以便顺利地度过人生的各个阶段;此时,心理咨询师可以从心理学的角度,为他们提供心理帮助,这类咨询叫作发展性咨询。

另外,因各种显著或不显著因素而长期处在困惑、内心冲突之中,或者遭到比较严重的心理创伤而失去心理平衡,心理健康遭到不同程度的破坏的一类人群。尽管一些人群的精神仍然是正常的,但心理健康水平却下降了许多,出现了不同严重程度的心理问题,甚至达到"神经症"的状态。这时,心理咨询师所提供的帮助,叫作心理健康咨询。

心理咨询的对象包括精神不正常的人(精神疾病患者)吗?通常不包括。现行《中华人民共和国精神卫生法》严格区分了心理咨询与心理治疗的执业应用,强调"心理咨询人员不得从事心理治疗或者精神障碍的诊断、治疗"。可是,为什么精神病医院里也有心理咨询和心理治疗科呢?这是因为精神疾病患者,即精神不正常的人在进行临床治疗康复的过程中,在初步控制症状、缓解症状之后,或许也需要心理咨询或治疗介入其复原过程。或者他们在经过临床治愈之后,心理活动已经基本恢复了正常,已经基本转为心理正常的人,这时,心理咨询和治疗具备了介入与干预的条件。当然,也只有在这时,心理咨询和治疗的介入才有真实的价值。心理咨询可以帮助他们恢复社会功能、防止疾病的复发。但是,对临床治疗出院后的精神疾病患者进行心理咨询和治疗时,必须严格限制在一定条件之内,有时必须与精神科医生协同工作。

当然,不管是哪种划分,心理咨询的对象最好能具备以下几个方面的条件。

其一,具有一定的智力基础。来访者能够清楚地叙述自己的问题,理解咨询师的意思。

其二,求询的内容合适。有些心理问题适合心理咨询,有些则需要药物治疗。

其三,人格基本健全。人格是个体已经定型化的行为习惯系统。人格一旦形成,改变的程度就有限。如果来访者存在严重的人格障碍，心理咨询通常难以在短期内达到应有的效果。

其四，动机合理。如果来访者缺乏自我改变的动机，而是希望别人改变，或者求助动机超过了心理咨询的工作范围，均不适合进行心理咨询。

其五，有交流能力。会谈是心理咨询的基本形式。如果来访者缺乏交流沟通的能力，则难以启动和维持咨询过程。

其六，对咨询有一定的信任度。没有一定的信任度，咨访关系则难以启动，来访者也难以接受心理咨询师的影响，很可能会导致咨询启动困难或过早中断。

二、心理咨询的任务

心理咨询的任务主要是发展性的，它不仅要解决来访者的问题，更重要的是促进人的成长。在这个过程中，心理咨询师通过各种心理学的方法和技术来帮助来访者自强自立。1965 年，美国劳工部在《职业名称词典》中指出，心理咨询的任务是在中小学、学院、大学、医院、诊所、康复中心和工业中提供个别或集体的指导与咨询服务，以帮助他们在个人、社会、教育、职业等方面取得更有效的发展和成就。这种发展与成就在伊根(G. Egan)看来就是：(1)提高来访者处理当前问题和发展机会的能力，即提高成功地处理当前问题的效率；(2)帮助来访者将咨询成果应用到其实际生活中，以更有效地处理其日常生活中的问题。具体而言，心理咨询的任务主要有以下几个方面。

(一) 促使行为变化

来访者通常会出现各种各样的行为问题，于是改变来访者的不良行为就成为咨询的重要任务之一。通常，心理咨询师首先需要了解来访者适应不良与异常行为或疾病产生的原因；其次，心理咨询师要与来访者共同确定其适应不良与异常行为或疾病的主要表现，即确定需要矫正的靶行为；最后，心理咨询师要和来访者共同确定咨询计划并付诸实施，以达到改变来访者不良行为的目的。

(二) 纠正认知偏差

来访者通常存在一些认知偏差，正是因为认知偏差的存在，使来访者内在冲突激烈，决策失当，适应不良。有鉴于此，心理咨询的任务之一是帮助来访者重新考虑自己的认知，明确其偏差之处，进行认知重构，改变不良思维模式，形成新的、更有效的思维模式，从而降低冲突水平，有效作出行动抉择。具体而言，心理咨询师有以下三个方面的任务。

其一，协助来访者面对、正视其现状的不合理性，澄清其认知和行为方面的盲点，纠正其关于当前问题“不可解决”的固着认知，培养其面对和处理问题的积极态度，从而激活其改变的动力和勇气。

其二，引导来访者看到自己的资源，拓展来访者解决问题的思路，协助来访者找到解决当前问题的可替代方案。

其三，帮助来访者认识存在于其自身情绪背后的、真正起作用的非理性观念和思维方式，并进行认知重构和重建，从而获得新的、合理的观念和思维方式。

（三）减轻内心冲突，缓解负性情绪

大多数来访者都因为内在冲突激烈，主观感受痛苦强烈而前来向心理咨询师寻求咨询。尽管这些冲突与主观痛苦感形成的原因多样，但它们是来访者求助的动机和目标所在。因此，心理咨询师的重要任务之一是帮助来访者重新思考彼此冲突的需要，协调不同需要之间的矛盾，降低冲突强度，学习接纳、正视自己的负性情绪并缓解它们，增强自己的主观幸福感。

（四）改善人际关系

现实生活中的人际关系问题往往代表了来访者的适应困难。心理咨询的任务之一是通过咨询中真诚而相互理解的人际关系来促进来访者的自我理解，增强其自尊、自信和独立自主的精神，协助来访者重新审视自己与他人的交往模式，学习人际互动技巧和规则，并将其与心理咨询师的关系以及发展关系的经验成功地应用于现实的人际交往中，最终改善其人际关系。

（五）发展来访者潜能

心理咨询的任务不仅要着眼于帮助来访者处理当前的问题，还要透过当前问题的解决，协助来访者发展自己的潜能，从而使其能够更好地适应以后的社会和生活。这包括两个方面。

一是促进来访者的自我觉察与内省，找出真实的自我或解除其对真实自我的困惑，使他们提高或深入对自己的理解。这种自知之明将使来访者深入地理解自己的情感和社会环境及其与有关观念的联系，从而更具现实性。二是协助来访者全面认识自我，合理评价自我，尤其在面对困境时，能够看到自己的资源，从而进行自我肯定与激励，同时接受自己的不完美，获得自我提升与成长。

第三节　心理咨询的过程与形式

一、心理咨询的基本过程

很多人误将心理咨询简单理解为来访者提出问题和心理咨询师为来访者解决问题的过程，事实上咨询是咨询双方互动的一个过程，它大致包括六个阶段：建立关系、评估问题、商定目标、制定计划、实施计划、结束咨询。

（一）建立关系

建立咨访关系是心理咨询师首先要考虑的任务，也是心理咨询师全程都要用心维系的目标，咨访关系是寻求心理帮助的人（来访者）与施予这种帮助的人（心理咨询师）结成的一

种独特、动态的人际互动过程。良好的咨访关系是心理咨询技术得以顺利实施、发挥效用的基础，也是促使来访者产生变化不可缺少的条件，其本身就具有治疗的功效。它能使来访者产生积极的情绪体验，有利于提高来访者的自尊心和自信心，有助于促进来访者的模仿和认同，有利于增进咨询双方的情感交流和信息沟通。

良好的咨访关系的建立可以概括为三大核心要素：同感、真诚和尊重。

同感是指心理咨询师设身处地地以来访者的参照标准去体会其内心感受，领悟其思想、观念和情感，从而达到对来访者境况的准确理解的一种态度和能力。同感可以帮助心理咨询师更深入地理解来访者，使来访者感到自己被理解、被接纳，促进来访者的自我表达和自我探索等。伊根根据高低层次的差异，将同感分为初级同感和高级同感两个层次。同感反应的要领有心理位置互换、倾听整理、正确反应和留意来访者的反馈信息等。同感表达的技术有言语鼓励、重复关键字词或语句、概括性重复、非言语表达等。

真诚意味着心理咨询师要以真实的自我面貌出现，不带任何自卫式的伪装，以开放、自由的面貌投入到心理咨询之中。真诚能让来访者产生信任感和安全感，真诚具有榜样示范的作用。为了实现真诚，心理咨询师应做到表里一致、适当自我暴露。真诚的表达也有不同的层次，第一层是心理咨询师隐藏自己的感觉，或者以沉默来惩罚来访者；第二层是心理咨询师以自己的感觉来反应，他的反应符合他所扮演的角色，但不是他自己真正的感觉；第三层是心理咨询师有限度地表达自己的感情，而不表达否定、消极的情感；第四层是无论是好或不好的感觉，心理咨询师都以言语或非言语方式表达出来，经由这些情感表达，双方的关系会变得更好。

尊重是指心理咨询师以平等、民主的方式来接纳、关注来访者（包括他们的现状、价值观以及人格特点和合理权益）的一种态度和能力。尊重可为来访者创造一个安全、温暖的氛围，使其最大限度地表露自己，尊重有助于来访者获得自我价值感，认识并发挥自身的潜能。为了妥善地表达对来访者的尊重，心理咨询师可以从态度和行为两方面入手。在态度上，心理咨询师应对来访者予以全面接纳，平等相待，注重保护来访者的隐私；在行为上，心理咨询师应耐心倾听，肯定来访者的积极方面，对分歧表现出理解和接纳。

（二）评估问题

评估问题作为整个干预计划的基础，是指心理咨询师通过诸如观察、访谈、个案调查、问卷测验等方式来收集来访者的信息，并运用分析、推论、假设等方法对其心理问题的基本性质加以判定的过程。目前在精神医学及心理治疗中，应用最广泛的问题分类系统是美国《精神疾病诊断与统计手册（第五版）》（The Diagnostic and Statistical Manual of Mental Disorders, Fifth Edition，简称 DSM－5）和《中国精神障碍分类与诊断标准（第三版）》（Chinese Classification of Mental Disorders-3，简称 CCMD－3）。大学生的心理咨询以发展性咨询为主，咨询问题多为成长与发展过程中的困惑，根据其问题内容和性质通常可分为行为问题、情感问题和认知问题三种。对于少数的障碍性咨询，心理咨询师应依据 DSM－5 和

CCMD－3进行分析和评估。

评估问题的过程一般可以分为三个步骤：收集资料、综合资料和分析假设当前问题。评估问题的主要方法有会谈法、心理测验法等，此外还有观察法、作品分析法等。会谈法是指心理咨询师通过与来访者的对话来了解获取来访者的有关信息，包括来访者的背景资料、与问题有关的资料信息，以明晓其心理困扰的情况、性质和产生的原因等，最终达到心理问题评估的目的。心理测验法是指运用有关心理测量工具来获取有关来访者的智力水平、行为倾向、态度情感、一般心理机能和人格特征等方面的信息，并根据测量的结果解释评定来访者的问题。大学生心理咨询中经常运用的测验包括智力测验、学习适应性测验、人格测验和临床评定量表。心理测验可以描述来访者的认知、情感、意志等心理特点，分析其潜在的优势和弱势，并对其学习适应情况和身心发展状况作出一定的评价，进而对来访者的心理问题作出更为确切的评估。

（三）商定目标

咨询目标为咨询活动指明了方向。目标可以帮助心理咨询师和来访者更明确地预知通过咨询能达到什么目的以及不能达到什么目的；咨询目标给心理咨询师提供了一些基本的参照准则，以便他们能够选择和使用特定的咨询策略与干预方法；咨询目标在咨询结果的评价中具有重要价值，它可以用来评估咨询的效果；制定咨询目标需要来访者的积极参与，这本身就具有治疗的作用。

咨询目标的确立需要心理咨询师和来访者的共同参与。心理咨询师和来访者共同商定咨询目标，强调了来访者的主动性，能使咨询过程形成一定的结构性，更利于咨询目标的达成。咨询目标可分为终极目标、中间目标和直接目标三个层次。咨询目标具有具体性、可行性、积极性、顺序性、修正性和心理学性质。咨询目标的确立是一个过程，它会随着咨询的不断深入而有所调整。

在商定目标阶段，心理咨询师应仔细倾听和评估来访者准备建立怎样的咨询目标，来访者是否或为何抗拒目前的咨询目标？来访者是否要修正原先的咨询目标？来访者内在的意愿、希望、需求和目标有哪些？商定咨询目标的过程中经常伴随着阻力，此时，心理咨询师可运用对峙和支持等技术去应对化解。

（四）制定计划

商定咨询目标之后，心理咨询师要协助来访者寻找并挑选出实现目标的策略，并将这些策略组织成一个行动计划，即达成目标的行动步骤，同时为每个关键步骤的实施确定时间框架。制定具体的行动计划有助于协助来访者发展出所需要的规则，给来访者一种希望感，协助其找到实现目标的更实用的途径，为评估目标的现实性和适当性提供机会，使来访者觉察到为实行某些策略所需要的资源，协助来访者发现原先不曾料到的前进路上的障碍。行动计划应该具有有效性、可行性、简洁性、灵活性，一个有效的行动计划需要在实践过程中不断修正。

手册化行动计划目前也广为流行，手册概述了循序渐进的过程和方案，起到了协助来访者达到某个具体目标的作用。某些手册是为专业人员撰写的，而有些则是为来访者的自助提供指导，手册涉及的问题非常广泛，包括情绪情感、职业规划等发展性问题，以及焦虑症、恐惧症、抑郁症等障碍性问题，如詹姆斯(J. W. James)编写的《哀伤平复自助手册》，就是为了帮助人们在哀伤中释怀，带领读者走出往日的阴影，重新找回生命的活力，发现人生新的希望。

(五) 实施计划

制定好行动计划后，就进入实施计划阶段。实施计划是指落实原先制定的行动计划。在这一阶段，心理咨询师需要协助来访者发展将事情落实到实处的意愿，协助来访者避免鲁莽的行为，协助来访者克服拖延，协助来访者确定落实计划时可能遇到的障碍与所需资源，协助来访者为持续的行动找到激励因素和报偿，协助来访者形成聚集行动的合同和协议，目的是达成改变。

(六) 结束咨询

结束咨询是心理咨询中不可或缺的阶段。当咨询过程顺利，预定的目标达成，通常咨询就可以结束了，此时，咨询双方可以共同回顾或总结咨询成果，并对结束咨询之后的生活和工作进行展望和祝福。但是，在有些情况下，如来访者因各种原因无意去完成咨询或认为已达到目标而不想继续，或来访者对心理咨询师有偏见，来访者和心理咨询师的咨访关系不合适，或因心理咨询师的时间或工作条件、应用受限制等，导致咨询不适合，应考虑结束咨询。在后一种情况下，心理咨询师尤应注意做好咨询结束工作。可以说结束咨询是危机，也是转机。

通常而言，在咨询的结束阶段，心理咨询师应安慰并支持来访者，总结咨询主题和内容，把话题控制权适当地转移给来访者，寻求来访者的照管者的参与，安排具体确实的步骤，祝福来访者，同时表达欢迎来访者有需要时再来求助的意愿。

二、心理咨询的形式

心理咨询有不同的形式。依参与的人数多少及单位，可分为个别咨询、团体咨询和家庭咨询；依咨询借助的媒介，可分为面谈心理咨询、信函心理咨询、专栏心理咨询、电话心理咨询、现场心理咨询、网络心理咨询等。以下就不同的咨询媒介作简要介绍。

(一) 面谈心理咨询

面谈心理咨询主要是指心理咨询师与来访者当面进行会谈而展开的咨询，通常见于精神病医院、综合医院、学校、科研机构所属的或私人开设的心理门诊和咨询、治疗中心。面谈心理咨询的对象主要是患有各种神经症、心身疾病(如人格障碍、性障碍、情绪失调)的病人和存在心理困扰的正常人。直接面谈有利于心理咨询师综合会谈及观察方法，运用各种会谈技术和手段，直接有效地与来访者进行互动，全面了解和评估、影响来访者。心理咨询师也可以根据来访者的具体情况，随机调整咨询或治疗的策略。面谈心理咨询可以团体形式进行，比如近二三十年来某些西方国家出现的自助咨询小组，通常由一位或两位心理咨询师主持，由六七名至十一二名左右成员参加，定期见面，借助于团体的形成与关系的建立，达到咨询目标。

面谈心理咨询因其直接、系统、丰富、高效的特点，成为心理咨询中最为主要的基本形式。

（二）信函心理咨询

顾名思义，信函心理咨询主要是通过书信的形式进行的，早先多用于路途较远或不愿暴露身份的求助者。咨询师根据来访者在信中所描述的情况和提出的问题，进行疑难解答和心理指导。信函心理咨询的优点是避讳较少，缺点是了解情况不全面，只能根据一般原理提出指导性的意见。由于受信函往来的限制，咨询师难以了解来访者的深层信息和求询动机，并提出特定的行动方案。此外，由于方法学上的困难，信函心理咨询的效果不便统计研究，但是实际工作表明，信函心理咨询对于某些求助者还是很有帮助和益处的，尤其当面谈心理咨询不便或不能安排时，信函心理咨询无疑是一种可选择的方式。对于比较复杂的问题，咨询师可以在书信中建议求助者转为面谈心理咨询处理。

（三）专栏心理咨询

专栏心理咨询是指通过报纸、杂志、电台、电视等传播媒体，介绍心理咨询、心理健康的一般知识，或针对一些典型问题进行分析、解答的一种咨询方式。在互联网还未进入人们的生活和工作之前，国内许多报刊等出版物中都设有心理咨询的专栏，包括一些专门的心理咨询、心理卫生的刊物、医学杂志、科普读物等。许多电台、电视台等也有相关的节目。严格说来，专栏心理咨询的优点是覆盖面广，科普性强，作用更多的是普及和宣传相关的知识，尤其是电视媒体的介入极大地推动了民众对咨询的认识和了解。但除去专业报刊的专栏咨询，大众媒体的专栏或节目并不能说是心理咨询，有的只是介于娱乐节目和专题节目之间，有可能误导大众。另外，专栏心理咨询的缺点是针对性不够强，此外还面临着严峻的伦理挑战。

（四）电话心理咨询

电话心理咨询也是心理咨询的一种常见形式，它起源于 20 世纪 50 年代在国外开设的热线电话，旨在防止心理危机所导致的恶性事件，如自杀、暴力行为等，因而被喻为“生命线”“希望线”。这类咨询通常有专用的电话号码，便于识记，在既定的时间段有专门的咨询人员值班。此后，电话咨询不限于危机干预，也包括常规咨询。电话心理咨询的长处主要是快捷、方便，它打破了时间、空间的阻隔，缺点是信息的丧失，尤其是非语言信息。近年来，随着大众对咨询接受性的提高，社会上也出现了一些以心理咨询为名义的免费或收费的电话服务，如××热线、××专线等。对于这些服务形式，还应做进一步的规范，通过电话聊天来疏导或传授一些心理咨询知识，从严格意义上来说都不能算作是心理咨询。

（五）现场心理咨询

现场心理咨询是指心理咨询工作者深入到学校、家庭、机关、企业、工厂、社区等，现场接待来访者，这种形式对于一些有共同背景或特点的心理问题人群有较好的效果。现场心理咨询往往要选择特定的时机，结合某一主题，集中接待某类来访者。其最大效应在于短时间内可以集中展示咨询服务，获取大众影响力，推动社会或特定群体对咨询的知晓率和接受性，缺点是保密性不够，咨询环境较差。

（六）网络心理咨询

随着现代信息技术的发展，网络以其保密性、隐蔽性、快捷性及实时性，为心理咨询提供了无限发展的空间，尤其深受年轻人的欢迎。目前的网络心理咨询泛指那些具有专业资格的，或有一定的心理学知识的，或从属于某些特定社会性服务机构的相关人员，通过电子邮件、在线聊天室和视频等网络通信工具，与来访者在实时或延时的交流中建立起一种自然、亲密的关系，并在此基础上提供具有心理咨询与治疗性质的各种心理服务，使来访者在认识、情感和态度上有所变化，解决其在学习、工作、生活、疾病康复等方面出现的心理问题，从而使其更好地适应环境、保持身心健康的过程。网络心理咨询具有匿名性、虚拟性、无限性、开放性、互动性、方便快捷和成本低廉等特点，特别适合在监狱等特殊场所中使用。网络心理咨询的缺点在于其虚拟性给从业人员及服务专业性带来的不确定性。随着网络技术的不断提高和互联网的迅速普及，网络心理咨询将具有十分广阔的前景。

第四节　心理咨询的历史与现状

一、心理咨询的发展史

心理咨询起源于20世纪初期的美国。它的形成和发展受到了以下几股力量的推动。

（一）职业指导运动

19世纪末20世纪初，伴随着资本主义经济的高速发展，美国大批年轻人从农村流向城市，他们面临着城市适应尤其是职业选择方面的问题。1908年，职业指导之父帕森斯（F. Parsons）率先在波士顿创办了一家具有公共服务和培训性质的“就业辅导局”，一方面帮助年轻人选择适合自己的职业，另一方面培训教师进行职业辅导工作，这一工作被视为美国心理咨询的开端。很快，职业指导在美国学校得到迅速发展，成为20世纪前半叶美国学校咨询的主要内容。

（二）心理卫生运动

“心理卫生运动”的发起人是一位曾罹患精神病数年的青年学生——比尔斯（C. W. Beers）。1908年，比尔斯以自己的亲身经历和体验写下了《发现自我的心灵》一书，呼吁全社会都来关心精神病患者。此举得到了心理学家威廉·詹姆斯和精神病学家阿道尔夫·迈耶（A. Meyer）的大力支持，由此开启了一场由美国发端，最后遍及全世界的心理卫生运动。这场运动的直接成果是社区开始设立一种治疗机构，为出院后的精神病人提供治疗性咨询。

（三）心理测量技术的发展和对个体差异的研究

1905 年，法国的比奈（A. Binet）和西蒙（T. Simon）编制了第一个心理量表——“比奈—西蒙智力测验”。第一次世界大战期间，美国军队为了挑选人才开发了一系列的心理测量工具。战后，测验的编制工作并未停止，心理测量学家不断设计出适用于各种情况的心理测验，心理测量技术在短时期内得到迅速发展。20 世纪 30 年代，借助心理测量技术的开发，对个人能力、适应性及兴趣的个体差异研究逐步与职业指导运动合流，职业指导开始从最初的“职业方向定位”拓展至其他领域，发挥更多的教育指导作用。

进入 20 世纪 40 年代，由于社会经济文化的急速变化，人们开始关注更加广泛的社会适应问题及其意义，由此也开启了社会对心理咨询与治疗的关注，该时期也被称为“心理治疗的年代”。1942 年，卡尔·罗杰斯（C. Rogers）顺应时势出版的《咨询与心理治疗》标志着现代心理咨询的诞生。在该书中，罗杰斯将心理咨询的重点转到来访者身上，提出了“以人为中心”的非指导性的咨询模式。他赋予来访者对自身成长的责任感，创造机会让来访者感受到被接纳、被倾听。这种全新的理念对心理咨询和心理学的发展都产生了十分深远的影响，无论是心理咨询还是心理学，都把罗杰斯的贡献视为心理咨询发展历史上的一个里程碑。进入 20 世纪 50 年代，美国心理学会设立了心理咨询指导分会，随即于 1953 年更名为咨询心理学分会，标志着咨询心理学作为应用心理学的一个部分获得了独立。该分会成立后即推出了心理咨询师的培养标准。1954 年，《美国咨询心理学杂志》创刊。1955 年，美国心理学会开始颁发心理咨询师执照。20 世纪 60 年代之后，心理咨询开始走出美国，在世界范围内，尤其是一些发达国家和地区得到了蓬勃发展。

二、我国心理咨询的发展历程

从 20 世纪初期开始，我国也有一批心理学家、教育学家着手心理测验的编制、修订和测量工作；与此同时，1917 年，受美国职业指导运动的影响，我国有关人士在江苏成立了“中华职业教育社”，开展职业指导工作，但遗憾的是这些都与现代意义上的心理咨询相距甚远。1949 年前，有关心理咨询的工作有记载的似乎只有心理学家丁瓒在某工厂医务室进行咨询工作，但并无翔实资料。值得一提的是，1936 年，中国心理卫生协会在南京成立，著名心理学家吴南轩为总干事。

1949 至 1952 年间，心理学家黄嘉音在医院精神科尝试对精神分裂症病人及其他有心理障碍的病人进行心理治疗，并出版了相关著作。遗憾的是，原书很难找到。此后，尤其是“文化大革命”期间，我国的心理咨询工作几乎是一片空白，1949 至 1952 年间的尝试也很快因此夭折，直至“文化大革命”结束。

1979 年，中国心理学会医学心理专业委员会成立，这一专业委员会成立后，积极组织医学心理学学术会议，进行心理咨询和心理治疗方面的临床报告、经验交流和研究探讨，对心理咨询和心理治疗在全国范围内的推广起到了积极的作用。与此同时，各种不同形式的心理咨询和心理治疗讲习班、培训班开始在全国一些城市和地区陆续出现，尽管大多属于启蒙性质，传授内容多为某些治疗（如行为治疗）的基础理论及基本技巧，且时间较短，但它为我国心理咨询和心理治疗事业初步培养和配备了人才。

从20世纪80年代初开始，一些精神病院和综合性医院精神科开始设立心理咨询门诊，开展临床心理咨询与治疗工作。上海、北京的一些高校相继开展了大学生心理咨询工作，为下一步发展打下了良好的基础。可以说，从1987年开始，我国心理咨询与治疗工作有了长足的进步，主要体现在四个方面。

(1) 心理咨询的学术科研水平显著提高。在文献方面，《中国心理卫生杂志》《中国临床心理学杂志》《中国健康心理学杂志》三种专业杂志陆续问世，1994年和1998年先后两次出现论文发表数量的高峰。

(2) 专业组织纷纷成立、壮大。在中国心理卫生协会逐渐发展壮大的同时，1990年底，中国心理卫生协会心理治疗与心理咨询专业委员会成立；1991年初，大学生心理咨询专业委员会成立；2001年，中国心理学会临床与咨询心理学专业委员会成立。这些组织成立后，积极举办国际性、全国性学术交流与合作研究，组织撰写高水平的学术著作，培训从业人员，开展各种科普工作，极大地推动了我国心理咨询事业的发展。

(3) 心理咨询服务机构大量出现。为适应社会需求，原国家卫生部提出三级甲等医院必须设立心理咨询门诊的要求，促进了综合性医院心理咨询机构的壮大，有效防治了各种心理障碍。20世纪80年代中后期，上海、北京等地的高校纷纷成立心理咨询机构。据统计，至1986年底，全国已有30余所大学开展了大学生心理咨询工作，进入20世纪90年代后扩大到100所，心理咨询工作成为高等教育的组成部分，发挥着特有的作用。此外，社会上开始出现私人开设的心理门诊。1989年，“培爱自杀防治中心”在广州成立，它是第一家以防治自杀为宗旨的社会自助机构。此后，电台、报刊等媒体相继开办了心理咨询热线或栏目。心理咨询热线因其方便、及时、匿名等诸多优点成为发展最快的心理咨询工作形式。1994年发布的《中共中央关于进一步加强和改进学校德育工作的若干意见》明确提出，要通过多种方式对不同年龄层次的学生进行心理健康教育和指导，说明了政府对学校心理咨询工作的重视和支持。武警、监狱、戒毒所等部门，以及残联、妇联、社区等社会组织和服务系统纷纷成立了专业心理咨询机构，为公安人员、服刑人员、残疾人员等特殊群体提供心理咨询服务，许多企业也将心理咨询纳入企业培训的范畴。这些都大大拓宽了心理咨询行业的发展道路。

(4) 专业培训和管理逐步规范。为了改善大部分从业人员只受过很少时间训练或者只受过某一相关学科（如医学、心理学、教育学、社会学等）训练的状况，采用专业培训分层的方式，这包括大学心理学系设立心理咨询方向的本硕博学科点系统培训学生，还包括对在职人员进行的短期和连续的专题培训。从1997年开始，全国各地开展了多个连续性的培训项目。如中德高级心理治疗师培训班、北京精神分析取向心理治疗师培训项目等精神分析连续培训等。这些培训班的举办提高了受训者的专业素质，为专业水平的稳步推进打下了基础。

进入21世纪之后，各大学心理学院系、医科学院扩大和加强了对心理咨询与治疗专业的系统培训。与此同时，民众对心理咨询的热情和接受度大大提高，社会机构也开始涉足这一行业。有鉴于此，原国家劳动和社会保障部于2001年制定了《心理咨询师国家职业标准（试行）》，同年完成了《国家职业资格培训教程：心理咨询师》的编写、审定及出版工作。与此同时，在一些经济和社会发达地区，地方政府推出了适用于本地区某一行业的认证制度，如上海市推出了上海市学校心理咨询专业技术水平认证考试，为规范和提升学校心理咨询和心理健康教育教师的资质水平，推动学校心理健康教育的健康发展作出了探索。除此之外，专业学术组织，如中国心理学会推出了中国心理学会临床与咨询心理学专业机构与专业人员注册系统，以推动和促进中国临床与咨询心理学正规、有序和健康发展。

三、我国心理咨询的现状及特点

（一）组织机构发展壮大，培训与交流加强

1985年9月成立的中国心理卫生协会是中国科学技术协会领导下的全国一级协会，是代表着心理咨询和治疗等从业人员的一级组织机构。该协会致力于围绕心理卫生学科及相关学科专业，采取适当措施提高人民的心理健康水平、社会适应功能及道德品质，防治心理疾病和心身疾病。到1996年6月的10余年时间，该协会已建立13个专业委员会，后又扩展到现在的23个专业委员会和分会，其中大学生心理咨询专业委员会、心理治疗与心理咨询专业委员会尤其活跃。此外，中国心理卫生协会还建立了4个行业系统分会，以及几乎涵盖全国各省的省（直辖市）级心理卫生协会30个，全国会员3万余人。

此外，以心理学工作者为主的中国心理学会于2001年成立了临床与咨询心理学专业委员会，表明心理学的应用领域——心理咨询的迅速发展已被心理学工作者正视和重视。相关学术组织和组织机构的成立和发展促进了专业人员之间的交流，推动了专业人员的继续教育和培训，促进了心理咨询的专业化发展，也为随后而来的从业职业化和标准化奠定了组织基础。

（二）概念日益普及，相关研究加强

近三十年来，有关心理咨询与心理治疗的概念在大众传媒中被讨论和使用的频率越来越高。《学校心理咨询》《变态心理学》《心理测量》《实用心理自我疗法》《心理卫生》《现代人生心理学丛书》《学生心理健康文库》等有关书籍大量出版；继《中国心理卫生杂志》创刊后，1990年至1994年短短五年内，《中国临床心理学杂志》《中国健康心理学杂志》《心理与健康》《青年心理咨询》《心理世界》等学术性或普及性刊物相继创刊；此外，《大众心理学》等多种刊物中设有心理咨询专栏；国外的许多有关资料也被介绍到中国；借阅和购买有关心理咨询与治疗图书的人数迅速增长，如《心理与健康》从1994年创刊，13个月共发行37万册，深受广大读者欢迎。

从发表在专业期刊上的有关文献可以看出，相关研究正在加强。据中国生物医学文献数据库统计，从1978年到1994年的17年间，有关心理方面的文献数量平均每年是12.5篇，

而1995年到1997年中，平均每年147篇，2002年到2003年平均每年305篇。可见，关于心理咨询和心理治疗的研究呈飞速上升的趋势。

《中国心理卫生杂志》从2001年开始推出了心理咨询、心理治疗相关问题的讨论专栏。讨论的内容十分广泛，涉及咨询技术、心理咨询与药物治疗之间的关系、咨访关系、咨询师本身对治疗过程的影响、督导的意义与作用、心理咨询师的理论取向、心理咨询与治疗过程中的伦理道德以及心理咨询费用、时间设置等问题，讨论的内容广泛、深入、有创意，加强了针对我国国情开展的心理咨询和心理治疗学术研讨。

（三）理论和技术多样，整合趋向明显

技术整合是指心理咨询或治疗工作者针对来访者的个性特点、问题层次，在咨询与治疗的不同阶段综合采用各种技术手段进行咨询或治疗。

有学者对《中国心理卫生杂志》创刊三十年来案例报告中采用的治疗方法进行了统计归类，结果表明单纯使用某一种方法的案例比重明显下降，技术整合趋势明显。并且，整合疗法一般遵循同一模式：在以来访者为中心的氛围中，侧重于行为—认知疗法的综合使用。

尹可丽、黄希庭等人于2009年梳理了主要的心理学和心理卫生杂志登载的文献，发现我国心理咨询与治疗的形式总体上以个体咨询为主，团体和小组咨询其次；在咨询体系和方法上，绝大多数采用国外成熟的咨询体系和方法，本土化及本土方法极少；折中方法比单一方法被更多地采用；在折中方法中，认知—行为疗法，以及认知—行为疗法与其他疗法结合而成的方法占大多数，这也符合当前国际心理疗法的整合趋势。

（四）短程咨询为主，从个体扩展到个体之外

短程心理咨询与治疗指的是在“短程”内实施和结束的心理咨询与治疗，是相对于“长程”而言的。我国目前接受过系统心理咨询与治疗训练的精神科医师及临床心理学者数量不多，但需要帮助的对象却非常之多。短程心理咨询与治疗以结果为目标，寻求问题的直接解决，省时、高效，能够在有限的时间内为更多的人服务。另外，传统的心理治疗多是针对来访者本身的，但是每个来访者必定来自某一个特定的家庭、团体、社会阶层，具有特定的社会文化背景。心理咨询师与心理治疗家们越来越认识到，来访者与其周围的互动关系对于咨询和治疗有着至关重要的影响。有鉴于此，一些新的心理咨询与治疗方法如婚姻治疗、家庭治疗、团体治疗相继诞生。正因如此，家庭治疗在国外已经成为继精神分析治疗、认知行为治疗、人本中心治疗之后的心理咨询与治疗“第四势力”。目前，婚姻家庭治疗、团体治疗在我国也方兴未艾，接受培训和进行实践的治疗师也越来越多。所以说，心理咨询与治疗从个体扩展到个体之外，也成为我国心理咨询与治疗的一种发展趋势。

（五）参与社会生活，凸显应用价值

二十多年来，我国心理卫生事业经历了一个缓慢、稳步的发展历程，已经初步形成了一支具有相当专业素质的队伍。他们参与了抗击“非典”的战斗，与其他专业的同行们一起发

挥了不可忽视的作用。其间,他们的主要工作形式有:在隔离病房中进行现场干预,为政府提供心理社会干预的建议,为抗击"非典"的专业人员提供相关技术培训、心理热线、网络咨询,利用媒体举办讲座、进行采访,针对高危群体进行集体心理干预,动态调查公众心理,为政府提供预警信息等,为赢得抗击"非典"的胜利付出了很大的努力。以精神科医师、心理学工作者为主的心理卫生队伍,如此大规模地参与突发性公共卫生事件的干预,在我国卫生史上尚属首次。此后,在对浙江尼娜台风等自然灾害的心理援助中,专业人员都及时参与、发挥作用。2008 年"5・12 汶川地震"发生后,精神科医师、心理学工作者亦迅速组成震灾心理干预专业团队,奔赴灾区为灾民提供心理援助和干预。在 2010 年的青海玉树地震、甘肃舟曲特大泥石流灾难和 2013 年四川雅安地震中,心理援助都是救灾工作的重要组成部分。当公共卫生灾害事件发生后,心理学工作者和志愿者利用现代网络通信技术,为医生、患者和民众提供了应对该事件的心理支持,降低了社会恐慌和焦虑情绪。这些都表明心理咨询与治疗和社会公众生活之间的联系不断加强,其意义和价值也进一步凸显。

2012 年,国家减灾委员会制定并下发《关于加强自然灾害社会心理援助工作的指导意见》,要求将社会心理援助作为自然灾害救援和灾后重建工作的一部分,同时部署、同时组织、同时开展、同时推进,最大限度减轻自然灾害对灾区群众和救援人员造成的心理伤害,将心理咨询参与国家重大灾难事件处理正式纳入国家有序规划和工作体系中。公共卫生灾害事件防控期间,国务院联防联控机制综合组专门发文,教育部也印发了相关心理问题防治工作实施方案,分别为民众及学生心理抗疫提供指导性意义,也标志着心理咨询与辅导应用价值的进一步扩展。

(六)专业化和职业化,政府加强管理

可以说,中国心理咨询与治疗已经步入专业化和职业化发展阶段,进步明显,伴随这个过程的是学术团体和从业者进一步加强自律,而政府部门也出台法律或条例进一步规范和指导行业发展。

我国心理咨询的职业化阶段可以说始于 2002 年,其中具有标志性的事件为 2001 年原劳动和社会保障部提出了《心理咨询师国家职业标准(试行)》,并于 2002 年开始实施,标志着政府部门开始对专业人员的资质进行管理。此后,根据该标准,全国各地展开了大规模的心理咨询师培训及考核持证工作,获准持证的心理咨询师开始在咨询机构、社区、学校、企业等提供心理咨询服务,在工商、民政等部门登记的心理咨询机构也开始面向大众服务。2015 年,心理咨询师职业列入《中华人民共和国职业分类大典》第四大类服务业人员,2016 年,国家心理咨询师考试的全国统考人数首次突破 40 万人次/年。2017 年,随着政府职能的调整,人社部印发《关于公布国家职业资格目录的通知》,心理咨询师最终退出国家职业资格。2019 年,《国务院办公厅关于印发全国深化"放管服"改革优化营商环境电视电话会议重点任务分工方案的通知》中提出:为了推动技能人员水平评价类职业资格分批调整退出国家职业资格目录,2019 年底前建立完善职业技能等级制度,以实际操作能力推动从业技能鉴定,开展技能

等级认定,颁发专业技能证书。

心理治疗师的资格认证始于2002年,原卫生部会同原人事部开始在卫生专业技术资格考试中设立心理治疗学专业,并于当年组织实施相关专业人员的考试。之后,中国心理学会于2007年2月通过临床与咨询心理学专业机构和专业人员注册标准及临床与咨询心理学工作伦理守则。2007年和2008年,按照注册标准的审核并通过伦理审查,注册系统分别批准了两批专业人员为注册临床与咨询心理学督导师和心理师,第一批注册的临床与咨询心理师101人,督导师104人;第二批注册的临床与咨询心理师72人,督导师9人。截至2021年1月31日,注册系统有全体注册人员2520人,包括注册督导师432人,注册心理师1447人,注册助理心理师641人;正在伦理公示期的有1096人。除注册人员外,目前还有注册实习机构23家。此外,中国心理学会也积极推动临床心理学的硕士和博士训练课程标准化。

从政府层面而言,2001年12月上海市人民代表大会常务委员会通过的《上海市精神卫生条例》是地方人大通过的首个精神卫生条例,代表着政府将心理咨询与治疗规范化管理知识纳入议事日程;2012年10月,全国人民代表大会常务委员会通过并于2013年5月实施的《中华人民共和国精神卫生法》标志着心理咨询与治疗已经纳入法治化管理。2014年11月,《上海市精神卫生条例》进行修订并于2015年3月正式实施,进一步细化了《中华人民共和国精神卫生法》在上海的落实。2017年1月,国家卫生计生委、中宣部等22个部门联合印发《关于加强心理健康服务的指导意见》。这是我国首个加强心理健康服务的宏观指导性意见,强调了心理健康领域的专业化建设和发展。2018年11月,国家卫生健康委联合9个部门印发《全国社会心理服务体系建设试点工作方案》,对心理咨询人员队伍的建设提出了更加明确的要求和指导。2023年4月,教育部等十七部门印发了《全面加强和改进新时代学生心理健康工作专项行动计划(2023—2025年)》,提出全面加强和改进新时代学生心理健康工作,提升学生心理健康素养,针对特定人群开展工作,标志着心理咨询和治疗工作的进一步细化和专业化。

第二章 心理咨询基本流派与技术

心理咨询流派纷呈，技术和方法众多。当心理咨询师在帮助采访者解决某个心理问题，或者开展团体心理咨询活动时，总是依据某种咨询理论和技术，或者综合运用了多种咨询理论和技术进行心理服务的。认识咨询理论的来龙去脉，是我们深入地理解、把握和运用咨询理论和技术的前提。本章将概要介绍四个基本的心理咨询流派和技术。

第一节 精神分析心理治疗理论与技术

精神分析学派由弗洛伊德(S. Freud)创立，它不仅是现代心理治疗的基石，而且对整个20世纪心理学乃至人文科学各个领域都产生了巨大影响。弗洛伊德被誉为当代西方伟大的“思想之父”。正如著名心理学史家黎黑(Thomas H. Leahey)所说：如果说伟大可以由影响的范围去衡量，那么弗洛伊德无疑是最伟大的心理学家。几乎没有哪方面对人性的探索未留下他的印记。他的著作影响了并且正影响着文学、哲学、神学、伦理学、美学、政治科学、社会学和大众心理学。在他之后的许多心理治疗理论都受到精神分析学说的影响，“有的是扩充了精神分析理论的模式；有的则修改了它的概念和治疗程序，有的则是发轫于对它的反动。但无论如何，很多学派都借用或整合了精神分析学的原则和技巧。”本章主要介绍弗洛伊德经典精神分析治疗理论与方法。

一、经典精神分析理论背景

弗洛伊德是奥地利人，1856 年出生于奥属摩拉维亚的弗赖堡，父亲是犹太商人，母亲是父亲的第三任妻子，他是同母所生 8 个兄弟姐妹中之长兄。他自小对父亲的感情是既怕又爱，和母亲则是感情亲密。此种亲子关系可能是他后来提出恋母情结理论的原因。弗洛伊德 4 岁时因父亲经商全家搬至维也纳。弗洛伊德先在家中由母亲教导读书，后考入大学预科，再进入维也纳大学医学系学习。1881 年，弗洛伊德获得医学博士学位。1882—1886 年间任维也纳医院医师。1886—1938 年间，以神经病医师的身份私人开业行医。在此漫长的52 年时间内，弗洛伊德创建了精神分析学派。

弗洛伊德的成名，开始于他 1900 年出版的《梦的解析》一书。阿德勒(A. Adler)和荣格(C. G. Jung)二人，都是因为读到该书后，分别在 1902 年和 1907 年参与了弗洛伊德精神分析学派的阵营。1909 年，弗洛伊德和荣格应美国克拉克大学校长霍尔(G. S. Hall)之邀，赴美参加该校 20 周年校庆，发表系列演讲，接受荣誉学位，并与美国心理学界名人詹姆斯、铁钦纳

(E. B. Titchener)、卡特尔(R. B. Cattell)等人会晤。此事件标志着精神分析心理学思想获得了国际承认。

在弗洛伊德赢得了国际范围的声誉之后,他仍然在不断地修改、发展自己的理论。其中最重要的是在早期的意识——无意识理论的基础上,发展了关于人格结构的理论,即本我、自我和超我学说。这个人格结构理论与原先的精神划分理论(即意识、无意识、前意识的划分)相互补充。

精神分析的理论在发展过程中经历了两次较大的修正。第一次是在弗洛伊德还在世时,他自己的理论体系还未定型的时候,阿德勒和荣格因与弗洛伊德意见不合而从精神分析学派中分裂出去。阿德勒创立了个体心理学,荣格则创立了分析心理学。这两人与弗洛伊德的观点分歧各不相同,但都不赞成弗洛伊德关于心理动力的本源——“力比多(Libido)”的看法。阿德勒认为心理动力的本源不是生物性的“力比多”,而是社会性的追求优越的要求;荣格则认为“力比多”的本质不是性力,而是普遍的生命力,性力只是这种普遍的生命力的一部分。

第二次是20世纪三四十年代一批新弗洛伊德主义者对传统精神分析理论的挑战。新弗洛伊德主义的代表人物是霍妮(K. Horney)、弗洛姆(E. Fromm)、沙利文(H. S. Sullivan)、埃里克森(E. Erickson)等人。这些人相互之间也有分歧,但在以下几点上有共同认识:

——在人性的理解上,更强调社会文化因素,而不仅是生物学因素;

——性本能的作用被弗洛伊德夸大和歪曲了,与其说性本能及其冲突决定人格,不如说人格决定性本能;

——在性格形成、焦虑及神经症的产生上,人际关系是最重要的原因;

——早期经验仍然重要,但重要的不是心理发展中的冲突,而是一般的家庭教养关系及其作用方式。

20世纪50年代以后,由于人本主义心理学的兴起,心理治疗领域中精神分析独霸天下的格局发生了很大变化。在精神分析学派内部,严格坚持弗洛伊德的观点和疗法的治疗者只占很小的比例,出现了不少新的精神分析治疗理论,如客体关系理论、自体心理学等。就其共同之处来说,弗洛伊德的一些最基本概念依然被保留了下来,例如,无意识活动及其冲突、人格结构理论、早期经验的作用、领悟在治疗中的基本作用等。就其独特之处来说,他们各自发展或从其他流派借鉴了一些新方法,用来检查无意识中的情感冲突、促进领悟或者发展适宜的应对策略。

二、精神分析治疗理论主要观点

有关传统精神分析的治疗理论主要有:人性观、潜意识理论、人格结构理论、泛性论、焦虑和自我心理防御机制等。

(一) 人性观

弗洛伊德的人性观基本上属于决定论。他认为,人类行为决定于非理性的力量、潜意识动机，以及生物与本能的驱力。本能的概念是弗洛伊德学说的核心。虽然弗洛伊德最初使用“力比多”一词说明性的能量，但他随即扩大了力比多的观念，即凡所有生命本能的能量都包括在内。这些本能的功能是使个体和种族生存下去，并导向成长、发展和创造。因此，力比多应该解释为动机的来源，虽然围绕着性能量，但其意义却远远超过此。弗洛伊德将一切追寻享乐的行为全部纳入生命本能的概念，他认为多数生命的目标是趋乐避苦的。

（二）潜意识理论

弗洛伊德早期和布洛伊尔(J. Breuer)治疗癔病时曾经发现患者不能意识到自己的一切情绪经验。在催眠状态里，患者如果能够回忆起自己的有关病症的经验，并向医生和盘托出，心里会感到舒畅，病也就痊愈了。弗洛伊德认为这是患者经历过的情绪经验受到压抑，被排挤在意识之外，潜伏在潜意识之中，因此产生了病症。这一早期的设想，使弗洛伊德逐渐形成了他的意识和潜意识概念，而在它们的中间还夹着很小的一部分叫前意识。

潜意识(Unconsciousness)，一般又称为无意识。它包括个人的原始冲动和各种本能，以及出生后与本能有关的欲望。这些冲动和欲望因与习俗、道德、法律所不容，而被压抑和排斥到意识阀之下，但是它们并没有被消灭，而是在不自觉地积极活动，追求满足。所以，潜意识部分是人们过去经验的一个大仓库，它由许多原始冲动、各种本能以及被压抑的欲望所组成，而在弗洛伊德的体系中，被压抑的欲望尤以性欲为主。

意识(consciousness)，是可以直接感知到的心理部分。弗洛伊德曾经做过这样的比喻，认为心理活动的意识部分好比冰山露在海洋上的小小山尖，而潜意识则是海洋下面那看不见的巨大部分。

前意识(preconsciousness)，介于意识和潜意识之间，其中所包含的内容是可召回到意识部分中去的，即其中的经验经过回忆是可以记起来的。其中的观念可以暂不属于意识，但随时能够变成意识。

弗洛伊德认为，人的心理活动中的意识、潜意识和前意识之间所保持的是一种动态的平衡。前意识与意识之间虽有界限却没有不可逾越的鸿沟。前意识之中的内容与意识之中的内容的相互转换非常容易，而潜意识部分内容要进入意识中来则非常困难。因为意识与潜意识之间壁垒分明，似乎在意识门口有着严密的防守，不准潜意识中的本能欲望随意侵入。弗洛伊德早期把这种防守作用称为检查作用或检查员。他在后期把人格分为本我、自我和超我。

弗洛伊德提出潜意识概念，是对传统心理学重理轻欲、重视意识而轻视无意识的反抗。他强调对行为动机的探讨，重视情绪的动力学，他扩大了意识的范围，发现本能欲望被排挤到潜意识中去了。他的这些设想在神经症者所表现的症状中获得了证实，因而逐步构成了他的理论体系。

与潜意识密切相关的另一个概念是压抑。压抑是把个体的经历和回忆、各种欲望和冲动保存和隐藏起来，不让它们在意识中出现。但是这些东西并未消失，而是一直潜伏着、活动着，在压抑的作用下存在于潜意识之中。弗洛伊德和布洛伊尔治疗神经病患者时发现，很难使患者说出自己的情绪经验。当暗示患者努力回忆过去的情绪经验时，这些经验遇到很大的抵抗。前面说的“检查作用”就是一种抵抗。弗洛伊德认为，现在抵抗某种经验回到意识中来的力量，就是当初把它压抑到潜意识中去的力量。为了使患者从潜意识中挖掘出过去被压抑的情绪经验，从而使患者的疾病痊愈，精神分析者就得帮助患者进行自由联想，以便克服抵抗。弗洛伊德认为治疗神经病患者时所遭遇的抵抗，是最难以应对而又重要的工作。如果患者继续拒绝承认存在被压抑的经验，分析治疗便无法进行，只有当患者不复抵抗而接受分析时，病况才能得到改善。

（三）人格结构理论

弗洛伊德晚期提出了人格结构理论，他认为人格由三个部分组成，即本我、自我和超我。这三者之间是不可分离的整体。本我代表人格中的生物成分，自我是心理要素，而超我则是社会文化因素。

本我是人格结构中最原始的、与生俱来的心灵领域。初生儿完全受本我控制。本我是我们心理能量的根源和本能的栖息所，它缺乏组织，而且是盲目与固执的。本我如同正在沸腾的锅子，无法忍受紧张，其功能在于消灭立即性的紧张，以恢复平衡状态，它受快乐原则支配。本我缺乏逻辑，没有道德观，像是被宠坏的小孩，永远不会成熟，它只有赤裸裸的欲望或冲动，从不思考，只是期望快乐和行动。本我大部分属于潜意识。

自我是人格与外部世界相接触的部分，它是人格结构中的“执行者”，扮演人格的统筹、控制和调节的角色，如同“交通警察”般地控制本我、超我和外部世界的平衡状况。它主要的工作就是协调本能和周围环境的关系。自我遵循现实原则，对本我之中的东西有检查权，防止被压抑的东西扰乱意识，同时，它还要在超我的指导下，按外部现实的条件，去驾驭本我的要求。

超我是人格结构中监督批判的机构，它是个人道德的核心，其主要作用在于判断个体行为的是非善恶。它代表理想，而非现实，它追求的是完美，而非享乐。它代表的是父母传递给孩子的传统价值观和社会理想，其功能在于抑制本我冲动，说服自我以道德目的替代现实目的，并且力求完美。因此，超我是父母及社会标准的内化。

弗洛伊德认为，在正常情况下，本我、自我和超我三者处于相对的平衡状态，当这种平衡状态遭到破坏时，就会产生神经病。

（四）泛性论

按照弗洛伊德的观点，人的发展即性心理发展，这一发展从婴儿时期就已开始了。他将性心理发展分为五个阶段：

——口欲阶段(0—1 岁)。这时婴儿的主要活动为口腔的活动，快感来源于唇、口、吸吮等。长牙后，快感来自于咬牙、咬东西。

——肛欲阶段(1—3 岁)。这时婴儿要接受排泄大小便的训练，主要为肌肉紧张控制，快感来自忍受和排便。

——性器欲阶段(3—6岁)。此阶段儿童能够分辨两性了,产生了对异性双亲的爱恋和对同性双亲的嫉妒。儿童生殖器部位的刺激是快感的来源之一。

——潜伏期阶段(6—12岁)。此阶段儿童的性欲倾向受到压抑,快感来源主要是对外部世界的兴趣。

——青春期阶段(12—18岁)。此阶段儿童的兴趣逐渐转向异性,幼年的性冲动复活,性生活继续沿着早期发展的途径进行。

弗洛伊德认为,性心理发展过程如不能顺利进行,停滞在某一发展阶段,或在个体受到挫折后从高级的发展阶段倒退到某一低级阶段,就可能导致心理异常。

(五) 焦虑和自我心理防御机制

焦虑的概念也是精神分析学派的要点。焦虑是促动我们做某些事的紧张状态。焦虑的产生是由于本我、自我和超我之间彼此争夺有限的心理能量而互相冲突的结果,它的功能在于及早预警临近的危机。焦虑有三种类型:真实性焦虑、神经性焦虑和道德性焦虑。真实性焦虑来自对外在环境的恐惧,这种焦虑程度与实际环境的威胁程度成正比;神经性焦虑与道德性焦虑是当个人内在的力量的平衡机制受到威胁时所产生的。这些焦虑的信息传到自我时,除非能够采取某些合适的应对方法,否则危险将升高,直到自我崩溃。当自我不能用合理而直接的方法来控制焦虑时,只能依赖一些不合实际的方法——启动自我防御机制来处理。

所谓自我防御机制(Self-defense Mechanism),是指人在应对面临的威胁和挫折时,为了减轻压力和焦虑,使内心保持平衡而采取的自我调节方式。它有两个特点:其一,不是否定便是歪曲事实;其二,都是在潜意识层次运作。自我防御机制不是病态的,而是人的正常行为。研究表明,自我防御机制可以在短期内使个体抑制、回避或延缓对挫折、威胁事件的感知,减少心理压力。但由于它在某种程度上不自觉地欺骗自己,以及歪曲现实,不可能一直使个体成功地应对环境,因而若长期使用,可能会出现病理性反应,有害于人的健康。以下列举几种自我防御机制。

1. 压抑(Repression)

压抑是最基本的自我防御机制,它是指将具有威胁性或痛苦的念头与感情排除在我们的意识之外,抑制到潜意识里去。例如,人不愿意回忆不愉快的或者痛苦的往事,就是压抑在起作用。

2. 否定(Denial)

否定即将不愉快的事件加以否定,当它没有发生,以求得心理平衡。例如,儿子因车祸不幸身亡,母亲闻讯后的第一反应是“不可能”,误以为听错了,不相信自己的耳朵。当个体歪曲自己的身体形象时,会发生另一种形式的否定,患有厌食症而体重过低的人可能认为自己很胖。

3. 替代(Displacement)

替代指改变冲动的方向，将冲动从原来较具威胁性的目标，转移释放到另一个较安全的目标，以宣泄心理压力。例如，员工在公司受到上司的批评后，回家拿孩子出气。

4. 投射(Projection)

投射指当个人怀有某种不良念头和冲动时，往往会指责别人也有这种想法。即把自己的欲望、态度转移到别人身上。例如，一个人因别人打断自己说话而愤怒，指责他人，其实是他自己经常想打断别人说话。

5. 合理化(Rationalization)

合理化指采用错误的推理，使不合理的行为合理化。当人犯了错误时，会尽量收集一些合乎自己需要的理由，为自己的错误辩解。例如，学习成绩不好，老是找理由安慰自己，原谅自己，这样就难以找到积极面对的方法。再如，父母把体罚孩子说成是“棒打出孝子”“不打不成材”。合理化有两种表现形式：一是酸葡萄心理，即把得不到的东西说成是不好的；二是甜柠檬心理，即当得不到“葡萄”而得到“柠檬”时，就说“柠檬”是甜的。

6. 反向作用(Reaction Formation)

反向作用指为了隐藏或者对抗困扰自己的欲望和冲动，在行为上表现出与之相反的冲动与情绪。例如，一个人不愿意接受自己的吝啬，于是变得极为慷慨大方。

7. 补偿(Compensation)

补偿指个人追求目标受挫或因自身缺陷而遭失败时，改以其他活动方式代替，以维持和增强自己的自尊和自信。例如，有些父母自己没有机会进入大学读书，就特别希望自己的孩子能够考上大学，让孩子实现自己没有实现的心愿，补偿自己的缺憾。

8. 升华(Sublimation)

升华指个人被压抑的、不符合社会规范的原始冲动或欲望用符合社会要求的建设性方式表达出来。例如，一个很有攻击性的青年变成了拳击手。

三、经典精神分析基本技术

(一) 病人的选择和治疗前的准备

弗洛伊德根据自己的实践经验，认为最适合使用精神分析治疗的疾病是癔症、强迫症和恐惧症，而这些疾病正是使用其他方法难以治愈的顽固性心理疾病。治疗的接受者要受过一定教育，能理解医生的解释。病人年龄一般在20—40岁之间，较容易产生疗效。弗洛伊德明确指出，不宜给亲密朋友和家人进行治疗，因为这会带来诸多问题。

在实施治疗前，需要作好以下准备：第一，要让病人清楚治疗需要的时间。应该坦率地向病人说明分析治疗至少需要半年、一年或更多的时间。每周会见3—6次，平均每次一个小时。还应说明治疗在短时间内很难奏效，而且不能随意终止，否则就会前功尽弃。第二，要对病人讲清楚会有一定负担的治疗费用问题。弗洛伊德认为这不仅关系到医生的收入问题，还有其他心理学方面的意义。

（二）自由联想

心理咨询师让来访者躺在专用的躺椅上，并在来访者后面注意倾听他们的诉说，这能象征性地再现来访者童年时期和父母关系的情境，容易引起心理上的退行，有助于移情的产生和发展。治疗环境是一个相对隔离的环境，要安静，不能有人旁听，不应受到干扰，不能有家属或其他有关的人员在场。

自由联想要求来访者必须遵守治疗中的规则，对所有当前生活中的事情暂且都不做任何思考，而应该把此时此刻浮现在头脑中的任何观念、想法全部说出来，不必讲究条理、顺序、逻辑、褒贬，不仅把愿意讲的内容向心理咨询师表述，甚至是一些难以启齿的内容，如使自己感到害怕、羞辱、惭愧、自责的内容也都毫无掩饰地向心理咨询师诉说。来访者的整个表达应松弛、开阔、随意、流畅，努力地做到自由地联想。

（三）阻抗和应对阻抗

弗洛伊德将阻抗(Resistance)定义为来访者在自由联想过程中对于那些使人产生焦虑的记忆与认识的压抑。他强调了潜意识对于个体自由联想活动的能动作用，明确了阻抗的意义在于增强个体的自我防御。

阻抗的表现形式可以是语言形式或非语言形式的，也可以表现为个体对心理咨询师要求的回避与抵制。在语言表达方面可表现为沉默、寡言或赘言。通常以沉默为多见。沉默可表现为个体拒绝回答心理咨询师提出的问题，或长时间的停顿。寡言常以短语、敷衍及口头禅等形式加以表现。赘言表现为来访者滔滔不绝地讲话，潜在动机可能是减少心理咨询师的说话机会，回避某些核心问题，转移其注意力等，目的在于回避那些他们不愿表达的内容。

阻抗在谈话内容方面可表现为情绪发泄、谈论琐事、东拉西扯和假提问等。在讲话方式上常表现为外在归因、健忘、顺从、控制话题等，这样就把问题归为外界的各种因素，客观上严重地阻碍了个体的自我反省。健忘也有很大的任意性，来访者往往不愿意提起往事或对于往事的细节表现出记忆模糊。对心理咨询师的顺从具有隐蔽特点，常使人不易发觉对方潜在的阻抗作用。控制话题除了能回避来访者不愿谈论的内容之外，还可强化他本人的自尊。

阻抗还可以表现在关系方面。最常见的表现是不认真履行心理咨询师的安排，包括不按时赴约，借故迟到早退，不认真完成许诺同意完成的家庭作业等。对心理咨询师请客送礼也是一种阻抗的关系表现，因为这种看上去是讨好的行为，其内在的含义却是一种自我保护，避让心理咨询师强大治疗功能的发挥。

传统的精神分析十分重视阻抗对自由联想的影响，并把解除阻抗作为精神分析中的一个重要的目标。因此，心理咨询师需要识别各种形式的阻抗，了解产生阻抗的各种原因。来访者的阻抗原因可能是多种多样的，有的来自心理问题本身，有的则与来访者的人格特点有关,还可能源于来访者对心理咨询师的不同感情。因此,心理咨询师要根据阻抗的不同情况做不同的处理。

一旦心理咨询师确认来访者出现了阻抗,他们可以把这种信息反馈给来访者。但是这种反馈一定要从帮助对方的角度出发,以诚恳的态度与对方进行探讨,共同讨论出现的阻抗现象。应对阻抗的主要目的在于解释阻抗,了解阻抗产生的原因,以便最终排解这种阻力,使治疗取得进展。这里的关键是要调动来访者的积极性。克服阻抗不是一件轻而易举的事情,需要进行多次反复的解释和讨论,直至来访者真正领悟到阻抗的存在并与心理咨询师协同克服阻抗。

(四) 梦的解析

梦的解析(The Interpretation of Dreams)在精神分析中也是一项重要的技术。弗洛伊德在《梦的解析》中对此进行了详尽的阐述。他第一次告诉曾经无知和充满疑惑的人们,梦是一个人与自己内心的真实对话,是自己向自己学习的过程,是一种特别的与自己息息相关的人生。弗洛伊德从心理学角度对梦进行了系统研究,这些研究使梦与疾病的关系渐渐清晰起来。奥地利心理学家阿德勒认为,梦是在潜意识中进行的自我调整和激励,以及对未来目标的设定。美国心理学家弗洛姆认为,梦的功能是探讨做梦者的人际关系,并帮其找到解决这些问题的答案。

弗洛伊德认为梦不是偶然形成的联想,而是压抑的欲望(潜意识的情欲伪装的满足)。它可能表现出对治疗有重要意义的情绪的来源,包含导致某种心理的原因。所以,梦是通往潜意识的桥梁。任何梦都可分为显相和隐相:显相,是梦的表面构象,是指那些人们能够记忆并描述出来的内容,类似假面具;隐相,是指梦的本质内容,即真实意思,类似假面具所掩盖的真实欲望。在弗洛伊德看来,梦的运作、化装主要通过压缩、移置、象征、次级修正的过程把梦的显相完全歪曲。压缩,使显相的梦转化为简略的形式,梦的某些成分被略去,另一些只以残缺的形式出现。移置,即一个不重要的观念或小事情,在梦中却变成大事或占据重要的地位。象征,即以具体的形式代替抽象的欲望。它显示了梦作为通往潜意识的真实路径;能在形成的内容(变化、矛盾、原因)中反映逻辑关系,以改头换面的方式出现。次级修正,即把梦中无条理的材料加以系统化来掩盖真相等。

弗洛伊德对梦的解释已深入到内心深处的潜在动机,超出了前人研究和应用的范围。但他在释梦中的主观性、任意性和神秘性也是显而易见的。他把人的一切梦的意义都与梦者潜意识中的欲望联系起来,这很难得到证实,由此也引发了不少学术方面的争议。

(五) 移情

移情(Transference)是精神分析的一个用语,也是一项技术。来访者的移情是指在以催眠疗法和自由联想法为主体的精神分析过程中,来访者对心理咨询师所产生的一种强烈的情感。是来访者将自己过去对生活中某些重要人物的情感投射到心理咨询师身上的过程。

移情可以表现为正性和负性两种,来访者对心理咨询师的过分热情、爱慕和关心是正性移情,来访者对心理咨询师的敌视、厌烦和憎恨属于负性移情。心理咨询师对来访者也可能产生同样的移情,这被称为对抗移情或逆移情。根据精神分析理论,形成移情的基础,是幼儿期在与双亲或其他人际关系中的关键人物之间存在的未能妥当处理问题的重现。移情在不同背景的来访者身上都有可能发生。当来访者的情感达到一定的强度时,他们会失去理性的客观判断力,移情至心理咨询师,就好像心理咨询师是他们生活中的重要人物一样。

无论心理咨询师的性别是男是女,移情都有可能发生。因为心理咨询师的出现,会使来访者过去未被满足的要求重新浮现。不管是正性移情还是负性移情,常常是来访者所熟悉的以往交往模式重新浮现的一种形式。移情可以帮助发现来访者早些时候受到某种特殊对待时的感受。移情通常发生在当心理咨询师(无意中)做了或说了些什么,从而触动了来访者心中未得到解决的问题,而这些问题正是曾经存在于来访者与其家庭成员,如父母、兄弟姐妹,或其他重要人物之间的残留问题。移情常发生于治疗的开始阶段,随着治疗的深入,移情会变得越来越强烈。

有些学者认为移情对于治疗过程具有一定的价值,认为只有帮助来访者解决了由于移情而产生的对心理咨询师的曲解,双方的关系才会获得极大的改善,这种改善会使来访者和心理咨询师的关系更加紧密与牢固。对于移情这一心理反应,尽管有正面的评价,但就其客观效果来讲,不论是哪一种移情,由于它很容易构成对人或物所形成的固定心理定势,从而造成判断失真,并可能产生成见或偏袒。同时,由于这一感情的产生强化了来访者对心理咨询师的投射,也就妨碍了来访者与心理咨询师真诚地、自然地沟通,从而扰乱了治疗过程中本该建立起来的理性的人际关系。

精神分析特别重视心理咨询师对自身压抑情感的处理和训练。心理咨询师要处理好自己的感情,既要注意来访者在自己面前所表露出来的各种态度和行为,也要特别注意不要将自己的生活经历和情感经验带进心理治疗中,更不能试图以此影响来访者的思想和行为。产生移情时,来访者过去未曾解决的问题会使他们对心理咨询师的知觉和反应方式产生变形。这些未解决的问题来源于来访者过去的人际关系,而现在又直接指向了心理咨询师。如果心理咨询师对于来访者移情的处理感到困难并出现僵局时,应该考虑对来访者进行转介。

第二节　行为治疗理论与技术

行为主义是现代心理学主要流派之一,对西方心理学有着巨大影响,被称作西方心理学的第一势力。行为主义的理论发端于 20 世纪初,而行为治疗理论却是在 20 世纪 50 年代以后才得以发展的。

行为治疗理论植根于行为主义学习论。它的基本假设是:人类的绝大多数行为(不管是异常或不良行为,还是正常的或良好行为)都是学习的结果。各种环境因素,包括人如何对我们的行为作出反应,是导致大多数心理障碍的关键因素。行为治疗家根据科学的问题解决方法，运用系统化、客观化，以数据为基础的各种方法实施心理干预。行为治疗就是运用学习原理帮助患者消除不良行为，并学会更多的适应行为模式。

一、行为治疗理论背景

行为主义创始人华生(J. Watson)曾经在1920年做了一个经典的儿童恐惧行为实验。被试是一名仅11个月大的叫阿尔伯特的男孩，研究者使用经典条件反射形成的方法，使阿尔伯特对白色物体产生恐惧反应。小阿尔伯特原来很喜欢小动物，不仅敢抚摸它们，还喜欢和它们玩耍。在实验中，实验人员在小男孩面前放置一只小白鼠，每当他和小白鼠玩耍时，就在他背后用铁锤敲击金属铁棒发出一声巨响。在多次重复这样的程序后，小男孩很快就有了恐惧反应。同时，这种恐惧反应还泛化到了其他白绒绒的物体(如棉花、兔子等)上。这个实验说明了人的情绪反应可以由学习而获得。

1924年，琼斯(M. C. Jones)进行了消除儿童对白兔恐惧的实验。琼斯通过逐渐、多级的暴露，让儿童逐级接近白兔，同时将这种暴露与向儿童提供食物联系起来。最终，儿童消除了对白兔的恐惧，并能在实验结束时抚摸兔子。这个实验被认为是学习原理在临床问题上的首次运用，而琼斯也被视为系统脱敏法的先驱。

20世纪50年代以后，行为治疗理论在临床运用方面得到了长足发展，开始逐渐与精神分析形成一种抗衡。在此后的10年里，有三本重要著作为今天的行为治疗理论和技术提供了基础。

1950年，多拉德(J. Dollard)和米勒(G. A. Miller)出版了《人格和心理治疗》一书，该书试图整合心理分析理论和学习理论。他们将当时非常流行的心理分析理论和概念转化为学习理论、刺激-反应的语言。但这本书并没有驳斥精神分析理论，它只是从行为的角度来解释人格和心理治疗过程。

1953年，斯金纳(B. F. Skinner)出版了《科学和人类行为》，在这本书里，斯金纳对从精神分析解释人类行为的观点进行了批评，并大力提倡在临床工作中运用科学的方法，强调以可观察到的行为作为治疗的焦点。斯金纳并没有因此否定个人、内心事件的存在以及重要性，但他认为这些事件太过主观，不能有效地用科学方法来改变人类的行为。

沃尔普(J. Wolpe)于1958年发表了《交互抑制心理疗法》，将行为治疗理论运用到成人精神障碍的治疗中。沃尔普运用经典条件反射理论，将焦虑看作精神障碍的关键因素，同时，他还发展了系统脱敏法的基本治疗程序。

20世纪60年代，社会学习理论兴起，班杜拉(A. Bandura)因认识到观察学习在行为获得和改变中的重要作用而获得了人们的肯定。班杜拉认为，人的社会化学习和社会化过程除了可以通过言语来学习之外，还可以通过观察学习这一途径来实现，个体行为的发生和种种变化除了受直接强化外，还受到替代性强化的控制。这种观察学习和替代性强化就是为个体提供行为的榜样、作出示范，个体则通过观察进行模仿学习。这一理论很快被临床心理学家用到心理治疗之中，它与行为治疗的其他方法结合起来，能够更加有效地解决人的行为障碍。

从20世纪60年代末至今，大量的行为治疗技术得到了发展、应用和研究。这些技术包括：系统脱敏法、放松训练、自我控制训练、厌恶法、代币法、行为契约法、榜样示范法和认知行为矫正法。这些行为治疗技术被广泛用于焦虑、攻击性、缺乏自信、社会技能障碍、成瘾行为、性功能失调、饮食障碍、心身疾病、学习困难、婚姻和家庭功能不良等问题行为的治疗中。

二、行为治疗理论主要观点

行为治疗理论主要以经典性条件作用原理、操作性条件作用理论、观察学习原理和认知-行为学习理论为基础。

（一）经典性条件作用原理

经典性条件反射关注无意识行为或反射行为。环境中的不同刺激会自动地激发或引发反射行为。对噪声的惊恐反应，或饮食时口中分泌唾沫都是一种反应，这些反应是习得的、自动的或无意识的。但是这些反应也可以通过经典条件学习而习得，即将中性刺激与一些无条件的刺激多次联系以后，中性刺激可以产生反射行为。恐惧就是一种常见的反射行为。前面提到的"小阿尔伯特"恐惧实验就是经典条件恐惧反应的例子。在经典条件反射中，行为发生前的刺激或事件被视为行为的控制因素。沃尔普的系统脱敏法就是基于经典条件作用原理而设计的行为治疗程序。

（二）操作性条件作用原理

操作性行为是有意识的、个人可以自由控制的行为。这些行为受行为结果的影响或控制。一个行为是被强化还是被削弱，都由行为的结果决定。一般来讲，能带来良好结果的行为会因受到积极的强化而增强，而带来不良结果的行为会因惩罚而减少。

行为也会因强化的停止而减少直到消退。例如，因完成作业受到教师表扬的学生会强化他完成作业的行为，可以说他的良好学习行为是受到积极强化的缘故。另一方面，如果一个教师没有表扬学生受欢迎的行为，那么这个行为就会因没有得到强化而减少。大多数日常行为都是操作性的，因此，以操作性为基础的干预方案被广泛地应用于学校和有关行为治疗部门（如医院、劳教所、戒毒所等）。

（三）观察学习原理

观察学习指个体通过观察榜样而习得行为的过程，这种行为是模仿的结果，而无须直接强化。班杜拉以自然的社会情境中的儿童为对象做了大量实验，为观察学习提供了令人信服的证据。他的一个典型实验是，让儿童观看成人对塑料玩偶又打又踢的影片，之后当他们单独玩同一玩偶时，表现出的虐待玩偶的攻击行为比没有看过上述影片的儿童多。尽管这些儿童没有进行直接攻击的行为练习，也没有受到直接强化，但却学会了攻击行为。在另一个实验中，班杜拉给三组学前儿童观看三部影片，影片中同样有成人踢打玩偶的场面，不同的是影片中出现的第三者分别对虐待玩偶的成人给予奖赏、给予惩罚和既不给予奖赏也不给予惩罚。结果观看踢打玩偶的成人受到惩罚影片的儿童，其攻击行为少于另外两组。

从上述实验中可以发现，观察学习有三个特点：

(1) 观察学习并不一定具有外显的反应。它与尝试错误学习不同，学习者可以通过非操作的形式获得被示范的行为反应。

(2) 观察学习不依赖直接强化。在没有外部直接强化的情况下，观察学习同样可以发生。

(3) 观察学习包含着重要的认知过程，认知因素在观察学习中起到重要作用。班杜拉所说的认知，主要是指使用符号和预见结果的能力。

事实上，大多数行为并非由某种单一的学习方式而产生，而是经典性、操作性和观察学习综合作用的结果，大多数问题行为是通过几种学习机制而习得的。例如，学校恐惧症可以用上述三种学习观来解释。在经典条件作用看来，儿童通过联系学习而获得恐惧的反应。操作性条件作用认为，学校恐惧症是儿童上学没有受到强化或受到了惩罚(如教师惩罚)而导致的。最后，观察学习则将此视为儿童观察了其他孩子的恐惧反应所致。班杜拉运用这三种学习方式来解释行为，并强调大多数社会情景中发生的行为是多种因素共同作用的结果。

(四) 认知-行为学习原理

认知-行为学习方法是基于外界对行为疗法的批评而诞生的。批评者认为，行为治疗者在治疗时仅仅关注可观察到的、可测量的行为，却忽视了一些更重要的内部因素。这个理论认为，行为受到认知的调节，因此行为也可以通过想法的改变而改变。例如，一个冲动的孩子匆匆忙忙地做完了他的作业，结果作业又乱错误又多。治疗者教这个孩子大声对自己说，或在心中默念“慢一点”“不要急”。结果这个孩子的作业整洁了许多，正确率也提高了许多。在这个例子中，孩子的想法和自言自语使可观察到的行为发生了变化。

三、行为治疗常用技术

行为干预的技术十分广泛，根据学校心理咨询的特点，常用的技术有行为塑造、行为技能训练、惩罚、代币治疗、行为契约、放松训练、系统脱敏、快速暴露法等。

(一) 行为塑造

1. 行为塑造的定义

行为塑造是用来培养一个人目前尚未作出的目标行为的手段，它可以使个体行为不断接近目标行为，最终做出这种目标行为。

2. 行为塑造的实施过程

行为塑造是一个过程，操作可以分为以下一些程序。

(1) 定义目标行为。

根据需要为治疗对象拟定一个目标行为。在确定目标时,应该充分估计这个塑造计划能否成功,何时能够获得成功。

(2) 判断塑造方法对来访者是否是最佳选择。

塑造是要让来访者作出新的行为举动,或者是恢复曾经有过的行为,但是这个行为目前已经消失了。对于那些时有时无可能出现的行为,不能采用塑造方法,而是要通过差别强化方法来操作(在一个情景中只强化一种行为,而其他行为不被强化)。

(3) 确认初始行为。

初始行为必须符合两个要求,即应该是来访者已经在做的行为,其次是初始行为必须和目标行为有一定的关联。以此为基础,才能向目标行为逐步递进。

(4) 选择行为塑造步骤。

个体在塑造过程中,一定要在掌握了上一步以后才能进入到下一步,应该循序渐进地朝目标行为趋近。需要注意的是,迈向新的一步所改变的幅度不能太大,否则来访者会难以接受。同时,在塑造过程中的每一步又不能太细小,这会使塑造的进度过于缓慢,费时又费力。所以要尽可能地趋于合理,让来访者既能接受又能做到行为改变的进步。

(5) 选定行为塑造过程中的强化物。

需要选定一个强化物,可根据学校环境的特点和可能选定强化物。要确保来访者在做出一个正确的行为时能及时得到强化物,使强化物能够对新的行为产生直接作用。但是,强化物的量必须适度,以免来访者轻易得到强化物而满足,忽视塑造过程中付出努力的代价。

(6) 对各个连续的趋近行为实施差别化强化。

塑造是一个连续性过程。刚开始时,当来访者出现初始行为时就应给予强化物,以达到强化行为的效果。当此行为基本巩固后进入到后一步行为时,就应对出现的后一步行为进行强化,停止对前一步行为的强化。按照这样的程序,一旦某一步骤的行为能够达到保持连续出现后,就应进入到下一步行为,强化也随之转向此新行为。如此操作,直至达到目标行为。在目标行为得到巩固后才能停止给予强化物。

(7) 按照合适的速度完成塑造的各步骤。

塑造推进的速度需要适当,过分急于求成,来访者会出现畏难惧怕的情绪。节奏过分缓慢,来访者会拖拖拉拉。因此,需要根据来访者的实际情况以及在强化操作过程中的不断反馈来确定进度。塑造过程并非是一个"匀速"的过程,因此需要边观察边调整,从起始行为顺利到达目标行为。

(二) 行为技能训练

行为技能训练就是帮助个体熟悉有用的行为技能(如社会技能或学习相关的技能)。示范、指导和演习是行为技能训练的常用方法。

1. 示范

示范者（心理咨询师）向学习者（来访者）示范正确的行为。学习者通过观察示范行为并进行模仿，从而习得正确行为。示范可以是具体的，也可以是象征性的。具体示范就是心理咨询师直面来访者进行示范操作，而进行象征示范时，心理咨询师是通过录像、录音、视频材料的形式来演示。

示范要产生效果，必须掌握以下一些要点：(1)学习者必须具备模仿能力；(2)示范者具有一定的权威性；(3)示范行为的复杂程度应与学习者的接受能力相符；(4)学习者在心理咨询师示范过程中的专注程度要高；(5)学习者在观看示范后应进行相应的演习模仿等。

2. 指导

指导是指向来访者恰当地描述某种行为。只有针对性地向来访者描述、讲解和解释如何达到希望表现的行为，才能让其知道应该如何去做，如何做才是正确的。指导来访者并非是一件容易的事情，因此在指导中必须做到以下一些要点：(1)指导者所用的语言要符合学习者的理解水平；(2)指导者应当是来访者所信任的人（如心理咨询师、教师、父母）；(3)接受指导后应该尽快给来访者实际行动的机会；(4)在来访者注意力集中的时候给予其指导，这样才会有明显效果；(5)指导者应该重复指导语，以保证来访者正确听到并记住指导语。

3. 演习

演习是指来访者在接受指导和观察行为示范后对这种行为进行的实践。演习是行为技能训练的一个重要组成部分。因为在演习过程中，心理咨询师才能看到来访者的表现，才能判断来访者是否已经掌握了该行为。在演习操作中需要做到以下一些要点：(1)在适当的时候对行为进行演习，这样可以引导来访者将学得的行为类推到其他行为上；(2)演习应该从简到难，循序渐进，以提高来访者的成功率，增强其信心；(3)对成功的演习应立即给予强化；(4)对不完全正确的或错误的演习，应给予更正性反馈；(5)只有在来访者行为表现达到正确时演习才能停止。

（三）惩罚

惩罚是指某一行为发生后紧随的后果导致行为将来出现的可能性降低的过程。所以它包含三个要素：(1)一个具体行为发生了；(2)这个行为之后立刻跟随一个结果；(3)将来这个行为不太可能会再次发生。

在行为矫正中，惩罚是一个具有特定含义的术语，这与大多数人所认为的惩罚的含义是不同的，它没有任何消极色彩。但在现实社会中，一般人都把惩罚看成是做错事的人应得的报应结果，所以它包含了伦理、道德和法律的内涵。因此，心理咨询师在对惩罚的认识上，应该把行为矫正中的一项专业技术和一般人理解的带有负面意义的内容严格加以区分。需要指出的是，在惩罚程序的使用方面尚存在一些争议，有人认为在学校环境中使用惩罚会侵犯学生的个人权利。也有人认为厌恶的刺激会给人带来一些痛苦或不愉快的体验，似乎也是不可取的做法。所以，考虑到种种因素，惩罚程序一般不作为对问题行为干预的第一选择。

以下阐述的四种惩罚程序,"罚时出局""反应代价""厌恶活动""厌恶刺激"都是学校中常用的方法。前两种方法属于负性惩罚,即在问题行为出现后转移强化事件。后两种方法属于正性惩罚,是在问题行为发生后,提供厌恶事件,从而使问题行为以后发生的可能性降低。

1. 罚时出局

罚时出局是指在短时间内问题行为由于失去接近正性强化物的机会,结果使今后问题行为出现的可能性降低。罚时出局有两种类型:非排斥性罚时出局和排斥性罚时出局。

例如,一组学生在心理健康教育课中做心理游戏,有一个学生不遵守课堂纪律,不专心投入,与周围的同学随便大声讲话。心理教师看到这种情况,就平静地走到这位学生面前,拉着他的手,指着教室墙边的一把椅子对他说,你坐到这张椅子上,暂时不参加游戏了,因为你大声讲话影响了大家的活动。学生安静地坐在椅子上看着其他同学继续做游戏。大约10分钟后,教师见该学生安静了,情绪平稳了,就又让他回到班级群体中继续参与游戏。此时学生不再大声喧哗,认真地参与到心理教育课的活动中。心理教师的这种做法就是非排斥性罚时出局。

如果心理教师要求学生即刻到教师办公室静坐,请另一位教师监管。在心理教育课结束后再去和该学生谈话,对他说明这样做的理由并针对学生的问题行为进行心理辅导。该学生在以后的心理教育课中不再出现不遵守课堂纪律的行为。这样的过程就被称为排斥性罚时出局。

使用罚时出局并增加其有效性,应该注意以下一些要点。

(1) 罚时出局要有可行性。

在实施罚时出局时,应考虑到当时的实际情况和可行性。如果是排斥性罚时出局,心理教师需要物色一位助手陪同学生到达其他的房间,同时需要监管该学生。如果学生的配合度很差,对排斥性罚时出局进行反抗,这很容易形成冲突的僵局,无法达到行为干预的目的。所以心理教师在考虑实施罚时出局时,应对操作能否成功有充分的预估。

(2) 罚时出局要确保安全。

无论是实施排斥性罚时出局还是非排斥性罚时出局,都应考虑到学生的安全。当让学生离开现场进入另一个环境(如走廊、教室或办公室),都应该由委派的教师进行监管,不能让学生独自处在另一个环境中随意活动。即使是非排斥性罚时出局,心理教师也需要密切观察学生的动态,对可能出现的不配合或不安全的行为密切观察并及时作出反应。

(3) 罚时出局要控制时间。

罚时出局应该是一个短暂失去获得正性强化物的过程,因此必须把握适当的时间长短。罚时出局一般为1—10分钟。若需要延长时间,可以在监管人在场的情况下延长15秒—1分钟。心理教师应严格把握时间,不能在学生的问题行为还没有终止时就结束出局,这样做会导致对学生问题行为的强化。

（4）罚时出局要防止逃脱。

无论是非排斥性罚时出局还是排斥性罚时出局，监管人一定不能让学生在出局结束前离开、逃脱。学生的逃脱成功会使罚时出局的实施以失败告终，这是对学生问题行为的强化。但是有的学生会设法逃脱，心理咨询师和监管人应在不引起冲突爆发的情况下尽量让学生完成罚时出局，在时间方面可以考虑适当缩短。

（5）罚时出局要能够接受。

心理咨询师在决定使用罚时出局之前，必须认真考虑此程序在具体的操作环境中是否可以被接受。因为尽管这是科学的行为塑造的良好方法，学生也能够接受，但是学生的家长可能会对此做法产生误解，认为这是一种对学生的变相虐待，不接受学校心理咨询师的做法。有的学生家长会赞同使用罚时出局，他们会在家中自行对学生实施罚时出局来制约问题行为，但是由于缺乏正确的指导，可能把握不好操作的强度，导致越出合理的程度，从而使学生难以接受并且影响罚时出局的效果。

2. 反应代价

所谓反应代价就是根据问题行为出现与否，拿走一定数量的强化物。反应代价程序被政府、执法部门和其他机构广泛应用。在交通执法中，罚款和扣分都是最常见的反应代价，因为罚款就是失去一定数量的强化物（钱），扣分则与暂停和剥夺驾驶资格明显挂钩。在学校环境中，尽管心理咨询师不可能对学生使用罚款手段，但是选择收取一定数额的代币，剥夺一些学生喜好的活动时间，撤回学生的一些特权等都可以作为反应代价的强化物。

在反应代价的程序操作中应该注意以下一些要点。

（1）罚款不宜在学校环境中作为反应代价的强化物。

（2）学生在问题行为发生后所失去的强化物，应该尽可能立即生效，不宜延迟一段时间，因为失去强化物的刺激效果会因延迟而减弱。

（3）失去的强化物应合情合理，符合道德。且不会对学生造成本质上的损害。同时应避免家长对孩子失去强化物产生误解。

（4）反应代价的实施有其可行性。心理咨询师对于实施反应代价的程序应做周密的安排，要有计划、有条理地实施。不宜在学生不知情或不清楚规则的情况下轻易失去强化物，这会导致学生的不理解和不配合。此外，心理咨询师也应了解和充分估计自己的专业水平与应对能力，这是应变处理反应代价的基础条件。

3. 厌恶活动

厌恶活动属于正性惩罚的一种程序，指在问题行为发生后，提供厌恶事件，从而使问题行为未来发生的可能性降低。厌恶活动有很多类型，在学校环境中常用的方法有矫枉过正、随因练习和身体限制等。

（1）矫枉过正。

矫枉过正是指要求学生在每次问题行为发生的一段时间内进行与该行为有关的费力活

动。矫枉过正一般有两种形式:积极练习和过度补偿。

一是积极练习。指每次学生出现问题行为后,要求他们积极地练习正确形式的行为。这种做法必须在问题行为出现随后的一段时间内进行(5—10 分钟),需重复一定的次数才能停止。平时在学校中,教师要求学生把做错的作业订正或多抄几遍就是矫枉过正的原理。只是因客观条件的限制,积极练习的时间被延迟了。最有效的做法应是尽快地进行积极练习。

二是过度补偿。在学生每次出现问题行为后,心理咨询师必须纠正学生问题行为所造成的环境影响,并要求把环境恢复到比出现问题行为之前更好的状态。例如,当学生随便移动课桌,影响了教室的环境整洁时,心理咨询师除了要求该学生恢复移动的课桌,还应要求他把其他凌乱的课桌也整理排齐。在这样的过度补偿过程中,学生的问题行为就会得到矫枉过正的纠正。

(2) 随因练习。

随因练习的程序是当学生出现问题行为时必须进行某种形式的体力活动,其结果能使问题行为在未来发生的可能性降低。这不同于矫枉过正中的厌恶活动,这是对问题行为的正确形式的积极练习或是矫正了由问题行为造成的紊乱环境。随因练习中的体力活动与问题行为之间没有直接的关系。体力活动必须在学生能够完成的范围之内,不会造成对学生的伤害。例如,一学生有随地吐口水的习惯,心理咨询师就要求学生在发生随地吐口水的行为后必须做 10 次俯卧撑,为的是希望该学生逐渐减少这一不良习惯。这种体力活动的过程就是随因练习。

(3) 身体限制。

身体限制是一种惩罚程序,当学生出现问题行为时,心理咨询师或者教师把该学生的部分身体控制住,使他制动,不再能够继续问题行为。例如,一个男学生欺负一个女学生,用脚踢女学生,被教师看到了。此时,教师就抱住男生的腰,不让男生再继续踢女生。这就是身体限制的过程。许多人能体会到自己的活动受到限制是一件令人反感的事情,所以对这些人使用身体限制的方法可以作为惩罚手段。

关于身体限制的实施须注意以下一些要点:

第一,心理咨询师或教师在有足够体力的情况下才能实施对学生的身体限制。

第二,心理咨询师或教师必须充分估计被身体限制者可能会做出的肢体反抗。

第三,心理咨询师或教师必须确定执行程序不会对问题行为学生造成伤害。

4. 厌恶刺激

进行厌恶刺激即在问题行为发生后呈现令人厌恶的刺激物。当问题行为导致厌恶刺激呈现时,这样的行为在以后就不大可能再出现。厌恶刺激的手段有多种,包括电休克、香味氨水、水雾喷射、面部遮蔽、闹钟铃声等。

在精神病专科医院,电休克对于有严重自杀自伤行为的来访者来说是一种有效的治疗措施。在一些特殊教育学校的环境中，心理咨询师可以根据学生的具体情况，适度地使用其他不同的厌恶刺激手段来惩罚他们的问题行为。对于普通学校的学生，厌恶刺激的实施需要十分谨慎。

使用惩罚应当在慎重考虑的前提下安排实施。因为惩罚涉及强化物的损失、强迫活动、行动限制或呈现厌恶刺激等，所以如果对此程序使用不当或滥用，可能会对学生造成危害。因此，为了确保惩罚符合道德，应做到以下一些事项。

（1）知情同意。心理咨询师必须完全理解惩罚的程序、实施的原理、如何实施、预期的效果和副作用。在实施前必须全面了解学生是否适合接受惩罚，他们是否同意接受惩罚。所以，对未成年人和不能作出承诺的成年人（如智力障碍患者或其他精神疾病患者）使用惩罚时，必须由维护其权益的合法监护人或合法代表作出同意实施惩罚的承诺。

（2）替代治疗。惩罚不宜作为首选的心理行为干预手段，如果有其他合适的替代方法，可以先使用替代方法，在无效的情况下才考虑使用惩罚程序。

（3）确保安全。惩罚程序不能对学生产生任何伤害。如果所采用的技术会对学生的身体造成伤害，则不能使用。

（4）实施引导。如果准备实施惩罚程序，心理咨询师必须对参与实施的人员（教师、家长等）认真指导和管理。并给予书面指导文本，详细表述操作中的细节。

（5）专家复查。惩罚程序必须写成详细的书面计划，提交有关专家或督导师进行复查。在专家评估批准的情况下才能进行实施，以防止惩罚的滥用。

（四）代币治疗

代币治疗是在一个指导治疗或接受教育的环境中，在受教育者（被治疗者）出现期望行为或减少不良行为后给予代币，使其可通过代币兑换物品，代币成为一种条件强化物，从而达到改变行为的目的。代币治疗的实施有以下一些基本步骤。

1. 确定目标行为

代币治疗的第一步是确定在治疗中要强化的期望目标。在学校教育环境中，由于学生所确定的目标有其特殊性，对于不同年龄和不同成长阶段的学生所确定的目标也应该有所区别。

2. 确定用作代币的项目

代币应该是一件实物，方便携带，以便心理咨询师在学生每次出现行为目标时可以在此环境中立即给予学生代币。代币通常的形式有印好的卡片、专用券、各种形状的小贴片、在纸卡上盖戳等。

3. 确定后援强化物

后援强化物十分重要，它和代币配合才能构成对目标行为的强化。后援物包括零食、饮料、游戏、看视频、看电影、参与集体活动等。在学校中可以根据环境条件和不同层次学生的不同兴趣点进行安排。

4. 确定适当的强化计划

当学生出现了目标行为后，心理咨询师应该立即给学生一个代币。心理咨询师应对如何给予强化物确定一个由简到难的计划。在实施计划的初期，学生的行为出现都能较容易地得到一个代币。但是随着学生行为的改善，他能够得到的代币的难度应有所增加，从一次行为得一个强化物，逐步转到5—10次行为得到一个强化物。这样做既能确保学生早期获得代币的可能性，同时又能在难度逐步增加的情况下使学生体验到得到强化物的自我价值的提升。

5. 建立代币的兑换率

代币和后援强化物的兑换率必须明确而又公开。每一种后援强化物都有一个价格和用代币兑换它的比率。建立兑换率是为了公平地对待参与代币治疗的所有学生。为了使代币法获得良好效果，心理咨询师应根据实施代币法的变化情况对强化物的兑换率做适当的更换。另外，学生在一天中允许兑换的后援强化物的总价格应有一个封顶的限制。

6. 建立兑换代币的时间与地点

在学校心理咨询室中可以设立一个代币兑换点，明确兑换的开放时间。开放时间根据心理咨询师所设定的代币治疗的计划而定。需要向参与治疗的学生明确兑换的时间和地点。同时还应规定在学生获取代币后的一段时间内（一般为一周）不准许进行兑换，以便让学生表现出更多的目标行为、累积更多的代币。

代币治疗在学校中的应用面很广，这一程序有诸多优点：

（1）强化快速：使用代币可以在目标行为出现后立即得到强化。

（2）管理严谨：代币管理严谨，学生的期待目标行为可以得到一致的强化。

（3）操作简单：代币便于分发，也便于学生自己保管和积累。

（4）便于量化：代币强化便于量化，减少强化的主观因素。

（5）扩大成果：学生可以通过储存代币，为了购买更多东西而学到更多的技能。

同时，需要指出的是，实施代币治疗，心理治疗师和心理咨询机构在人力、物力和时间方面的花费都比较大。

（五）行为契约

1. 行为契约的定义

达成协议的双方共同签署一项行为契约，其中一方或双方同意在行为中采取一定程度的目标行为。同时契约还规定了该行为出现或没有出现时将执行的相关行为强化结果。

2. 行为契约的组成

一个行为契约由以下五项基本结构组成。

（1）明确契约中的目标行为。

契约中的目标行为都必须使用客观可操作的描述。目标行为可以包括非期望行为的减少，或期望行为的增加，或者两者都有。

(2) 规定如何测量目标行为。

负责实施目标行为的心理咨询师必须有目标行为出现的依据,来访者必须能够证明目标行为是否出现。在写契约的同时,来访者和心理咨询师必须对测量目标行为的方法达成协议。

(3) 确定该行为必须执行的时间。

为了强化的实施,每项契约都必须规定该行为出现(或不出现)的时间范围。

(4) 确定强化与惩罚的发生。

心理咨询师运用正性强化与负性强化,或者正性惩罚与负性惩罚,帮助来访者执行(或节制)契约中规定的目标行为。强化或惩罚的发生需清楚地写在契约中。来访者需认可一定程度的目标行为,并进一步同意与目标行为相关联的强化或惩罚。

(5) 确定由谁来实施强化或惩罚。

一项行为契约需要包括两个部分。一部分是同意采用特定的目标行为;另一部分是实施行为契约中规定的强化或惩罚。

3. 行为契约的类型

行为契约有两种类型:单方契约和双方契约。

(1) 单方契约。

单方契约又称为单方面契约,由寻求改变一项目标行为的来访者一方,与实施强化的契约管理的心理咨询师一起安排强化或惩罚计划。单方契约常用于学生想要增加期望行为,如运动、学习、饮食习惯或其他与学校有关的行为。也可用于减少非期望性行为,如贪食、咬指甲、看电视过多或上学迟到等。契约管理者不宜让学生家长担任,因为家长一般都难以掌控契约的执行。

(2) 双方契约。

契约由双方签写,每一方都想改变一种目标行为。在双方契约中,由双方来确定要改变的目标行为及对目标行为实施的强化。签订双方契约的人有着相互的关系,如同学、朋友、同胞、师生等。通常是一方对另一方的某些行为感到不满,契约确定的行为改变,能使双方感到愉快满意。

4. 行为契约的商定

参与行为契约的成员必须商定契约中的内容,使大家都能接受契约。在单方契约中,心理咨询师要与来访者商定能够接受的目标行为的程度、适宜的结果及契约的时间限定。心理咨询师还需选择一种强化,以确保执行目标行为的成功。

商定一项双方契约可能会有难度,因为契约的双方往往处于冲突的矛盾之中,关系紧张。每一方都认为对方是错的,同时又坚信自己的行为没有任何问题。所以,都期待改变对方的行为,而不愿意改变自己的行为。心理咨询师必须与他们商定一项双方都能够接受的契约,必须让双方都能看到他们会从各自行为的改变中获益。同时要帮助双方认识到,只有双方共同参与，改变自己的行为，让对方满意，冲突的状况才能得到改善。

5. 行为契约的应用

行为契约已经大量用于改善儿童、青少年及大学生的在校学习生活。同时也运用在同学关系、师生关系和亲子关系的改善中。

需要指出的是，行为契约虽然能够产生行为塑造的效果，但是这是一种延迟的后果，它并不能立即跟随目标行为出现。因此，行为契约并不是通过简单的强化或惩罚过程所导致的行为改变，而是建立在其他行为过程基础上的改变。此外，行为契约是通过规则支配行为。契约所建立的是一些规则，签约人需要在相应的环境中把契约作为一种自我指令，督促自己采取目标行为。

（六）放松训练

放松训练是一种通过调节来访者自主神经兴奋状态，从而达到减轻焦虑和恐惧的行为干预技术。自主神经兴奋状态表现为全身肌肉紧张、心悸、四肢发冷、脸色苍白、呼吸局促、出冷汗等。而放松训练能够降低自主神经的兴奋性，使机体调整到平静、松弛、安宁、舒适的状态，从而减轻或消除焦虑和恐惧情绪。

放松训练最为常用的方法有渐进性肌肉松弛法、腹式呼吸法和注意集中训练法等。

1. 渐进性肌肉松弛法

当人体的局部肌群人为地进行收缩紧张，随后立即放松，肌肉将出现比原先更加松弛的状态。这就是肌肉松弛法的基本原理。心理咨询师在指导来访者进行渐进性肌肉松弛法训练时可以分为以下三个步骤操作：

第一步，放松练习需安排在一个安静的无干扰的室内进行。让来访者坐在一张舒适的靠椅上，轻轻闭上双眼。

第二步，首先进行选择优势侧手及手臂，使肌肉紧张 5 秒钟，然后突然放松。让学生体会到紧张与放松状态之间的区别，集中关注和仔细体验此时的松弛状态 5—10 秒钟，来访者可以清晰地感受到放松后的局部肌肉的舒适及轻松。然后根据表 2 - 1 的顺序，依次对全身的每组肌群进行紧张及放松练习。

表 2 - 1　全身不同部位肌群及紧张方法

肌群	紧张的方法
1. 优势侧的手和手臂	先用力，向肩部屈肘
2. 非优势侧的手和手臂	同优势侧
3. 前额及双眼	睁开双眼并提眉，尽可能使前额有很多抬头纹
4. 上颊及鼻子	皱眉，斜眼，皱鼻子
5. 颚部，下颊，颈部	咬牙，翘起下巴，嘴角降低

续表

肌群	紧张的方法
6. 肩部，背部，胸部	耸肩，尽可能地往后拉肩峰，好像要使它们触到另一侧
7. 腹部	轻轻向腰部弯曲，上腹部挺起，尽可能地紧张肌肉，使腹肌坚硬
8. 臀部	收紧臀部，同时向下推压椅子
9. 优势侧大腿	推挤肌肉，使之紧张变硬
10. 优势侧小腿	脚趾向上翘，伸展并紧张腓肠肌
11. 优势侧脚	脚趾向外，向下分开，伸足
12. 非优势侧大腿	同优势侧
13. 非优势侧小腿	同优势侧
14. 非优势侧脚	同优势侧

第三步，当来访者能够熟练地掌握全身每一肌群的紧张放松方法，并能够做到不依赖图表或录音提示，能完全记忆放松肌群的整个程序时，来访者可以尝试不通过顺序性地对每组肌群进行紧张放松练习过程，而直接进入到自我全身放松。在这种过渡中，可以通过一些提示语如“我要全身放松”，由来访者在自我提示下立即进入到全身的放松状态，最终使自我提示和全身放松形成一种条件反射。学生能够在对自己进行提示放松后便即刻进入到全身放松的状态。

2. 腹式呼吸法

当来访者处在焦虑状态下，通常伴随自主神经的兴奋，呼吸会表现为浅而快的局促、紧张状态。此时若用一种慢节奏的深呼吸来取代，通过呼吸的调整能够达到减轻焦虑的效果。用以取代的深呼吸是一种腹式呼吸，是通过膈肌的上下运动达到的一种深呼吸。腹式呼吸的训练有以下两个步骤：

第一步，来访者选择一个舒适的静坐姿势，将一只优势手轻放在胸肋下的腹部部位，这正是膈肌的位置，以检查腹部的运动状态。而将另一只手放在胸部以检查胸部的运动状态。当来访者使用膈肌进行深呼吸时，可以通过优势手感受到腹部向外慢慢地放松地鼓起。而放在胸部的手感到胸廓略微有平稳的运动。此时的腹式呼吸才达到了膈肌深呼吸的要求。

第二步，练习腹式呼吸可以选择坐姿、站姿或躺着的姿势。先慢慢闭上双眼和嘴巴，缓缓地用鼻子吸气 3—5 秒钟，腹部有向外鼓出的感觉。然后再缓缓地用鼻子呼气 3—5 秒钟，使肺部的空气顺着膈肌的向上运动，自然地排出体外。这样反复地练习能够产生降低焦虑的效果。在进行腹式呼吸的练习中，来访者应该把注意力集中在对呼吸的感受上，感受腹部在内外运动，胸部保持平稳。腹式呼吸的最终效果体现在降低焦虑的程度。

腹式呼吸练习是大多数放松训练的一个组成部分，可以配合其他放松练习同时运用。

3. 注意集中训练法

注意集中训练法的基本原理是通过练习使来访者的注意指向一个中性的或愉快的刺激，而从产生焦虑的注意刺激方面转移离开。常用的注意集中训练法有默想法和指导意象法等。

默想法是通过练习把注意力集中到某个视觉刺激、听觉刺激或运动知觉刺激上，其目的是使来访者从会产生焦虑反应的刺激中移开，从而达到机体和情绪放松的效果。

指导意象法是通过想象练习，使来访者构想轻松愉快的情境或影像。练习时来访者可以采用舒适的坐姿或半卧位姿势，在心理咨询师的指导下闭上双眼，跟随播放制作好的引导语录音材料，使来访者通过同步想象，进入心旷神怡的状态之中。录音材料可以有多种配置，如海边、丛林、田野、村落、深山等环境音，既有大自然的声音气息效果，又有优美的音乐伴奏。可根据来访者性别、年龄、经历、喜好的不同选择不同的录音素材。指导意象法练习的目的同样是转移来访者焦虑反应的刺激源。

（七）系统脱敏

1. 系统脱敏的原理

系统脱敏是由约瑟夫·沃尔普创立并发展的一种行为治疗方法。沃尔普医生通过对猫的恐惧实验结果，认为机体在恐惧的情境中保持放松的状态，能降低机体的恐惧反应。他把这个过程称作"交互抑制"，意为放松反应能抑制并防止恐惧反应的出现。

在系统脱敏实施过程中，心理咨询师的鼓励、赞许对来访者的操作训练起着强化作用，使来访者在恐惧情境下仍能保持放松，不再引起焦虑和退缩，恐惧行为便会自然消退。也就是说，心理咨询师有步骤地让来访者在放松状态下想象并逐步接触以前曾引起他恐惧的情境，逐步增加其耐受程度，由于处于放松状态，来访者能直接体验到平静的情绪，因而原有的恐惧反应和回避行为就会逐步减退与削弱。

运用系统脱敏方法有三个重要环节：

（1）来访者学习和运用放松技术。

（2）心理咨询师和来访者一起建立一个恐惧事件的等级。

（3）来访者在心理咨询师的指导下进入不同层次的恐惧情境，同时练习放松。

2. 系统脱敏的操作

有关系统脱敏的具体实施操作可以分为以下两个过程。

（1）建立恐惧事件等级。

来访者在和心理咨询师的共同商议下，制作一个恐惧程度量表来确定自己对于恐惧事件不同承受程度状况的分级。这个恐惧程度量表称为 SUDS（主观不适程度等级）。在 0—100 的分级中，0 相当于没有恐惧和焦虑，100 相当于极度的恐惧与焦虑。恐惧事件应通过一系列的恐惧程度来确定，这样恐惧等级就由低、中、高等不同计分组成。

以下是一位来访者对乘地铁场所恐惧程度的等级表（如表 2-2 所示）。

表 2-2 对乘地铁场所恐惧程度的等级表

序列	恐惧情景	等级分
1	想象站在地铁站候车	5
2	想象进入到地铁的车厢内	10
3	站在地铁候车室,看到地铁到达站台	25
4	当地铁停站后,车厢的门打开时,来访者快速走进车厢并即刻退出车厢	50
5	在地铁到站后走进车厢,乘坐一站路在下一站就下车	75
6	在地铁到站后走进车厢,乘坐 3 站路后下车	90
7	能乘坐在地铁车厢内,路程超过 5 站路	95
8	能乘坐地铁到达任何目的地	100

(2) 通过恐惧事件等级的过程。

来访者在心理咨询师的辅导下学习了放松方法,并建立了对恐惧事件的恐惧程度等级后,就可以开始运用系统脱敏进入这些等级情景。在这个过程开始时,心理咨询师指导来访者进行放松训练,当进入放松状态后,心理咨询师便要求来访者进入到第一级的恐惧情景,此时来访者只会感到很轻微的恐惧。随后继续放松,在想象的同时保持放松状态,这时便可以进入到下一个恐惧等级。来访者如果能够顺利地完成若干等级的想象,能承受较高一级恐惧的情景,接下来便可转入到现实脱敏的阶段。此时,心理咨询师需要与来访者一起到达恐惧的具体场景,同样不断指导来访者进行放松练习,在放松的状态下尝试接受更高一级恐惧程度的情景。由于在现实的情景中让来访者很快地提升接受恐惧等级会有难度,所以,现实脱敏的进度需根据来访者客观的接受能力而定,不能强求。从想象脱敏到现实脱敏是一个连续的过程,不应因产生困难而随意终止,这样会使脱敏的效果前功尽弃。心理咨询师应有充分的耐心和信心,即使来访者出现为难的情况,也应鼓励来访者,把原先制定的恐惧等级进行修改,使进度减缓,确保来访者能够承受渐进提升的恐惧程度。

需要指出的是,在系统脱敏中,想象脱敏和现实脱敏是两种不同类型的操作。想象脱敏一般能在咨询室中进行,而现实脱敏需要到实地进行操作,而且要有心理咨询师亲自陪同和指导。因此对于心理咨询师来说,现实脱敏更加费时费力。在大多数情况下,要达到系统脱敏的切实效果,需要通过想象脱敏结合现实脱敏才能实现。

(八) 快速暴露法

快速暴露法又称为满灌法,是让来访者快速暴露在刺激性的环境或事物中,使之承受并适应这种刺激环境或事物。快速暴露法主要适用于恐惧障碍以及某些强迫行为(强迫仪式动作)。对于场景恐惧及某些特殊恐惧更适合使用此方法。

对于快速暴露法的具体操作需要注意以下一些要点。

（1）对于需要暴露的对象，包括恐惧的场景、特殊的事物或强迫仪式动作等都必须十分具体，不能似是而非，模棱两可，要具有十分清晰的针对性。

（2）来访者需要有较高的文化程度，有强烈求治的要求和良好的合作态度，这些是适合接受快速暴露法治疗的对象。如果来访者有人格障碍的基础，恐惧无特定对象，强迫症状十分多样或缺乏信任和合作，都不适宜列为快速暴露法干预的对象。

（3）来访者的求治动机和治疗场所的安排（特定情境或家中）以及家庭成员参与治疗过程等对快速暴露法的疗效有着很大的影响。在治疗前需要让来访者充分地了解暴露疗法的原理和方法，并与来访者一同制定治疗计划。取得来访者的同意和合作后，调动来访者的主观能动性，积极参与治疗。如果能有某些家庭成员参与督促及指导来访者的暴露，则有利于暴露疗法的顺利进行。

（4）应用快速暴露法治疗时，需要根据不同的问题制定相应的暴露治疗计划。在快速暴露的过程中会出现意外或并发症。例如，对某些特定恐惧的来访者在暴露治疗时，可能出现晕厥、心动过速或心动过缓，因此需要在治疗过程中特别加以重视。对于合并有严重躯体疾病的来访者，不适宜采用快速暴露法治疗。由于快速暴露法也可能引起心理、生理的剧烈反应，可能加剧恐惧，导致回避，甚至可能引起呼吸循环意外等，所以，对于接受快速暴露法的来访者需要经过严格的筛选。

（5）对于社交恐惧的来访者，在实施快速暴露法前，需要对来访者的人际关系进行特别准备和处理，要事先对来访者进行社交技巧方面的训练，避免他们直接进入到社交环境中后出现强烈的惊慌失措状态，从而导致行为干预的失败。

（6）不可忽视良好的咨访关系。轻松、愉快的咨访关系有助于来访者克服不良行为。一般认为心理咨询师和来访者之间的关系是一种共同参与模式。在实施快速暴露法期间，心理咨询师或家庭成员都不允许采取强制或体罚的手段来迫使来访者完成治疗计划。

第三节 认知行为治疗理论与技术

认知行为治疗是由艾利斯（A. Ellis）和贝克（A. J. Beck）等人创立的体系，它强调个人的信念系统和思维在决定行为与情绪中的重要性。认知行为治疗的焦点是了解歪曲的信念并应用技术改变不适当的思想，它伴有情感和行为的方法。在治疗过程中，认知行为治疗将注意力放在来访者没有意识到的思想和信念上（称为认知图式）。认知行为治疗师的角色是一个教育者，帮助来访者理解歪曲的信念，提出改变这些信念的方法上的建议。一般来说，认知行为治疗的范围适用于几种严重的心理障碍，如抑郁和焦虑障碍。

一、认知行为治疗理论背景

艾利斯原是一位精神分析师，后来对影响情绪和行为的认知或思维的重要性产生了浓厚的兴趣。他在1955年就出版了《理性生活指南》,1961年出版的《心理治疗的理性及情绪》具有里程碑的意义。艾利斯创立的理性情绪疗法,阐述了被称为适应不良行为的ABC理论:他认为应激性生活事件(Activating Events)不会直接引发心理障碍或情绪反应的后果(Consequences)。而非理性信念(Irrational Beliefs),或不现实的解释,是人们对所遭遇的生活事件产生心理障碍的真正原因。之后,艾利斯又把D和E加入到他的理论中,即心理咨询师通过争辩(Disputing)和指导来访者对非理性信念进行调整,用恰当的理性的信念来替代非理性信念。最后要求来访者对替代的效果进行评估(Effects)。艾利斯以他的临床实践推进了他的治疗方法,因而被公认为是认知行为治疗的创建者之一。

除了艾利斯之外,还有一位认知行为治疗的创始人,这就是艾伦·贝克。贝克于1946年在耶鲁大学获得医学博士学位。1953年获得美国神经病和精神病学委员会颁发的精神病学医师证书。后来,他进入宾夕法尼亚医科大学精神病学系。1958年从宾夕法尼亚精神分析学院毕业。他早期对抑郁研究很感兴趣,并于1967年发表了《抑郁:临床、实验和理论》一文,讨论了认知在治疗抑郁症中的重要性。他曾经对抑郁症来访者进行梦的分析,实验结果和临床的观察使贝克放弃了精神分析的治疗模式。1973年,贝克和他的同事完成了《抑郁症的认知治疗》的训练手册,并根据此手册的理论和技术,进行了对认知行为治疗与氯丙咪嗪药物治疗的疗效对照研究。1979年贝克的经典著作《抑郁症的认知治疗》正式出版。对此,美国精神医学会给贝克颁奖,表彰他创立认知行为治疗以及对抑郁症研究的成就。1982年,贝克被誉为"十大最有影响力的心理治疗学家"。

2002年左右,美国有一些学者开展了应用功能性磁共振(functional Magnetic Resonance Imaging,简称fMRI)来检测认知行为治疗在大脑成像方面的变化研究,并获得了成功。研究表明,认知行为治疗对于来访者的心理干预的疗效能够通过影像技术进行生物学方面的检测,这又是一个重大的突破。

认知行为治疗还在不断地发展之中,不断地被世界各国的心理治疗的专业学者所吸纳,经过"本土化"的过程成为适合各国来访者能够接受的、行之有效的、能被临床证实并具有生物学指标验证的科学的心理治疗方法。

二、认知行为治疗主要观点

(一) 认知、情绪、行为之间的相互影响

构成来访者心理问题的三个主要成分——认知、情绪、行为并非单独存在,它们之间是相互影响的,这种影响呈现两种双向的循环模式,即认知—情绪—行为影响模式和认知—行为—情绪影响模式。

当来访者在遇到有压力的社会生活事件时,首先启动的是认知评估系统,引发对事件的想法和看法等。由于这些想法和看法中存在着曲解、失真、逻辑错误等非理性及功能失调的成分,因此就会影响来访者机体的情绪系统,产生负性的不良情绪。负性情绪会触动个体的

行为活动，构成情绪性行为(Emotional Behavior)。这些行为的发生又会对社会生活事件构成一定的影响。同时，来访者的负性情绪和应对性行为强化了来访者对事件曲解的想法与看法。

（二）自动想法

自动想法是指个体在一定的情境下，大脑中自然而然涌现出的对自己、对他人及对周围环境评价的一闪而过的念头，故又称为"一闪念"。自动想法是自发涌现的、快捷的、简洁的，并非经过深思熟虑的一种思维流。自动想法产生于大脑的边缘系统，而边缘系统正是大脑对外界情境作出快速评估反应的生理结构。这种快速涌出的自动想法对于机体应对紧急情况以及危机状态具有维护性功能。

自动想法具有以下一些特征。

(1) 正常人及有心理问题的来访者都有自动想法，只是有心理问题来访者的自动想法中存在曲解的、负性的成分，从而会引发不良情绪及不适应行为等功能失调的后果。

(2) 自动想法是自发涌现，即时冒出的想法。既不自我反省，也无深思熟虑。虽然这是在意识范围中的思维形式，但平时却不容易清晰、鲜明地意识到。只有通过心理咨询师的指导和训练，来访者才能够学会捕捉和收集自动想法。

(3) 自动想法的出现绝大部分先于情绪和行为。当自动想法一闪而过时，很快就影响到情绪和行为反应。来访者往往会产生一种错觉，似乎在遇到有心理压力的情境时，自己首先清晰感受到的是不良的情绪及反应性行为，但实际上自动想法的出现已经先于情绪和行为了。

(4) 自动想法最常见的形式是"词汇""短语"及"图像"，十分简洁，通常是以"短语"的方式出现。由于"一闪念"出现的时间极短，来访者在不知不觉中忽略了对想法的感受及识别。

(5) 自动想法还有一些其他的表达形式，有"疑问句式"，如"我能行吗"，但实际表达的意思是"我可不行"。还有"隐含句式"，如"我觉得自己好像是行尸走肉"，但实际意思是"我的存在毫无价值"，等等。

(6) 尽管自动想法是自发涌现的思维流，但它的深部有着信念系统的影响和支撑。只要来访者信念中存在的问题被认识清楚，并进行有效的调整，其功能失调的自动想法也就能够从根本上杜绝。

在日常生活中人们遇事都会产生自动想法。如果自动想法是合理的，那么它对人们的情绪和行为的影响都是正向的，产生的功能也是正常的。但是，如果自动想法是曲解的、失真的、非理性的，它就会引发人们的负性情绪和不适应行为，同时也产生了失调的社会功能。

以下是浅表层面认知中常见的功能失调性自动想法。

(1) 过度引申(Overgeneralization)：将以往生活中曾经发生的特殊事件引申成为以后一直会发生的普遍现象。

(2) 选择关注(Selective Abstraction):选择性地关注复杂事物的某些负性方面,而忽视事物的其他方面。

(3) 好走极端(Dichotomous Thinking):是一种极端性的想法,认为事物只有两种可能,不是"好"就是"坏,"不是"全"就是"无",不是"黑"就是"白",全然不考虑事物存在中间状态的可能性。

(4) 贬低积极(Discounting Positives):在看待自己、他人和环境中的积极方面时,都觉得没什么意义,无价值。

(5) 瞎猜心思(Mind Reading):没有客观依据,随意负面地猜测别人的想法和反应。

(6) 预测命运(Fortune-Telling):预测未来事情会变坏,或者未来有不祥和危险存在。

(7) 灾难当头(Catastrophizing):把已发生的一般负性事件看作无法接受和无法应对的重大灾难。

(8) 错怪自我(Personalization):将外界因素所致的负性结果都归咎于自己。

(9) 情绪推理(Emotional Reasoning):听任负性情绪引导自己对客观现实作出随意诠释。通常又可称为感情用事。

(10) 乱贴标签(Labeling):不顾是否符合实际情况,给自己或他人贴上固定标签。

(11) 理所当然("Should" Statement):用"应该""必须"来设定自己的动机和行为目标。

(12) 管中窥豹(Tunnel Vision):只看到事物的一部分,满足于所见不全面或略有所得。

(13) 后悔莫及(Regret Orientation):为自己已成定局的往事深感懊悔,确信若不是当初,结果将会更好。

(14) 以偏概全(Oversimplification):用片面的观点看待整体事物。

(15) 任意推断(Arbitrary Inference):又称非逻辑思考。缺乏严密逻辑思考,对事物随意地作出推论。

(16) 委曲求全(Stoop to Make Compromises):使自己饱受委屈,来成全讨好别人。

(17) 失衡对比(Unfair Comparisons):用不切实际的标准来对事物进行不合理的比较。

(18) 完美主义(Perfectionism):对自己要求十分完美,苛求尽善尽美。

(19) 胡乱指责(Blaming):责怪别人和环境把自己搞得一团糟,排斥从自身寻找原因。

(20) 固执己见(Inability to Disconfirm):拒绝任何可以驳斥负性想法的证据和理由,总是自以为是。

(三) 核心信念和中间信念

信念是人们从童年开始逐步形成的对自我、他人及世界的自认为可以确信的看法,其中高度概括、根深蒂固的观念则称为核心信念。核心信念有以下一些特征。

1. 始于童年

核心信念的形成往往可以追溯到人们的童年,但并非都是在童年时期就已经完全形成。核心信念是随着个人的成长发展过程而潜移默化地沉积而成的。

2. 事出有因

核心信念的形成并非无中生有，它的产生有其来源，这就是个人经历中的各种社会生活事件。这些生活事件引发了个人对自己、他人及世界的想法、看法和应对方式。个人也从中获得了某些反馈和信息，成为构成自己核心信念的组成部分。社会生活事件有大有小，但对于个人形成核心信念都具有同样强大的影响力。有的生活事件对于个人的刺激是强烈的，影响是深远的，所以会在个人的记忆中留下深刻的印象，而对于日常生活中的一般事件却容易淡忘，无从追溯，然而这些事件在形成个人的核心信念中同样起到了至关重要的作用。

3. 信以为真

人们对自己已形成的核心信念一般都充满自信和依赖，认为其核心信念是真实的、正确的、可信的、有意义的、有价值的，所以不会对此动摇和质疑。因此要自我否定已形成的核心信念则有较大的难度。

4. 牢固稳定

核心信念一旦形成便十分牢固与稳定。因为核心信念处在认知的主导地位，所以每个人都是从核心信念出发来看待、评价自己及其他各种外界事物的。由于每个人都存在着一种倾向，容易选择性地关注和采纳与自己核心信念相容的信息，从这些信息中证实自己信念的合理性。久而久之，核心信念被不断地强化，成为稳定态的潜在层面的认知结构。

5. 表达困难

核心信念是个人的核心观念，尽管这些内容存在于意识层面，但由于处在潜在层面的认知结构中，所以个人在表达这些内容方面会存在一定的难度。就性质而言，核心信念有正性和负性之分。正性的核心信念具有自我肯定、自我认同的积极功能，而负性的核心信念具有自我否定的消极功能。通常人们很容易亲和那些正性的或相对正性的核心信念，所以对于这些信念内容的表达就显得容易一些。而对于负性的核心信念却予以排斥，因而其往往被隐含和忽略，只有在心理状态十分纠结及痛苦时，核心信念的内容才会浮现出来。有心理问题的来访者要自主清晰地表达这些内容会有相当大的困难，所以只有在心理咨询师的引导下，采用心理干预的技巧性谈话，才能使来访者表达出负性核心信念。

负性核心信念就是个人对自我、他人及世界的非理性的、功能失调的核心信念。当负性核心信念在来访者的思维中占有主导地位时，来访者在接纳和包容这些负性核心信念的同时会自然而然地排斥与其对立的、不相容的信息，使来访者陷入到对负性核心信念不断自我求证，不断自我认同，不断自我强化的误区之中。

负性核心信念通常可分为三种类型，即对自我评价的常见负性核心信念，对他人评价的常见负性核心信念以及对世界（环境、处境）评价的常见负性核心信念。

（1）对自我评价的常见负性核心信念。

对自我评价的核心信念主题内容可归纳为“我无能”和“我不可爱”两种类型。

“我无能”类又可分为“无能”及“无成就”两组。

“无能”组中的内容主要包括:①我无能;②我无力;③我软弱;④我受欺;⑤我贫困;⑥我艰难;⑦我被动;⑧我退缩;⑨我被控;⑩我尴尬;⑪我窝囊;⑫我绝望。“无成就”组中的内容主要包括:①我不能胜任;②我不起作用;③我不被信任;④我不受尊重;⑤我缺陷很多;⑥我浑浑噩噩;⑦我自认失败;⑧我没有出息;⑨我亏欠他人;⑩我成为累赘。

“我不可爱”类可分为“不可爱”及“没价值”两组。

“不可爱”组中的内容主要包括:①我不可爱;②我被嫌弃;③我无魅力;④我被忽视;⑤我属多余;⑥我真差劲;⑦我很倒霉;⑧我没品位。“没价值”组中的内容主要包括:①我没有价值;②我不如他人;③我缺点很多;④我惹人麻烦;⑤我浑身晦气;⑥我遭受拒绝;⑦我必被抛弃;⑧我纯属多余。

(2) 对他人评价的常见负性核心信念。

对他人评价的负性核心信念的主要内容有:①他人都毫无诚信;②他人都十分危险;③他人都难以捉摸;④他人都心怀鬼胎;⑤他人都不知好歹;⑥他人都没有良心。

(3) 对世界评价的常见负性核心信念。

对世界评价负性核心信念的主要内容有:①这个世界杂乱无章;②这个世界很不安全;③这个世界腐败透顶;④这个世界荒谬可笑;⑤这个世界无药可救;⑥这个世界末日来临。

来访者的负性核心信念对功能失调性自动想法的影响并非是直接作用的,而是通过功能失调的“规则”和“假设”使作用传递影响到功能失调性自动想法上。在认知行为治疗的理论中,把处于中介形态的功能失调的“假设”和“规则”称为中间信念(Intermediate Beliefs)。

规则是人们在成长发展过程中逐步被内化形成的典式和法则,是在社会生活中应对各种问题、困难和事件而逐渐形成的习惯及约定俗成的遵循准则。对于幼年的孩子来说,规则是被塑造的、习得的,带有绝对性。

假设是指没有充分依据的设定。假设最常见的表达形式有“如果……那么……”“倘若……那么……”“万一……就……”“即使……就会……”“或许……就……”。有心理问题和心理障碍的来访者很喜欢采用自己的假设来看待自己及周围的一切。

三、认知行为治疗基本技术

在认知行为治疗中,认知干预的技术有很多,以下是常用的认知干预技术。

(一) 调整功能失调性自动想法的技术

1. 归类曲解想法

根据认知行为治疗的理论,来访者的心理问题的发生可以从他们的认知中找寻原因。自动想法一旦出现曲解,那些非理性的想法就能直接影响情绪、行为、生理反应并导致功能失调。当来访者提供自动想法后,心理咨询师若发现其中存在曲解之处,就应该启发来访者了解自动想法的常见类型以及指导来访者识别自动想法。

2. 核查客观证据

来访者对在一定情境下所冒出的自动想法都认为很有道理。对于支持这些曲解自动想法的依据却很少经过深思熟虑和仔细推敲，所以心理咨询师可以抓住这一特点，诱导来访者提供客观证据。当他们发现其中的缺陷和漏洞，就会开始对已经习惯的自动想法重新思考。

3. 引导自我发现

心理咨询师通过简单直接的提问，如："然后怎么了？""这句话是什么意思？""接下来会发生什么事？"等，帮助来访者去思索遇到某些事件后自己在想法、情绪、行为方面的自然反应。心理咨询师只做引导，不加回答，让来访者在回答问题中发现自己的问题所在。

4. 质疑绝对肯定

来访者在表达曲解自动想法时喜欢用表示绝对肯定的词语，如："从来没有""总是""没有一个人""每个人都是"等，把话说得满满当当，让人毋庸置疑。实际上，正是这些绝对的思考模式使得来访者陷入一种难以自拔的泥潭中。所以心理咨询师需要运用质疑的技术使来访者开窍，动摇他们僵化固定的非理性想法。

5. 考虑其他可能

来访者由于受到曲解想法的局限，思考模式变得刻板、固执。心理咨询师可以采用"考虑其他可能"的技术使来访者扩大思考范围，变化视野角度，从而不再拘泥于狭隘的思维形式，摆脱思维束缚对情绪及行为的负面影响。

6. 进行重新归因

来访者往往坚信自己想法的因果关系十分严谨，因此会习惯性地根据自己的因果判断模式来确定引起事物结果的原因。心理咨询师需要引导来访者进行重新归因，动摇原来的归因模式，得出新的、合理的、理性的归因结论。

7. 不幸中有转机

当来访者对于已经过去的事件或经历后悔莫及而影响现在的心境时，心理咨询师可以运用"不幸中有转机"的技术引导来访者把目光转移到当前的积极生活中。让来访者从缠绕在一些已完全定局的自认为是后悔的往事中走出来，直面当下的状态，并对可能出现变化的现实有正向的预估。

8. 直接对峙争辩

尽管在认知行为治疗中通常都要求心理咨询师通过引导、启发等方法使来访者产生感悟和改变，但在特定的情况下需要采用"直接对峙争辩"的技术对来访者曲解的想法进行直接的辩论。这时心理咨询师就需要和来访者的危险想法、绝望想法、走极端的想法进行直接的争辩讨论。以直接对峙来动摇来访者的想法需要有充满智慧的讨论，要将来访者从绝望中唤醒过来。

9. 挑战极端思考

伴有极端思考的来访者一般都比较固执，他们的想法常从一个极端跳向另一个极端，所以总是非此即彼地去认定事物的结果。他们的思维是在两个端点上，无论是对待自己、对待别人还是对待环境都是绝对化的。心理咨询师可以通过挑战极端思考的技术来化解来访者被极端思考的桎梏束缚得窒息的情况。挑战的关键是引导来访者认识到在两个极端之间还存在许许多多层次，看待和评价各种事物都不能忽视大多数的中间状态。

10. 澄清双重标准

在一个完美主义来访者的眼里，他对待自己的标准和对待别人的标准大相径庭。在一个相同的事实或条件下，他们以双重标准来评判和处理问题。心理咨询师应设法引导来访者统一这些双重标准，调整双重标准给来访者带来的心身功能失调。

（二）调整假设和核心信念的技术

1. 苏格拉底式对话

苏格拉底式对话是认知行为治疗中十分有应用价值的一种谈话技术。苏格拉底坚信每个人身上都有太阳，主要是如何让他发光。教育不是灌输，而是点燃火焰。他认为，人们的很多知识不是由他人灌输的，而是自身早已孕育，需要通过“助产术”使知识产出。“助产术”是通过“诘问式”的对话来进行的。这种技术被称为苏格拉底反诘法(Socratic Irony)，即以提问的方式揭露对方的各种命题和观点中的矛盾，用剥茧抽丝的方法，使对方逐渐了解自己的无知，发现自己的错误，建立正确的认知观念。

苏格拉底式对话形式有以下三个特点。

(1) 通过问答方式搞清对方的思路，使其自己发现问题和真理。

(2) 在谈话过程中偏重提问，不轻易回答对方的问题。以谦和的态度进行发问，只要求对方根据所问的问题进行回答，从对方的回答中导出对其他问题的资料，通过不断的诘问使对方领悟自己的问题所在，承认自己的无知。

(3) 在传授某些知识点时并非直接告知概念，而是先向对方提出问题，让对方回答，如果对方回答错了，也不直接纠正，而是进一步提出问题引导对方思考，从而一步一步地得出正确的结论。

苏格拉底式对话的操作有以下三个步骤。

(1) 苏格拉底式讽刺。让对方接受自己的“无知”，变得谦虚，产生求知愿望。

(2) 定义。在问答中经过反复的诘难和归纳，从而得出明确的定义和概念。

(3) 助产术。引导对方进行思索，让对方自己得出正确的结论。

2. 逐级挖掘推导

这在改变来访者的假设和核心信念方面是一个常用的技术。在此技术中的一个关键用语是：“如果此想法是对的，这将意味着什么？”逐级推导的目的是引导来访者从自动想法开始推导支撑自动想法背后的深层面的假设及核心信念。所以推导的起点是自动想法，终点是核心信念。

逐级推导的操作从来访者列举情景开始，心理咨询师向来访者提问，在此情景下你有什么自动想法冒出来。当来访者清晰地表达自动想法后，心理咨询师开始运用“如果此想法是对的，这将意味什么”对来访者深层的认知进行启发式的追索推导。

3. 合理假设替代

假设核心信念是曲解自动想法的根底，假设支撑来访者的曲解自动想法，也带动了情绪和行为的功能失调。假设的合理替代技术能够开阔来访者的视野，更新陈旧的模式，使来访者尝试去探究运用新的合理解释来带动曲解自动想法的调整。

合理假设替代是通过填写“假设的合理替代练习表”来完成的。合理的标准是以能引出理性的自动想法、良好的情绪状态、适应的行为表现为指标。这是心理咨询师和来访者的合作过程。在心理咨询师的引导下让来访者根据“合理”的要求尝试用新的假设来替代以往习惯的假设。

4. 成本收益分析

当来访者被不合理的假设搞得心身功能失调、精疲力竭时，他们也很少去反思这些假设的客观成本与收益。心理咨询师可以通过分析成本和收益来帮助来访者反思假设，重构假设，从而有助于调整曲解自动想法。

心理咨询师可以聚焦来访者的具体心理困扰，指导来访者列表思索分析假设所导致的情绪和行为的成本与收益。然后和来访者共同分析讨论，进行理性的再思考，从而体会调整后的实际效果。

5. 忽略微小概率

关注小概率事件往往是有心理问题的来访者功能失调的认知来源，需要进行有效的调整。对于大多数人来说，由于小概率事件发生的可能性极小，通常可忽视它的存在。但是对于有心理问题的来访者来说，他们会纠缠于某些负性的小概率事件的存在，把它视同大概率事件，成为心目中即将爆发的灾难性事实。

心理咨询师需要正确地引导来访者，让他们理解小概率事件的存在并非等同所有的可能性，不应该把“可能性”当作“必然性”去应对，不要因噎废食地把现实生活打乱，使自己始终处在惶惶不可终日的艰难境地。

6. 分析逻辑错误

有心理问题的来访者中有不少人的认知曲解是思维的逻辑错误所致，因此，心理咨询师应帮助来访者精细地分析其思维中存在的逻辑错误，这有益于来访者进行曲解认知的调整。

逻辑错误一般是指思维过程中违反形式逻辑规律的要求和逻辑规则而产生的错误。常见的典型逻辑错误有：

（1）同语反复。例如：“悲观主义者就是持悲观主义观点的人。”

（2）循环定义。例如：“如果长期处于抑郁的人就是患了抑郁症，那么抑郁症来访者的情绪一定十分抑郁。”

(3) 概念不当并列。例如：“我感到自己孤独、孤立、孤僻，总之很古怪。”

(4) 偷换概念。例如来访者家属说：“你应该到医院去看病。”来访者说：“你总是说我有病，这就是你的病，你应该自己去医院看病。”来访者家属说：“你应该服药。”来访者说：“是药三分毒，我不想服毒药。”

(5) 转移论题。例如：“我认为一般人没有必要学习心理健康知识，现在每个医院都设有心理科。我主张医院的心理科医生定期给大家做一些心理健康讲座就可以了。”

(6) 自相矛盾。例如：“我没有关于强迫症的任何知识，只是稍微了解一些，知道强迫症很难治疗。”

(7) 两重不可。例如：“关于对这个疾病评估的看法不能说很全面，也不能说很片面。”

(8) 以偏概全。例如：“我的病在那位医生那里已经看了一年多还没有看好，看来没有医生能看好我的病了。”

(9) 循环论证。例如：“我害怕在别人面前出洋相，所以减少和别人接触交往。我和别人接触交往少了，我也就没有什么洋相可出了，心里就会踏实很多。”

(10) 倒置因果。例如：“为了身体健康，我要勤洗手，因为勤洗手能预防疾病。”

(三) 控制反复冒出想法的技术

来访者经常会为不断涌出的自动想法而烦心和困扰。特别是在焦虑和清静的状态下，自动想法的干扰更是频繁。心理咨询师需要教会来访者运用一些必要的技术来控制自动想法的泛滥。以下是控制反复冒出想法的技术。

1. 停止想法

功能失调的自动想法的涌现经常具有“滚雪球”的效应。一个想法刚刚出来，就会牵动另一个想法的冒出。如果这些曲解的想法连绵不断，来访者就会难以抵御，因为自动想法来得太快，使得来访者应接不暇，难以招架。

心理咨询师可以指导来访者采用一些简单的刺激方法来打断冒出自动想法的思维流。大量的临床实践证明，虽然“停止想法”只是一种中断负性自动想法的暂时性措施，但确实能够产生干扰功能失调想法进行性放大和不断延伸的效果。

2. 重新聚焦

当来访者对于“停止想法”的操作感到困难时，可以考虑使用“重新聚焦”的方法来打断和控制自动想法的蔓延。当来访者在某个情境下自动想法被触景生情地引发出来时，会很快地影响情绪、行为及生理反应。如果此时来访者有意识地将自己的注意力很快地转向另一个方向，同样能够起到中断原来想法的效果。

(四) 转变和控制行为的认知技术

不适应行为是来访者心理障碍的重要组成部分，对于这些行为的转变及控制可以通过一些认知技术进行有效的干预。

1. 预估行为结果

有些来访者在处理某些困扰他们的行为时显得有些操之过急或者畏缩不前，这是因为他们对于客观情况的判断与自己所作出的反应之间存在着信息不对称的情况，从而构成了行为的受挫。失败的行为又会作为一种正向强化刺激对认知作出反馈，给认知带来曲解的导向。

心理咨询师在运用“预估行为结果”技术时，要求来访者在还没有对某些情境作出实际反应时，对自己打算作出的行为反应进行一个预先估计，估计自己的行为会产生怎样的结果。心理咨询师可以引导来访者进行多方面的思考，对行为的结果进行多角度的估计，也可以和来访者一起拟定应对行为的实施方案，由来访者从认知层面预先进行选择。

2. 警示背道而驰

当来访者处在冲突中时，他们对于自己的处境、困惑、为难、抉择都会是不协调的。来访者从深层面的信念到浅表层面的情绪及行为都会进入到一种与自己原本的处事原则背道而驰的状态。来访者常常是身在冲突中，神在恍惚里。他们会失去理性地去做一些“傻事”，对行为将会导致的严重后果缺乏深思。

此时，心理咨询师需要对来访者提出警示，要对他们与原本做人基本原则背道而驰的想法进行针对性的干预，不能让其在违背自己正确原则的道路上越走越远。

3. 自我指导训练

自我指导训练也是一种针对控制行为的认知技术，主要用于控制暴发性情绪及冲动性行为。这是一种自我指导的训练，从认知的调整达到相应的情绪及行为的调整。在一般情况下，人们在遇到压力而产生冲动行为时，也能够意识到行为的过激性，也会动用自我指导的能力来调节自己的情绪及行为。但是由于来访者处在病理性心理状态中，原有的自我指导能力会随心理障碍的加重而相对削弱。所以心理咨询师需要激发和提升来访者的自我指导能力，使来访者认识到自己本身固有的能力需要加强，需要用这些能力来控制自己的情绪及行为，尤其是在出现冲动及过激的行为时。

4. 激励自我动机

当来访者出现心理困扰而必须面对现实的困境及艰难的抉择时，最大的负担往往是缺乏自我动机。激励来访者的动机是心理咨询师应做的努力。

首先，心理咨询师需要使来访者能够锁定有指向性的行为结果，看到这些行为结果的有效价值，从而积极地把实现这些价值作为行动的目标；其次，心理咨询师应帮助来访者对那些似是而非的目标进行梳理，整理出最主要的目标；最后，心理咨询师需要帮助来访者排除影响行为动机的干扰因素，鼓励来访者进行适度的尝试，逐步提升实施努力的信心。

（五）正念疗法

正念疗法是对以正念为核心的各种心理疗法的统称，目前较为成熟的正念疗法包括正念减压疗法(Mindfulness-Based Stress Reduction)、正念认知疗法(Mindfulness-Based Cognitive Therapy)、辩证行为疗法(Dialectical Behavior Therapy)和接纳与承诺疗法(Acceptance and Commitment Therapy)。正念疗法被广泛应用于治疗和缓解焦虑、抑郁、强迫、冲动等情绪心理问题中,在人格障碍、成瘾、饮食障碍、人际沟通、冲动控制等方面的治疗中也有大量应用。以正念为核心的心理疗法目前在美国较为流行,其疗效获得了从神经科学到临床心理方面的大量科学实证的支持。医学研究还显示,坚持练习某些类型的正念技术在改善心血管系统问题、提升免疫力、缓解疼痛(如神经性头痛、腰痛等)等方面有一定的辅助效果。

"正念"的概念最初来自佛教的"八正道",是佛教的一种修行方式,它强调有意识、不带评判地觉察当下,是佛教禅修的主要方法之一。西方的心理学家和医学家将正念的概念和方法从佛教中提炼出来,剥离其宗教成分,发展出了多种以正念为基础的心理疗法。

正念就是指我们观察事物的本身——念头、情绪、身体感受以及周边发生的一切。正念是我们对世界的一面反射镜子:清晰、公正、不变形。修习正念时,我们能觉察、意识到生活中正在发生的一切,而不会迷迷糊糊地陷入其中,全然无知。

正念也被简称为一项ABC技能:觉知(Aware);全然接受当下经历的,而不是意气用事(Being with);更好地选择适应环境的方式(Choice)。

正念意味着全然感受生命(即使有时很痛苦),对每一种体验都充满好奇心和勇气。正念也意味着任何时候都要保持淡定,只有接受了,我们才能作出冷静明智的决断,而不是批评、争辩和意气用事。正念是有意识的、有活力的、谨慎的、精确的。正念也包括了接纳、和蔼、开放和宽容。

心理咨询师首先应自己做到熟练掌握正念的操作技巧,在治疗中根据来访者的实际情况指导来访者掌握合适的正念练习方法,并带领来访者逐渐熟练地掌握,直到在生活中能够灵活运用正念方法应对各种困难问题和挑战。研究显示,长期稳定的正念练习本身就可以带来更持久的注意力、更清晰的判断力以及更成熟的情感能力。随着来访者对正念操作的不断熟练,疗效也会自然而然地逐渐产生,而心理咨询师在正念训练方面的水平高低和来访者在正念练习方面的投入程度将直接影响治疗的效果。

另外,大多数以正念为核心的心理疗法都以认知行为疗法为基础,因此运用正念疗法的心理咨询师也会像其他认知—行为学派的心理咨询师一样,帮助来访者探索和分析造成目前心理问题的核心信念与行为模式,根据来访者的特点和情况介绍相关的心理知识和技能,鼓励和协助来访者通过实际行动来改善自身状况,而正念练习所带来的清明觉察能够加速这一治疗进程。同时,心理咨询师也会帮助来访者掌握一套适合自己的心理危机应对方法,以保证来访者在治疗结束后能够最大限度地独立应对生活中和心理上的各种挑战,最大限度地避免心理问题的复发。

正念冥想有很多种方法,如数呼吸、观察自己的思维、步行冥想、躯体扫描等。正念练习的引导语大多并不复杂,但做起来却不容易,因为这些冥想的要求经常会挑战我们现代人的思维和行为模式，而正是这些思维和行为模式导致了我们的心理问题。比如我们习惯于过度思考，正念就要求我们觉察而不参与思考过程。我们习惯于对负面体验条件反射式地回避，正念就要求我们坐在那里学习体验、忍耐而不回避。得心应手地应用正念是一个核心问题，因此需要认真规范地练习才能熟练掌握，并且运用于长期练习中。

躯体扫描是一种常用的正念练习，具体的操作过程如下。

(1) 让自己躺在一个温暖且不被打扰的地方，使身体放松，平躺在床上，慢慢地闭上眼睛。

(2) 静下心来觉知自己的呼吸和躯体。当自己准备好以后，就开始关注自己躯体的感觉，尤其是自己的躯体和床的接触或身体的压感。然后放松自己，让自己的身体慢慢地往下沉。

(3) 提醒自己这个练习的目的并不是获得不同的感受，也不是放松或者平静。这些感受可能发生也可能不发生。这个练习的意图在于，随着依次关注自己躯体的各个部位，尽最大可能让自己觉知所发现的各种感觉。

(4) 现在将自己的注意力关注于下腹部的躯体感觉上，在自己吸气和呼气的同时觉知小腹部感觉的变化，随着自己的呼吸体会这些感受。

(5) 在觉知了腹部之后，就将觉知的焦点聚焦到自己的左腿上，伸向左脚，依次关注于左脚的每一个脚趾，逐步好奇地去体验自己察觉到的每一种感觉，可能自己就会发现脚趾之间的接触，麻麻的、暖暖的，或者没有什么特殊的感觉。

(6) 当自己准备好后，在吸气时感觉或想象一股气进入到肺部，然后进入腹部，进入左腿，左脚，然后从左脚的脚趾出来。然后呼气时，感觉或想象气体反向返回了，从左脚进来，进入左腿，通过腹部，胸腔然后从鼻腔出去。尽可能连续地多做几次这样的呼吸，呼吸从上到下到达脚趾，然后从脚趾回来。尽管这样的操作可能有些难度，但只要尽量地去做，放松地做，充满乐趣地做，就可以了。

(7) 在呼气并觉知脚趾的时候，把自己的意识移向左脚底部——温柔地、探索性地觉知脚底、脚背和脚跟。

(8) 紧接着，让觉知扩展到脚的其他部位，如脚踝、脚指头、骨头和关节。然后，再进行一次稍微更深的呼吸，指引它往下进入到整个左脚，随着呼气，完全放松左脚，让觉知的焦点慢慢地移向左腿，转向小腿、皮肤和膝关节等部位。

(9) 继续依次引导自己把觉知和好奇心向躯体的其他部位进行探索——左腿上部、右脚趾、右脚、右腿、骨盆、后背、腹部、胸部、手指、手臂、肩膀、脖子、头部和脸。在每个区域里，最好能让自己用同样精细水平的意识和好奇心来探索当前的躯体感觉。当你离开每一个主要区域时，在吸气时把气吸入这个部位，在呼气时又把气从这个部位退回。

(10) 当自己觉知到紧张或躯体某个部位的其他紧张感时，自己用“吸气”的方法让气进入到这个部位，然后觉知这种感觉。在呼气时，让气从这个部位导回，让自己感觉到一种释放感和轻重感。

(11) 内心不可避免地会从呼吸和躯体部位不断地游移到其他地方。这是完全正常的现象。这本是自己的内心所为。当自己注意到出现这种情况时，应该意识到这种情况，然后努力地逐步把转移出去的注意力再转回到自己的躯体部位来。

(12) 当自己以这样的方式对全身进行“扫描”后，花几分钟把躯体作为整体知觉一下，能够体验到的是自己的呼吸以及气在到达躯体的各个部位，并从这一部位返回排出体外的整个过程。这个过程正是自我觉知的过程。

(13) 在“扫描”的练习过程中，如果发现自己有点昏昏欲睡，可以用枕头把头部垫得高一些，张开自己的眼睛或者坐起来练习，这样就会稍稍清醒一点。

第四节　以人为中心治疗理论与技术

“以人为中心治疗”这个术语是由罗杰斯和他创立的协会于1974年提出的，其主要思想充分反映了罗杰斯的职业生涯。罗杰斯认为，在特定的治疗情境下，个体有能力帮助自己实现个人成长，并为自己找到健康的生活目标和方向。以人为中心治疗理论是从20世纪四五十年代的人本主义运动演变而来的美国治疗史上第一个最具本土化的流派，它最初的名字叫作非指导性治疗，以区别于以诊断、解释、分析个体过去经验为主的治疗方法，以及深奥的精神分析法，和以言语为指导的咨询方法。在罗杰斯所著的《患者中心治疗》一书中，我们可以看到一个新的治疗术语和一个具有博爱人格的治疗家的诞生。以人为中心治疗理论不仅影响了心理咨询和心理治疗界，而且还波及了教育、社会工作、商业、团体训练、人际关系技能训练、冲突解决等方面。

一、以人为中心治疗理论背景

罗杰斯1902年出生于芝加哥市郊的一个勤奋劳作的清教徒家庭。幼年时受的教育强调德行、勤劳，以及基督教的信仰。1922年，罗杰斯到北京参加世界基督教徒学生联合会，异域见闻使他原有的信念受到很大冲击，使他能够思考自己的思想，得出我自己的结论，并采取我所信任的立场。这次经历以及从中得到的感受使罗杰斯相信，人最终必须信任、依靠自己的经验，才能做真正的自己。这一思想深深地影响着他日后的人格理论研究。

以人为中心治疗理论的发展大致可分为四个阶段。

第一阶段以罗杰斯1942年出版的《咨询和心理治疗：新近的概念和实践》一书为标志。这本书的副标题为“新近的概念和实践”，正如这个副标题所表明的，罗杰斯在书中提出了一些重大的、与当时占主导地位的心理分析疗法很不相同的治疗理念。其中一个关键思想是：只有来访者才能够充分、深刻地了解自己。要取得较好的疗效，就要依靠来访者来指导治疗过程。针对心理分析由心理咨询师主导一切的倾向，罗杰斯的体系被称为“非指导性治疗”。

第二阶段以1951年《当事人中心治疗：实践、运用和理论》的出版为标志。自此以后的很长一段时间里，罗杰斯的理论一直叫作“当事人为中心疗法”。在这本书里，罗杰斯系统地阐述了这一疗法的理论和实践。其中，人的“自我概念”“自我概念与机体经验的关系”等理论问题得到了更深入、更清楚的探讨和分析。在实践方面，也从重视反映来访者所说的事实内容转为同时重视反映隐蔽的情感,从而真正深刻、准确地进入来访者的“现象世界”。

第三阶段称为经验阶段。1957年,罗杰斯从芝加哥大学来到威斯康星大学,任心理学和精神病学教授。由于这一转变,罗杰斯的来访者从主要是正常人变成了主要是精神病人。此时,罗杰斯开始有意识地探索治疗中究竟需要什么条件才能使来访者发生改变,并力图使自己的理论受到严格的经验检验。这一努力导致他开始强调心理咨询师和来访者之间的“伙伴关系”,重视心理咨询师态度对来访者的影响,重视双方的情感、体验的交流。

第四阶段,也就是现在称为“以人为中心治疗”的阶段,大约起始于20世纪70年代初。这个名称的改变恰如其分地反映了罗杰斯兴趣重点的转移:罗杰斯强烈地希望把他的体系扩展到传统的心理治疗领域以外,使当代大多数人能够在生活中超出个人的社会角色、充分发挥其机能,获得幸福和美满。在这种助人活动中,“以人为中心治疗”强调的是一种“人—人”关系,而不是“帮助者—被帮助者”的关系。

20世纪80年代后期以来,由于心理咨询和治疗领域折中主义与系统理论日益受到重视,加上以人为中心治疗本身某些固有的局限,以人为中心治疗的声势似乎有所减弱。但总的看来,它仍然是当今世界上地位比较稳固、影响很大的几大治疗流派之一。

二、以人为中心治疗主要观点

(一) 积极的人性观

以人为中心治疗理论是以积极的人性观为基础的。第一它强调人的主观能动性,罗杰斯认为:人基本上是生活在他个人的和主观的世界之中的,即使他在科学领域、数学领域或其他相似的领域中,具有最客观的机能,这也是他的主观目的和主观选择的结果。在这里,他强调了人的主观性,这是在咨询与治疗过程中要注意的一个基本特性。人所得到的感觉是他自身对真实世界感知、解释的结果。来访者作为一个独立的人,也有自己的主观的目的和选择。罗杰斯认为当一个人发怒的时候,总是有所怒而怒,绝不是受到肾上腺素的影响;当他爱的时候,也总是有所爱而爱,并非盲目地趋向某一客体。个体总是朝着自我选择的方向行进。因为他是能思考、能感觉、能体验的一个人,他总是要实现自己的需要。由于罗杰斯相信每个人都有其对现实的独特的主观认识,所以他进一步认为,人们的内心是反对那种认为只能以单一的方式看待真实世界的观点的。因此,以人为中心治疗强调了人的主观性的特性,为每个来访者保存了他们的主观世界存在的余地。

第二是人的自我实现倾向。实现是一种基本的动机性驱动力,它是一个积极主动的过程,不但在人身上,而且在一切有机体身上都表现出先天的、发展自己各种能力的倾向性。在这一过程中,有机体不但要维持自己,而且要不断地增长和繁衍自己。这种实现的倾向操纵着一切有机体,并可以作为区分一个有机体是有生命的还是无生命的鉴别标准。例如,婴儿就有着天生的实现倾向,这种实现倾向就是要使自己这个有机体朝向成熟、壮大的方向发展。当婴儿在学习行走的时候,他一次次摔倒,按照强化原理,婴儿应该很快减少尝试行走的努力，但事实上，尽管摔倒，尽管疼，孩子仍然不停地要尝试走路。这就是因为实现倾向是一个强大的力量，一岁左右的婴儿要尝试行走乃是人类实现倾向预定的日程。

罗杰斯坚信人类的发展是朝着自我实现的方向迈进的，具有实现的倾向。他从其对个体和小组治疗的经验中得到这样的启示：人类给予人印象最为深刻的事实似乎就是其有方向性的那种倾向性，倾向于朝着完美，朝着实现各种潜能的方向发展。基于这种观点，他所倡导的人本治疗的基本原理就是使来访者向着自我调整、自我成长和逐步摆脱外部力量控制的方向迈进。

（二）自我概念与积极关注需要

随着儿童的成长，他们的感知领域开始分化出自我，形成自我概念，并组成了儿童的内部经验和对环境的感知，尤其是别人对他们的反应，以及人际互动。这时儿童就会产生获得积极关注的需要，即需要别人对自己的肯定、看重、认可和喜爱。那些获得积极关注的儿童会形成正确的自我价值。当父母和他人将自己的爱建立在儿童是否做了令他们满意的事情时，儿童开始怀疑自己的内部情感和想法，并调整自己的言行，使之能获得身边重要他人的认可。这样，儿童的行为就得到了引导，这并非因为他们体验到什么是好的，什么是对的，而是因为这样的行为能够获得爱。例如，当儿童在家里感到很生气时，他可能会将自己生气的情绪掩饰起来，尽管他内在的感觉和反应是相反的。当儿童能够考虑到他人的需要，并能达到他人的期望时，他的自我价值就已经形成。罗杰斯认为，当儿童的自我积极关注与他人对自己的关注相一致时，儿童就会形成积极的自我概念。罗杰斯说过这样一句话：如果个体体验到别人给予的无条件的积极尊重，那么他就会发展起无条件的自我价值。积极尊重和自我尊重的需要与生物进化是一致的，个体会不断地调整自己的心理状态，并最终达到完全的自我实现。

（三）心理失调的原因

以人为中心治疗理论认为心理失调的核心是个体的自我概念与内心体验的不一致。在这种情况下，个体准确的感知觉成分很低，而歪曲、否定的成分很高。在临床实践中，来访者大多具有很低的自我概念，经常否认和歪曲来自外部的积极的信息反馈，常常抑制自己的积极情感。在心理病理学上反映出来的是人格的分裂，包括紧张、自我防御、功能失调等。个体应用防御机制来防止对自尊的威胁，从而减少焦虑。然而，自我防御会歪曲或否认个体对现实的体验，并导致认识出现偏差。

自我概念与自我经验的不一致，主要源于自我概念受到外部文化因素的影响，个体把他人的价值观内化为自己的价值标准。但以人为中心治疗理论相信个体中蕴藏着实现的倾向的强大推动力，相信积极成长的力量，相信人有能力调整和控制自己，相信人是能够发现自己的问题的，他们会不断调整自我概念以适应新的经验。基于这种认识，罗杰斯提出这一理论，这是以来访者为主导的治疗方法，而心理咨询师的作用退居其后。心理咨询师在治疗过程中，更多的是创造一个帮助来访者了解其自身的气氛和环境，减轻其自我概念与自我体验矛盾时的焦虑。

三、以人为中心治疗基本技术

在以人为中心治疗理论中，治疗关系的好坏是治疗过程中最为重要的环节，可以说以人为中心治疗的基本技术是围绕治疗关系来展开的。罗杰斯于1957年发表的《治疗性人格改变的充分必要条件》一文中，根据自己多年的临床经验和研究，提出了六条促进来访者成长和变化的充分必要条件。这些条件是：

治疗双方在心灵上沟通；

来访者处于不正常的状态，感觉到脆弱、焦虑；

心理咨询师能够较好地融入咨访关系之中；

心理咨询师对来访者提供无条件的积极关注；

心理咨询师能对来访者的内在思想给予移情式理解，并将这种理解传递给来访者；

心理咨询师在自然状态下使来访者意识到其对他的关注。

其中，无条件积极关注、同感和真诚是核心条件。

(一) 无条件积极关注

无条件积极关注也被称为"关怀""尊重"。它是指心理咨询师不以评价的态度对待来访者。罗杰斯说，"无条件"意味着要从整体上接纳对方，对来访者的那些阴暗、痛苦和脆弱的消极体验，像对待来访者的愉悦、自信和满足等积极体验一样加以接纳。

罗杰斯说，当治疗师发觉自己怀着一股温情，接纳当事人的任何感受，认它为当事人的一部分，这时候他就在经验着对当事人的无条件积极关注。"无条件"这一限定很重要，因为有条件的关爱非但没有治疗作用，而且会强化来访者的有条件的价值感。当然，完美的无条件积极关注只是理想状态，罗杰斯根据临床经验，也有限度地强调这一点，他说：从临床的和实际的观点来看，我相信最恰当的说法是：有效能的治疗师在其与当事人相处的时间里有许多时候感觉到对当事人的无条件积极关注，然而他也常常只是感到有条件的关注，甚至偶尔还有消极态度。

(二) 同感

同感的英文为Empathic(又称为移情性理解)。用俗语表达，就是"设身处地"的意思。罗杰斯这样描述同感："感受当事人的私人世界，就好像那是你自己的世界一样，但又绝未失去'好像'这一品质——这就是同感。它对治疗是至关重要的。感受当事人的愤怒、害怕或迷乱，就像那是你的愤怒、害怕和迷乱一样，然而并无你自己的愤怒、害怕和迷乱卷入其中，这就是我们想要描述的情形。"

同感要求心理咨询师能够准确地感知来访者的个人世界和内在思想，并将之传递给来访者。在沟通中，心理咨询师不仅能够理解来访者所表达的确切内容，还要准确地把握那些来访者自己并未意识到的东西，并将之回馈给来访者。下面的例子来自罗杰斯与一来访者对话的记录，在这个例子中，罗杰斯对处于抑郁状态中的来访者的同感态度是十分明显的。

来访者：不，我对任何人都没有用，过去没有，将来也不会有。

心理咨询师：现在感觉如何？嗯？是你只对自己没用，对任何人没用，将来也不对任何人有用？您完全没有价值了吗？这些确实是糟糕的感觉。真是感到我一点用都没有吗？

来访者：是(低声嘀咕，沮丧的声音)。那是某天和我去镇上的那个小伙子告诉我的。

心理咨询师：与你去镇上的那个小伙子真的说你没用吗？你所说的是真的吗？我能知道得更确切些吗？

来访者：唔。

心理咨询师：我想如果我猜得对，那意味着他对你存在看法，为什么他告诉你，他认为你没用？这确实是在拆你的台。(当事人静静地哭泣)这只会带来眼泪。(沉默 20 秒)

来访者：我没有好好想。

心理咨询师：我猜你多少觉得“我又受了打击，在我的生活中，当不被别人喜欢时，还未曾受到如此打击。我开始觉得喜欢某人时，对方却不喜欢我。因此，我将说我不在乎，我不想让它对我有任何影响——但同时眼泪却沿着我的面颊流下来”。

(三) 真诚

真诚要求心理咨询师必须以真实的自我，而不是戴着假面具出现在来访者眼前。罗杰斯这样说：“治疗中的真诚意味着治疗师以他的真实自我去同当事人交往，他毫不掩饰地公开自己当时的感情和态度。这涉及自我认识，即治疗师的感情对病人的认识是有利的，并且他可以在治疗关系中分享并体验这份感情。如果这份感情持续下去，那么就可以互相沟通。治疗师坦诚地对待当事人，在人和人的基础上对待他。他就是他自己，而不是否认自己。”真诚并不意味着心理咨询师向来访者暴露自己所有的感情，而是心理咨询师接纳自己的感受，并在适当的时机利用它来加深治疗关系。

伊根曾根据这一原则，提出了几点操作建议：

从角色中解放出来：这是指心理咨询师无论是在生活中或是在治疗关系中都是真诚的，不必隐藏在自己专业角色的背后。

自发性交流：心理咨询师与来访者的语言交流与行为应该是自然的，不应该受某些规则和技术的限制。而这种自然的语言交流表达和行为表现是建立在心理咨询师的自信心基础之上的。

非防御的态度：心理咨询师应该努力理解来访者的消极体验，帮助他们深化对自我的探索，而不是忙于抵御这些消极的体验对自己的影响。

一致性：心理咨询师应该言行一致、表里一致。

自我暴露：心理咨询师以真诚的态度，通过言语和非言语行为表达其情感。

(四) 以人为中心治疗的一般过程

对于以人为中心疗法，罗杰斯很少提及心理咨询师对来访者的干预过程及技术操作过程。但他却描述了一个改变过程。这个过程包括以下一些阶段。

1. 经验固执阶段

来访者对待自己的经验是刻板的、固定的。他们对于当前的经验，常常寻找它们与过去的情景有无相似之处，然后根据过去的行为模式做出反应并感受它，看不到新经验所存在的变化。

2. 出现松动阶段

来访者开始可以流畅地谈论一些自我之外的话题，但仍不能走出自己经验的框架，对所存在的问题不愿从自我中去反省。

3. 表达自我阶段

当前两个阶段感觉能被心理咨询师完全接纳，那么来访者在心理上就会感到更加安全，此时的表达会更加流畅和自由。虽然能够意识到自己的真实感受，但很少承认当前的感受，并且不能接纳自己的感受。

4. 表达情感阶段

来访者在这个阶段能够自由地表达个人的情感，但是在表达情感的过程中对于很具体、很生动的情感的表达还存在一些障碍。来访者能够接受自己的某些情感，并能对所存在的问题开始出现一些自我责任感，对经验与自我不一致的地方有一些新的认识。

5. 接受自我阶段

在此阶段，来访者对于情感的表达显得更为自由，对情感和个人意义的分化更加明确，开始接受自己的真实情感，并且能够认识到自我内部的不协调和矛盾。他与内部自我的交流变得越来越流畅，同时也意识到自己的责任，出现想成为真实自我的愿望。

6. 切实体验阶段

在这个阶段，他不再否认、恐惧、抵制那些自己的真实感受，感受到已经解除了自我概念中那些对经验的束缚，能够接受被阻碍和被否认的情感，能够切实体验到自己的真实情感，来访者的自我与情感之间变得协调一致，因此感到格外轻松。

7. 自我整合阶段

在这个阶段中，来访者几乎不需要心理咨询师的帮助，可以继续自由地表达自己。对自我经验出现排斥、歪曲的状态逐步减少，自我内部沟通越来越多，自我体验趋向更加真实。尝试改变自己从前僵化的个人建构，能够有效地处理自己的各种经验。来访者对自我的整合、咨询过程的领悟会从某一具体问题的解决扩展到生活中的其他领域，变得自由和开放。

（五）以人为中心治疗实施中需要注意的问题

以人为中心治疗体现了人本主义的哲学思想，是一种不断变化和发展的理论体系，不能把这种治疗方法作为一种固定的模式。罗杰斯指望自己的治疗模型能够不断完善、开放和包容地发展。这种治疗导向的首要责任在于来访者，来访者面临着选择他们自己的机会。

心理咨询师不能把具体目标强加给来访者，而应让来访者自己选择自我价值和目标。以人为中心治疗有一个潜在的局限性，这就是一些正在接受培训的初学者倾向于接受没有挑战性的求助者。这样也就限制了他们自己的反应和咨询风格，只把精力放在倾听、同感等反应上。目前以人为中心治疗的一些治疗理论和技术已经被整合到各种心理治疗中，所以对于来访者的关注、同感、尊重、真诚的态度等已经变成当前各种心理治疗的基本技术，也成为心理治疗师和心理咨询师需要不断提升的基本素质。

第三章
心理健康与异常心理

有关心理健康与异常心理的知识是心理评估的基础，心理健康与异常心理的判别也是心理咨询与心理治疗的前提。本章重点阐述心理健康的概念、特征、评估标准，异常心理的概念和学生中的常见表现，以及对于学生异常心理评估和心理干预方面的相关要点。

第一节　心理健康概述

一、心理健康的概念

世界卫生组织早在1946年就对人类健康的定义作出了解释："健康不仅是指没有疾病，而应是躯体、心理和社会适应良好的状态。"人们的健康是"心"与"身"健康的统一，也是心身健康、自然环境与社会环境的和谐统一。

心理健康是健康的重要组成部分。就一般意义而言，心理健康标志着人的心理调适能力和发展水平，即人在内部环境和外部环境变化时，能持久地保持正常的心理状态，是诸多心理因素在良好势态下运作的综合体现。然而，对于心理健康的概念及其内涵至今尚未有统一的定论，学术界有多种归纳及描述。

在《简明大不列颠百科全书》中，心理健康的定义为："心理健康是指个体心理在自身及外界环境条件许可的范围内所能达到的最佳功能状态，但不是十全十美的绝对状态。"

心理学家英格利西(H. B. English)认为，心理健康是指一种持续的心理状态，当事者在那种情况下能作良好适应，具有生命活力，而且能充分发挥其身心的潜能，这是一种积极的、和谐的情况，而不仅仅是指没有患心理疾病而已。

社会学家勃姆(W. W. Boehm)认为，心理健康就是合乎以下水准的社会行为。一方面能为社会所接受，另一方面能为本人带来快乐。

舒尔茨(Schultz)从个体成长观的理念出发，把心理健康解释为人的积极心理品质和潜能的最全面发展。

布拉德伯里(Bradbury)、安德鲁斯(Andrews)、迪纳(Diener)在对主观幸福感(Subject Well-Being)的研究中，把心理健康定义为积极的情感和生活满意两种概念的综合，认为良好情绪和负性情绪是心理健康的不同维度，而二者之间的平衡是幸福的指标。生活满意度则是一种认知成分，是幸福感的一种补充，是衡量心理健康的关键指标。

我国学者刘艳认为，心理健康是个体内部协调与外部适应相统一的良好状态。张承芬认为，心理健康乃是指个体在各种环境中能保持良好的心理效能状态，并能在与不断变化的外界环境的相互作用中，不断地调整自己的内部心理结构，达到与环境的平稳与协调，并在其中逐步提高心理发展水平及完善人格特质。

综合国内外学者的观点，他们在论述心理健康定义时都认识并强调个体内部的协调与外部的适应，都认为心理健康是一种内外协调的良好状态。另外，在对心理健康理解时还应注意到心理健康有广义和狭义之分，广义的心理健康是指一种高效而满意的持续心理状态，而狭义的心理健康则是指人们基本心理活动过程的内容完整、协调一致，即认知、情感、意志、行为、人格完整和协调。

二、心理健康的特征

心理学家玛丽·雅霍达(M. Jahoda)对人们心理健康的特征做了以下描述：①客观了解自己的身份和自己的心情；②有所成就，又能面向未来；③心理状态完整美好，能够抗御应激；④自主，而且能认识到自己需要什么；⑤真实地、毫不歪曲地理解客观现实，又具有同情和同感；⑥做环境的主人；⑦能工作、能爱、能玩，也能解决问题。

马斯洛(A. H. Maslow)是人本主义心理学最杰出的代表人物。他把以自我实现为奋斗目标的人称为心理健康者，而只有心理健康的人才能充分开拓并运用自己的天赋、能力和潜力。他相信所有的人都具备达到心理健康的先天素质，人本主义心理学的任务就是帮助人们使这些潜能得以实现。马斯洛把自我实现者的心理特征概括为15个方面：①对现实更有效的知觉；②对自我、他人和自然的接受；③行为的自然显露；④责任感和献身精神；⑤独处和独立的需要；⑥自主的活动；⑦不断更新的鉴赏力；⑧神圣或高峰体验；⑨对所有人的爱和情谊；⑩人际关系融洽；⑪民主的性格结构；⑫对手段和目的，对善良和邪恶的辨别能力；⑬富有哲理的、善意的幽默感；⑭创造性；⑮对文化适应。

马斯洛认为符合心理健康的人应该具备以下一些基本特征：①有充分的适应能力；②能充分了解自己，对自己的能力能作适度的评价；③生活的目标能切合实际；④能与现实环境保持接触；⑤能保持人格的完整和谐；⑥具有从经验中学习的能力；⑦能保持良好的人际关系；⑧适度的情绪发泄和控制；⑨在不违背集体利益的前提下，能做有限度的个人发挥；⑩在不违背社会规范的情况下，对个人的基本需要能做适当满足。

罗杰斯认为，实现的倾向是生命的驱动力量，它使人更加复杂化，更具有自主性和社会责任感，从而成为心理健康的人，又称为“机能完善的人”。从罗杰斯的观点出发，我们认为形成健康人格的关键在于自我结构和经验的协调一致，这就要求有一个无条件积极关注的成长环境。罗杰斯列举了机能完善者的五个特征：经验开放；时刻保持生活充实；对自身机体高度信任；有较强的自由感；有高度的创造性。另外，罗杰斯还进一步提出了“未来新人类的素质”的标准：①开朗、开放的人生态度；②渴求真实；③对科技抱存疑的态度；④渴望成为整合的人；⑤渴望亲密关系；⑥重视过程；⑦关爱；⑧与自然和谐共处；⑨反对墨守成规的建制；⑩个体内在的权力；⑪不讲究物质享受；⑫自我超越。

三、心理健康的评估标准

心理健康的评估虽然比较复杂,但学术界普遍认同的评估标准有以下几种。

(一) 个体经验标准

个体经验标准是根据个体自我的经验对自己或他人的心理健康进行评估。个体经验是由自身长期积累的知识和体验感受而形成的,可以用来评估自己及他人。例如,当个体处在某种心理状态时,能够意识到自己的情绪状态如何,或是高涨,或是平稳,或是低落。也能够感受到自身的焦虑、抑郁、恐惧等。虽然不一定都能追溯到产生这些情绪的主客观因素,也不是都能通过自身的努力来控制和摆脱情绪状态,但是个体经验的判别有其客观性。应用个体经验标准同样可以用来判别他人的心理健康状况。人们在日常生活中所积累的经验能较直观地区分他人的情绪表现以及行为方式是否出现异样。尽管这样的判别方法显得有些主观,不同的判别者会因各自经验的特点而产生不同的结论,但实际上不同个体的经验中又存在着一定的共性,对一些明显现象判断的误差不会很大。因此,用个体经验作为判断他人心理健康的标准具有一定的实际价值。

(二) 统计分析标准

统计分析标准是根据统计分析的方法对个体的心理特征是否偏离人群平均状态进行评估。统计显示,人群的心理健康状态呈正态分布,即大多数人的心理健康状态处于中间的正常水平,少部分人的心理健康水平则处于偏离多数人的状态,如果这种偏离超过了统计学的标准,超过了平均值的 2—3 个标准差,那么这些人群的心理健康状态就被视为异常心理。

常态分布曲线图表明,人的心理健康和异常心理之间并没有明显的分界线,也没有什么屏障阻止一个人从健康转向异常。心理健康水平也有“一般”“较好”“很好”的差别。事实上,作为一个现实的人,一直保持在很好的心理健康水平也是不现实的,心理健康水平可以有一定的波动,但总是保持在正常的范围之内。虽然难以用界线来划分健康心理与异常心理之间的过渡,但是异常心理人群在正态分布曲线的另一侧,同样也存在着程度上的差异,有“非精神病性精神障碍”及“精神病性障碍”的区分。

(三) 心理测验标准

心理测验标准是根据标准化的心理测验结果进行评判。虽然不少心理测验中运用到了统计分析的理论原理,但并非所有的心理测验都与心理统计完全统一。标准化的心理测验符合信度、效度、常模等技术指标。常用的心理测验根据功能分类有智力测验、人格测验、神经心理学测验、评定量表等。

(四) 社会适应标准

社会适应标准是根据个体对社会环境的适应,与社会环境保持和谐状态的程度进行评估。社会适应是指个体对于社会环境的顺应以及应对。人们在社会生活中的自理、沟通、交往的行为表现都应符合社会的要求、社会的准则、社会的风俗习惯、社会的道德标准。如果不能按照社会认可的方式行事、应对和融入，那么其行为就有悖于社会准则的常模，难以被众人理解和接受，因而就会被评判为异常。

社会适应标准一般都比较直观，如一个青年人无法自控，行为举止令大家难以理解，无法与大家和睦交往和相处，甚至出现过激或失控行为，这些都能看出他的心理行为出现了异常。但社会适应标准的评估必须考虑到不同的时代、地域、文化、习俗等社会背景特征，因此不应简单地、孤立地评估个体的某些行为表现及应对方式。

（五）医学诊断标准

医学诊断标准是根据医学的诊断标准对个体的心理健康状况进行评估。医学诊断标准十分全面和严谨。目前我国使用的医学诊断标准是《中国精神障碍分类与诊断标准（第三版）》（CCMD－3）。《国际疾病分类（第十版）》（International Classification of Diseases-10，简称 ICD－10）和美国的《精神疾病诊断和统计手册（第五版）》（DSM－5）也是重要的参考标准。

医学诊断标准不仅是精神科医生的诊断工具，心理咨询专业人员也必须熟悉和掌握此标准，这样才能全面评判来访者的心理状态以及明确存在问题的性质和程度，才能对来访者心理问题的评估及干预产生直接的指导意义。

四、不同学派关于心理健康的理论研究

对于心理健康的研究，不同心理学学派从其理论基础出发，对心理健康的内涵和形成机理有其独特的解释。

（一）精神动力学学派的心理健康观点

精神动力学学派的创始人弗洛伊德认为病理心理的原因来自本我、自我和超我三者之间的冲突，健康心理的核心就是要自我不再受本我的强大冲击和超我的过度压抑，使自我构成一种协调的综合力量。

弗洛姆是新精神分析学派的代表人物，他注重对现实社会的变革，所以把心理健康的研究重点放在对心理特征的探究上。他认为心理健康的人是“开创倾向性的人”，他们具有开创性思维，开创性的爱、幸福和良知等特质。

埃里克森提出了心理健康是毕生发展的观点，认为人们在一生中不同的心理发展阶段都存在一种特殊的危机。如果能成功地解决危机，个体便向后一个新阶段转化。所以，人们的健康人格及健康心态是通过积极解决心理发展过程中各个阶段的危机而逐渐实现的。

（二）人格特质理论的健康人格观点

奥尔波特（G. W. Allport）的人格特质理论面向健康人群。他主张从人的行为内部动力来研究人的特征。奥尔波特认为，健康人应是在理性和意识水平上进行活动，他们的视线指向当前和未来，他们都能够意识到并能控制激励自己活动的力量。所以心理健康的人又称

为“成熟的人”，他们不仅能够把握自己的生活目标，而且对当今和未来充满信心和理想。

（三）行为主义学派的心理健康观点

以华生为首的早期行为主义和以斯金纳为代表的新行为主义学派，注重可观察的、可测量的行为。把人类行为看作是对外部刺激的反应，所以是学习的结果。他们认为，人的各种心理疾病和躯体症状也都是通过学习过程而获得的，可以看成是一种适应不良或异常的行为反应。这些适应不良的行为都在过去的生活经历中，经过条件反射过程而固定下来，如果能改变已经被强化的行为模式，所有的异常行为都可以得以纠正。

（四）认知理论的心理健康观点

艾利斯认为，任何人都不可避免地具有一些情绪困扰或不合理的思维和信念，正是这些非理性信念影响了人的情绪，导致痛苦的产生。因此，要想保持轻松愉快的情绪，就应当去除这些非理性信念，保持合理的、合乎逻辑的思维。班杜拉认为，人们能采取某种措施来控制自己的行为，只要排除不良环境的诱因，提供认知支持以及提示他们自己的行为后果，就能进行充分的自我心理调整。

贝克认为，认知过程是行为和情绪的中介，不适应行为和不良情绪可以从认知中找到原因。当认知中的曲解成分被揭示出来，正确合理地再认识，并进行有效的调整，在重建合理认知的基础上，不良情绪和不适应行为也就随之得到了改善。

（五）人本主义心理学派的心理健康观点

罗杰斯是人本主义心理学派的杰出代表，他认为人是理性的，有追求美好的本性，有建设性和社会性，有自己的潜能，有能力进行自我引导。他对心理健康的基本观点是：真正的心理健康者应该是内心世界极其丰富，精神生活无比充实，潜能得以充分发挥，人生价值能够完全得到体现。同时，他也认为个体对世界有独特性的观念，认为生活中一切事物的意义与价值都不是绝对固定的，他与人们的看法和观念有着密切关系。由于每个人的眼里都有一个自己的“现实”，他们对待同一件事物的评价、态度、应对、处理及预测等都持有各自不同的方式。所以心理调节不能忽视人们的想法、看法和认知系统。

第二节　异常心理概述

一、异常心理的定义

异常心理很难用只言片语来概括，因为这涉及个人经验标准、统计分析标准、心理测验标准、社会适应标准及医学诊断标准等诸多方面。异常心理一般体现在以下三个方面的失调。

（一）心理活动与社会环境的失调

个体的心理活动是对客观现实世界的反映，所以应该与环境保持一致和协调，如果这种一致性和协调性遭到破坏，构成对客观世界的歪曲或虚构的认知，则提示心理活动可能发生异常。

（二）心理活动内部的失调

个体心理过程中的认知活动、情感活动和意志活动应该协调一致，心理活动与行为也应该协调一致。这种统一的心理活动保证了个体具有良好的社会功能，并能进行有效的活动。如果个体的心理活动出现了内部协调的紊乱，甚至出现失衡，这就能提示异常心理的发生。

（三）心理活动稳定性的失调

个体心理活动是遗传和环境交互作用的结果，在人的成长过程中，心理发展及其表现有其自身的内在规律和稳定性，每个个体的过去、现在和将来均有着内在的必然联系。在个体的发展过程中，心理活动的变化应是稳定的、有规律的，如果其稳定性被打破，出现突然的不符合规律的变化，那就能提示心理健康水平的下降。

二、对异常心理的解释

随着历史发展的进程，各派学者对于异常心理持有不同的看法，而这些观点的共同基础是自然论，即他们根据自然事件来解释异常心理和行为，包括心身异常和人际关系障碍。对于异常心理的解释在学术上基本可分为医学模式和心理学模式两大类。

（一）医学模式

根据医学模式（疾病模式），异常心理就是疾病。发生异常心理和行为就是患了疾病，有其病因，有一系列症状，也有疾病的过程、转归及预后。严格地说，医学模式认为产生异常心理是一种生物学原因，是由于机体的某种损害而引起的疾病。事实上出现异常心理的个体并没有都发现其真正的生物学原因。尽管不少学者并不认同所有的异常心理都产生于机体的生物学原因，但他们还是倾向用医学模式思考，习惯使用医学术语如症状、病因、诊断、综合征、治疗、治愈等来表达异常心理的各种现象。在实际生活中，那些缺乏生物学原因的部分异常心理个体却在接受药物和其他相关生物学方法的治疗。

虽然当今医学模式十分普遍，渗透于整个异常心理学术领域中，但也有不少学者对此表示质疑，他们认为大多数异常心理至今未找到客观的生物学原因，因此把异常心理与疾病等同对待，这是错误的结论。他们认为给异常心理和行为贴上患病的标签不仅是对个体与社会冲突的认识曲解，客观上又免除了他们对于自己不适应、不和谐的所作所为应负的责任感，所以医学模式客观上强化了对社会及他人产生负面影响的异常心理行为。

（二）心理学模式

心理学模式是医学模式的补充，这些理论将异常心理归于个人在和环境相互作用中的心理过程，而非是生物学方面的功能损害。这样能使解释异常心理现象的角度更加拓展，如忽视教育、创伤经历、认知曲解及应激压力等都可成为异常心理产生的根源。关于提倡心理学模式的学者主要有以下一些学派。

（1）精神动力学理论：认为异常心理是潜意识中的心理冲突，这些冲突的渊源产生于童年时期成长的凝滞。

（2）行为主义理论：认为异常心理源于不良的学习，适应不良的行为得到强化，而适应良好的行为却没有得到强化。

（3）认知理论：认为异常心理是个体对自己、环境及将来的曲解以及功能失调的信念所致。

（4）人际关系理论：认为异常心理是人际关系的紊乱所引出的结果。

（5）社会文化理论：认为异常心理是社会和文化的产物。

（6）人本存在理论：认为异常心理的产生是个体的内心世界被局限，精神生活枯竭，潜能发挥遭阻滞，人生价值不能够完全得到体现的结果。

三、异常心理的治疗

探讨研究异常心理的原因无非是为了治疗异常心理，改变异常心理。使用何种方法往往取决于对异常心理的理论解释。医学模式推崇于医学治疗、药物应用、住院治疗、电击治疗、手术治疗等方法。心理学模式则提倡心理治疗。据统计，心理治疗方法多达 1000 多种，但客观上真正有效的，能被世界各国学者认同的心理治疗方法并不多。其中精神分析、行为治疗、认知行为治疗、以人为中心治疗等受到广泛的认同。这些方法也从个别治疗形式推广应用到小组治疗、家庭治疗、夫妻治疗等多种形式。考虑到异常心理产生原因的复杂性及治疗的实效性，近年来各国学者倾向于综合治疗的模式，常把医学治疗与心理治疗结合使用，以达到最佳的治疗效果。

参与异常心理干预的专业人员通常有四类：精神科医生、临床心理学家、心理咨询师及社会工作者。精神科医生专长于诊断和医学治疗，最常用的方法是药物治疗。临床心理学家和心理咨询师主要是通过结构式谈话与来访者沟通，对其实施帮助和治疗。他们虽然没有处方权，也不使用药物，但心理咨询和心理治疗的效果在一定范围内能与药物治疗相媲美。社会工作者也接受心理咨询方面的专业训练，但他们的工作范围主要是社区基层，重点服务于异常心理人群的康复。

四、异常心理的预防

所谓异常心理的预防即防止异常心理的发生。预防的目标定位于改变环境、家庭和个人。例如组织条件不好的社区儿童、青少年开展丰富有益的活动，通过父母学校教会家长如何养育好子女，协助家庭的成长和发展，辅导个人如何合理地应对各种挫折、应激及困扰等。

卡普兰（G. Kaplan）在 2000 年提出了三级预防的模式。

（1）一级预防。这是面对所有的人群，重点放在最初阶段，预防心理障碍的发生。通过营造心理健康的环境，增强个人的自身力量，教会他们应对压力的技巧，避免发生异常心理及精神疾病。

（2）二级预防。其重点是预防特定心理障碍的高危人群发病。例如青少年品行障碍，成年后可能具有反社会性。二级预防试图找出这些有问题的青少年，对他们进行早期心理干预。目标是预防他们朝反社会人格障碍方向发展。

（3）三级预防。指当心理障碍刚发生就及时进行规范的治疗，控制疾病发展程度，尽早治疗，尽快治愈。

第三节　常见的异常心理

一、精神分裂症

精神分裂症是最常见的精神病性障碍，在全世界范围人群中至少有1%的人有可能在其一生中发生此心理障碍。据世界卫生组织估计，精神分裂症的终身患病概率为0.38%—0.84%。我国12个地区的调查结果显示，时点患病率为0.48%，终身患病概率为0.62%。精神分裂症大多起病于青壮年时期，所以中学生和大学生正是在此病的高发年龄阶段，尤其是生活在大城市或是贫困地区的学生发病率较高，当然青年教师人群也不可忽视此病的发生。不少人认为非精神病性精神障碍，如焦虑症、抑郁症、恐惧症、人格障碍等在严重到一定程度时就会转向精神分裂症，或在十分恶劣的环境下可以引发精神分裂症，其实这些都是被误解的错误看法。

对于精神分裂症的识别和诊断需要全面的观察及多种方法的确诊，了解患病前后的详细过程是帮助诊断的重要依据。由于此心理障碍的病因尚不清楚，它是在多种因素综合影响下产生的非特异性症状。尽管如此，大量的生物学、遗传学以及现象学的研究资料表明这是一种病理心理现象，是一种精神疾病。所以精神分裂症的诊断是一种"临床"性的诊断，识别和判断都要依靠"临床过程"。

（一）精神分裂症的主要表现

绝大部分精神分裂症患者在表现出典型症状之前都已经处于多年的"隐性"状态之中。在此期间，个体可能表现为退缩、孤僻或与众不同。用通俗的语言表达这种状态，就是有点"怪兮兮"。他们的思维和语言令人费解，对外界事物的兴趣减少或反应怪异，要么觉得对于周围一切都没有感觉，要么认为自己的所作所为是别人驱使的结果。有些患者认为自己非同于一般常人，具有特殊的能力和才华，有"神秘"和"超感"的体验。他们在人际交往中情感冷漠、平淡或不适切，但由于意识清晰，智力正常，在学习的效率和成绩上一时都显示不出问题。上述"怪兮兮"的状态可以持续数年，隐含地在逐步恶化，直到精神障碍首次发作前，异常的思维和行为才较为明显地表现出来。

精神分裂症患者具有思维、知觉、情绪、行为等多方面障碍以及精神活动不协调的表现。

1. 思维障碍

思维形式障碍和思维内容障碍是精神分裂症常见的思维障碍的两大类型。

（1）思维形式障碍。思维形式障碍表现为思维的令人费解和逻辑紊乱。有以下一些常见的特征性表现形式。

① 联想松弛：患者思维漫不经心，概念模糊，言语的组成经常出现不连贯，离题或来回跳跃，使得听者感到稀里糊涂，搞不清脉络。

② 思维破裂：患者在语言表达中刚讲了半句话就突然停止，过一会儿，或过了几分钟又开始表达，但此时却又开启了新话题，前言不搭后语，情绪也伴有纷乱。患者的思维在讲话的停顿过程中被闯入的思维所干扰，以致中断。

③ 语词新作：患者会自己编造一些词汇，与众不同，由他本人赋予这些词汇特定的含义。其他人都无法听懂和领会这些怪怪的词汇。

④ 随意作答：患者在回答别人问题的时候不能顺应话题有逻辑地进行回答，而是牛头不对马嘴地跑题乱答。如问："你吃过饭了吗？"答："我已经把事情办好了。"

⑤ 思维贫乏：患者的语言极少，不仅是话少，说话的内容也十分匮乏。

⑥ 模仿言语：患者用类似哼小调或唱曲子的样子不断地重复某些话语，但实际上没有想与别人交谈和诉说的愿望。

⑦ 思维凝结：患者的智商正常或比一般人还高，但是抽象思维极差，构成鲜明的反差。

（2）思维内容障碍。妄想是思维内容障碍中最典型的一种形式。妄想是一组坚定的病理性信念，内容怪异离奇。尽管用事实对患者的妄想进行质疑，但患者仍坚信自己的观念和想法，不作改变。妄想内容的结构是杂乱的、无系统的，但也有可能包括一些不可知论或无法证伪的内容，使常人无法与他们争辩出结果。妄想常见于较重的精神障碍。常见的有以下一些特征性表现。

① 影响妄想：认为自己受到了一种无法抵御的影响。如被一种来自不明物体所发出的射线所干扰，引起周身不适，无所适从，无法排除。

② 关系妄想：患者确信自己与某些人和事物有着"特殊的联系"。虽然他人都否认或不相信这种联系的存在，但他坚信不疑。如认为自己是某个高层领导人的非公开子女。

③ 被害妄想：患者认为有些人和组织对其不善，有陷害他的意图和迹象。如认为有人一直在跟踪、监视自己，想达到某种不可告知的恶意目的。尽管周围的人都难以确认患者所述现象的真实性，但往往被他生动的描述和倒霉的处境激起感动和同情。

④ 思维被广播妄想：患者觉得自己的思考和想法在没有开口表达之前就已经被别人得知和了解。

⑤ 思维插入妄想：患者相信某些人已经把他们的想法插入自己大脑的思维中，所以自己的想法和思考不是真正的自我思维。

2. 知觉障碍

在知觉障碍中最常见的是幻觉。幻觉是指没有相应客观刺激作用于感官时出现的知觉体验。患者信以为真，行为也受到幻觉的支配和影响。在幻觉中，患者最常见的是幻听，也有幻视、幻触、幻味、幻嗅等。幻听表现为一个或几个声音不停地在患者的耳边发声，此声音有的是在告诉他某些情况，有的是在指挥他去做某些事情，有的则是在贬低或威胁他。他所感知的声音一般来自耳外，也有的表现为来自自己的头脑内，是一种出自颅内的声音。患者对于幻听的感受是清晰真实的，但有时他们对声音的性别和年龄的分辨也存在困难。

患者也可能有错觉：如人格解体，即感到似乎自己和躯体已分离，自己是从外部来观察自己；现实解体，即整个世界都显得极其不真实，以及自己的躯体正在出现某种奇怪的变化等幻觉。

3. 情绪障碍

精神分裂症患者的情绪往往变幻莫测，喜怒无常，难以捉摸。有的患者表现为情感冷漠或平淡，几乎没有热情，在各种场合都显得情绪淡漠，麻木不仁。有的患者表现为情感不真切，尽管情感有所表露，但无法与其思维和语言相关联和协调，显得牛头不对马嘴。也有的患者表现为情感在短期之内急剧地变换，起伏很大，反差大相径庭，令人无法理解和接受。

4. 行为障碍

精神分裂症患者的行为是异常的，其特点是怪异和不适切。如不可思议的怪相和姿势，膜拜样的动作，过分的愚蠢，激动不安，或不恰当的性表示。这些异常的表现形式繁复，形形色色，有的十分明显，有的却有些含糊。

（二）评估中的注意要点

1. 对预后的估计

精神分裂症是一类慢性精神疾患，患者的病程是渐进发展的过程，从隐含的“怪兮兮”到社会功能丧失，历时多年。一些患者所表现出的幻觉和妄想并不明显和典型，在急性期能被周围人所关注，进入慢性期后他们受关注的程度会下降，但其生活质量和社会功能却迟迟不能达到正常的状态。通常起病快速，属于反应性的，其预后较好；而起病、进展缓慢的预后相对较差。对于阳性症状明显的，如有明显的幻觉、妄想及怪异行为的病人，使用传统的抗精神分裂症药物能获得较好的疗效。对于那些有阴性症状的患者，如情感淡漠，思维贫乏，兴趣下降，社会功能退缩等，使用新一代的抗精神分裂症药物也能起到较好的治疗效果。

2. 遗传学问题

根据血缘学研究的结果表明，精神分裂症是一种家族性疾病，能在家族中传播。亲属的关系越密切，患病的危险性就越高。尽管如此，但现实中并非所有患者都能清晰地追溯到家族遗传的线索。近代分子遗传学关于染色体的研究还没有发现结论性的遗传证据，所以较为权威性的结论表明精神分裂症的发病具有遗传学和环境学方面的多元因素。

3. 家庭模式的作用

家庭模式对于精神分裂症患者有着特殊重要的作用。一个没有活力或关系不和谐的家庭对于患者是不利的，它会引发患者的病情，增加患者复发的概率。如果家庭抛弃患者，患者会长期处于敌对的警觉状态。反之，如果家庭对患者过分关注，过分保护，过分的情感表达及过分担忧，患者则会长期处于被约束状态。这两种倾向的家庭模式都不利于患者疾病的稳定及康复。

（三）心理干预的相关问题

对于精神分裂症的干预主要有生物学方法、心理学方法及社会学方法三种。

1. 生物学方法

药物是治疗精神分裂症的有效方法。经典的药物如氯丙嗪一直被精神科医生广泛地应用。一些新药，如利培酮（维思通）、奥氮平（再普乐）等疗效肯定，副作用更小。电休克治疗对于少数病人来说也是一种有效的生物学治疗方法。

2. 心理学方法

对于精神分裂症病人实施心理治疗的疗效肯定不如药物治疗有效，但对于需要长期接受治疗的患者仍是一种十分有帮助的治疗方式。与患者的有效沟通很重要，这将影响到医患关系及与患者的合作。各种理论的心理治疗都涉及沟通交流、心理支持及认知行为塑造，所以心理干预的实施不能因为药物的应用而随意放弃。对于患者的小组治疗，其治疗目标是心理支持及进行现实性检验，这有助于患者恢复社会功能，增强人际交往的能力。大量研究证实，小组心理治疗对于处于康复阶段的病人有很大的帮助。家庭治疗也是常用的心理治疗形式，在家庭的环境中，家人和患者共同介入治疗，这样不仅能让患者得到帮助，患者的家人也能从治疗的参与中懂得对患者的接纳和理解。

3. 社会学方法

精神卫生疾病控制中心对精神分裂症患者的定期随访有助于了解患者的康复情况及是否存在复发的倾向。社会性技能训练有助于避免患者对患病产生过重压力，激励他们融入社会，尽可能地发挥其社会功能。

二、心境障碍

心境障碍又称为情感性精神障碍，是人群中常见的一种心理问题，可分为抑郁和躁狂两种。一般3%—5%的人群患有此类病症，因此，心境障碍一直受到医学家的关注和重视。它对于抑郁的识别与治疗十分重要，直接关系到众多人群的身心健康及生活质量。需要指出的是，我国在《中国精神障碍分类与诊断标准（第三版）》（CCMD－3）中把原来分类在“神经症”中的抑郁划归到心境障碍范围，因此对于抑郁的理解需要更注重其实际的表现。

（一）抑郁症的主要表现

抑郁是一种以情绪低落为主的常见的心理障碍，其症状可表现在情绪、认知、行为、躯体症状及人体征象等方面。

（1）情绪：情绪低落，心情压抑沮丧，自我评价低，无愉悦感，兴趣下降，与外界情感交流缩窄，愁眉苦脸，度日如年，有时容易激怒，发泄无名火，可能有反复出现想死的念头等。

(2) 认知：有自责自罪感，对人生无望，厌世无助，难以专心，注意困难，优柔寡断，犹豫不决，记忆力下降，少数伴有幻觉和妄想等。

(3) 行为：主动言语减少，回避社交，不愿与人交往，生活懒散，办事拖拉，喜好赖床，不修边幅，进食不规律，有的还出现自伤自杀行为。

(4) 躯体症状：精力减退，疲劳乏力，失眠或多睡，经常早醒，厌食或多食，体重明显下降，精神运动性迟滞或激越，腹泻或便秘，性欲下降，经常出现昼重夜轻的规律性波动状态等。

(5) 人体征象：躯体弯腰曲背，动作呆板迟缓，面容悲凄伤感，皮肤干燥无光，舌苔厚腻、口臭等。

(二) 躁狂的主要表现

躁狂表现为心境高涨，可以从一般的高兴愉快到欣喜若狂，这种心绪的高涨状态虽然与患者的处境极不相称，但旁人往往予以正面理解而不能意会到问题所在，其社会功能可以毫无损害或者轻度损害。

(1) 情绪表现：兴奋激动，欣快高涨，情绪不稳，容易激动，缺乏耐心，行为鲁莽，以自我为中心，好要求别人等。

(2) 认知表现：自我评价过高，虚拟夸张标榜，思维奔逸，语速很快，联想翩翩，意念飘忽，判断失误，杂乱无章，偏执狂妄等。

(3) 行为表现：好管闲事，忙碌不停，喜好交往，办事草率，举止冲动，随意挥霍，睡眠减少，容易与别人发生冲突。

(4) 躯体表现：精力极度充沛，睡眠需求减少，性欲亢进等。

(5) 人体征象：精神运动性兴奋。

(三) 评估中的注意要点

1. 正常情感过程

每个人都会有不愉快的情绪体验，通常由一些日常生活事件引发，这些都在生活的情理之中，随着外来的负性刺激的削弱，萎靡悲伤的情绪状态也随之逐渐缓解。偶尔在遇到创伤性生活事件后感到心境不佳很正常，但如果迟迟走不出情绪低落的状态就有可能发展为抑郁。

2. 轻度躁狂

轻度躁狂患者给人的初步印象是积极、肯干、向上，而其与处境不相称的兴奋和高涨多少会给他人留下言过其实的疑惑。但由于轻度躁狂的社会功能并无损害或只有轻度损害，所以此病症在评估和鉴别中存在一定的难度。

3. 双相情感障碍

这是以躁狂或抑郁的反复发作和交替发作为特征的精神疾病，属于情感性精神病。发作可呈双相性，也可以呈单相性。躁狂的特征是兴奋、激动、乐观和情感高涨。当转向抑郁时，其特点是忧郁、悲观、沉静、情感低落。两种状态可以交替发病，所以又称其为循环性精神病。发病全程中，有的以躁狂为主，有的以抑郁为主。一个阶段化悲为喜，一个阶段又转喜为郁，交替发病。

（四）抑郁的特点

学生的抑郁除了上述典型症状，在表现形式方面还有他们的特点，如精神倦怠、注意涣散、瞌睡重重、学习无趣、作业拖拉、做事马虎、成绩下降、话语减少、远离集体、回避教师、害怕上学、激励困难、身体不适、力不从心、食欲不佳、恶心呕吐、腹痛腹泻、月经失调等。教师和家长以往对学生抑郁的关注、识别不够，常常误认为他们是没有理想、不求上进、贪图安逸、不肯努力、得过且过、缺乏朝气、不听教导、没有出息，其实他们正处在抑郁中，承受煎熬，缺乏理解，渴望挣脱，实在无奈。

（五）心理干预的相关问题

1. 心理及生物学假说

精神动力学理论（弗洛伊德精神分析学派）认为抑郁症患者所感受到的是一种强烈的失落，失去的是曾经既爱又恨过的某些客体，这种失落有的具有现实性，有的处在臆想层面。这种失落感来自潜意识中的冲动反应，却反向地指向自我，构成了对自我的贬低，导致了整体的抑郁。认知学说认为个体的核心信念系统中如果存在负性的成分，就会构成一些维护性行为来支持相应信念及衍生的规则。一旦遇到触发性社会生活事件，其信念及规则便会启动负性自动想法，曲解地感受、体验、评估和预测“自我”“环境”及“将来”，产生了非现实的过低的评价，从而导致抑郁。生物学学说关注人体大脑中儿茶酚胺（NE）和 5 -羟色胺（5 - HT）这两种主要的递质。多年的医学研究虽然有一些收获，但结果尚未被一致认可。儿茶酚胺学说提出大脑的低 NE 水平可导致抑郁，而 NE 的增高则会产生躁狂。5 -羟色胺学说认为大脑中 5 - HT 低水平会引发抑郁，反之则产生躁狂。应该指出，无论是大脑中的儿茶酚胺还是 5 -羟色胺的水平高低都不是指绝对量的多少，仅仅是指大脑某些部位的神经递质在神经细胞突出间隙的传递中，递质在细胞前膜对细胞后膜的作用状况。尽管这些理论只是一种假说，但目前医学中抗抑郁、抗躁狂药物的作用机制都支持这些假说，并获得了良好的临床治疗效果。

2. 心理干预

心理咨询和心理治疗对于抑郁患者有很重要的价值。心理支持能给予患者温暖、关注、理解及同情，认同他们的抑郁感受，帮助他们认识致病的因素，调整他们的认知，有助于患者理性地认识抑郁，引导抗抑郁的需求，接纳心理干预。

认知行为治疗（Cognitive Behavior Therapy，简称 CBT）对于抑郁症的疗效早已为各国专家学者所公认。认知行为治疗的结构严谨，操作性强，老少皆宜，疗程较短（一般 8—12

周),易为我国患者接受。认知行为治疗有个别治疗、小组治疗、家庭治疗等多种形式,由于治疗是通过调整患者深层的负性信念以及浅层的负性自动想法,从而达到调整抑郁情绪及不适应行为的效果,有助于预防复发,所以具有治本的疗效。近20年来的大量临床实践和研究成果表明,功能性核磁共振能通过检测大脑结构某些区域成像的改变来确认认知行为治疗的客观疗效。所以,以往在认识上停留于咨访沟通和语言交流干预的有效方法,如今已能通过核磁共振成像检测技术来肯定心理干预具有可靠的生物学基础。为了达到治疗的最佳效果,各国学者都认为在有条件的情况下实施认知行为治疗,配合药物治疗,是抑郁症治疗的理想方案。

3. 药物及其他治疗

抗抑郁药物对抑郁症的治疗效果是肯定的,其有效性达到70%—80%。三环类抗抑郁药是传统的药物,近20多年来,新药的使用在我国也非常普遍,SSRI(选择性5-羟色胺再摄取抑制剂)、SNRI(儿茶酚胺和5-羟色胺双重再摄取抑制剂)都在临床上取得了很好的效果。药物治疗同样需要科学地、人性化地考虑疾病与个体的综合因素,长期服药并非就是治疗抑郁症的常理。

锂盐可用于复发的双相型障碍和躁狂症,也可用于急性双相抑郁症和少数单相抑郁症。

电休克可作为选择性的治疗方法,对有强烈自杀念头和行为倾向的患者,抑郁且出现某些精神症状的患者,不能耐受药物治疗的患者都可使用电休克治疗。

三、广泛性焦虑

(一) 广泛性焦虑的主要表现

广泛性焦虑是指一种以缺乏明确的对象和具体内容的提心吊胆及紧张不安为主的担忧状态。慢性轻度的焦虑可表现为紧张、担心、轻度烦恼和容易激动。这些症状往往与所处的环境因素有较密切的关系。慢性中度焦虑除了有紧张不安、提心吊胆之外,持续时间可超过6个月甚至长达数年。患者伴有明显的自主神经性反应,如心动过速、恶心、腹泻、尿频、手脚冰凉、出汗,同时还可出现失眠(以入睡困难为主)、注意力集中困难、疲乏、叹息、发抖、易惊等症状。广泛性焦虑有家属性发病倾向。

(二) 评估中的注意要点

广泛性焦虑的基本特征是焦虑没有明确的对象和具体的内容,所以患者很难表达为何焦虑及焦虑什么。学习焦虑是一种广义的评判,并非把学习作为一种具体的对象及内容。

生活中,由于工作节奏等环境压力,人们存在广泛性焦虑是常见的现象,但需要排除躯体疾病的继发焦虑,如甲状腺功能亢进、高血压、冠心病等继发的焦虑情绪。同时也应考虑到某些心理疾病如强迫症、恐惧症、疑病症、抑郁症都可同时伴有焦虑。

（三）心理干预的相关问题

（1）鼓励患者建立自信，让他们参加有创意的活动，调整他们曲解的认知都是有效的心理干预方法。放松训练是常用的行为干预技术，可以通过腹式呼吸、放松操、气功、瑜伽或催眠来达到机体或情绪放松的效果。生物反馈也是一种很有效的放松训练方法。利用生物反馈仪器，将人体的生理功能放大并转换成声、光等反馈信号，使患者根据反馈信号学习调节自己体内不随意的内脏功能及其他躯体功能，从而达到治疗的目的。

（2）由于广泛性焦虑无明确对象和固定内容，暴露疗法及系统脱敏技术对于消除焦虑无法操作，故不宜采用。

（3）在心理干预的同时配合使用抗焦虑药物能起到更好的治疗效果。

四、惊恐障碍

（一）惊恐障碍的主要表现

惊恐障碍是以反复的惊恐发作为主要原发症状的神经症。这种发作具有不可预测性，也不局限于某种特定的环境。惊恐障碍并不是广泛性焦虑的程度延续，也不是广泛性焦虑所能诱发的，但有些患者可伴有广泛性焦虑。惊恐发作有它的“自限性”，即发作的过程到最后有自主缓解的倾向。

惊恐发作的来临突然，不可预测，所出现的症状往往只能患者自我感受，他人难以想象和体验。症状主要表现为强烈的自主神经反应，如心悸、胸闷、胸痛、震颤、窒息、腹痛、出汗、眩晕，此外还可能出现解体感、错乱感、恐慌感、发疯感和濒死感等。

出现惊恐发作的患者往往会极度焦虑和害怕，又感到束手无策。一般情况下，患者会主动想方设法求医，求医都有一定的程序，一般从急诊挂号、候诊、诊疗、检查到医学处理需要一段时间。由于惊恐发作有其“自限性”，所以当就医过程结束，患者的发作症状也往往自行趋向缓解，有的甚至不经医学处理，症状便可基本消失。患者常常为自身的“严重症状”和医生的一般处理而感到不满和无奈，当然，以单一生物医学模式为主的医护人员确实难以与患者构成贴切的理解和同感。

（二）评估中的注意要点

与惊恐发作患者沟通交流中都无法得到有关发作的诱因、特定情境及发作之前的相关预兆等信息。惊恐发作可以在一天内、一周内、一个月内反复发作。但是真正出现反复发作的患者并不多。

濒死感是惊恐发作中一个非常特殊的症状，因为即使处在病危临终的患者也很少向别人表达自己有濒死的感受，可见惊恐发作患者所感受到的痛苦之极。他们的处境及感受带给他们的是一种极度的负性刺激，是一种具有冲击性的社会生活事件，是他们构成对这些情绪体验及躯体症状害怕恐惧的深刻阴影。所以约有 1/3 有过惊恐发作经历的患者以后会因此引发成为场所恐惧症。

惊恐障碍有家属性倾向,故具有遗传性。同时可与抑郁、恐惧构成共病。女性的发病率是男性的2倍。对于童年生活中处于动乱不定或早年离开父母身边而构成离别性焦虑情结的人更易在以后的生活中发生惊恐障碍。

(三) 学生心理干预的相关问题

(1) 认知行为干预是心理干预的有效方法,尤其对于急性患者,心理支持更显得及时和有效。由于认知行为干预不能完全消除症状,所以常常需要与药物治疗联合应用。

(2) 药物治疗是惊恐障碍的基本治疗方法。常用的药物是抗抑郁药和抗焦虑药,也可配合抗惊厥、抗癫痫药物。但是由于个体存在着差异,所以用药需要因人而异,不能使用单一模式。

五、恐惧症

(一) 恐惧症的主要表现

恐惧症是一种以过分和不合理地惧怕外界事物或处境为主的神经症。恐惧症患者体验到的是持续的和不断强化的恐惧。虽然遭受的刺激并非严重,但其感受却大大超过了刺激的强度。尽管患者所遭遇的场所情境和物品对象无足轻重,但还是感到十分的害怕、畏惧,出现回避反应。恐惧和回避的交织使患者感到无奈和压抑,感到羞愧和沮丧,同时他们的社会功能也明显下降,有的能力下降,有的放弃机会,有的萎靡退缩,有的推脱重任。

恐惧症可在数月或几年内逐渐形成,形成的过程往往是不知不觉、逐渐加重的。严重的患者症状可持续长达十多年之久。有些患者在疾病的发展过程中,恐惧的内容可能出现泛化,把对个别事物的恐惧泛化成对一组事物的恐惧。不仅是范围的扩大而且在程度上也不断强化和加重。恐惧症根据恐惧对象的不同,通常可分为场所恐惧症、社交恐惧症和特定恐惧症三类。

1. 场所恐惧症

场所恐惧有两种,一种是无惊恐障碍史的场所恐惧,另一种是有惊恐障碍史的场所恐惧。前者大多是畏惧开阔或封闭的场所,如人群多的地方、陌生的地方、独处的地方。在这种场合中患者感到无安全感,有时会联想翩翩,假设出许多莫名其妙的畏惧内容,越想越感到害怕和恐惧。有些患者会在恐惧的同时出现人格解体(感到自己不真实或被分离)和现实解体(感到周围环境不真实),还可伴有抑郁情绪。后者是因曾经发生过惊恐障碍所引起的对某些场所的恐惧。有的因在某个环境中出现过一次突如其来的惊恐发作,以后便对所有类似的场所都产生害怕情绪,回避这些场所,生怕再度引发惊恐发作的痛苦的感受。虽然客观上惊恐不再发作与他的回避行为无本质上的联系,却被他误认为是回避行为有效地防止了惊恐的发作,从而回避场所的行为无形中被不断地得到强化。

2. 社交恐惧症

社交恐惧表现为在与别人的谈话中或在公共场合被别人观察到自己的“不自然状态”或“怪异的失控状态”，从而认为这会有损于自己在别人心目中的良好形象。确实，社交恐惧的患者往往客观存在一些容易发生的诸如脸红、出汗、眼光漂移、手足无措等反应。这与他们的生理状态以及不善于与人交往的焦虑情绪有关。但是所担心的被人注意和目光对视的情况经常发生，因为他们的不自然状态以及症状性的表现会无意地被旁人发现，让别人感到好奇，随意地用目光扫视或略加关注。但常常发生巧合的是这些目光会被极度敏感的患者所发觉，这就构成患者恐惧害怕的依据及理由。这并非是患者的猜疑，更不是他们的“幻觉”。事实上社交恐惧的由来是从偶然的很小的现象泛化而成的。典型的社交恐惧一般在青春期发病，占人群的3%—5%，女性多于男性。近年来，成人发生社交恐惧的情况也比较常见。

3. 特定恐惧症

这是对某一特定事物的恐惧。常见的恐惧事物有动物（如昆虫、老鼠、蛇）、高空、雷电、暴雨、尖刀、血液等。

（二）评估中的注意要点

普遍发生的、经常可见的、一过性的轻度恐惧，如害怕蛇、害怕老鼠、害怕站在高处，这些都属于正常范围，不能评判为恐惧症。只有在出现强烈的恐惧，伴有自主神经症状，知道恐惧过分，既不合理，也没必要，但无法自我控制，有对恐惧的事物尽量回避的行为，此时才能评判为恐惧症。恐惧症具有明确的对象和具体内容，所以有别于广泛性焦虑。对于社交恐惧的患者在评判中应详细地了解信息，区分恐惧者对外界事物反映的内容、强度、模式及真实性，不能误认为是幻觉和妄想，同时也应把握好精神分裂症的症状特点，谨慎鉴别，以免漏诊。

（三）心理干预的相关问题

（1）目前对于恐惧症的心理治疗，各国最广泛应用的是认知行为治疗。治疗的关键是调整患者认知系统中被曲解的恐惧信念以及对恐惧对象进行暴露。系统脱敏法是对于恐惧的对象通过逐步分级的交互抑制过程来抗衡对刺激源的恐惧。最后使患者能直面恐惧的事物，消除恐惧的情绪以及回避性行为。满灌疗法是一种快速暴露法，是让患者一下子直接面对他所畏惧的事物，而不给予作出回避反应的可能以及机会。患者不得不暴露于某些对象或情境中，很快地接受和适应所恐惧的事物。虽然满灌疗法的操作直接，并有一定的效果，但是对于一些伴有器质性疾患的人（如高血压、冠心病等），采用此方法需要特别谨慎，因为过快地暴露会超出患者机体的承受度，引发原本潜在的躯体疾病。心理支持及少量的抗焦虑药物能帮助心理干预产生更好的效果。

（2）5-羟色胺再摄取抑制剂（SSRI）、儿茶酚胺和5-羟色胺双重再摄取抑制剂（SNRI）、抗焦虑药物以及β-受体阻断剂都是临床中治疗恐惧障碍的常用药物。

六、强迫症

（一）强迫症的主要表现

强迫症（Obsessive-Compulsive Disorder，简称 OCD）是一种以强迫症状为主的神经症。患者出现重复的观念、臆想和行为。他们意识到这些想法和冲动的重复存在，知道来源于自我，并非和愿望一致，也渴望终止这些重复的观念和行为，但要做到却十分困难，为之感到十分压抑和沮丧，严重影响情绪及社会功能。

强迫症的表现形式主要有两类：强迫思想和强迫行为。

1. 强迫思想

强迫思想包括强迫观念（如："4"的谐音是"死"，是一个倒霉的数字，我要尽可能避开所有的"4"，否则我会闯祸）；强迫回忆（如：反复回忆一位记得姓却忘了名的小学同学）；强迫性对立观念（如：一边走路一边想我不会走路怎么办）；穷思竭虑（如：世界上到底是先有鸡还是先有蛋）；害怕丧失自控能力（如：怀里抱着婴儿，脑子里却反复冒出一个念头，我会不会失控把小孩从窗口扔出去）等。

2. 强迫行为

强迫行为包括反复洗涤（如：洗手、擦地板、洗衣服、洗澡等）；反复检查（如：检查燃气灶是否关闭、检查抽屉是否锁上、检查房门是否关好、检查书包里的东西是否遗失、检查衣服是否被脏水污染等）；强迫核对（如：边做作业边反复核对是否有出错）；强迫计数（如：走楼梯数台阶、过马路数斑马线等）；强迫仪式动作（如：走进教室一定要用右脚跨入、走在大厅中绝对不能踩到地砖的边线、回家必须在门口跳 3 次才能进门等）。

（二）评估中的注意要点

强迫症的病因至今不明。有的学者认为其与中枢神经的递质功能有关。认知学派的学者认为强迫症患者的思想及行为与他们功能失调的核心信念有关。如果日常生活中人们的想法和行为有反复几次的现象，不能因此就评判为强迫症。但如果强迫的程度严重，时间超过 3 个月，其社会功能也明显受损，则可诊断为强迫症。然而很多人都存在有强迫倾向却还达不到病态的情况，所以对他们想法及行为的评估确实存在一定的难度。强迫症患者往往都伴有焦虑及抑郁，他们在重复想法和行为的过程中可以起到一定的缓解焦虑的作用，使他们得到暂时的轻松和满足，但过度的重复以及抵御重复的交织状态又会产生焦虑及抑郁。有些强迫症患者的强迫程度很严重，如同"着魔"一样。他们有非同常人的认知及时空感，如沉迷于反复洗涤的患者，他们对于异常"干净"的标准以及投入过多的时间往往不以为意，旁人会觉得他们实在过分，难以理解。他们对自己的标准不肯随意放弃，对自己的投入也并不在意。但是当"着迷"状态过去，会感悟自己不合理的观念和做法，从而感到内疚和自责，但这些并不能构成改变他们认知和行为的内驱动力。

（三）心理干预的相关问题

心理支持及认知行为干预是常用的方法，其中对于仪式性症状、暴露和反应性防卫（阻断强制性行为）相结合的技术有较好的效果。对于“着魔”状态的患者，可用臆想性暴露法，即想象可能要发生什么体验，由此来降低对“着魔”状态的心理依赖。森田疗法对于强迫症也有一定的疗效。

心理治疗和药物治疗（抗抑郁、抗焦虑药物）的联合应用对于中等程度的强迫症有较为理想的改善效果。药物能较快地帮助缓解症状，心理干预则能从心理机制方面重塑患者的信念及行为模式。

七、躯体化障碍

（一）躯体化障碍的主要表现

这是一种多种多样、经常变化的以躯体症状为主的神经症。其特征是有各种症状，但体格检查和实验室检查都不能发现躯体疾病的证据。医生无法用器质性疾病的判断依据来解释患者症状的严重性、变异性、持续性和伴随的社会功能受损。

常见的躯体症状表现为：

（1）消化系统症状：恶心、呕吐、腹胀、反胃、腹痛、舌苔厚腻、嘴里无味、口臭、大便次数多、大便不成形、大便糊状或水样大便等。

（2）呼吸系统症状：胸闷、胸痛、气急、气短、咽部有梗塞感等。

（3）泌尿生殖系统症状：尿频、排尿困难、生殖器周围不适、频繁遗精、异常的多量的阴道分泌物。

（4）皮肤或疼痛症状：出汗、瘙痒、肿胀感、异样不适、麻木、刺痛、局部疼痛或周身疼痛。

（二）评估中的注意要点

患者虽然能表达出多种多样的症状体验，但临床的体格检查、实验室检查、仪器检查都不能发现其有躯体疾病存在的依据，对于症状的严重程度、变异性、持续性和所构成的社会功能的影响都难以作出相应的解释。

应该理解患者症状的客观性，并非完全是幻觉和想象。患者十分痛苦，他们不断地看医生，要求接受更多的医学检查，但检查的阴性结果难以使他们接受，医生的解释也难以使他们认同。

陈旧的单一的生物医学模式常常使医护人员习惯性地忽略了身心相互间的影响。对于那些查不出器质性疾病症状的判断，给出的结论是没有躯体疾病，但这实际上否认了患者客观症状的存在。有的只注意对症处理而忽视了症状深层面的构成躯体化障碍的心理社会因素。

学校中有不少学生因学习压力、学校环境压力或家庭压力而产生躯体化障碍。他们所承受的症状无法查出器质性疾病，也得不到家长和教师的理解，反而被错怪是他们在“装病”或是“逃避学习”的一种借口。实际上学生并不能通过自身的努力来克制、减轻或消除这些症状。各种躯体症状确实影响了他们的学习状态，使他们力不从心。而学生心理上的委屈和沮丧往往会加重他们躯体化障碍的程度及病程。

（三）心理干预的相关问题

心理干预对于治疗躯体化障碍是十分重要的环节。无条件的积极关注和真诚的同感是一种有力的心理支持。躯体化障碍的患者往往都能从内心的深层面挖掘出引发心理问题的心理社会根源。虽然去除压力源有一定的效果，但更为主要的是调整患者对待压力的认知和行为模式，提高应对能力和应对效果。

药物的配合应用是提高治疗效果的重要方面，但在治疗的过程中医生需要在完全排除器质性疾病的基础上才能考虑使用精神类药物。通常使用的是抗焦虑和抗抑郁药物，能产生明显的效果。

八、急性应激障碍

（一）急性应激障碍的主要表现

急性应激障碍又称为急性应激反应。指在急剧、严重的精神打击下，立即（在1小时内）就产生心理障碍。此时表现为强烈的恐惧、胆战心惊、异常激动、辗转不安、行为盲目。有的则表现为全身瘫软、无所适从、不知所措，甚至出现短暂轻度的意识模糊。

（二）评估中的注意要点

急性应激障碍的发生十分迅猛，患者受到刺激后的几分钟就可出现心理障碍，症状持续的时间一般也只有数小时至一周。这是一种强烈的心理反应而非生理意义上的休克。在评判中需要与癔症及惊恐障碍区分。

（三）心理干预的相关问题

急性应激障碍的发生与应激源严重的精神打击有关，如果应激源被消除，则症状缓解较快。由于每个人的心理素质不同，对客观刺激的认知及应对模式也不同，所以对于构成急性应激障碍的刺激源（常常是突发性的社会生活事件）也存在较大的个体差异。有时刺激源在常人的眼中可能是很普通的小事情，但对高度敏感的个体，这些事件却能够引发他们强烈的心理障碍。所以在心理干预中，应对他们给予积极的关注和充分的心理支持，理解患者的处境和他们的刺激源，尽可能及时地帮助患者消除他们特定的刺激源。

九、创伤后应激障碍

（一）创伤后应激障碍的主要表现

创伤后应激障碍（Post-Traumatic Stress Disorder，简称 PTSD）是一种由于异乎寻常的威胁性或灾难性的心理创伤所导致的延迟出现及长期持续的精神障碍。这种精神障碍有以下特征性表现。

1. 反复闯入性体验

患者的心理创伤来自如同天灾人祸一般的遭遇、事件及处境，其灾难性超过了一般的日常生活事件，其沉重打击超出了一般常人的承受度。在应激障碍发生后，患者会出现反复闯入性的重现创伤体验；会不由自主地回想遭受打击的经历及过程；经常做噩梦，其内容都与创伤性的事件有关；反复发生错觉或幻觉，似乎事件中的场景和人物又呈现在自己的面前。尤其是当目睹创伤事件中死者的遗像、遗物或旧地重游时会触景生情，给心理带来极度的悲伤。在痛苦时往往伴有心悸、心慌、出汗、脸色苍白等明显的生理反应。

2. 持续的警觉性增高

患者十分警觉，过分担惊受怕，一直处在惶惶不可终日的状态，因而导致入睡困难或睡眠不深。平时患者的注意力难以集中，无名火大，容易被激惹，显得十分焦躁。

3. 持续性的回避

患者对于相似于创伤性经历的情境或人物都尽可能地回避。为了不让痛苦再起，会尽可能地避开与人交往，回避参加群体活动，对他人显得十分冷淡。封闭自己，对周围所发生的事情熟视无睹，似乎力求忘却与创伤性事件相关的一切。

4. 对未来失去信心

患者不仅对于自我、环境的评价很低，对于将来也十分无望，他们看不到自己有光明的前景，往往把创伤后所残留的萎靡状态看作以后生活的永久格局，因而一直处于抑郁状态。

（二）评估中的注意要点

创伤后应激障碍的发生与灾难性的社会生活事件密切相关。虽然时过境迁，但创伤所留下的痛苦阴影却久久不能忘怀和摆脱。患者身处被动、被闯入性的创伤体验所缠绕，痛不欲生。这种心理障碍都发生于遭受创伤后的数日至数月，半年以后才发生障碍的情况较为罕见。创伤后应激障碍会严重地影响患者的社会功能，对于学生会影响他们的学习状态及学习成绩。对于教师则会影响他们的教学工作，降低他们的教学质量。

（三）心理干预的相关问题

很多创伤后应激障碍的患者并没有清晰的主诉，约70%—80%的患者都因害怕在心理干预中承受对已经历创伤的再度体验，所以他们都回避接受心理咨询和心理治疗。心理干预的常用方法是教育、支持和认知行为治疗。因为患者的配合程度不尽如人意，所以在干预实施中常常会出现一些阻抗。药物治疗对患者有一定的效果，但用药需要十分谨慎。有些药物会使患者唤醒或被动再体验创伤性经历，使疗效适得其反。但很多学者都主张在给患者药物治疗的同时配合心理干预，这样能提高治疗的效果。

十、适应障碍

(一) 适应障碍的主要表现

适应障碍是指患者在有一定人格缺陷的基础上由于应激源或困难处境，产生烦恼和抑郁，同时伴有行为适应不良和生理功能障碍以及社会功能缺损的心理障碍。适应障碍主要表现出以下一些特征。

1. 诱因明显

产生适应障碍都有明显的社会生活事件作为诱因，尤其是生活环境、学习环境的改变或社会地位的改变，如学生的入学、升学、考试、转学、休学、复读、换班级、出国留学等。尽管学生生活的内容变化不会很大，但这些大大小小的生活事件都可以成为适应障碍的引发因素。

2. 人格基础

人格基础和特点在构成适应障碍中往往起到很重要的作用。人格特点决定了生活事件被激活为适应障碍的中介因素。遇到类似生活事件的学生，有的能直面应对，有的不屑一顾，有的却产生了适应障碍，这是因为不同的个体有不同的人格，不同的反应便产生了不同的结果。

3. 不良情绪

适应障碍的情绪反应主要表现为抑郁、焦虑和恐惧等。表现为情绪低落、兴趣缺乏、动力不足、进取受限、焦躁不安、容易激惹等。

4. 行为障碍

行为障碍主要表现为萎靡不振、拖拉懒散、得过且过、不修边幅、交往局限、话语减少、反应冷淡、偶有攻击等。

5. 生理反应

生理功能反应表现最多的为咽部不适、心悸胸闷、入睡困难、半夜早醒、食欲不振、多便溏薄、周身疲乏、月经不调等。

(二) 评估中的注意要点

适应障碍是很容易被人们忽视的心理障碍，尤其对于学生，总以为学生学习环境的变化、学生群体的新组合、任课教师的更换、学习阶段的提升都是正常的现象，不会对学生产生过多的负面影响。其实并非如此，不同个性和人格基础的学生对于各种变化的感受性与适应程度都有很大的差异。部分学生很容易出现适应不良的反应。学生在遇到应激性社会生活事件或学习生活环境变化后一个月内，适应障碍便可发生。如果随着时间和周围环境的改变，刺激稳定或通过患者自身的调整，适应障碍有可能在 6 个月内自行缓解或消退。但有些患者可能一直处于不良状态而没能走出困境，心理问题便趋于迁延。在学校环境中，除了学生中有适应障碍之外，部分教师也会出现适应障碍的问题。

（三）心理干预的相关问题

对学校环境中的适应障碍应倍加关注，不要以为此障碍有自行缓解的可能，便放松了对患者的心理干预。适应障碍的心理干预贵在预防，学校的心理健康专业人员应加强对学生的心理健康教育，提高他们对环境及生活事件的应对能力。应仔细观察学生在不同年龄阶段及不同发展时期的适应情况，发现他们在适应过程中的各种反应及相应表现，及时进行支持、引导、咨询等干预，充分调动学生的潜能，激发他们自身的资源及动力来克服适应中遇到的各种问题及困扰。

十一、非器质性睡眠障碍

（一）非器质性睡眠障碍的主要表现

这是由各种心理社会因素引起的非器质性睡眠与觉醒障碍。这些障碍区别于因某些躯体器质性疾病所引起的睡眠障碍。主要表现为以下 5 种类型。

1. 失眠症

失眠症指的是睡眠质量不满意，主要表现为难以入睡、睡眠不深、易醒、多梦、早醒、醒后不易再入睡、醒后不适、疲乏、白天困倦等。失眠可伴有躯体方面的症状，如食欲不振、头昏眼花、头痛头胀、四肢乏力、腰背酸痛、舌苔厚腻、大便溏薄等。也可出现精神方面的症状及社会功能的影响，如焦虑、抑郁和恐惧，对睡眠状态极度敏感，对睡眠的质量十分关注，害怕太晚睡觉，害怕睡眠环境被打扰，害怕因失眠影响第二天的学习和工作。因失眠精神面貌很差，脸色憔悴，平时晕晕乎乎，注意力难以集中，记忆力明显下降，学习效果不佳，学习成绩退步，自信心不足，社交范围缩小等。

2. 嗜睡症

嗜睡症指的是白天睡眠过多，但不是因晚上睡眠不足，也不是由于药物、酒精、躯体疾病或某些精神障碍产生的嗜睡。患者从晚上睡到白天，长时间睡眠，可以不醒，也可醒了再睡。患者可在教室等公共场所较快入睡，能够被叫醒，但很快又进入睡眠状态。有的在教室里睡了一整天，放学回家，不做其他事情再度入睡。这样的嗜睡状态可延续很多天，甚至几周或数月。有一种情况称为睡眠发作，患者在发作阶段如进入“冬眠”一般，一睡就是几天，不吃，不喝，也不进行正常的排泄。在整整睡了几天后才苏醒，醒后生活学习可恢复到常态。对于何时再度发作，没有特定的规律，也无明显的前驱先兆。

3. 睡眠—觉醒节律障碍

正常人的生活是晚上睡眠和白天觉醒，与同环境的其他人的生活规律应该基本一致。而当睡眠和觉醒的节律出现了紊乱，则是一种睡眠障碍。这会引起睡眠质量的长期下降，从而影响到精神活动、生活状态、学习工作效率等。同时，患者由于这种睡眠问题的长期存在而产生心理上的焦虑或恐惧。患者几乎每天都有此情况，时间可以超过 1 个月。

4. 睡行症

睡行症俗称夜游症。主要表现为在睡眠过程中，患者在尚未清醒的状态下起床，在室内或户外行走，或者做些简单的活动。此时其目光呆滞，表情茫然。这是一种睡眠和清醒的混合状态，患者不会主动与人说话，即使别人向他发问，一般也不会应答。发作后多会自动回到床上睡觉，有的也会躺地上睡。不管是即刻苏醒还是第二天醒来，患者都不能回忆自己晚上做过的行为。睡行症在儿童中发生的概率较高。

5. 梦魇

在睡眠中被噩梦突然惊醒，惊醒后患者能完全苏醒，并能清晰地回忆出梦中危及生命、丧失安全、自尊扫地等恐怖内容并为之心有余悸，十分痛苦。

（二）评估中的注意要点

非器质性睡眠障碍在学生中十分普遍，但常常被学生、教师和家长所忽视，以为学生在白天上课时有点瞌睡，打个盹儿，睡上一会儿是正常的现象。有的认为这是由于学习压力过重或学生对学习内容不感兴趣所致，但却没有从学生的心理健康角度去理解、去判断。长期的失眠障碍、睡眠—觉醒节律障碍都会给学生带来心理上的痛苦及社会功能的下降。学生平时精神萎靡不振，上课注意力不集中，学习效率明显低下，学习成绩退步下滑，这些都与睡眠障碍有一定的关系。睡眠障碍往往与抑郁、焦虑、恐惧、强迫、适应障碍等其他心理问题并存，所以在关心学生睡眠障碍的同时，还需要关注他们可能同时存在的其他心理问题。

（三）心理干预的相关问题

倾听、积极关注和同感的理解是心理支持方面的重要方法。构成学生失眠或其他睡眠障碍有多种情况，可以是躯体疾病所致，可以是抑郁、适应障碍，也可以是其他各种相关的心理问题，所以对于睡眠障碍的评估应该谨慎。

对于睡眠障碍的干预应该与保持睡眠卫生有所区别，前者是对于已患睡眠障碍的处理，后者是睡眠正常的人群保持良好睡眠的一些方法。睡眠障碍调整机制的本质是对睡眠周期及睡眠行为的重塑，应以药物治疗为主，辅以心理干预。这是一个完整的调整过程和塑造过程。需要以科学的态度认真对待。我们不应把一些依据不充分、效果不确定的方法套用于对睡眠障碍的干预和治疗，如睡前做大量运动、睡前喝酒、睡前数数、睡前泡脚、白天不能补睡、服用作用不确定的保健品等。同时也应该消除一些缺乏医学依据的不合理顾虑，如“用药物治疗睡眠障碍必然会导致药物依赖”，“是药三分毒，用药治疗失眠会对身体的肝肾功能带来严重损害”等。

十二、进食障碍

（一）进食障碍的主要表现

进食障碍是一组以进食行为异常表现为主的精神障碍，主要包括神经性厌食、神经性贪食。拒食、偏食、异食症等多见于儿童。

1. 神经性厌食

神经性厌食多见于女性青少年。她们为了自己设定的目的，大多数是害怕发胖、为了减肥或向往苗条漂亮的身材故意限制饮食。为了达到控制体重的目的，她们对食物的营养成分十分关注。她们的减食有一个过程，先是少吃主食，逐渐排斥一些蛋白质、脂肪含量较高的食品，用蔬菜和水果替代以维持胃的饱感，即使到了营养严重不足、人体极度消瘦的状态时，她们还是固执地坚持自己刻板的进食行为方式。

神经性厌食的患者体重比正常体重轻15%以上，在青春期达不到躯体增长标准，甚至出现发育延迟或停止。可出现下丘脑—垂体—性腺的广泛内分泌紊乱。女性表现为月经失调或闭经，男性表现为丧失性兴趣或性功能低下。

患者常常故意运用自我诱发呕吐、自我导泻、过度运动、服用厌食剂和利尿剂等方法来消耗自己。

同时，患者的认知方面功能失调，持续地存在异乎寻常的害怕长胖的强烈信念，他们给自己限定了一个过分的低体重界限，这些标准远离正常健康的医学标准。他们对于胖瘦程度的评估有双重标准，即对于别人胖瘦程度的评估比较客观，但对于自我评估却完全失实，即使自己已经十分消瘦，如同“皮包骨”，但还会觉得很丰满而自我欣赏。

2. 神经性贪食

这是一种持续性的、反复发作的、难以控制的摄食欲望及暴饮暴食行为。少量患者因多食而出现病理性肥胖，体重剧增。但多数患者是神经性厌食的延续者，他们对于发胖有强烈的恐惧，所以常用引吐、导泻、禁食等方法来抵消超量的摄食，实际上他们的体重都明显低于正常值。

神经性贪食患者的年龄较神经性厌食者略高。他们在认知方面存在明显的曲解和功能失调。他们把消瘦看作是形体美，越瘦越美。把暴饮暴食视为满足口福的补偿，把能够引发呕吐作为对付暴饮暴食的有效手段，在他们看来这是“两全其美”，因此“暴食—呕吐—暴食—呕吐”的循环成了他们的行为模式。通常他们都能认识到自己行为的过分及异常，但亲朋好友的劝说都难以改变他们的想法和做法。

（二）评估中的注意要点

青少年发生进食障碍的概率较高，尤其是中学生及大学低年级的学生群体患者较为集中。进食障碍虽然鲜明地表现在行为方面，但也同时伴有情绪和认知方面的障碍。进食障碍的早期，禁食或贪食行为往往具有一时降低焦虑的效果，但这种效果却能对其行为产生强化作用。

进食障碍患者常常会与父母产生冲突，他们非理性的做法及固执的想法使得其父母束手无策。父母对患者反复的劝告、教育或强行干预最后都成为亲子关系隔阂和冲突的诱因。所以在评估中需要对患者的家庭及社会支持系统的功能进行深入了解。

（三）心理干预的相关问题

对于进食障碍患者的心理干预是一项重要而又艰难的工作，不仅需要良好的医患关系和充分的耐心，同时还需要精湛的技术。尽管干预的目的是调整和改善患者的身心厌食状态，但在干预过程中却不宜简单反复强调饮食障碍对身体可能产生的近期和远期的损害性影响，也不宜用强制的手段或过分迁就的方法来控制患者的进食。因为虽然这些方法看上去都是为了患者的健康，但这些缺乏真诚同感的简单方法，会破坏咨询和治疗关系，反而会引出适得其反的对立和阻抗，使心理干预难以深入。

正确的干预应深入挖掘他们潜在的心理机制，搞清楚其核心信念、规则、假设及应对模式，也需要了解导致他们产生心理行为问题的激发性社会生活事件。只有真正地调整了他们信念系统中的功能失调的成分，才能有效地转变他们的情绪和行为。

充分发挥家庭及社会支持系统的功能是帮助患者走出障碍的重要力量，所以在心理干预中改善家庭氛围，调整好亲子关系不可忽视。配合使用抗抑郁、抗焦虑药物有助于改善患者的情绪，营养补充及机体支持性治疗是预防和应对患者营养不良或机体极度虚弱状态的必要措施。

十三、人格障碍

（一）人格障碍的主要表现

人格是个体所特有的较易被识别的持续的行为模式。所谓的人格障碍是指具有明显特征的人格类型，或是一种突出的、由来已久不易改变的行为模式。这种模式体现为偏离一般社会文化准则，难以被他人所接受，从而导致了为人处世方面格格不入的状态。人格障碍患者多数表现为几种适应不良个性的混合。这种状态长期存在，给他人的印象是“本性难改”，有的患者也因他们的社会不适应状态及行为的不良后果而感到苦恼和无奈。每个人都会隐含地存在一些人格方面的缺陷成分，尤其在遇到显著压力时会暴露出人格方面存在的问题。但这不能与人格障碍相提并论，因为人格障碍是明显的病理状态，其严重程度远远超过了正常人群中会出现的一般问题。

绝大部分的人格障碍是从儿童期开始形成的，到了20岁左右基本定型。有一部分人格障碍患者可能是生物因素所致，包括遗传因素。学生中常见的人格障碍有偏执型人格障碍、分裂样人格障碍、反社会型人格障碍、冲动型人格障碍、依赖型人格障碍等。

1. 偏执型人格障碍

偏执型人格障碍患者的情绪十分冷漠，对小问题过度敏感，警觉性很高，其猜疑、妒忌、敌视、误解的态度难以为周围人接受。患者喜欢自吹自擂、夸夸其谈、自我炫耀，同时又十分固执、无情、刻薄、好争执。有过分自负和以自我为中心的倾向，总感到被压制或迫害，对周围发生的事件都解释为对自己不利，会吃大亏。执意追求远离实际情况的不合情理的个人权益，不厌其烦地投诉、上告、上访，不达目的不肯罢休。

2. 分裂样人格障碍

分裂样人格障碍患者给人的总体感觉是异样和另类。他们的观念、行为和外表装饰明显较为奇特。个性明显内向，表现为孤独、被动和退缩。与家人和社会疏远，除了非常亲近的家人外，基本上不同他人主动交往，缺少朋友，过分沉湎于幻想和自省。他们表情呆板，情感冷漠，不通人情，不能表达对他人的关心、体贴或不满、愤恨等。缺乏愉悦感、信任感、亲密感，无论是对于表扬或者批评几乎都是无动于衷的。

3. 反社会型人格障碍

反社会型人格障碍患者的最主要特征是行为不符合社会规范，无视法规和纪律。男性患者多于女性，往往在童年或 18 岁前就出现品行问题，18 岁后其习性会更加固定，屡教不改。

患者表现为无视社会规范、准则、义务，反复出现违反社会规范的行为。行为冲动，无头绪，漠视客观现实，撒谎成性，欺骗他人以获取个人利益。对他人漠不关心，无责任感，无丝毫感恩之心，难以与他人维持长久的一般关系。当其行为与社会利益发生冲突时，会主动为自己辩解。容易被激惹，对受挫的耐受度很低，区区小事便可引发冲动，甚至出现暴力行为。当损害别人或损害公益而遭到惩罚时，缺乏内疚感，无动于衷，难以从高代价的经验中吸取教训。

反社会型人格障碍在 18 岁前的学生中更多表现为学习环境中的品行问题，主要是反复违反校纪校规、说谎成性、偷盗财物、逃学逃夜、吸烟酗酒、破坏公物、欺负同学、虐待动物、挑衅殴斗、过早发生性活动等。

4. 冲动型人格障碍

冲动型人格障碍又称为攻击型人格障碍。主要表现为情感容易爆发，易与人发生争吵和冲突，伴有明显的冲动性行为，难以自控。对待事物的计划和预见能力很差，只顾一时痛快，不顾产生的后果。心情反复无常，极不稳定。自我形象、目的及内在偏好紊乱，对奖惩缺乏持久效果。容易产生极度紧张的人际关系，时常出现情感危机。有自杀或自伤的倾向或行为。

5. 依赖型人格障碍

过分依赖是依赖型人格的基本特征。患者要求他人为自己生活的内容承担责任，将自己的需要附属于所依赖的人。过分服从依赖人的意志，即使是合理要求也不愿意向所依赖的人提出。沉湎于被遗忘的恐惧之中，感到自己无助、无能或缺乏精力，要求别人不要远离自己。但与他人的亲密关系结束时，又有无助、无望和被摧毁的感受。遇到挫折时，习惯把责任推卸给他人。

（二）评估中的注意要点

对人格障碍的评估需要谨慎，因为很多人格障碍的患者在表现上可能是多重人格障碍的特征混合，在程度上也会有轻有重。对青少年的评估需要考虑学生的年龄及成长过程，也不可忽略家庭的环境与氛围。在心理测量方面，可以使用一些可靠有效的心理测验工具，如韦氏智力测验、明尼苏达多相人格调查表、本德完形测验、罗夏墨迹测验、艾森克人格问卷及卡特尔16种人格因素问卷等。由于这些测验源于西方，尽管已经历多年的本土化，但在应用中仍不可忽视东西方文化的差异及我国学生的个体特征。

（三）心理干预的相关问题

人格障碍的心理干预十分重要，但客观上又存在一定的难度。认知行为治疗对人格障碍的疗效较为公认，但对于某些人格障碍，如偏执型人格障碍等没有被列入其适应证中。人格障碍的心理干预宜早不宜晚，对于幼儿及小学低年级学生及时进行心理干预，对于他们健康人格的形成能起到较好的效果。

药物干预以对症处理为主，客观疗效因人而异。

十四、性心理障碍

（一）性心理障碍的主要表现

性心理障碍又称为性变态，其特征是有变换自己性别的强烈愿望（性身份障碍）；采用与常人不同的异常性行为满足自己的性欲（性癖好障碍）；对于常人无法引起性兴奋的事物或人物有强烈的性兴奋作用（性指向障碍）。除此之外，与之无关的精神活动都无明显异常和障碍。

1. 性身份障碍

性身份障碍的表现男女略有区别。女性表现为持久和强烈地为自己是女性而感到痛苦，希望自己能成为男性；坚持穿着男性化，有“男子气”，固执地厌恶女装；否认自己的女性生理结构，抵触乳房发育或月经来潮；执意认为自己迟早会长出阴茎。男性同样排斥自己的男性身份，专注女性生活方式，有些会表现出“女性化”的举止，却有明显的男性第二性征；强烈渴望和参加女性的娱乐活动，偏爱女性穿着；拒绝参加男性的常规活动；小便采用坐式姿势；厌恶自己的阴茎和睾丸，希望有朝一日阴茎会萎缩或消失。

2. 易性症

易性症指对自己性别的认定与解剖生理上的特性呈逆反心理，持续存在厌恶身体性别的解剖结构及生理特征，有转换性别的强烈愿望，愿意接受外科手术或激素治疗把自己改造成为异性。

3. 恋物症

此症几乎仅见于男性，指在强烈的性欲望与性兴奋的驱使下反复收集、依恋和使用异性的物品。所恋物品都是女性贴身的衣物，如胸罩、内裤等，他们通过抚摸、嗅闻、摩擦所收集的衣物获得性兴奋，同时伴以手淫达到性满足。由于用同样的异性物品难以产生多次性兴奋，故患者会不顾一切地想方设法到处偷盗女性的衣物。

4. 异装症

异装症表现为对于异性衣着特别喜爱，有反复穿戴异性服装的强烈欲望和行动。患者穿戴异性服装是为了获得性兴奋，此行为受到抑制时会出现明显的情绪焦虑反应。尽管患者的穿着异性化，但并不要求改变自己的性别和解剖生理特征。

5. 露阴症

此症常见于胆怯的男性（往往起始于十几岁）。他们通过对无防范的女性成人或女孩暴露自己的生殖器而获得性唤起和性兴奋。他们很少具有侵犯性。患者在暴露的过程中可能会同时手淫，若女方出现惊慌失措的反应，患者便从中获得性满足。

6. 窥阴症

窥阴症患者通过反复窥视异性的下身、露体或他人性活动，以产生自己的性兴奋，获得性满足。有的患者在窥视的同时手淫或者在窥视过后通过想象当时的情境进行手淫以获得性满足。患者几乎都是男性。但通过观看淫秽影像制品或色情形体表演而获得性满足的人不属于窥阴症患者。

7. 同性恋

患者在正常的生活条件下，从少年时期就开始对同性有持续的性爱倾向，包括思想、情感及性行为。有的对异性虽然可有正常的性行为，但性爱倾向明显减弱或缺乏，因此难以与异性成员建立和维持家庭。当前，许多国家和地区已不再将同性恋视为精神障碍。有学者认为同性恋会因为某些压力而产生情绪困扰。这些压力是由外界对其性爱行为的否定态度所致。

（二）评估中的注意要点

性心理障碍是一种性偏离现象，患者只对非同寻常的或怪异的刺激产生性兴奋，满足性需求。他们在性活动之前或之后往往用手淫的方式来释放性欲。对于性心理障碍的病因尚不明确，与生物学、习得性以及性的内驱力都有一定的关系。性心理障碍大多发生在男性身上，但女性也可以表现为施虐—受虐症、窥阴症和露阴症等。

（三）心理干预的相关问题

对于性心理障碍，实施心理咨询和心理治疗存在较大的难度。对于突出表现在偏离行为方面的性心理障碍，认知行为治疗有一定的效果。药物治疗，如用雌激素、孕激素等能起到暂时的缓解作用。也可用抗抑郁和抗焦虑药物以调节情绪，但只能治标而难以治本。

第四节　儿童青少年常见的心理问题

一、习惯与冲动控制障碍

（一）习惯与冲动控制障碍的主要表现

习惯与冲动控制障碍是指在过分强烈的欲望驱使下，采取某些不正当行为的精神障碍。

在学生中较多发生的是病理性赌博及病理性偷窃。

1. 病理性赌博

患者对于赌博具有难以控制的强烈欲望及浓厚兴趣。在赌博前有紧张或焦虑情绪，但在赌博后会感到特别轻松。他们虽然有自控的想法或努力，但难以改正，难以停止赌博。他们经常专注在赌博的思绪中或者想象赌博的情境及过程，从而得到心理满足。患者的赌博目的并非在于获得赌博获取的利益，但其赌博行为对学业、家庭、学校、同学及社会都会带来严重的负面影响。

2. 病理性偷窃

患者有难以控制的强烈偷窃欲望及行为，陶醉在思考偷窃及对于偷窃情境的想象及回忆之中。他们的动机不是为了所偷得的财物，而是因为偷窃过程会给他们带来一种特殊的满足感。尽管他们清楚，偷窃行为对自己、对他人、对社会都会产生不良的后果及影响，但仍难以放弃反复偷窃的行为。

（二）评估中的注意要点

病理性赌博、病理性偷窃等习惯与冲动控制障碍，与一般意义上的道德品行错误有所区别，这是一种病理行为。这些行为同样越出社会规范，给社会、给患者自己都造成危害，所以患者同样会受到惩罚。这些行为的主体有一定的特殊性，其行为往往是为了获得自我的心理满足。他们的行为强度和频度也呈波动状态，频率一般在一年中超过 3 次。

（三）心理干预的相关问题

一般的说教和劝告对于这些患者的作用十分有限。心理干预的关键是调整患者的认知，从根本上转变他们功能失调的核心信念，从而改变他们的情绪和行为。

二、儿童孤独症

（一）儿童孤独症的主要表现

儿童孤独症多见于男孩，起病于婴幼儿期，主要表现为不同程度的人际交往障碍、语言交流损害、兴趣狭窄和行为方式刻板。主要有以下一些表现。

1. 人际交往存在质的损害

患者十分孤独，对集体的欢乐缺乏共鸣，对集体活动不感兴趣。缺乏人际交往的基本技巧，不能以适合其年龄的方法与同龄人建立伙伴关系。自娱自乐，缺乏相应的观察和情感反应。不会运用恰当的肢体语言与别人交流。模仿能力很低。既不能向别人表达关心，也不会寻求同情和安慰。

2. 语言交流存在质的损害

患者口语发育延迟或不会用语言表达，也不会用手势、模仿等肢体语言与人交流沟通。

对语言的理解力很低，常听不懂指令，不会表达自己的需要和痛苦，很少提问，对别人的谈话也缺乏反应。学习语言十分困难，常有无意义的模仿言语。经常反复使用与所处环境和情境无关的言辞或不时发出怪声。即使有的患者有一些语言能力，但不能主动与人交谈，维持语言交流。在语言的声调、重音、速度、节奏等方面都存在异常。

3. 兴趣狭窄和活动刻板重复

患者兴趣局限，只专注少数生活内容。活动过度，来回走动、奔跑、转圈等。动作姿势刻板重复，拒绝改变，否则会出现明显的烦躁和不安。过分依恋某种气味或某个物品的局部内容，从中得到一定的满足。强迫固定于某些仪式动作或活动，但这些行为内容都毫无实际意义。

（二）评估中的注意要点

儿童孤独症是广泛性发育障碍的一种亚型。所谓广泛性发育障碍是指一组起病于婴幼儿期的全面性的精神发育障碍。主要表现为人际交往和沟通模式的异常。儿童孤独症中约有四分之三的患儿伴有明显的精神发育迟滞。其致病原因很复杂，可以分为生物学因素及社会因素。生物学因素包括染色体异常、遗传基因问题、代谢性疾病、出生前母亲孕期患病、出生时创伤、脑创伤等。这些因素大部分会导致中度或重度的障碍。社会因素是大多数轻度障碍患者的主要致病原因，包括较低的文化水平、恶劣的环境、受虐待、被忽视及活动受限制等。

（三）心理干预的相关问题

对于轻度的儿童孤独症，在照护性教育及环境的支持作用下，患者可能会有一定的进步，但其成效往往难以预测，成功概率偏低。心理咨询师和心理治疗师可对患儿进行家庭治疗，同时应对家长和其他家庭成员中所表现出的不满、排斥、否认、过分保护和控制等认识及相应的情绪和行为方式进行必要的调整。对于有精神病性症状的患者可配合应用精神药物。低剂量的抗焦虑药物有助于改善患者的行为问题。

三、精神发育迟滞

（一）精神发育迟滞的主要表现

精神发育迟滞是一组精神发育不全或受阻的综合征。起病于发育成熟以前（18 岁以前），特征为智力低下和社会适应困难。精神发育迟滞或单独出现，也可同时伴有其他精神障碍或躯体疾病。其智力水平低于正常，若智商在 70—86，这种情况属边缘智力。精神发育迟滞可分为轻度、中度、重度和极重度等不同程度。

1. 轻度精神发育迟滞

患者智商在 50—69，心理年龄约为 9—12 岁。学习成绩差，在普通学校中学习时常不及格或留级，能自理生活，无明显语言障碍，但对语言的理解和使用能力有不同程度的延迟。

2. 中度精神发育迟滞

患者智商在 34—49，心理年龄约为 6—9 岁。不适应在普通学校学习，可进行个位数加减法计算。可从事简单劳动,但质量、效率低。可学会自理简单的生活,需要帮助。可掌握简单生活用语,但词汇贫乏。

3. 重度精神发育迟滞

患者智商在 20—40,心理年龄约为 3—6 岁。表现为显著的运动损害或其他相关缺陷,不能学习和劳动,生活不能自理。语言功能严重受损,不能进行有效的语言交流。

(二) 评估中的注意要点

对于精神发育迟滞的学生评估可以用韦氏儿童智力测验测评智商,应考虑到测验的环境条件、被试的配合程度等多种因素,对于测验结果的分析应结合患者的实际情况,所以需要进行全面的评估才能对患者作出客观的判断。

(三) 心理干预的相关问题

对于精神发育迟滞学生的心理行为干预实施需要因人而异,有针对性地拟定干预方案,不能操之过急。除了基本的心理支持、关注鼓励以外,还需要得到家长和家庭成员的协作。在有条件的情况下,让学生进入特教学校学习是一个理性的安排。因为特教学校的教育体系,从教育到管理都会根据特殊教育的规律实施教育和心理关怀。

四、多动障碍

(一) 多动障碍的主要表现

多动障碍多发生在儿童时期(3—7 岁左右)。与同龄儿童相比表现为明显的注意力集中困难,注意持续时间短暂以及活动过度。在学校、家庭和其他场合都会表现出症状。在注意力方面的主要表现是学习容易分心、不专心听讲、做作业拖拉随便、粗心大意、丢三落四、不注意细节、毫不在乎等。在行为方面的主要表现是上课难以静坐、东张西望、小动作多、话多、好插嘴、难以遵守集体的秩序和纪律、干扰他人的活动、不爱惜物品、穿着邋遢、损坏文具、杂乱无章、做事难以持久。易与同学争执、闹纠纷,不受同学欢迎。容易兴奋和冲动,做出过激的行为。好冒险,易出事故。

(二) 评估中的注意要点

多动障碍大部分起病于 7 岁之前,尤其在 3 岁左右。主要表现在注意力难以集中和好动。评估中要注意密切观察,严格把握,不能把儿童和小学生的天真活泼、一般的注意力不强和行为略微顽皮与多动症相混淆,随意判断为多动症。在评估中需要排除精神发育迟滞、广泛发育障碍和情绪障碍等其他心理障碍。

(三) 心理干预的相关问题

对于儿童及小学生的多动障碍的心理干预主要是行为干预,除了专业人员的努力之外,也需要任课教师及家长的配合。药物治疗也是常用的方法,需要根据专科医生的治疗方案规范地进行治疗。药物的选取有多种搭配，医生将根据患者的实际病情而决定。

五、品行障碍

（一）品行障碍的主要表现

品行障碍的主要特征是反复持久的反社会性和对立违抗性品行。

1. 反社会性品行障碍

患者表现为经常无意义地说谎，好发脾气，暴怒。怨恨他人，报复心严重。与父母或教师对抗，拒绝或不理睬家长、教师的要求和规定，长期严重的不服从。经常故意欺负或骚扰他人，把自己的过失或不当行为的后果归咎于他人，甚至责怪他人。在小学阶段就经常逃学（不包括因为避免责打或性虐待而擅自离家出走）。参与社会上的不良团伙干坏事，经常挑起事端，参与殴斗。故意损坏公共财物或他人财物。多次在家中或外面偷窃贵重物品或大量钱财，勒索或抢劫他人财物，强迫与他人发生性关系或有猥亵行为。经常虐待小动物，反复欺负同学或他人，用凶残的方式虐待他人，甚至持凶器故意伤害他人。故意纵火。

2. 对立违抗性障碍

对立违抗性障碍多见于 10 岁以下儿童，主要表现为明显不服从、违抗或挑衅性行为，但没有更严重的违法或冒犯他人权利的社会性紊乱或攻击行为。经常说谎，脾气暴躁，容易发怒。经常怨恨他人，怀恨在心，存有报复之心。拒绝或不理睬成人对他们的合理要求和规定，长期严重不服从。经常与成人争吵，与父母和教师对抗。推卸自己的过失，把责任强加于别人。经常故意干扰别人。

（二）评估中的注意要点

品行障碍的行为可严重违反相应年龄的社会规范，他们与普通儿童相比显得更调皮捣蛋，与一般少年相比其行为显得严重逆反。品行障碍是一种持久的行为模式，单纯的反社会性或犯罪行为不属于此障碍范围。评估中需要排除反社会人格障碍、躁狂症、广泛性发育障碍或注意力缺陷与多动症等。严重程度至少持续 6 个月。

（三）心理干预的相关问题

对患品行障碍学生的心理干预需要教育、心理咨询、心理治疗相结合，需要教师、家长和周围同学相配合。对他们需要更多的耐心和时间，要理解他们在调整的过程中容易出现的反复。尽管药物配合使用也会有一定的效果，但由于他们的年龄段偏小，所以在一般情况下用药需要谨慎。

六、儿童社会功能障碍

（一）儿童社会功能障碍的主要表现

这是一组起始于发育过程的社会功能异常，与广泛性发育障碍不同，它没有器质性的原发特征。一般认为引起此障碍的关键原因是异常的生活环境。男女发病的比率相当。常见的有选择性缄默症和儿童反应依恋障碍。

1. 选择性缄默症

选择性缄默症起病于童年早期,患者平时在一般场合言谈自如,语言表达能力正常。但是在学校等特定场合或陌生人面前却沉默寡言,甚至拒绝说话。缄默时常伴有焦虑、退缩和违抗等情绪。

2. 儿童反应依恋障碍

这是一种长期的以社交关系障碍为特征的儿童精神障碍。一般在 5 岁前就出现障碍,表现为过度抑制、过分警惕,有明显的矛盾反应。如对于养育的父母或亲人既亲近又冷淡,既回避又对抗。明显缺乏情感反应、退缩和情绪紊乱,对自己或他人的痛苦表现出攻击反应,或者过度警觉和恐惧。有时也能与正常的成人进行交往,有一定的社交和应答反应。

(二) 评估中注意的要点

对于选择性缄默症的评估应排除语言机能发育障碍、广泛性发育障碍、精神分裂症及其他精神性障碍。一般其症状都至少超过 1 个月,但是初入学的第 1 个月不能包括在其中,因为学生会有一个学习环境适应阶段。儿童反应依恋障碍的发生往往与其家庭严重的不良教养方式有直接关系,他们可能在心理和躯体方面遭到虐待或被父母或家人过度忽视。

(三) 心理干预的相关问题

儿童社会功能障碍的形成与家庭教养环境及教养方式有密切的关系,因此应改善家庭环境,使家庭环境充满和睦、温情和融洽的氛围。父母对孩子要给予充分的关爱,经常与他们平等地沟通,了解他们的心理反应,去除心理困惑,这些都有利于孩子的成长及心理障碍的调整。

七、童年和青少年行为障碍

(一) 童年和青少年行为障碍的主要表现

童年和青少年行为障碍的表现形式多样,较常见的有非器质性遗尿症、喂食障碍、异食癖、刻板性运动障碍、口吃等。

1. 非器质性遗尿症

非器质性遗尿症是指年龄在 5 岁以上,智龄在 4 岁以上的儿童发生于白天或晚上的排尿失控现象。每月至少 2 次尿床或尿裤,而且持续 3 个月以上。

2. 喂食障碍

喂食障碍表现为在食品充足、养育方式比较满意,又没有器质性疾病的情况下超出了正常范围的进食困难。体重不增加或有所下降至少持续 1 个月。

3. 异食癖

异食癖是一种进食障碍，特点是实际年龄超过 2 岁的儿童喜欢吃不可作为食物的东西，如泥土、石灰、肥皂等。爱吃异物，每周至少 100 克，持续 1 个月以上。异食癖并非是其他精神疾病或智力障碍所致，而且此种进食行为并不符合当地的习惯和传统。

4. 刻板性运动障碍

刻板性运动障碍是一种随意的、反复的、无意义的、呈节律性的运动（动作），表现为摇躯体、晃头颅、拔毛发、捻头发、咬指甲、吮拇指、挖鼻孔等。这些行为不是由于任何其他精神疾病或行为障碍所致。

5. 口吃

口吃是一种较为常见的口语障碍。讲话的特征为频繁地重复或延长声音、音节或单词，或频繁出现抽搐或停顿以致破坏讲话节律。这种状态已严重到妨碍讲话的流畅性，明显影响语言表达的顺畅。有部分儿童在童年早期出现轻微的、一过性的讲话节律问题不能归入此障碍。

（二）评估中的注意要点

对于童年和青少年行为障碍的评估需要排除躯体器质性疾病以及其他精神疾病。也要注意发生障碍的年龄以及持续的时间。由于这类障碍是行为障碍，其表现、频度、程度都有明显的特征，但容易与偶尔出现的相似情况混淆，所以判断必须谨慎，不能夸大某些不典型的偶尔出现的行为的严重性。

（三）心理干预的相关问题

童年和青少年行为障碍的干预应以行为干预为主，通过行为矫正的方法来塑造他们的行为方式或行为习惯。在使用行为治疗技术时应考虑儿童和青少年的个体特征及环境特征，不能千篇一律。在实施某种技术时也要注意患者对强度的承受性，应该循序渐进，避免操之过急，这样才能达到行为重塑的良好预期效果。

第四章
心理测评

心理测评是通过心理学的方法对人的心理状况进行测量与评价，它能为心理诊断、心理咨询和心理治疗提供可靠的科学依据。心理测评有多种方法，本章重点介绍心理测验方法。本章首先讨论心理测评的概念、原则、过程、伦理和分类等问题，然后分别介绍各种智力测验、人格测验和学校心理咨询中常用的心理量表的使用方法。

第一节　心理测评概述

一、心理测评的概念与意义

（一）心理测评的概念

心理测评是心理测量与评价的简称，是心理医生或心理咨询工作者运用心理学的理论、技术和方法，对来访者的心理状态进行测量和评价，以确定其心理困扰与障碍的性质和程度的一种方法。

心理测评具有结果的多维性和评价标准的多重性的特点。

心理测评结果的多维性表现在心理测评可以从不同维度得出不同的测评结果。例如，可以从正常与不正常维度，也可以从分类与分型维度，还可以从评价与描述维度等进行测评。至于应该从什么维度进行心理测评，主要依据心理测评的目的。心理咨询对来访者的心理测评，一般的目的是评估其有无心理问题或心理障碍，因此其测评维度应该是正常与不正常维度。如果我们的心理测评目的是了解学生的兴趣爱好和人格特征，以便对其进行职业指导，那么心理测评应该从分类与分型等维度得出相应的结果，这种测评结果无所谓正常与不正常，只反映被测评者的兴趣类型与人格类型。

心理测评标准的多重性是指心理测评可以采用不同的标准，如经验标准、社会适应标准、统计学标准等。

（1）经验标准。心理测评的经验标准是指测评者以自身的直接经验或书本理论的间接经验作为测评标准来对被测评者的心理状况作出正常、异常或正常与异常之间的临界状态的判断。

（2）社会适应标准。心理测评的社会适应标准是以社会行为规范和社会适应性为评价标准，来判断被测评者的心理状况。如果一个人的性格与行为超越了社会允许的范围，与社会道德、法律规范和习俗不容，则可能被视为变态。

（3）统计学标准。心理测评的统计学标准是运用数理统计的方法，通过对群体的调查研究，找出心理特征各种状况的人数频率分布，根据统计学原理，大多数人处于中间状况，极少数人处于两端，处于中间的人被判断为正常，而处于两端的人被判断为异常。

以上三种测评标准各自有其优缺点。心理测评经验标准的优点是能综合各种资料信息，且针对性较强，但缺点是较主观，对测评者资质的要求较高。心理测评的社会适应标准能反映被测评者的社会适应性，而社会适应性则是保证一个人正常生活的基础。但社会规范因地区、民族、社会习俗、时代等不同而存在差异，如同性恋行为在一些国家被视为性变态，而在美国等一些国家现在则被视为是正常的。我国原来也将同性恋视为性变态，而现在已将同性恋从性变态中删除。心理测评的统计学标准是基于统计学原理的，具有较强的科学性，这种标准具有明确的数量指标，易于掌握和使用，被广泛应用于心理测评。但这一标准的前提是心理特征呈正态分布，如果某一心理特征呈非正态分布，则其测评结果就会出现偏差。另外，统计学标准是一种相对标准，即它是以群体频率分布为依据，以一定比率的两端为异常的。这里有两个问题，一是两端的性质可能完全相反，如智力分布，一端是智力缺陷，而另一端则是智力超常；二是没有考虑群体的实际水平，不管群体水平是整体较高还是较低，都以两端各2.2%为异常，这会造成测评的偏差。由于三种心理测评标准都有其优缺点，因此实际测评中应综合应用各种测评标准。

（二）心理测评的意义

1. 心理测评可以提高精神疾病的临床评估的质量

完全依靠生理指标进行精神疾病的诊断会影响诊断的正确率，借助心理测评方法可有效提高精神疾病的临床诊断水平。我国著名心理学家林传鼎教授认为，行为或心理的测验在发现脑机能障碍方面，比物理或生理的诊断更为灵敏。德维森(Davison)的报告表明，在神经症的检查中采用脑电图、脑脊液、脑扫描及放射线对比等诊断技术，其正确率在70%以上，而采用某些神经心理测验方法，其正确率高达80%以上。因此，心理测评是精神疾病重要的诊断手段。

2. 心理测评是心理咨询与心理治疗的前提

在学校开展心理咨询与心理治疗，首先必须对来访者有无心理问题或心理障碍、有什么类型的心理问题、其程度如何等问题作出回答，然后才能有的放矢地进行心理咨询与治疗。要回答以上问题，必须要对来访者进行心理测评。心理测评的质量直接影响心理诊断的正确性，最终影响心理咨询与心理治疗的效果。

3. 心理测评有利于搞好心理问题的预防

在学校开展心理健康教育和心理咨询工作应该以预防为主，争取在学生出现心理问题之前或在心理问题处于萌芽状态就能及时发现、及时解决。开展心理问题的预防工作除了经常开展心理健康教育，还应该经常对学生进行心理健康的普查工作，以便及时发现学生的心理问题，并在心理问题尚不严重时就予以解决。心理健康的普查工作就是运用心理测评手段对每位学生的心理健康状况进行评估，因此，心理测评有利于心理问题的预防。

二、心理测评的原则

（一）客观性原则

客观性原则就是要求心理测评人员排除主观臆断，实事求是地对来访者的心理的真实情况作出评估。客观性原则要求心理测评人员要有客观的测评态度，选择客观的测评方法，谨慎地给出测评结论。

（二）保密性原则

心理测评工作者有义务为来访者保密。心理测评工作中会涉及来访者个人或他人的一些隐私，心理测评工作者了解这些内容是为了弄清来访者的问题，以便作出正确的评估和有的放矢地进行治疗。心理测评工作者替来访者保密是其职业道德。

（三）心身综合原则

心身综合原则是指在心理测评工作中，要把心理和生理两方面因素综合起来考虑。因为生理与心理因素是相互影响、互为因果的。在心理测评工作中，要尽可能收集心理和生理两方面的资料，进行综合分析，以便作出正确的评价。特别要防止将心理问题躯体化。在中国传统观念中，人们对心理疾病很忌讳，一旦得了心理疾病会感到抬不起头，因此常常会将心理问题说成是躯体问题。

（四）发展性原则

发展性原则是以发展的观点来看来访者，既要看到来访者的问题，又要看到来访者的潜力，以便调动来访者的积极性与创造性，对来访者抱乐观的态度，相信来访者有能力解决自己的问题。发展性原则要求心理测评工作者对测评结果要有正确的看法，不能“一测定终身”。

（五）测评与治疗结合原则

测评本身不是目的，而是治疗的前提。心理测评工作者除了评价来访者心理问题的性质与种类，向他们说明产生的原因及危害，而且还应该尽可能地向他提供积极克服心理困扰与障碍的建议和治疗的方法。

（六）教育性原则

教育性原则就是心理测评工作一切都是为了来访者的利益，为了来访者今后的发展。在测评过程中不应对来访者有任何的伤害。例如，在对心理测评结果进行解释时，要事先考虑到可能会对来访者产生什么影响，可能产生不利影响的话坚决不讲，有利于来访者发展与成长的话要多讲。

三、心理测评的过程

（一）明确心理测评的目的，做好心理测评准备工作

在进行心理测评之前，首先要明确心理测评的目的。因为测评目的不同，采用的方法也会不同。例如，作为心理健康普查，其目的是筛选出可能有心理问题的对象，那么我们可以用测查面较广又简单易行的心理健康问卷。如果已初步确认来访者有某种心理问题，为进一步查清该来访者心理问题的性质与程度，则可以用更加专业的心理测评量表，进行更深入的面谈。

心理测评的准备工作包括选择心理测评方法，准备心理测评工具和测评场所，熟悉心理测评方法与步骤等。心理测评方法主要有测验法、面谈法、观察法和个案法等，根据心理测评目的可选择其中一种或几种方法。方法确定后，还需要做许多准备工作。如心理测验需要准备心理量表，熟悉测验具体方法和步骤。面谈法需要事先阅读相关资料或询问有关人员以了解测评对象的基本情况，设计面谈的基本思路和内容。观察法需要设定观察指标。个案法需要准备个案资料。另外，心理测评还需准备好测评的场所。测评场所要求环境安静，光线充足，空气流通，桌椅高低合适等。

（二）实施心理测评，系统收集资料

这是心理测评最重要的阶段。通过实施各种心理测评方法，系统收集被测评者的各种信息。

首先，测评者要取得被测评者的信任，这是获得真实信息的前提。测评者要注意自身的形象，自己的衣着要符合心理学工作者的身份，让被测评者有一种职业上的信任感。在正式进行测评前，应该先向被测评者说明测评的目的和方法，消除他们可能产生的各种顾虑，争取获得他们的最大配合。

其次，要采用多种心理测评方法，尽可能全面收集资料。除了用测验法，还可以用面谈法、个案法和观察法等多种方法，这样获得的资料可以相互印证，提高测评的效度。

最后，在测评过程中要注意控制各种可能影响评估结果的无关变量。测评者要充分意识到自己的言行对被测评者的影响，在测评过程中要严格按统一的指导语进行说明，注意自己的语气与表情，不能对被测评者有任何暗示。测评的步骤、方法、时间限制等都要做到一致，记分要有统一的详细评分标准，以保证对每一位被测评者公平，也保证测评结果的客观真实性。

（三）整理资料，综合判断

在系统收集测评资料后，还需要对测评资料进行分析整理，然后进行整合，以便最终作出判断。在分析整理资料的过程中，如果发现资料不够充分，还可以继续收集资料，补充重要的缺失信息，使最终的判断能在充分的信息基础上产生。

资料一般分定性与定量两类。资料整理首先要根据资料性质将其分门别类。定性资料一般通过分析、综合、概括、归纳、推理等逻辑方法进行整理。定量资料一般用统计方法进行整理。资料的整合也有许多方法，常用的有以下几种。

1. 临床判断

临床判断是根据直觉经验，将各种资料直观地整合，从而作出判断的方法。这种方法常见于医生临床诊断中。一个医生在对就诊者作诊断时，他手中一般有许多资料，例如有各种化验和检查结果资料，有原病史资料，有医生自己通过访谈和观察获得的资料，等等。面对这些资料，医生根据自己的专业知识和经验，分析它们之间的联系，最终作出就诊者有无疾病、有什么样的病、病情如何等诊断。心理测评中也可借鉴这种方法，特别当资料性质完全不同，不能将它们在数量上进行合成时，这种方法更为有效。

临床判断资料整合方法具有整体性和针对性的优点。整体性是指它是在对资料整体把握的基础上作出的判断。针对性是指在使用这种方法作判断时，可以考虑对象的不同特点和资料之间的相互影响，灵活与因人而异地作出合理的判断。

临床判断资料整合方法的缺点是：①具有主观性。判断的作出很大程度上依赖测评者的主观经验，若经验不足或经验不适用于新情况，就会作出错误的判断。②没有数量指标。这种方法只是将资料直观地整合，没有数量上的合成，因而最终没有量的指标。③对使用该方法者有较高要求。因为这种方法对专业知识和经验的要求很高，使用者必须接受过严格训练。

2. 加权

加权是根据资料的重要性赋予其不同的权重，再将它们整合起来的一种方法。加权可分为单位加权、等值加权和不等值加权三种方式。

(1) 单位加权。单位加权是简单地将各种分数相加以便得到一个总分。单位加权的公式为：

$$X_c = X_1 + X_2 + \cdots + X_n$$

上式中，X_c 为整合后的总分，X_1、X_2、$\cdots X_n$ 为各种测验或其他测评方法得到的分数。

单位加权从表面上看，每个分数的重要性相同，但实际上每个分数的重要性是不同的，也就是在合成总分中各种分数起的作用是不同的。影响各种分数在合成总分中的作用大小的因素主要有 3 个，一是满分值，二是平均数，三是标准差。满分值和平均数对总分的影响是显而易见的，满分值和平均数较大的测验分数在总分中的作用也较大。反之则对总分的作用较小。标准差对总分的影响容易被人忽视。例如，有语文、数学和英语 3 种测验，假设这 3 种测验的满分都是 100 分，平均数都是 65 分，标准差语文、数学、英语分别为 10、20、15。如果用单位加权计算这 3 种测验的总分，那么这些测验分数在总分中的作用是否相等呢？答案是否定的。一般标准差较大的测验分数，它在总分中起的作用也较大；标准差小的测验分数，它在总分中的作用也较小。因此，上例中数学测验分数对总分作用最大，语文测验分数对总分作用最小。究其原因，因为标准差大意味着测验分数的离散程度大，也就是考生之间分数差距拉得大，标准差小意味着测验分数的离散程度小，即考生之间分数差距小，而考生分数差距大小是影响总分大小的直接因素。例如，数学测验第一名得 100 分，最后一名得 12 分，而语文测验第一名得 85 分，最后一名得 35 分。同样是第一名，数学分数要比语文分数高出 15 分，同样是最后一名，数学分数要比语文分数低 23 分。因此，数学考得好坏对总分高低的影响就很大，而语文分数对总分的影响则相对较小。

要想使各种分数在总分中的作用真正相同，必须使用等值加权方法来合成分数。

（2）等值加权。等值加权是将各种分数转换成标准分后再相加。其公式为：

$$Z_i = (X_i - M_i)/SD_i \quad i = 1, 2, \cdots, n$$
$$Z_c = Z_1 + Z_2 + \cdots + Z_n$$

上式中，X_i 为各种分数，M_i 为各种分数的平均分，SD_i 为各种分数的标准差，Z_i 为各种分数的标准分，Z_c 为总分。

由于等值加权是将分数转换成标准分后再相加，而标准分的平均数和标准差相等，因此，各种分数在总分中的作用是相等的。

（3）不等值加权。不等值加权是指在资料整合前，根据每一种资料的重要性分别指派不同的权重，然后再相加，其公式如下：

$$Z_c = W_1 Z_1 + W_2 Z_2 + \cdots + W_n Z_n$$

上式中，W_1、W_2、$\cdots W_n$ 为给不同分数指派的不同权重。

3. 多重临界点

多重临界点是指资料之间不具备互偿性时，对每一种资料规定一个最低标准，被测评者只要有一项达不到最低标准，就会被淘汰。多重临界点又可细分为综合分段和连续栅栏两种。综合分段是让每一个应聘者做完所有的测评项目后，再确定每一项测评的最低分数，凡是有一项不符合标准者就被淘汰。例如，硕士研究生入学考试，每份试卷都规定了最低分数线，考生只要有一份试卷达不到分数线，就会被淘汰。连续栅栏是指事先确定每项测评的最低标准，然后在测评过程中逐项淘汰不符合标准者。这一方法的基本原理是将最节省时间同时成本又最低的测评方法放在前面，这样可以先淘汰一大批明显不合格者，然后可以对剩下的被测评者进行更详细的测评。例如，先对申请表进行审核，淘汰不符合要求者，然后进行心理测验，根据测验结果又淘汰一些不合格者。对剩下的被测评者再采用评价中心技术和结构性面试等较高级的测评方法进行进一步筛选，最终选定合格人员。综合分段与连续栅栏两者的区别是，前者的最低标准是事后确定的，每个被测评者必须做完所有测评项目。而后者最低标准是事先确定的，所以只有被录用的被测评者才可能做完所有测评项目，而其他人一般都没有做完测评项目就在中途被淘汰。

4. 多重回归

多重回归是一种统计方法，它是用几个分数（自变量）去预测一个效标（因变量）。在测评中，我们是用几种测评分数去预测被测评者未来的工作状况。当测评所得的几种分数具有互偿性时，就可以用多重回归方法。这时几种测评分数就是自变量 X_i，因变量 $\hat{Y}$ 就是整合分数，它是对被测评者未来的工作状况的预测。回归方程如下：

$$\hat{Y}=a+b_1X_1+b_2X_2+\cdots+b_nX_n$$

上式中，a 为常数项，即回归线在 Y 轴上的截距，b_1、b_2、$\cdots b_n$ 为回归系数。

5. 特殊方法

特殊方法指完形记分和轮廓分析。完形记分是将各个分数看作一个整体，不是孤立地看每个分数，而是看总的反应模式。例如，罗夏墨迹测验的解释，不是孤立地看每张图片的反应，而是根据对 10 张图片整体的反应模式进行分析。轮廓分析是考虑测验上所得分数的轮廓，而不是将各分数做简单的线性组合。例如，在明尼苏达多相人格调查表的解释方法中，就有轮廓图分析，即根据各量表 T 分数勾勒出的轮廓图作整体分析。

以上讨论的资料整合的各种方法各具优缺点。临床判断法的优点是不受资料性质的限制，具有弹性和针对性，缺点是这种方法有较大的主观性。加权法的优点是能得到整合分数，缺点是不同的加权会得到不同的结果。多重临界点的优点是能适用于不能补偿的资料，特别适合于选人，但它的缺点是不适用于人员安置。多重回归的优点是当资料具有线性关系时，整合效果较好，但当资料不具有线性关系时，整合效果就会较差。特殊方法的优点是从整体上对资料进行分析，但缺点是较难操作。

四、心理测评的伦理准则

心理测评应用广泛，它涉及个人的隐私、权利、幸福等重大问题。针对心理测验被滥用等不良现象和严重后果，各国心理学专业团体纷纷制定了心理测评的伦理准则。1992 年中国心理学会公布了《心理测验工作者的道德准则》，2000 年国际测验委员会出版了《测验应用的国际方针》，2002 年美国心理学协会出版了《心理学家的道德准则和行为规范》这一重要文件，2008 年中国心理学会发布了《心理测验管理条例》，综合世界各国有关心理测评的伦理准则，现归纳如下。

（一）善行与好意

心理测评工作者应做到有益于他们的工作对象，并注意不要对他们造成伤害。进行心理测评首先应该有正当理由，应该出于有益于被测评者的目的，如出于对被测评者更好的教育或治疗等目的。在心理测评过程中，心理测评工作者应以自己的专业判断和负责的态度预防可能出现的对被测评者造成的伤害，以正确的方式将所测结果告知被测者，并提供有益的帮助和建议。

（二）忠诚与责任

心理测评工作者应和他们的工作对象建立相互信任的关系。他们应认识到自己对社会以及他们的专业团体负有专业责任和科学责任。心理测评工作者对待测评工作须持有科学、严肃、谨慎、谦虚的态度，要维护行为的专业标准，阐明他们的专业角色和义务，保证以专业的要求和社会的需要来使用测验，不得为追求经济利益而滥用测验。为维护心理测验的有效性，凡规定不宜公开的心理测验内容、器材、评分标准以及常模等，均应保密。心理评估工作者还应当无偿奉献一部分职业时间。

（三）诚实

心理测评工作者应设法提高心理学在科学、教学以及实践中的准确性、诚实性和真实性。在介绍测验的效能与结果时，必须提供真实和准确的信息，避免感情用事、虚假的断言和曲解。心理测评工作者不应剽窃、骗取事实，或参与舞弊、欺骗或有意歪曲事实，而应信守诺言，并尽量避免做出轻率的不清楚的承诺。

（四）公正

心理测评工作者必须认识到，公平和公正使所有人都能享受到并受益于心理学的贡献，同时获得同等质量的心理学服务。心理测评工作者应作出合理的判断，并注意避免因自身的专业局限而导致不良后果。

（五）尊重人的权利与尊严

心理测评工作者应当尊重所有人的尊严和价值，保护服务对象的隐私权，对测评中获得的个人信息要加以保密，除非在可能对个人或社会造成危害的情况下才能告知有关方面。心理测评工作者应认识到存在文化、性别、种族等差异，并尊重这些差异，在工作中不抱任何偏见。

五、心理测验的种类

（一）按测验功能来分

1. 能力测验

能力测验又可分为一般能力测验和特殊能力测验，一般能力测验就是对人的一般能力即智力的测量，因此也称智力测验。特殊能力测验是对个体在音乐、美术、体育、机械等方面特殊才能的测量。

2. 学习成就测验

学习成就测验是对学科知识和技能的测量。它又可分为教师自编学习成就测验和标准化学习成就测验，前者是教师基于教学工作实际需要，自己根据教学大纲编制的测验。教师自编学习成就测验的使用对象较窄。标准化学习成就测验一般由专家、教师等共同编制，以常模参照测验为主，标准化水平较高，适用对象较广。

3. 人格测验

人格测验是对人除能力以外的一切人格特点的测量。如性格测验、气质测验、兴趣测验、态度测验、情绪测验、动机测验、品德测验和综合人格测验等。

（二）按每次测验的人数来分

1. 个别测验

这是一种由一个主试每次只能测试一个被试的测验。这种一对一的测验由于主试能直接与被试接触，易于激发被试的测验动机，不易受文化程度和年龄的限制，适用对象范围广，文盲与幼儿也可适用。其缺点是测验费时费力，不易大规模测量，建立常模较困难。另外个别测验对主试的要求较高，必须是经过严格训练的人才可以使用。

2. 团体测验

这是一种由一个或几个主试同时测量若干个被试的测验。这种测验的最大优点是省时省力省钱，适合大规模测量。这种测验的缺点是不能对测验过程进行有效控制，因此容易产生较大的测量误差。

（三）按测验材料来分

1. 文字测验

这种测验使用的是文字材料，被试也用文字作答。这种测验编制相对容易，适用于各种类型的测验，但容易受被试文化程度的影响。

2. 非文字测验

这种测验中使用的材料是图形、模型、实物和非文字的符号等。由于测验中不使用语言文字，因此适用对象较广，特别适合于文盲和幼儿。

（四）按测验目的来分

1. 筛选性测验

这种测验的目的是筛选出需要的人来。根据需要不同，又可分为人才选拔测验和问题人员筛选测验，如企业人才招聘测验、智力缺陷筛选测验和心理问题筛选测验等。

2. 诊断性测验

这种测验的目的是诊断被试有无问题。如教学过程中用于诊断学生学习中的知识技能是否有缺陷的学科测验，以及心理咨询中诊断来访者有无心理问题的心理测验等。

3. 预测性测验

这种测验的目的是预测被试未来行为表现以及所能达到的水平。如高考就是一种预测性测验，其目的是预测学生能否胜任大学的学习。

（五）按测验的难度与时限来分

1. 速度测验

速度测验的特点是题量大，测验时间紧，但题目难度一般不大。它的目的是考查被试对有关知识技能掌握的熟练程度或动作的敏捷性和协调性等。

2. 难度测验

难度测验的特点是题目难度高，但题量不大，测验时间相对较宽裕。它的目的是考查被试最高的能力水平。

（六）按测验的要求来分

1. 最高行为测验

这种测验的目的是测量被试的能力高低或掌握知识的多少。在这类测验中，要求被试充分发挥自己的能力，尽可能作出最好的回答。所有的学习成就测验、智力测验、能力倾向测验都属于最高行为测验。

2. 典型行为测验

这种测验是测量被试平时一贯的行为方式和典型行为表现，因此题目没有正确答案，得分高也不一定是好事。在这类测验中，要求被试根据自己的实际情况选择符合自己行为方式和特点的选项，如果被试不如实回答，测验结果将无效。人格测验就属于典型行为测验。

（七）按测验性质来分

1. 构造性测验

这类测验有清楚的测验结构和明确的测验内容，每道题都有清楚的测量目的，测验的记分标准和结果解释都有严格规定。所有的能力测验、学习成就测验和大部分人格测验都属于构造性测验。

2. 投射性测验

这类测验没有明确的结构，测验中的题目也没有明确的测量目标。投射测验是根据心理学的投射原理编制而成的：人们对日常生活模糊刺激情境的反应是受个人当时的心理状况和他过去掌握的经验以及对将来的行为要求所推动的，当人们面对主题不明确的测验材料时，就会将自己的人格不自觉地表现出来，并投射在测验的反应中，通过对被试测验反应的分析，就能得到他的人格资料。因此，投射性测验能测量人们心灵深处的欲望、情绪、动机、态度等人格特点。

（八）按测验的解释依据来分

1. 常模参照测验

这类测验对测验结果的解释需要对照常模，也就是需要与被试相同性质（如年龄、性别、文化程度等）样本的测验结果作比较，以确定被试的测验分数位于样本群体分数分布的具体位置，然后对被试的测验分数作出评价。所以，这类测验的解释标准是统计学标准，是一种与他人相比较的相对标准。

2. 标准参照测验

这类测验对测验结果的解释是根据预先确定的标准，而不需要与他人作比较后再作评价。例如学校中的学科测验，如果满分为 100 分，通常我们规定 60 分以下为不及格，60—69

分为及格,70—79 分为中,80—89 分为良,90 分以上为优。这套解释标准是在测验前就确定的,学生的测验分数只要与这套标准对照就可进行解释。

六、心理测验的性质

(一) 心理测验的概念

1. 心理测验的定义

心理测验有许多不同的定义,在众多定义中,美国心理测量学家阿纳斯泰西(A. Anastasi)的定义得到较多人的认同,她认为心理测验实质上是对一个行为样组的客观和标准化的测量。

2. 几个与心理测验有关的概念

在上述心理测验的定义中涉及一些重要概念,下面我们对这些概念进行解释。

(1) 行为样组:指测验选择的一组有代表性的行为。心理测验是一种间接的测量方法,是通过测量人的行为反应间接地推断人的心理。人的行为有很多,我们不可能都加以测量,因此必须根据测量目的,选择一部分有代表性的行为加以测量,这一组经选择加以测量的行为就是行为样组。

(2) 标准化:指测验的编制、实施、记分、解释等程序的一致性。标准化是保证测验客观性和可比性的前提,标准化水平是影响测验质量的重要因素。为了提高测验的标准化水平,首先,测验的编制要有一套严格的程序。无论是测验结构的确定还是测验项目的选拔都要有依据。测验要经过预测和项目筛选,当测验的信度、效度等各项指标都较理想后才可使用。其次,测验的材料、器材要符合质量要求,印刷的材料要清楚,字体和图形大小合适,器材的物理性能稳定。再次,测验实施要有统一指导语、统一步骤和时间限制,要控制影响测验结果的一切干扰因素。最后,测验记分要有统一详细的评分标准,测验结果的解释要有统一标准,心理测验常依据常模进行解释。

(3) 客观性:指测验不受主观支配,做到真实客观。客观性的一个衡量标准就是可重复性。提高测验的标准化水平是保证测验客观性的前提。

(4) 常模:指一个测验在标准化样本上的分数分布。标准化样本是指通过科学取样获得的一个具有代表性的被试样本。常用的取样方法是分层随机取样法。为了提高样本的代表性,除了取样方法科学外,还需要较大的样本容量。抽取代表性样本后,用测验对样本中的所有被试进行测试,以收集测验数据,获得测验分数的分布资料。常模资料中样本平均分和标准差是最重要的,因为如果分数分布是正态的,那么只要有这两个统计量就可把握整个测验分数的分布。

(二) 心理测验的特点

1. 间接性

心理测验是一种间接的测量方法,它是通过测量外显的行为去推断内隐的心理。这种间接测量基于这样一种假设：人的很多行为不是无缘无故的，是受人的内部心理控制的。心理与行为的这种因果关系是心理测验的基础。心理测验的关键在于选择能真正反映待测心理属性的行为样组。

2. 相对性

心理测验的参照点是相对零点，因此心理测验分数没有绝对意义上的零。心理测验常采用常模解释，也就是将一个被试与一组被试作比较，以确定其在群体中的位置，而位置具有相对性。心理测验的结果不是永恒不变的，会随环境与教育等因素的变化而有一定的变化，因此不能“一测定终身”。

3. 稳定性

心理测验的结果具有稳定性。人的心理是遗传与环境交互作用的结果。因为人的遗传具有稳定性，人的生活环境也具有一定的稳定性，人的心理发展具有规律性，因此人的心理如智力、性格、气质具有相对的稳定性。因为心理测量的结果具有稳定性，测量才有价值。

七、心理测验的正确使用

（一）对心理测验的正确态度

1. 对测验的两种错误态度

对心理测验的态度，历史上曾有两种错误态度。

（1）认为测验完美无缺，迷信测验。20 世纪 20 年代初，美国军队中对甲种智力量表和乙种智力量表的成功使用推动了一股测验的热潮。当时人们认为测验完美无缺，迷信测验结果，什么都用测验，结果测验被滥用，造成消极影响。当今，仍有一些人迷信测验，迷信测验分数，认为心理测验是非常科学的，看不到心理测验的不足，做决策时过分依赖心理测验，这种对测验的态度不仅是错误的，而且是危险的。

（2）认为测验无用有害，反对测验。苏联在 20 世纪 30 年代曾用苏共中央的名义发表了一项决定，即取消儿童学和儿童技术学，所谓儿童技术学，其中很大一部分是心理测验。当时苏联要禁止心理测验是因为智力测验的结果是资产阶级子女的智商比无产阶级子女高，因此他们认为心理测验是在为资产阶级统治提供理论依据，是资产阶级伪科学。

另外，也有人提出心理测验是为种族歧视提供理论依据，因为智力测验的结果是白人的智商比黑人高。对于上述两种观点，我们认为是错误的。因为尽管当时智力测验的结果是资产阶级子女的智商比无产阶级子女的智商高，白人的智商比黑人智商高，但这并不是心理测验本身造成的。现代心理学认为人的智力水平高低不仅受遗传影响，而且受后天的环境与教育等因素的影响。资产阶级在过去长期处于统治地位，无论在政治、经济还是教育等方面都处于优势地位，他们的子女接受最好的教育，所以资产阶级子女的智商高是不足为奇的，这是由于社会不公平造成的，白人智商比黑人高也是同样的原因，心理测验只是测出了客观存在的社会现状而已。

也有人说，心理测验为唯心主义宿命论提供了理论依据，但这要看测验使用者如何看待测验结果，我们认为“一测定终身”的观点是错误的，测验结果只能说明被试测验时的水平，测验分数不是一成不变的，它会随环境、教育和个人努力状况的变化而变化。

在西方，常常有人批评心理测验侵犯个人隐私。这个问题确实应引起我们的注意。我们认为，如果心理测验具有正当的目的，即测验是为被测验者的利益考虑，是为了更好地对被测验者进行教育、治疗等；而且被试自己又同意做测验；再加上我们对测验结果做到保密，那么心理测验就不能说是侵犯个人隐私。

2. 对测验的正确态度

（1）心理测验是一种有用的研究手段和测量工具。心理测验在心理学发展过程中曾起过重要作用，现在仍是心理学研究的一种重要方法。心理测验具有很大的应用价值，无论是人员招聘与安置、临床诊断，还是教育评价，都可以使用心理测验。

（2）测验作为一种研究手段和测量工具尚不完善。心理测验的不足，首先是缺乏坚实的理论基础。心理学在一些重要概念如智力、人格等方面，至今都没有统一的定义，这给这些心理现象的测量带来了一定的困难。其次，心理测验在方法上尚不完善。心理量表就其性质而言，仅是等级量表，不可能提供精确的测量，再加上心理现象的复杂性给测量带来巨大的困难，现在的心理量表远远不能达到人们对它的期望。因此，我们在使用心理测验时一定要谨慎，不能迷信测验分数。同时，我们应该尽可能地通过多种方法获取信息，以便相互印证，保证最终决策的正确性。

（二）心理测验使用者的资格

为了防止测验滥用，必须让有资格的人使用测验。根据中国心理学会2015年公布的《心理测验管理条例》，测验使用人员的资格证书分为甲、乙、丙三种。甲种证书仅授予主要从事心理测量研究与教学的高级专业人员。乙种证书授予经过心理测量系统理论培训并通过考试，且具有一定使用经验的人。丙种证书为特定心理测验的使用资格证书，此证书需注明所培训使用的测验名称，只证明持有者具有该测验的资格。申请获得乙种和丙种证书需满足以下条件之一。

（1）心理学专业本科以上毕业生；

（2）具有大专以上（含）学历，接受过中国心理学会备案并认可的心理测量培训班培训，且考核合格。

八、心理测验使用中的注意事项

（一）测验前的准备

1. 选择合适的量表

首先根据测验目的，选择适合的且信度、效度都较高的测验。

2. 准备好测验的材料与器具

一旦选定测验,就要准备好相关的测验材料,包括测验试题本、答题纸和测验手册等。个别智力测验往往还有一些测验器具,需要事先准备好,还需检查器具的功能是否完备。

3. 准备合适的测验场所

测验场所要求安静、通风、明亮,环境布置朴素,桌椅高低合适,桌面平整。

4. 熟悉测验的方法和步骤

主试在测验前应对测验指导语、测验方法步骤进行复习或培训,以保证对测验方法和步骤非常熟悉,尽可能背熟指导语。

(二) 测验过程中的注意事项

(1) 主试在测验开始前首先应取得被试的信任与配合。

(2) 在测验过程中主试要注意自己的态度、表情等,不要给被试任何暗示。

(3) 要做到统一指导语,统一时限,统一步骤与方法。

(4) 注意被试有没有理解测验的要求与方法,如发现个别被试不理解,需要加以说明。

(5) 要及时处理一些突发事件,并及时记录以供测验解释之用。

(三) 测验结束后的注意事项

(1) 测验记分要严格按标准执行。

(2) 对测验解释一般按常模解释,使用适合的常模。解释要考虑教育性原则,不利于被试的话不说,一切解释都要有利于被试的发展。

(3) 对测验结果要保密,没有经过被试同意,不能将结果告诉其他人。

第二节 智力测验

一、智力的定义

智力的定义是编制智力测验的理论前提。19 世纪后半叶,智力一词最早是由哲学家斯宾塞(H. Spencer)和生物学家高尔顿(F. Galton)将古代拉丁词 Intelligence 引入英文的,其意义是代表一种天生的特点及倾向性。最早给智力下定义的是德国儿童心理学家斯腾(L. W. Stern)。他认为智力是指个体有意识地以思维活动来适应新情境的一种潜力。此后,西方心理学家们给智力下了诸多的定义。但是,尽管有关智力的研究与理论已有一个世纪之久,心理学家至今仍未对智力的概念或含义达成共识。

关于智力的定义,比较有代表性的观点有以下几类。

(一) 智力是抽象思维的能力

持此观点者认为智力是一种抽象思维的能力,是判断能力、理解能力、推理能力、创造能力等的综合。智力水平高的人，是因为其抽象思维的能力强。这种观点以早期致力于制定智力量表的比奈和推孟(L. M. Terman)为代表。比奈认为，智力是一种判断的能力、创造的能力、适应环境的能力……善于判断、善于理解、善于推理是智力的三种要素。推孟则直截了当地说，一个人的聪明程度与抽象思维能力成正比。这是从心理机制的角度来看智力的本质的，抽象思维能力是智力结构中最核心的成分，它局限了智力的范围。但是按照这种理解编制的智力测验一般都能达到一定的信度和效度。

(二) 智力是适应环境的能力

持此观点者认为智力是适应环境的能力。智力水平越高者，适应环境的能力也越强。这种观点的代表人物是斯腾、威尔斯(F. L. Wells)、爱德华(A. S. Edwards)、桑代克(R. L. Thorndike)、品特纳(R. Pintner)等。斯腾认为普通智力就是有机体对新环境充分适应的能力。而皮亚杰在深入研究儿童智慧发展的基础上提出的智力的定义达到了这种观点的顶峰，他认为智力的本质就是适应。这是从生物学的角度来理解智力的。有人批评这种观点泛化了智力的概念。

(三) 智力是学习的能力

持此观点者认为智力是学习的能力。智力水平越高的人，能够学习的材料也越难，学习成绩也越好。学习能力只是智力的一种表现形式，若用它来定义智力，则大大局限了智力的含义。这种观点的代表人物是伯金汉(B. R. Buckingham)、科尔文(S. S. Colvin)、汉蒙(V. A. Hemon)。

(四) 智力是信息加工的能力

持此观点的人认为智力是信息加工的能力，代表人物是斯腾伯格(S. Sternberg)。他认为编码和比较在解决智力测验任务中的作用最为重要，能迅速编码和比较的人通常比加工慢的人智力高。这种观点代表了心理学发展的新思路，但观察和测量一个信息加工系统的输入、输出的各个阶段是非常难以操作的。

(五) 对智力的综合理解

现代心理学家一般都认为智力是一种综合能力。如斯托达德(G. D. Stoddard)、韦克斯勒(D. Wechsler)和我国老一辈心理学家朱智贤等。斯托达德关于智力的定义为：智力是从事艰难、复杂、抽象、敏捷和创造性活动以及集中精力保持情绪稳定的能力。韦克斯勒认为，智力是一个人有目的地行动，合理地思维和有效应对周围环境聚集的或整体的才能。朱智贤教授认为智力是个体的一种综合的认识方面的心理特性，它主要包括：(1)感知、记忆能力，特别是观测能力；(2)抽象概括能力(包括想象力)，即逻辑思维能力是智力的核心成分；(3)创造能力。其中，创造能力是智力的最高表现。

二、个别智力测验

(一) 比奈智力量表

1. 比奈—西蒙智力量表(Binet-Simon Scale)

(1) 1905 年量表。

这是比奈和助手西蒙出于诊断异常儿童智力的需要,于 1905 年编制而成的世界上第一个智力量表。它包括 30 道测验项目,种类繁多,可以测量智力的多方面表现,比如记忆、言语、理解、手工操作等。它以被试通过多少项目作为区分智力的标准,并且显现出年龄量表的雏形,比奈和西蒙在此已指明不同年龄的儿童所能通过的项目。

(2) 1908 年量表。

这是第一个年龄量表。比奈和西蒙在 1908 年首次对 1905 年量表作了修订,测验项目增至 59 个,测验项目以年龄分组(3—13 岁,每岁一组),首次采用智力年龄作为衡量儿童智力发展水平的指标,即儿童最后能通过哪个年龄组的项目,便说明他具有这一年龄的智力水平,而不论他的实际年龄是多少。这个量表运用了近代测验理论的基本思想,即测验的原理在于将个人的行为与他人比较并归类。

(3) 1911 年量表。

此量表为比奈在 1908 年量表基础上对其作的最后一次修订,除了改变一些项目内容及其顺序之外,还将其适用范围扩大,增设了一个成人题目组。

虽然如今比奈—西蒙智力量表由于其简陋和非标准化而不再为当代人所使用,但它在智力测验历史上的贡献是不可磨灭的,它的主导思想成为其后智力测验所遵循的传统。

2. 斯坦福—比奈智力量表(Stanford-Binet Scale)

比奈—西蒙智力量表发表以后,戈达德(H. Goddard)第一个将其介绍到美国,此后,又有一些人对它进行了修订,其中美国斯坦福大学的推孟教授所做的工作最负盛名。推孟将他修订的智力量表称为斯坦福—比奈智力量表,简称斯比智力量表。该量表先后修订四次,下面是该量表四个版本的基本情况。

斯坦福—比奈智力量表最初修订于 1916 年。推孟将比奈—西蒙智力量表中的项目进行了修改,并在此基础上又增设了 39 个新项目。该量表首次引入智商的概念,开始以 IQ 作为个体智力水平的指标。推孟的智商公式如下:

$$IQ = \frac{MA}{CA} \times 100$$

其中,IQ 为智商,是英文 Intelligence Quotient 的缩写。MA 为智力年龄,CA 为实足年龄。该智商公式用智力年龄与实足年龄的比值作为计算智商的主要依据,故后来人们称它为比率智商,以区别以后广泛使用的离差智商。

为了使测验标准化,该量表对每个项目施测规定了详细的指导语和记分标准。

1937 年推孟对斯比智力量表作了第二次修订，修订后的斯比智力量表由 L 型和 M 型两个等值量表构成。该量表的适用年龄由 1916 年的 3—13 岁扩展到 1.5—18 岁，并在修订时选取了更大的代表性样本以获得其信度、效度资料，不过其样本仍局限于白人，且偏重于社会经济地位较高家庭的儿童，因而仍未能全面反映美国当时的人口状况。

1960 年发表了斯比智力量表第三版。该版本将 1937 年量表的 L 型和 M 型中最佳项目合成 LM 型单一量表，适用于 2 岁到成人。该版本的最大改变在于舍弃了比率智商，引入了离差智商的概念，以平均数为 100，标准差为 16 的离差智商作为智力评估指标。1972 年对第三版进行了再次标准化，但测验内容保持不变，重新修订常模，所选常模团体包括了美国各地区、各社会阶层、各种经济状况、各民族的 2100 名儿童。取样代表性有了很大提高。

斯比智力量表第四版发表于 1986 年。修订者是桑代克、黑根(E. Hagen)等人，修订工作从 1979 年开始直至 1986 年，历时 8 年才完成。第四版与前三版相比，在理论框架、测验题型、测验内容、施测程序等方面都有创新。

斯坦福—比奈量表第四版的理论基础更加成熟，建构的方法也更加合理。其理论基础主要是卡特尔的流体和晶体智力理论以及桑代克和黑根的认知能力测验。该理论把智力界定为 3 种不同层次的能力：第一层次是一般能力(G)；第二层次是晶体能力、流体—分析能力和短时记忆 3 种主要能力；第三层次是言语推理、数理推理和抽象/视觉推理 3 种特殊能力。新版本在测验内容上涵盖较广泛的认知技能及信息处理能力，并且将测验分为 15 个分测验，主要评估语言推理、数理推理、抽象—视觉推理和短时记忆四个领域的认知能力。测验结果不光有总智商，而且有四个领域的分数及 15 个分测验的分数，能提供被试认知能力方面详细的资料。

在具体施测上，斯比量表第四版可以说是适应性的，即让被试只做那些难度水平适合他的题目，以保证测验分数有较高的信度与效度。

第四版的斯坦福—比奈量表已在 2—23 岁 11 个月的美国人样本上实现了标准化。这一样本中较高社会经济地位与受教育程度的个体数目不均衡，而在记分上为修正这一问题所做的诸多尝试也不太成功。并且还存在其他的问题，比如测验所测量的因素在不同年龄水平上并不一致，各分数的一致性数据也不充分。

斯比量表是学龄儿童智力尤其是言语能力的一个有效量具。由于它的技术特性，加上它在历史上的重要性，它已成为测量智力的标准，所有其他智力测验都必须与此标准对照加以校正。因此，斯比量表的优点和局限，也在很大程度上反映在其他量表中。

3. 中国比奈测验

我国心理学家陆志韦于 1924 年第一次修订了斯坦福—比奈量表，称作“中国比奈—西蒙智力测验”。1936 年陆志韦和吴天敏合作对此测验做了再次修订。

1978 年，吴天敏主持第三次修订，1982 年修订完成，称作“中国比内测验”。该测验测试对象的年龄范围扩大到 2—18 岁，每岁 3 个项目，每题代表 4 个月的心理年龄，从易到难排列，共 51 个项目。以下是这 51 个项目的名称。

1. 比大小圆 2. 说出物名 3. 比长短线 4. 拼长方形
5. 辨别图形 6. 数13个纽扣 7. 说出手指数 8. 上午和下午
9. 简单迷津 10. 解说图画 11. 寻找失物 12. 倒数20到1
13. 心算(一) 14. 说反义词(一) 15. 推断情景 16. 指出缺点
17. 心算(二) 18. 寻找数目 19. 寻找图样 20. 对比
21. 造句 22. 正确答案 23. 回答问句 24. 描绘图样
25. 剪纸 26. 指出错误 27. 数字巧术 28. 方形分析(一)
29. 心算(三) 30. 迷津 31. 时间计算 32. 填字
33. 盒子计算 34. 对比关系 35. 方形分析(二) 36. 记故事
37. 说出共同点 38. 语句重组(一) 39. 倒背数目 40. 说反义词(二)
41. 拼字 42. 评判语句 43. 数立方体 44. 几何图形分析
45. 说明含义 46. 填数字 47. 语句重组(二) 48. 校正错数
49. 解释成语 50. 明确对比关系 51. 区别语义

这一测验是个别智力测验。测验首先根据年龄确定起始题目,然后从该测题开始测试,如果被试连续答对两题,则一直往下测试,前面未做的测题也给分。若开始做的两题中有一题答错,则要退至前一年龄段的起始题重新开始。在测试中如果连续5题答错,则停止测试,然后计算被试的得分。该测验答对1题得1分,将各题得分相加得测验总分,这总分是原始分,须查常模表后转化为智商。中国比奈量表采用的智商为离差智商。

此外,吴天敏又根据临床的实际需要,在“中国比内测验”的基础上编制了“中国比内测验简编”,该测验由8个项目组成,通常只需20分钟即可测完。

“中国比内测验”使用简便,易于操作学习。该测验与学校学习成绩有较高的相关,因而能较好地预测学生在校的学习情况。但它只能提供一个笼统的智商,不能具体地给出儿童智力发展的各个方面的资料,这是该测验的不足。

(二) 韦氏智力量表[①]

由于比奈量表的适用对象是儿童和青少年,对成人的测量不令人满意。所以,1934年韦克斯勒开始了智力测验编制的研究工作。1939年他首先编制出了一个成人智力量表,即韦克斯勒—贝勒维智力量表(Wechsler-Bellevue Scale Form Ⅰ,简称W-BⅠ),1942年编成第二个韦克斯勒—贝勒维量表(Wechsler-Bellevue Scale Form Ⅱ,简称W-BⅡ),即韦氏军队量表,主要测量10—60岁的个体。他于1949年又编制出韦氏儿童智力量表(Wechsler Intelligence Scale for Children,简称WISC),适用于6—16岁的儿童。该量表是当今世界上应用最广的儿童智力量表。1955年,韦克斯勒又将W-BⅠ修订为韦氏成人智力量表(Wechsler Adult Intelligence Scale,简称WAIS),适用于16—74岁的成人。他又编制了韦

① 韦氏智力量表指由韦克斯勒编制的系列量表的统称。

氏学龄前和学龄初期儿童智力量表(Wechsler Preschool and Primary Scale of Intelligence,简称 WPPSI),适用于 4—6.5 岁的幼儿。1974 年,韦氏发表了韦氏儿童智力量表修订本(Wechsler Intelligence Scale for Children-Revised,简称 WISC-R)。1981 年,他又发表了韦氏成人智力量表修订本(Wechsler Adult Intelligence Scale-Revised,简称 WAIS-R)。1991 年后,儿童智力量表的第三版(WISC-Ⅲ)开始在美国广为发行,2003 年,儿童智力量表的第四版(WISC-Ⅳ)开始在美国发行。

韦克斯勒曾受教于斯皮尔曼(C. E. Spearman)和皮尔逊(C. S. Pearson)的门下,受 G 因素理论的影响。韦克斯勒认为智力是个人有目的地行动、理智地思考以及有效地应对环境的整体的或综合的能力。他所编的智力量表属于一般能力测验,形式也多取自前人的测验。他将测量同种能力的项目综合在一起,按由易到难的顺序排列,并且采用离差智商作为评估个体智力水平的指标。离差智商是韦克斯勒针对传统比率智商的不足而提出的,其计算公式为:

$$IQ = 100 + 15Z \quad Z = \frac{X - \overline{X}}{S}$$

其中,X 为某人在测验上的得分,$\overline{X}$ 是常模样本的测验平均分,S 是常模样本测验分数的标准差,Z 是标准分。

1. 韦氏儿童智力量表

韦氏儿童智力量表修订本(WISC-R)共包括 12 个分测验,分别构成言语量表和操作量表,其中背数和迷津两个分测验是备用测验,可用作某一同类测验在主试操作失误时作替换用。WISC-R 的 12 个分测验如下:

言语部分

(1) 常识。该分测验共有 30 个题目,都是被试在日常生活与学习中常接触到的一般性的常识问题。如:“一年分为哪四季?”“油为什么会浮在水上?”

(2) 类同。该分测验共有 17 个题目,每题都由一对名词构成,要求被试概括出两者的相似之处。如:“蜡烛与电灯在什么地方相似?”“愤怒与喜悦在什么地方相似?”

(3) 计算。计算分测验共有 19 个测题,要求被试只能心算,主要用来测试心智的灵活性。如:在被试面前展示有一排共 12 棵树的图片,问:“如果在这排树的两头都加上 1 棵树,总共有多少棵树?”或者问:“如果 3 块糖价值 5 分,那么 24 块糖价值多少?”

(4) 词汇。该分测验共 32 题,按从易到难的顺序排列,要求被试说出词的一般意义。如:“什么是凉台?”“拖延是什么意思?”

(5) 理解。该分测验包括 17 个测题,也按难易程度排列。要求被试解释为什么某种活动是合理的,在某种情况下最合适的活动方式是什么等。如:“当你割破了手指时你应该做什么?”“为什么进行选举时最好用无记名投票?”

(6) 背数。该分测验由主试读出一系列随机组合的长度逐渐增加的数字,要求被试顺着背或倒着背。

操作部分

(1) 图画补缺。共有 26 张未完成的图画,测验时将图画呈现给被试,要求其说出缺少部分的名称。其中的 1 张图如图 4-1 所示。

图 4-1 图画补缺

(2) 图片排列。包括 12 组图片,测验时将图片按固定的混乱的顺序呈现给被试,要求被试排出正确的顺序,使每组图画可表达出合理的情境或故事。图 4-2 为其中一组。

图 4-2 图片排列

(3) 积木图案。要求被试用红白相间的积木组合成主试所呈现的 11 种图样。简单的图样需用 4 块积木,复杂的则需用 9 块。如图 4-3 所示。

(4) 图形拼凑。共有 4 个拼图题目,每个题目都为一套物体或人像的拼图,让被试把散乱的图片拼成物体或人像的整体。如图 4-4 所示。

图 4-3 积木图案

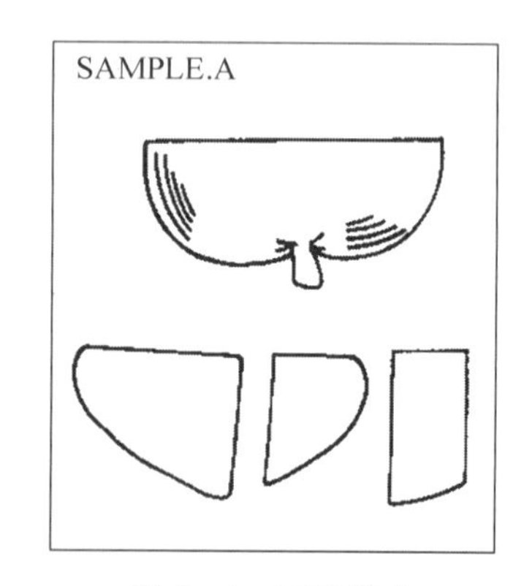

图 4-4 图形拼凑

(5) 译码。先呈现给被试数字与符号对应的编码系统,然后要求被试根据编码在一张数字表格上把正确的符号填入相应的数字下。另外,在对 8 岁以下的儿童施测时,所用的是图形与符号的对应编码。如图 4-5 所示。

(6) 迷津。共有 9 个从简单到复杂的迷津,要求儿童用铅笔正确地画出到达出口的线条。如图 4-6 所示。

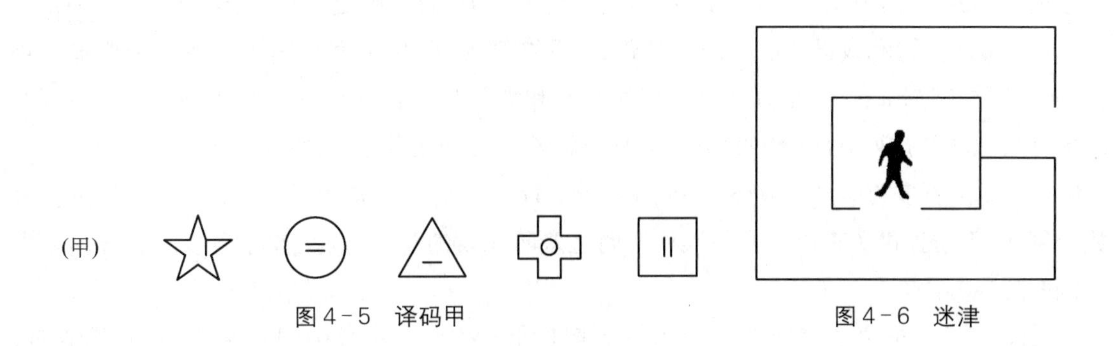

图 4-5 译码甲

图 4-6 迷津

在施测时,言语部分和操作部分的各个分测验在顺序上是交替进行的。从测验结果来看,除能测出被试在全部量表上的智商外,还可分别测出言语智商和操作智商,一些分测验也可以用来测验儿童的精神和情绪是否正常。在智商的计算方法上,放弃比率智商而采用离差智商,可以直观地看出被试的智力水平在同龄组中的位置。

WISC-R 适用于 6—16 岁的儿童,从 6 岁 0 个月到 16 岁 11 个月,每 4 个月为一个年龄组,分别建立了常模表,可直接由原始分查得量表分,再将 5 个言语测验量表分相加得言语评分,将 5 个操作测验量表分相加得操作评分,测验的 10 个量表分相加得测验总分。言语评分、操作评分和测验总分通过智商转换表可得到言语智商、操作智商和总智商。该量表可用于解释的分数有 10 个分测验的量表分和 3 个智商。量表分是平均数为 10、标准差为 3 的标准分数,该分数大于或等于 13 分说明显著高于平均分,低于或等于 7 分说明显著低于平均分。

我国心理学家林传鼎、张厚粲等人组织对韦氏儿童智力量表修订本(WISC-R)进行了翻译和修订,于 1981 年正式确定了中文版(Wechsler Intelligence Scale for Children-Chinese Revised,简称 WISC-CR)内容,1986 年完成全国常模。与原版相比,中国修订本在保持原项目性质的基础上对部分内容作了调整,更适合中国儿童。测验难度稍有提高,表现在算术和背数测验中各增加了 1 个项目。改变了部分题目的顺序,使之由易到难排列。由于我国幅员辽阔,城乡差别很大,故取样只在大中城市进行,因此,测验只适用于中等以上城市的儿童。该修订本具有较高的信度和效度,在国内应用十分广泛。

美国心理公司在 1991 年对韦氏儿童智力量表修订本(WISC-R)进行了再次修订,建立了韦氏儿童智力量表第三版(WISC-Ⅲ)。第三版在保持 WISC-R 的基本结构和内容基础上,作了以下改进。

(1) 报告了新的常模信息。常模样本以分层抽样方式获得,分层以年龄、性别、种族、地区和父母教育水平为变量。样本容量为 2200 名,年龄为 6—16 岁。经研究发现,父母的教育水平因素比父母职业因素对测验分数的影响更大。

(2) 增加了“符号搜索”分测验。原来的韦氏儿童智力量表主要测查儿童的言语理解、知觉组织和注意集中三方面的认知能力。而 WISC－Ⅲ增加的“符号搜索”分测验则测查儿童加工速度这第四个方面的认知能力。这样使整个测验的测查范围更广泛，更全面。

(3) 增加测题和改进测验材料。WISC－Ⅲ在算术、图片排列和迷津分测验中增加了项目，使测题难度范围更广，更好地测量年幼儿童和大年龄儿童的智力。另外，测验中将拼图、图形补缺和图片排列分测验中的图片都改为彩色，有利于激发儿童的测验动机。

(4) 提供更多的信息。WISC－Ⅲ的手册中提供了更多的常模信息，以便于解释测验分数。例如，手册提供了言语智商与操作智商之差所代表的意义，以及各分测验量表分的基本比例的解释方法。

2003 年美国推出了韦氏儿童智力量表第四版（WISC－Ⅳ），中国从 2007 年开始修订，2008 年 3 月 9 日通过了中国心理学会心理测量专业委员会的鉴定。目前，该量表已在全国范围正式推广。韦氏儿童智力量表第四版对以往版本作了重大修订。首先，量表结构不再分为言语测验与操作测验两部分，而是分为言语理解、知觉推理、工作记忆和加工速度 4 个指数。其次，测验项目也作了较大调整，删除了图片排列、图形拼凑和迷津 3 个分测验，增加了图画概念、矩阵推理、字母-数字排序和划消 4 个分测验。这样整个量表包含 14 个分测验，其中 10 个正式测验，4 个补充测验。WISC－Ⅳ使每一测验项目目标更清晰，更符合现代认知心理学的研究成果。该量表新增了许多解释内容，如差异比较、强项与弱项确定与过程分析，使它的应用更广泛，具体如图 4－7 所示。

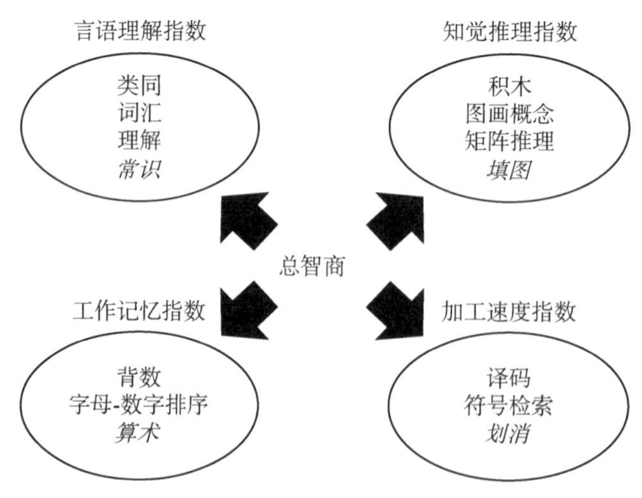

图 4－7　韦氏儿童智力量表第四版的结构与分测验

2. 韦氏成人智力量表

韦氏成人智力量表修订本包括言语测验和操作测验两个部分。言语测验表共有 6 个分量表，它们分别为：①知识；②领悟；③算术；④相似性；⑤数字广度；⑥词汇。操作测验共有 5

个分量表，它们分别为：①数字符号；②填图；③木块图；④图片排列；⑤图形拼凑。韦氏成人智力量表的各分测验名称在英文中与韦氏儿童智力量表的各分测验名称是一样的，但由于两组修订人员没有沟通，所以翻译成中文就不一样了。

韦氏成人智力量表修订本的记分和解释方法与韦氏儿童智力量表相同。

1982年，湖南医学院龚耀先教授主持修订出版了WAIS的中国修订本（Wechsler Adult Intelligence Scale-Revised for Chinese，简称WAIS－RC）。该修订本在项目内容上变化不大，只是删除了部分完全不适合我国文化背景的题目，并根据我国常模团体的测验结果对测验项目顺序作了适当调整。WAIS－RC的最大变动在于根据我国的国情，即城市和农村在文化教育方面差异很大的特点，分别建立了农村和城市两套常模。

3. 韦氏学龄前和学龄初期儿童智力量表

韦氏学龄前和学龄初期儿童智力量表（WPPSI）适合于4—6.5岁的儿童。它包括11个测验，但只有10个分测验用来计算智商，其中8个分测验是WISC向低幼年龄的延伸和改编，另3个是新加的，具体是：常识、动物房、词汇、填图、算术、迷津、几何图形、类同、扁木块、理解。

上海市第六人民医院等单位曾将WPPSI加以修订并标准化，修订后的量表常模是从全国取样的3188名4—6.5岁儿童，以每三个月为一组制作了11个年龄组的量表转换表。其分半信度、再测信度及主试间信度达到0.67—0.95。与图片测验和绘人测验的相关均为0.60以上，说明具有一定的效度。

龚耀先对WPPSI作了一些改动，称为中国—韦氏幼儿智力量表（Chinese-Wechsler Young Children Scale of Intelligence，简称C－WYCSI）。它的特点是适合儿童思维的直观形象性特点，具有趣味性，施测时间也较短。在项目上，将词汇测验改为图片词汇，将类同测验改为图片概括，将几何图形改为视觉分析，将动物房改为动物房下蛋，取消语句背诵测验，部分项目在数目、命题方式、记分方法上有所改变。图片词汇测验主要是由主试念刺激词，要求被试在四幅画中找出一张最能代表这个词义的画。图片概括测验则是给被试呈现一张图，让幼儿从其他三张图中找出属于描绘同类事物的最相似的图。动物下蛋测验是WPPSI中的动物房测验，动物房用彩色玻璃球代替，表示动物下的蛋，以此作匹配。视觉分析测验则要求被试找出与刺激图片完全一样的图形。C－WYCSI有长沙常模和全国常模。

韦氏的三种智力量表互相衔接，适用的年龄范围从幼儿直到老年，成为智力评估中最广泛使用的工具之一。

（三）麦卡锡幼儿智能测验中国修订版

麦卡锡幼儿智能测验（McCarthy Scales of Children's Ability，简称MSCA）是美国儿童发展心理学家麦卡锡（D. McCarthy）于1972年编制的，由5个分量表的18个分测验组成，适用范围是2.5—8.5岁的儿童，测验时间为一小时左右，可用于对儿童心理发展作综合的测定与评价，也可用于对弱智儿童的诊断。测验的材料多数近似玩具，受到儿童的欢迎。华东师范大学李丹教授等人根据原版量表和日本 1977 年修订版制定了麦卡锡幼儿智能测验中国修订版(McCarthy Scales of Children's Ability-Chinese Revised,简称 MSCA - CR)和中国常模,于 1992 年发表。MSCA - CR 经信度和效度检验,均达到了心理测量学所要求的水平,适用于对中国各地区城市儿童的智力测查。

麦卡锡幼儿智能测验中国修订版(MSCA - CR)仍由 5 个分量表共 18 个分测验组成。5 个分量表为:言语(V)、知觉-操作(P)、数量(Q)、记忆(Mem)、运动(Mot)。其中,前 3 个分量表又可以合成"一般智能(GI)"分量表。该测验的 5 个分量表的导出分数采用 T 分数,而一般智能则采用智商。5 个分量表的具体内容如下。

1. 言语(V)

此分量表包括 5 个测验,要求被试用单词、词组或语句回答与短时记忆、长时记忆、发散思维和演绎推理能力有关的问题,从而评定被试的言语表达能力和对词语概念的理解。如"反义推理"中的两个项目是:"太阳是热的,冰是________的"和"我把球向上投,球向哪里落下"。

2. 知觉-操作(P)

此分量表包括 5 个测验,通过被试对玩具的操作来测试推理、概括归类以及模仿等能力。如"连续敲击",要求儿童模仿主试敲击钢琴的序列进行敲击,难度从 3 下增加到 6 下。此测验可测评儿童的注意和知觉-动作的协调。

3. 数量(Q)

此分量表包括 3 个测验,可测量被试的计数能力及对数量词的理解,都只需一步计算。如"数字记忆"要求被试顺背和倒背数字。

4. 记忆(Mem)

此分量表不是独立的,它的 4 个测验分别来自言语分量表中的"图画记忆"和"词语记忆"、知觉-操作分量表中的"连续敲击"以及数量分量表中的"数字记忆",用于测量被试的短时记忆能力。

5. 运动(Mot)

此分量表包括 5 个测验,其中"图形临摹"和"画人"与 P 分量表重叠。测量被试的大机体运动和细动作的整体协调能力。如"接投小布袋"项目要求被试在 2.7 米的距离分别用双手和单手接投小布袋。运动分量表中的几个项目(拍手、接投小布袋、绘画)还可用来测定儿童的一侧化程度,分出利手情况。

三、团体智力测验

(一) 美国陆军测验

在第一次世界大战期间,需要迅速并有效地选拔士兵和军官,为了适应这种要求,美国心理学会主席耶克斯(R. M. Yerks)及桑代克等人认为可用测验进行选拔,于是将推孟的学生欧提斯(A. S. Otis)尝试性编制的团体智力测验(主要是将斯坦福—比奈量表改编为纸笔测验)运用于军队，称作陆军甲种测验。此后又编制了适用于母语为非英语及文盲的陆军乙种测验，陆军乙种测验是非文字测验。陆军测验在军队中的应用使人员配置更合理，训练更有效。陆军测验的成功，使团体智力测验的研究、编制及应用迅速发展起来。

陆军测验目前已不常用。现在美国军队采用军人资格测验(Armed Forces Qualification Test，简称 AFQT)选拔军人及分兵种。

(二) 瑞文推理测验

瑞文推理测验是由英国心理学家瑞文(J. C. Raven)编制的一种团体智力测验，原名“渐进矩阵”(Progressive Matrices)，是非文字型的图形测验。瑞文推理测验有 3 种量表，它们是瑞文标准推理测验(Raven's Standard Progressive Matrices，简称 SPM)、瑞文彩图推理测验(Raven's Colored Progressive Matrices，简称 CPM)和瑞文高级推理测验(Raven's Advanced Progressive Matrices，简称 APM)。华东师范大学李丹等人于 1989 年将 SPM 与 CPM 合并，编制成瑞文测验联合型(Combined Raven's Test，简称 CRT)。

1. 瑞文标准推理测验(SPM)

瑞文于 1938 年编制出版了该测验，它适用于 5.5 岁以上智力发展正常的人，属于中等水平的瑞文推理测验。

瑞文标准推理测验包括 60 道题，分为 5 组，每组 12 题，A、B、C、D、E 这 5 组题目的难度逐步增加，每组内部题目也由易到难排列，所用解题思路也一致，而各组之间有差异。A 组考查知觉辨别、图形比较、图形想象能力；B 组测类同比较、图形组合能力；C 组测比较、推理能力；D 组测系列关系、比拟和图形组合能力；E 组测互换、交错等抽象推理能力。

瑞文标准推理测验施测无严格时限，一般可用 40 分钟左右完成，答对题目的总分转化为百分等级。

1985 年，我国张厚粲教授开始主持瑞文标准推理测验中国城市版的修订工作。这次修订工作基本保留了原测验的项目形式及指导语。每一项目均按“1”“0”计分，最后根据总分查得常模表中相应年龄组的百分等级。同时百分等级还能直接转化为离差智商，因而可与那些以 IQ 评定的测验量表进行比较。

2. 瑞文彩图推理测验(CPM)

该测验由瑞文于 1947 年编制，适用于幼儿和智力低于平均水平的人，属于瑞文推理测验中最低水平的测验。

3. 瑞文高级推理测验(APM)

该测验最初编于 1941 年，经 1947 年、1962 年两次修订后成为现在的形式，适用于智力高于平均水平的人，是最高水平的瑞文推理测验。该测验分练习册与测验册，练习册共有 12 题，题型与标准型类似，目的是让被试掌握该测验的方法。测验册上共有 36 题，总体难度要比标准型大很多。

4. 瑞文测验联合型(CRT)

该测验由 72 幅图案构成，分为 A、A_B、B、C、D、E 6 个单元，每一单元 12 题。前 3 个单元为彩色，后 3 个单元为黑白色。瑞文测验联合型由于增加了 A_B 12 道题，再加上前面 3 个单元的图形是彩色的，故更适合对年幼儿童的测量。

瑞文推理测验的理论假设源于斯皮尔曼的智力一般因素理论。瑞文将智力 G 因素划分为两种相互独立的能力，一种称为再生性能力，表明个体经过教育之后达到的水平；一种称为推断性能力，表明个体不受教育影响的理性推断能力。瑞文认为，词汇测验是对再生性能力的最有效的测量，而非言语的图形推理测验则是对推断性能力的最佳测量。

以上 4 种类型的瑞文推理测验题型都较类似，每个测题是由一张抽象的图案或一系列无意义的图形构成一个方阵(2×2 或 3×3)，方阵的右下方缺少一块(即空档)，要求被试从方阵下面提供的 6 块或 8 块备选截片中选择出一块能够符合方阵整体结构排列规律的截片。测题按从易到难的原则依次排列，故称为渐进方阵。

瑞文测验的优点在于测验对象不受文化、种族与语言等条件的限制，适用的年龄范围也很宽，从 5 岁半直至老年，而且不排除一些生理缺陷者。测验既可个别进行，也可团体实施，使用方便，省时省力，结果以百分等级常模解释，直观易懂。但其缺点是只有形式单一的图形操作，不能反映出个体的整体智力水平以及记分方法太简单等。

瑞文测验具有测试方便、不受文化影响、适用对象广等优点。但该测验也有测量内容较单一，不能测量到与言语有关的能力等缺点。

(三) 中小学生团体智力筛选测验

中小学生团体智力筛选测验是由华东师范大学李丹、金瑜等人在美国蒙策尔特(A. W. Munzert)编制的智商自测(IQ Self-test)的基础上，经过在上海市的试用修订而成，后于 1991 年制定了全国常模。它适用于小学三年级至高中三年级学生(8—17 岁)的智力筛查。

该测验的最大特点是实施简便、省时，可作为中小学对学生进行大规模智力调查或科学教育、科学实验的测评的理想工具。

该测验是文字性质的纸-笔测验，共有 60 道，包括文字、图形和数字方面的测题，均以选择题的形式出现。具体内容如下。

1. 归类求异

共有 21 题。以词或图的形式给出每组 5 个对象，其中 4 件可归为一类，或具有共同特征，要求被试通过抽象概括将最不同于其他 4 件的另一件找出来。如图 4-8 所示。

下面 5 个图样中哪一个最不像其他 4 个？(　　)

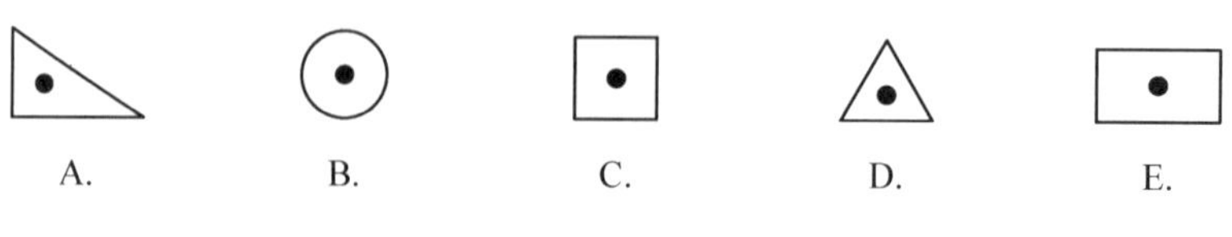

图 4-8　归类求异图例

2. 类比推理

共有19题。要求被试理解题目中所举出的两项事物之间的关系，再根据这种类比关系找出一对事物所缺的后项。如：

下面5个词中哪一个可选作最适合的对比？

树对土地好比烟囱对：(　　)

A. 烟　　B. 砖　　C. 天空　　D. 车间　　E. 房屋

3. 数的运算

共有10题。主要测验解决问题的能力。如：

一个匣子里有5个小匣子，每个小匣子里又有5个小匣子，那么连大带小共有几个匣子？(　　)

A. 21　　B. 26　　C. 11　　D. 31　　E. 30

4. 逻辑判断

共有6题。根据所给的命题作出合理的判断，以测验被试分析、比较和论证的能力。如：

如果所给的W是T，而没有T是G，那么肯定没有G是W。这种说法是：(　　)

A. 真　　B. 假　　C. 不肯定

5. 数字系列

共4题。主要考查被试对数字间关系的分析概括能力。如：

下面的数字哪一个是不属于“2—3—6—7—8—14—15—30”这组数字系列的？(　　)

A. 3　　B. 7　　C. 8　　D. 15　　E. 30

在量表中，以上5类测题的顺序是交替排列的，也不按难度高低的顺序出现。测试时每题的时间无限制，但整个测验限时45分钟。此测验得出的智商类型为离差智商(IQ＝100＋15Z)，可根据原始分在指导手册中查出。

(四) 团体儿童智力测验

团体儿童智力测验(The Group Intelligence Test for Children，简称GITC)由华东师范大学金瑜制定，先在上海地区试用，制定全国常模后于1996年发表。用于对9—16岁的中小学生的一般智力进行团体施测，17—18岁的学生也可参照使用。

GITC由语言量表和非语言量表两部分各5个分测验组成。共有292题，以多项选择题的形式出现，根据测验结果可得出被试在语言量表、非语言量表和全量表上的三种智商分数以及各个分测验的量表分数。

具体内容如下。

1. 语言量表

(1) 常识。共38题，内容涉及自然、地理、历史、日常生活等方面的一般常识。如：

古生物研究对下列哪个学科的研究有很大帮助？(　　)

A. 地质学　　B. 物理学　　C. 天文学　　D. 精神病学　　E. 心理学

(2) 类同。共 32 题,每题都给出一对事物的名称,要求被试在答案中选出最能正确地表述出它们之间相似之处的一个。如:

海平面—赤道( )

A. 都在一个平面上。 B. 都是用来描述山的方位和大小的。

C. 一个反映高度,另一个用来反映水平。 D. 都标在地图上。

E. 都是地理测量的基准。

(3) 算术。共 20 题,这些题目只需一般的数学知识即可解出,以测量被试的思考和推理能力。如:

11 月 2 日是星期五,问上上一个星期的星期五是 10 月几日?( )

A. 16 日 B. 17 日 C. 18 日 D. 19 日 E. 20 日

(4) 理解。共 32 题,让被试在答案中选择正确地说出某种情况的原因、某种事物的用途、某种情景的处理方法等的答案。如:

在工厂建立工会的主要目的是:( )

A. 提供对付厂长的一种方式。 B. 促进工人之间的团结合作。

C. 提高产量。 D. 在罢工时派纠察。

E. 保证工人安全。

(5) 词汇。共 50 题,以找反义词的形式出现,以考查被试对词的掌握和理解。如:

消费的反义词为:( )

A. 建设 B. 补偿 C. 增产 D. 生产 E. 制造

2. 非语言量表

(1) 辨异。共有 26 题,每题都由 5 个物体图片或几何图形组成,要求被试按照某种规则或特征找出最不相似的一个。如图 4-9 所示。

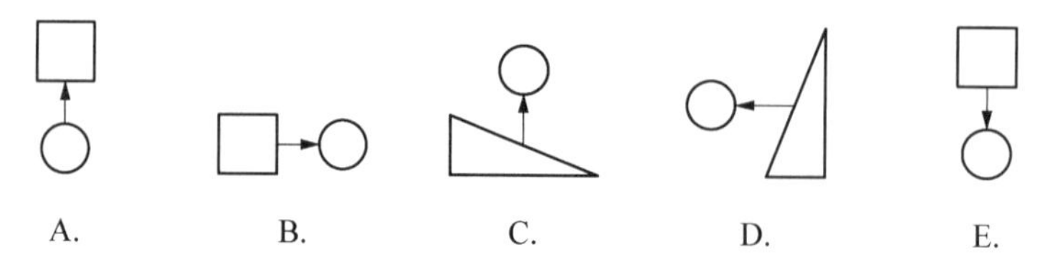

图 4-9 辨异图例

(2) 排列。包括 13 组图片,每组图片均有一定的故事情节,以打乱的顺序呈现给被试,要求被试按适当顺序排列组成一个有意义的故事。如图 4-10 所示。

图 4-10 图片排列图例

（3）空间。共 30 题，给出一个原始图形和 5 个供选择的图形，让被试判断 5 个图形中哪一个是经过原始图形旋转后得到的。如图 4－11 所示。

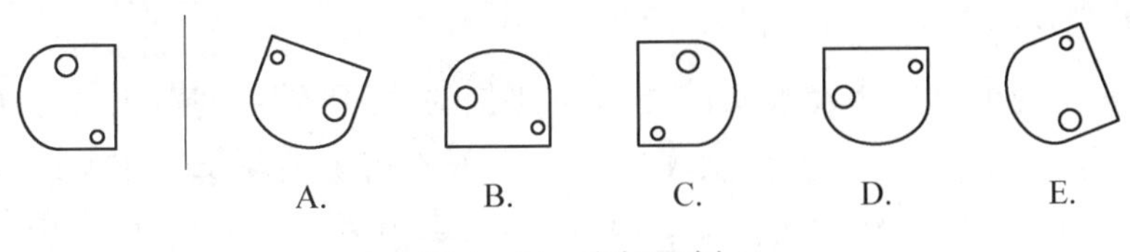

图 4－11　空间图例

（4）译码。共 34 题，先给出与数字从 1 到 9 相对应编码的编码表，让被试以选择正确答案的方式译码。如图 4－12 所示。

1	2	3	4	5	6	7	8	9
(	=	/	×	\	+	−	)	÷

	/	+	=
A.	1	6	2
B.	3	6	5
C.	3	5	2
D.	5	4	8
E.	3	6	2

图 4－12　译码图例

（5）拼配。共 17 题，要求被试以选择正确序号的方式把散乱排列的各部分图片组成完整的图形。如图 4－13 所示。

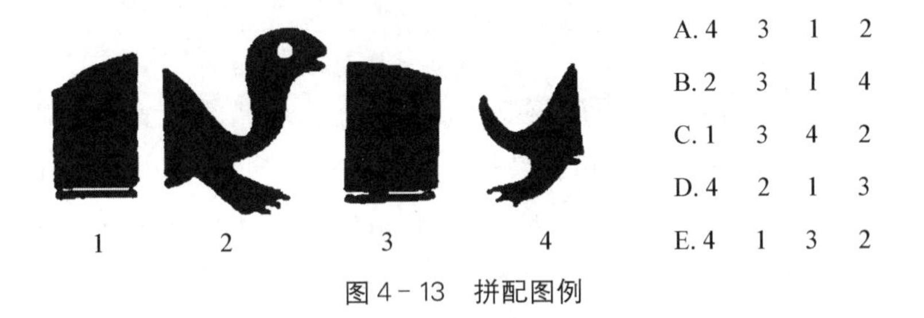

图 4－13　拼配图例

该量表的最大特点是经济、快速和方便，可为教育科研、建立学生心理档案和进行心理咨询提供智力方面的信息。

第三节　人格测验

人格测验是心理测验的重要组成部分。通过对个体人格特征的测量与评估可预测其稳定的心理特质与习惯化的行为倾向，从而全面准确地了解一个人的心理面貌。这对于心理与教育咨询、临床诊断、就业指导以及人员的选拔与任用等方面都具有重要的指导意义。

本节首先介绍人格测验的一些基础性问题，然后逐一介绍目前国内外最常用的自陈量表和投射测验。

一、人格测验概述

（一）人格测验的产生

人们很早就表现出对人格及人格的测量与评价的浓厚兴趣，创造出许多人格测评的方法。就人格测评的科学性而言，人格测评工具的发展经历了前科学水平和科学水平两个阶段。人格测评工具最初是评价者借助颅相学、面相学来观察一个人的外部特征，并结合自身经验来推测其性格、气质等人格特征。由于这些工具没有良好的效度、信度的支持，其科学性较差，仅属于前科学水平。直到19世纪末，科学的人格测评工具才开始在实践中进行尝试，1884年英国学者高尔顿提出并尝试通过记录个体心跳与脉搏的变化来测量其情绪，通过观察社会情景中人们的活动来评估人的性情、脾气等人格特征，标志着对人格测评工具科学化的初步尝试。随后，许多学者开始致力于人格测评工具科学化的研究。最为典型的是1892年克瑞普林(E. Kraepelin)最早将自由联想测验用于临床诊断，这种方法现已成为编制人格测验最常用的方法之一；1919年，美国的武德沃斯(R. S. Woodworth)发表了历史上第一个人格自陈量表——个人资料调查表，开了问卷式人格测验的先河，该测验是第一次世界大战期间为甄别美国军队中神经症士兵而编制；1921年，世界上第一个投射测验——罗夏墨迹测验问世。此后各种人格测验工具相继问世，使人格测验技术不断发展与完善，越来越趋于科学化。

（二）人格与人格测验的含义

1. 人格

人格(Personality)一词来源于拉丁语Persona，意指古希腊戏剧演员在舞台上扮演角色时所戴的假面具，它代表剧中人的身份。最初心理学沿用其含义，把一个人在人生舞台上引起种种言行的心理活动都看成人格的表现。目前，虽然人格已经发展为具有多重含义的概念，不同的学科有不同的含义，如在哲学上的人格主要指人区别于动物的本质属性；在伦理学上的人格指人的优秀的道德品质；在法学上的人格是指人的权利与尊严等，但是心理学界对人格的定义众说纷纭，尚没有一个统一定论。但通常意义上，人格是指一个人所具有的一定倾向性的心理特征的总和。具体而言，人格又有广义与狭义之分，广义的人格包括能力、气质、性格等心理特征和需要、动机、兴趣、价值观、世界观等心理倾向，而狭义的人格不包括能力。在心理测评领域中，人格通常指狭义的人格，即除能力以外的一个人所具有的一定倾向性的心理特征。

心理学家认为人格是个体的先天特质与后天环境相互作用的产物。人格具有以下一些特点：(1)整体性，即人格中的各种心理成分彼此交织、不可分割，构成一个有机整体；(2)相对稳定性，即个体具有的比较稳定的心理特征与倾向性，而不是其偶尔表现出来的言行；(3)可变性，即人格并非一成不变，在主客观相互作用下人格具有可塑性；(4)独特性，即每个人的人格都是由其独特的心理特征与心理倾向性所组成的，都是独一无二的；(5)生物性与社会性，即人格的形成与发展是生物因素与社会因素共同作用的结果。

2. 人格测验

简而言之，人格测验是指以人格为对象的测验。具体地说，人格测验是通过一定的方法，对在人的行为中起稳定作用的心理特质和行为倾向进行定量分析，并依此给予评价，以便进一步预测个体未来的行为。目前，用于人格测验的工具多达数百种，如著名的明尼苏达多相人格调查表、卡特尔16种人格因素问卷、罗夏墨迹测验、主题统觉测验等。

（三）人格测验的类型

依据测验的编制与施测方法的不同，人格测验分为问卷测验、投射测验、情境测验、客观测量法等。具体而言，人格测验主要有以下几种类型。

1. 问卷测验（Questionnaire Test）

人格问卷测评所使用的工具为各种问卷，问卷（Questionnaire）一般是经过标准化处理的测验量表（Inventory），即测验目的明确，结构严谨，经过严格的信度、效度等质量分析。问卷由若干项目构成，要求受测者对每个项目依据自己的实际情况直接作答，然后把其所作的回答换算成分数，依据分数参照常模表对其人格予以评定。针对不同的测评对象，人格问卷测评可以分为人格自陈量表和评定量表两类。

（1）人格自陈量表（Self-Report Inventory）。又称自陈问卷或自评量表，是目前人格测评中最常用的工具和形式。自陈量表是一种自我报告式问卷，是依据要测量的人格特征，编制一系列的有关问题，要求受测者根据自己的实际情况逐一回答，然后依据受测者的作答结果来衡量其该项人格特征。相对而言，自己最了解自己，该方法要求受测者直接报告自己的情绪、态度、经验和行为表现，据此来推断其人格特征，其结果更具有客观性，但是在回答问题时受测者可能会受到好恶倾向、社会赞许性等心理定势的影响，而作出虚假反应。

（2）评定量表（Rating Scale）。评定量表也称他评量表，是由熟悉被试的人充当评定者，对被试的人格特征进行评定。一般要求评定者以一组描述某种人格特征或特质的词或句子为标准，通过观察、会谈给他人的某种行为或特质确定分数或等级，并给予相应的评价。人格评定量表并非严格意义上的测验，只是凭借对他人的日常观察与交往产生的印象，选择与其行为或特质最相符的一项，因此，结构没有人格自陈量表那么严谨，测评结果的准确性也相对不高。所以人格评定量表经常与其他测评手段结合使用，以弥补其不足之处。

2. 投射测验（Projective Test）

投射测验是一种特殊的人格测评技术，它是根据心理学的投射原理编制的。投射原理认为，人们对模糊刺激情境的反应受其当时的心理状况、过去的经验和人格特征所影响。当人们面对主题不明确的测验材料时，就会不自觉地把自己的人格特征表现出来。投射测验的操作方式是提供预先编制的一些未经组织的、意义不明确的图形、词句或数字，让受测者在不受限制的情境下，自由地作出反应；然后，施测者对受测者的反应进行分析，来推断其人格特征。投射测验是一种非结构化的测评方法，通过受测者完成一定任务时所表现的行为

(如绘画、编造故事、完成句子、描述墨迹图形等)间接地评定其人格,这类测验的目的较隐蔽,受测者不可能猜到测验目的,因此,施测过程中也就不会掩饰和伪装。但由于其原理较复杂,记分与评价较难控制,所以使用前,施测者需要经过专门的训练。

3. 情境测验(Situational Test)

情境测验法是一种行为观察法,是将受测者置于事先设计好的特定情境中,施测者观察其行为反应,从而推断其人格特征的方法。情境测验技术是近年来颇受重视的评估技术,尤其适用于教育及军事等领域或特殊人员的选拔,且评估效度较高。但情境测验最大的局限是要花费大量的人力、物力、财力和时间,且情境测验所测到的心理特质也是有限的。

(四) 人格测评问卷的编制策略

人格测评问卷一般是经过标准化处理的测验量表,本章以后介绍的各种人格问卷皆是标准化量表。编制的人格测评问卷科学与否直接影响人格测评结果的真实性与有效性。那么科学的人格测评问卷该如何编制呢? 目前常见的编制策略有四种。

1. 理论建构策略

理论建构策略是以某种人格理论为依据,构建所要测量的人格特征的结构,并据此编制测验项目。用这种方法编制问卷时,要注意项目对某种人格特质的代表性即内容效度,同时要注意测验结果和理论构想的一致性即结构效度。例如,爱德华个性偏好量表(Edwards Personal Preference Schedule,简称 EPPS)就是根据莫瑞(H. A. Murry)提出的 15 种人类需要,编制了一套反映这些需要的题目,组成 15 个分量表,即成就、获得、顺从、自主、求助、支配、谦逊、坚毅性、攻击等 15 种心理需要,以测查个体的个性偏好。

依据理论建构策略编制的人格量表,对人格理论的科学性以及对理论的正确把握的要求较高。另外,仅依据理论内容来取舍题目,会导致测验题目与所测人格特质联系过于明显,使受测者立刻看出测验的目的,受社会赞许度的影响而倾向于“装好”,从而导致测评结果失真。因此,有时即使测验的表面效度较高,也并不能保证测验的真实效度。

2. 因素分析策略

采用这种策略编制人格测验是依据对测试数据进行因素分析的统计结果来筛选项目。这种方法是为了提高紧密相关的项目之间的高度一致性。具体而言,先收集或构想许多与某种人格特质相关的项目,再用这些项目施测于受测者,以获得量化的数据,然后通过统计分析得出几种因素。不同因素代表不同的人格特质,而不同人格特质组成一个完整的人格。一般而言,因素分析策略建构的测验旨在界定人格的基本维度或特质,侧重结构效度的检验,常作为人格描述性研究的工具。卡特尔 16 种人格因素问卷(16PF)是较典型的采用因素分析策略编制的测验。该问卷通过因素分析把人格划分成乐群性、聪慧性、稳定性、恃强性、兴奋性、敢为性等 16 种人格特质。

因素分析策略编制的测验的优越性在于统计技术的先进性,且同一种因素内的各项目之间的相关较高,不同因素之间的项目相关很低,所以测验单维性强,既可以测评某一种人格特质，又可以把不同人格特质结合在一起评估个体完整的人格。但这种方法也存在两个缺点：一是因素分析的结果取决于受测者与项目，受测者与项目的变更可能会影响因素分析的结果；二是把某一因素命名为某种人格特质时具有主观性，且测验缺乏实证效度的验证。

3. 效标控制策略

采用效标控制策略编制的测验不是从某种理论出发，而是依据与特定的受测者表现出的人格特征的差异来选择项目。具体而言，首先根据经验选取不同类型的几组受测者（如正常人与精神病患者），并以此为效标，然后用一系列的测题施测于不同组的受测者，最后筛选出那些能把不同类型的受测者区分开的项目，组成人格测评问卷。效标控制策略建构的测验多为临床应用而设计。如明尼苏达多相人格调查表（Minnesota Multiphasic Personality Inventory，简称 MMPI）就是采用效标控制策略编制的，它通过比较正常受测者与各种心理异常的受测者对每个项目的反应，保留那些能区分两组人格特质差异的项目，构成该问卷。

效标控制策略的优越性在于编制人格测验不受理论限制，完全以实践为依据，题目内容只需“行得通”，而无需“说得通”，所以测验的实证效度较好。但这种方法的缺点在于难以找到各种典型的受测者样本。

4. 综合控制策略

由于以上三种策略各有利弊，理想的测验编制策略就是将上述策略结合起来，即综合控制策略。目前编制人格测验大多使用该方法。具体而言，即首先根据理论构想建构由一系列项目组成的人格问卷；然后，将问卷施测于依据经验划分的不同类型的受测者；再根据项目是否能区分不同类型的受测者、受测者的反应是否与理论所预测的一致来筛选项目；最后对筛选出的项目进行因素分析，划分出若干因素，且保证同一因素内的各项目相关较高，而不同因素间的项目相关很低。加州心理调查表（California Psychological Inventory，简称 CPI）就是比较典型的采用综合控制策略编制的测验。

二、人格自陈量表

人格测验的途径多种多样，目前使用最广泛的、最成熟的人格测评手段是问卷测验，尤其是自陈量表。自陈量表是我国心理学工作者所偏好的一类人格测评工具。如明尼苏达多相人格调查表（MMPI）、艾森克人格问卷（EPQ）、卡特尔 16 种人格因素问卷（16PF）、加州心理调查表（CPI），Y－G 性格测验等都是比较成熟的自陈量表，也是目前使用最为广泛的人格问卷测验。

（一）明尼苏达多相人格调查表

1. 明尼苏达多相人格调查表的简介

明尼苏达多相人格调查表（MMPI）由美国明尼苏达大学教授哈萨威（S. R. Hathaway）和麦金利（J. C. Mckinley）于 20 世纪 40 年代编制。它是采用效标控制策略编制自陈量表的典范。编制者先从大量的病史、早期出版的人格量表、医学档案、病人自述、医生笔记以及一些书本上人格的描述中搜集了一千多个题目，然后将这些题目施测于经确诊属于精神异常而住院治疗者(即效标组)，和经确诊属正常而无任何异常行为者、来院探视的家属、居民及大学生(即对照组)，比较两组对每题的反应，凡能区别正常人与精神病患者的题目都被保留下来，组成明尼苏达多相人格调查表的雏形。后经过临床实践的反复验证与修订，在1966年的修订版中确定为566个项目，其中16个项目为重复项目(用于测验受测者前后反应的一致性)。通常的临床测验只使用前399个项目，即4个效度量表，10个临床量表，其余的项目则与一些研究量表有关。

MMPI适用于16岁以上，须具有小学以上的文化程度且没有影响测验结果的生理缺陷的受测者。

MMPI最初的主要功能是测查个体的人格特征，以区别精神病患者和正常者。但目前MMPI已被翻译成多种文字，广泛地应用于人格鉴定，心理疾病的诊断、治疗、心理咨询以及人类学、医学、社会学等研究与实践领域。另外，许多研究者在使用MMPI的过程中又从中分化出许多新的量表，例如焦虑量表(A，Anxiety)、压抑量表(R，Regression)和社会责任感量表(Dy，Depensibility)等。大量数据也表明自引入中国后，MMPI已成为我国精神科临床上使用得最多的心理量表之一。

大量的实践表明，MMPI的表面效度较高，对临床测试确实有效。但MMPI也有以下一些不足。

(1) 由于被试选取有限，常模的代表性不高。

(2) MMPI的题量过大，施测时间较长，且还有一些使人反感的题目，如性偏好、宗教、肠和膀胱的功能等，容易引起受测者的消极情绪而使其“随意作答”。

(3) MMPI使用过多的晦涩的病理名词，难免会使一些正常人看不懂题目。

我国中国科学院心理学研究所的宋维真等人于1980年开始修订MMPI，于1984年完成修订工作，并建立了中国的常模。1991年以宋维真为首的全国协作组开始了对MMPI-2的引进、研究与中国版的修订及常模的制定工作。

2. 明尼苏达多相人格调查表的内容与结构

MMPI的所有项目的内容涉及面广，包括受测者自身的身体体验，抑郁、强迫、妄想、恐怖等精神病理学的行为症状以及对家庭、社会、政治、宗教的态度，职业关系，教育关系等共26类。每个项目所包括的项目数不同。MMPI主要由4个效度量表和10个临床量表构成。

4个效度量表的名称、代码及作用如下。

(1) 疑问量表(?)：又称为“无回答”，受测者对项目“无法回答”或对项目的“是”“否”均作回答的项目总数，即为该分量表的项目数和得分。这种“无回答”或“都回答”的反应心向反映了个体的某些心理冲突或对某些问题的逃避。如果测验中有30个以上的项目为“无回答”或“是否都回答”，则答卷无效。但是此分量表并不常用，因为MMPI指导语对“无法回答”的题数作了限制，在临床使用中受测者不作回答的题目较少。

(2) 说谎量表(L):共 15 题,每个项目都与社会赞许度密切相关。这些项目涉及几乎所有人都难以避免的那些细小的缺点。该分量表的目的是识别受测者是否“装好”而虚假作答。那些故意想让人把自己看得非常理想的人,不会承认这些细小的缺点而虚假作答,则在 L 量表上得分较高。一般而言 L 分在 6 分以上,最好避免使用问卷结果;若超过 10 分则结果不可信。

(3) 诈病量表(F):共 64 题,每个项目与身体或心理异常有关,且正常人一般不会作肯定回答。该分量表的目的是识别那些离题反应、胡乱反应或故意“装坏”的受测者。若分数过高,说明受测者有“装坏”或其他精神问题。

(4) 校正量表(K):共 30 题,其分数与 L 量表、F 量表相联系,可更为巧妙地测量受测者的态度。该分量表的目的是识别受测者是否有将自己伪装成“好人”或“坏人”的倾向。一般而言,K 值高的受测者企图把自己伪装成“好人”,而 K 值低的受测者企图把自己伪装成“坏人”。

10 个临床量表是依据效标组命名的,它们分别是:

(1) 疑病症(简称 *Hs*,代码为“1”):共 30 题,测查受测者是否有对自己身体功能异常关心的神经质反应。

(2) 忧郁症(简称 D,代码为“2”):共 60 题,测查受测者是否过分悲伤、无望、思想行动迟缓等。

(3) 歇斯底里(简称 *Hy*,代码为“3”):共 60 题,测查受测者是否经常无意识地使用身体或心理症状来回避困难与责任且有歇斯底里的反应。

(4) 精神病态(简称 *Pd*,代码为“4”):共 50 题,测查受测者是否具有非社会性类型和非道德性类型的精神病态人格。

(5) 男性化—女性化(简称 *Mf*,代码为“5”):共 60 题,测查受测者是否偏离自己的性别特征。

(6) 妄想狂(简称 *Pa*,代码为“6”):共 40 题,测查受测者是否有敌意观念、被害妄想、夸大自我概念、猜疑心、过度敏感等偏执狂症状。

(7) 精神衰弱(简称 *Pt*,代码为“7”):共 48 题,测查受测者是否有焦虑、强迫动作和观念、无由的恐怖、怀疑及优柔寡断的神经症状。

(8) 精神分裂症(简称 *Sc*,代码为“8”):共 78 题,识别受测者是否有思维、情感和行为混乱,有稀奇思想、行为退缩及幻觉等精神分裂症状。

(9) 轻躁狂(简称 *Ma*,代码为“9”):共 46 题,测查受测者是否具有精力充沛、过于兴奋、思维奔逸、爱怒的躁狂症状。

(10) 社会内向(简称 *Si*,代码为“0”):共 70 题,测查受测者是否有社会性接触和社会性责任回避退缩倾向。

以上 10 个临床量表给出受测者的 10 个人格特质的分数,以作为评估其人格特质的依据。

3. 明尼苏达多相人格调查表的施测与记分方法

(1) 施测方法。MMPI 最常用的施测方法是问卷式，即使用一个题本(按一定顺序排列的 566 个题目)和一张答题纸，要求受测者严格按照指导语根据自己的实际情况在答题纸上的“是”或“否”下面画记号，若无法回答则不画任何记号。施测时间没有严格限制，一般在 45 分钟左右完成，很少有超过 90 分钟的，但如果受测者的测验时间较短或较长，施测者应加以记录；如果受测者是精神病患者或焦虑、情绪不稳定，经常表现出对测试的不耐烦，这时可将测试分为几次完成。现在该测验已制作测评软件，受测者可在电脑上完成测试，由软件给出评分与解释，这大大减轻了测评者的工作量。

(2) 记分方法。记分方法有两种，一种是机器计分，即将测验软件化后，受测者可直接在电脑上回答题目，计算机自动算出原始分并再加上 K 分后转化为标准分。第二种是纸笔测验，又分为两种，一是用专门指定硬度的铅笔在固定型号的答题卡上作答，然后放入光电阅读器内，也会自动计算出结果。另一种是模板记分，需借助 14 张模板(每个分量表一张，Mf 量表有两张，男女各一张)，每张模板的大小与答题纸的大小一致，且每张模板上均有一定数量的与题号相应的记分圆洞。具体操作是：先借助不同的模板计算每个分量表的原始分(Raw Scores)，然后依据指导手册，分别给 *Hs*、*Pd*、*Pt*、*Sc*、*Ma* 的原始分加上一定比例的 K 分，但是由于每个分量表的项目数不同，所以得分的基数不同，则各分量表的原始分之间无法比较，因此要将原始分转化为标准分(即 T 分)方可比较。T=50+10Z，即 T 分是平均分为 50，标准差为 10 的一种标准分。根据常模表将受测者各分量表的原始分转化成相应的 T 分数，再将原始分与 T 分数登记在剖面图下面的相应的分数栏里，最后把不同量表的 T 分数标记在剖面图上，再将各点连接，就成为一个关于受测者人格特征的剖面图(如图 4-14 所示)。

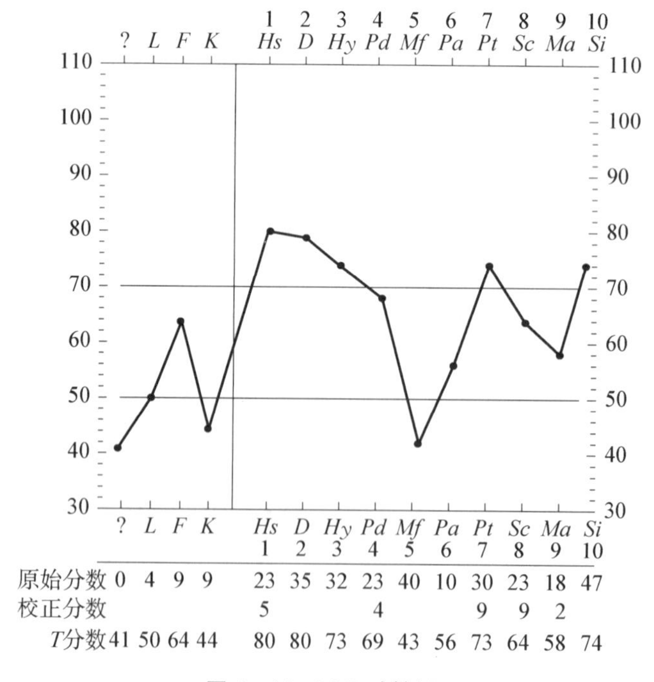

图 4-14 MMPI 剖析图

4. 明尼苏达多相人格调查表测验结果的解释

对MMPI结果的解释是一件专业性很强的工作，必须由经过专门训练和具有一定经验的心理学家和精神科医生进行解释。主要有两种解释。

(1) 单个量表解释。依据各分量表的T分数，参照MMPI指导书对各分量表分数的文字化的描述对受测者的某项人格特质进行解释。但是指导书所列举的人格特点只是某一类人典型的共同的特征，临床研究也表明在某一个量表上得分高并不一定说明存在该分量表所称的那种疾病，因此在依据单独的某个量表解释个体的某种人格特质时要谨慎，不要妄下断语。

(2) 多个量表综合解释。综合解释的常用形式有两种：一种是剖析图形态分析法，即将受测者的剖析图的形状与指导手册中的各种剖析图形状相比较，将与之相似的剖析图的解释直接套用过来作为受测者的人格特征解释。另一种更为简单的方法是两点编码分析法，即将剖析图上得分最高的两个临床分量表组合进行解释，以说明受测者的人格特征。一般用两个高分临床分量表的代码表示，如"13"表示量表1得分最高，量表3得分其次，而"31"的组合表示量表3的得分最高，量表1的得分其次。由于"31"与"13"的解释比较相近，所以常将两种情况组合在一起解释，如31/13。这种解释称为两峰组合解释或两点编码解释。

例如遵照指导书的解释表明：31/13的人最显著的人格特征是不断抱怨身体不好，如头痛、易疲劳、嗜睡但又睡眠不深等；存在着饮食问题，如厌食、呕吐等；不成熟、自我中心、自私、爱吹牛；没有安全感，渴望得到别人的关注、同情心、爱心；依赖性强，但依赖他人时又感到不舒服，想独立；较外向，喜欢人际交往，但与人的关系较为肤浅，很难真正地投入情感；倾向于利用社会关系来满足自己的需要，不会处理与异性的关系；经常过分压抑自己，极度控制自己发怒的情绪，有时却又控制不住而爆发出来，一般不会采用暴力手段发泄怒气；保守，遵从世俗的价值观。

5. MMPI研究的新进展

1989年，明尼苏达大学出版了《MMPI-2施测与计分手册》，标志着MMPI修订工作的完成，MMPI-2的诞生使MMPI更为完善。

MMPI-2有567个项目，其中没有重复的项目，删除了一些关于性偏好、种族歧视、肠和膀胱的功能等让人反感的内容，增加了一些与现代社会关联密切的关于自杀、药物和酒精滥用、A型行为、人际关系等项目；且在保留原先4个效度量表的同时，又增加了一些效度量表，如VRIN量表的目的是探测受测者的矛盾反应，是否有"随机反应"的倾向，TRIN量表的目的是探查受测者是否有不加区分的"是"或"否"反应；在保留10个临床量表的基础上，制定了15个内容量表来评估MMPI-2的主要内容维度，取消了MMPI中的Wiggins内容量表；还有15个补充量表等。MMPI-2的施测时间为60分钟到90分钟，适用于18岁以上的受测者。

（二）卡特尔16种人格因素问卷

1. 卡特尔16种人格因素问卷的简介

卡特尔16种人格因素问卷(Sixteen Personality Factor Questionnaire,简称16PF)是由美国伊利诺伊州立大学和能力研究所的卡特尔教授编制的。卡特尔教授首先对人格进行了系统的研究,然后又进行了一系列的科学的实验以及因素统计分析,然后逐步形成该问卷。该问卷是因素分析策略编制问卷的典范。

16PF有许多独特之处:(1)16PF的16种人格因素各自独立,每种人格因素与其他因素的相关度较小,而同一人格因素中各个项目的相关度较高,该问卷具有较高的效度和信度。(2)每个项目都具备三个可能的答案,即两个相反的答案和一个折中的答案,避免了在是否之间必选其一的强迫性,例如"金钱不能使我快乐:a. 是的;b. 介于a、c之间;c. 不是的"。(3)采用中性测题,许多项目表面看起来与某一人格特质有关,实际上与另一人格特质有关,且避免含有社会赞许度的项目,这使受测者不易猜测每个项目的用意,有利于答题的真实性。(4)16PF的解释具有多功能性,既能获得受测者16种人格因素的特征解释,还可以通过某些因素的组合获得旨在反映个体的心理健康状况、创造潜能、专业成就、内外向等特征的解释。

16PF适用于16岁以上,具有初三以上的文化程度的受测者。16PF不仅从16个方面对个体的人格特质进行了详尽的描述,而且还根据卡特尔制定的人格因素组合公式,对其人格作出整体的评价,也可预测其在特殊情境中的行为特征等。基于上述优越性,16PF在国内外广为流行,现已被译成法、意、德、日、中等多种文字,且多用于企业或学校的心理咨询、职业匹配或人员招聘和选拔等应用领域。

16PF中国版的修订工作:1981年,辽宁省教科所李绍农修订了中译本并建立了辽宁省的常模;1988年,华东师范大学的戴忠恒与祝蓓里等人在此基础上进行了再修订,取得了全国范围内的信度与效度资料,并按性别制定了中国成人、大学生、高中生等不同群体的常模。

2. 卡特尔16种人格因素问卷的内容与结构

16PF英文版有A、B两套等值的测题,每套有187个项目,分配在16个人格因素中。每个人格因素包含的项目数不等,少则13个,多则26个。16个人格因素分别为乐群性(A)、聪慧性(B)、稳定性(C)、恃强性(E)、兴奋性(F)、有恒性(G)、敢为性(H)、敏感性(I)、怀疑性(L)、幻想性(M)、世故性(N)、忧虑性(O)、实验性(Q_1)、独立性(Q_2)、自律性(Q_3)、紧张性(Q_4)。16种人格因素中各个项目是按顺序轮流排列的。16种人格因素中除了聪慧性(B)的各项目有对、错之分外,其余项目均无对、错之分。

3. 卡特尔16种人格因素问卷的施测与记分方法

16PF常用的施测方法是问卷式,使用一个题本和一张答题纸,要求受测者严格按照指导语,根据自己的情况在答题纸上每个项目的a、b、c三个选项中选择一个。一般需要45分钟左右完成。16PF既适合于团体测验,又适合于个别测验。

16PF的记分方法有两种。一种是计算机记分。即将受测者的答案输入计算机后,计算机自动算出原始分并转化为标准分，进行相应的人格解释。第二种是模板记分。每个项目有 a、b、c 三个选项，根据受测者对每个项目的回答，分别记为 0、1、2 分或 2、1、0 分，但聪慧性分量表上项目的答案只有对、错之分，则采用 2 级记分，答对得 1 分，答错得 0 分。具体操作：先将模板套在答卷纸上，分别计算出每个因素的原始分数，再根据受测者的文化程度或职业类型，将原始分对照相应的常模表分别转化为标准分；然后将各因素的原始分和标准分登记在剖面图上相应的分数栏内；最后在剖面图上标出各因素的标准分数点，将各点相连，即成为一条表示受测者人格特征的曲线图。

4. 卡特尔 16 种人格因素问卷测验结果的解释

（1）16 种人格因素的标准分解释。一般来说，各因素的标准分高于 7 分为高分，按高分者的特征来解释；标准分低于 4 分为低分，按照低分者特征来解释（如图 4－15 所示）。若要作进一步的解释，需参照指导手册。

人格因素	原分	标准分	低分者特征	标准分 1 2 3 4 5 6 7 8 9 10	高分者特征
A			缄默孤独	A	乐群外向
B			迟钝、学识浅薄	B	聪慧、富有才识
C			情绪激动	C	情绪稳定
E			谦逊顺从	E	好强固执
F			严肃审慎	F	轻松兴奋
G			权宜敷衍	G	有恒负责
H			畏怯退缩	H	冒险敢为
I			理智、着重实际	I	敏感、感情用事
L			信赖随和	L	怀疑、刚愎
M			现实、合乎成规	M	幻想、狂放不羁
N			坦白直率、天真	N	精明能干、世故
O			安详沉着、有自信心	O	忧虑抑郁、烦恼多端
Q_1			保守、服从传统	Q_1	自由、批评激进
Q_2			依赖、随群附众	Q_2	自立、当机立断
Q_3			矛盾冲突、不明大体	Q_3	知己知彼、自律严谨
Q_4			心平气和	Q_4	紧张困扰

卡氏16 PF.AB种修订合订本
修订者：刘永和 梅吉瑞

标准分	1	2	3	4	5	6	7	8	9	10	依统计
约等于	2.3%	4.4%	9.2%	15.0%	19.1%	19.1%	15.0%	9.2%	4.4%	2.3%	之成人

图 4－15　卡特尔 16 种人格因素测验剖析图

（2）二元人格因素解释。16PF 不仅能够清晰地描述 16 种基本人格特征，还能根据不同公式推算出 4 种二元人格因素，可以分别诊断受测者的适应性、外向性、情绪性和果断性。

二元人格因素分别是：

① 适应与焦虑性 $=(38+2L+30+4Q_4-2C-2H-2Q_3)\div 10$；

② 内向与外向性 $=(2A+3E+4F+5H-2Q_2-11)\div 10$；

③ 感情用事与安详机警性 $=(77+2C+2E+2F+2N-4A-6I-2M)\div 10$；

④ 怯懦与果断性 $=(4E+3M+4Q_1+4Q_2-3A-2G)\div 10$。

以上算式中的字母分别代表相应分量表的标准分数。一般而言，各二级人格因素得分低于 4.5 分为前一种类型，高于 6.5 分为后一种类型。假如一个学生在内向与外向性上得分为 4 分，表明该学生较为内向，通常羞怯而审慎，与人相处较为拘谨、不自然。而另一个学生得分为 7 分，表明其较为外向，通常善于交际，活泼开朗，不拘小节等。

（3）预测因素方面解释。卡特尔又收集了 7500 名从事 80 多种职业及 5000 多名有各种行为问题和精神症状的人的人格因素的测验结果，并详细分析了他们的 16 种人格因素的特征及类型，拟定了一些应用公式，适用于升学、就业、选拔特殊人才等方面的指导。比较常用的预测因素公式及解释有以下几种：

① 心理健康因素 $=C+F+(11-O)+(11-Q_4)$。总分在 4—40 之间，平均分为 22 分，低于 12 分者仅占 10%；

② 专业上有成就者的个性因素 $=2Q_3+2G+2C+E+N+Q_2+Q_1$。总分在 10—100 之间，平均分为 55 分，67 分以上者应有其成就；

③ 创造力个性因素 $=2(11-A)+2B+E+2(11-F)+H+2I+M+(11-N)+Q_1+2Q_2$。总分要转化为 10 分制的标准分，标准分越高，其创造力越强（如表 4-1 所示）；

表 4-1　创造力的标准分转换表

创造力得分	15—62	63—67	68—72	73—77	78—82	83—87	88—92	93—97	98—102	103—150
标准分	1	2	3	4	5	6	7	8	9	10

④ 在新的环境中有成长能力的个性因素 $=B+G+Q_3+(H-F)$。总分在 4—40 之间，平均分为 22 分，不足 17 分者仅占 10%左右，27 分以上者则有成功的希望。

（三）艾森克人格问卷

1. 艾森克人格问卷的简介

艾森克人格问卷（Eysenck Personality Questionnaire，简称 EPQ）由英国伦敦大学和精神病研究所著名的人格心理学家与临床心理学家艾森克（H. J. Eysenck）教授及其夫人于 1975 年编制完成。该问卷是他们对先前编制的一些量表的修订与完善，如 1959 年编制的莫斯莱人格调查表，1964 年发展为艾森克人格调查表等。

艾森克人格问卷的理论基础是艾森克所提出的人格的三维特质理论。他认为人格在行为上的表现是多样的，但真正支配人行为的人格主要是三个维度的人格特质。他经过长期的临床试验与观察提出了人格的三个基本维度，即内外倾、神经质、精神质。这三个基本维度彼此独立，每个人都具有，其不同程度的表现与组合构成千姿百态的人格特征。艾森克夫妇据此观点编制的艾森克人格问卷由四个分量表组成，即外倾性量表、神经质量表、精神质量表、说谎量表，并发展为成人问卷和青少年问卷两种格式。

艾森克人格问卷的理论根基较为扎实，是通过大量的实验、观察及数学统计分析而得来的，因此受到人们的重视，并被广泛地应用于医学、教育、司法等实践领域。另外，该问卷与其他人格问卷相比具有项目少、表述简单、项目易于受测者接受与理解等特点。在我国的临床使用结果表明，该问卷中项目的内容较适合我国的国情，有较好的信度与效度。如"你是否健谈？""你是否比较活跃？"等。

早在20世纪80年代初，我国陈仲庚、龚耀先和刘协和等人分别进行了艾森克人格问卷的中国版修订。湖南医学院的龚耀先教授于1985年以后主持修订了艾森克人格问卷中国版。修订后的儿童问卷与成人问卷各由88个项目构成。这次修订取得了全国范围内的信度与效度资料，分别制定了中国儿童（男、女）和成人（男、女）常模，且还编制了艾森克人格问卷的有关计算机软件，使得主试可以在计算机上进行施测、评分和统计处理。

艾森克人格问卷分儿童和成人两种形式，儿童问卷适用于7—15岁的受测者，成人问卷适用于16岁以上的受测者。

2. 艾森克人格问卷的内容与结构

1975年版的EPQ中成人问卷共有101个项目，其中11项不计分，实际计分为90项。儿童问卷有97个项目，16项不计分，为备用项目。中国修订本的成人问卷与儿童问卷实际计分项目均为88个。问卷项目以问句形式出现，问题多是个人喜好、生活行为及生理或情绪体验等方面的内容。无论是成人还是儿童问卷都包含四个分量表，即E量表、N量表、P量表、L量表。具体而言，E量表（外倾性量表）用于测查受测者的内外倾性。内外倾性与个体的中枢神经系统的兴奋、抑制的强度密切相关。高分者表现为性格外向，特点是好交际，喜欢刺激与冒险，容易冲动。低分者表现为性格内向，其特点是安静，善于内省，除了亲密朋友外，对一般人缄默、冷淡，生活有规律，善于控制情绪。N量表（神经质量表）测查受测者的情绪的稳定性程度。情绪的稳定性和植物性神经的稳定性密切相关。高分者表现为高焦虑、喜怒无常易于激动，由于受激动情绪的干扰，而出现不合理的行为，经常忧心忡忡等；低分者表现为不易焦虑、情绪反应缓慢且轻微、很容易恢复平静，性情温和，善于自控等。P量表（精神质量表）用于测查受测者的精神质程度，该分量表发展较晚，其中的项目是根据正常人与精神病患者具有的特质比较筛选出来的。高分者表现为性情孤僻、冷酷、不近人情、缺乏同情心、对事情麻木不仁、对人不友好、喜欢寻衅攻击等病态人格。一般而言，正常人也具有程度极轻的神经质与精神质表现，但这并不影响其行为的合理性，只有当这些高级神经活动受到外界不利因素的影响而向病态方向发展时，神经质才有可能发展为神经症，而精神质可能发展为精神病。L 量表(说谎量表)用于测查受测者是否有“掩饰”倾向,即是否有不真实的回答,或测定其社会朴实幼稚的程度。高分者表现出说谎行为,若该项标准分(T)大于 70 分,则表明其测量结果不可靠。

3. 艾森克人格问卷的施测与记分方法

EPQ 适合于团体测验,也可用于个体测验。它属于纸笔测验,使用一个题本和一张答题纸,要求受测者严格按照指导语,根据自己的实际情况在答题纸上作答。该问卷一般无时间限制,但也不要拖延太久。

EPQ 的每个项目有“是”或“否”(在儿童问卷中是“是”和“不是”)两个选项,根据受测者对每个项目的回答,主试依据指导手册的记分规则分别记分为 1 分或 0 分。按 E、N、P、L 等 4 个分量表分别记分,然后算出各分量表的原始总分,再根据受测者的性别和年龄,对照相应常模表将其各分量表的原始分分别转化为标准分(T)。然后在剖面图上相应的位置标出各维度的 T 分数点,最后将各点相连,即成为一条表示受测者人格特征的曲线图。

4. 艾森克人格问卷测验结果的解释

(1) 剖面图解释。EPQ 的剖面图可以直观地反映出各量表的得分情况。参照指导手册中描述的不同分量表的高分特征或低分特征对受测者在精神质(P)、外倾性(E)和神经质(N)三个人格维度的 T 分数进行解释;再通过说谎量表(L)得分的高低来判断其真实回答的程度,以决定问卷结果的有效性。

(2) 两维人格特征图解释。艾森克又以外倾性(E)的 T 分为横坐标,神经质(N)的 T 分为纵坐标做垂直交叉,根据受测者的 E 和 N 的标准分的交点进行相应的分析(如图 4-16 所示),可以得出四种较为典型的人格类型,即:①外向稳定型,表现为善领导、无忧虑、活泼、健谈开朗、善于交际等人格特征;②外向易变型,表现为主动、乐观、冲动、易变、易激动、易怒、好斗等;③内向稳定型,表现为性情平和、可信赖、有节制、平静、深思、谨慎、被动等;④内向易变型,表现为文静、不善交际、缄默、悲观、严肃、刻板、焦虑、忧郁等。除了以上四种标准典

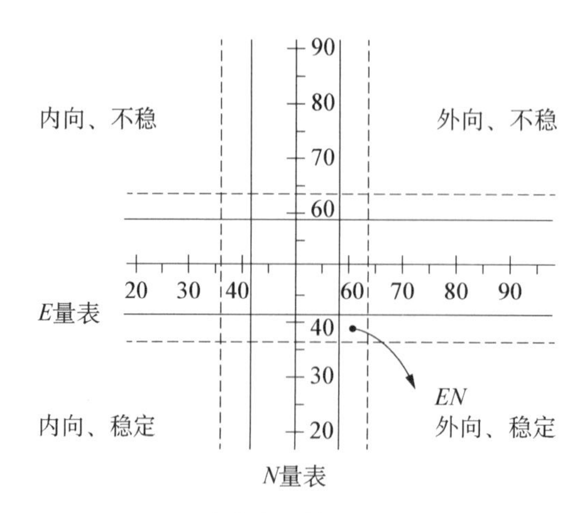

图 4-16 艾森克人格问卷两维剖析图

型的人格特征外，还有很多不同的组合，并且在生活中很少有人具有这四种标准的典型的人格特征，大多数人处于中间水平。

5. 艾森克人格问卷的新进展

1985年，艾森克等人针对该问卷P量表信度较低的缺点，修订了艾森克人格问卷，发展为艾森克人格问卷修订版(Eysenck Personality Questionnaire-Revised，简称EPQ－R)，EPQ－R共有100个项目。同年，在此基础上，艾森克等人又编制了适用于成人的艾森克人格问卷简式量表(Eysenck Personality Questionnaire-Revised Short Scale，简称EPQ－RS)，该量表有四个分量表，每个分量表有12个项目，共48个项目。临床应用表明EPQ－RS具有较好的信度和效度，易于操作，是EPQ系列的最新研究和应用成果之一。1997年至1998年，北京大学心理学系钱铭怡等人首次进行了EPQ－RS的中国版修订工作，根据全国30个省市56个地区的8637人的样本对其进行修订，并形成了艾森克人格问卷简式量表中国版(Eysenck Personality Questionnaire-Revised Short Scale for Chinese，简称EPQ－RSC)，且制定了中国常模。

(四) 其他的人格自陈量表

1. 加州心理调查表

加州心理调查表(CPI)由美国加州大学心理学教授高夫(H. G. Gough)于1948年编制，1951年正式出版，1957年进行了再版。它是以MMPI为基础编制的，但又不同于MMPI，MMPI主要服务于临床精神病领域，这与CPI测查的目的明显不同。CPI编制的目的主要有两个，其一是编制一套能描述正常人的行为方式或人格特征的量表，其二通过测验来预测个人在某种特定场合下的社会行为。

CPI包括480个项目(其中187个项目来源于MMPI)，共有18个分量表，每个分量表评估个体人际关系或社会适应的某一重要方面，根据个体所表现出的心理特征，18个分量表又集中体现出4个方面的功能。第一个功能：对人际关系适应能力的测评。该测评依据6个分量表的测验结果，即支持性(Do)、上进心(Sc)、社交性(Sy)、自在性(Sp)、自尊心(Sa)、幸福感(Wb)。第二个功能：对个体社会化、成熟度、责任心及价值观的测评。该测评依据6个分量表，即责任心(Re)、社会化(So)、自制力(Sc)、宽容性(To)、好印象(Ci)、从众性(Cm)。第三个功能：对个体获得成就潜能及智能效率的测评。该测评包括3个分量表，即遵从成就(Ac)、独立成就(Ai)、智能效率(Ie)。第四个功能：对个体兴趣、社会态度的测评。该测评包括3个分量表，即心理性(Py)、灵活性(Fx)、女性化(Fe)。CPI有3个效度量表，即由好印象(Gi)、幸福感(Wb)、从众性(Cm)3个兼具效度功能的分量表构成。若Gi得分过高，则表明受测者有“装好”的倾向，Wb得分过低，表明受测者有夸大忧愁或作假的倾向，Cm得分过低，表明受测者有“随意作答”的倾向。

1987年，高夫再次对CPI进行修订，新的版本包含23个分量表，由472个项目组成。中国的CPI修订版删除和调整了一部分质量不高或不适合我国文化背景的项目，共包含462

个项目，由通俗概念量表、结构量表、特殊目的和研究量表三个部分组成。

2. Y-G性格测验

Y-G性格测验由日本京都大学矢田布达郎教授于1957年根据美国吉尔福特(J. P. Guilford)编制的个性量表修订而成。该测验在我国南方应用较广，经常在心理咨询、就业指导、人才选拔与培训、司法诊断等方面使用。

Y-G性格测验进行修订后包括120个项目，共有12个分量表，每个分量表有10个项目，每个项目有“是”“?”“否”三个选项，要求受测者从中选择一个。例如：“情绪经常流露在脸上吗，是、?、否；经常担心失败吗，是、?、否”。12个分量表分别是：

(1) 忧郁性(D)，测定受测者是否经常忧郁、容易悲伤；

(2) 情绪性(C)，测查受测者的情绪变化大小；

(3) 自卑感(I)，测查受测者自卑还是自信；

(4) 神经质(N)，测查个体是否对人、对事抱怀疑态度，容易烦躁不安；

(5) 主客观性(O)，测查受测者主观还是客观，是否喜欢空想；

(6) 协调性(Co)，测查受测者是否与集体、社会协调、信任他人；

(7) 攻击性(Ag)，测查受测者对人、对事是否容易采取攻击或过激行为；

(8) 一般活动性(G)，测查受测者是否开朗、爱动、动作敏捷；

(9) 粗犷细致性(R)，测查受测者是细心还是粗心，慢性还是急性；

(10) 思维的向性(T)，测查受测者的思维是内向还是外向；

(11) 支配性(A)，测查受测者是乐于支配还是乐于服从；

(12) 社会的向性(S)，测查受测者是否善于交际。

整个测验测查的12种性格特性，又可归为情绪稳定性、社会适应性、向性等主要因素。根据这3个主要因素的得分高低划分出A型、B型、C型、D型、E型等5种标准的性格类型，并画出相应的曲线图。1983年，华东师范大学心理系对该测验进行了修订，制成了中文版。

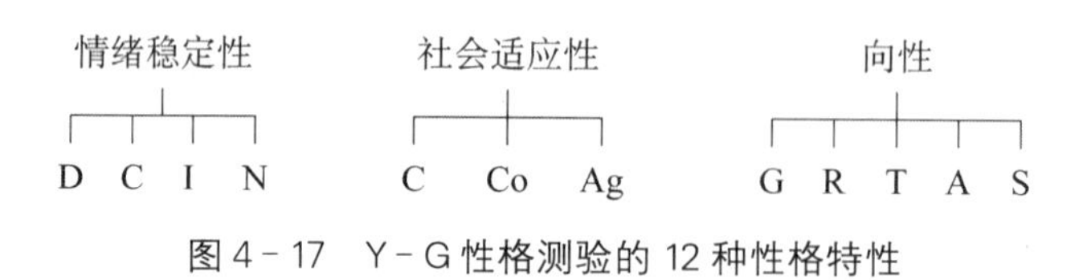

图4-17 Y-G性格测验的12种性格特性

3. 中国人人格量表

中国人人格量表(Qingnian Zhongguo Personality Scale，简称QZPS)由北京大学心理学系人格心理学课题组编制，该量表是针对中国人在直接采用或修订西方人格量表时存在的问题和局限性，根据中国人的人格结构和行为特点编制的综合性的测量工具。QZPS编制的具体思路是按照人格研究的“词汇学假设”，将从日常生活用语中收集到的中文描述人格特质的形容词合并；再按形容词的属性分层随机抽取410个形容词作为中国人描述他人或自己的代表性样本；由中国人作为被试，让其就每个词能够描述自己或他人的程度进行评定；再使用因素分析等方法对结果进行分析。该量表经过严格筛选，最终由215个项目组成，共测量人格的7个大维度及相应的18个小因素（如表4－2所示）。该量表比较新，对量表的信度和效度的更深研究正在进行中，随着研究工作的深入，QZPS的应用价值将会日益显露出来。

表4－2　QZPS的7大维度及相应的18个小因素

7大维度	18个小因素	7大维度	18个小因素
外向性	合群、活跃、乐观	人际关系	热情、宽和
善良	真诚、利他、重感情	行事风格	沉稳、自制、严谨
情绪性	耐受性、爽直	处世态度	自信、淡泊
才干	敢为、机敏、坚韧		

4. 儿童14种人格因素问卷

儿童14种人格因素问卷（Children Personality Questionnaire，简称CPQ）是由美国印第安纳州立大学波特（R. Porter）博士与伊利诺伊州立大学的卡特尔教授合作编制的。该问卷适用于8—14岁的中小学生，施测时间一般为40分钟，能测评儿童的14种人格因素，即乐群性（A）、聪慧性（B）、稳定性（C）、兴奋性（D）、恃强性（E）、轻松性（F）、有恒性（G）、敢为性（H）、敏感性（I）、充沛性（J）、世故性（N）、忧虑性（O）、自律性（Q_3）、紧张性（Q_4）。

CPQ的编制方法和理论构想、施测程序和方式以及绝大多数人格因素的含义与16PF相似。但与16PF又有不同之处，CPQ删除了16PF中的怀疑性（L）、幻想性（M）、实验性（Q_1）、独立性（Q_2）四种人格因素，增加了兴奋性（D）与充沛性（J）两种人格因素。

（五）人格自陈量表的优缺点

1. 人格自陈量表的优点

（1）一般采用纸笔测验的形式施测，施测简便，适用于团体或个人测验。

（2）与其他人格测评类型相比，问卷测评的结构明确，记分和解释较为客观，节约时间、人力、物力，可以在较短的时间内获取个体较多的人格资料。

（3）可以通过建立常模来进行个体间的比较，从而获取客观化、标准化的人格测评结果。

2. 人格自陈量表的缺点

（1）受测者由于受到社会赞许度等反应定势的影响，会不按照自己的实际情况，而是按社会期望的行为方式作答，使自己能得到好的社会评价。如在人员招聘与选拔中，受测者更可能在问卷式的测评中尽力地表明自己更有利于工作岗位要求的优秀品质，而出现“装好”的倾向。

（2）由于接受不同文化背景的熏陶，受测者可能会受到“默认心向”和“中庸心向”的影响。具体表现为前者无论对任何题目都有“是”或“否”的偏向；后者往往倾向选择折中的答案,如在"是""不确定""否"三个选项中经常不假思索地选择"不确定",甚至有的受测者有避免反应的倾向,即能不回答则尽量不回答。

(3) 目前,西方一些人格问卷发展得较为成熟,科学性较强。中国人使用的人格测评问卷大多是引进西方人格问卷后进行改编而成的,可西方的人格问卷是基于西方人格结构编制的,而中国人与西方人在人格等心理特质上有很大差异,所以西方的人格测验往往很难完全适合中国人,所以使用这些问卷时要更为慎重。

目前的人格自陈量表多种多样,结构明确严谨,项目质量较高,被广大心理学工作者频繁地使用。除此之外,在了解人格时还有一种更为普遍使用的方法即人格评定量表,它也是测评人格特征的重要方法之一。

三、人格投射测验

问卷式测评往往是受测者在意识状态下根据一定项目来描述自己的某种人格特征,而人格投射测验是让受测者在无意识状态下反映自己的人格特征。投射测验也是目前人格测评中一种常用的方法。

(一) 人格投射测验概述

1. 投射与投射测验的概念

"投射"一词最初来源于弗洛伊德对一种心理防御机制的命名,严格来说,投射测验中的投射已超出这个范围。所谓的投射是指个人把自己的思想、态度、愿望、情绪、性格等心理特征无意识地反映在对事物的解释之中的心理倾向,也就是说受测者在对客观事物的特征进行想象性的解释过程中,不自觉地将自己的心理特征呈现在这种想象的解释中。心理的投射是个体自己无法意识到的一种推动其产生某种行为的深层动力。投射测验就是利用这个原理将受测者深层的意识激发出来,通过测量个体对特定事物的主观解释,并对其解释进行分析,以了解受测者的人格特征。

投射技术作为一个心理测量术语,最初于 1938 年由富兰克(L. Frank)在一份私人便函中使用。1939 年,在他发表的《人格研究的投射技术》一文中,明确地提出了投射技术是"一种研究人格的方法,它使被试面对某种情境并根据这一情境对它的意义作出反应"。而"投射测验"一词最初于 1938 年由莫瑞在他所著的《人格探索》一书中提出。其实,投射技术与投射测验的内涵基本上是一致的。

投射技术或投射测验的表现方式多种多样,但其基本方式都是向受测者提供预先编制的未经组织的、意义模糊的标准化刺激情境,让受测者在不受任何限制的情况下,自由地对刺激情境作出反应;然后通过分析受测者的反应,推断其人格特点。按此方法编制的最为著名的人格测验有罗夏墨迹测验和主题统觉测验。

2. 投射测验的基本假设

投射测验旨在探讨个体在无意识状态下流露出的人格特征。按照精神分析理论的无意识观点，个体单凭自己的意识功能无法完全真实地了解自己的人格特征，故需要以某种意义不确定(非结构化)的刺激情境作为诱因，激发个体在不知不觉中把潜意识中的愿望、需求、动机、心理冲突等心理特征投射在对刺激情境的解释中。另外，精神分析理论认为无意识的内容很难为意识所认识，自陈量表是无法探测的，而投射测验能探测到无意识的内容。从精神分析理论出发，投射测验的基本假设如下：

(1) 人们对客观性事物的解释性反应都是有其心理原因的，不是随机发生的，同时也是可以给予分析和预测的。

(2) 人们对刺激情境的反应是自身人格与情境共同作用的结果，不仅取决于所呈现的刺激的特征，而且受测者的人格特征、当时的心理状况、对未来的期望等心理因素对刺激情境的知觉与反应的性质和方向都有很大的影响。

(3) 人格特质大部分处于潜意识中，个人无法凭意识描述自己的人格特质，而当个体对一种模糊不清的刺激情境进行解释时，却可以使隐藏在潜意识中的欲望、需求、动机等人格特质不经意地流露出来。

3. 投射测验的特点

投射测验通过“旁敲侧击”的形式使受测者在“不经意中流露真情”，是一种特殊的人格测评技术，相对其他测评方法而言有许多独特之处。

(1) 刺激情境的非结构化。刺激情境没有明确的结构与确切的意义，给受测者提供较大的自由反应的空间，使受测者较好地表现人格特征。

(2) 测验目的的隐蔽性。受测者事先并不知道施测者对其反应作何种心理学解释，从而有效避免了受测者因伪装与防卫心理而虚假作答。因此，一些无意识的人格特征可以绕过意识的检查而表达出来，被施测者捕捉到并加以分析。

(3) 影响反应因素的多样性。受测者对刺激情境所作出各种想象似的反应，在很大程度上不是取决于刺激情境的性质，而是取决于受测者的人格特征和当时的心理状态。

(4) 人格特征的整体性解释。对投射测验的结果的解释重在把握对受测者人格特征的整体性评价，而不是对某个或某些单个人格特质的探查。

(5) 测验的跨文化研究的可行性。投射测验的内容多为意义模糊的图片，在测验时不受语言、文字的限制，所以可以广泛地应用于人格的跨文化研究中。

由此可见，投射测验采取独特的视角来研究和测评人格，注重探讨深层的心理内容。它不仅能深入地探查个体人格的独特性，而且能从整体上把握个体的人格特征，因而成为人格测评的重要方法之一。但是，投射测验也存在着自身的局限性。

4. 投射测验的局限性

(1) 测验结果难以量化。由于刺激情境的非结构性和受测者反应的自由性，且缺乏客观的评分标准，给投射测验的记分带来了相当大的困难。

(2) 施测者的选拔条件苛刻。投射测验的原理复杂深奥，且“测验结果很大程度依赖于施测者的主观过程来对反应做出解释”。所以,施测者必须经过专门而又严格的训练,具有较高的专业素养及大量的临床经验方可胜任。

(3) 信度与效度不易建立。虽然投射测验在国外被广泛地应用于对人格特征的评价过程中,尤其是作为20世纪40至60年代的临床心理诊断中不可缺少的工具。但是投射测验本身的性质决定了其难以获得确切的信度与效度资料。虽然有关学者依据投射测验目的的隐蔽性使受测者很少有意伪装而推测出投射测验的表面效度较低,但却无资料上的验证。

(4) 常模资料不充分,测验结果不易解释与比较。虽然投射测验自从使用之初,人们就开始致力于临床资料的收集,但由于投射测验的特殊性质,常模资料的收集虽然有一定的进展,但还是不充分的,所以不同受测者的测验结果不易解释与比较。

5. 投射测验的种类

投射测验依据目的、刺激情境、反应方式、解释方法等的不同,有不同的分类。其中林德塞(G. Lindzey)根据受测者的反应方式的不同将投射测验分为较为典型的五类。

(1) 联想型。要求受测者针对呈现的一系列的刺激(如单词、墨迹)进行联想,并说出联想的内容。通过分析受测者的联想内容来了解其人格特征。如荣格的文字联想测验和罗夏墨迹测验。

(2) 构造型。要求受测者根据自己所看到的图画编造一个含有过去、现在以及将来发展的完整故事。通过对受测者所构建的故事内容的分析来推测其人格特征。如莫瑞的主题统觉测验。

(3) 完成型。要求受测者对一些不完整的句子、故事或短文等材料进行自由补充,使之完整。通过分析补充的内容来推测受测者的人格倾向或特征。如罗特(J. B. Rotter)的语句完成测验。

(4) 选排型。要求受测者根据自己的判断准则,把呈现的项目(如图片、照片、数字等)进行分类和选择或排列。根据受测者的操作过程或操作结果来分析其人格特征。如图形排列测验。

(5) 表露型。让受测者借助某种方式(如绘画、游戏、心理剧等)自由表露其心理状态。通过分析受测者在活动中的行为表现以探查其人格特征。如画人测验和画树测验。

总之,投射测验的种类繁多,形式多样。上述的分类界线并不是绝对的,有些测验可能兼具几种类型的特点。

(二) 经典的投射测验

下面将介绍两个经典的投射测验。

1. 罗夏墨迹测验

(1) 罗夏墨迹测验简介。

罗夏墨迹测验(Rorschach Inkblot Test)由瑞士精神病学家罗夏(H. Rorschach)于1921年编制,并于当年发表在其撰写的《心理诊断法》一书中。早在20世纪初,就有人使用墨迹技术来了解人的想象力，但是罗夏是第一个使用这种技术对人的心理健康与否进行诊断的人。20 世纪初，泼墨游戏在瑞士民间广为流行。罗夏自小就对泼墨游戏非常感兴趣，成为精神科医生后，他将随意形成的对称的墨迹图形（即分别在一张纸的中央滴一堆墨汁，然后将纸对折，并用力挤压，从而形成两边对称但形状不一的墨迹图形）作为施测材料，用于鉴别各种精神病患者。具体操作是先将图片呈现给受测者，问受测者看到了什么，然后记录他们的反应。通过对一系列的精神病患者和正常人的测验与比较，最终选出 10 张墨迹图，并确定了一套记分与解释系统，这为后继的追随者的研究奠定了基础。

罗夏通过长期的测验与比较研究编制而成的墨迹测验，其理论依据是精神分析学派的心理动力学理论，该理论强调人格的独特性、动力性和整体性，把人格视为个人独有的各种力量（如动机、需求、欲望等）交错而成的动力组织。该测验旨在借助受测者对一些标准化的墨迹图形的反应，以对其人格进行整体性的定性解释。

罗夏墨迹测验自问世以来，引起了西方心理学界和精神病学界的极大兴趣，并广泛地运用于人格测验和临床心理诊断等领域。但由于罗夏墨迹测验存在自身无法克服的费时费力、结果不易解释、没有经过专门训练者不能使用、难以获得确切的信度和效度支持等缺点，所以随着 20 世纪五六十年代人格自陈量表的发展与应用，罗夏墨迹测验的地位慢慢回落。同时，许多研究者也针对该测验的上述不足进行了大量的研究，迄今为止，关于墨迹测验的研究多种多样（如团体墨迹测验的出现），各种详细的记分方法和常模被制定出来，对其的评价也贬褒不一。

由于我国深受精神分析学观点影响的学者不多，且专业人员有限，所以对罗夏墨迹测验的研究与应用工作有待于进一步地开展。目前我国使用的罗夏墨迹测验中文版是由湖南医学院龚耀先等人主持完成修订的，并在小范围内进行了试用。

（2）罗夏墨迹测验的使用。

① 施测的指导语。先设法使受测者感到放松、舒服。施测者使用简单的、标准化的指导语告诉受测者该如何完成测验，指导语中要尽量少加施测者的观点或其他的说明。罗夏墨迹测验的版本多种多样，但指导语一般是：要给你看的图上印有偶然形成的墨迹图形，请你将看图时所想到的东西，不论是什么，都自由地、原封不动地说出来，回答无所谓正确与不正确，所以，请你看到什么就说什么。

② 测验的材料。此套测验共有 10 张对称图形，且内容模糊不清，毫无意义。这 10 张图形是以一定顺序排列的墨迹图，其中 5 张（第 1、4、5、6、7 张）为黑白图片，墨迹深浅不一；2 张（第 2、3 张）是黑白墨迹加红色斑点（如图 4－18 所示，图中较浅颜色部分即为红色斑点）；3 张（第 8、9、10 张）是彩色图片。

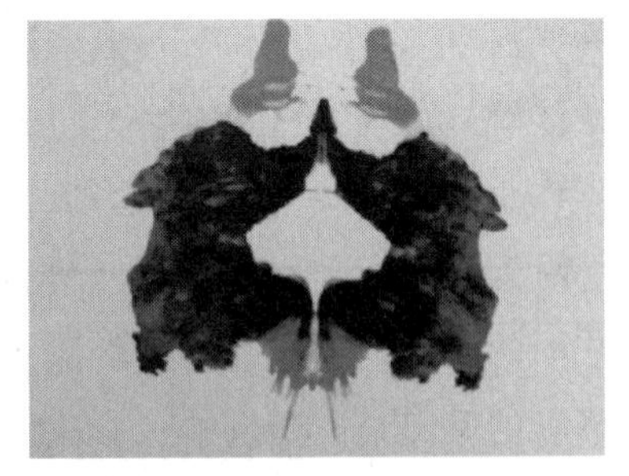

图 4－18　墨迹图

③ 施测方法。此测验一般属于个别测验。在施测过程中，施测者尽量不要插话或打断对方，当受测者对自己不

明确的回答进行试探性的提问时，施测者不要作明确的回答或暗示性的提示，一般采取中性的回答。如："你看到什么或想到什么，就说什么。"测验的具体实施分为 4 个阶段。

A. 自由反应阶段：施测者按规定的顺序和方位将图片呈现给受测者，让其对所看到的墨迹图进行自由联想；施测者对其反应一般不进行干涉，也不与其进行交流，而是逐字逐句地记录受测者的言语反应，每张图片从呈现到受测者第一次反应的时间，各个反应之间较长的停顿时间，每张图片反应的总时间，受测者表达时附带的情绪、动作等。

B. 提问阶段：施测者为了对受测者的反应记号化，再次将图片逐一呈现给受测者，并有针对地对其进行提问。如："每一种反应是根据图片中的哪一部分做的？引起这种反应的因素是什么？"等。

C. 类比阶段：当经过提问阶段仍不能理清记号化的问题，无法确定受测者的反应类型，施测者可在此阶段进一步询问、补充。

D. 极限测试阶段：若在第三个阶段仍无法确定受测者的反应类型，施测者则直接提问受测者能否从图片中看到某种具体的事物等。如："别人在这张图片上可以看到一只蝙蝠，你能看到吗？"

一般来说，前两个阶段是每个受测者都必须接受的，而后两个阶段是在经过前两个阶段仍不能确认受测者的反应类型时才考虑使用的。

④ 测验的记分方法。罗夏墨迹测验最复杂也是最困难的部分就是评分与解释。此测验的记分过程实际上是把受测者质的反应数量化的过程。所谓的数量化就是先将受测者作出的相似特性的反应归总分类，给以相应的记号，然后按记号的类别计算反应的次数等。反应是记号化和进行量的分析的基本单位。具体而言记分包括以下几个方面。

A. 反应区位记号。确定受测者是依据墨迹图的什么部位作出反应的，并据此将反应进行分类。测验共划分为 5 种类型的反应：整体反应（W）是依据整个或几乎整个墨迹作出反应；普通大部分反应（D）是依据墨迹图中一些寻常或明显的部分作出反应；普通小部分反应（d）指受测者依据被空白、浓淡、色彩等墨迹图的形态所隔开的小部分作出反应，即仅利用墨迹图中较小但仍较明显的部分作出反应；特殊部分反应（Dd）是受测者依据墨迹图的不寻常部分（如轮廓线、极小部位等）作出反应；空白部分反应（S）指受测者把图片的空白部分作为图案进行反应，而将墨迹部分作为背景。

B. 反应决定因子记号。其目的是确定受测者的反应是由墨迹的什么因素（形状、颜色、浓淡等）决定的。依据决定反应因素的不同可分为 4 种：形状（F）：受测者仅以墨迹的形状特性作为反应的决定因子；运动（M）：受测者对墨迹进行活动性的想象或投射，即在静止的墨迹上看到了人或动物的运动、表情，或者是抽象的、非生物的动作等；浓淡（K）：受测者以墨迹的浓淡的微妙差异作为反应的决定因素。K 反应与受测者的情感满足程度有关；色彩（C）：受测者的反应是由墨迹的色彩决定的。C 是外倾性符号，代表感情作用与内在冲动。

C. 反应内容记号。根据受测者对墨迹图所作的反应内容进行分类。受测者典型的反应内容是：人（H）、动物（A）、解剖（At）、性（Sex）、物体（Obj）、自然（Na）等。

D. 反应独创性记号。依据受测者对墨迹图反应的独特性程度进行分类记号。主要分为两类，即平凡反应（P）表示多数人共有的反应，以及独创性反应（O）表示个别的、比较特殊的反应，这种独创性反应可能表示受测者具有的创造性联想或病态的思维。

以上介绍了罗夏墨迹测验记分的主要维度，在涉及具体的记分时将更为复杂，每种反应都可进一步地细分并记号。如运动反应可以细分为人的运动反应、动物的运动反应、无生物运动反应，分别记号为 M，FM，m、mF、Fm。

⑤ 测验结果的解释。罗夏墨迹测验的解释较为复杂，需要专业人员进行评分与解释。该测验结果的解释主要分为量的分析和序列分析两个过程。

首先，根据上述记号化的结果，在决定因子的心理图像上标出每个因子的主要或附加记号的次数，将各点相连，得到受测者的整体的人格图像；然后，再结合反应区位、反应内容、反应的独创性以及它们之间的数量关系等，对每个图版及每个反应进行序列分析；最后，综合所有的分析来解释受测者的人格特征。

一般而言，在反应区位记号中，W 分高表示具有高度的综合能力，但如果过高则表明缺乏精细分析的能力；在反应决定因子记号中，C 分高表示性格外向、情绪不稳定，F 分高表示有良好的自我控制能力、情绪活动和谐；在反应内容记号中，A 分较高表示智力低下、适应混乱等；在反应独创性记号中，P 分较低表示与现实联系较弱，等等。

总之，在对各种反应记号进行解释时，要将不同反应记号相互结合起来作综合性的评价，不可单凭某一个分数来判断受测者的人格是否正常。

2. 主题统觉测验

（1）主题统觉测验的简介。

主题统觉测验（Thematic Apperception Test，简称 TAT）是与罗夏墨迹测验齐名的另一种投射测验。由美国哈佛大学的心理学家莫瑞与摩根（C. D. Morgan）于 20 世纪 30 年代编制。该测验的主要任务是让受测者根据所呈现的内容即暧昧的图片自由联想编造故事，再通过分析其编造的故事了解其心理需求、动机、情绪等人格特征。

TAT 编制的理论基础是莫瑞的需要—压力理论，其基本假设是个人在面对一个模糊的图片情境时，所编出来的故事常会与其生活经验密切联系；受测者在编故事时，不仅受知觉到的图片本身形态的影响，而且常常会不自觉地把自己隐藏或压抑在内心的动机、欲望以及矛盾穿插在故事的情节中，借故事中的人物的行为宣泄出来，从而“投射”出个人的心路历程。因此，通过分析受测者编的故事，便可了解其心理需求、动机等人格特征。

TAT 自编制以来经过 3 次修订，并逐渐推广应用于人员招聘与选拔、人格测验等实践领域，但是 TAT 不能作为诊断测验，因为通过它只能了解患有不同精神障碍的受测者在此测验中表现出的一些具体特征，仅能对诊断起参考作用。

由于原版测验图片不适合我国的情况，而且操作复杂，评分缺乏客观性，信度、效度不理想，更无标准化常模，所以难以在我国临床实践中推广。为避免原版测验的缺陷，1993 年，我国有了 TAT 的修订版。TAT 的中国修订版把原来的无结构投射法修改为半结构化的联想—选择法投射，即要求受测者对每个图片的固定数量的描述短语进行选择；为避免文化差异的影响，中国修订版将图片中人物形象或场景全部改绘成相应的中国人的形象或适合中国文化背景的场景。这使测验简单易行，具有一定的信度与效度，并建立了国内部分地区的常模。

（2）主题统觉测验的使用。

① 施测的指导语。TAT 的一般指导语是："这是一个关于想象力的测验，是测验你的智力的一种形式。我将让你看一些图片，请你根据每一张图片的内容编一个故事，告诉我图片中的事情是如何发生的？现在正在发生什么？画中的人物在想什么？以后将会发生什么？请你把所看到的全部说出来。你可以随意讲，故事愈生动、愈戏剧化愈好"。另外，在测验的过程中，施测者要积极营造一个友好的气氛，对受测者的反应应当给予相应的鼓励与赞许。

图 4－19　主题统觉测验的图片之一

② 测验材料。TAT 共有 30 张内容颇为隐晦的黑白图片（如图 4－19 所示）和 1 张空白卡片。图片的内容多为人物，兼有部分景物，每张图片中至少有一个人物。30 张图片及一张空白卡片依据受测者的年龄与性别组合成 4 套材料，分别适用于成年男性、成年女性、男孩和女孩，每套 20 张，分成两个系列，每系列各有 10 张，其中，4 套材料中有一些图片为共用的，有的为各套专用，每张图片后都有相应的编号。

TAT 的这些图片与罗夏墨迹测验用到的墨迹图不同，是关于人物的图片，有一定主题，不是完全无结构的。但 TAT 对受测者的反应不加限制，任其自由联想编造故事，所以 TAT 仍属投射测验。

③ 施测方法。TAT 属于个别测验，每张图片约需 5 分钟，整套测验约需在 90—120 分钟内完成。进行测验时，施测者按顺序逐一出示图片，要求受测者对每一张图片根据自己的想象和体验，讲一个大约 300 字的内容生动、丰富的故事。每套测验的两个系列分两次进行，两个系列之间的测验至少要间隔一天。施测者需详细记录受测者的各种反应，若施测者所编故事中的概念、用语意义不明确，或故事意义不清楚时，应在其讲完故事后立即进行询问。

④ 测验的记分与解释。具体而言，TAT 的评分与解释的依据可以划分为以下几个方面。

A. 主角本身：在各种图片中受测者认为能代表自己的角色。如领袖、犯罪者、演员等。

B. 主角的动机倾向与情感：对主角的行为尤其是异常行为分析时要加以注意，且关注受测者提到的次数是否多，次数多则是强烈的表示。莫瑞举出若干特征，如屈辱、成功、控制、冲突、失意等，均可按照受测者在叙述时的强烈、迟缓、重复性以及重要性进行 5 级评分。

C. 主角的环境力量：有时受测者会杜撰出图片中没有的人或物，用作对主角产生影响的力量，如拒绝、身体伤害、缺陷、失误等，可依据其强度进行 5 级评分。

D. 结果：主角本身的力量和环境力量的对比，经历了多少困难或挫折？结果是成功还是失败？是快乐还是不快乐？

E. 主题：主题实际是前面 4 个方面的综合。如主角的需要和环境力量相互作用的结果是成功还是失败？这是简单的主题；若把这些情况联合成为一串的东西就成为复杂的主题。

F. 兴趣与情操：体现为对主题的选择，图片中角色的表现。例如在图片中的人物中，老年妇女常常被比喻成母亲，老年男子常常被比喻成父亲，有的人物被描述为正面人物，有些人物被描述为反面人物等。

总而言之，TAT 记分分为两个部分：其一，每一种需要变量或情绪变量的记分，依据受测者每一种需要或情绪的强度，在 1—5 之间记分；其二，每一种压力变量的记分，根据受测者每一种压力的强度，在 1—5 之间记分。在每个变量上都得到两个分数，一是总体平均分(AV)，二是分数的分布(R)。评定这些变量的分数全部依据受测者在所编的故事中对主人公的行为动机、情感、兴趣和主人公所处环境的描述，以及整个故事的主题与结果等。最后根据指导手册中对各种需要、情绪及压力变量的相应描述来解释受测者投射在所编的故事中的人格状态与特征。

TAT 的施测方法简单，但对每个故事的评分与解释较为复杂，必须由经验丰富的临床专家来进行记分、解释。为了避免受评分者主观性的影响，最好由两三位专家共同评估，使分析与解释更具有客观性。另外 TAT 的评估很花时间，往往需要 4 至 5 个小时才能评定一份记录。

统觉测验发展得很快，除了 TAT 之外，还有密歇根图片测验(Michigan Picture Test，简称 MPT)，密西西比主题统觉测验，职业统觉测验(The Vocational Apperception Test，简称 VAT)等。

(三) 其他投射测验

1. 语句完成测验

语句完成测验(Sentence Completion Test，简称 SCT)是一种借助言语联想投射出受测者的人格特征的测验，属于完成型的投射测验。该方法起源于德国，最初用于测查儿童的智能，后来美国使用这种方法测查人格。这种方法使用比较简便，易于掌握，既可作个别测验，又可以作团体测验，从而广泛地运用于临床实践。SCT 一般有两种形式，一种是限制选择式：在一个未完成的句子后列出数个短句，由受测者从中选择一个自认为最合适的短句完成句子；另一种是自由完成式：由受测者将未完成的句子自由联想补充为一个完整的句子。一般而言，由于自由完成式对受测者的联想不加任何限制，更能有效地投射其人格特征，所以自由完成式测验使用得较多，较为著名的有塞克斯(J. W. Sacks)编制的塞氏语句完成测验和罗特编制的句子完成测验。

塞氏语句完成测验(Sacks Sentence Completion Test，简称 SSCT)由 60 道未完成的句子

组成,分为家庭、性、人际关系、自我概念4类。如“我觉得我的父亲________”“我认为婚姻生活________”等。罗特的句子完成测验(Rotter Incomplete Sentences Blank,简称RISB)由40道未完成的句子组成,题干十分简单,要求受测者自由联想加以完成。根据受测者对每一项目的反应进行7个等级的记分。在受测者诸多的反应中投射出其感情、态度、观念等。例如“我喜欢________”“我觉得________”“读书________”“我恨________”“大部分女孩________”“我最大的忧虑________”等。

2. 绘画测验

绘画测验属于表露型的投射测验,通过画人或画物来投射出受测者的内心世界。绘画测验的优点在于施测简单方便;由于不受语言文字的限制,还可用于跨文化研究。但是该类测验的解释较为复杂,需要经过专门训练的人员担任。最为常见的绘画测验是画人测验和画树测验。

(1) 画人测验(Draw-A-Person Test)。操作步骤是在安静舒适、照明条件较好的环境中要求受测者用铅笔在一张20厘米×28厘米的白纸上画一个人,当画完之后,再要求受测者画一个与刚才性格相异的人。施测者按照这两张画中的人像的大小、在纸上的位置、线条的粗细轻重、正面或侧面、各部分的比例、缺失程度等进行分析与记分,从而评估受测者的智力与人格。例如,头部的比例相对于正常比例偏大表示智慧或权威。

(2) 画树测验(Draw-A-Tree Test)。画树测验是由瑞士心理学家卡尔柯齐(Charleskoch)设计的。操作步骤是让受测者任意画一棵果树,施测者将画好的果树与卡氏事先确定的20种标准相比较,以解释受测者的人格特征。例如:树有根,表示受测者稳重、不投机、不作轻率之举;树无根或无横线来表示地面,表示受测者缺乏自觉、行动无一定的规律;树冠由同心圆组成,表示受测者富有神秘感、缺乏活动、自满自大、性格内向;树干由两根平行直线构成,表示受测者斤斤计较、实事求是、缺乏想象力、倔强固执;树干短、树冠大,表示受测者有雄心、有要求赞许的倾向等。

除了上述的画人或画树测验外,还有布克(Buck)的房—树—人测验(House-Tree-Person Test)、考夫曼(Kaufman)的家庭活动绘画技术(Kinetic-Family-Drawing Technique,简称KFD)等。

3. 逆境对话测验

该测验是由罗桑兹威格(Rosenzweig)编制的。原名为罗桑兹威格挫折图片研究(Rosenzweig Picture Frustration Study),分成儿童组和成人组两种。该测验主要由一些图片组成,图片中通常有两个人物,其中一个人对另一个人说了几句足以使其生气或陷入困境的逆耳的话,让受测者想象后者的感受,对这些逆耳的话作出反应并写下来。该测验假定受测者将自己受挫时的想法投射到图片中人物的身上,从而依据其回答内容结合指导手册来推测受测者在遭遇挫折时的反应倾向(如图4-20所示)。

图 4-20　逆境对话测验图片举例(儿童组)

第四节　心理咨询中常用心理量表的使用方法

一、心理健康普查中常用心理量表的使用方法

(一) 心理健康临床症状自评量表[①]

1. 心理健康临床症状自评量表的概况

心理健康临床症状自评量表(The Self-report Symptominventory Symptom Check List，90，简称 SCL-90)也称 90 项症状清单，由德罗盖蒂斯(Derogatis)于 1975 年编制。20 世纪 80 年代由上海铁道医学院吴文源引进修订，包含 90 个项目，分五级评定，临床应用证实此量表的评估有比较高的真实性，同时与其他自评量表(SDS、SAS)相比，它具有内容多、反映症状丰富、更能准确刻画病人的自觉症状等优点，能较好地反映病人的病情及其严重程度和变化，是当前学校心理健康普查中应用最多的一种自评量表。

2. 心理健康临床症状自评量表的内容与结构

SCL-90 有 10 个因子，即所有 90 个项目可以分为十大类。每一类反映病人的一方面情况。10 个因子中有 9 个是根据测查内容来命名的，1 个因子没有命名，称为其他。各因子定义及所含项目为：

(1) 躯体化(Somatization)：包括 1、4、12、27、40、42、48、49、52、53、56、58，共 12 项。该因子主要反映主观的身体不适感，包括心血管、胃肠道、呼吸道系统主述不适和头疼、脊疼、肌肉酸痛，以及焦虑的其他表现。

(2) 强迫症状(Obsessive-compulsive)：包括 3、9、10、28、38、45、46、51、55、65，共 10 项。它与临床上强迫表现的症状定义基本相同。主要指那种明知没有必要，但无法摆脱的无意

① 见本章附录 1，第 165 页。

义的思想、冲动、行为等表现，还有一种比较一般的感知障碍（如“脑子空了”“记忆力不行”等）也在这一因子中反映。

（3）人际关系敏感（Interpersonal Sensitivity）：包括6、21、34、36、37、41、61、69、73，共9项。它主要指某些个人不自在感与自卑感，尤其是在与其他人相比较时更为突出。自卑感、懊丧以及人事关系明显不好的人，往往会出现这一因子得高分的现象。

（4）抑郁（Depression）：包括5、14、15、20、22、26、29、30、31、32、54、71、79，共13项。它反映的是与临床上抑郁症状群相联系的广泛的概念。抑郁苦闷的感情和心境是代表性症状，它还以对生活的兴趣减退、缺乏活动愿望、丧失活动能力等为特征，并包括失望、悲叹、与抑郁相联系的其他感知及躯体方面的问题。该因子中有几个项目包括了死亡、自杀等概念。

（5）焦虑（Anxiety）：包括2、17、23、33、39、57、72、78、80、86，共10项。它包括一些通常与临床上明显和焦虑症状相联系的症状和体验。一般指那些无法静息、神经过敏、紧张以及由此产生的躯体征象（如震颤）。那种游离不定的焦虑及惊恐发作是本因子的主要内容，它包括有一个反映“解体”的项目。

（6）敌对（Hostility）：包括11、24、63、67、74、81，共6项。这里主要从三方面来反映病人的敌对表现、思想、感情及行为。其项目包括从厌烦、争论、摔物直至争斗和不可抑制的冲动爆发等各个方面。

（7）恐怖（Phobia Anxiety）：包括13、25、47、50、70、75、82，共7项。它与传统的恐怖状态或广场恐怖所反映的内容基本一致，恐怖的对象包括出门旅游、空旷场地、人群或公共场所及交通工具。此外，还有反映社交恐惧的项目。

（8）偏执（Paranoid Ideation）：包括8、18、43、68、76、83，共6项。偏执是一个十分复杂的概念，本因子只包括它的一些基本内容，主要是指思维方面，如投射性思维、敌对、猜疑、关系妄想、妄想被动体验和夸大等。

（9）精神病性（Psychoticism）：包括7、16、35、62、77、84、85、87、88、90，共10项。其中有幻听、思维播散、被控制感、思维被插入等反映精神分裂症状的项目。

（10）其他：包括19、44、59、60、64、66、89，共7项，是反映睡眠及饮食情况的。

3. 心理健康临床症状自评量表的记分与解释

SCL－90每一项目均采用5级评分制（1—5），且没有反向评分项目。

具体说明如下：

1——无：无该项症状问题。

2——轻度：自觉有该项症状，但发生并不频繁、不严重。

3——中度：自觉有该项症状，其严重程度为轻度到中度。

4——相当严重：自觉有该项症状，其严重程度为中度到重度。

5——重度：自觉有该项症状，频度和程度都十分严重。

SCL－90可以计算总分、总均分、阳性症状均分与因子分。

（1）总分：将90个项目的各单项得分相加，得到总分。某人90个症状项的总分减去90分为他的实际总分。

（2）总均分＝总分/90，表示总体看来，该病人的自我感觉介于1—5的哪一个范围内。

（3）阳性症状均分＝（总分－阴性项目数）/阳性项目数，表示"有症状"项目中平均得分，可以看出该病人自我感觉不佳的程度究竟在哪个范围内。其中阴性项目数，表示病人"无症状"的项目有多少。

（4）因子分＝组成某一个因子的各项目总分/组成某一因子的项目数。

当我们通过计算得到了各因子分以后，可以通过轮廓图分析方法来进一步研究病人的自评特征性结果。图4－21中横轴代表10个因子，纵轴代表因子分。例如，某位测试者的SCL－90的得分如表4－3所示。

表4－3　个体SCL－90测评结果示例

	1	2	3	4	5	6	7	8	9	10
因子名称	躯体化	强迫症状	人际关系敏感	抑郁	焦虑	敌对	恐怖	偏执	精神病性	其他
因子数	12	10	9	13	10	6	7	6	10	7
因子项目总分	28	38	27	34	42	8	26	16	17	14
因子分	2.33	3.80	3.00	2.62	4.20	1.33	3.71	2.67	1.70	2.00
总分	250－90＝160									
总均分	160÷90＝1.78									
阳性分	(250－23)÷67＝3.39									

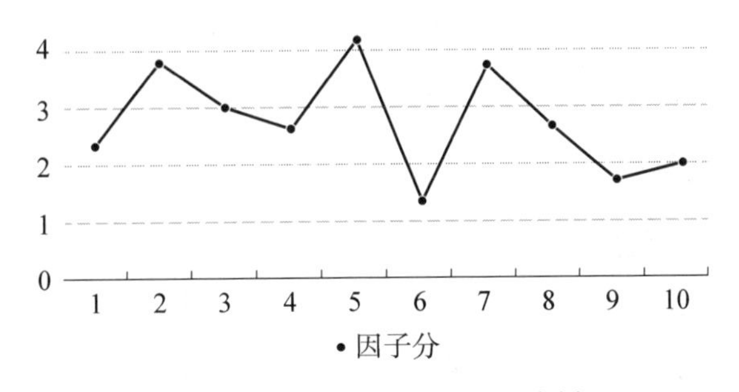

图4－21　个体SCL－90因子得分剖面图

SCL－90上述计算分数都可对照常模进行解释。

（二）中学生心理健康状况普查量表

1. 中学生心理健康状况普查量表简介

中学生心理健康状况普查量表是由中国科学院心理研究所王极盛教授主持编制的。该量表分为学习焦虑、对人焦虑、孤独倾向、自责倾向、过敏倾向、身体症状、恐怖倾向、冲动倾向和虚假倾向 9 个维度,共计 100 道题。每题有两个选项:是或否。

2. 中学生心理健康状况普查量表的记分和解释

选"是"答案,记 1 分;选"否"答案,记 0 分。然后计算各维度的得分。

(1) 学习焦虑(1—15 题):大于或等于 8 分,说明该生对考试怀有恐惧心理,不能安心学习,十分关心考试分数;小于或等于 3 分,说明该生学习焦虑低,学习不会受到困扰,能正确对待考试成绩。

(2) 对人焦虑(16—25 题):大于或等于 8 分,说明该生过分注重自己的形象,害怕与人交往,遇事退缩,嫉妒心强;小于或等于 3 分,说明该生热情、大方,容易结交朋友。

(3) 孤独倾向(26—35 题):大于或等于 8 分,说明该生孤独、抑郁、任性,自我封闭,不善于交往;小于或等于 3 分,说明该生爱好社交,喜欢寻找刺激,喜欢与他人在一起。

(4) 自责倾向(36—45 题):大于或等于 8 分,说明该生自卑,怀疑自己的能力;小于或等于 3 分,说明该生自信,能正确看待失败。

(5) 过敏倾向(46—55 题):大于或等于 8 分,说明该生容易为一些小事而烦恼,遇事时过于敏感;小于或等于 3 分,说明该生敏感性较低,能较好地处理日常事务。

(6) 身体症状(56—70 题):大于或等于 8 分,说明该生在极度焦虑的时候会出现呕吐、失眠等症状;小于或等于 3 分,说明该生基本没有身体异常表现。

(7) 恐怖倾向(71—80 题):大于或等于 8 分,说明该生对日常事务,如考试、陌生人、黑暗等,有较严重的恐惧感;小于或等于 3 分,说明该生基本没有恐怖感。

(8) 冲动倾向(第 81—90 题):大于或等于 8 分,说明该生十分冲动,自控力差,情绪波动大;小于或等于 3 分,基本没有冲动。

(9) 虚假倾向(91—100 题):大于或等于 6 分,说明该生不诚实,虚伪,弄虚作假。

说明:若全部指标在 70 分以上,可认为该生存在一定的心理障碍,这类学生在日常生活中有不适应行为,有的可能表现为攻击和暴力行为等。

(三) 大学生人格问卷

1. 大学生人格问卷简介

大学生人格问卷(University Personality Inventory,简称 UPI)是一种为早期发现存在心理问题的大学生而编制的健康调查问卷,该问卷 1966 年由日本大学的心理咨询专家和精神科医生集体编制而成。1991 年由日本学生相谈会会长松原达哉和我国清华大学樊富珉翻译并介绍到我国。1993 年,由樊富珉、王建中主持修订。目前已广泛应用于大学生入学心理健康调查。

UPI 中文修订版由三部分构成,第一部分是被试的基本情况,包括姓名、性别、家庭情况、入学动机等。第二部分是问卷的核心部分,由 60 道题目构成,包括 4 道测谎题(第 5、20、35、50 题),其余 56 题反映学生的心理健康状况,其中第 8、16、25、26 题是关键题。第三部分是 4 道辅助题，了解被试对自己身心健康评价与主要困扰的心理问题。

日本上智大学根据 UPI 测量结果，将大学生的心理症状倾向分为三种：精神分裂症倾向、抑郁症倾向和神经症倾向。国内有人将 UPI 分为 6 个因子：偏执、强迫、抑郁、情绪波动、交往障碍和身体状况。

2. 大学生人格问卷的记分与解释

测验只有第二部分 60 题记分。每题有两种选项：是或否，凡选“是”的题记 1 分，选“否”记 0 分。先计算说谎题的得分，如大于等于 2 分，则说明测验无效。如测谎题得分小于 2 分，说明测验有效，再计算其余 56 题的总分。

UPI 测验结果的解释如下：

第一类筛选标准：凡总分在 25 分以上者，或第 25 题作肯定选择者，或辅助题中至少有两题作肯定选择者，或明确提出咨询要求的属于有心理问题者。以上四种情况只要符合其中一种，即符合第一种类筛选标准，应在测试完成后马上对其进行面谈，进一步了解情况，及时做心理咨询或相应的处理。

第二类筛选标准：凡总分在 20—24 分之间，或第 8、16、26 题中有一题作肯定选择者，或辅助题中有一题作肯定选择者，属于有心理问题者。以上三种状况只要符合一种即符合第二类筛选标准。凡符合第二类筛选标准者，应在对符合第一类筛选标准的学生进行处理后，马上对其进行面谈等处理。

（四）中国大学生心理健康量表

中国大学生心理健康量表由郑日昌教授领衔的教育部大学生心理健康测评系统课题组编制。该量表在文献研究、咨询案例分析、专家访谈和讨论、开放式问卷调查的基础上，采用实证法编制而成。该量表制定了全国大学生常模，并对其信度和效度进行了检验。结果表明：该量表具有良好的信度与效度，可以用于我国大学生心理健康水平的检测。

该量表设定了测量大学生心理健康的 12 个维度，共计 100 题，其中有 4 道测谎题。12 个维度分别为：躯体化、焦虑、抑郁、自卑、偏执、强迫、退缩、攻击、性心理、依赖、冲动、精神病倾向。

二、个案评估中常用的心理量表

（一）抑郁自评量表①

1. 抑郁自评量表的概况

抑郁自评量表（Self-Rating Depression Scale，简称 SDS）由华裔精神病学家张威廉（W. K. Zung）于 1965 年编制，用于衡量抑郁状态的轻重程度及其在治疗中的变化。该量表共有 20 道题目，反映抑郁状态的四组特异性症状：（1）精神性—情感症状，包含抑郁心境和哭泣 2

---

① 见本章附录 2，第 170 页。

道题目;(2)躯体性障碍,包含情绪的日间差异、睡眠障碍、食欲减退、性欲减退、体重减轻、便秘、心动过速、易疲劳等,共 8 道题;(3)精神运动性障碍,包括精神运动性迟滞和激越 2 道题;(4)抑郁的心理障碍,包含思维混乱、无望感、易激惹、犹豫不决、自我贬值、空虚感、反复思考自杀和不满足等,共 8 道题。

抑郁自评量表具有较高的信度,分半信度为 0.73(1973 年)和 0.92(1986 年)。抑郁自评量表也有较理想的效度,它与贝克抑郁问卷、汉密尔顿抑郁量表、明尼苏达多相人格调查表中的 D 分量表之间具有高度和中度相关,临床应用也证明其有较好的效度。

抑郁自评量表的题量少,操作方便,容易掌握,能有效地反映抑郁状态的有关症状及其变化,特别适用于在学校心理咨询中发现有抑郁倾向的学生。

2. 抑郁自评量表的记分与解释

抑郁自评量表的 20 道题目中有 10 题为正题,10 题为反题。正题记分标准为 1、2、3、4,即选"从无或偶尔"记 1 分,选"有时"记 2 分,选"经常"记 3 分,选"总是如此"记 4 分。反题评分标准则相反,为 4、3、2、1。当每题评分后再计算测验总分。测验总分还只是粗分,需转换成标准分后才能进行解释。抑郁自评量表的标准分从 20 分到 100 分,根据 1340 名中国成人样本所得的常模为 41.88±10.57,因而分界值可定为 53 分,如超过 53 分,则可被认为有抑郁症状,且超过越多,抑郁症状越严重。

(二) 焦虑自评量表[①]

1. 焦虑自评量表的概况

焦虑是对外部事件或内在想法与感受的一种不愉快的体验,它涉及轻重不等的一系列情绪,最轻的是不安与担心,其次是心里害怕和惊慌,最严重的是极端恐怖。

焦虑自评量表(Self-Rating Anxiety Scale,简称 SAS)由张威廉于 1971 年编制,适用于具有焦虑症状的成年人。该量表从量表结构到具体评定方法都与抑郁自评量表类似,它也含有 20 道题目,采用 4 级记分。

焦虑自评量表是一种分析被试主观焦虑症状的相当简便的临床工具,临床使用表明,焦虑自评量表具有较好的效度,能较准确地反映有焦虑倾向的被试的主观感受,现已广泛用于咨询门诊中。

2. 焦虑自评量表的记分与解释

焦虑自评量表共 20 题,其中正题 15 题,反题 5 题,分别是第 5、9、13、17、19 题。正题记分方法为:选"没有或很少时间"记 1 分;选"少部分时间"记 2 分;选"相当多时间"记 3 分;选"绝大部分或全部时间"记 4 分。反题反向记分,即选"没有或很少时间"记 4 分;选"少部分时间"记 3 分;选"相当多时间"记 2 分;选"绝大部分或全部时间"记 1 分。在每题记分后,再计算 20 题的总分。

---

① 见本章附录 3,第 172 页。

测验总分为粗分，乘以1.25以后取整数就是标准分，或用粗分直接查粗分标准分换算表（与SDS为同一换算表）得到标准分。中国量表协作组对1158名正常人的研究结果表明，粗分的常模为：29.78±10.07。即标准分高于50分则可被判定为有焦虑症状，分数越高，焦虑症状越严重。

（三）考试焦虑自评量表①

1. 考试焦虑自评量表简介

考试焦虑自评量表是对学生考试焦虑进行评估的工具。该量表共33题，每题后有4个选项："很符合、比较符合、较不符合、很不符合"，被试可根据自己的情况进行选择。该量表简单易行，适合学校咨询人员对学生的考试焦虑进行评估。

2. 考试焦虑自评量表的记分与解释

（1）记分方法。每题的评分标准为：很符合记3分，比较符合记2分，较不符合记1分，很不符合记0分。然后计算33题的总分。

（2）测验结果的解释。测验结果根据总分进行解释，各分数段的解释如下：

0—24分：镇定。总是以较为轻松的方式对待考试，只有在特别重要的考试前才会有些激动。但是如果得分少于10分，则说明对考试不在乎，学习动机较低。

25—49分：适度焦虑。面对考试时有些激动，有时会有点紧张和不安。这时脑细胞被充分调动起来了，这种程度的焦虑有助于考试的超常发挥。只是不要让焦虑持续太久。

50—74分：中度焦虑。面对考试比较紧张，这种焦虑如不及时调整，会导致无法静心复习，考试时还会影响发挥。

75—99分：过度焦虑。可能有"考试焦虑症"。一到考试就会莫名其妙地恐惧，甚至会有生理反应，如头痛、失眠等。如果无法降低自己的焦虑度，建议找心理教师进行辅导。

（四）阿肯巴克儿童行为量表

1. 儿童行为量表简介

阿肯巴克儿童行为量表（Child Behavior Checklist，简称CBCL），又称阿肯巴克儿童行为清单，由阿肯巴克（Achenbach）在20世纪70年代编制，80年代初出版了使用手册。CBCL是根据转诊问题儿童和健康儿童之间的鉴别点为基础编制而成的。由于其容易操作，评分简单，在短时间内可以收集到许多有用的信息，因而广泛用于儿童、少年的临床和研究领域，主要用来识别和评价行为和情绪问题高危儿童，但其并不能给出心理障碍的诊断。根据评估对象及评估人的不同，目前存在四个版本。

1980年，我国引进适用于4—16岁的家长用表，在上海及其他城市做了较广泛的应用，并总结出了我国常模的初步数据，在国内应用较广。该量表主要用于儿童社交能力和行为问题的筛查，同时对治疗计划的制定、临床干预研究和在医疗或司法情景中儿童的评估方面

---

① 见本章附录4，第173页。

也具有应用价值。

CBCL 的内容可分为一般项目、社会能力和行为问题 3 个部分:

一般项目:如姓名、性别、年龄、种族、年级、父母职业和填表人等。

社会能力:包括参加体育运动、课余爱好、参加团体、课余职业或劳动、交友情况、与家人及其他小孩相处和在校学习情况,共 7 大项。

行为问题:包括 113 条,其中第 56 条包括 8 小项,第 113 条为"其他"。填表时按最近半年(6 个月)内的表现记分。

2. 阿肯巴克儿童行为量表的实施、记分与解释方法

(1) 适用范围。CBCL 主要用于筛查儿童的社会能力和行为问题,适用于 4—16 岁的儿童。主要用来识别和评价行为和情绪问题高危儿童,但并不能给出心理障碍的诊断。

(2) 评定方法。针对 4—16 岁儿童的家长用 CBCL,可以由熟悉儿童的父母或照料者进行填写。一般通过对儿童的观察和了解,填写其最近半年来的情况。在填写 CBCL 前,要对父母或照料者讲清楚填写方法,并进行必要的指导,以保证量表填写的准确性和可靠性。

(3) 测验的记分及解释。在 CBCL 中,第一部分是不记分的,但在分析时要注意父母的职业,这往往与家庭的经济状况有关。第二部分的社会能力归纳成 3 个因子,即活动情况(包括Ⅰ、Ⅱ、Ⅳ条),社交情况(包括Ⅲ、Ⅴ、Ⅵ条)及学习情况(Ⅶ条),得分越高表明社会能力越强。第三部分每一条行为问题都有一个分数(0、1 或 2),称为粗分,把 113 条的粗分加起来,称为总粗分,分数越高,行为问题越大,越低则行为问题越小。国外根据大样本的统计分析,算出正常上限分界值如表 4-4 所示。

表 4-4　CBCL 正常上限分界值

年龄	男孩	女孩	年龄	男孩	女孩
4—5 岁	42	42—45	12—16 岁	38	37
6—11 岁	40—42	37—41			

超过分界值的儿童或少年,应接着做进一步检查。

(五) UCLA 孤独量表

1. UCLA 孤独量表简介

UCLA 孤独量表(UCLA Loneliness Scale)①最初由鲁塞尔(Russell)等人于 1978 年编制,共 20 道题。这些题是从西辛伟恩(Sisenwein)的博士论文所提出的 75 道题中选出来的。这些题许多来自心理学家对孤独体验的描述,有的来自艾迪(Eddy)的量表,20 题都是正题。1980 年作者将量表进行了修订,称为第二版。第二版还是 20 题,分为 10 道正题和 10 道反题。为解决有些被试文化程度较低,不能理解第二版的题目的问题,作者又设计了第三版,

① 见本章附录 5,第 175 页。

可用于各类成人。第三版也是20题，但正题有11题，反题有9题。

UCLA孤独量表有较高的信度，第二版和第三版的α系数都高达0.94，重测信度为0.73（相隔两个月）。该量表也有较好的聚合效度和区分效度。

2. UCLA孤独量表的记分与解释

UCLA孤独量表采用4级记分，正题选“从不”记1分；选“很少”记2分；选“有时”记3分；选“一直”记4分。反题则反向记分。

第二版用237名大学生（男102人，女128人）建立常模，得男性常模：37.1±10.9；女性常模：36.1±10.1。第三版常模如下：大学生（487人）：40.1±9.5；护士（305人）：40.1±9.5；老年人（284人）：31.5±6.9。

（六）青少年生活事件量表

1. 青少年生活事件量表（ASLEC）[①]简介

自20世纪30年代斯蒂尔（H. Style）提出应激的概念以来，生活事件作为一种心理社会应激源对身心健康的影响引起了广泛的关注。1967年，霍姆（Holme）和拉希（Rahe）编制了第一份包含43个项目的社会再适应量表（SRRS），开辟了生活事件量化研究的途径。由于不同民族、文化背景、年龄、性别及职业群体中生活事件发生的频度及认知评价方式存在差异，故针对特殊群体的生活事件量表也相继问世。20世纪80年代，杨德森和张明园教授等结合我国国情先后编制了两份生活事件量表，两份量表各有特色，已被多项研究引用。刘贤巨等在综合国内外文献的基础上，结合青少年的生理心理特点和其所扮演的家庭社会角色，于1987年编制了青少年自评生活事件量表（Adolescent Self-Rating Life Events Check-List，简称ASLEC），该量表适用于青少年尤其是中学生和大学生生活事件发生频度和应激强度的评定。

经过对1473名中学生的测试，证明了该量表有较好的信度和效度，现已用于多项研究。刘贤巨等对1365名中学生进行测试（初中生816名，高中生549名），平均年龄为14.6±3.4岁，男女生分别是822名和543名，并在1周后对其中的108名学生进行了再测验。通过内部一致性系数分析，各事件评分和总分间的相关系数从0.24到0.57，平均为0.45；克朗巴哈（Cronbach α）系数为0.85；用奇偶分半的方法，将27个事件分成两部分，斯皮尔曼-布朗（Spearman-Brown）校正分半信度系数为0.88。两次测试各事件和ASLEC总分经T检验均无显著差异，各事件平均相关系数为0.50，总分两次测验间的相关系数（重测信度）为0.69。

主成分因子分析显示ASLEC可用6个因子来概括：

Ⅰ 人际关系因子：包括条目1、2、4、15、25。

Ⅱ 学习压力因子：包括条目3、9、16、18、22。

Ⅲ 受惩罚因子：包括条目17、18、19、20、21、23、24。

---

① 见本章附录6，第176页。

Ⅳ 丧失因子：包括条目12、13、14。

Ⅴ 健康适应因子：包括条目6、7、23、24。

Ⅵ 其他：包括条目6、7、23、24。

6个因子可解释全量表44%的变异。

ASLEC总分与应对方式问卷中消极应对分（r＝0.31）和心理控制源量表（CNSIE）中外控分（r＝0.22）呈显著正相关关系。此外ASLEC总分对焦虑自评量表（SAS）评分（B＝0.29）和抑郁自评量表（SDS）评分（B＝0.20）有显著的预测作用。

该量表有以下特点：

（1）简单易行，可以自评也可以访谈评定；（2）评定期限依研究目的而定，可以是3、6、9或12个月；（3）应激量根据事件发生后的心理感受进行评定，考虑了应对方式的个体差异；（4）ASLEC仅包含青少年时期常见的负性生活事件；（5）ASLEC有较好的信、效度；（6）统计指标包括发生频度和应激量两部分。

该量表可用于学校心理咨询中对学生心理应激程度的评估。

2. 青少年生活事件量表的记分与解释

ASLEC为自评问卷，由27项可能给青少年带来心理反应的负性生活事件构成。评定期限依研究目的而定，可为最近3个月、6个月、9个月或12个月。对每个事件的回答方式应先确定该事件在限定时间内发生与否，若未发生过仅在未发生栏内画“√”，若发生过则根据事件发生时的心理感受分5级评定，即无影响“1”、轻度“2”、中度“3”、重度“4”或极重度“5”。完成该量表约需要5分钟。

统计指标包括事件发生的频度和应激量两部分，事件未发生按无影响统计，累计各事件评分为总应激量。若进一步分析可分为6个因子进行统计。

附录1 SCL－90的题目与常模表

SCL－90

姓名　　性别　　年龄　　文化程度　　血型

职业　　工作年限　　填写日期

注意：以下表格中列出了有些人可能会有的问题，请仔细地阅读每一条，然后根据最近一个星期内下述情况影响您的实际感觉，在5个方格中选一格，画一个"√"。

	没有	很轻	中等	偏重	严重	工作人员评定	
	1	2	3	4	5		
1. 头痛	□	□	□	□	□	1	□
2. 神经过敏，心中不踏实	□	□	□	□	□	2	□
3. 头脑中有不必要的想法或字句盘旋	□	□	□	□	□	3	□
4. 头昏或昏倒	□	□	□	□	□	4	□
5. 对异性的兴趣减退	□	□	□	□	□	5	□
6. 对旁人责备求全	□	□	□	□	□	6	□
7. 感到别人能控制您的思想	□	□	□	□	□	7	□
8. 责怪别人制造麻烦	□	□	□	□	□	8	□
9. 忘记性大	□	□	□	□	□	9	□
10. 担心自己的衣饰整齐及仪态的端正	□	□	□	□	□	10	□
11. 容易烦恼和激动	□	□	□	□	□	11	□
12. 胸痛	□	□	□	□	□	12	□
13. 害怕空旷的场所或街道	□	□	□	□	□	13	□
14. 感到自己的精力下降，活动减慢	□	□	□	□	□	14	□
15. 想结束自己的生命	□	□	□	□	□	15	□
16. 听到旁人听不到的声音	□	□	□	□	□	16	□
17. 发抖	□	□	□	□	□	17	□
18. 感到大多数人都不可信任	□	□	□	□	□	18	□
19. 胃口不好	□	□	□	□	□	19	□
20. 容易哭泣	□	□	□	□	□	20	□
21. 同异性相处时感到害羞、不自在	□	□	□	□	□	21	□
22. 感到受骗、中了圈套或有人想抓住您	□	□	□	□	□	22	□
23. 无缘无故地突然感到害怕	□	□	□	□	□	23	□

续表

	没有	很轻	中等	偏重	严重	工作人员评定	
	1	2	3	4	5		
24. 自己不能控制地大发脾气	□	□	□	□	□	24	□
25. 怕单独出门	□	□	□	□	□	25	□
26. 经常责怪自己	□	□	□	□	□	26	□
27. 腰痛	□	□	□	□	□	27	□
28. 感到难以完成任务	□	□	□	□	□	28	□
29. 感到孤独	□	□	□	□	□	29	□
30. 感到苦闷	□	□	□	□	□	30	□
31. 过分担忧	□	□	□	□	□	31	□
32. 对事物不感兴趣	□	□	□	□	□	32	□
33. 感到害怕	□	□	□	□	□	33	□
34. 您的感情容易受到伤害	□	□	□	□	□	34	□
35. 旁人能知道您的私下想法	□	□	□	□	□	35	□
36. 感到别人不理解您、不同情您	□	□	□	□	□	36	□
37. 感到人们对您不友好、不喜欢您	□	□	□	□	□	37	□
38. 做事必须做得很慢以保证做得准确	□	□	□	□	□	38	□
39. 心跳得很厉害	□	□	□	□	□	39	□
40. 恶心或胃很不舒服	□	□	□	□	□	40	□
41. 感到比不上他人	□	□	□	□	□	41	□
42. 肌肉酸痛	□	□	□	□	□	42	□
43. 感到有人在监视您、在谈论您	□	□	□	□	□	43	□
44. 难以入睡	□	□	□	□	□	44	□
45. 做事必须反复检查	□	□	□	□	□	45	□
46. 难以作出决定	□	□	□	□	□	46	□
47. 怕乘电车、公共汽车、地铁或火车	□	□	□	□	□	47	□
48. 呼吸有困难	□	□	□	□	□	48	□
49. 一阵阵发冷或发热	□	□	□	□	□	49	□
50. 因为感到害怕而避开某些东西、场合或活动	□	□	□	□	□	50	□
51. 脑子变空了	□	□	□	□	□	51	□
52. 身体发麻或刺痛	□	□	□	□	□	52	□

续表

	没有	很轻	中等	偏重	严重	工作人员评定	
	1	2	3	4	5		
53. 喉咙有哽塞感	□	□	□	□	□	53	□
54. 感到前途没有希望	□	□	□	□	□	54	□
55. 不能集中注意	□	□	□	□	□	55	□
56. 感到身体某一部分软弱无力	□	□	□	□	□	56	□
57. 感到紧张或容易紧张	□	□	□	□	□	57	□
58. 感到手或脚发重	□	□	□	□	□	58	□
59. 想到死亡的事	□	□	□	□	□	59	□
60. 吃得太多	□	□	□	□	□	60	□
61. 当别人看着您或谈论您时感到不自在	□	□	□	□	□	61	□
62. 有一些不属于您自己的想法	□	□	□	□	□	62	□
63. 有想打人或伤害人的冲动	□	□	□	□	□	63	□
64. 醒得太早	□	□	□	□	□	64	□
65. 必须反复洗手，点数目或触摸某些东西	□	□	□	□	□	65	□
66. 睡得不稳不深	□	□	□	□	□	66	□
67. 有想摔坏或破坏东西的冲动	□	□	□	□	□	67	□
68. 有一些别人没有的想法或念头	□	□	□	□	□	68	□
69. 感到对别人神经过敏	□	□	□	□	□	69	□
70. 在商店或电影院等人多的地方感到不自在	□	□	□	□	□	70	□
71. 感到任何事情都很难做	□	□	□	□	□	71	□
72. 一阵阵恐惧或惊恐	□	□	□	□	□	72	□
73. 感到在公共场合吃东西很不舒服	□	□	□	□	□	73	□
74. 经常与人争论	□	□	□	□	□	74	□
75. 单独一人时神经很紧张	□	□	□	□	□	75	□
76. 别人对您的成绩没有作出恰当的评价	□	□	□	□	□	76	□
77. 即使和别人在一起也感到孤单	□	□	□	□	□	77	□
78. 感到坐立不安、心神不定	□	□	□	□	□	78	□
79. 感到自己没有什么价值	□	□	□	□	□	79	□

续表

	没有	很轻	中等	偏重	严重	工作人员评定	
	1	2	3	4	5		
80. 感到熟悉的东西变成陌生或不像是真的	□	□	□	□	□	80	□
81. 大叫或摔东西	□	□	□	□	□	81	□
82. 害怕在公共场合昏倒	□	□	□	□	□	82	□
83. 感到别人想占您的便宜	□	□	□	□	□	83	□
84. 为一些有关“性”的想法而很苦恼	□	□	□	□	□	84	□
85. 认为应该因为自己的过错而受到惩罚	□	□	□	□	□	85	□
86. 感到要赶快把事情做完	□	□	□	□	□	86	□
87. 感到自己的身体有严重问题	□	□	□	□	□	87	□
88. 从未感到和其他人很亲近	□	□	□	□	□	88	□
89. 感到自己有罪	□	□	□	□	□	89	□
90. 感到自己的脑子有毛病	□	□	□	□	□	90	□

SCL－90 的中国成人常模

均分±标准差

(1) 总分常模:129.96±38.76。

$\overline{X}+2S$ 以上　207.48 以上,高分,心理问题严重;

$\overline{X}+S$—$\overline{X}+2S$　168.72—207.47,较高分,有一些心理问题;

$\overline{X}-S$—$\overline{X}+S$　91.2—168.71,中等分,基本没有心理问题;

$\overline{X}-S$　91.2 以下低分,无心理问题。

(2) 总均分常模:1.44±0.43。

2.3 以上,高分,心理问题严重;

1.87—2.29,较高分,有一些心理问题;

1.01—1.86,中等分,基本没有心理问题;

1.01 以下,低分,无心理问题。

(3) 阳性症状均分:2.60±0.59。

3.78 以上,高分,心理问题严重;

3.19—3.77,较高分,有一些心理问题;

2.06—3.18,中等分,基本没有心理问题;

2.06 以下,低分,无心理问题。

(4) 因子分常模。

躯体化:1.37±0.48

强迫症状:1.62±0.58

人际关系敏感:1.65±0.51

抑郁:1.50±0.59

焦虑:1.39±0.43

敌对:1.48±0.56

恐怖:1.23±0.41

偏执:1.43±0.57

精神病性:1.29±0.42

附录 2 抑郁自评量表(SDS)

抑郁自评量表(SDS)

	偶尔	有时	经常	持续
1. 我感到情绪沮丧,郁闷	1	2	3	4
*2. 我感到早晨心情最好	4	3	2	1
3. 我要哭或想哭	1	2	3	4
4. 我夜间睡眠不好	1	2	3	4
*5. 我吃饭像平时一样多	4	3	2	1
*6. 我的性功能正常	4	3	2	1
7. 我感到体重减轻	1	2	3	4
8. 我为便秘烦恼	1	2	3	4
9. 我的心跳比平时快	1	2	3	4
10. 我无故感到疲劳	1	2	3	4
*11. 我的头脑像平时一样清楚	4	3	2	1
*12. 我做事情像平时一样不感到困难	4	3	2	1
13. 我坐卧不安,难以保持平静	1	2	3	4
*14. 我对未来感到有希望	4	3	2	1
15. 我比平时更容易激怒	1	2	3	4
*16. 我觉得决定什么事很容易	4	3	2	1
*17. 我感到自己是有用的和不可缺少的人	4	3	2	1
*18. 我的生活很有意义	4	3	2	1
19. 假若我死了别人会过得更好	1	2	3	4
*20. 我仍旧喜爱自己平时喜爱的东西	4	3	2	1

注:前注 * 者为反序记分。

粗分标准分换算表

粗分	标准分	粗分	标准分	粗分	标准分
20	25	40	50	60	75
21	26	41	51	61	76
22	28	42	53	62	78
23	29	43	54	63	79
24	30	44	55	64	80
25	31	45	56	65	81
26	33	46	58	66	83
27	34	47	59	67	84
28	35	48	60	68	85
29	36	49	61	69	86
30	38	50	63	70	88
31	39	51	64	71	89
32	40	52	65	72	90
33	41	53	66	73	91
34	43	54	68	74	92
35	44	55	69	75	94
36	45	56	70	76	95
37	46	57	71	77	96
38	48	58	73	78	98
39	49	59	74	79	99
				80	100

附录 3　焦虑自评量表(SAS)

姓名　　　　　　　性别　　　　　　　年龄

填表注意事项:下面有二十条文字,请仔细阅读每一条,把意思弄明白,然后根据您最近一个星期的实际感觉,在适当的方格里打一个“√”,每一条文字后面有四个方格,表示:A 没有或很少时间;B 少部分时间;C 相当多时间;D 绝大部分或全部时间。E 由工作人员评定。

	A	B	C	D		E
1. 我觉得比平常容易紧张或着急	□	□	□	□	1	□
2. 我无缘无故地感到害怕	□	□	□	□	2	□
3. 我容易心里烦乱或觉得惊恐	□	□	□	□	3	□
4. 我觉得我可能将要发疯	□	□	□	□	4	□
5. * 我觉得一切都很好,也不会发生什么不幸	□	□	□	□	5	□
6. 我手脚发抖打颤	□	□	□	□	6	□
7. 我因为头痛、颈痛和背痛而苦恼	□	□	□	□	7	□
8. 我感觉容易衰弱和疲乏	□	□	□	□	8	□
9. * 我觉得心平气和,并且容易安静坐着	□	□	□	□	9	□
10. 我觉得心跳得很快	□	□	□	□	10	□
11. 我因为一阵阵头晕而苦恼	□	□	□	□	11	□
12. 我有晕倒发作,或觉得要晕倒似的	□	□	□	□	12	□
13. * 我吸气呼气都感到很容易	□	□	□	□	13	□
14. 我的手脚麻木和刺痛	□	□	□	□	14	□
15. 我因为胃痛和消化不良而苦恼	□	□	□	□	15	□
16. 我常常要小便	□	□	□	□	16	□
17. * 我的手脚常常是干燥温暖的	□	□	□	□	17	□
18. 我脸红发热	□	□	□	□	18	□
19. * 我容易入睡并且一夜睡得很好	□	□	□	□	19	□
20. 我做噩梦	□	□	□	□	20	□

注:加“*”号题为反序记分题。

附录 4　考试焦虑自评量表

临近考试了，许多同学感觉紧张，但不知道自己是否患有考试焦虑，也不知自己焦虑的程度如何，是否严重到了影响自己考试成绩和神经功能的地步。请你做一下下面这个测试。本测试共有 33 道题，每道题有四个备选答案，请根据自己近两个星期的实际情况，给每道题目选出相应的答案，每题只能选一个答案。

学校　　　　　　年级　　　　　　测试者　　　　　　时间

序号	问　题	很符合	比较符合	较不符合	很不符合
1	在重要的考试前几天，我就坐立不安了。	1	2	3	4
2	临近考试时，我就泻肚子了。	1	2	3	4
3	一想到考试即将来临，身体就会发僵。	1	2	3	4
4	在考试前，我总感到苦恼。	1	2	3	4
5	在考试前，我感到烦躁，脾气变坏。	1	2	3	4
6	在紧张的温课期间，我常会想到："这次考试要是得到个坏分数怎么办?"	1	2	3	4
7	越临近考试，我的注意力越难集中。	1	2	3	4
8	一想到马上就要考试了，参加任何文娱活动都感到没劲。	1	2	3	4
9	在考试前，我总预感到这次考试将要考坏。	1	2	3	4
10	在考试前，我常做关于考试的梦。	1	2	3	4
11	到了考试那天，我就不安起来。	1	2	3	4
12	当听到开始考试的铃声响起，我的心马上紧张得急跳起来。	1	2	3	4
13	遇到重要的考试时，我的脑子就变得比平时迟钝。	1	2	3	4
14	看到考试题目越多、越难，我越感到不安。	1	2	3	4
15	在考试中，我的手会变得冰凉。	1	2	3	4
16	考试时，我感到十分紧张。	1	2	3	4
17	一遇到很难的考试，我就担心自己会不及格。	1	2	3	4
18	在紧张的考试中，我却会想些与考试无关的事情，注意力集中不起来。	1	2	3	4
19	考试时，我会紧张得连平时记得滚瓜烂熟的知识一点也回忆不起来。	1	2	3	4
20	在考试中，我会沉浸在空想之中，一时忘了自己是在考试。	1	2	3	4

续表

序号	问　题	很符合	比较符合	较不符合	很不符合
21	考试中，我想上厕所的次数比平时多些。	1	2	3	4
22	考试时，即使不热，我也会浑身出汗。	1	2	3	4
23	考试时，我紧张得手发僵，写字不流畅。	1	2	3	4
24	考试时，我经常会看错题目。	1	2	3	4
25	在进行重要的考试时，我的头就会痛起来。	1	2	3	4
26	发现剩下的时间来不及做完全部考题，我就急得手足无措、浑身大汗。	1	2	3	4
27	如果我考了个坏分数，家长或教师会严厉地指责我。	1	2	3	4
28	在考试后，发现自己懂得的题没有答对时，就十分生自己的气。	1	2	3	4
29	有几次在重要的考试之后，我腹泻了。	1	2	3	4
30	我对考试十分厌烦。	1	2	3	4
31	只要考试不记成绩，我就会喜欢进行考试。	1	2	3	4
32	考试不应当像在这样的紧张状态下进行。	1	2	3	4
33	不进行考试，我能学到更多的知识。	1	2	3	4

附录 5　UCLA 孤独量表(第三版)

UCLA 孤独量表(第三版,1988)

指导语:下列是人们有时出现的一些感受。对每项描述,请指出你具有那种感觉的频度,并选择相应的数字。1=从不,2=很少,3=有时,4=一直。举例如下:

你常感觉幸福吗?

如你从未感到幸福,你应回答“从不”;如一直感到幸福,应回答“一直”,以此类推。

	从不	很少	有时	一直
*1. 你常感到与周围人的关系和谐吗?	1	2	3	4
2. 你常感到缺少伙伴吗?	1	2	3	4
3. 你常感到没人可以信赖吗?	1	2	3	4
4. 你常感到寂寞吗?	1	2	3	4
*5. 你常感到属于朋友们中的一员吗?	1	2	3	4
*6. 你常感到与周围的人有许多共同点吗?	1	2	3	4
7. 你常感到与任何人都不亲密了吗?	1	2	3	4
8. 你常感到你的兴趣与想法与周围的人不一样吗?	1	2	3	4
*9. 你常感到想要与人来往、结交朋友吗?	1	2	3	4
*10. 你常感到与人亲近吗?	1	2	3	4
11. 你常感到被人冷落吗?	1	2	3	4
12. 你常感到你与别人来往毫无意义吗?	1	2	3	4
13. 你常感到没有人很了解你吗?	1	2	3	4
14. 你常感到与别人隔开了吗?	1	2	3	4
*15. 你常感到当你愿意时就能找到伙伴吗?	1	2	3	4
*16. 你常感到有人真正了解你吗?	1	2	3	4
17. 你常感到羞怯吗?	1	2	3	4
18. 你常感到人们围着你但并不关心你吗?	1	2	3	4
*19. 你常感到有人愿意与你交谈吗?	1	2	3	4
*20. 你常感到有人值得你信赖吗?	1	2	3	4

评分:带星号的条目应反序记分(即 1=4,2=3,3=2,4=1)。然后将每个条目分相加。高分表示孤独程度高。

附录 6　青少年生活事件量表

姓名________　性别________　年龄________　文化程度________　编号________

过去12个月内,你和你的家人是否发生过下列事件?请仔细阅读下列每一个项目,如某事件发生过,则根据事件对你造成的苦恼程度在相对的方括号内打个"√",如果某事件未发生,仅在未发生栏内打个"√"就可以了。

生活事件名称	未发生	发生过,对你影响的程度				
		没有	轻度	中度	重度	极重
1. 被人误会或错怪	( )	( )	( )	( )	( )	( )
2. 受人歧视冷遇	( )	( )	( )	( )	( )	( )
3. 考试失败或不理想	( )	( )	( )	( )	( )	( )
4. 与同学或好友发生纠纷	( )	( )	( )	( )	( )	( )
5. 生活习惯(饮食、休息等)明显变化	( )	( )	( )	( )	( )	( )
6. 不喜欢上学	( )	( )	( )	( )	( )	( )
7. 恋爱不顺利或失恋	( )	( )	( )	( )	( )	( )
8. 长期远离家人不能团聚	( )	( )	( )	( )	( )	( )
9. 学习负担重	( )	( )	( )	( )	( )	( )
10. 与教师关系紧张	( )	( )	( )	( )	( )	( )
11. 本人患急重病	( )	( )	( )	( )	( )	( )
12. 亲友患急重病	( )	( )	( )	( )	( )	( )
13. 亲友死亡	( )	( )	( )	( )	( )	( )
14. 被盗或丢失东西	( )	( )	( )	( )	( )	( )
15. 当众丢面子	( )	( )	( )	( )	( )	( )
16. 家庭经济困难	( )	( )	( )	( )	( )	( )
17. 家庭内部有矛盾	( )	( )	( )	( )	( )	( )
18. 预期的评选(如三好学生)落空	( )	( )	( )	( )	( )	( )
19. 受批评或处分	( )	( )	( )	( )	( )	( )
20. 转学或休学	( )	( )	( )	( )	( )	( )
21. 被罚款	( )	( )	( )	( )	( )	( )
22. 升学压力	( )	( )	( )	( )	( )	( )
23. 与人打架	( )	( )	( )	( )	( )	( )
24. 遭父母打骂	( )	( )	( )	( )	( )	( )
25. 家庭给你施加学习压力	( )	( )	( )	( )	( )	( )
26. 意外惊吓,事故	( )	( )	( )	( )	( )	( )
27. 如有其他事件请说明	( )	( )	( )	( )	( )	( )

第五章
心理咨询的过程

心理咨询是运用心理学理论和技术助人的过程。这个过程由若干阶段构成，一般包括：收集资料、澄清问题、判断评估、确立目标、制定方案、采取行动、检查反馈、巩固结束等。由于不同学者对咨询各环节的理解和认识不同，他们对心理咨询过程的阶段划分也各不相同。一般而言，心理咨询大致可划分为初期、中期和后期三个时期或阶段，这样的三分法固然是符合人们思维习惯的划分方法，但这样大体的划分并不利于我们认识和理解心理咨询不同阶段的重点任务和主要目标。为了突出不同阶段心理咨询的重点任务和主要目标，可将心理咨询过程分为四个阶段：初始阶段（建立关系、协助表达与讲述、收集资料）、探索阶段（探讨问题、寻求突破、设立目标）、导向阶段（开掘资源、消除阻碍、促进行动）、结束阶段（回顾总结、效果巩固、关系终止等）。

第一节　心理咨询的初始阶段

心理咨询的初始阶段是整个心理咨询的起点和基础。良好的开端是成功的一半，美国咨询心理学家沃尔斯(J. W. Worth)曾指出，不好的开头会阻碍有效的相互影响。一个成熟的咨询师，总是非常重视心理咨询的初始阶段，机智慎重地实现这个阶段的工作目标。初始阶段并非从来访者进入咨询室才开始，其实最早可以追溯到来访者通过各种渠道开始接触咨询机构的那一刻，因此，咨询机构的宣传介绍、咨询预约人员的接待、咨询机构的地点及环境氛围等，都是咨询初始阶段可能带给来访者影响的因素。通常，在心理咨询的初始阶段，建立起良好的咨访关系是咨询师最重要的工作，与此同时，咨询师还必须利用好这段时间尽可能多地了解来访者，并协助他们表达自我、讲述问题，以便深入和推进心理咨询工作。此外，咨询师还要在咨询初始阶段对来访者的问题进行资料收集，并在收集资料的基础上进行危机及精神状态的评估，必要时要采取紧急措施确保来访者及相关人员的人身安全。

一、建立良好的咨访关系

心理咨询是咨询师和来访者之间有效互动的过程，所以建立和维持良好的咨访关系是贯穿心理咨询始终的重要工作。在心理咨询开始的最初阶段，建立相互信任、协调一致的咨访关系是最紧迫、最重要的任务。因为这关系着来访者是否愿意和咨询师一起走上自我探索和自我开拓之路。心理咨询开局不利往往都是由于咨访关系建立这一目标没有尽快实现造成的，因为心理咨询其他所有工作都必须在良好咨访关系的基础上才能有效推进，或者说，有了好的咨访关系，即使其他工作暂时没有做到，也可以有机会再来，唯独咨访关系，一旦其建立出了问题，来访者就有可能一去不回头，心理咨询便会因此终结。所以，在心理咨询实践中常常会碰到“只能咨询三次”的来访者，他们大多是因为咨询师经过咨询初期的前三次仍然没有和其建立起良好的咨访关系。“事不过三”，如果来访者一而再再而三地前来咨询，结果都没有感受到咨询师的理解、关注、尊重等积极情感，他们就会感到失望，选择离开。当然也有一些来访者的确是因经过三次咨询就真的解决了问题而终止咨询的。

罗杰斯指出，咨询师与来访者之间的良好咨访关系和心理上的接触与联结，是来访者改变的基础。沙利文的人际关系理论认为，咨询师与来访者首先要建立一种相互间基本的“联系感”，这种联系感能缩小双方的距离感，增加亲切感，给予处于心理困扰中的来访者更多的安慰、力量和希望。总之，心理咨询初始阶段最重要的目标便是建立良好的咨访关系，咨询师须从多方面着手努力实现这一目标。

（一）营造咨询氛围

咨询师在初次接待来访者时应该十分用心地营造良好的咨询氛围。心理咨询现场的氛围一方面是物理环境，另一方面是咨询师与来访者之间心理上的交互影响。因此，一方面，咨询师要优化咨询场所的物理环境，使咨询室保持安静、整洁、舒适，保持恰当的通风与光线，家具、摆设、装饰及各类物品的安放等应注意协调，并且不宜在短期内频繁地作出剧烈的改变。另一方面，咨询师要注意营造融洽的氛围（理解和尊重来访者的氛围），从有利于来访者心理状态的角度来选择自己的言行举止，为来访者建立安全的环境，让来访者放松身心、平复心绪、放下戒备、敢于表达、直抒胸臆。在咨询初期，咨询师应充分地表达出积极关注的态度，认真倾听、亲切温暖、尊重接纳，使来访者感到自己被重视、被接受，这就有了一个良好的咨询氛围，有了信任的基础。这一阶段，咨询师须避免过于直接地解释、说明、指令、评判，更不能采用责备、批评、挖苦、讽刺、攻击、刨根究底、无视忌讳等不良态度或言行，也不宜无原则地予以褒奖、逢迎、夸张附和。

初次见面，咨询师首先要做的就是尽快与来访者相互适应，通过亲切得体地打招呼、自我介绍、调整空间环境或心理氛围促进来访者安身安心，表达尊重和倾听的意愿、如实告知咨询相关事宜等，从而形成良好的咨询氛围，让咨询会谈能够顺利进行下去。比如，有一名青年男子向心理咨询师寻求帮助，他刚进入咨询室时，咨询师就发现他的身体有些发抖，显然他很紧张。在这种情况下，咨询师可以通过以下这些话语和亲切的态度让来访者安心、平复情绪，以便顺利开启心理咨询：

——先生，你好，我是你的咨询师，欢迎你，请来这边沙发（椅子）上就座。

——要不要调整一下沙发（椅子）？坐着还舒服吗？你觉得空调温度合适吗？你需要一个抱枕吗？……

——好，我现在还需要一两分钟让自己静一静，你看可以吗？

——让咱们俩一起静一两分钟，好吗？

——现在我准备好了，你呢？

——我现在还不知道你想说什么，但无论你想说什么，我都愿意听。

（二）强化咨询动机

在心理咨询的初始阶段，来访者对咨询师的言谈举止等表现出的第一印象十分重要。在心理咨询的初期，尤其是初次会谈，来访者往往比较紧张、局促，甚至充满疑惑、担忧，他们会考虑咨询师是什么样的人，能不能真的理解、尊重自己；另外，有些来访者一方面渴望获得他人的理解或同情，一方面又不希望别人同情他。来访者第一次走进咨询室的时候，往往就是处在这种复杂、矛盾的心理状态之下，因此，咨询师一开始所流露出来的态度、言行举止，都会对他们产生很大的影响。第一次见面，如果咨询师给来访者一个亲切、温暖、尊重、接纳的第一印象，使他感到自己被重视、被接受，这就有了一个良好关系的开端，有了信任的基础，来访者对咨询的怀疑、担忧、不确定感逐步消解，力图通过咨询来帮助自己的确定性得到提升。反之，如果来访者感到被轻视、被嘲笑或被贬低，或者感到咨询师不可信任等，咨询的动力或意愿将显著受损，那么咨询的“开始”也就意味着“结束”，心理咨询很可能就此终止。

咨询师的态度是通过其言行举止来表达和体现的。因此，咨询师必须注意自己在来访者面前的一言一行、一颦一笑、一举一动是否体现了恰当、专业的工作态度，所带给来访者的是怎样的感受和体会，新手咨询师尤其要特别注意。在随后章节中介绍的许多技术，如关注、倾听、同感等，都可以帮助咨询师在来访者面前表达出专业、恰当的态度。关注、倾听、同感等既是技术，也可以看作是咨询师助人应具备的专业态度，或者说是咨询师内在专业态度的外在表现。

前文中提到的这位男士，在稍微平静了一些之后，面对陌生的咨询师开始倾诉自己的困扰，但这时的他，依然有些不安和拘谨、犹豫不决，谈话中眼睛还是始终不能正视咨询师。

来访者：上周，和我关系最好的同事，莫名其妙地被公司开除了，他是个好人，特别照顾我，却在如今就业形势如此严峻的时候被无情地抛弃了，而且他刚刚才跟女朋友一起付了首付买了房，这个公司真的是太过分了，太无情了！

咨询师：（关注、倾听来访者，点了点头）嗯哼……

此时，咨询师可以运用“SOLER”[①]关注技术与来访者继续建立联系。如上身略微向他

① “SOLER”关注技术包括：（1），面对来访者（Squarely）；（2）采取一种开放的姿势（Open）；（3）上身略向采访者倾斜（Lean）；（4）保持眼神的交流（Eye）；（5）放松地去交流（Relaxed）。

前倾，与他进行视线的接触，通过“嗯”“啊”，以及点头等方式予以应答，逐步让他意识到自己正被咨询师关注，被接纳和被倾听着，进而对咨询师产生进一步的信赖感。于是，他终于敢于把内心的恐惧、害怕、困扰讲出来。而咨询师接下来使用的同感技术则进一步让他感到自己被咨询师理解了。

来访者：他比我早进公司，我来之后，他各方面都非常关照我，可是，就是这样的一个好人，却得到这么一个无情的对待。我听说是因为公司里的“政治斗争”，让他成了牺牲品，真的太欺负人了！他这几天过得非常糟糕，可是我什么都做不了，我连安慰他的事情都做不了……

咨询师：听得出来，你为同事遭受到不公正对待感到不安、愤愤不平，你还自责自己没有能力去帮助他，看到他痛苦的样子，你整天也在内疚之中，不知该如何是好。（同感技术）

可以看出，虽然来访者内心中还是承受着很大的压力，但他对咨询师的信任正在逐步提升。

（三）澄清咨询设置

对于心理咨询，许多来访者都可能心存疑惑或产生不确定感，对于心理咨询究竟是怎么回事，都不是十分清楚。因此，在初次会谈时，咨询师要根据来访者对心理咨询的认识和了解，有针对性地说明和解释心理咨询的性质、限制、角色、目标以及特殊关系等“基本设置”，例如，时间限制、会谈的预计次数、保密及其限度、咨询师如何工作、咨询可能的效果或限制等，帮助来访者对心理咨询形成合理的期望，承担必要的责任等。对这些问题的说明和澄清，可以减少来访者的困惑、消除焦虑，也避免来访者对心理咨询产生不恰当或过高的期望，同时也有助于来访者对自己的问题承担责任，防止逃避、推脱。在初次会谈中，咨询师有必要对心理咨询过程中的记录事宜予以说明，以及对所谈内容的保密和对隐私权的尊重等原则作出肯定承诺，并仔细说明或解释相关例外情况，取得来访者的认可，消除来访者过度戒备的心理和不必要的担心。一般而言，来访者对心理咨询师往往都有一些自己先入为主的看法、观点，甚至是偏见，因此，这些解释和说明对于他们对心理咨询师形成正确的认识和合理期待是非常必要的，也是来访者与心理咨询师建立恰当咨访关系时所必须做的。当然，在说明和解释这些设置的时候也需要注意采用恰当的语气和态度，不能仅仅让来访者自行阅读一遍“咨询须知”就草草了事，也不能是咨询师照本宣科地把相关规定生硬地宣读一遍给对方听就行了，最好是用双方问答或对话的形式来实现，必须最大程度地让来访者理解并认可有关说明或条文。比如：

咨询师：这是你第一次找心理咨询师咨询吗？
来访者：是的。

咨询师：谢谢你的信任，选择通过心理咨询来帮助自己。

来访者：嗯，是的。

咨询师：那么，在正式咨询之前，我猜想你可能对于心理咨询究竟是怎么一回事还是有些不确定吧？你看我们是否可以先来谈谈心理咨询是什么，接下来可能会做些什么，这些议题，你看可以吗？

来访者：好的，谢谢。

咨询师：心理咨询就是我跟你一起来探讨你的一些疑问或困惑，依据心理学的理论方法，帮助你确定自己遇到的困难是什么，确立努力的方向、目标，和你一起制定实现目标的方法和计划，并且努力克服或处理好实现目标过程中的一些阻碍，最终达成目标。这就是心理咨询。你理解吗？

来访者：我知道了。

咨询师：那你有什么想要问的问题吗？

来访者：嗯……暂时没有。

再比如，在介绍保密原则时，也可以通过对话来进行：

咨询师：我们接下来可能要谈很多关于你个人的事情，你也许要讲一些可能很深入甚至很隐秘的内容，你担心吗？有顾虑吗？或者你对我有什么要求或建议吗？

来访者：嗯……我想知道我所说的是不是其他任何人都不会知道。

咨询师：保密是我们咨询工作的首要原则，但我也要坦诚地告诉你，我们这里的保密也是有一定限度的。不知道你对保密的限度有没有什么了解？

来访者：我还不大清楚呢！

咨询师：那么我们就先谈谈保密原则的限度，好吗？

来访者：好吧。

以上几点有助于心理咨询师和来访者在心理咨询初期建立良好的咨访关系，但并不限于这几点。比如，在心理咨询的初期，咨询师还要协助来访者宣泄情绪、讲述心事，这些工作或环节，需要在咨访关系初步建立的基础上才能进行，当然，这些环节的完成，本身也有利于咨访关系的加强、发展及巩固。

二、协助来访者宣泄情绪

心理咨询要深入下去，咨询师须在心理咨询的初始阶段让来访者将积郁的情绪情感表达或宣泄出来，一方面，降低情绪情感的强度有助于来访者逐步平静下来面对问题本身，另一方面也体现了咨询师对来访者的理解、同感和敏感性，有助于提升来访者对咨询师的信任，促进咨访关系的建立。因此，在倾听来访者的诉说时，咨询师不仅要了解来访者所遭遇的事件，更要关注他此时此刻的情绪状态以及影响他产生这些情绪反应背后的想法。沟通理论认为，要想让来访者倾诉更多、更深层的心事，读懂来访者的感受要比明白事件真相重要得多。在前面这位来访者说出自己“……不知道怎样做才对”的苦恼之后，咨询师作了如下回应：

咨询师：听得出来，你为同事被欺负感到不安、愤愤不平，你还自责自己没法帮他，看到他苦恼的样子，你整天也处在内疚之中，不知该如何是好……

听了咨询师的这番话，该来访者突然哭了起来，这件事在他心中已压抑了好多天了，此刻终于被释放了出来。他感到咨询师真的明白了他的心思。

哭诉可以释放人压抑着的有害情绪，引导来访者情绪宣泄却更能产生治疗性功效。不少来访者在咨询师的引导下，痛痛快快地进行了一番宣泄，心情放松了许多，同时也开始提升其直面问题和应对问题的内在动力。当然，这并不是说咨询师非得要直接揭开来访者的伤疤或痛处来让他们尽快哭出来才好，要知道，协助或引导来访者宣泄情绪须通过同感回应来实现，这时候，咨访间的信任、同感状态作为铺垫和保护，有助于保护来访者揭开伤疤而不遭到伤害。

在心理咨询中，咨询师常常运用“我听得出来，你很生气”“我能理解你的不安、害怕、委屈、愤愤不平、伤心……”“我能感觉到你的伤心和失望”“我猜想这件事情让你感到非常委屈”等用以表达咨询师读懂了来访者的感受、表达咨询师对来访者同感的常用回应句式。咨询师对来访者感受的敏锐感知和正确表达的能力十分重要，咨询师通过它表达关切、尊重、理解、感同身受等信息，有助于来访者受伤的情绪得到安抚，让他们感受到咨询师给予的温暖和关注，在此基础上，来访者会对咨询师感到安全、信任，进而逐步做到推心置腹，这样，心理咨询会谈才会逐步引向深入。

咨询师：这件事发生后，你有没有告诉过其他人？

来访者：是的。我告诉我妈了。我妈说，公司里面的各种“斗争”非常复杂，我们可惹不起，你没去帮忙说什么就对了，你只能这样。千万不要替别人出头，这种事情，切记一定要躲得远远的。

来访者：我妈一点都不理解我，呜，呜……（他哭得更伤心了）

咨询师：你妈妈的想法也许有她的道理，但是你感到妈妈并不知道你心里有多难过，她似乎没有体会到你的难处。那么你还有没有告诉过其他人？

来访者：后来，我也跟我的一个好朋友讲了。他批评我没有勇气挺身而出去帮助同事。他还说我胆子小，不敢同歪风邪气作斗争。我也感到我是胆小鬼，我确实害怕得罪那些“坏人”，尤其是在公司里面，大家还要共事，我怕他们也给我“穿小鞋”，或者会不会他们不高兴把我也开除了……我真是个没用的人！

在上述案例中，家长、朋友对来访者说的话，严格来说都没有错，但从心理咨询助人的角度看，这些话就显得不合时宜了，因为它并没有产生引导来访者宣泄情绪的积极效果。家长教育孩子通常都会注重发生事件的经过而忽视孩子的感受，在孩子消极情绪还没有得到充分宣泄、还没被真正理解之前，就急于讲道理、给建议、作评判，使得帮助并没有达到想要的效果。咨询师在咨询过程中，必须避免一般化的说教，而应严格遵循心理咨询的专业理论和技术来规范实践。

罗杰斯是一位感情投入的倾听者，他在倾听中总是首先了解来访者的情感体验、心理需要和心理冲突，从中理解他们的内心世界。准确的理解，不仅是打开来访者心灵大门的钥匙，同时也能成为他们应对问题的力量，进而起到调节情绪、舒缓压力、振作精神的作用。

值得注意的是，情绪宣泄也要有限度，对于过分陷入情绪漩涡的来访者，咨询师要特别注意不宜过多地表达同感，避免来访者进一步陷入负面情绪中无力自拔，而是应该有节制地表达，引导和促进来访者从情绪中走出来，帮助他们树立起为自己负责的态度。

三、引导来访者诉说心事

在心理咨询的初始阶段，引导来访者讲出自己的心事，不仅有助于咨询师了解来访者的问题，为心理咨询的继续推进打下基础，也有助于咨访关系的建立和巩固，甚至其本身也有助于来访者开始重新审视自己的问题。当咨询师对待来访者的感受持无条件积极关注和接纳的态度时，可以打动来访者的心，使他们感受到咨询师的真诚和无条件的接纳，进而打开心扉，让咨询师进入他们的内心世界。即使自己有不可言喻的困惑和苦衷，也相信把这些隐私倾诉出来后能得到咨询师的积极关注、充分理解和有效帮助。

某大学一名女生，在犹豫了很久之后终于来到心理咨询室，她一开始显得很沉默、很多话都到了嘴边也不肯说出来，直到咨询师的表现让她有了基本的安全感和信任感，或者说是她与咨询师之间建立了前面所提到的“联系感”之后，她的情绪才开始略微稳定，并诉说了自己难以启齿的心事：意外怀孕后，男友要求她去人流，她自己感到很惊慌，又不敢告诉父母，不知道该怎么办，心理压力很大。作为心理咨询师，对这样的情况不能因同情而表现出情绪化，也不能从伦理、道德和社会规范等角度显露出过于理性的心理状态或立场。如何恰如其分地对来访者作出反应是至关重要的，它会影响咨访关系的建立，也会影响心理咨询的深入及助人的效果。

咨询师要积极引导来访者诉说心事，首先要把关注点放在来访者当前的心理状态而不是刨根问底去了解事件本身的细节经过，这样才能使来访者对咨询师产生安全感，才会自然地诉说事件的由来及自己在应对中的困惑与难题。引导来访者诉说心事可采用的方法包括倾听、核实、同感等。

（一）倾听

处在困境中的来访者，在诉说困难时往往会出现词不达意的现象。在引导来访者诉说时，咨询师必须耐心倾听，尽力准确了解对方话语或非言语行为中的显性信息和隐含信息。咨询师在倾听过程中要特别注意情境、行为、情绪、想法（观点）四个方面的信息。在倾听的过程中需要辅以观察和思考，同时需要给予来访者必要的反馈，使来访者感受到咨询师已听懂并且试图理解自己。另外，咨询师在倾听时须注意以下几点：

（1）倾听中，要专注地耐心地听，并且不失时机地给予“同感”的回应。

（2）倾听中，不要太随意地插话或提问，打断来访者的思路。

（3）倾听中，要忠于来访者，不要主观地解释和分析来访者的表达。

（4）倾听中，要谨慎细致地分析和理解来访者的状态，不要过早表态，也不宜用自己的立场和价值观去分析判断来访者表达的意思，要充分表达对来访者的理解。

（5）倾听中，对于未听清的话语或者意识到可能是很重要的信息（如来访者说到此哽咽了，显然他很激动，触到痛处了）时，要通过回应表达来核查自己的理解，争取获得对来访者的准确理解。

（二）核实

咨询师要准确了解、认识和理解来访者，须不断核实自己对来访者所表达的关于他们的情绪状态、思维观点、行为事实等信息是否如实掌握，这就是核实过程。通常，咨询师可以适时采用“你是说……”“你感到……”“我听到你说……是吗?”“我想核实一下，你刚才是说……”等反馈，来核对自己对来访者的认识和理解，同时也有助于促进来访者自身澄清自己讲述的问题，这一方面能提高咨询师倾听的准确性，另一方面也有助于提高来访者表达的准确性。

有人这样描述罗杰斯的积极关注与倾听：他耐心地听着，积极理解来访者话语中的含义，当来访者难以表达自己真正想表达的意思时，他似乎总能找到确切的词汇，使那些含糊的或自相矛盾的陈述变得清晰和有意义。

来访者：因此，当我告诉她那些事情以后，她却只是看看我，然后就离开了，我以为她至少会说些什么！

咨询师：所以，如果我没有理解错，你本想听听她对你说的事情的想法。

核实有助于咨询师获得对来访者心事的准确理解，与此同时，还有助于来访者感受到咨询师的诚意、关注、尊重和理解，从而有助于咨访关系的建立和稳固。而且，在通过反馈来核实其看法、认识和理解的过程中，咨询师反馈的内容，哪怕不那么全面、准确，但对来访者而言，这些内容也代表了从他人的角度对他们及其问题的看法或认识，因而也有利于来访者借此进行自我探索、自我反思，加深或拓展其对自身问题的认识和理解。

（三）同感

咨询师在心理咨询初期，要引导来访者讲述自己的心事，同感的表达是必不可少的。因为同感代表了咨询师对来访者的理解和尊重，会给来访者力量和信心去开口讲自己的心事。此外，同感对于咨访关系的建立也是必需的。罗杰斯曾强调，心理咨询的核心就在于以真诚的关注态度表现真正的同感。他认为，有时甚至需要通过长时间的沉默、耐心等待来表达同感，有时也需要通过情感反映和适时的自我表露来表达对来访者的同感，突破来访者自我孤立的防线，触及来访者的内心，让来访者宣泄出来。同感是能力、态度以及沟通技能等成分的复杂组合。咨询师要有敏锐的意识和感受力，能对来访者报以非批判、开放、尊重、灵活、自信、敏感、温和的等态度，要关心来访者，愿意听他们把话说完，随后要把自己所感受到的来访者所表达的情绪情感清楚地用自己的语言表达出来，让来访者知道。一般而言，咨询师对来访者的反馈、回应可以是非同感的，也可以是不那么同感的，还可以是非常好的同感的。同感技术是咨询师必须掌握的技术之一，它对于咨询成败具有重要影响。下面举一例来说明：

来访者：我觉得人生很空虚。我常常想，每天从早到晚就是赶路、上班、加班、写报告、见客户、无聊地应酬，这样日复一日，年复一年，究竟是为了什么？

咨询师1：我很不高兴你用这样一种消极的态度来描述自己的生活，如今工作生活条件那么好，你们该知足了。（这是完全忽视对方感受的一种回应）

咨询师2：人生不如意的事多着呢，应该乐观地去对待，要是你天天认为自己的人生很空虚，那么就会越来越觉得空虚与难受的。（这是自上而下的理性分析和告诫性的回应）

咨询师3：这年头，每个人都不容易的，你好歹还有一份体面的工作，对很多找不到心仪的工作的人来说，已经很好了，我希望你不要埋怨。想一想还有人在四处找工作，你就该为自己感到庆幸了。（这是将自己的价值观强加于他人的回应）

咨询师4：真想不到你年纪轻轻竟如此消极，这也太不应该了，你爸妈辛苦劳累都是为了你大学毕业后能够好好工作、好好生活，现在条件好了，你却说什么上班没意义、人生很空虚。要什么意义？好好工作就是意义。（这是批评、指责性的回应）

咨询师5：你对现在的工作和生活感到很单调、无聊，你觉得生活很没意思，甚至让你怀疑生命的意义，你希望自己的生活更有意思。（同感）

很显然，第五个咨询师的回应才是我们作为心理咨询师所要做的，尤其是在心理咨询的初始阶段，这样的表达有助于回应对方的感受、发掘对方的积极因素，不仅能使来访者感到被理解，还能使来访者看到自己积极的一面。

四、全面收集来访者资料

咨询师需要尽可能全面深入地了解来访者，然而一个人要完全认识和了解另外一个人基本上是不可能的。因此，作为咨询师，在咨询的初始阶段，要想在短短的一次或几次会谈中全面认识和了解来访者，就必须特别注意收集与来访者有关的各种资料，通过会谈、观察、倾听、心理测验等方式，了解对方的基本情况及其存在的心理问题。

咨询师需要了解的来访者的基本情况包括：姓名、年龄、教育、职业、家庭及社会生活背景、生活经历、兴趣爱好、日常生活近况及有无心理咨询经验等。通过对基本情况的了解，有助于掌握来访者过去、现在等各方面的活动及生活形态或生活方式，有助于逐步把握来访者的主要心理问题。

此外，深入了解来访者的心理问题是确定心理咨询目标的前提和基础，当然也是咨询师在心理咨询初期的重要工作。相对于对来访者基本情况的收集和了解，对来访者心理问题的认识和了解无疑要复杂得多，因为它既涉及咨询师是否具备足够的心理学专业知识，尤其是异常心理学的有关知识，还因为来访者在咨询初期往往都心存顾虑，通常也不愿意那么直截了当地把面临的心理问题如实表达出来，或是他们自己也弄不清问题的实质，只是感觉到困扰，希望改变现状。所以，了解来访者心理问题所涉及的多个方面，如收集有关资料，弄清心理问题的性质、持续时间及产生原因，是咨询师必须要做的事。

五、评估来访者危机风险

在咨询初期，咨询师还有一个必须慎重对待和处理的重要工作，就是识别和评估来访者是否疑似罹患精神障碍或存在心理危机。根据《中华人民共和国精神卫生法》和有关法规，对于疑似罹患精神障碍的来访者，咨询师应建议对方到精神卫生专门机构寻求诊治，咨询师不得对来访者的精神障碍提供心理治疗服务。因此，凡是疑似罹患精神障碍的来访者，咨询师应尽早予以识别和评估，作出相关转介建议后，视情况确定是继续提供辅助性的心理咨询还是终止咨询。

此外，一些寻求心理咨询帮助的来访者，已经处于情绪崩溃、理智丧失的状态，或者悲观绝望，或者激愤冲动，对自己或他人存在伤害或危害的风险（如抑郁患者的自我伤害、自杀的风险，或情绪激越者的攻击伤人倾向等），或者处于精神疾患状态、自知力严重受损，丧失对自己人身安全的基本照料，有可能发生非自主的人身安全问题（如精神分裂症患者因无法自我照料而可能发生意外伤害，或者来访者因严重的厌食症导致营养不良而有生命安全之虞等）。来访者是否身处这样的危险情境，需要咨询师尽早进行识别和评估，一旦发现确实存在安全危机，要采取有效措施保证来访者及相关人员的生命安全，这是咨询师的第一责任和优先考量，而此时，咨访关系建立与否以及后续咨询工作是否能顺利推进，需要咨询师放到第二位去考量。总之，咨询师在咨询过程中，须审慎评估来访者是否处于心理咨询服务范围之外的精神障碍发作状态，是否处于自我伤害或伤害他人的危机状态，并确定是否进行转介或危机干预，只有在排除危机，确定来访者是心理咨询帮助对象范围之后，方可进入常规的心理咨询流程。

总之，在心理咨询初始阶段，建立和谐、信任的咨访关系是主要任务。此外，确定来访者不存在精神疾患，可以通过咨询来得到帮助，排除来访者自我伤害或伤害他人的安全风险，都是初始阶段必不可少的环节。在初始阶段，咨询师要给来访者以良好的第一印象，给他们以专业上的信任感，并使他们感到咨询师乐意帮助他们。同时，咨询师要以热情而自然的态度，亲切、温和、尊重的言行消除来访者初次见面的陌生感、不确定感、不安全感，使其身心得以放松。当然，引导来访者宣泄其情绪情感、畅谈心事，深入了解来访者及其问题，也都是咨询初期需要做的。只有这样，才能将心理咨询推向深入。

第二节　心理咨询的探索阶段

在心理咨询初始阶段，咨询师与来访者建立起良好的咨访关系，初步了解了来访者的问题现状和来访者的一些基本信息，排除了来访者的危机或严重精神疾病，心理咨询随即进入探索阶段。在探索阶段，咨询师要充分探索来访者的处境及问题，形成对来访者心理问题的基本假设，并逐步进行验证和修正，引导来访者逐步深入对自身问题及可用资源的认识，协助来访者萌发或强化改变的愿望，并在此基础上确立咨询的目标，制定咨询方案。

一、深入探究问题

在与来访者建立起良好的关系、初步了解了他们的问题、现状等之后，咨询师需要与来访者一起深入探究其问题或困扰。在咨询初期，来访者所提及的问题很可能只是表面问题或者是经过掩饰的问题。毕竟，许多来访者最初要咨询的问题到后来往往都会被证明只是其最表面的一个问题。此外，来访者即使面对咨询师也有可能会掩饰、隐藏，甚至逃避自己的问题。

通常，深入探究问题，就是要协助来访者呈现其核心问题，讲出自己最关心的、最重要的、最内在的问题，并且敢于直面它们。来访者隐藏核心问题，往往因为它是敏感的、特别隐私的，对来访者有重大意义或影响的，比如涉及道德、人伦、自尊、羞耻等的问题。这类问题一般不容易被来访者讲出来，但它们往往又是来访者问题的症结所在，从其问题根本解决的角度来看，心理咨询中常常需要巧妙地触及问题核心并引导来访者真正直面它们。比如，有位咨询师的一位女性来访者在多次会谈过程中谈论了很广泛的内容：心情、学业、人际关系、家庭情况、成长史、前途未来、生活方式等，最终在即将涉及某些敏感话题时却中断了咨询，其原因是咨询师未能帮助她突破某些阻碍，把最核心的问题呈现出来，使得心理咨询未能真正触及其问题核心。这个例子也说明,要协助来访者呈现真正的问题,必须是在良好的咨询关系的基础之上,通过探究技术和同感技术,乃至挑战技术来达到这一目的。

要深入探究问题,还要协助来访者突破误区、发现和消除盲区,发展出新的观点(认识)。人们对事物认识普遍都存在着盲点或曲解,因此,通过挑战来推动来访者转变态度或重构认知,无疑是心理咨询的重要着力点。这也意味着来访者在咨询师的协助之下取得认知上的积极改变,发展出一种新的有助于处理问题的有益认识或理解。

(一)帮助来访者澄清想法

咨询师必须听懂来访者的问题是什么,才能清楚地知道如何提供帮助。通常,来访者的问题都与他们的想法和情绪感受有关。作为咨询师,须了解当事人对自身问题的思考,并协助他们探究自己对问题的看法。通过与咨询师谈论自己的问题,来访者能够很好地倾听自己,进而尝试理解自己的反应。咨询师要了解来访者对问题的真正忧虑,咨询师要让来访者放慢脚步,思考自身的状态,在一个支持性的、无评判的氛围中从不同角度去谈论自己的问题。通过解释自己的情况或处境,来访者有可能对自身问题形成新的理解和认识。通常,咨询师可通过复述、开放式提问等方法来促进对来访者想法的探究。

罗杰斯曾说过,咨询师要做一面镜子或回音壁,让来访者能够不被评判地听到自己在说什么。准确的重述可以让来访者聚焦于某个问题,并在这个问题上谈得更加地深入,对问题有更清楚的了解,因此,咨询师要特别注意捕捉来访者所表达出来的敏感信息,尤其是他们最不确定的、没有经过认真思考的、不能完全理解的部分。咨询师可以通过"我听到你说……""听起来好像是……""我想你是不是在说……"等方式来概要地复述来访者表述中的重要信息,帮助来访者在相关问题上深入下去。以下是咨询师通过重述来促进来访者呈现问题的例子:

来访者:昨天我休息,我在屋里什么都没有做,我是有事要做的,但我就是无法从床上起来去做事!

咨询师:你在休息日做事情会有些困难。

来访者:确切说,我在每一项任务上都是这样,我总是要等到最后一分钟才急忙去赶工。我最终会整晚地熬夜,我想对于最后的成果,我本来可以做得更好。

咨询师:你看到这是自己的一种模式,你认为是你的拖延使你无法把任务完成得像你可以做到的那么好。

开放式提问也可以用来帮助来访者澄清和探索自身的想法和看法,鼓励来访者对自身问题讲得更加深入。咨询师同样要在会谈过程中针对一些重要的敏感信息进行开放式提问,以帮助来访者思考问题的不同方面,呈现更多的对问题的思考和看法。咨询师可以通过"关于这个……请多讲述一些""对于这个情况,你想到了些什么?""你说的……,意味着什么?”等方式来帮助来访者澄清对问题或处境的看法,或者在重要的问题上深入下去。

咨询师:你不在家的时候是什么样?请告诉我。

来访者:一方面,我很高兴自己不在家,离开那个糟糕的地方,另一方面,我又觉得有罪恶感,就好像我是泰坦尼克的幸存者,他们都沉下去了。

咨询师:那么当你和家人在一起的时候,又会是什么样子呢?

来访者:我父母都还住在一起,但他们经常吵架、打架,家里笼罩着恐怖、紧张的气氛,我父母的脾气都很暴躁,我感到很害怕,但我还要照顾我的妹妹。当我想到我要照顾自己和妹妹时,我就变得坚强了。

(二)帮助来访者探索情感

来访者向咨询师寻求帮助常常是因为他们感到痛苦,因此,有必要帮助他们对痛苦感受进行探索。格林伯格(L. S. Greenberg)指出,愤怒、悲伤、恐惧、羞愧、痛苦和受伤害等是助人工作中要特别重视的情绪。但这些情绪情感常常不被来访者允许或表达,只有在支持性的、安全的环境下,来访者才可能敞开心扉去表达这些情感。未被接受的情绪会以破坏性的方式表达出来,而通过安全氛围下的表达和释放,来访者可以更好地接纳自己的情绪情感,并对新的情感和体验形成开放、接受的态度,进而有可能作出行动的决定。

咨询师通过来访者对自身情绪的探索和表达,可以更好地认识和理解来访者。来访者的情绪体验,反映了来访者如何对待其自身所遭遇的事件,也反映了来访者的诉求或需要。咨询师通过情感反映、情感表露、开放式提问等技术或方法,可以帮助来访者更好地探索和澄清自身的情绪感受,一方面有助于咨询师认识来访者的问题,另一方面也有助于来访者增进对自己的了解。

情感反映是指咨询师用陈述的方式清楚地说明来访者的感受。咨询师通过情感反映帮助来访者识别、澄清情绪情感,以及更加深入地体验自身的情绪情感。情感反映也可以帮助来访者重新思考、检视自己的真正感受,同时,情感反映对于咨访关系的建立也很有帮助。咨询师要选择来访者所表达出来的最突出的情绪感受进行反映,帮助来访者探索和了解自己。通常,咨询师可以使用“你觉得……因为……”“听起来你也许感到……”“我猜想你可能觉得……”“也许你感觉到……”等方式来对来访者的情感进行反映。

来访者:上周我没去上班,因为我接到电话,说我父亲发生了严重的车祸。他当时正在高速公路上开车,一位卡车司机因为过度疲劳、注意力不集中直接开车撞上了他,总共六辆车撞在了一起,真是可怕!

咨询师:听起来你很难过!

来访者：是的，在去医院的路上，我一直担心他。最糟糕的是他最近祸不单行，股票赔了、生意垮了，他似乎失去了一切。

咨询师：听起来你非常担忧，因为最近发生了一连串不好的事情。

来访者：是啊，我父亲都不怎么想活下去了，我不知道能为他做点什么，我试着陪他，但他并不怎么在意。

咨询师：他没有理会你，让你觉得很受伤。

来访者：是的，我总是取悦他，我怎么都没法让他高兴起来！我想他从来不在乎我做的事情，我觉得他一定是不喜欢我！

咨询师：唉，那真是太让人难受了，我想你会不会感到很生气？

来访者：是的，没错，我到底怎么了，他那么不在乎我？我觉得自己还不错！

情感表露也是咨询师用来帮助来访者探究情感的方法之一。咨询师直接呈现自己在与来访者类似处境下的感受，可以帮助来访者认识并表达他们的感受。亚隆(I. D. Yalom)曾指出，普遍性(如感受到与其他人有相同的感受)对于来访者有帮助作用。所以，咨询师与来访者有类似感受，并对此予以表露和分享，对来访者而言是一个很大的帮助，来访者可以借此进一步探索自己的情绪感受。

来访者：你学习过哪些心理咨询的方法？你碰到过我这种情况吗？

咨询师：我想你是否想要了解我的专业资质？

来访者：我只是想知道你是否能帮到我。

咨询师：我可以理解你的这种担心，记得我第一次去做咨询的时候，我也觉得很紧张，很不确定。

来访者：这是我第一次跟别人谈自己的问题，我很紧张。我觉得这样做其实说明我很笨、很脆弱。我父亲常常说神经病才去做心理咨询。

咨询师：这样说会让我很生气。

来访者：我也很生气，我父亲很少谈他的问题，我确实需要一个机会谈谈我的家，我家简直就是一团糟，我想我自己也是！

针对来访者情绪感受的开放式提问也可以用来帮助来访者探索自己的情绪情感。咨询师可以通过“我想知道你对……的感受”“你对……觉得怎么样”“跟我说说你那时的感受”等方式来帮助来访者澄清他的情绪情感。

(三) 帮助来访者看清问题

来访者遭遇困难或痛苦，不少都存在对问题的误解、曲解或盲区，咨询师有必要协助来访者突破曲解和盲区。同感技术，尤其是高层次同感技术，在帮助来访者探索自己的问题方面有很好的效果，因为它能够很好地表达咨询师对来访者情绪情感的理解，既有助于咨询关系的稳固和发展，又有利于协助来访者了解到自己的盲点或曲解。而挑战技术主要用于来访者对自己问题的逃避、视而不见、有意隐藏、歪曲误解、夸张放大等情况。下面这段咨询对话呈现了咨询师通过探究、同感和挑战等技术的运用帮助来访者看清问题所在的过程。

来访者：眼看要期末考试了，平时我基本没有听什么课，但现在我也没有办法紧张起来去好好看书。

咨询师：你是说虽然时间很紧，学习任务也不轻，你却没有办法让自己认真学习，你为此很不安。似乎有什么东西让你感到难以投入学习。（同感基础上的挑战技术）

来访者：嗯……是这样的。我其实也并不是很想要一个好成绩，就我自己而言，我觉得整天看看网络小说、动漫什么的，其实过得挺开心的。

咨询师：你是说就目前而言你感觉其实挺好的，那么又是什么事情会时常来影响你的情绪呢？（挑战技术：针对来访者前后表述信息不一致来提问）

来访者：我觉得大学两年多的生活，只要不去想未来，我觉得过得真的很惬意，很舒服。但是，一想到将来，想到父母的要求和期望，我觉得还是有很大问题的，学习成绩实在太糟糕了，我也知道应该好好学习，可是很难控制好自己。

咨询师：你觉得生活其实这样也挺好，但又担心好景不长，随着时间推移，它总会结束。你说很难控制好自己，我很想知道你怎么会这样评价你自己。（关于想法的探究技术）

来访者：我决定好要做的事情常常做不成，比如说睡前定好早上7点起床，我却总是起不来，哪怕设了多次闹钟，也没有用，常常是把闹钟关掉后继续再睡，不到十一二点根本起不来。

咨询师：你是说你常常在该做某件事情时却选择了不去做，而结果也就失败了。我想，主观上选择放弃或不按计划行事给人的感觉并不是自我约束能力不好，和你说的自我控制好像也不是一回事，你怎么看呢？（挑战技术：针对来访者行为和感受与实际情况之间的不一致提问）

来访者：（挠挠头）是这样啊！似乎我在要做某件计划好的事情的时候很容易放弃，而不是坚持，也许我根本就没有真正想要改变自己的这种生活方式，相反倒是很享受、很留恋它。

此外，针对来访者可能存在的认识上的某些盲点或误区，咨询师可以通过“提供参考框架”来帮助他们看清问题、认识到自己的问题是源于某些误解、盲点或歪曲。来访者小杨是一位刚就职的高校教师，某名校英语系博士研究生学历。她第一次走进咨询室时面容憔悴，坐下的第一句话就是："我不知道我遇到什么问题了，我仿佛鬼使神差地走到这里来了。"在咨询过程中，她有时谈自己的成长历程，有时谈父母望子成龙的观念，甚至谈到不公平的社会现象……内容杂乱无章，咨询进展艰难。咨询师感觉她是个极其敏感且心理防御极强的人，对自己的问题隐藏得很深。不过，在来访者零碎的叙述中，咨询师还是捕捉到她诉说的一些关键内容。原来学习上一帆风顺的小杨，在毕业就业时，由于自己的职业理想未能实现，便开始了一系列的自我怀疑和否定，同时也怀疑是别人的不正当竞争导致了自己未能如愿。咨询师引导来访者去全面认识和理解真实事件的来龙去脉之后，来访者最终发现了自己认识上与真实情况之间的偏差，对自己的过度否定等问题，然后对自己的问题有了更加清醒的认识和了解。

二、促进觉察领悟

在充分探索来访者的问题和困难的基础上，咨询师要帮助来访者对自身问题形成深层次的觉察与领悟，帮助来访者深刻地理解自己的过去和现在，使其看到新的事实，或者从已知的事实之间看到新的联系、意义，为行动目标的生成奠定基础。弗洛伊德认为，来访者只有通过获得对问题的领悟，才能最终解决问题。症状或问题通常在过去和当前的生活经验的背景中才能得到理解和领悟。来访者对问题或困惑产生自己相信的解释，赋予意义，意味着他有了一个可以进行思考的框架，在框架的支持下，新的行动就有了可能性。例如，一个年轻人，不愿意学习开车，如果他认为不愿开车是因为害怕出车祸，他可能会说害怕是主要问题。如果他认为害怕源于不愿意长大和独立，他可能会感到解决与父母的分离问题更为紧要。如果他认为自己不愿学开车是因为要离开久病的母亲而感到焦虑或内疚，那他就可能坦然地作出与自己希望如何对待母亲的愿望相一致的明确决定。所以，咨询师需要探索和了解来访者是如何解释他的行为或问题的，而且可能要从意识和无意识两个层面上去理解，以帮助来访者发展出更具有适应性的解释，对自己的问题或处境获得积极的领悟。下面是咨询师通过自我表露技术帮助来访者获得领悟的咨询对话。

来访者：我最近想了很多关于生死的事情，我不是想自杀，而是在想死亡的必然性。我不知道死亡意味着什么。新闻里面的战争、枪击、暴力等事件，让我觉得这些人莫名其妙就死了，真是太不公平了。

咨询师：听起来你似乎害怕与死亡有关的事情。

来访者：哦，嗯……是的吧。我确实不知道死后会发生什么。我奶奶说好人死了会升天。我不知道，我不太相信。如果我不相信，那死亡后会怎样呢？还有，人们辛苦忙碌、四处奔波，最后不都是死吗？那生命的意义究竟是什么呢？我最近一直都在想这些乱七八糟的东西。

咨询师:我明白你的意思,我想,人都要探究生命的意义,每个人都要面对自己最终会死去的这个事实。这是个难题。我觉得,当我自己在关注死亡和生命意义的问题的时候,通常都是处在某个转折时期。比如我大学低年级期间,那时候我在学习和思考未来人生的问题上正处于迷茫之中,我试图搞清楚自己想要从生活中得到什么。我不知道你是否也是类似呢?

来访者:嗯,这个挺有启发的。我现在高二,学习上压力很大,我觉得自己很努力,但是没有什么进步,父母整天批评我不上进,我不知道我要不要考大学,考了又怎样,不考又怎样,也许这对我也是一个很大的转折期,或者是个挑战。

来访者一旦获得了积极的领悟,就有可能基于这个领悟,发挥自己的积极潜力,作出清晰明确的决定。罗杰斯十分强调每个人都有潜能,都能依靠自身解决自己的问题这一以人为本的基本立场。他认为来访者"个人具有足够的能力来建设性地处理他意识到的生活的所有方面……我们可以说:在每一个有机体中,在某种程度上,都有一股向着建设性地实现它的内在可能性的潜流"。罗杰斯认为,心理障碍的根本原因是来访者背离了自我实现的正常发展方向,咨询和治疗的目标在于使来访者恢复正常的发展。他主张咨询师应选择来访者自我健康的一面,与来访者的健康心理部分组成同盟。咨询师要真诚关心来访者的情感,要通过认真倾听达到对来访者的真正理解,在真诚和谐的关系中启发来访者运用自我指导能力,促进来访者形成新的愿望和目标,进而实现自己内在的健康成长。请看下面这段咨询对话。

咨询师:你意识到该去冒这个险,但又想着,也得考虑承担失败的问题。

来访者:我好像总在考验自己,是不是很好笑?我无法想象自己怎么会变成这样,真是既幼稚又愚蠢。每当这个时候,我就会往极端处想:生活对我是否还有意义,我是不是还有活着的价值。

咨询师:好,如果我没理解错的话,你是想和我一起探索一下人活着的理由。

来访者:可以这么说。

咨询师:如果我们实在找不着,那也就死而无憾了。

来访者:对。

咨询师:那要是能找到理由呢?就是再大的挫折和失败也得坚强地活着?

来访者:我想是吧。我很想知道您和别人是怎么想的,也想说服自己。

咨询师:你看,你今天谈论生命的态度已经和上次有很大不同了。一个脆弱的人是没有勇气谈论生命的。

来访者：其实我现在也很脆弱。您不觉得人生就像一场马拉松比赛吗？我感到自己跑不动了，落在最后了，没有人关注我了。

咨询师：人生像一场马拉松比赛，你比喻得很好。人生这场比赛，你一直都跑在最后吗？

来访者：过去我跑得挺顺的。可是，现在一切都变了。

咨询师：我想问你。获胜的马拉松运动员是一直都跑在最前面吗？

来访者：不一定。据我所知，他们有自己的策略。老练的运动员会有计划地分配体力。一开始保存体力，等到别人体力下降，速度减慢时，再突然爆发全力，把别人甩下，最后取胜。而缺乏经验的运动员往往一开始就用尽全力急于抢先，结果体力难以坚持到最后。

咨询师：你的人生现在已经快到终点了吗？

来访者：我这么年轻，当然没有。您的意思是，我还是可以跑到前面去的？您真的相信？

咨询师：要是你看到别人领先了，就以为自己没希望了，退出赛场，那你可能就永远失去成功的机会了。

来访者：事实上，我始终在不甘心和自暴自弃中矛盾着。我还能有跑到前面的能力吗？

咨询师：过去有，现在就没理由没有。除非你甘心退出赛场。

来访者：您的话真的很令人回味，这些日子，我权当在修复自己，储存爆发力吧。

咨询师：下次见，希望见到一个全新的你。

来访者：我会努力的。谢谢您！

三、制定咨询目标

经过深入探索问题之后，无论是咨询师还是来访者都对问题有了确切的认识和把握，尤其是在来访者觉察和领悟自己的现状之后，确定咨询助人工作的目标就成为了咨询师和来访者接下来的共同任务。当然，来访者一般都是带着一些咨询目标而来的，但这些目标通常不甚明确，或者过于乐观、激进，或者过于悲观、保守，或者包含了不切实际指望他人的成分，或者来访者过度承担责任造成困难，等等。因此，咨询师要与来访者协商，确定切实可行的咨询目标。之所以要制定咨询目标，一是因为目标就是动力，有了明确的目标，来访者就能看到方向，激发动力，主动参与咨询过程，有助于咨询师来访者双方的合作。二是因为目标是评估的依据，只有有了明确的目标，才可以衡量或评估来访者的成长和变化，来访者与咨询师才可以把握心理咨询的进展程度，而咨询师的督导或管理者也才能评价咨询师的工作与效果。

确立咨询目标时,咨询师通常可以这样引导来访者:“经过我们前面的讨论,你希望通过咨询解决什么问题?什么样的情况才算是问题得到解决?”“你希望有什么改变?达到什么程度?”等。需要注意的是,咨询师不仅要了解来访者想要解决什么问题,有什么愿望或意愿,更重要的是要把来访者的愿望具体化为咨询的目标。制定咨询目标时,还应注意以下几点。

(1)目标必须由咨询双方协商制定。

(2)目标是具体、清晰的,应有一些客观标准,很清晰,可接近,最重要的是可操作,可测量或度量的。

(3)目标是现实可行的,要根据来访者的潜力、水平及周围环境来制定。

(4)目标是解决心理健康方面的,可以通过心理咨询的手段来达到,目标应限制在心理品质和行为特征的改变上。

(5)根据需要,可建立阶段目标、终极目标,形成咨询目标体系。

在制定目标的同时,咨询师也要和来访者协商如何去实现咨询的目标,也就是要制定咨询的方案,其中重要的是咨询的方法。看看下面这位咨询师在咨询中是如何制定咨询目标和协商约定咨询方案的。

咨询师:听了你的述说,我能感受到你对自己一次越轨行为的后悔和对伤害男友的深深的不安。你希望通过咨询得到什么帮助呢?(探究来访者的愿望、咨询目标)

来访者:这件事闹得我每天坐立不安,我不知该怎么办。

咨询师:你想通过咨询让自己知道该怎么面对这件事?(探索咨询目标)

来访者:是,是这样想的。

咨询师:你还想知道怎样才能恢复内心的平静?(探索咨询目标)

来访者:是的。我就是想知道,事情已经发生了,说什么也是我的错,我是向他全部坦白,还是说出部分,继续撒谎……(认可咨询师表达的咨询目标)

咨询师:好。我要和你说明的是,这是我们共同的探讨,而不是我单方面地分析和提供方法。我希望做你的“镜子”,让你看到自己真实、内在的一面。好吗?(双方约定咨询方式)

来访者:好的。我明白您的意思。

咨询师:还有,我不可能替你回答,但我会尽力帮助你。你才是你自己的专家,你完全有潜力解决自己的问题。让我们一起努力探究问题、寻找摆脱困境的方法,好吗?(双方继续约定咨询方式)

来访者:好的。您说吧。

总之，在心理咨询的探究阶段，咨询师要协助来访者澄清自己的想法、情感，从多个角度去澄清其问题或难题，形成对自身问题和未来生活的觉察和领悟，产生积极的愿望或期待，咨询师还要协助来访者把希望或愿望具体化、明确化，以咨询目标或目标体系的方式呈现出来。这就使得咨询可以在明确的方向和计划的指引下继续深入。

第三节　心理咨询的导向阶段

经过前两个阶段，咨询师与来访者之间的关系稳定发展，对来访者的问题有了清晰、全面的认识和领悟，来访者也已对自身问题逐步解决具有了初步的信心和尝试的愿望，并与咨询师一起商定了咨询的目标和方案，接下来便是心理咨询过程中的行动导向与实施的阶段。其间，咨询师要与来访者一起把新的认识、观念变成行为，达成咨询的目标，实现来访者的成长愿望。在这一阶段，来访者从认识到行动的过程必定是不轻松、不平坦的，其间总有反复、总有挫败，咨询师要协助来访者探索行动策略，筛选最符合他们的价值观、资源和环境的策略备用，咨询师还要在来访者行动过程中及时予以评估、反馈、鼓励、支持，推动他们积极行动，才能有所助益，达成目标。

一、协助来访者挖掘行动助力

德克斯(Dirkes)曾指出，一般人之所以陷入心理或情绪的困境，是因为他们较少或者难以进行发散性思维(Divergent Thinking)，以至于难以解决问题、有效行动。对于一个爱钻牛角尖的，找不到解决问题的出路，而停留在困扰中难以自拔的来访者来说，协助他们掌握打开思维桎梏的方法是有益的。比如，上文提到的小杨老师，在落实与咨询师共同商定的一些行动计划的过程中感到进展缓慢甚至无效，感到气馁。

来访者：谢谢您的帮助。经历了一些事情后，我想通了，没有人跟我过不去，我没有理由怨恨谁。可是，我还是要告诉您，我的情绪起伏很大，常常还会莫名其妙地哭，还会有轻生的念头。

咨询师：你是说你虽然明白了道理，但还是觉得我们的谈话在你的整个状态改变上并没发生作用？

来访者：不能说一点也没发生作用。起码我开始行动了。出去的次数比过去多了，串门、和别人的交往也多了。没有那种自我迷失和想证明自己的感觉了。可问题是，和别人在一起时，我还是老样子，有些畏缩，然后会选择离开，然后又会后悔。

咨询师：就是说，你为改变自己采取了一些措施，做了些努力，试着与他人交往，只是感到没能达到自己所期望的效果。

来访者:是的。在聚会时我喜欢听别人说话。我试着让自己认识到,他们看问题不受个人影响,他们才是正常人。我试图让自己从中受益,然而我感到……实际上对我还是没有用。

咨询师:我注意到,你开始喜欢了解别人了。你还努力把理解别人的做法用来理解自己,但是效果似乎不大。

来访者:对,是这样。虽然我觉得聚会很好,组织得挺有气氛,但是在聚会里,我独自坐着,什么也没做。我对自己不满意。

咨询师:我不太确定,你听我说得对不对?你希望自己做一些值得别人认可的事,并从别人那儿得到赞扬。

来访者:也许吧,我说不清。有时候我感到疑惑,我已经把自己关在家里、办公室好些日子了,所以我试着去参加聚会。不知我这种交往方式是否有用。从表面上看,我去参加聚会会见朋友,实际上我没能主动做什么。

咨询师:你的意思是你对自己有点失望,你觉得自己没有什么明显变化。听得出来,你也意识到你的问题已经存在很长时间了,要变化可能需要一个较长的过程。

来访者:没错。我是在和自己过不去。我似乎迫切地想改变什么,但面对现实中的某些东西我根本不想改变,就是这样矛盾着——这就是我全部的问题。

咨询师:你发现,刚刚有了常人的那种勇气,就忽然泄气了。

来访者:我的意思是,当别人说了或做了什么的时候,我不是给自己打气,而是说,我对此无能为力。

咨询师:你是说,就因为那次打击,你经历了太重的挫折和失败。现在很难有振作的劲头了。

来访者:即便我接受了现实并采取了行动,我还是会想:别感觉太好,万一我做错了呢。我依然没有把握。这已经成为我的心病了,我不知道如何才能跨出这一步,在聚会中像大家那样自然地投入,自然地尽自己所能为聚会做点什么。

小杨有了改变自己的意愿,而且按照咨询师上次的建议尝试去参加聚会,接触大家,但她还是感到恐惧和被动。她十分清楚自己的问题,只是不知道在改变自己的行动上该如何下手,如何一步步地去做。小杨情绪上的波动、轻生念头固然与小杨的抑郁有关,但也与小杨没有发现自己的资源、不知怎样采取相应的策略和计划有关。此时,咨询师就该不失时机地帮助她谋求解决之道。

要让小杨在情绪上、行动上有新的突破;让她能有所改变,就要让她找到成功的感觉,逐步增强自信,提高自我形象。在这一改变过程中,咨询师专业的帮助十分重要。首先可以帮助小杨采取相应的策略。所谓策略是指在不利的情况下,确定并选择合理、切实可行的计划以达成目标的一种艺术。咨询技术里的头脑风暴法，能激发来访者的想象力，促其设想更多的可能性来解决自己的问题。头脑风暴法尤其适用于遭受困扰的人，可以帮助其发挥内在所拥有的创造力资源，有效地重振自信。具体做法如下：

（1）第一步，列出所有的阻力。咨询师帮助小杨列出一些可能的阻力：

• 我怕遇到陌生人，每次我都会感到害羞和不自然，我常以躲避的方式来面对，尽可能谨慎地不去碰到陌生人；

• 我觉得我的外表不吸引人，我怕人们会因我的外表疏远我；

• 我一直想着我那次被人拒绝的失败，我怕相似的情形会在新参与的聚会中再次发生；

• 我实在没兴趣与他人说话，我的沟通技巧很笨拙；

• 和别人相处时，我找不出交谈的话题。因我的害羞和过于关注自己的行为，使我无法专心听别人在说什么，然后我又担心我不能得体地回答，我实在是愚蠢；

• 我希望别人喜欢我，但总觉得别人在厌烦我；

• 我想不出自己在聚会时该为大家做些什么，总是别人做了，我才想起来，我为什么没有想到，没有主动去做。

（2）第二步，列出行动上的助力。让小杨学习头脑风暴法，发挥充分的想象，列出行动上的助力：

• 我是个相当有智慧的人，虽然我的动作反应不够灵敏，但能知道在某个情景中该做什么；

• 我有很好的英语对话能力，在有外国朋友的聚会中，我可以对外国朋友发挥我语言的吸引力；

• 我还是一个愿意照顾他人的人，我虽不活泼和灵活，但我有亲和力，有一双善良的大眼睛；

• 我虽然不时尚，但我的穿着不俗，常给人以淑女形象，和我交往让人有安全感；

• 我的知识面较广，遇到大家谈论各种问题，我不会因孤陋寡闻而窘迫。

（3）第三步，选择对行动最具决定性的力量。请小杨在这两张表上，选择对行动计划最具决定性的力量。

经过思索，小杨注意到最重要的一个阻力是“我希望别人喜欢我，但总觉得别人在厌烦我”。而在助力上，小杨认为最具决定性的动力是“我虽然不时尚，但我的穿着不俗，给人以淑女形象，和我交往让人有安全感”。因为这是她自然而然的形象，用不着刻意地去追求，是自己一贯的风格，也是自己比较满意的。她觉得在自己的工作社交圈里，大多数人都会认同她这种形象，她“不被喜欢，不被欢迎，会遭拒绝”的那些顾虑全是自己想象与猜测的结果，源于她太在意别人喜欢不喜欢自己了。所以现在她觉得：选择这个动力起码是在做自己。在这一点得到自己的认可后，小杨发现自己的能力并不是聚会中每个人都拥有的，例如：英语交流能力，在交流中有可谈的话题都是她的优势。

二、协助来访者增加自我肯定

在计划实施的过程中，挫败和挑战总是存在的，来访者往往容易陷入自我否定的状态之中，因此，心理咨询要引导来访者自我肯定。计划的开始，也是来访者行为、生活态度改变的开始。首先要改变他们自认是“病人”的观念，变为重塑自己的执行者。因此，咨询师必须帮助缺乏自我肯定的来访者认识到自己需要什么，如，要清楚自己的喜好、愿望和感受，否则，他们不会付诸行动甚至会放弃；此外，咨询师还要协助他们清楚自己的非理性信念，如妨碍自我肯定或引起拖延甚至放弃行动计划的种种非理性信念：

- 我的权利是不重要的，至少对他人而言是不重要的；
- 我是一个容易失败受挫的人，假如我行动了，可能又会伤及自己；
- 不论我用口头还是行动，我都无法完整地表达我个人的意见；
- 假如我表现自我肯定的行为，我将失去他人的爱护和赞许；
- 假如我行动了，我可能会失败，而失败等于毁了自己；
- 其他人是容易受伤的，我要行动了，必将伤害他们。

此外，咨询师要善于发现来访者的积极品质和自身资源。咨询师不能一味地关注来访者的问题和不足，更要有意识地去探寻来访者的积极方面。一般来访者都对自己有过低的评价，对自己有片面的认识和严苛的要求，正是因为他们这样的特点，才容易陷入自我否定的泥潭中难以自拔。在咨询过程中，咨询师要对来访者付出的努力、做出的尝试、取得的进步保持高度敏感，并将其及时反馈给来访者，增进来访者的自我肯定。有些技术可以用来增进来访者的自我肯定，如面质、澄清、赞许、重构、例外、自我表露等。

咨询师：你有没有证据可以证明“聚会上没有一个人愿意和你聊天”这个说法？（面质）

咨询师：你说你完全没有办法度过那种情绪上的痛苦深渊，可现在你正坐在这里和我交谈。（面质）

咨询师：听起来，你虽然没有完全实现计划，但还是做到了不少，相比之前已经有了不错的进步。（澄清）

咨询师：我注意到你对别人付出了很多，却并不求回报。人们会觉得你为人还不错、值得信赖吧？（重构）

咨询师：你说你的计划根本无法执行，但我注意到你每次都能按时来到咨询室。（澄清、例外）

咨询师：我对你在这么困难的情况下依然选择坚强面对感到非常钦佩！（赞许）

咨询师：如果我是你，我可能会更加挫败。（自我表露）

三、协助来访者掌握应对技巧

通常，来访者的困难都与他们缺乏自我肯定有关，而咨询过程中，从计划到行动总有些冒险性，对于缺乏自我肯定的来访者尤其会放大这种危险性，并且缺少处理相关情境的技能或经验，因此来访者不能展开行动。技巧练习或者通过角色扮演进行必要的演练，可以帮助来访者学习掌握处理某些具体问题或情境的技巧，弥补他们的缺陷。

在心理咨询过程中，咨询师要通过有意识的训练帮助来访者学习技巧和方法，在咨询室这个安全的环境里让来访者掌握相关方法和技巧，再迁移和应用到实际生活情境中去。练习的过程不仅仅是掌握技巧，也有利于提高来访者的自信心和冒险的勇气。例如，咨询师让来访者小杨在每次聚会前做一点轻松的准备，通过有意识地准备一些具有操作性的实用技巧，比如：怎样和陌生人打第一声招呼，怎样介绍自己和了解对方，如何在聚会中观察到何时需要提出增进彼此交流的建议以及如何做等，这样可以降低来访者的焦虑，提高积极的预期。

在咨询过程中，咨询师可以通过信息提供、过程建议、直接指导、及时反馈、策略表露等方法帮助来访者提高采取行动、解决问题的信心和技巧。

咨询师：据我所知，学校就业中心每年会举办许多关于简历写作方面的专题培训，你是否考虑过去参加？（信息提供）

咨询师：我想你是否愿意在这里尝试表达一下你想跟女朋友谈的话。你可以假设这个椅子上坐着你的女朋友，你是在告诉她你的感受，一时可能会觉得有点奇怪，但是你可以试试看……（过程建议）

咨询师：我认为你在选专业这件事情上犹豫不决，实际上是你对这几个专业都不是很了解。你是否可以去找到这些专业的主要课程的教材来看看，或者去旁听一下它们的专业课。（直接指导）

咨询师：我注意到你刚才做这样的表达时，比之前显得确定、自信，表情也比较放松。（及时反馈）

咨询师：你说的这种情况如果是我遇到，我也觉得挺难，但有些方法对我是有用的，我会选择暂时沉默，先做几个深呼吸，甚至一个人出去走走，然后再来考虑自己和对方的对错。（策略表露）

四、协助来访者使用行动契约

在咨询中，来访者尝试行动或改变的动力，一开始可能比较有力，但是，不少来访者都会在随后一段时间里面出现动力或努力程度的下降，因此，通过一些方法协助来访者按部就班地去落实行动，是非常必要的。早在20世纪30年代，奥托·兰克（O. Rank）就提出了意志疗法(Will Therapy),强调个体的创造性、独特性、自我指导性和自我成长。在心理咨询过程中,咨询师可以帮助来访者使用行动契约来进行自我指导,实现自我成长,这通常也是一个直接有效的方法。在落实行动的路途上,契约可清晰明了地规定来访者应做到的事项,并规定成功和失败的奖励与惩罚。这时候咨询师承担着一定程度的裁判员的职责,关注和评价着来访者的行动。奖励可以使来访者更加遵守契约,让他们体会到良好表现被肯定的快乐。而且,行动契约对较有难度的行动也有特别的帮助,因为它能使来访者集中精力、发挥聪明才智努力去完成,会让他们体会到久违的成就感。例如,我们可以用行动契约来矫正中小学生的学习行为,一种是通过身边重要他人(如教师)的反馈来奖励和强化行为,另一种则是用自我奖励或惩罚的方式来强化行为。

1. 用行为矫正技术改变不交作业的行为(如表 5-1 所示)

表 5-1　用行为矫正技术改变不交作业的行为

阶段	目标行为	奖励
第一阶段(7—10 天)	只要交(漏题、做错暂不计较)	教师微笑
第二阶段(7—10 天)	不仅要交,还要不漏题(做错暂不计较)	教师点头、拍拍肩
第三阶段(15—20 天)	不仅要交,还不能漏题,每天都能提高正确率	教师竖大拇指
第四阶段	不仅要交,还不能漏题,每天还要提高正确率	撤销一切强化物,采用“自我命令、自我奖惩”的方式进行

2. 用自我奖惩技术来矫正或塑造行为(如表 5-2 所示)

表 5-2　用自我奖惩技术来矫正或塑造行为

<table>
<tr><th rowspan="2">星期</th><th colspan="3">目标内容</th><th rowspan="2"></th></tr>
<tr><th>按时起床</th><th>带着预习问题听课</th><th>先复习后作业</th></tr>
<tr><td>一</td><td></td><td></td><td></td><td rowspan="6">★自觉做到的
△经提醒做到的
×没做到
每周统计并与上一周进行比较:
进步:自我奖励
退步:自我惩罚</td></tr>
<tr><td>二</td><td></td><td></td><td></td></tr>
<tr><td>三</td><td></td><td></td><td></td></tr>
<tr><td>四</td><td></td><td></td><td></td></tr>
<tr><td>五</td><td></td><td></td><td></td></tr>
<tr><td>六</td><td></td><td></td><td></td></tr>
</table>

第四节 心理咨询的结束阶段

咨询师与来访者顺利完成了初始阶段、探索阶段、导向阶段的工作，也就意味着咨询师和来访者建立了良好的咨访关系，探索和澄清了问题，理解和把握了重点或来龙去脉，来访者形成了新观念和认识，咨询中也制定或修订了行动目标和计划，并且切实推进实施，达成了咨询目标，尤其是核心目标，那么心理咨询就必然走向结束阶段。

一、回顾和评估

在心理咨询结束阶段，咨询师应与来访者针对最初确定的咨询目标、咨询方案，以及咨询过程中出现的问题和进展等内容进行回顾性的总结。主要是对达到既定咨询目标的结果的评估；对来访者已取得的进步或进一步改善需要的评估。咨询师应具体地分析来访者所取得的成绩，明确来访者还需改进的方面，并鼓励来访者的独立意识与自立精神。这将有助于帮助来访者加深对自己成长过程的认识，使他们不仅清楚自己的突破，也明白自己今后继续努力的方向。同时，咨询师还要让来访者对心理咨询的结束有一个逐步而良好的适应，避免因咨询结束而带给来访者打击或挫折，也有助于来访者对结束咨询做好心理准备，树立起自立自强和负责任的精神。

二、巩固咨询效果

在心理咨询结束阶段，咨询师要协助来访者巩固已有的进步，强化咨询过程获得的经验在日常生活中的应用，并促进这些学习收获逐步稳定，内化为来访者自身的观念、行为方式和能力，从而帮助他们独立、有效地适应现实环境。需要指出的是，一个人从学习“经验”到运用“经验”，两者之间还有一段距离，这既有经验掌握尚未牢固的原因，也有自信心不足的心理因素，因此，咨询师需要在来访者从学到会、从会到熟的过程中陪伴他们，与他们同在，以帮助他们既能在特定条件下表现其习得的经验或技能，又能在独立面对实际生活环境时恰当应对。只有这样，心理咨询结束的前提条件才得以成立。

三、结束心理咨询

在回顾、评价、巩固之后，心理咨询结束的时候就到了。一般而言，在整个心理咨询过程即将结束之前，咨询师必须向来访者说明其心理问题已基本得到解决，不再需要继续保持咨询关系，否则不利于其成长。此外，咨询师还要提前告知来访者咨访关系即将终止，让他们对咨询结束做好准备，对结束后的生活有一定的心理准备，并可以在结束前的会谈中有机会解决他们因为咨访关系结束可能带来的问题。同时，咨询师要向来访者承诺，如真的有需要、也有必要，心理咨询机构或咨询师愿意再次提供关心和帮助。

结束之前，来访者一般需要填写咨询反馈表，将自己接受心理咨询以来的收获、启发、想法、建议，以及对咨询师的评价等信息反馈给心理咨询机构。这样的信息反馈表一般是由心理咨询机构统一制作和印制的，咨询师应嘱咐来访者如实填写并反馈给心理咨询机构或咨询师。

最后，咨询师还要与来访者约定咨询结束后回访的时间和方式（面谈或电话）。回访面谈固然是直接了解咨询效果的有效方式，这种方式获得的信息量大，容易深入，也便于咨询师及时察觉问题，并适时提供进一步的帮助，但相对而言比较费时费力。一般来说，电话回访是更加简便的方法。

四、追踪与回访

为了了解来访者能否运用获得的经验适应环境，进而最终了解整个咨询过程是否成功，咨询师应对来访者进行咨询结束后的追踪调查或其他方式的回访。追踪调查应在咨询基本结束后的数月至一年间进行。时间过短，调查结果的真实性难以保证；时间太长，亦不能及时了解情况，不利于及时发现问题，同时也增加了调查工作的难度。

在有些情况下，追踪调查还可以通过第三方评价来进行。咨询师可以通过了解来访者学习、工作、生活等情况的人，如父母、教师、同学、朋友等，来了解来访者在实际生活中的适应状况。这种做法一般比较客观，如果能将这种方式所获得的信息与其他方式反馈的信息综合起来考察，得出的结论将更加全面和真实。但是，使用第三方评价来追踪回访，必须特别注意维护来访者的合法权益，保护其自尊及隐私。

附:完整案例报告举例

一例社交紧张的咨询案例报告

咨询师:心岸

一、来访者一般资料

(一) 人口学资料

小红(化名),女,现年20岁,汉族,某重点大学一年级学生,未婚,生活状况尚可。

(二) 个人成长史

小红的家乡偏僻贫穷,她还有一个妹妹,父母很疼爱她们姐妹两个。父母性格内向,把所有的希望都寄托在小红身上。小红从小乖巧懂事,学习成绩一直也很好,从小学到高中,学习成绩一直在班级前三名,得到过很多次学校的奖励。小红一直严格要求自己,希望通过努力改变自己的命运。尽管没有非常丰富的物质生活,但是小红没有经历过什么挫折。小时候小红就不爱说话,只知道刻苦学习,不善于交往,家里一般也很少来客人。因为她学习成绩很好,所以从小学到中学,她都感觉自己的生活很平静,只是埋头学习,没有考虑别的事情。和同学关系也一般,没有很深入地和别人交流过,她一直把所有的心思都放到学习上,高中毕业她考上了外地大城市的重点大学。

(三) 精神状态

来访者衣着整齐,举止得体,愁容满面,腼腆羞涩,缄默不语,沉闷而压抑。

(四) 身体状态

来访者自幼身体健康,未患过重病,家庭无精神病遗传史。最近总是失眠,多梦,去医院检查,无任何器质性病变。

(五) 社会交往

来访者无法正常地和同学交往,在大学宿舍里常常孤立于同学之外,不和其他同学交流。尽可能回避一切社交场合。

(六) 心理测验结果

来访者做了SAS、SDS、SCL-90心理测试,结果为:SAS 65、SDS 47、SCL-90显示轻度的焦虑、抑郁。

二、来访者主诉与个人陈述

主诉:心情不好,睡眠差,和人交往紧张,不敢说话,一说话就紧张、脸红、心跳加快,不能和同学正常交往,总回避他人,独来独往。

个人陈述:从小就不太爱说话,上大学以前只知道要努力学习,不关心其他事情,尽管说话不多,当时同学们都因为她学习成绩好而喜欢她。上了大学以后,小红发现自己在很多方面都比不上身边的同学,学习成绩也不再是她的强项,她找不到可以让她自信的资本了。从踏进大学的第一天开始,她就陷入了深深的自卑当中。刚上大学的时候,别的同学都是父母带着大包小包送来上学，而小红则是一个人来的。到了城市，她觉得什么都不懂，所以做事情小心谨慎，担心自己被别人嘲笑，担心别人说她土气、没有见过世面，担心自己说话的时候出错。加上小红性格本来就内向，就更加不敢和别人说话了，无论是见了男同学还是女同学，她都感觉说话不自然，后来慢慢发展为一说话就感觉紧张脸红，心跳加快。小红很害怕这种症状被别人看出来，所以就愈发逃避别人，尽量一个人，尽量不和别人接触，上大学两个月了，小红说感觉每天都因为交往问题而紧张、担心、不安，晚上睡眠也不好，一般要晚上12点以后才能睡着，严重地影响了自己的学习和生活。小红为此非常苦恼，所以前来求助。

三、观察和他人反映

咨询师观察到，小红衣着整洁，说话小心谨慎，精神不振，面容痛苦，沉闷无奈，说话不敢抬头、声音很小，腼腆羞涩。

其母反映小红从小就话不多，学习刻苦，与他人交往不多，几乎没有好朋友。

四、评估与诊断

根据小红的临床资料，综合其相关因素，如家庭中无精神病史，本人无重大疾病史，本人知、情、意是统一一致的，对症状有自知，有求医行为，无逻辑思维的混乱，无感知觉异常，无幻觉、妄想等精神病的症状等。根据精神活动正常与异常的三原则判断，可排除重性精神病。小红目前心理与行为问题是由她上大学后和同学的交往困难、生活适应不良引起的，因此，其冲突具有现实意义，持续时间为2个多月，不良情绪有一定的泛化，但是对社会功能的影响不是非常严重，而且经过检查无器质性的病变，符合严重心理问题的诊断标准。

主要表现为：

1. 不敢和别人交往，交往时脸红、紧张、心发慌。
2. 上课不能集中注意力，情绪低落，睡眠不好。

五、咨询目标

根据咨询目标的七项原则，咨询师与来访者协商达成口头或书面协议，初步确定：

（一）近期目标（具体目标）

1. 改变其不合理的错误观念，帮助她建立自信心，接纳自我。
2. 改善低落的情绪，在自信基础上增强社会交往的技能。
3. 改善睡眠。

（二）长远目标（终极目标）

促进小红心理健康发展，完善人格，重新构建合理的认知模式。

六、咨询方案

（一）主要咨询方法和适用原理

1. 咨询方法：认知行为疗法。
2. 咨询原理：所谓认知一般是指认识活动或认识过程，包括信念和信念体系、思维和想象。具体来说,"认知"是指一个人对一件事或某个对象的认识和看法,对自己的看法,对人的想法,对环境的认识和对事的见解等。认知疗法是根据人的认知过程影响其情绪和行为的理论假设,通过认知和行为技术来改变来访者的不良认知,从而矫正适应不良行为的心理治疗方法。

(二) 引起来访者心理问题产生的原因

1. 来访者生物因素:不明显。

2. 来访者社会因素:刚上大学,从农村来到大城市。

3. 认知因素:自己来自农村,到了大城市什么都没有见过,什么都不懂,什么都比不上别人,说话如果说错了,会被别人看不起,会受到他人的嘲笑。

以上由生物因素、社会因素和认知因素引发的问题行为互为因果,相互交错,加重了小红的负面感受,给她带来了精神痛苦。及时采取可操作性的认知行为治疗加以矫正,可以避免不良循环造成的进一步破坏。

另外,小红的知识文化水平较高,对自己的心理问题有一定的认识,适用于认知行为治疗。

(三) 咨访双方各自的特定责任、权利、义务

1. 来访者的责任、权利和义务。

(1) 责任。

① 向咨询师提供与心理问题有关的真实资料。

② 积极主动地与咨询师一起探索解决问题的方法。

③ 完成双方商定的作业。

(2) 权利。

① 有权了解咨询师的受训背景和执业资格。

② 有权了解咨询的具体方法、过程和原理。

③ 有权选择或更换合适的咨询师。

④ 有权提出转介或中止咨询。

⑤ 对咨询方案的内容有知情权、协商权和选择权。

(3) 义务。

① 遵守咨询机构的相关规定。

② 遵守和执行商定好的咨询方案中各方面的内容。

③ 尊重咨询师,遵守预约时间,如有特殊情况要提前告知咨询师。

2. 咨询师的责任、权利和义务。

(1) 责任。

① 遵守职业道德,遵守国家有关的法律法规。

② 帮助来访者解决心理问题。

③ 严格遵守保密原则,并说明保密例外。

(2) 权利。

① 有权了解与来访者心理问题有关的个人资料。

② 有权选择合适的来访者。

③ 本着对来访者负责的态度,有权提出转介或中止咨询。

(3) 义务。

① 向来访者介绍自己的受训背景,出示营业执照和执业资格等相关证件。

② 遵守咨询机构的有关规定。

③ 遵守和执行商定好的咨询方案各方面的内容。

④ 尊重来访者,遵守预约时间,如有特殊情况要提前告知来访者。

(四) 咨询时间

每周1次,每次1小时,共4次。

七、咨询过程

(一) 咨询阶段

1. 诊断评估与咨访关系的建立阶段。

2. 心理帮助阶段。

3. 结束与巩固阶段。

操作原理:通过谈话,使来访者认识自身的问题是因为错误、歪曲的认知造成的。

放在来访者非功能性的认知问题上,意图通过改变患者对己、对人或对事的看法与态度来改变并改善所呈现的心理问题。

(二) 具体操作步骤

第一次咨询:

1. 目的。

(1) 了解基本情况。

(2) 建立良好的咨访关系。

(3) 探寻改变的意愿。

(4) 找出来访者当前急需解决的目标。

(5) 进行咨询分析,发现不合理信念。

2. 方法:心理测验法、认知行为治疗。

3. 咨询过程。

(1) 填写咨询登记表,询问其基本情况,介绍咨询中有关事项与规则。

(2) 用摄入性谈话法,收集临床资料,探寻来访者的心理矛盾及改变意愿,同时使来访者得到充分的宣泄,释放内心的焦虑与冲突。

(3) 用SAS、SDS、SCL-90等自评量表对来访者进行测验,并了解其成长过程。

(4) 将测验结果反馈给来访者,并作出初步问题分析。

(5) 确定咨询目标:双方共同确定咨询目标,矫正不合理的认知。

将测验结果反馈给小红本人,结合问题行为作出初步分析,让她了解问题行为的成因:①内向、孤僻、胆小的性格特征是影响人际交往的内在因素。②自我的思维方式和认知观念使她形成了对自我的高度要求。这对人际交往起着阻碍的作用。③在和同学的相处中,因为性格原因和交往的减少,使得她和人的沟通不能顺利和自然。并因此产生了自卑感。④当在社交中出现脸红反应后,便批评、督促自己该怎样做,控制自己不要怎样做,这就产生了一种暗示、强化"症状"的作用。再加上当来访者感到"不自然""狼狈""难堪"时,头脑中就会出现"想象观念"。这进一步导致了她自我感觉的恶化。如此恶性循环,"症状"便日益严重了。来访者在这种想改变又不能改变,想摆脱又无力摆脱的困境中,出现了心理的矛盾和冲突。

(6) 布置家庭作业,让来访者自己回顾本次的咨询谈话内容,分析原因并建议她一个星期以后进行第二次咨询。

4. 咨询摘录。

▲咨询师:你好,请坐,你希望在哪方面得到我的帮助呢?

△来访者:我上大学两个月来,心情很烦,晚上睡眠也不好,白天上课也听不进去。

▲咨询师:你最近心情烦躁,引起你这样的原因是什么呢?

△来访者:我家是农村的,是很偏僻的农村,我刚来省城上学的时候感觉很兴奋,什么都没有见过。可是和同学接触的时候,才发现我和他们的差距是多么的大。他们的穿着和生活习惯都让我感觉和他们有距离,我怕他们嘲笑我、说我土。另外,我不会说普通话,家乡口音使我更不敢和同学交流,我每天都独来独往,和同学一说话就紧张。我真苦恼啊。

▲咨询师:因为来自农村,你感觉很自卑?

△来访者:是啊,我们宿舍的女孩子个个都很阳光,打扮得花枝招展的。我的衣服根本无法跟她们比,我在她们面前会担心她们感觉我土气。

通过这次面谈,确立了来访者的咨询目标,发现了来访者的一些不合理信念:

(1) 农村来的,自卑,做什么都怕别人说她土。

(2) 自己穿得不好,土气,别人会看不起,会嘲笑自己。

第二次咨询:

1. 目的。

(1) 加深咨访关系。

(2) 确定问题:提问及自我审查技术。

(3) 检验表层错误观念。

2. 方法:认知行为治疗。

3. 咨询过程。

(1) 讨论家庭作业,小红对自己的问题有了哪些新认识。

(2) 巩固咨访关系。

(3) 采用认知行为治疗帮助来访者认识症状产生和发展过程,使来访者识别自己的错误认知和观念。协助其对自我进行探索和认识,明白身心是一体的,心理因素出现了自主神经功能失调的症状,如脸红、心跳等,通过纠正认知并配合放松技术来改善症状。

来访者的歪曲认知和错误观念有:我性格内向,不会说话;我来自农村,比不上别人;大城市的生活我不懂,没有见过世面,别人会看不起我;说话万一说错了,会受到别人的嘲笑。

这次咨询把重点放在了认知的重新建立上,即正确认识城乡差别,帮助来访者建立自信心。来访者的自卑主要是来自认知的问题,其他方面的原因都是因此而起。她在心理上对其内向的性格有一定的心理定势,很多人都是这样的观念,提到内向就感觉很不好。正确地认识这个问题,对她建立自信心帮助很大。

4. 布置家庭作业。

(1) 把认为自己想法不合理的地方写在本子上,并写出想法合理的地方。

(2) 列出自己的优点和缺点。学会对自我进行正确地评价,克服自卑感。

(3) 完成放松训练的家庭作业。以日记的形式记录下来。

5. 咨询摘录。

▲**咨询师**:你好,在这个星期中,你觉得有什么变化吗?

△**来访者**:有点变化,我通过观察,发现同学们都很善良。但是我还是不太喜欢和他们说话,还是会脸红。

▲**咨询师**:你观察到同学们都很善良,感觉一般同学之间是如何交往的呢?

△**来访者**:一般同学都很热情,他们交往都很轻松,很自然,没有感觉到有谁要嘲笑谁。

▲**咨询师**:你们班级的同学家庭条件都很好吗?

△**来访者**:也不是,也有很多是农村来的。其中还有一个城市来的同学,父母都是下岗工人,来到大学以后还申请了助学金。

▲**咨询师**:从这当中你是如何看待城乡差别的呢?

△**来访者**:城市的人也不全是富有的,也有很困难的,有的还不如农村生活得好。

▲**咨询师**:你是说不能绝对说城市、农村生活得好与不好。

△**来访者**:我感觉农村也没有什么不好。

▲**咨询师**:噢。你感觉同学们都对农村很有偏见吗?

△**来访者**:没有。没有人说起过。没有听到有谁说农村不好。

通过本次交谈,来访者认识到自己的想法有些问题,并且意识到了自己的不合理信念。

第三次咨询：

1. 目的。

(1) 分析来访者心理问题产生的深层原因(核心错误观念)。

(2) 提高自我情绪和行为的调控能力。

2. 方法：认知行为治疗。

3. 咨询过程。

反馈咨询作业，通过对家庭作业的分析，使来访者明白，是她核心的错误观念导致了她的不良情绪和行为。

4. 布置家庭作业。

(1) 记录此次咨询对自己认知转变的启示，并分析这种观念转变对改善情绪的作用。

(2) 不断巩固新观念，多观察分析他人，多注意观察别人的缺点和不足，明白每个人都不是完美的，都有自己的优势和劣势，正面积极评价自己，学会接纳自我，以增强自信心，提高自我调控能力。

5. 咨询摘录。

▲**咨询师**：你最近和同学的交往有所改善吗？

△**来访者**：好一点了。我和同宿舍的同学开始交往了。

▲**咨询师**：嗯，你是有了进步，不错。和宿舍同学交往感觉怎么样呢？

△**来访者**：我通过和同学交往，感觉大家都很善良，对我也很热情。

▲**咨询师**：有看不起你的地方吗？

△**来访者**：那倒没有。就是我自己感觉还是放不开自己。

▲**咨询师**：你感觉放不开自己，这些是主观因素多，还是客观因素多呢？

△**来访者**：都是我自己想得太多吧，很多时候是我自己感觉自己土，会被别人嘲笑。

▲**咨询师**：你在主观上对自我的评价低，想象他人对你的评价多是负性的，那么你想想和人交往形成的这些困难，都是什么因素引起的呢？

△**来访者**：都是我自己的负性思维，自卑。

在本次咨询中，咨询师同来访者一起分析了她的不合理信念，并进行反思，最后教其运用放松练习缓解紧张焦虑的情绪。

第四次咨询：

1. 目的。

(1) 巩固咨询效果。

(2) 结束咨询。

2. 方法：心理测验法。

3. 咨询过程。

(1) 反馈作业,紧张和脸红的症状基本消失,小红自我感觉目前心理状态比较稳定。

(2) 学会正确地评价自己和现实问题,增强自我调节的能力,多运用积极的心理暗示,并在社会生活中积极实践。

(3) 做了 SAS、SCL-90 心理测验,结果各项指标均在正常范围内。

(4) 基本结束咨询,做好咨询的回顾和总结,对来访者的进步给予正向反馈与强化,帮助来访者把咨询过程中学到的认知方式、分析和解决问题的方法运用到日常生活中,用新的认知和行为模式面对未来生活。

4. 咨询摘录。

▲**咨询师**:你最近和同学的关系怎么样?

△**来访者**:很好,我和宿舍的一个女孩子成了好朋友。她对我的帮助特别大。

▲**咨询师**:那很好。这个女孩子是什么样的人呢?

△**来访者**:她家就是本市的,家庭条件很好。她对我很好。她对我的态度让我明白更多的时候是我自己不接纳自己造成的自卑。

▲**咨询师**:你从她对你的态度中反省了自己。

△**来访者**:我通过和同学的交往,通过大量的实践和事实,都证明同学们对是从农村还是从城市来的并不在意。同学们看中的还是个人的品质多一些,比如对人是否真诚。

▲**咨询师**:你通过实践收获了很多。

△**来访者**:是啊。大学生活和中学大不一样,我的心情也好多了,我要多交朋友。

▲**咨询师**:看到你这些变化,我很高兴,希望你以后继续努力。

八、咨询效果评估

(一) 来访者本人和其他人的评价

小红情绪明显好转,自述自己和别人交往时紧张的心理得到改善,睡眠恢复正常,质量有所提高。

还有同学反映小红比以前活泼了,还交了好朋友,情绪稳定,心情也好转了。

(二) 咨询师评估

通过回访,了解到小红本人目前状态稳定,精神面貌较初访时大有好转,与人交往正常,学习和生活也恢复了正常,小红说:"自己和人交往轻松多了,感觉自己和他人都是平等的,来自农村也并不是被人看不起的理由,心理上轻松多了。"咨询基本上达到预期目标。

(三) 心理测验评估

使用 SAS 和 SCL-90 对来访者的焦虑情绪进行了测量,SAS 标准分 34 分,SCL-90 各项指标均已恢复正常,说明来访者的心理问题已经基本得到了解决。

通过以上评估,说明本案例咨询效果显著。

第六章
心理咨询的伦理规范

自20世纪80年代中期至今，我国的心理健康教育与咨询事业已经有了长足的发展，其主要动力来自社会全面、综合、深刻的变革和社会的巨大变迁给人们的心理健康带来的挑战。除了回应心理健康的问题，在建设性的视角之下，为人的成长、成才以及人们实现全面发展、幸福生活的需要提供助力，也成为心理服务的重要内容。心理健康宣传教育与咨询在防治心理问题、增进心理健康和优化心理品质、学会积极适应以及开发心理潜能、促进自我实现等不同层面上的目标定位，着眼于构建覆盖人们一生的全程、全方位、多层面的相互关联、有机组合的咨询服务大系统设计，都已经在理论与实践层面上达成高度共识。更为重要的是，作为心理健康教育与咨询事业发展的基础与前提，心理咨询教师的专业化、职业化被高度关注，并且正处于扎实推进的进程中。

心理咨询的服务对象是心理健康的人和心理健康状况欠佳的但没有精神障碍的人。通过语言、文字等媒介，给咨询对象以帮助、启发和教育，使咨询对象在认识、情感和态度上有所变化，解决其在学习、工作、生活、疾病和康复等方面出现的心理问题，从而更好地适应环境，保持心身健康。由于心理咨询是一种特殊的专业服务工作，涉及寻求帮助者的隐私，涉及复杂的人际关系，更涉及人的心灵，因此，它既可以助人，也可能伤人。从业人员具备专业工作所需要的人格特征，具备不断成长的专业工作能力，了解和遵守相关的职业伦理，了解并恪守与专业相关的法律法规，是做好专业工作的基本要求。

第一节　心理咨询师的伦理责任

心理健康教育与咨询是一项助人的专业工作。作为从业人员除必须具备专业的助人能力以外，恪守专业伦理是更为关键的部分。伦理是人际关系中互动的规范或原则，心理健康教育与咨询的专业伦理则是专业人员以专业角色与他人互动时的行为规范。助人工作的专业伦理对内规范着专业人员的专业行为，并维护其助人工作的服务品质；对外有助于在社会大众中获得对专业工作的信任。心理咨询师对自身的伦理责任应有明确的认知。

一、对自身健康的关注

(一) 心理咨询师自身健康的重要性

这是由专业工作本身的特点所决定的。心理咨询学家艾鲍(Appell)在言及心理咨询过程中最为重要的影响因素时说，在心理咨询过程中，咨询师能带进咨访关系中最有意义的资源，就是他自己。已经有大量研究探究了心理咨询师人格因素的重要性和其一般心理健康对于咨询有效性的关联。一个好的咨询师，应该表现出更高水平的一般情绪调节能力，具有更好地自我揭露的能力，并在更深层面上对个人生命意义有清晰的认识。如果在咨询过程中，咨询师不能体验并且不相信自己是一个有价值、有独特个性的个体，即便掌握了所有的咨询技巧，也不可能为咨询过程注入丰盛的人性资源，不可能成为一个具有良好的意志并关心来访者成长的助人者。可以说，在心理咨询中，能够使咨询成功的关键就是咨询师的修养和基本素质。

（二）心理咨询师的个人修养与特质

那么，心理咨询专业工作对心理咨询师的个人修养和特质提出了什么样的要求呢？心理咨询学家伊根归纳为以下十五个方面：(1)积极面对自我的成长，这里包含了身体、智能、社会、情绪和精神的层面，因为他知道自己将作为来访者的楷模。(2)注意身体健康，以便有旺盛的精力来生活、工作。(3)有适度的智能，同时不断主动地阅读学习来提高自己，以便更好地帮助他人。(4)拥有良好的常识和社会生活能力，同时有能力对他人广泛的需要做出回应。(5)关注来访者整个人，注意倾听对方的说话，也能够从来访者的角度来了解对方。(6)尊重来访者，不去批评对方，相信其有潜在的动力和资源能够帮助他自己尽力有效地生活。(7)真挚诚恳，能够在需要时与来访者进行个人分享。(8)表达是具体而简洁的。(9)能够协助来访者将自己的经验、感受和行为做出整合。(10)在必要的时候，能够出自关心而与来访者对峙。(11)明白仅仅有自我认识是不够的，因此会协助来访者做出行动上的改变。(12)是个注重实效的人，明白整个心理咨询的过程是引导来访者建设性地改变自己行为的过程。(13)拥有自己咨询的模式与风格，能够在咨询中视不同的情形加以灵活地运用和变更。(14)喜欢与人相处，不害怕进入别人生活的深层，与他们去共同面对生活中的烦恼忧愁；而且，并不是靠帮助他人来解决自己的需要，而是很珍惜和尊重自己有帮助他人的权利。(15)不会逃避自己生活中的问题，而是会去探讨、去认识自己，做一个不断发展的人，了解受人帮助是怎么一回事，明白在此过程中如果不能为他人提供助力，就会有害于别人，因此能够十分谨慎小心地工作。

我们也可以将成功的心理咨询师的素质归纳为积极地对待他人的品格、积极地对待自己的品格以及热忱助人。积极地对待他人是指对来访者有信心，相信其存在着潜能；信赖来访者；相信他是友善的；也尊重他的价值，因为每个人都有其重要性；信任来访者具有向上、求进步的潜质，并有着创造力和动力。积极地对待自己是指意识到自己是社会中的一员，能与别人认同；相信自己有足够的能力处理自身的问题，也有能力帮助他人去应对问题；相信自己是有价值的，能自尊自爱，人格完善；对自己能充分发挥潜能去帮助别人具有充分的自信。热忱助人是指愿意帮助来访者释放自己、迈向成长；对他人有足够的关怀、关注而不单单关注自己；关注事物的深刻性和深远性，能把握事物发展的规律；接纳自己的感受和短处，愿意在必要时与他人分享，而不是刻意去隐藏；深入投身于助人的过程中，以自己的方式与来访者融洽相处；鼓励和促进来访者参与咨询过程，着眼于来访者的转变过程而不是仅仅聚焦目的。

（三）心理咨询师自身的情绪困扰及调节

当今社会的急剧变革给职业世界中的人们带来了巨大的压力，而从事心理健康教育与咨询事业的专业人员更是属于诸多职业群体中的“高压力”群体。许多调查给出了相关的令人不安的检测数据。因为心理咨询是以生命影响生命的事业，心理咨询的过程是双向互动的过程，因此咨询过程不仅会对来访者产生影响，同样也会给心理咨询师自身带来影响。也许这种影响能使之感到愉悦、满足、有成就感，激发心理咨询师更加热忱、深入地投身助人过程，鼓励和促进来访者达成积极的建设性的改变。但是，在帮助生活在极度痛苦之中的来访者时，也许心理咨询师会对他人的情绪变得不敏感，也许会因为经历过量过激的感受而把自己封闭起来，还可能会因为咨询中产生持续的不协调而对他人的琐事反应过度等。

对于从事助人的专业工作的心理咨询师而言，摆脱不良情绪对自己的困扰既是十分必要又是有可能的事。这里，除了保持积极心态、放松心情、转移注意、行为调节、意志锻炼、寻求社会支持等一般的情绪调控策略外，还可以运用以下一些方法。

（1）运用认知调节的有效策略，识别、矫正曲解的认知，改变不合理的思考与观念，这样，情绪困扰会在很大程度上得以改善。比如，改变“非黑即白”的绝对性思考，容忍每个人包括自己都会有限制，不去盲目追求完美；改变“应该倾向”，不去苛求自己实现诸多的“应该”和“必须”，对自己的要求保持合理的弹性；改变“选择性概括”，摆脱只根据局部甚至更小范围的问题推及整体的“以偏概全”的倾向；改变“个人化”，不去承担那些原本就不应该由自己承担的责任，等等。

（2）为自己创造获取成就感的条件，正确了解自我，为自己独特的成功下定义；扬长避短，确立合适的目标定位与自我要求水平；努力去做想做、喜欢做、通过自身可控制的努力有可能做成的事，尝试做不得不做的事；通过调整自己的工作生活以躲避可能出现但又暂时无力应对的挑战，等等。

（3）识别构成情绪问题内在根源的性格弱点，不断完善自己的性格。比如，压抑、逃避冲突的性格弱点反映了想面面俱到、表现忍让美德的内心深处欲望，而以自我肯定与平常心表现自己是改变的方向与目标；多虑、承担过多的性格弱点反映了想控制一切的内心欲望，培养洒脱和善解的态度是改变的方向与目标；恐慌和内在不安的性格弱点反映了想追求一切目标、想得到更多的内心深处欲望，承认自己的有限性和欠缺是改变的方向与目标；拘谨、过于认真的性格弱点反映了想担当更多更大责任的内心欲求，培养豁达宽广的胸怀是改变的方向与目标；自卑和畏惧退缩的性格弱点反映了不想输给任何人、不被人瞧不起的内心欲望，自我激励与尊重是改变的方向与目标，等等。

（4）提升自己的精神境界，形成积极的人生态度和正确的工作态度，由衷地热爱，乐意甚至矢志于、献身于这一助人的事业，快乐、幸福感强烈，精神饱满、振奋，而来访者的成长又让自己充分看到自身的价值，充分地体验到精神上的愉悦和满足，这样就比较容易在高尚精神的引领下进行自我的调适。

(四) 心理咨询师的自我保护

心理咨询师在助人过程中可能遭遇如下的情形，需要有察觉、应对的意识以及应对的策略与方法。

(1) 有助人者情结，把助人看成是解决自己问题的途径，通过对弱者施助而获取优越感，以掩藏自卑。这样容易因得不到及时的肯定而感到耗竭。

(2) 由于个人付出太多、工作压力太大、治疗中遭遇挫折等而缺乏成就感；或是面对来访者的阻抗而难以获得咨询的进展；或是由于缺乏支持系统以及个人有未解决的冲突而陷入职业上的耗竭。

(3) 被来访者卷入，过多地为来访者担心，把对方的神经质纳入自己的人格；或过于投入，激发起了自己被潜抑的内心痛苦并体验与当事人相似的内心挣扎，无意识地通过认同来访者来认同自己等。

(4) 有新手焦虑，害怕因袒露自己而露怯；或拘泥于治疗理论，缺乏洞察力与灵感；或追求完美，期望能了解所有的咨询技术；渴望得到当事人的赞许，不能拒绝当事人的过度要求，也不敢面质当事人，为当事人所掌控。

对此，需要心理咨询师自身接受足够的自我体验，去评价自己的职业动机、欲望与权利、自我价值观和需求、生活和情感的态度与方式；理解自己的感觉，知道自己在帮助别人时无意识中会获取什么；重温自己人生的经历、体验以及与重要他人的关系等；探索关于安全感、权利、性欲、生与死、情感、父母关系、危机、罪恶感、恐惧与不完美感等重大课题。通过自我体验帮助咨询师更深地感觉和理解自己。这样，当在带领来访者进行生活探索时就能觉察和处理自己内心存在的冲突与困境，学习理解和处理反移情。同时，还应保持有节制和平稳的工作节奏，培养工作以外的爱好，或尝试多样化的工作，丰富自己的生活，学习处理压力和肯定自己。当然，寻找专业督导、定期讨论困难个案、参加专业小组、与同事保持协作等，也是十分必要的。

二、对自我限制的了解

(一) 心理咨询师的自我限制

在心理咨询中，常常会出现来访者由于对心理咨询的工作范围不够了解而提出超越专业服务范围要求的情形。还有，因心理咨询师自身客观存在的无法逾越的局限性，使得他们不可能胜任本专业内的所有问题，因此，心理咨询师需要对自我限制有必要的了解，并在自己专业能力范围内，根据自己所接受的教育、培训和督导的经历与工作经验，为不同的来访者提供适宜而有效的专业服务。

心理咨询师是在咨询过程中起主导作用的重要角色。在来访者的视角里，咨询师无异于一种楷模。他们心目中的理想的心理咨询师应具备以下一些特质：

(1) 具有足够的潜能和行动意志。

(2) 具有充沛精力、能够有效地工作。

(3) 具备足够的知识和助人的能力。

(4) 熟谙人情事理、具有良好的社会知识。

(5) 能够帮助来访者去探索自己的经验、情感和行为的世界并做出整合。

(6) 富有想象力，也能够帮助来访者唤醒他们的想象力。

(7) 是不断完善生命、创造生活的人。

(8) 是无论面对什么样的来访者或者团体都能够轻松自如应对的人。

但是，现实中的心理咨询师不可能永远处在理想状态，再好的心理咨询师也有可能在某个时候或者某个方面偏离这种理想的模式。

因此，我们需要认识到，所谓理想模式，只是一种努力的方向，可以无限趋近，但永远不可能完美。再有水平的咨询师，自身也会存在不足与限制。而在每一次的咨询中，咨询师都会带着个人的特质与曾受过影响的经验。这就要求心理咨询师有足够的自觉，对自己的能力和局限有一个清醒的自我意识。具体说来，包括以下四个方面。

第一，认识自己的需要，特别是在助人关系中出现的个人心理需求。在觉察的基础之上，通过监管自己的行为不让其影响有效的助人过程，同时寻求满足它们的建设性的途径。

第二，认识自己的信念与价值，觉察它们的性质，特别是需要觉察自己的信念与价值观会产生怎样的影响，从而不把自己的价值观念强加于求助者，以弹性、开放的态度去接纳他们。

第三，认识自己的人生经验，直面一些自己的内心障碍，觉察与自己人生伴随的矛盾冲突，避免在咨询中产生投射与反向移情，失去客观性，从而无法清晰地分辨咨询过程中出现的感受与分析问题。

第四，认识自己的能力，坦然、真诚地承认自己的不足。事实上没有人能够全知全能，在咨询过程中，咨询师难免会遇到自己不懂或没有经历过的、不合适去处理的问题。妥善的做法是进行必要的转介，同时愿意通过各种方式不断学习，以充实完善自己。

总之，只有明白自身的限制，才不会在咨询过程中既伤到别人又伤到自己；只有分清哪些是自己能做到的，哪些是做不到的，才能真正有效地发挥咨询的功能。

(二) 心理咨询师的自我成长

心理咨询师作为专业的助人者，不仅应对自身限制有所了解，更需要不断达成自我成长。这里所说的自我成长包含着个人成长和职业成长两个部分。个人成长是指参与来访者生命进程的心理咨询师需要具备不断成长的强烈意识，要拓宽视野，愿意面对自己，认识自己，增进自我认知，努力鞭策自己去积极地面对生命，学习改变，学习突破自己，发展自己的潜能，使自己不断成长。正如心理咨询学家伊根所概括的咨询师个人成长任务一样，主要包括：对个人能力和自主性的确认；了解自己的价值观；对自己有清晰明了的认识和了解；确认自己拥有与他人要求亲密关系的能力；了解自己对待性的态度以及建立有品质的爱情、婚姻和家庭生活的能力；了解自己的职业能力，自己对职业的态度；个人扩展自己生活范围的能力以及闲暇生活的打理能力。

由于心理咨询的专业助人工作性质，决定了与个人成长同样重要的职业成长也是心理咨询师需要面对的重要发展课题。职业成长课题包括以下一些内容：

（1）不仅将心理咨询作为一种职业，更作为一种关心人类心灵层面需求的有意义的事业，从中可以获得更多的愉悦、满足和价值感。

（2）在与人心灵互动的过程中，需要咨询师存有参与他人生命过程的感激之心，并且以爱心、热忱、亲和、内省、自信等伴随来访者共度生命中的艰苦历程。

（3）承认每个人有自己选择的权利，在坚守自己价值观的同时能够以宽广的心胸理解与接纳来访者多元的价值观。

（4）从知识的增加和技能的提升这两个主要方面来达成自己的专业成长，尽可能拓展自己的知识结构，不仅具备心理咨询学科的基础、专业方面的知识，也包含对来访者作为“处在系统中的人”的理解，对自己服务对象的需求和问题的理解，以及对与专业相关的更为广泛的知识的学习了解，还要掌握并能根据咨询需要灵活运用理论知识和技能技巧的能力。

（5）尽管心理咨询作为事业需要我们付出知识、能力、责任心、爱、热情和智慧，但它的专业助人的崇高意义又是以职业形式表现出来的，因此，应严格遵守职业化的工作理念、态度和方式，在工作场所布置、工作制度设置、工作时间安排、工作仪态选择等方面都要充分体现这一点。

（6）心理咨询师需要具备自我管理的能力，对自己的个人生涯进行有效的、现实的规划，有选择和决定的能力，设立现实的工作目标，能够合适地处理问题，关注自身心理健康，合理地调控自己的情绪，认识自己的限制，负责任地促进来访者发生积极的建设性的改变。

三、对心理咨询工作范围的认识

心理咨询是心理咨询师运用心理学的原则和技巧，通过语言、文字、表情、姿势等媒介进行人际互动，给咨询对象以帮助、启发和引导，使咨询对象的情感与态度发生变化，解决其在学习、工作、生活、婚恋、教育、疾病康复等方面出现的心理问题，从而更好地适应环境、保持身心健康，并且促进人格向健康、协调方向发展的过程。

心理咨询最一般、最主要的对象是健康人群或存在心理问题的人群。健康人群会面对许多家庭、择业、求学、社会适应等问题，他们期待做出理想的选择，顺利地度过人生的各个阶段，以求得自身能力的最大发挥和寻求良好的生活质量。心理咨询师从心理学的角度，强调个人的力量与价值；强调认知因素，尤其是其在理性选择和决定中的作用；研究个人在制定目标计划、扮演社会角色方面的个性差异；充分考虑情境环境因素，强调人对环境资源的利用，以及必要时对环境的影响和改变，提供中肯的发展咨询，给出相应的帮助。另外，当来访者感觉上述问题已经影响到自身的生活、学习、工作，并且难以通过自我调适平衡来减轻或消除时，心理问题就出现了。此时，需要心理咨询师以系统的分析与引导、合适而科学的咨询，帮助缓解乃至消除来访者的情绪困扰和内心冲突。当然，有时很难在一般心理问题、心理紊乱和心理疾病之间划定清晰的界线，因此，需要心理咨询师有能力进行鉴别和进行必要的转介。

不同于一般的心理咨询机构，在面对青少年开展心理咨询工作时，须遵循“发展咨询为主、障碍咨询为辅”的方针，其工作范围有了很大的也是必要的拓展。诸如，组织团体心理测量，作为咨询和帮助青少年自我探索的参考；开展个别咨询服务，内容主要包括发展性问题和障碍性问题，也包含危机干预的内容；进行团体心理辅导，学习有效地处理他们所面临的共同课题；开设心理健康教育课程或举办各类讲座，向青少年传授、普及心理健康知识；组织大型宣传活动，选择一些关键节点，开展大型的心理健康普及宣传活动；建立青少年心理社团，有指导地组织活动；完备建立家、校、社、医协同的心理健康教育和危机防御的网络，并且有效地运作。

四、促进来访者自立自强

心理咨询的目标包含调适与发展两个层面。调适是指调节与适应的心理咨询的基础目标。调节即处理个体内部精神生活的各个方面及其相互关系，重点在于个人的内心体验。要学会正确对待自己，接纳自己，化解冲突情绪，确立合适的志向水平，保持个人精神生活的内部和谐。适应即处理个体与周围环境的关系问题，重点在于人的行为。要学会表现符合社会规范的适应行为，矫正不适应的行为，消除人际交往障碍，提高交往质量。寻求发展、寻求建设性的积极健康的成长是心理咨询的高级目标。心理咨询师要引导来访者认清自己的潜力与特长，确立有价值的生活目标，承担起生活的责任，扩展生活方式，发展建设性的人际关系，发挥主动性、创造性以及作为社会成员的良好的社会功能，过积极而富有效率的生活。

心理咨询对来访者所进行的指导与援助是一种积极的干预。但是，它不仅应该关注个体的现时生存，还应关注其未来发展，因为，人们在其成长、发展的漫长人生道路上会有不尽的困难与挑战，最终还必须凭借自身的坚实步伐前行。助人是为了提升来访者自助的能力。只有当心理援助对象明白自己必须承担成长的责任，也有信心、有能力担当这种责任时，他们才能真正获得更大的进步。这也就是助人自助的心理咨询的理念。

因此，咨询师在实施心理咨询的过程中，对于来访者自身也会产生以下一些自助的功能。

（1）在了解自身情绪问题的根源及恶化的原因的基础上，增强对情绪和行为的理性控制能力。

（2）学会与他人建立和维持更为有意义的、满意的人际关系。

（3）增强了自觉性，能够更加准确地认识自我，并培养起看待自我的积极态度；能把自己互相冲突的方面进行合适的调适、整合，充满活力且有能力使自己处于不断完善之中。

(4) 使自身能够达到一个更高的精神觉醒状态。

(5) 获得社会技能。

(6) 能够修正和改变自己非理性的信念、不合适的思维方式以及不合适的行为方式。

(7) 产生系统的改变，并能够把变化引入社会组织系统的运作中。

(8) 学会掌握自己的生活，并能够表现出关心他人的能力与行为。

总之，心理咨询的目的不是去帮助来访者解决一个又一个无尽的问题，而是唤起来访者承担责任的热情，提升其负责的能力，促进来访者自立自强。

第二节　心理咨询的伦理原则

现代社会发展中，人与人、人与社会、人与自然的关系广泛复杂，其中的伦理问题日益凸显，而在心理咨询的实践中，伦理问题更是不可回避的，它贯穿于心理咨询的全过程，甚至从某种意义上说，它体现了心理咨询助人工作的核心价值。

一、心理咨询专业伦理的基本原则

出于维护来访者权益与福祉的考虑，同时基于心理咨询专业的自身要求，心理咨询专业人员在遵守国家教育相关法律法规的同时，需遵循以下的基本伦理原则。

(一) 善行

心理咨询师应自觉将来访者的福祉置于首位，保障他们的权益，努力使来访者得到适当的服务并避免伤害。因为心理咨询师的工作目的是使来访者从其工作中获益，提高他们的心理健康水平，促进其心理发展，协助其完善和健全自身人格，增进其福祉和根本利益。

(二) 责任

心理咨询师应认清自己所负有的专业、伦理及法律责任，谨言慎行，维护心理咨询工作的专业信誉。心理咨询师应注意维护自身身心健康，努力保持工作的最高水准，主动参加业务学习，提升业务水平。

(三) 诚信

心理咨询师在教育教学、咨询辅导、科学研究等工作中，应诚实和守信，不得弄虚作假、蒙蔽欺骗。

(四) 公正

心理咨询师应公平、公正地对待自己的工作和其他人员，应采取谨慎的态度和适当的措施防止偏见。应确保在自己能力范围内工作，防止因自身专业限制导致的不当行为。

(五) 尊重

心理咨询师应尊重来访者的自尊、价值、个人隐私权、保密权和自我决定权。要对文化、角色以及各种个体差异有充分的觉察和尊重。

二、心理咨询的保密原则

(一) 保密

心理咨询是一个较为特殊的服务领域。前来求助的当事人大都有着具有一定隐私性的心理问题。作为心理咨询重要的专业守则之一的保密原则,能够帮助来访者建立对咨询师的信任,能够帮助咨询过程顺利进行,能够为咨询获得成效提供必要的保证。

这里,我们首先需要明白什么是个人隐私。就内容而言,个人隐私一般是对个人来说具有亲密性、隐私性,但对社会却没有实质性负面影响的那些信息。如果通过合法、公开的途径便可知道的信息,即使知晓的人并不多,也不能算作个人隐私。就个人信息的社会影响而言,那些不侵犯他人、与社会没有实质性联系但具有个人性的信息,可能成为个人隐私。特别是,一旦为人所知,可能因社会道德或普遍的习惯而影响到社会对当事人评价的,更属于个人隐私的范围。有些信息对维护当事人的自尊和社会形象有直接的关系,尽管也许可能只对个人或少数与其关系密切的人产生影响,它们依然属于隐私权保护的范畴。还有一些信息虽然具有隐私性,但可能有损于社会公众利益,那就不再属于个人隐私。

心理咨询的保密原则强调,心理咨询师有责任保护来访者的隐私权,同时认识到隐私权在内容和范围上受到国家法律和专业伦理规范的保护与约束。心理咨询师在专业工作中,有责任向来访者说明工作的保密原则,以及这一原则应用的限度。在家庭治疗、团体咨询开始时,也应首先在咨询团体中确立保密原则,并提示团体成员重视自己的隐私权以及表露自己个人内心隐私的限度。保密原则要求在没有得到当事人同意的情况下,不得将在咨询场合下对方的言行随意泄露给任何个人和机关;只有在得到来访者书面同意的情况下,心理咨询师才能对心理咨询过程进行录音、录像或演示;心理咨询师专业服务工作的有关信息包括个案记录、测验资料、信件、录音、录像和其他资料,均属于专业信息,应在严格保密的情况下进行保存,仅经过授权的心理咨询师可以接触这类资料;心理咨询师因专业工作需要对心理咨询的案例进行讨论,或采用案例进行教学、科研、写作等工作时,应隐去那些可能会据此辨认出来访者的有关信息(得到来访者书面许可的情况例外);心理咨询师在演示来访者的录音、录像或发表其完整的案例前,须得到对方的书面同意。

其他涉及保密的问题还有:当他人委托希望了解当事人的咨询情况时,除非具有当事人的书面同意,否则无权将其咨询情况透露给他人;心理咨询或者进行评估等会议的场所如果存在隔音不全等问题,无法做到保密;在公共场所进行心理咨询服务,尽管有普及宣传的功能存在,但是依然有违咨询保密原则的初衷;至于放松闲聊时将咨询个案作为话题,也容易违反保密原则。

保密原则的应用也存在限度。当发生下列情形时保密原则是例外的:当心理咨询师发现来访者有伤害自身或伤害他人的严重危险时,有义务、有必要采取措施防止危险情况发生；当寻求专业服务者有致命的传染性疾病等且可能危及他人时，与之经常接触者或可能与之接触的不特定人有权知晓这一事实；未成年人在受到性侵犯或虐待时，心理咨询师有向对方合法监护人预警的责任；当按照法律规定需要披露时，心理咨询师有遵循法律规定的义务，但须要求法庭及相关人员出示合法的书面要求，并要求法庭及相关人员确保此种披露不会给专业关系带来直接损害或潜在危害。

（二）泄密

保密是心理咨询中需要遵守的重要的专业守则。心理咨询师应严防泄露来访者的有关信息，有义务维护其隐私。一旦咨询师泄密，来访者有诉诸法律的权利。

泄密为什么会发生？除去为心理咨询师个人需求而置来访者利益不顾等明显违反职业伦理的情形，主要有以下两种情形。

1. 缺乏自制力，难以承受保密的压力

心理咨询师作为个体也可能有着自己的秘密，同时，作为一个咨询师，会背负着许多来访者的秘密，这会给人带来压力。如果缺乏自我控制的能力，如同孩童向家长毫无保留地打开自己的内心一样，就可能出现难以保守秘密的情形。

2. 缺乏必要的技巧，智慧的判断和操作能力欠缺

尽管心理咨询的保密原则是最为重要的职业伦理，但是在执行中间需要技巧与智慧。比如，来访者的某些情绪调整问题需要在不伤害其自尊心的基础上获得他人的配合。那么，如何进行这种与他人的沟通呢？如果操作不当就可能导致过度暴露来访者信息的情形。

有时，心理咨询师会遭遇第三方出面请求对某当事人提供服务的情形，这在青少年心理咨询中更为多见，这里的第三方常常是当事人家长、教师等，他们与当事人存在某种保护或从属关系。由于这样的特殊情形，第三方常常会向心理咨询师提出知情等要求。此时，心理咨询师需要坚守优先保护当事人权益的原则，如果咨询师判断出这种委托关系可能会对当事人造成潜在损害时，应拒绝给予咨询。

这里有必要对正当泄密进行说明。所谓正当泄密也就是前面所述的超出保密限制的范围。因为，要求心理咨询师一言一行以来访者的利益为重，但是同时不能有损于他人和社会的利益。

三、建立咨访关系的原则

（一）对来访者的尊重

心理咨询是在咨询师与来访者之间的一种独特的专业关系中进行的。但是，它又与其他许多的专业关系相区别，因为，这是需要心理帮助的人与能够提供这种帮助的人之间结成的独特的人际关系，通过这种关系可以达到心理改善、促进个人成长的效果。

良好的咨访关系是取得良好的咨询效果的基础，而且其本身就具有治疗功能。具体体

现在以下三个方面。

第一,良好的咨访关系能使来访者产生积极的情绪体验,使之在被尊重、接纳、理解之中自由地表达和探索情绪,并产生对咨询师的信赖和安全感。

第二,良好的咨访关系能使来访者提高自尊,因为咨询师无条件的接纳而使来访者减轻了压力,增添了对自己的信心,进而生成更多积极的情绪体验。

第三,良好的咨访关系能促使认同和移情发生,在对咨询师信任和好感的基础上,来访者认同咨询师的态度,并可能促使自己形成新的积极改变。

尊重来访者是影响咨访关系的重要因素,而且,它与其他影响咨访关系的因素之间存在很高的相关。那么,究竟什么是尊重呢? 尊重似乎难以用一个确定的概念来定义。一般说来,心理咨询中的尊重,是指理解与珍视人的多样性与个性,尊重来访者的现状,以及他们的价值观、人格和合理合法的权益,接纳、关注、爱护来访者;在咨询过程中为来访者创造一个安全、温暖的氛围,使之感受到被尊重、被接纳,获得自我价值感。

要使尊重在咨询中产生影响,就不能仅仅将其作为一种态度或观察他人的方式。需要以行动来表达对来访者的尊重,具体应该做到以下一些方面。

(1) 彼此平等,决不因心理咨询师在专业、经验等方面的优势而去卖弄甚至盛气凌人,使对方感觉无知、无力,也不能把自己的想法、观念、行为模式强加于人。

(2) 以礼待人,对来访者一视同仁,不能有厚此薄彼的轻视或奉承的心理行为,也不能因个别来访者的失礼言行而表现出不克制、贬损对方等行为。

(3) 不要伤害人,不要因为自身缺乏原则或能力给来访者造成负面的影响,因为助人不是造福于人,就是会贻害于人,从来就没有中性的情形;更不能以心理咨询师的有利地位对来访者进行控制甚至盘剥。

(4) 重视多样性,尊重来访者与他人的差异,也要努力去理解来访者与我们自身的差异;在善于洞察多样性的同时不为其所迷惑。

(5) 将来访者视作独特的个体,珍视其个性,支持每个来访者寻找自我,并且使助人的过程个别化,以适合不同来访者的需要、能力和资源。但尊重并不意味着鼓励来访者对自身和他人产生不利的态度与行为方式,促进的方向是使来访者能够更有效地参与社会生活。

(6) 搁置是非评判,也不需要去宽恕,更不能把咨询师自己的价值观强加在来访者身上,需要做的只是帮助来访者认定、反省和评估自己的价值观所产生的后果,留有足够的余地使其进行自我探索。

(7) 真正体现出为来访者着想,认真为他们的利益考虑,帮助他们向自己提出要求,有时甚至也需要向他们挑战,因为尊重既需要仁厚,也需要讲求实际而不为感情所支配。

(8) 乐意为来访者服务,和来访者在一起时要有全身心的投入,愿意进入他们的世界去理解其抵触,并且欣然地帮助其去克服。

(二) 避免多重关系

在心理咨询的专业伦理中,要求心理咨询师避免与来访者形成多重关系。作为为来访者提供专业帮助的心理咨询师，只应与其建立和维持单纯的咨访关系，这有助于心理咨询的实施。如果心理咨询师与来访者形成了多重的关系，诸如具有社会、商业、钱财及职业特点的关系，就会干扰心理咨询的进行，使咨询的效果大打折扣，甚至带来糟糕的负面影响。因此，避免与自己的亲友、同事、学生、部属、生意伙伴等做心理咨询，或者避免与自己的咨询对象形成其他关系是十分必要的。

那么，多重关系有什么危害呢？为什么专业伦理对此多有强调呢？很多研究表明，这会影响心理咨询师对来访者问题的判断，会伤害来访者的利益，会不利于取得好的咨询效果。具体表现在以下一些方面。

(1) 影响形成必要的治疗性的关系，使得心理咨询师无法与来访者保持一定的距离与界限，还可能因为咨访关系的本质发生改变而直接影响咨询过程的顺利进行。

(2) 影响对来访者问题的客观评估，因为多重关系而难以始终将来访者的利益置于首位，在可能的利益冲突中难以排除对心理咨询师自身利益的关注，从而影响对问题的判断，甚至可能出于对自身利益的选择而操控来访者，对其造成伤害。

(3) 即便心理咨询师努力去避免多重关系对咨询的影响，还是可能会影响来访者的认知过程，影响来访者对咨询目标的坚定，甚至影响咨询中必要的配合。

(4) 打破了应有的平等的咨访关系，当来访者认为咨询过程中出现问题且有必要通过有关的正规途径解决时，可能因为纠结其中的其他关系而难以处理。

(5) 当心理咨询师与来访者的关系建立在商业、经济利益等基础之上时，咨询的性质就发生了改变，心理咨询师就可能在利益的驱动下利用咨询机会去达成自己的需要和满足，伤害来访者无疑是必然的代价。

除以上情形以外，甚至可能出现与心理咨询师建立了多重关系的来访者在咨访关系结束后控告心理咨询师的情形。因此，心理咨询师必须认真对待每一位来访者，并且郑重思考自己应该承担的责任和义务，理解、明白并且自觉遵守有关法律、法规和专业伦理规范中的有关限制。

(三) 转介

心理咨询师从专业角度而言，可以说是一种权威，也就是具有比较丰富的基础专业知识、经历心理咨询专业训练、能够更好地理解来访者并给予其必要帮助的专业人员。但是，这绝不等于心理咨询师无所不能，也绝不等于心理咨询师可以“包打天下”。在必要的时候，心理咨询师必须将自己的来访者介绍给其他咨询机构、医疗机构或者其他咨询师处接受咨询或者治疗，这就是转介。

需要转介的原因通常有以下一些情况。

(1) 由于心理咨询师自身存在的限制，即根据自己所接受的教育、培训和督导的经历与工作经验等，无法为自己专业能力范围以外的来访者提供适宜而有效的专业服务，这就需要进行及时的转介。如果为维护自身形象而继续维持咨询，会对来访者造成伤害，是严重违背专业伦理的，同时也会给自己造成莫大的压力，并损害自身的形象。

（2）当发现来访者可能患有较严重的精神障碍时，本着《中华人民共和国精神卫生法》的规定和对来访者负责的精神，心理咨询师需要有能力及时对此有所觉察，迅速做出初步判断并转介至符合《中华人民共和国精神卫生法》规定的医疗机构进行进一步的诊断和治疗，并协助做好其监护人的心理教育工作。

（3）当来访者出现移情，即将心理咨询师视为过去生活环境中与自己有着重要关系的他人，从而把感情移植到心理咨询师身上时，咨询师需要敏锐地加以判断，如若继续下去将会对咨询发展不利，应及时采取转介行动。

（4）在咨询过程中，由于一些客观因素导致心理咨询师与来访者有了双重乃至多重的关系时，阻碍了咨询师继续为其提供合适、有效的帮助，也需要积极采取转介措施使之得到必要的帮助。

心理咨询专业工作还可以构建咨询工作组的模式，即有一群相互协调、共同努力的专业工作者，他们以心理咨询师为核心，也包括了学习心理学专家、职业咨询师、心理卫生专家等，通过通力合作为青少年提供各种咨询服务。此时，当事人的自由选择权虽然必须尊重，但是由于工作组内部有分工协调，当来访者选择不当时，接待的咨询人员可以出于对来访者利益考虑而将其转介给其他专家。

需要说明的是，尽管转介是基于对来访者利益的考虑，是符合心理咨询专业伦理要求的，也是对各种相关资源的优化利用，但是，依然有一个细致的过程，有时这个过程甚至会很艰难。比如，需要向来访者说明转介的目的和必要性，说明新的服务者或服务机构的情况，说明将要提供的服务的可能作用并帮助获得信息，说明保密的限制，必要时应征询来访者家属的意见，整理有关转介的资料，协助联系工作等。

四、心理咨询师的越界行为

（一）广义的越界行为

从广义而言，凡是超越了自己工作范围的界限，或者超越了自我限制的界限，均属于越界的情形。心理咨询师的工作目的是帮助寻求专业服务者从自己提供的专业服务中受益，因此，尽力保持自己专业服务的最高水准、保障来访者的权利、努力使其得到适当的服务并且避免伤害来访者，是心理咨询师的责任。因此，心理健康教育与咨询的专业人员需要高度重视自己所从事的咨询工作，不断充实提高自己的专业知识与能力，促进专业成长，提升服务品质。心理咨询师为了避免越界行为应该做到以下一些方面。

（1）有愿望、有能力协助来访者学习解决问题的知识与技巧，并且提供完整、客观、正确的相关资讯。

（2）在实施咨询服务时，明白自己对来访者生活的影响作用和对社会的责任，谨慎言行，避免贻害社会和来访者。

(3) 在面对未成年的来访者或当事人时，表现出对于其家长或监护人合法监护权的尊重。

(4) 认清自身对国家、社会或第三者的责任，在来访者的行为对上述团体或个人有安全顾虑时提出必要的预警。

(5) 向来访者说明自己的专业资格、咨询过程、目标和技术的运用等，以利于来访者决定是否接受咨询。

(6) 保守咨询秘密，不泄露任何咨询内容或其他咨询资料。

(7) 对心理测量的性质、目的、信度与效度以及研究方法等有适当的了解，并且向来访者做必要的解释。

(8) 对心理咨询的范围有正确的认识，也要对自身限制有深刻的了解，在必要时需进行及时的转介。

(9) 需要在心理咨询中避免与来访者形成多重关系。

(10) 需要接受有效而适当的督导，不断自我成长。

(二) 狭义的越界行为

从狭义的角度而言，心理咨询师需要与来访者保持一种职业关系。在心理咨询过程中，心理咨询师与来访者之间有着高度的信任与亲密，但这是服从于专业工作需要的，一旦咨询服务结束，这种关系就立即消失了。甚至可以这样认为，越是简单的咨访关系，心理咨询师越容易发挥其作用，也越不容易被来访者的情绪卷入、侵袭。因此，在心理咨询中，我们将任何超越职业关系的行为都视作越界的行为，诸如，为自己的熟人进行咨询；不顾心理咨询必要的专业设置，为来访者登门咨询；除了咨询活动以外，私下与来访者接触，建立朋友等双重关系；在来访者面前宣扬自己，希望得到来访者的欣赏，以满足咨询师自身的表现欲；对异性来访者表现多情，或故意鼓励对方过度移情以满足私欲；因为过分担心来访者的愤怒而不敢对其进行必要的挑战或质疑，表现出明显的无力感，无法为来访者提供必要的支持；为了讨好来访者或咨询师的自身利益而随意延长咨询时间，或者不必要地拖长咨询过程，增加咨询次数；在自己的休息时间接待来访者，忽视自己应该有的权益；通过控制和支配来访者而获得自己的快感；强行向来访者推销自己的忠告，以表现自己的权力欲；收取来访者的财物；陪来访者吃饭；利用来访者得到利益，以满足自己的贪欲，等等。

作为心理咨询师，更应严格遵守专业伦理。如果咨询师与来访者产生情感接触与性接触（包括不当的身体接触、性挑逗和要求来访者叙述性和身体方面的细节）；咨询师与来访者产生生意行为；或违反保密原则，泄露来访者的资料，与朋友讨论来访者，改头换面用来访者的故事写文章和书籍等，都属于违反专业伦理的、可以被投诉的行为。

第三节　心理咨询组织管理的伦理规范

心理咨询的组织管理中须有相应的伦理规范。虽然不同的伦理议题存在着复杂性和不确定性,但基本的伦理规范应予明确。

一、心理咨询专业服务中的伦理规范

心理咨询师面向来访者开展心理咨询服务,咨询中应尊重来访者的尊严,保障其权益,促进其自我成长与发展。咨询中应遵守相关法律法规和专业伦理,以保障来访者福祉为首要考虑,密切注意保护其身心健康,避免造成伤害。

(1) 心理咨询师必须取得心理咨询的专业资格,完成必要的实习,接受必要的督导,具备心理咨询的专业技能,此后方可独立为来访者提供心理咨询专业服务。

(2) 心理咨询师应尊重每一个来访者,不得以任何缘由歧视他们。来访者对咨询有自由决定权,可以接受、拒绝、退出或结束咨询,心理咨询师应当尊重其选择,并告知咨询的性质、目的、过程、技术的运用、限制及损益等,以帮助来访者作决定。若来访者因未成年或其他原因导致无能力作决定时,心理咨询师应着眼于其根本利益,并尊重其合法监护人的意见。

(3) 心理咨询师不得从事心理治疗,发现来访者可能患有较严重精神障碍时,应当建议其到符合精神卫生法规定的医疗机构进行进一步的诊断和治疗,并协助做好其监护人的心理教育工作。

(4) 心理咨询师有责任保护来访者的隐私权,其隐私权在内容和范围上受国家法律和专业伦理规范的保护与约束。同时,心理咨询师应清楚保密原则的应用限度。下列情况为保密原则的例外:

① 来访者有伤害自身或伤害他人的严重危险时。

② 来访者有致命的传染性疾病且可能危及他人时。

③ 未成年人在受到性侵犯或虐待时。

④ 法律规定需要披露时。

在遇到以上保密例外的情况时,心理咨询师应依据法律法规采取适当的报告或预警等措施,以保障来访者及相关人员的安全及利益。

(5) 心理咨询师在咨询过程中应尊重来访者的价值观,不替来访者作决定,不强迫其接受心理咨询师的价值观。在咨访关系中的一切活动,应有助于来访者自我适应与心理成长,不使来访者过于依赖心理咨询师。

(6) 心理咨询师应与来访者建立良好的咨访关系,不得利用这种关系谋取其他的利益。不宜为存在咨询以外的其他关系的来访者进行咨询,避免与来访者发展咨询以外的其他关系,严禁与来访者之间发生亲密或性关系。与来访者存在直接的课程教学、行政管理、考核评估等关系时,不宜进行咨询,可转介他人咨询,或在上述关系结束之后再进行心理咨询。

(7) 心理咨询师应严格遵守咨询时间,对于无法协调的时间更改,应提前向来访者说明。咨询进程中遇到较长的假期时,应对来访者的咨询进行妥善安排。因故不能继续给来访者咨询时,应说明缘由后予以转介。

(8) 来访者不再需要继续咨询或者目前的咨询不能使其继续受益时,心理咨询师应与其协商结束咨询或进行转介，并应对咨询的结束有明确的交代，还应处理来访者可能存在的咨询依赖，帮助来访者适应现实生活。若来访者自主要求结束咨询，而心理咨询师认为其需要继续咨询时，宜建议来访者寻求其他帮助。

(9) 心理咨询师应及时完成咨询记录，记录要真实、清晰、准确。只有经过来访者的书面同意，心理咨询师才能对心理咨询过程进行录音、录像或演示。所有咨询记录，包括笔录、测验资料、信函、影音资料等均应作为专业资料予以保密，凡是要在咨询工作之外的情况下使用，均须得到来访者的书面同意。心理咨询师因专业工作需要对心理咨询案例进行讨论，或采用案例进行教学、科研、写作等工作时，应隐去可能据此辨认出来访者的有关信息。

(10) 团体心理咨询在遵守上述工作规范的基础上，必须首先筛选团体成员，以符合团体的性质、目的及成员的需要，并维护其他成员的权益。在团体咨询中，关于团体成员的自我揭露，心理咨询师须事先设定保密标准，应告知成员保密的重要性及可能的困难，随时提醒成员保密的责任，并提醒每个成员为自己设定公开隐私的程度与界限。心理咨询师应注意营造安全的团体氛围，采取合理的预防措施，避免成员在团体互动中受到伤害。

(11) 当心理咨询师通过互联网技术开展心理咨询和督导时，在遵守心理咨询的普遍伦理原则的基础上，应对可能存在的风险和限制有所评估，采取确实的措施保障沟通过程中所有信息的安全性。咨询前，应告知来访者有关网络使用的安全措施、咨询资料的保存方式，以及潜在风险与限制。当身份不易确认时，应采取必要措施避免冒名顶替。网络咨询应界定适用范围、咨询时间和紧急情况下的实地联络方式。心理咨询师还应对于网络咨询中可能的危机状况有所觉察、评估，并制定相应的干预预案。

(12) 从事心理咨询督导的专业人员须具备心理咨询和咨询督导的专业资质，督导工作须以保障受督者和来访者双方福祉为出发点，帮助受督者觉察和处理咨询中存在的问题和困难，促进其专业成长。督导师须遵守心理咨询的专业规范和伦理守则，同时有责任明辨受督者工作中存在的失范行为，并督促其改进。

二、心理危机预防与干预中的伦理规范

心理咨询师应从尊重生命、维护来访者生命安全的高度，履行心理危机预防与干预工作责任，大力普及心理危机预防相关知识，完善心理危机识别发现和干预工作机制，协调多方力量共同实施危机预防与干预工作，确保危机风险高的来访者的福祉。

(1) 心理咨询师应接受心理危机干预的专门培训，具备实施心理危机预防与干预所必需的专业知识与技能；应熟悉危机预防与干预流程、权责分工与操作规范。

(2) 应开展心理危机预防与干预相关知识宣传普及，引导受众知晓心理危机及其表现形式，提升帮助遭遇心理危机来访者的能力，并了解内外各种帮助资源。在心理危机预防的各类宣传教育活动中，应对所有人一视同仁，不可以滥贴敏感标签。

(3) 在心理健康测评工作中发现存在危机风险的来访者，心理咨询师应及时干预，必要时应及时进行进一步的专业评估与相应的跟进工作。

(4) 在危机处理中,应注意自身局限,必要时邀请业界专家进行案例会商,或向精神卫生医疗机构转诊,并做好备案工作。

(5) 心理咨询师应以专业的视角,正确引导媒体对严重突发事件的报道,严禁私自在网上或向大众传媒发表有关危机事件的言论,避免因不当或过度的渲染而产生不良影响。

三、心理测量与档案管理中的伦理规范

心理咨询师应正确理解心理测评在心理咨询服务工作中的意义和作用,选择使用可靠、可信、有益的测评工具,严格遵照测评规范实施测评,以促进危机预防工作和来访者个体、群体的健康发展。须避免心理测评给来访者造成身心伤害,应防止对测评的依赖或滥用,不得用测评手段为个人谋取经济或其他相关利益。

(1) 心理咨询师应在接受过心理测量相关专业培训后,对特定心理测验及相关测评工具拥有必备的专业知识、技能和经验,对所使用的测验有全面、系统和科学的认识,对测验结果能进行准确、客观、全面的解释,方可使用相关测验实施测评。心理咨询师不得提供超出自身能力或资质范围的测评服务。

(2) 心理咨询师应尊重来访者对测评结果进行了解和获得解释的权利,在实施测评之后,应保持谨慎、科学的态度对测评结果进行准确、客观、完整的解释,慎用专业术语,确保来访者全面、准确地理解测验结果。应妥善保管来访者参加测验的信息、测验资料、作答情况和结果报告等信息,并严格保密。

(3) 心理咨询师在将个体心理测评资料应用于教学、科研、研讨、督导等必要的专业活动时,须获得来访者的许可和授权,同时最大限度地做好去身份化的处理,以保护其隐私。在因工作或研究需要对群体的测评数据进行批量收集和使用时,须告知其目的和用途,并切实采取匿名保护措施。

(4) 在建立心理健康档案时,来访者须签署知情同意书,学生心理健康档案资料必须严格保密。

四、心理健康教育教学与研究中的伦理规范

开展心理健康教育教学和相关研究工作是拓展与深化心理健康教育工作的题中之义。

首先,心理咨询师必须具有从事心理健康课程教育与活动开展所必需的资质和专业能力,方可独立授课或开展活动。

其次,心理咨询师应根据受众心理发展和教育教学活动的规律,采用科学有效的教学手段和方法开展教学。应努力发展有意义的和值得尊重的专业关系,对课堂教学、专题活动持认真负责的态度,严格遵守教学活动的相关纪律。

再次,在课程教学或专题活动中应尊重受众意愿、保护隐私,防止出现有害于他们的言行或侵犯其合法权益的行为。课堂或活动中,应在尊重受众意愿和自主的基础上,鼓励他们参与、接受挑战,同时要注意保护他们免受伤害。教学或活动中涉及案例时,必须严格保护

来访者的隐私。

最后，在从事研究工作时，应遵守伦理、法律、服务机构的相关规定以及人类科学研究的标准，尊重和保障研究对象的权益。在研究成果与发表过程中，应遵守学术规范，充分尊重和保护相关人员的知识产权。

第四节 心理咨询相关的法律法规

一、《中华人民共和国精神卫生法》

2012年10月26日，《中华人民共和国精神卫生法》由中华人民共和国第十一届全国人民代表大会常务委员会第二十九次会议通过，自2013年5月1日起施行。2018年4月27日第十三届全国人民代表大会常务委员会第二次会议《关于修改〈中华人民共和国国境卫生检疫法〉等六部法律的决定》对该法进行了修正，自公布之日起施行。

《中华人民共和国精神卫生法》中关于心理健康教育与咨询的法律条文主要有以下内容（节选）。

第二条 在中华人民共和国境内开展维护和增进公民心理健康、预防和治疗精神障碍、促进精神障碍患者康复的活动，适用本法。

第三条 精神卫生工作实行预防为主的方针，坚持预防、治疗和康复相结合的原则。

第四条 精神障碍患者的人格尊严、人身和财产安全不受侵犯。

精神障碍患者的教育、劳动、医疗以及从国家和社会获得物质帮助等方面的合法权益受法律保护。有关单位和个人应当对精神障碍患者的姓名、肖像、住址、工作单位、病历资料以及其他可能推断出其身份的信息予以保密；但是，依法履行职责需要公开的除外。

第五条 全社会应当尊重、理解、关爱精神障碍患者。任何组织或者个人不得歧视、侮辱、虐待精神障碍患者，不得非法限制精神障碍患者的人身自由。新闻报道和文学艺术作品等不得含有歧视、侮辱精神障碍患者的内容。

第九条 精神障碍患者的监护人应当履行监护职责，维护精神障碍患者的合法权益。禁止对精神障碍患者实施家庭暴力，禁止遗弃精神障碍患者。

第十四条 各级人民政府和县级以上人民政府有关部门制定的突发事件应急预案，应当包括心理援助的内容。发生突发事件，履行统一领导职责或者组织处置突发事件的人民政府应当根据突发事件的具体情况，按照应急预案的规定，组织开展心理援助工作。

第十五条 用人单位应当创造有益于职工身心健康的工作环境，关注职工的心理健康；对处于职业发展特定时期或者在特殊岗位工作的职工，应当有针对性地开展心理健康教育。

第十六条 各级各类学校应当对学生进行精神卫生知识教育；配备或者聘请心理健康教育教师、辅导人员，并可以设立心理健康辅导室，对学生进行心理健康教育。学前教育机构应当对幼儿开展符合其特点的心理健康教育。

发生自然灾害、意外伤害、公共安全事件等可能影响学生心理健康的事件，学校应当及时组织专业人员对学生进行心理援助。

教师应当学习和了解相关的精神卫生知识，关注学生心理健康状况，正确引导、激励学生。地方各级人民政府教育行政部门和学校应当重视教师心理健康。

学校和教师应当与学生父母或者其他监护人、近亲属沟通学生心理健康情况。

第二十一条　家庭成员之间应当相互关爱，创造良好、和睦的家庭环境，提高精神障碍预防意识；发现家庭成员可能患有精神障碍的，应当帮助其及时就诊，照顾其生活，做好看护管理。

第二十二条　国家鼓励和支持新闻媒体、社会组织开展精神卫生的公益性宣传，普及精神卫生知识，引导公众关注心理健康，预防精神障碍的发生。

第二十三条　心理咨询人员应当提高业务素质，遵守执业规范，为社会公众提供专业化的心理咨询服务。心理咨询人员不得从事心理治疗或者精神障碍的诊断、治疗。心理咨询人员发现接受咨询的人员可能患有精神障碍的，应当建议其到符合本法规定的医疗机构就诊。心理咨询人员应当尊重接受咨询人员的隐私，并为其保守秘密。

第二十五条　开展精神障碍诊断、治疗活动，应当具备下列条件，并依照医疗机构的管理规定办理有关手续：

（一）有与从事的精神障碍诊断、治疗相适应的精神科执业医师、护士；

（二）有满足开展精神障碍诊断、治疗需要的设施和设备；

（三）有完善的精神障碍诊断、治疗管理制度和质量监控制度。

从事精神障碍诊断、治疗的专科医疗机构还应当配备从事心理治疗的人员。

第二十六条　精神障碍的诊断、治疗，应当遵循维护患者合法权益、尊重患者人格尊严的原则，保障患者在现有条件下获得良好的精神卫生服务。精神障碍分类、诊断标准和治疗规范，由国务院卫生行政部门组织制定。

第二十八条　除个人自行到医疗机构进行精神障碍诊断外，疑似精神障碍患者的近亲属可以将其送往医疗机构进行精神障碍诊断。对查找不到近亲属的流浪乞讨疑似精神障碍患者，由当地民政等有关部门按照职责分工，帮助送往医疗机构进行精神障碍诊断。疑似精神障碍患者发生伤害自身、危害他人安全的行为，或者有伤害自身、危害他人安全的危险的，其近亲属、所在单位、当地公安机关应当立即采取措施予以制止，并将其送往医疗机构进行精神障碍诊断。医疗机构接到送诊的疑似精神障碍患者，不得拒绝为其作出诊断。

第三十条　精神障碍的住院治疗实行自愿原则。

诊断结论、病情评估表明，就诊者为严重精神障碍患者并有下列情形之一的，应当对其实施住院治疗：

（一）已经发生伤害自身的行为，或者有伤害自身的危险的；

（二）已经发生危害他人安全的行为，或者有危害他人安全的危险的。

第三十一条　精神障碍患者有本法第三十条第二款第一项情形的，经其监护人同意，医疗机构应当对患者实施住院治疗；监护人不同意的，医疗机构不得对患者实施住院治疗。监护人应当对在家居住的患者做好看护管理。

第三十二条 精神障碍患者有本法第三十条第二款第二项情形，患者或者其监护人对需要住院治疗的诊断结论有异议，不同意对患者实施住院治疗的，可以要求再次诊断和鉴定。

依照前款规定要求再次诊断的，应当自收到诊断结论之日起三日内向原医疗机构或者其他具有合法资质的医疗机构提出。承担再次诊断的医疗机构应当在接到再次诊断要求后指派二名初次诊断医师以外的精神科执业医师进行再次诊断，并及时出具再次诊断结论。承担再次诊断的执业医师应当到收治患者的医疗机构面见、询问患者，该医疗机构应当予以配合。对再次诊断结论有异议的，可以自主委托依法取得执业资质的鉴定机构进行精神障碍医学鉴定；医疗机构应当公示经公告的鉴定机构名单和联系方式。接受委托的鉴定机构应当指定本机构具有该鉴定事项执业资格的二名以上鉴定人共同进行鉴定，并及时出具鉴定报告。

第四十九条 精神障碍患者的监护人应当妥善看护未住院治疗的患者，按照医嘱督促其按时服药、接受随访或者治疗。村民委员会、居民委员会、患者所在单位等应当依患者或者其监护人的请求，对监护人看护患者提供必要的帮助。

第五十一条 心理治疗活动应当在医疗机构内开展。专门从事心理治疗的人员不得从事精神障碍的诊断，不得为精神障碍患者开具处方或者提供外科治疗。心理治疗的技术规范由国务院卫生行政部门制定。

第六十七条 师范院校应当为学生开设精神卫生课程；医学院校应当为非精神医学专业的学生开设精神卫生课程。

县级以上人民政府教育行政部门对教师进行上岗前和在岗培训，应当有精神卫生的内容，并定期组织心理健康教育教师、辅导人员进行专业培训。

第八十三条 本法所称精神障碍，是指由各种原因引起的感知、情感和思维等精神活动的紊乱或者异常，导致患者明显的心理痛苦或者社会适应等功能损害。

本法所称严重精神障碍，是指疾病症状严重，导致患者社会适应等功能严重损害、对自身健康状况或者客观现实不能完整认识，或者不能处理自身事务的精神障碍。

本法所称精神障碍患者的监护人，是指依照民法通则的有关规定可以担任监护人的人。

二、《中华人民共和国妇女权益保障法》

《中华人民共和国妇女权益保障法》是我国第一部以妇女为主体、以全面保护妇女合法权益为主要内容的基本法。为了保障妇女的合法权益，促进男女平等，充分发挥妇女在社会主义现代化建设中的作用，根据宪法和我国的实际情况，1992 年 4 月 3 日，第七届全国人民代表大会第五次会议通过了《中华人民共和国妇女权益保障法》，并于 1992 年 10 月起实施。根据 2005 年 8 月 28 日第十届全国人民代表大会常务委员会第十七次会议作了《关于修改〈中华人民共和国妇女权益保障法〉的决定》第一次修正该法。根据 2018 年 10 月 26 日第十三届全国人民代表大会常务委员会第六次会议《关于修改〈中华人民共和国野生动物保护法〉等十五部法律的决定》第二次修正，2022 年 10 月 30 日第十三届全国人民代表大会常务委员会第三十七次会议修订了该法。该法律的核心观点是维护妇女的合法权益，促进男女平等。

《中华人民共和国妇女权益保障法》中关于心理健康教育与咨询的法律条文主要有以下内容（节选）。

第二条　男女平等是国家的基本国策。妇女在政治的、经济的、文化的、社会的和家庭的生活等各方面享有同男子平等的权利。

国家采取必要措施，促进男女平等，消除对妇女一切形式的歧视，禁止排斥、限制妇女依法享有和行使各项权益。

国家保护妇女依法享有的特殊权益。

第四条　保障妇女的合法权益是全社会的共同责任。国家机关、社会团体、企业事业单位、基层群众性自治组织以及其他组织和个人，应当依法保障妇女的权益。

国家采取有效措施，为妇女依法行使权利提供必要的条件。

第十九条　妇女的人身自由不受侵犯。禁止非法拘禁和以其他非法手段剥夺或者限制妇女的人身自由；禁止非法搜查妇女的身体。

第二十条　妇女的人格尊严不受侵犯。禁止用侮辱、诽谤等方式损害妇女的人格尊严。

第二十一条　妇女的生命权、身体权、健康权不受侵犯。禁止虐待、遗弃、残害、买卖以及其他侵害女性生命健康权益的行为。

第二十二条　禁止拐卖、绑架妇女；禁止收买被拐卖、绑架的妇女；禁止阻碍解救被拐卖、绑架的妇女。

第二十三条　禁止违背妇女意愿，以言语、文字、图像、肢体行为等方式对其实施性骚扰。

第二十四条　学校应当根据女学生的年龄阶段，进行生理卫生、心理健康和自我保护教育，在教育、管理、设施等方面采取措施，提高其防范性侵害、性骚扰的自我保护意识和能力，保障女学生的人身安全和身心健康发展。

学校应当建立有效预防和科学处置性侵害、性骚扰的工作制度。对性侵害、性骚扰女学生的违法犯罪行为，学校不得隐瞒，应当及时通知受害未成年女学生的父母或者其他监护人，向公安机关、教育行政部门报告，并配合相关部门依法处理。

对遭受性侵害、性骚扰的女学生，学校、公安机关、教育行政部门等相关单位和人员应当保护其隐私和个人信息，并提供必要的保护措施。

第二十五条　用人单位应当采取措施预防和制止对妇女的性骚扰。

第二十七条　禁止卖淫、嫖娼；禁止组织、强迫、引诱、容留、介绍妇女卖淫或者对妇女进行猥亵活动；禁止组织、强迫、引诱、容留、介绍妇女在任何场所或者利用网络进行淫秽表演活动。

第二十九条　禁止以恋爱、交友为由或者在终止恋爱关系、离婚之后，纠缠、骚扰妇女，泄露、传播妇女隐私和个人信息。

妇女遭受上述侵害或者面临上述侵害现实危险的，可以向人民法院申请人身安全保护令。

第三十五条 国家保障妇女享有与男子平等的文化教育权利。

第三十六条 父母或者其他监护人应当履行保障适龄女性未成年人接受并完成义务教育的义务。

第四十二条 各级人民政府和有关部门应当完善就业保障政策措施，防止和纠正就业性别歧视，为妇女创造公平的就业创业环境，为就业困难的妇女提供必要的扶持和援助。

第六十五条 禁止对妇女实施家庭暴力。

县级以上人民政府有关部门、司法机关、社会团体、企业事业单位、基层群众性自治组织以及其他组织，应当在各自的职责范围内预防和制止家庭暴力，依法为受害妇女提供救助。

三、《中华人民共和国未成年人保护法》

《中华人民共和国未成年人保护法》是为了保护未成年人的身心健康，保障未成年人的合法权益，促进未成年人在品德、智力、体质等方面全面发展，培养有理想、有道德、有文化、有纪律的社会主义建设者和接班人，而根据宪法制定的法律规范。1991 年 9 月，第七届全国人民代表大会常务委员会第二十一次会议审议通过了《中华人民共和国未成年人保护法》，在 2006 年 12 月 29 日第十届全国人民代表大会常务委员会第二十五次会议对该法进行了第一次修订，根据 2012 年 10 月 26 日第十一届全国人民代表大会常务委员会第二十九次会议《关于修改〈中华人民共和国未成年人保护法〉的决定》对该法进行了修正，2020 年 10 月 17 日第十三届全国人民代表大会常务委员会第二十二次会议对该法进行了第二次修订。

《中华人民共和国未成年人保护法》中关于心理健康教育与咨询的法律条文主要有以下内容（节选）。

第三条 国家保障未成年人的生存权、发展权、受保护权、参与权等权利。

第四条 保护未成年人，应当坚持最有利于未成年人的原则。处理涉及未成年人事项，应当符合下列要求：

（一）给予未成年人特殊、优先保护；

（二）尊重未成年人人格尊严；

（三）保护未成年人隐私权和个人信息；

（四）适应未成年人身心健康发展的规律和特点；

（五）听取未成年人的意见；

（六）保护与教育相结合。

第五条 国家、社会、学校和家庭应当对未成年人进行理想教育、道德教育、科学教育、文化教育、法治教育、国家安全教育、健康教育、劳动教育，加强爱国主义、集体主义和中国特色社会主义的教育，培养爱祖国、爱人民、爱劳动、爱科学、爱社会主义的公德，抵制资本主义、封建主义和其他腐朽思想的侵蚀，引导未成年人树立和践行社会主义核心价值观。

第六条　保护未成年人，是国家机关、武装力量、政党、人民团体、企业事业单位、社会组织、城乡基层群众性自治组织、未成年人的监护人以及其他成年人的共同责任。

国家、社会、学校和家庭应当教育和帮助未成年人维护自身合法权益，增强自我保护的意识和能力。

第七条　未成年人的父母或者其他监护人依法对未成年人承担监护职责。

国家采取措施指导、支持、帮助和监督未成年人的父母或者其他监护人履行监护职责。

第十一条　任何组织或者个人发现不利于未成年人身心健康或者侵犯未成年人合法权益的情形，都有权劝阻、制止或者向公安、民政、教育等有关部门提出检举、控告。

国家机关、居民委员会、村民委员会、密切接触未成年人的单位及其工作人员，在工作中发现未成年人身心健康受到侵害、疑似受到侵害或者面临其他危险情形的，应当立即向公安、民政、教育等有关部门报告。

有关部门接到涉及未成年人的检举、控告或者报告，应当依法及时受理、处置，并以适当方式将处理结果告知相关单位和人员。

第十五条　未成年人的父母或者其他监护人应当学习家庭教育知识，接受家庭教育指导，创造良好、和睦、文明的家庭环境。

共同生活的其他成年家庭成员应当协助未成年人的父母或者其他监护人抚养、教育和保护未成年人。

第十六条　未成年人的父母或者其他监护人应当履行下列监护职责：

（一）为未成年人提供生活、健康、安全等方面的保障；

（二）关注未成年人的生理、心理状况和情感需求；

（三）教育和引导未成年人遵纪守法、勤俭节约，养成良好的思想品德和行为习惯；

（四）对未成年人进行安全教育，提高未成年人的自我保护意识和能力；

（五）尊重未成年人受教育的权利，保障适龄未成年人依法接受并完成义务教育；

（六）保障未成年人休息、娱乐和体育锻炼的时间，引导未成年人进行有益身心健康的活动；

（七）妥善管理和保护未成年人的财产；

（八）依法代理未成年人实施民事法律行为；

（九）预防和制止未成年人的不良行为和违法犯罪行为，并进行合理管教；

（十）其他应当履行的监护职责。

第十七条　未成年人的父母或者其他监护人不得实施下列行为：

（一）虐待、遗弃、非法送养未成年人或者对未成年人实施家庭暴力；

（二）放任、教唆或者利用未成年人实施违法犯罪行为；

（三）放任、唆使未成年人参与邪教、迷信活动或者接受恐怖主义、分裂主义、极端主义等侵害；

（四）放任、唆使未成年人吸烟（含电子烟，下同）、饮酒、赌博、流浪乞讨或者欺凌他人；

（五）放任或者迫使应当接受义务教育的未成年人失学、辍学；

（六）放任未成年人沉迷网络，接触危害或者可能影响其身心健康的图书、报刊、电影、广播电视节目、音像制品、电子出版物和网络信息等；

（七）放任未成年人进入营业性娱乐场所、酒吧、互联网上网服务营业场所等不适宜未成年人活动的场所；

（八）允许或者迫使未成年人从事国家规定以外的劳动；

（九）允许、迫使未成年人结婚或者为未成年人订立婚约；

（十）违法处分、侵吞未成年人的财产或者利用未成年人牟取不正当利益；

（十一）其他侵犯未成年人身心健康、财产权益或者不依法履行未成年人保护义务的行为。

第十九条　未成年人的父母或者其他监护人应当根据未成年人的年龄和智力发展状况，在作出与未成年人权益有关的决定前，听取未成年人的意见，充分考虑其真实意愿。

第二十条　未成年人的父母或者其他监护人发现未成年人身心健康受到侵害、疑似受到侵害或者其他合法权益受到侵犯的，应当及时了解情况并采取保护措施；情况严重的，应当立即向公安、民政、教育等部门报告。

第二十一条　未成年人的父母或者其他监护人不得使未满八周岁或者由于身体、心理原因需要特别照顾的未成年人处于无人看护状态，或者将其交由无民事行为能力、限制民事行为能力、患有严重传染性疾病或者其他不适宜的人员临时照护。

未成年人的父母或者其他监护人不得使未满十六周岁的未成年人脱离监护单独生活。

第二十二条　未成年人的父母或者其他监护人因外出务工等原因在一定期限内不能完全履行监护职责的，应当委托具有照护能力的完全民事行为能力人代为照护；无正当理由的，不得委托他人代为照护。

未成年人的父母或者其他监护人在确定被委托人时，应当综合考虑其道德品质、家庭状况、身心健康状况、与未成年人生活情感上的联系等情况，并听取有表达意愿能力未成年人的意见。

第二十三条　未成年人的父母或者其他监护人应当及时将委托照护情况书面告知未成年人所在学校、幼儿园和实际居住地的居民委员会、村民委员会，加强和未成年人所在学校、幼儿园的沟通；与未成年人、被委托人至少每周联系和交流一次，了解未成年人的生活、学习、心理等情况，并给予未成年人亲情关爱。

未成年人的父母或者其他监护人接到被委托人、居民委员会、村民委员会、学校、幼儿园等关于未成年人心理、行为异常的通知后，应当及时采取干预措施。

第二十四条　未成年人的父母离婚时，应当妥善处理未成年子女的抚养、教育、探望、财产等事宜，听取有表达意愿能力未成年人的意见。不得以抢夺、藏匿未成年子女等方式争夺抚养权。

未成年人的父母离婚后，不直接抚养未成年子女的一方应当依照协议、人民法院判决或者调解确定的时间和方式，在不影响未成年人学习、生活的情况下探望未成年子女，直接抚养的一方应当配合，但被人民法院依法中止探望权的除外。

第二十五条　学校应当全面贯彻国家教育方针，坚持立德树人，实施素质教育，提高教育质量，注重培养未成年学生认知能力、合作能力、创新能力和实践能力，促进未成年学生全面发展。

学校应当建立未成年学生保护工作制度，健全学生行为规范，培养未成年学生遵纪守法的良好行为习惯。

第二十九条　学校应当关心、爱护未成年学生，不得因家庭、身体、心理、学习能力等情况歧视学生。对家庭困难、身心有障碍的学生，应当提供关爱；对行为异常、学习有困难的学生，应当耐心帮助。

学校应当配合政府有关部门建立留守未成年学生、困境未成年学生的信息档案，开展关爱帮扶工作。

第三十条　学校应当根据未成年学生身心发展特点，进行社会生活指导、心理健康辅导、青春期教育和生命教育。

第三十三条　学校应当与未成年学生的父母或者其他监护人互相配合，合理安排未成年学生的学习时间，保障其休息、娱乐和体育锻炼的时间。

第三十九条　学校应当建立学生欺凌防控工作制度，对教职员工、学生等开展防治学生欺凌的教育和培训。

学校对学生欺凌行为应当立即制止，通知实施欺凌和被欺凌未成年学生的父母或者其他监护人参与欺凌行为的认定和处理；对相关未成年学生及时给予心理辅导、教育和引导；对相关未成年学生的父母或者其他监护人给予必要的家庭教育指导。

对实施欺凌的未成年学生，学校应当根据欺凌行为的性质和程度，依法加强管教。对严重的欺凌行为，学校不得隐瞒，应当及时向公安机关、教育行政部门报告，并配合相关部门依法处理。

第四十条　学校、幼儿园应当建立预防性侵害、性骚扰未成年人工作制度。对性侵害、性骚扰未成年人等违法犯罪行为，学校、幼儿园不得隐瞒，应当及时向公安机关、教育行政部门报告，并配合相关部门依法处理。

学校、幼儿园应当对未成年人开展适合其年龄的性教育，提高未成年人防范性侵害、性骚扰的自我保护意识和能力。对遭受性侵害、性骚扰的未成年人，学校、幼儿园应当及时采取相关的保护措施。

第四十一条　婴幼儿照护服务机构、早期教育服务机构、校外培训机构、校外托管机构等应当参照本章有关规定，根据不同年龄阶段未成年人的成长特点和规律，做好未成年人保护工作。

第四十二条　全社会应当树立关心、爱护未成年人的良好风尚。

第四十三条　居民委员会、村民委员会应当设置专人专岗负责未成年人保护工作，协助政府有关部门宣传未成年人保护方面的法律法规，指导、帮助和监督未成年人的父母或者其他监护人依法履行监护职责，建立留守未成年人、困境未成年人的信息档案并给予关爱帮扶。

居民委员会、村民委员会应当协助政府有关部门监督未成年人委托照护情况，发现被委托人缺乏照护能力、怠于履行照护职责等情况，应当及时向政府有关部门报告，并告知未成年人的父母或者其他监护人，帮助、督促被委托人履行照护职责。

第五十四条　禁止拐卖、绑架、虐待、非法收养未成年人，禁止对未成年人实施性侵害、性骚扰。

禁止胁迫、引诱、教唆未成年人参加黑社会性质组织或者从事违法犯罪活动。

禁止胁迫、诱骗、利用未成年人乞讨。

第五十七条　旅馆、宾馆、酒店等住宿经营者接待未成年人入住，或者接待未成年人和成年人共同入住时，应当询问父母或者其他监护人的联系方式、入住人员的身份关系等有关情况；发现有违法犯罪嫌疑的，应当立即向公安机关报告，并及时联系未成年人的父母或者其他监护人。

第五十八条　学校、幼儿园周边不得设置营业性娱乐场所、酒吧、互联网上网服务营业场所等不适宜未成年人活动的场所。营业性歌舞娱乐场所、酒吧、互联网上网服务营业场所等不适宜未成年人活动场所的经营者，不得允许未成年人进入；游艺娱乐场所设置的电子游戏设备，除国家法定节假日外，不得向未成年人提供。经营者应当在显著位置设置未成年人禁入、限入标志；对难以判明是否是未成年人的，应当要求其出示身份证件。

第六十二条　密切接触未成年人的单位应当每年定期对工作人员是否具有上述违法犯罪记录进行查询。通过查询或者其他方式发现其工作人员具有上述行为的，应当及时解聘。

第六十三条　任何组织或者个人不得隐匿、毁弃、非法删除未成年人的信件、日记、电子邮件或者其他网络通讯内容。

除下列情形外，任何组织或者个人不得开拆、查阅未成年人的信件、日记、电子邮件或者其他网络通讯内容：

（一）无民事行为能力未成年人的父母或者其他监护人代未成年人开拆、查阅；

（二）因国家安全或者追查刑事犯罪依法进行检查；

（三）紧急情况下为了保护未成年人本人的人身安全。

第六十四条　国家、社会、学校和家庭应当加强未成年人网络素养宣传教育，培养和提高未成年人的网络素养，增强未成年人科学、文明、安全、合理使用网络的意识和能力，保障未成年人在网络空间的合法权益。

第六十六条　网信部门及其他有关部门应当加强对未成年人网络保护工作的监督检查，依法惩处利用网络从事危害未成年人身心健康的活动，为未成年人提供安全、健康的网络环境。

第六十八条　新闻出版、教育、卫生健康、文化和旅游、网信等部门应当定期开展预防未成年人沉迷网络的宣传教育，监督网络产品和服务提供者履行预防未成年人沉迷网络的义务，指导家庭、学校、社会组织互相配合，采取科学、合理的方式对未成年人沉迷网络进行预防和干预。

任何组织或者个人不得以侵害未成年人身心健康的方式对未成年人沉迷网络进行干预。

第七十条　学校应当合理使用网络开展教学活动。未经学校允许，未成年学生不得将手机等智能终端产品带入课堂，带入学校的应当统一管理。

学校发现未成年学生沉迷网络的，应当及时告知其父母或者其他监护人，共同对未成年学生进行教育和引导，帮助其恢复正常的学习生活。

第七十一条　未成年人的父母或者其他监护人应当提高网络素养，规范自身使用网络的行为，加强对未成年人使用网络行为的引导和监督。

未成年人的父母或者其他监护人应当通过在智能终端产品上安装未成年人网络保护软件、选择适合未成年人的服务模式和管理功能等方式，避免未成年人接触危害或者可能影响其身心健康的网络信息，合理安排未成年人使用网络的时间，有效预防未成年人沉迷网络。

第七十二条　信息处理者通过网络处理未成年人个人信息的，应当遵循合法、正当和必要的原则。处理不满十四周岁未成年人个人信息的，应当征得未成年人的父母或者其他监护人同意，但法律、行政法规另有规定的除外。

未成年人、父母或者其他监护人要求信息处理者更正、删除未成年人个人信息的，信息处理者应当及时采取措施予以更正、删除，但法律、行政法规另有规定的除外。

第七十三条　网络服务提供者发现未成年人通过网络发布私密信息的，应当及时提示，并采取必要的保护措施。

第七十七条　任何组织或者个人不得通过网络以文字、图片、音视频等形式，对未成年人实施侮辱、诽谤、威胁或者恶意损害形象等网络欺凌行为。

遭受网络欺凌的未成年人及其父母或者其他监护人有权通知网络服务提供者采取删除、屏蔽、断开链接等措施。网络服务提供者接到通知后，应当及时采取必要的措施制止网络欺凌行为，防止信息扩散。

第七十九条　任何组织或者个人发现网络产品、服务含有危害未成年人身心健康的信息，有权向网络产品和服务提供者或者网信、公安等部门投诉、举报。

第八十条　网络服务提供者发现用户发布、传播可能影响未成年人身心健康的信息且未作显著提示的，应当作出提示或者通知用户予以提示；未作出提示的，不得传输相关信息。

网络服务提供者发现用户发布、传播含有危害未成年人身心健康内容的信息的，应当立即停止传输相关信息，采取删除、屏蔽、断开链接等处置措施，保存有关记录，并向网信、公安等部门报告。

网络服务提供者发现用户利用其网络服务对未成年人实施违法犯罪行为的，应当立即停止向该用户提供网络服务，保存有关记录，并向公安机关报告。

第九十条　各级人民政府及其有关部门应当对未成年人进行卫生保健和营养指导，提供卫生保健服务。

卫生健康部门应当依法对未成年人的疫苗预防接种进行规范，防治未成年人常见病、多发病，加强传染病防治和监督管理，做好伤害预防和干预，指导和监督学校、幼儿园、婴幼儿照护服务机构开展卫生保健工作。

教育行政部门应当加强未成年人的心理健康教育，建立未成年人心理问题的早期发现和及时干预机制。卫生健康部门应当做好未成年人心理治疗、心理危机干预以及精神障碍早期识别和诊断治疗等工作。

第九十一条　各级人民政府及其有关部门对困境未成年人实施分类保障，采取措施满足其生活、教育、安全、医疗康复、住房等方面的基本需要。

第九十二条　具有下列情形之一的，民政部门应当依法对未成年人进行临时监护：

（一）未成年人流浪乞讨或者身份不明，暂时查找不到父母或者其他监护人；

（二）监护人下落不明且无其他人可以担任监护人；

（三）监护人因自身客观原因或者因发生自然灾害、事故灾难、公共卫生事件等突发事件不能履行监护职责，导致未成年人监护缺失；

（四）监护人拒绝或者怠于履行监护职责，导致未成年人处于无人照料的状态；

（五）监护人教唆、利用未成年人实施违法犯罪行为，未成年人需要被带离安置；

（六）未成年人遭受监护人严重伤害或者面临人身安全威胁，需要被紧急安置；

（七）法律规定的其他情形。

第九十三条　对临时监护的未成年人，民政部门可以采取委托亲属抚养、家庭寄养等方式进行安置，也可以交由未成年人救助保护机构或者儿童福利机构进行收留、抚养。

临时监护期间，经民政部门评估，监护人重新具备履行监护职责条件的，民政部门可以将未成年人送回监护人抚养。

第九十四条　具有下列情形之一的，民政部门应当依法对未成年人进行长期监护：

（一）查找不到未成年人的父母或者其他监护人；

（二）监护人死亡或者被宣告死亡且无其他人可以担任监护人；

（三）监护人丧失监护能力且无其他人可以担任监护人；

（四）人民法院判决撤销监护人资格并指定由民政部门担任监护人；

（五）法律规定的其他情形。

第九十九条　地方人民政府应当培育、引导和规范有关社会组织、社会工作者参与未成年人保护工作，开展家庭教育指导服务，为未成年人的心理辅导、康复救助、监护及收养评估等提供专业服务。

第一百条　公安机关、人民检察院、人民法院和司法行政部门应当依法履行职责，保障未成年人合法权益。

第一百零八条　未成年人的父母或者其他监护人不依法履行监护职责或者严重侵犯被监护的未成年人合法权益的，人民法院可以根据有关人员或者单位的申请，依法作出人身安全保护令或者撤销监护人资格。

被撤销监护人资格的父母或者其他监护人应当依法继续负担抚养费用。

第一百一十条　公安机关、人民检察院、人民法院讯问未成年犯罪嫌疑人、被告人，询问未成年被害人、证人，应当依法通知其法定代理人或者其成年亲属、所在学校的代表等合适成年人到场，并采取适当方式，在适当场所进行，保障未成年人的名誉权、隐私权和其他合法权益。

人民法院开庭审理涉及未成年人案件，未成年被害人、证人一般不出庭作证；必须出庭的，应当采取保护其隐私的技术手段和心理干预等保护措施。

第一百一十一条　公安机关、人民检察院、人民法院应当与其他有关政府部门、人民团体、社会组织互相配合，对遭受性侵害或者暴力伤害的未成年被害人及其家庭实施必要的心理干预、经济救助、法律援助、转学安置等保护措施。

第一百一十二条　公安机关、人民检察院、人民法院办理未成年人遭受性侵害或者暴力伤害案件，在询问未成年被害人、证人时，应当采取同步录音录像等措施，尽量一次完成；未成年被害人、证人是女性的，应当由女性工作人员进行。

第一百一十八条　未成年人的父母或者其他监护人不依法履行监护职责或者侵犯未成年人合法权益的，由其居住地的居民委员会、村民委员会予以劝诫、制止；情节严重的，居民委员会、村民委员会应当及时向公安机关报告。

公安机关接到报告或者公安机关、人民检察院、人民法院在办理案件过程中发现未成年人的父母或者其他监护人存在上述情形的，应当予以训诫，并可以责令其接受家庭教育指导。

第一百三十条　本法中下列用语的含义：

（一）密切接触未成年人的单位，是指学校、幼儿园等教育机构；校外培训机构；未成年人救助保护机构、儿童福利机构等未成年人安置、救助机构；婴幼儿照护服务机构、早期教育服务机构；校外托管、临时看护机构；家政服务机构；为未成年人提供医疗服务的医疗机构；其他对未成年人负有教育、培训、监护、救助、看护、医疗等职责的企业事业单位、社会组织等。

（二）学校，是指普通中小学、特殊教育学校、中等职业学校、专门学校。

（三）学生欺凌，是指发生在学生之间，一方蓄意或者恶意通过肢体、语言及网络等手段实施欺压、侮辱，造成另一方人身伤害、财产损失或者精神损害的行为。

四、《中华人民共和国义务教育法》

为了保障适龄儿童、少年接受义务教育的权利，保证义务教育的实施，提高全民族的素质，1986 年 4 月 12 日第六届全国人民代表大会第四次会议通过《中华人民共和国义务教育法》，并于 1986 年 7 月 1 日起施行。以宪法和教育法为根据制定的义务教育法，从颁布实施以来，发挥了重要的作用。但是，随着经济、社会的快速发展，义务教育出现了一些新情况、新问题。为此，2006 年 6 月 29 日第十届全国人民代表大会常务委员会第二十二次会议修订了《中华人民共和国义务教育法》，进一步明确了义务教育的性质、教育资源的配置、就近入学、保障学校安全、义务教育教师、义务教育经费保障等问题。根据2015年4月24日第十二届全国人民代表大会常务委员会第十四次会议《关于修改〈中华人民共和国义务教育法〉等五部法律的决定》第一次修正，根据2018年12月29日第十三届全国人民代表大会常务委员会第七次会议《关于修改〈中华人民共和国产品质量法〉等五部法律的决定》第二次修正。

《中华人民共和国义务教育法》中关于心理健康教育与咨询的法律条文主要有以下内容（节选）。

第二条　国家实行九年义务教育制度。

义务教育是国家统一实施的所有适龄儿童、少年必须接受的教育，是国家必须予以保障的公益性事业。

实施义务教育，不收学费、杂费。

国家建立义务教育经费保障机制，保证义务教育制度实施。

第三条　义务教育必须贯彻国家的教育方针，实施素质教育，提高教育质量，使适龄儿童、少年在品德、智力、体质等方面全面发展，为培养有理想、有道德、有文化、有纪律的社会主义建设者和接班人奠定基础。

第五条　各级人民政府及其有关部门应当履行本法规定的各项职责，保障适龄儿童、少年接受义务教育的权利。

适龄儿童、少年的父母或者其他法定监护人应当依法保证其按时入学接受并完成义务教育。

依法实施义务教育的学校应当按照规定标准完成教育教学任务，保证教育教学质量。

社会组织和个人应当为适龄儿童、少年接受义务教育创造良好的环境。

第九条　任何社会组织或者个人有权对违反本法的行为向有关国家机关提出检举或者控告。发生违反本法的重大事件，妨碍义务教育实施，造成重大社会影响的，负有领导责任的人民政府或者人民政府教育行政部门负责人应当引咎辞职。

第十四条　禁止用人单位招用应当接受义务教育的适龄儿童、少年。

根据国家有关规定经批准招收适龄儿童、少年进行文艺、体育等专业训练的社会组织，应当保证所招收的适龄儿童、少年接受义务教育；自行实施义务教育的，应当经县级人民政府教育行政部门批准。

第二十条　县级以上地方人民政府根据需要，为具有预防未成年人犯罪法规定的严重不良行为的适龄少年设置专门的学校实施义务教育。

第二十三条　各级人民政府及其有关部门依法维护学校周边秩序，保护学生、教师、学校的合法权益，为学校提供安全保障。

第二十四条　学校应当建立、健全安全制度和应急机制，对学生进行安全教育，加强管理，及时消除隐患，预防发生事故。

县级以上地方人民政府定期对学校校舍安全进行检查；对需要维修、改造的，及时予以维修、改造。

学校不得聘用曾经因故意犯罪被依法剥夺政治权利或者其他不适合从事义务教育工作的人担任工作人员。

第二十七条 对违反学校管理制度的学生，学校应当予以批评教育，不得开除。

第二十八条 教师享有法律规定的权利，履行法律规定的义务，应当为人师表，忠诚于人民的教育事业。

全社会应当尊重教师。

第二十九条 教师在教育教学中应当平等对待学生，关注学生的个体差异，因材施教，促进学生的充分发展。

教师应当尊重学生的人格，不得歧视学生，不得对学生实施体罚、变相体罚或者其他侮辱人格尊严的行为，不得侵犯学生合法权益。

第三十四条 教育教学工作应当符合教育规律和学生身心发展特点，面向全体学生，教书育人，将德育、智育、体育、美育等有机统一在教育教学活动中，注重培养学生独立思考能力、创新能力和实践能力，促进学生全面发展。

第三十五条 国务院教育行政部门根据适龄儿童、少年身心发展的状况和实际情况，确定教学制度、教育教学内容和课程设置，改革考试制度，并改进高级中等学校招生办法，推进实施素质教育。

学校和教师按照确定的教育教学内容和课程设置开展教育教学活动，保证达到国家规定的基本质量要求。

国家鼓励学校和教师采用启发式教育等教育教学方法，提高教育教学质量。

第三十六条 学校应当把德育放在首位，寓德育于教育教学之中，开展与学生年龄相适应的社会实践活动，形成学校、家庭、社会相互配合的思想道德教育体系，促进学生养成良好的思想品德和行为习惯。

第三十七条 学校应当保证学生的课外活动时间，组织开展文化娱乐等课外活动。社会公共文化体育设施应当为学校开展课外活动提供便利。

第五十五条 学校或者教师在义务教育工作中违反教育法、教师法规定的，依照教育法、教师法的有关规定处罚。

第五十八条 适龄儿童、少年的父母或者其他法定监护人无正当理由未依照本法规定送适龄儿童、少年入学接受义务教育的，由当地乡镇人民政府或者县级人民政府教育行政部门给予批评教育，责令限期改正。

第五十九条 有下列情形之一的，依照有关法律、行政法规的规定予以处罚：

（一）胁迫或者诱骗应当接受义务教育的适龄儿童、少年失学、辍学的；

（二）非法招用应当接受义务教育的适龄儿童、少年的；

（三）出版未经依法审定的教科书的。

第六十条 违反本法规定，构成犯罪的，依法追究刑事责任。

五、《关于建立侵害未成年人案件强制报告制度的意见(试行)》

2020 年 5 月 29 日，为切实加强对未成年人的全面综合司法保护，及时有效惩治侵害未成年人违法犯罪，最高人民检察院、国家监察委员会、教育部、公安部、民政部、司法部、国家卫生健康委员会、中国共产主义青年团中央委员会、中华全国妇女联合会颁布了《关于建立侵害未成年人案件强制报告制度的意见(试行)》。其中关于心理健康教育与咨询的法律条文主要有以下内容。

第一条　为切实加强对未成年人的全面综合司法保护，及时有效惩治侵害未成年人违法犯罪，根据《中华人民共和国刑事诉讼法》《中华人民共和国未成年人保护法》《中华人民共和国反家庭暴力法》《中华人民共和国执业医师法》及相关法律法规，结合未成年人保护工作实际，制定本意见。

第二条　侵害未成年人案件强制报告，是指国家机关、法律法规授权行使公权力的各类组织及法律规定的公职人员，密切接触未成年人行业的各类组织及其从业人员，在工作中发现未成年人遭受或者疑似遭受不法侵害以及面临不法侵害危险的，应当立即向公安机关报案或举报。

第三条　本意见所称密切接触未成年人行业的各类组织，是指依法对未成年人负有教育、看护、医疗、救助、监护等特殊职责，或者虽不负有特殊职责但具有密切接触未成年人条件的企事业单位、基层群众自治组织、社会组织。主要包括：居(村)民委员会；中小学校、幼儿园、校外培训机构、未成年人校外活动场所等教育机构及校车服务提供者；托儿所等托育服务机构；医院、妇幼保健院、急救中心、诊所等医疗机构；儿童福利机构、救助管理机构、未成年人救助保护机构、社会工作服务机构；旅店、宾馆等。

第四条　本意见所称在工作中发现未成年人遭受或者疑似遭受不法侵害以及面临不法侵害危险的情况包括：

(一) 未成年人的生殖器官或隐私部位遭受或疑似遭受非正常损伤的；

(二) 不满十四周岁的女性未成年人遭受或疑似遭受性侵害、怀孕、流产的；

(三) 十四周岁以上女性未成年人遭受或疑似遭受性侵害所致怀孕、流产的；

(四) 未成年人身体存在多处损伤、严重营养不良、意识不清，存在或疑似存在受到家庭暴力、欺凌、虐待、殴打或者被人麻醉等情形的；

(五) 未成年人因自杀、自残、工伤、中毒、被人麻醉、殴打等非正常原因导致伤残、死亡情形的；

(六) 未成年人被遗弃或长期处于无人照料状态的；

(七) 发现未成年人来源不明、失踪或者被拐卖、收买的；

(八) 发现未成年人被组织乞讨的；

(九) 其他严重侵害未成年人身心健康的情形或未成年人正在面临不法侵害危险的。

第五条　根据本意见规定情形向公安机关报案或举报的，应按照主管行政机关要求报告备案。

第六条　具备先期核实条件的相关单位、机构、组织及人员，可以对未成年人疑似遭受不法侵害的情况进行初步核实，并在报案或举报时将相关材料一并提交公安机关。

第七条　医疗机构及其从业人员在收治遭受或疑似遭受人身、精神损害的未成年人时，应当保持高度警惕，按规定书写、记录和保存相关病历资料。

第十三条　公安机关、人民检察院和司法行政机关及教育、民政、卫生健康等主管行政机关应当对报案人的信息予以保密。违法窃取、泄露报告事项、报告受理情况以及报告人信息的，依法依规予以严惩。

第十四条　相关单位、组织及其工作人员应当注意保护未成年人隐私，对于涉案未成年人身份、案情等信息资料予以严格保密，严禁通过互联网或者以其他方式进行传播。私自传播的，依法给予治安处罚或追究其刑事责任。

第十五条　依法保障相关单位及其工作人员履行强制报告责任，对根据规定报告侵害未成年人案件而引发的纠纷，报告人不予承担相应法律责任；对于干扰、阻碍报告的组织或个人，依法追究法律责任。

第十六条　负有报告义务的单位及其工作人员未履行报告职责，造成严重后果的，由其主管行政机关或者本单位依法对直接负责的主管人员或者其他直接责任人员给予相应处分；构成犯罪的，依法追究刑事责任。相关单位或者单位主管人员阻止工作人员报告的，予以从重处罚。

实　　务

第七章
心理咨询师的成长

心理咨询在形式上似乎就是两个人在谈话，是一件看似很容易的事情，不需要道具，也不需要什么装备。其实，正是因为形式上的简单，心理咨询对咨询师的内在要求才更高。咨询师没有太多外在设备的辅助，要完全借助语言与非言语的交流去影响来访者的思想与情感。所以，看似简单的谈话过程，需要咨询师事先做好充分的准备。成功的咨询是理论知识与人生经验积累的结果，绝非一两天可以造就。就像一位拳师，如果没有平时的苦练，临场随意想出一些招式是战胜不了对手的；又像一位中医对病人望闻问切，如果没有若干年的行医经验也不可能医治患者。所以，心理咨询师在服务来访者之前，个人修炼和必要的准备是不可或缺的，不然非但医治不好来访者，甚至会把自己的身家性命都“搭上”。这绝非危言耸听，一些心理热线的服务人员、心理辅导人员曾因此患上抑郁症等严重的精神疾病，甚至走上自杀的不归路。若真正想成为一名优秀的学校心理咨询师，从专业知识储备到个人的自我成长，都要为即将开展的心理咨询工作做好准备。本章旨在帮助大家在开始咨询实习之前，在知识装备上再做一点回顾、澄清和梳理，并帮助大家从个人成长的角度，为咨询实践做好准备。

第一节　关于心理咨询的几个问题

当完成了基础理论和专业理论的学习之后，你是否开始准备心理咨询实习实践了？稍等一下，不妨先看看以下这些关于心理咨询的问题，看看自己是否已经有了明确的答案。你的答案跟之前学习的理论是否对应，跟你的生活经验一致吗？

下面就来看看这些问题。

一、心理咨询真的有用吗

这个问题是否多余？

也许你的答案是“没用”或者是“不确定”。首先，应该肯定你的诚实与勇气，假如你没有亲身体验过心理咨询与治疗对你的帮助，也没有真正见识过心理咨询对你身边亲友的治疗作用，又不明白心理咨询的作用机理的话，要真正相信心理咨询对心理疾病的作用是很难的。只是，如果你不能相信心理咨询的作用，那你怎么成为一名真正的心理咨询师呢？

心理咨询最主要的形式是两个人或两个人以上的语言或非言语交流。心理咨询通过一个人来影响另外的一个人或一群人，或者多个人之间相互影响，最终使被影响者学习到一些认识问题的新视角和处理心理问题的方法，消极情绪得到改善。所以从某种意义上说，它类似某种产品或服务的推销过程，只是这里的产品是一种认识和处理心理问题与困惑的方法。不难想象，如果推销员连自己推销的产品都不相信，且从不使用，那么“顾客”又怎会信任并使用这一产品呢？心理咨询也是一样的。如果你作为一名咨询师，自己从不实践自己的咨询理论，也不相信自己的方法能给来访者以有效的帮助，那么，你的来访者就很难对你产生信任，没有了这份信任，来访者就很难真正去接受心理咨询与治疗，你们的治疗也就很难取得实质性的进展。

也许你的答案是：“正是因为相信心理咨询有用才来学习的，至于心理咨询的原理，有些玄妙，这也是来学习的另一个原因。”在你的身边，也许就有朋友通过心理咨询获得了改变，或者在学习心理咨询后得到了个人的成长，这些事例让你看到了心理咨询的真实作用，但是你对咨询理论还停留在理论的学习阶段，虽然你能够用一些概念来解释一些心理现象，但是缺少有效的咨询方法。也许你是各类咨询技术的“粉丝”，但是那些原理堆在你的头脑中，你还理不出一个真正的头绪。虽然你对咨询的效用坚信不疑，但是对于咨询的原理却不能很好地贯通并加以应用。所以你的答案背后的真实信息是：“心理咨询有用，但是我不知道它为什么有用。”当你抱着这样的心态去接待来访者时，他们会为你的精神所感动、受你影响，但是他们也会从你那里感受到无序和无助，在面对自己的问题时，依然迷茫。更糟糕的是，你并不清楚你的来访者是否真的有改善，常常在得到来访者状况反复的信息后，开始怀疑自己的咨询辅导，并为此不断改换咨询、治疗技术。来访者则慢慢对问题的解决失去信心，认为自己无药可救。

如果你的答案是：“我确信心理咨询的作用，我从我的咨询中获得成长并受益，而且我能真正理解咨询理论中的那些原理，我了解咨询的过程。”那么，你将成为一名有力量的咨询师。也许你的技术比较单一，但是你知道自己的限制，在面对来访者时，你自信，也知道边界，你能明确地告诉你的来访者你能给予他什么、在你们的治疗关系中他将获得什么。来访者从你的态度中获得希望，也能意识到他自己的责任，这本身就有着治疗的功能。

心理咨询尝试帮助来访者获得一种内在的、人际的和社会的资源以有效应对人生中的各种问题、增加问题解决的体验，从而积极看待自我的价值，坚定对生活的信念。对于我们每个人，更好地认识自我、认识周围环境是个人成长中的主要课题，心理教育和辅导可以促进个体更加全面地评价自己的能力、情绪、价值、需要、兴趣以及和他人的关系，推动自身在生活中与他人的交往，积极了解社会、经济、文化、传统等影响个人生活的因素，从而提高个人的生活技能。

了解了心理咨询的作用后，我们接着来看看怎样才能真正掌握心理咨询的理论。一方面，这是一门实践的科学，需要个人的成长体验；另一方面，我们在学习的时候，需要带着问题去思考，这样可以加速对知识的理解。那么，可以思考哪些问题呢？

二、什么是心理问题

这是一个看似简单，却没有统一的标准答案的问题，然而对这个问题的回答却决定了咨询的方向。世界上存在着不同的语言，尽管表达着同样的意思，却有着迥然不同的发音、语法规则。心理咨询与治疗理论也是如此，目前有400多种流派、技术。不同的流派、技术使用的专用名词各不相同，解释的角度也不一样，但是每种理论、技术背后都有对一个共同问题的解释与探讨——心理问题。所以，当你在学习咨询理论的时候，需要了解每一种心理咨询、治疗理论对这一问题的假设，以及由此问题的成因所引发的讨论。

心理是个体知、情、意、动机、人格、自我意识等心理现象的总称，心理问题便是指个体在其各种心理现象上出现的不适应：有生理原因导致的感知觉、意志行为等的障碍，也有如情绪消沉、心情不好、焦虑、恐惧、人格障碍、变态心理等适应不良的状况。精神分析把心理问题更多地看成是人格成长的问题，行为主义则把心理问题更多地概括为行为习得的问题，人本主义则认为心理问题是自我意识的发展问题，认知心理治疗更强调心理问题是个体认知模式的合理性问题。

不同的咨询理论有着不同的视角，这意味着不同的解释语言，对心理问题有着不同的界定，对心理问题的解构也各有不同。每种理论都有自己相对完整的结构，与此相对应的咨询治疗的目标、策略、途径也有很大的差别。精神分析治疗师更强调探索潜意识，平衡人格结构中本我与超我的心理能量。行为主义治疗师更看重行为的习得与改变，应用通过实验获得的人类行为学习规律来塑造个体的适应性行为。人本主义治疗师注重安全、积极的咨访关系，通过提供无条件的接纳与关爱，帮助个体找回“真我”、统合“自我”。认知心理治疗师关注个体的内在价值信念与情绪的关系，帮助个体找到调节自己情绪的方法。家庭治疗师则不断推动个体所在的人际系统中人与人的关系，试图通过个体的改变来影响系统的改变，促成个体形成新的人际适应模式。最终的咨询结果可能都是促进个体的成长，但是各自切入的角度却有着很大的差别。

这就要求你作为一名咨询师，在使用这些技术时，要对相应的理论有完整的认知与体验，具备该理论的视角。但是初学者常常特别好学，总想“博采众长”，并美其名曰：折中主义的综合。但是，也容易把“混乱”美化为“多元化”。一些初学者解析个案常用动力分析的视角，使用的咨询与治疗技术却是人本的或是认知的。他们个案辅导的思维往往是混乱的，分析案例时听起来头头是道，但实际面对来访者时，却无法构建工作同盟关系，无法与来访者达成有效的咨询目标，导致学过的咨询技术好像都用不上，以至于不知所措。诸如此类的问题经常出现，便会让咨询师在咨询、治疗过程中感到非常无助，也会影响学习者的工作效能感，如果得不到及时的督导支持，会影响学习者对心理咨询工作的胜任力发展，甚至影响对心理咨询有效性的认识。

因此，建议在真正从事咨询工作之前，将你持有的理论和你对心理问题的定义写下来，常常提醒自己，并在咨询、治疗过程中关注个案解释与治疗方案中概念的一致性。

你可以在记录本上写下你的心得，例如：

我对心理问题的界定是……

导致此类心理问题的因素是……

处理此类心理问题的主要方法有……

示例：

(1) 我认为我能处理的心理问题主要是人的情绪问题，如常常表现出长时间不能控制和调适的消极情绪，以致影响正常的生活和工作。

(2) 形成情绪问题的主要因素是个体对环境、事物产生的消极认知。

(3) 环境无法改变，认知可以调整，认知改变，情绪也随之改变。

有了这样的提醒，咨询师在咨询中会更加聚焦诱发事件、情绪、认知之间的关系，帮助来访者了解自己的想法是怎样影响自己的情绪的，认识的改变又会与他的情绪产生怎样的联动效应，从而帮助来访者了解调控自己情绪的方法，并通过对情绪改变的觉察、评估来强化对咨询治疗效果的肯定。这样，咨询的路径将变得清晰和明确。

三、心理咨询有哪些局限

心理咨询是疏解心理问题的有效途径，但因其理论、实施者与对象的特点的差异性，心理咨询有着自身的局限，心理咨询不是万能的。主要表现在以下一些方面。

第一，心理咨询理论的差异性决定了每种心理治疗理论及其技术都有其所长。每一种理论都发现了某种特定的心理现象，也许这一心理现象的改变会引起其他心理现象的变化，但是，每一种理论也都有其无力的方面，不能包治百病。认知行为治疗对于继发的恐惧、焦虑、抑郁等情绪的自主调节很有帮助，行为治疗对于减轻一些人类的原始恐惧和创伤后的应激情绪反应非常有操作性，精神分析对于一些顽固的疑难杂症颇具治疗功效，存在主义治疗对于处理选择性焦虑有现实的推动作用，但它们都不是万能的。

第二，心理咨询对于个体的问题、症状而言，不像生物医学治疗那么立竿见影，配上几颗药丸或打上几针就能解除症状，心理咨询更需要来访者自身长期的努力来面对改变带来的焦虑。来访者的情绪问题、人格问题尽管由当前事物所引发，但根源还是在过去的个体经历中，症状的存在也往往不止十天半个月。一两次的咨询难以撼动来访者多年的行为与思维习惯，虽然一时也能缓解来访者的情绪，但是，过几天来访者可能又会恢复到咨询前的状态中。来访者个性、行为的改变需要一个过程。心理咨询并非一种心理急救，它有着自身的局限性，人们不了解这一点，就会对咨询师抱以过高的期望，容易对心理咨询产生误解，咨询师自己如果也承接这样的期望，就会形成过度的压力，反而失去价值的中立，对咨询不利。

第三，心理咨询作为助人自助的一种服务模式，非常强调来访者自身的求助意愿和对改变的渴望。来访者本身是主体，这不同于心理战，咨询师不是用心理战术战胜来访者、制服来访者，所以当来访者拒绝咨询时，咨询师往往是被动的，缺乏对来访者的主动干预能力。比如，当来访者执意要自杀而且不愿被救助的时候，即使他被绑在医院的病床上，他依然想找到自杀的方法，如看护人员稍有疏忽，他便想趁机实施。对于一些缺乏自知力的患者而言，心理咨询是难以奏效的。对于被父母强行带进咨询室的青少年来说，咨询师要和他们建立起积极的咨访关系是非常困难的，这时咨询师的角色可能还不如这些孩子的带教教师，这也是心理咨询的一个局限。

第四，心理咨询能为来访者提供心理支持，帮助来访者更加积极地适应环境，却不能为来访者直接解决具体的问题或困难。心理咨询可以为学习成绩不佳的来访者分析存在的问题，提出改进学习方法的建议，却不能直接帮助来访者提高学习成绩。失业者找不到合适的工作，心理咨询可以帮助他们分析其择业存在的问题和困难，提供一些建设性建议，却无法直接提供工作机会。心理咨询可以帮助贫困的来访者分析其处境，甚至提出一些有助于其应对经济困难的策略性建议，却不能为其提供直接的经济援助。

第五，心理咨询可以帮助来访者了解问题的有关情况，对问题的实质形成正确的认识，也可以提供有关的应对方法，但是不能为来访者的重大问题，诸如升学、就业、恋爱、婚姻等直接做决定。来访者也无法与咨询师共同商量出一个直接的决定，最终需要学会自己做出正确的决定。来访者在咨询中获得的是心理支持和个人内在的整理，问题最终还是需要通过来访者自己的行动去解决。

四、关于有效咨询

这里提供一组被西方咨询培训所认同的、有效的心理咨询的基本原则：

(1) 人们的行为只能在社会及文化背景中被理解；

(2) 来访者的成长是咨询成功与否的判定标准；

(3) 积极的咨访关系是来访者改变的基础；

(4) 咨询过程是一种紧张的工作体验；

(5) 来访者在咨询过程中必须是积极的参与者；

(6) 遵循伦理标准是咨询师的基本职责。

本书的第九章将对此做更多的介绍。

五、形成自己的咨询风格

心理咨询是一项涉及为人们精神世界的发展提供服务的实践工作，对从业者的人格、思想道德与理论技术水平有着很高的要求，同时非常强调实践经验和个人的领悟，所以学习掌握心理咨询并非一件易事，光考取心理咨询师的资质是远远不够的。今天心理咨询理论在西方已经比较成熟，理论流派及技术都非常丰富，初学者在面对那么多的理论、技术时往往不知从哪里开始，真正在实践中掌握心理咨询技术并形成自己的风格，的确是不容易的事。

仅有知识的准备是不够的。了解某种技术并不代表你能真正使用这一技术，就如同仅仅阅读烹饪食谱无法使你成为一名真正出色的厨师，仅仅看一些武功秘籍不能让你成为一名武林高手一样。在咨询实践中，要能根据来访者的情况和你掌握的多种咨询技术进行整合，形成你自己的咨询风格，这除了必要的知识学习，还需要一个完整的咨询师的成长历程。

（一）咨询师的个人成长

心理咨询的过程，是咨询师和来访者互动的过程，是咨询师给予来访者心理包容和支持的过程，是咨询师用自己的人格去接纳和影响来访者的过程。所以，咨询师个人人格的健全与成熟是影响咨询效果的重要因素，甚至超越了咨询师所学习和掌握的心理治疗技术。每一个心理咨询师都是在不断成长的个体，个性在不断地完善和成熟，他们在经历生活的挫折后，也会留下一些伤痛、疤痕，所以在开始咨询工作时，咨询师有必要了解自己人格成长中的问题，以避免在咨询过程中受到来访者的影响，诱发自己成长中被压抑的问题，导致自己的心理危机。当然，有时咨询师也会因此更多地置身在自己的问题中，无法顾及来访者，从而影响咨访关系，破坏咨询的进程与效果。

那咨询师需要怎样成长呢？不妨从咨询师的自我体验、自我探索开始，发现那些可以促进或阻碍咨询过程和效果的个人的态度、理念，以及个人的优势与不足等，然后选择个人偏好的咨询理论和技术，学习帮助来访者的技能，通过咨询实践的检验，确认咨询是否是朝着最佳方向发展，最终把个人偏好、个性特征、多元化问题和来访者特征等整合在一起，形成自己的风格。

通过个人成长的历程，希望你能对以下一些问题有自己清晰的回答：

（1）关于心理咨询，我最感兴趣的是什么？

（2）我真的想成为一名心理咨询师吗？

（3）就心理咨询的发展而言，我对哪些治疗大师最感兴趣？什么事情让我对他们那么感兴趣？

（4）如果想要成为一名有效的心理咨询师，我需要具备什么样的个人特质？这些特质为什么那么重要？

咨询师需要了解自己："我是什么样的人？我的人格特点是否适合从事咨询工作？我从事心理咨询辅导前有哪些需要注意的地方？……"咨询师需要通过个人成长中的自我体验与自我探索，更多地自我觉察，了解自己的特点，包括优势、弱势和缺陷，觉察自己的愿望和欲求，以免在自我发展与满足自我需求时对来访者和咨询进程造成负面的影响。

自我觉察涉及许多与自我有关的概念，包括自我接纳、自我尊重、自我实现等。

自我接纳是自我意识的基础，没有自我接纳，自尊常常会成为容不得批评的畸形的自恋，也就不会有客观的自我意识。没有自我接纳，自我实现常常会脱离实际、难以达成，最终将成为自我意识的坟墓。自我接纳就是既能接受自己好的部分，也能接受自己不好的部分。一个人在工作、生活上总会有一些不如意，在个人成长和发展方面也总有可以提高的方面，现实的自我和理想的自我之间肯定会有差距，如果不能接纳自己的不足、过分焦虑，由此产生的不当的自我防御就会妨碍个体的自我觉察。

自我尊重能够帮助个人处理好个人生活和职业生活并保持情绪的稳定。那些不能积极对待自己的咨询师，不仅会给自己的生活蒙上阴霾，还会在咨询中寻找来访者的负面因素，并大加渲染，甚至通过贬低来访者来获取自我的满足。无疑，这对咨询师和来访者都极具伤害性。

自我接纳可以强化来访者的自我尊重，从而推动自我实现。自我实现以对生活的悦纳为基础，需要激情和“必须努力成长”的信念。自我实现是实现个人全面成长和发展的历程，需要来访者努力、冒险，并经受一定的磨难。

个人成长可以借助心理测验、冥想、个人自省、同行交流等方式进行，有条件的话最好能有接受正式的心理咨询的体验。不同的心理咨询流派对心理咨询从业者的个人体验要求有所不同，从几十小时到上百小时不等，某些传统的理论流派需要其咨询师有长达数年的督导之外的个人体验，这样的培训、管理设置，对咨询师和来访者来说是负责的行为。我们认为，我们的从业人员同样需要在受训过程中经历相关的个人或团体咨询体验，帮助学习者更好地领悟所学习的理论和技术是如何帮助来访者获得支持与成长的，从而更好地理解来访者在咨询过程中的心路历程与体验，同时也促进学习者的自我觉察，从而更好地适应心理咨询与辅导工作。

本章提供了10个成长练习，供大家自己练习或者在某些督导、专家的带领下练习。

（二）相关学科的学习

心理咨询技术和方法从多门学科中汲取了营养，所以，要学习心理咨询就需要了解这些学科的背景和知识，丰富自己的知识框架，以支持自己的咨询理念与技术。与心理咨询关系密切的学科有：心理学、医学、社会学、文学、哲学、宗教学，等等。每一门学科还包括很多分支学科，比如在心理学中，与学校心理教育相关的主要分支学科就有咨询心理学、学校心理学、发展心理学、社会心理学、心理测量学、教育心理学、异常心理学、普通心理学、跨文化心理学，等等。其实心理教育和咨询作为心理学的应用，几乎与绝大多数的心理学分支学科都有关系。在你学习这些知识的时候，不知道你是否思考过以下问题：这些知识对你理解心理咨询有什么帮助？这些知识让你对人的共性和特性有了哪些新的认识？在心理咨询中，这些知识将如何影响你对来访者的认识？也许你还没有总结过，没有关系，你可以从现在开始思考，这将有助于建构你的咨询理念。

（三）全面深入地理解咨询理论

学习每种心理咨询的理论时，我们要思考：这一理论产生的背景是什么？这一理论的基础是什么？创始人是怎样发展出这一理论的？这一理论的基本概念有哪些，核心概念是什么？基本原理又有哪些？涉及的咨询技术有哪些？理论可以概括为怎样的一个逻辑陈述？理论的适用条件及限制是什么？等等。当你能清楚地回答这些问题后，你对这一理论应该就有了基本的了解，并可以开始尝试将其应用于不同的来访者身上。

当你比较全面地了解了心理咨询的理论后，你可以继续询问自己以下问题：我可以列举出哪些心理咨询的理论流派？这些流派的理论基础是什么？这些流派的技术有哪些，哪些是我偏好的，哪些是我反对的？为什么？

你可以在全面了解的基础上，进一步深化理解，并根据个人的偏好，结合个人实践，形成个人的咨询风格，最终成为一名自信、有底蕴的优秀心理咨询师。作为一种练习，你可以整理一份自己的详细的咨询记录，对自己的咨询风格进行检查和分类，辨别自己对具体技术的应用的特点。

（四）来访者中心的关注

当你确定了理论取向，并形成了自己的技术风格，你就需要尽快把注意力转移到来访者身上，把来访者作为中心加以关注。

在咨询中，你要常常提醒自己："来访者可能与我有着很多不同的经历，他们希望探索的方面可能与我有许多不同。"因此，你要意识到你所喜欢的可能不被你的来访者接受。咨询师是独特的，咨询师所服务的来访者也是独特的。来自不同背景和环境的人不可能拥有相同的观点。一个有效的咨询师，应能够灵活改变自己的咨询风格以适应不同来访者的需要，而不是让各种各样的来访者去适应"专业的咨询模型"。在给那些不喜欢你的人进行咨询辅导时，你要增进对来访者个体差异和文化差异的理解，包括民族、性别、宗教、年龄、生活方式和社会经济地位等。当然，当你感觉到，即使你已经很努力，但仍然无法继续与来访者一起工作，来访者和他的问题已经触及你自己的边界时，转介就是必要的，这既是保障来访者的权利的需要，也是你保护和发展自己的契机。

（五）实践整合形成自己的风格

进入咨询实践后，才能真正理解咨询理论，此时你会发现，一些理论其实只是使用的概念名称不同，它们背后的核心思想可能是相似的，或者，几种理论其实表述的是同一事物的不同层次、不同方面，彼此间相互补充，并不矛盾。慢慢地，你开始有了豁然开朗的感觉，这预示着你已经入门了。

在咨询实践中，你不断地回答自己或来访者："心理问题是什么？心理问题的成因是什么？解决方案是什么？……"你开始鉴别方法的有效性，探索适合自己的方法，并进行效果的评估，再反馈到理论与技术的学习中，并进一步地学习新的知识和技能。在这个过程中，你逐步形成自己的咨询风格。

将一种心理咨询技术与其他技术进行比较，可以发现，效力差异甚微。没有稳固的咨访关系，任何的治疗技术和理论都是苍白的，任何的技术都离不开积极信任的咨访关系，也与来访者和咨询师的人格密切相关。其中咨询师的个人成长源于咨询师自身，是影响咨询成败的一个关键因素。"我是谁？我的定位在哪里？我的价值是什么？"这一系列问题都是在个人成长中需要回答的。做好咨询，达成较好的咨询效果，并不是一件容易的事，需要有内省能力、学习能力、良好的心理能力、成长能力。

作为一个真实的人，咨询师自身也可能存在各种问题和弱点：认知上的，如对人、对事、对己、对社会的认识和归因偏差，以及非理性认知；情绪上的，如反应过度、过于敏感；人格上的，如固执、追求完美、自我意识不健全、同情心过强；行为上的，如行动力不强。而且，作为现实中的人，咨询师在个人生活中也会遇到问题：职业枯竭、才智衰竭、情感耗竭，冷漠、麻木、有攻击性行为（对内、对外）、心理障碍、遭遇创伤事件等。作为一个生物体，身体健康问题也无法避免。因此，作为助人者，咨询师的自我成长是极为必要的。

好的心理咨询师的十大特征为：

（1）擅长与人交往。咨询师能够积极倾听来访者的情绪、信念、假设及生活中的相关事物，避免使来访者产生防御的反应行为，鼓励来访者开放、诚实地交流。

（2）能激发来访者的信任、信赖和信心。咨询师能被来访者看作专家，来访者认为咨询师有吸引力、值得信任，而不是从咨询师的行为中看到责备、拒绝或忽视。

（3）能传达给来访者关心和尊重。咨询师能把自己的时间和精力奉献给来访者，积极倾听，以符合来访者的社会文化背景的方式来表达对他们的关心和尊重，相信来访者的学习能力。

（4）能很好地审视自己。咨询师能觉察自我和自我的需要，以非防御的理解和反省来觉察自己焦虑情绪的起源，而不是将它们排除在意识之外；能自我接纳，而不会利用来访者满足自己的需要；能不断滋养自我，关心自己和自己的家人，合理应对职业倦怠。

（5）能有效地处理咨访冲突。咨询师可以觉察表现出负面情绪的来访者背后的情绪表达的困难，并以相应的技巧与来访者进行非防御性的、开放的讨论。

（6）努力理解来访者的行为，不对来访者做价值评判。咨询师能理解人们行为的目的性，从发展的视角接受来访者应对环境的反应模式，帮助来访者觉察反应模式的有效性，而不是做出好与坏的评判。

（7）能识别来访者的自我欺骗行为，帮助他们发展更为有益的个人行为模式：咨询师能熟练地帮助来访者做出自我觉察而非防御性地回答“我是谁”，帮助来访者接受自己的阴郁面、消除坦诚面对痛苦的恐惧，推动来访者的成长。

（8）拥有某些领域对来访者有特殊作用的专门技术。咨询师能通过继续教育和请教专业人士不断更新自己的专业知识，从而在来访者问一些特殊问题时，有能力给予来访者必要的支持，尽到作为专业咨询师的责任。

（9）能用“系统”的视角整体地去思考问题。咨询师能明白来访者所处的不同社会系统与来访者之间是如何相互影响的，能找到打破原有系统的着力点。

（10）能理解自己和所有其他人所生活的社会、文化和政治背景。咨询师能了解当下来访者生活背景中的事件，清楚其意义和对来访者的影响，能觉察社会偏见以及对某些特殊群体的歧视给来访者带来的影响。

第二节　咨询实践初期要面对的困难

心理咨询工作是实践型工作，仅有理论知识没有感性经验是难以做好咨询工作的。所以,心理咨询实践的初期会遇到一些无法预计的困难。这里给你一些提醒,希望你在实践中有所准备,但是最后还是要依靠你自己的实践去面对。

一、咨询重点的选择

刚从事心理咨询工作时,我们往往会过于关注每次面谈时来访者提到的第一个问题,即使这个问题不是来访者最想问的、是他不能解决的或对其来说是不必要的。当来访者向我们咨询一个问题的解决方法时,通常这个问题已经困扰来访者很久,他也已经设想过很多方法,甚至征询过很多人的意见,但是显然这些方法都没有真正帮助他解决目前的问题,所以,如果我们不能发现其背后的真正问题,而直接回应他"应该怎么办",那么我们就会很容易掉进陷阱,偏离来访者真正的问题。

同时,对于很多来访者来说,他们由于从未有过心理咨询的经验,所以会很紧张,或者还没有做好准备去陈述自己真正的问题,或者尚未理清自己的思路来表述自己的问题。所以来访者在每次面谈开始时所抛出的问题不一定是他真正想要处理的问题,甚至可能是与咨询完全无关的问题。

例如,来访者告诉咨询师,他这两天睡得不好,失眠……这并不表明来访者就是来咨询睡眠问题的,因为他可能只是临时有这样的状况,希望得到咨询师的关注。

要克服这个障碍,你需要培养自己倾听的耐心,对来访者保持充分的好奇,你需要不断地在自己的心里问自己:"来访者所表述的这个问题对来访者的生活到底造成了什么样的影响?还导致了其他哪些影响……"尽可能地让自己对来访者了解得多一点,而不要急于解决问题。而且,当你尝试着选择某一个问题作为咨询目标时,可以征询来访者的意见:"听起来,你目前的主要问题是……,我们下一阶段主要来探讨这个问题,你是否赞同?"如果来访者接受,就可以把对这个问题的探讨作为下一阶段的重点目标。

二、缺少医学诊断常识

大多数的心理辅导人员都不具备医学背景,所以对来访者生理问题和精神问题的鉴别是他们的弱项。刚开始接触咨询实践工作的人员,很难把书本上对心理疾病症状的描述与现实生活中来访者的表现联系起来。所以对他们来说,特殊精神问题和生理疾病的医学诊断是难点。由于缺少经验,初次从事心理咨询的人还可能会有这样的预设:来寻求心理咨询的多半就是需要心理咨询的,从而忽略了来访者实际上是受生理问题或者精神问题的困扰。这个问题的解决需要咨询师在有经验的咨询师的督导下逐步积累经验。

咨询师可以参与一些接待辅助工作和个案记录的整理等工作,学习识别一些问题行为的表现。有条件的还可以到各级精神卫生中心见习,这对临床心理问题的诊断大有裨益。

咨询师可以在督导师的督导下实习,接触咨询诊断的过程,熟悉心理问题的临床表现,学习如何问诊、鉴别精神和生理的病变。

及时准确的诊断有助于对来访者进行及时的干预。学校心理咨询师不具有诊断的资历，所以诊断的重点在于分清轻重、识别危机，便于及时转介到相应的机构，诊断名称的确切性并不是最主要的。

三、取悦来访者的倾向

咨询师刚开始从事心理咨询工作时，常把心理咨询看成是让来访者快乐起来的过程，在咨询中不免就带上了取悦来访者的倾向，咨询结束后如果来访者情绪好转就会觉得很有成就感，如果来访者愁眉不展、情绪依然低落，则会感到很失败、气馁。当然，咨询师也常常会因为来访者表现出来的悲哀、无助等强烈的消极情绪而恐慌，陷入不知所措的状态之中，导致咨询的停滞。

事实上，心理咨询的主要目标是帮助来访者自我了解、自我控制和自我实现。在实现这个目标的过程中，来访者会经历曲折，情绪也会经历高峰和低谷，时而高涨，时而低落。心理咨询师需要帮助来访者了解自己的不足和体验自我挫败的行为模式，这些也许会让他们感到不舒服或者难过。也许来访者在获得同感、找回自我等时刻会表现出快乐、兴奋，但是咨询并不仅仅是为了唤起快感，咨询师不必为一次咨询结束后来访者没有表现出释怀的感觉而产生挫败感。帮助来访者接触内心的真实感受，不论是积极的还是消极的，都是心理咨询过程的重要组成部分。

例如：

来访者：这两天的练习我经常有不会的，可别人都会，我好难过(啜泣)。
咨询师甲：不要担心，事情会好起来的。
咨询师乙：可不可以请教一下教师，让教师帮你一起找找原因？
咨询师丙：嗯，那最近有没有一些很开心的事情呢？

咨询师甲的这种回应，更像是朋友的安慰，并没有让来访者对心理咨询的过程有一个现实的认识，来访者不做出改变，情况就不会好转，事实上，还会越来越糟。咨询师乙在来访者对自己的情况感觉不舒服时，提供了及时的建议来帮助来访者，希望来访者走出情绪低谷。但在心理咨询中，提建议通常是徒劳无益的做法，只会让来访者产生依赖心理，让咨询仅停留在问题的表面。咨询师丙在来访者情绪强烈的时候，转移其视线，设法让其平静，而不让来访者体验这种强烈的情绪。这种把来访者从挫败中拯救出来的取悦他们的做法反而阻止了来访者自己处理自己的情绪。

面对来访者的问题，你会怎么回应呢？

四、完美主义倾向

一些刚开始从事心理咨询工作的咨询师害怕犯错误，有完美主义倾向。这会导致很多问题，如：因为担心学得不好或者不能正确运用，而不敢尝试；怕别人发现自己的不足，而避免或拒绝接受督导；担心别人怀疑自己的能力，而不愿意让自己的来访者转介。其实，心理咨询中并没有绝对的对与错，咨询师如果能够明白这一点，就不会那么担心犯错误了。

这种完美主义倾向也表现在当来访者没有取得平稳的进步时，咨询师会感到沮丧。当来访者有所退步或者回归的时候，咨询师就会认为自己的工作已经失败，并且咨询师可能会把这种负面的感觉传递给来访者。其实，咨询师需要在乐观和现实之间保持一定的平衡，要相信来访者的情况会有所改善，并认识到改变是需要时间的，俗话说："时间是医治创伤的良药。"

五、痴迷"新"技术

一些从事心理咨询工作不久的咨询师，热衷于学习那些可以快速"控制"来访者的"新"技术。他们可能会在参加过某个治疗技术的工作坊后，立刻沉浸到对这些技术的痴迷中去，比如催眠、身心语言程序学、舞蹈疗法等(这些技术听起来很有诱惑力)。之后他们会对来访者不分情况地使用这些技术，认为来访者都能接受这些技术，或者这些技术适用于所有的来访者。过一段时间，他们又参加了一个新的工作坊，之前学习的技术还没真正了解、掌握，又改投新的技术门派之下。这导致他们一直在听课、参加培训，成为培训的"粉丝"，而咨询中的来访者仅仅是试验对象，甚至因此遭受伤害。其实这是违背咨询伦理的，学习一种新技术，就需要相应的规范指导和督导，很多技术还需要获得相应的认证。浮于表面的学习，非但不能提高自己的咨询技能，反而会把自己搞得越来越混乱，甚至误走偏门，成为一个江湖术士，而不是一个真正的咨询师。

六、过于投入

刚开始咨询工作时，很多咨询师都很兴奋，对工作满怀激情，既欣喜，又紧张。他们对工作非常投入，也容易被来访者的故事所吸引，对咨询的过程过于投入。

感情的投入会影响判断的客观性，使得咨询师难以保持价值的中立，最后仅仅成为来访者的朋友，难以给来访者带来新的发现，从而影响咨询的效果。对来访者故事的痴迷，同样会让咨询师失去客观的判断力，难以给予来访者必要的指导，听完故事后，仍不知从何下手。

为了避免过于投入，咨询师需要增加对自己的敏感度，了解自己在进程中的情绪反应，判断是哪个情节引发了自己的情绪，以致自己的情绪投入。同时，咨询师要及时反馈对来访者的感受，并请来访者不断澄清他的感受与他的困惑。不要试图直接帮来访者解决问题，要尝试启发来访者寻找解决问题的方法，并鼓励他们自己处理好自己的问题。

七、急于助人

很多人想要从事心理咨询职业是因为他们确实想帮助他人，有时，他们显得比来访者还着急、还努力，这个时候，他们会失去职业的客观性，甚至心力交瘁。心理咨询师不是救世主，不应该包揽来访者所有问题的解决，而是要帮助来访者尽可能自己去解决问题。

因此，你需要考虑自己当心理咨询师的动机到底是什么。积极的动机是帮助来访者克服自我挫败、蓄积朝向自我实现发展的力量。消极的动机可能源于渴望获得被人需要的感觉。这种渴望会引起心理咨询过程中来访者不必要的依赖心理。另一种消极的动机可能是权力欲或控制他人的欲望。一旦心理咨询师发现自己有不恰当的心理咨询的动机时，就要及时将来访者转介，自己也需要寻求心理咨询或督导。

八、言语不当

在心理咨询中，有些话语是不适用的，会引起来访者的阻抗，或者给咨询过程带来消极影响，比如："你为什么……？"

这个问题常常会被理解成质问、不信任甚至是否定，因此会引起防御性的回答。当咨询师询问来访者"你为什么会和同桌打架"时，来访者可能解读出"和同桌打架是不应该的"。不如问："你能不能告诉我，你和同桌之间发生了什么事？"这个提问没有价值评判，更关注事件对来访者的影响。

又比如："我知道你的感受。"

心理咨询师可能会用这个说法表示他们也有过类似的经历，可以理解来访者。但事实上，正如同世界上没有两片一模一样的叶子，也没有哪两个人会对同一件事有完全一样的想法。因此，当心理咨询师说这句话的时候，来访者可能会产生反感的情绪。他们会认为："你不可能知道，你又不是我，你以为你是谁啊？"也有来访者可能会想："既然你知道，为什么还要问我的感受呢？"所以，一个更好的说法可能是直接表达自己听后的感受："听起来你很……"

总之，言语不当的问题在开始咨询时，常常会不自觉地出现，咨询师需要督导提醒，也要自己留心记下。随着咨询时间的增加、经验的增加，言语不当的问题会逐渐减少。

九、咨询缺少必要的设置

对心理咨询的设置缺乏基本的理解，在治疗实践中缺乏相关意识，这也是很多咨询师开始做咨询工作时普遍存在的一个问题。

心理咨询的设置是心理咨询机构和咨询师对心理咨询的实际操作过程的具体安排，它是为保证咨询伦理的落实、保护咨访双方而事先安排与精心设计的，要求咨询师和来访者共同遵守。心理咨询的设置主要包括：咨询的预约方法、咨询的场地、开放的时间、预计的咨询方式、面谈的次数与频率、每次面谈的时间、请假和违约的处理、咨询中的保密、非咨询时间的接触与联系、治疗无效时的转介、是否同时使用药物、如何更改设置以及在何种情况下更改，也包括非营利机构关于服务次数的限制和商业机构的收费标准、收费方式等的约定。

相对于治疗技术而言,心理咨询设置的重要性容易被初上岗的咨询师忽视。事实上,这与咨询的伦理密切相关,而咨询的伦理对于咨询工作极为重要。一个良好的咨询设置,对于新上岗的咨询师来说就是一个灵敏的、可比较的,甚至是量化了的检测工具。

以每次咨询时长为例,假设事先的设置为每周一次,每次 50 分钟,此时咨询师在咨询过程中就很容易观察到:每次面谈是否准时开始?来访者是否迟到?迟到的频率如何?迟到多长时间?在咨询的哪个阶段迟到?来访者如何解释迟到的原因?咨询师对此如何感受?每次治疗是否准时结束?面谈时间是拖延还是提前结束?是否经常拖延时间?谁在拖延时间?拖延多长时间?咨询师是感到时间过得很快还是很慢?一次咨询结束后,咨询师头脑中是否还盘旋着来访者的情况,还是很快就将来访者忘掉?咨询师是期待着下一次的咨询并早早地为下一次咨询做准备,还是对下一次咨询充满了担心和不安?来访者是否付费?来访者是否在咨询以外的时间试图保持联系?来访者是否要将其他人带进咨询室?每次咨询的模式是否过于僵化?

总之,咨询师可以通过观察自己和来访者是否遵守设置的规定,发现咨询过程中所发生的问题。相反,如果没有咨询设置,咨询师不可能如此清楚地认识到咨询过程中究竟发生了什么,也不可能理解此段咨访关系的真正意义。

另外,不恰当的自我袒露、个人化的偏执、对咨询伦理把握不当等,也都是新手咨询师可能出现的问题,需要在工作中常常提醒自己。请有经验的咨询师督导是非常好的发现上述不足的方法。常常回顾个案记录,对照上面提到过的一些问题了解自己的咨询过程和心态,也有助于及时发现自己的问题,克服成长道路中的困难。

第三节 成为咨询师的10个成长练习

本节是为了帮助心理咨询的学习者在正式开展咨询服务实践前,对自身有更多的了解,例如了解自己的认知特点,了解自己的价值观特点,了解自己的情绪触发点,了解自己的创伤,了解自己的心理防御模式,了解自己的人际互动模式,了解自己的边界……从而对在咨询中可能触及的危险有充分的思想准备,不至于陷入由来访者带来的情绪陷阱中而难以自拔。咨询师若能通过对自我的更全面的了解为自己设定安全区,准备好必要的自救途径,就能在陷入自身的负面情绪时帮助自己解脱,获得一种积极的咨询经验。

这 10 个练习是必要的,尽管它们不能涵盖自我成长的全部内容。这些练习可以一个人做,也可以在稳定的小组中与他人一起做、一起讨论分享,后者的效果可能会更好。

为了让参与者增加个人的体验,这些练习活动不设标准答案,也没有绝对答案,练习的关键在于思考、分享的过程,那是属于你自己对咨询中人际互动的经验,而并非是对错、输赢的体验。所以练习时要尽可能地放松、投入,这里没有比较,只有分享,每个参与者的体验都是珍贵的经验,可以帮助你进一步地学习、思索。

一、活在当下

(一) 练习的目的

在学习咨询的过程中,我们非常关注对他人的觉察和分析,但是常常会忽略对自己的觉察。然而咨询的过程是人际互动的过程,咨询师自身的一些特点会影响来访者。所以,咨询师需要了解自己的这些特点,包括自己的认知方式的特点。希望下面的练习能帮助你了解自己对外界事物和对自我进行观察、感受的能力及其特点。

(二) 个人练习的方法

完成这一练习,需要计时、录音工具,另外准备一张白纸和一支笔。个人完成此练习的程序如下。

(1) 5 分钟计时,计时开始后,用“我看见”开头,连续报告,用录音工具记录,如:“我看见桌子上有一本书。我看见房间里有两把椅子。……”中间尽可能不要断,直到计时器响起。然后,在白纸上写下“我看见”,之后在边上用 1—10 的数字标出你认为的完成这一练习的难度(如表 7-1 所示),“1”表示没有难度,“10”表示难度极高,几乎难以完成。

表 7-1 “活在当下”个人练习记录表

	难度评分	练习内容记录
我看见		
我想		
我感到		

(2) 继续计时 5 分钟,用“我想”开头,连续报告,并录音记录,如:“我想读完这本书。我想喝点水。……”聚焦自己的思维,而不是感受、体验。中间同样尽可能不要间断,直到计时器响起,5 分钟的报告完成。然后,在白纸上写下“我想”,之后同样用 1—10 的数字标出你认为的完成这一练习的难度。

(3) 下一个 5 分钟计时,用“我感到”开头,连续报告,录下自己对身体感觉和情绪的觉察,如:“我感到眼帘在跳动。我感到无聊。我感到难以平静。……”注意与“我想”区别开来。5 分钟后结束报告,在白纸上写下“我感到”,同样标出你认为的完成这一练习的难度。

(4) 个人的思考:

① 以上三个练习,对于你来说哪一项更有难度,在笔记上写下你对这三个练习的感受,写下完成练习后你对自己的发现;

② 整理录音,将自己看到的、想到的、感受到的事物写在纸上,看看你对自己又有些怎样的发现。或许你可以由此对自己做一些分析,如:你对哪些事物敏感?你是强于观察的外倾型还是善于内省的内倾型?你能区分自己的感受和想法吗?哪些是你对事物的认识,哪些

是你的情绪体验？感性与理性，你更倾向于什么？等等。

你还会有许多思考，这些都有助于你更好地认识自己，了解自己的所长和所短，从而增加你在人际交往中，尤其是在咨询中的敏感性。

（三）团体练习的方法

在进行团体练习时，组员可以围圈坐，准备一块黑（白）板或一张白纸和相应的笔，以及一支录音笔、一个定时器，完成以下的练习。

（1）用计时器定下5分钟时间。当计时开始后，小组中任意一员开始用“我看见”开头造句，造完一句后，他左边或右边的一人继续下去，同样用“我看见”开头造句。大家按顺时针或逆时针方向轮流造句。要求是：不重复前人的句子，尽量地流畅，尽可能靠自己的第一反应造句。用录音笔录下全部的练习过程，直到5分钟后计时器响起，结束练习。

（2）每个人报告自己认为的完成这一练习的难度，用1—10的数字表示（“1”表示没有难度，“10”表示难度极高，几乎难以完成），记录在自己的笔记本上。然后计算小组平均难度，记录在黑（白）板或白纸上（如表7－2所示）。

表7－2 “活在当下”团体练习记录表

	小组难度平均分	小组成员个人难度评分	完成造句的次数
我看见			
我想			
我感到			
我想你感到			

（3）参考步骤（1）（2），用“我想”造句，对练习难度进行评分，并加以记录。

（4）参考步骤（1）（2），用“我感到”造句，然后评分、记录。

（5）参考步骤（1）（2），用“我想你感到”造句，然后评分、记录。

（6）个人思考完成以上四个练习的难度是否一样，并将以下问题的答案记录在笔记本上：

- 你对这四个练习的感受是什么？此外，你对自己有什么发现？
- 你是强于观察的外倾型还是善于内省的内倾型？
- 你能区分自己的感受和想法吗？
- 感性与理性，你更倾向于什么？
- 你对他人的想法敏感吗？

（7）参照表7－2，记录对小组的观察：

- 平均难度情况如何？
- 有什么发现？

- 小组成员对练习的想法与自己一样吗?

(8) 小组内讨论步骤(6)(7)中每位成员的个人观察和体悟。

(9) 整理录音,分享大家的新发现,讨论:这个练习与咨询的关系,对心理咨询有什么启发。

以上的分享和记录将有助于练习者更好地认识自己,了解自己的所长和所短,从而增加人际敏感性。

二、滋味在心头

(一) 练习的目的

在上一个练习中,也许你对自己感知事物的能力与特点有了一定的了解,也许你还发现,在整理录音的时候,可以了解自己的一些认知过程,甚至可以探索一下自己无意识层面的信息,这其实是一个不错的练习方法。下面这个练习将进一步协助你探索自己的意识内容与过程,唤起你的感知觉与相关记忆,从而增加你在现实层面的感受性,不断洞察自我。你可以一个人反复练习,如果你与一个咨询师训练小组一起来练习,有一些彼此的分享,那么你也许会有更多的收获。

(二) 个人的两个练习

准备一样可以含在口中、有些滋味的零食,比如蜜饯、糖果等。找一个安静的场所,留给自己半小时以上的时间不受打扰,再准备一支录音笔、一个计时器,以及一本笔记本。

(1) 定时 5—15 分钟。准备就绪后,往嘴里放入一颗你准备好的糖果或蜜饯,含在口中慢慢品尝它的滋味,注意体验自己的感受和头脑中出现的任何想法,如"酸,流口水了,口水浸润了我的牙床……"不断地捕捉出现在头脑中的想法,无需批判,任其展开,口头报告并用录音笔记下,计时结束,停止报告。

(2) 定时 5—15 分钟。再一次口含糖果或蜜饯,这一次无需报告、录音,从第三者的角度来关注自己的感受、思想和行为,如:"我正在慢慢把话梅放进我的嘴巴,我在关注自己的思想和行为,我在……我感到温暖的感觉流过脚心……"5—15 分钟之后,结束练习,把整个过程中对自我观察的体验记录下来。

(三) 记录与反思

把练习(1)的录音整理成文字材料,了解自己的意识流,区分不同的心理过程,思考以下问题:

(1) 哪些是感觉?

(2) 各种感觉对应的感觉器官是什么?

(3) 你由感觉引申出哪些想法?

(4) 哪些是感受?

(5) 出现哪些事件?

(6) 事件、感受、想法之间有着怎样的关系?

(7) 哪些感受由外在的刺激引起?

(8) 哪些是内在的感受体验?

……

(四) 觉察与探索

请你思考在第2次的练习中,你能否在全心体验的过程中保持对自我的醒觉,是否既能体验自己的感受,也能了解在自己身上发生了一些事情,以及自己是如何应对的。

这两个练习可以经常做,它们在某种意义上讲是一种修炼,如同中国武术中的气功修炼,可以增加功力,也可以自我疗伤。在咨询中,既要保持对来访者的敏感,同时又要保持中立的判断,知道来访者对自己的影响,了解彼此的互动关系。当然这绝非一日之功。经常练习,查看整理的记录,可以帮助你探索自己的心理世界,同时更多地发现生活事件是如何激发我们的感受的,了解自己的人际互动模式,寻找自己的情绪触发点——一些已经被遗忘的生活事件、经历,探索自己的情感反应模式。

(五) 团体的练习、分享程序

这两个练习的团体练习方式与个人练习基本相似。对于初学者团体,小组带领者可以先做示范。小组一起练习增加了团队的氛围和人际的支持。有些学员喜欢大家一起做练习,一个人可能很难坚持做完整个练习。而对于初学者来说,小组练习还是一种学习的机会。当然,团体练习会缩短一些个人体验的时间,同时涉及成员的安全感问题,练习的成果也受团体成员间熟悉程度和人际信任感的影响,尤其是第1个练习。所以,团体可以只做第2个练习,不用报告出现的所有想法、感受,不用录音,成员只在体验结束后用笔记下自己在过程中的总体感受,然后在团队中分享自己的体验过程,以及体验过程带给自己的发现。

下面是可以选择的练习模式,可以选做其中的一种,也可以两种都做。

(1) 每个成员可以依次轮流做,每人做3—5分钟,一个人在做时,其他成员可以听他的报告,尝试感受他的体验,在他结束后,把自己在听他报告时的感受反馈给他。这里需要注意的是:分享的是感受,而不是贴标签式的对成员的分析。

(2) 团体成员可以口含同一种食品,也可以是不同种类的食品,练习时间为5—10分钟。由团队的带领者计时和引导分享。大家可以用"我感觉……""我想到……""我的反应是……"来轮流分享自己的体验过程,其他成员倾听即可,不一定要进行反馈,当然反馈一些类似的或不同的体验也可以。仍然需要注意的是:不要分析他人。我们所谓的理论分析常常会成为一种不自觉的攻击,会破坏团体的安全感。

当选择的练习结束后,成员在笔记本上写下这个练习所带来的自己对心理咨询和自身的一些思考。

三、对情绪的觉知

(一) 练习的目的

情绪管理是心理咨询的核心，情绪是更为个体化的心理内容。对来访者情绪的洞察与关怀，体现了对来访者的人本关怀，它是同感和咨访关系建立的一个基础，也恰恰是在心理咨询的学习过程中最困难的。

情绪管理的第一步是对情绪的识别与命名，它不单是对知识的记忆，更是一种对情绪的洞察，这个练习就是帮助我们在体验中学习对情绪的感知和表达。多人的游戏更有乐趣，也更具建设性，是生动的体验学习过程。

(二) 个人练习的程序

(1) 阅读表 7-3 中的 200 个与心情、感受有关的词汇，看看是否都能理解。

表 7-3　与心情、感受有关的词汇

哀伤	慌张	难过	喜悦
哀痛	惶恐	难为情	羡慕
安全	混乱	恼火	祥和
懊恼	激动	恼怒	消沉
暴怒	激愤	疲惫	歇斯底里
暴躁	激怒	疲倦	泄气
悲惨	急躁	平静	心悸
悲观	嫉妒	凄凉	心旷神怡
悲伤	寂寞	奇妙	心神不宁
被出卖	坚强	气愤	心碎
被忽视	煎熬	气恼	心疼
被坑害	骄傲	气馁	心痛
被冷落	焦急	轻松	欣喜
被理解	焦虑	屈辱	信服
被排挤	解恨	热心	兴奋
被算计	紧迫	柔和	兴高采烈
不寒而栗	紧张	洒脱	幸福
不满	惊骇	丧失	幸运
不耐烦	惊慌	伤感	羞愧

续表

不平	惊恐	伤痛	羞怯
不爽	惊奇	伤心	羞辱
超脱	惊喜	生气	虚假
沉重	惊讶	失败	压力
痴迷	精神抖擞	失望	压抑
迟疑	窘迫	释放	厌恶
担忧	揪心	释怀	厌烦
得意	沮丧	受挫	扬眉吐气
丢脸	绝望	受辱	遗憾
堵	开心	受伤害	疑惑
烦乱	空虚	受奚落	抑郁
烦闷	恐慌	舒服	勇敢
烦恼	恐惧	舒适	忧虑
放心	枯燥	撕裂	犹豫
愤怒	苦闷	酸楚	忧郁
疯狂	苦恼	酸涩	友好
尴尬	快乐	忐忑	愉快
感动	宽慰	同情	愉悦
感激	困惑	颓丧	郁闷
感兴趣	困扰	退让	晕
高兴	浪漫	歪曲	责备
隔阂	乐观	完美	憎恨
孤独	冷淡	委屈	折磨
鼓舞	冷漠	萎靡	振作
害怕	麻木	温柔	震惊
害臊	满意	窝囊	窒息
后悔	满足	窝心	惴惴不安
怀疑	矛盾	无奈	自豪
欢乐	闷闷不乐	无望	自信
荒唐	迷惑	无助	自由
慌乱	内疚	希望	自在

(2) 将表中的词汇按照正向积极的、负向消极的进行归类。

(3) 将两类词汇再分别按照情绪的关注点的时间差异分成指向过去、现在、将来的情感体验的词汇。

(4) 选择不常用的、陌生的词汇，记录在笔记本上，在词汇后面写上使人产生相应情绪、情感的生活情境和事例。

(5) 个人的思考：

- 这些词汇我熟悉吗？
- 我能准确地应用这些词汇吗？
- 我能用这些词汇来描述自己的心情吗？
- 当我与人交谈的时候，能应用这些词汇来回应他人的感受吗？
- 这个练习对于我认识心理咨询有什么帮助？

(三) 团体练习的程序

(1) 从表 7-3 中挑选 20—50 个词汇，分别写在小纸片上(每张纸片上写一个)，将小纸片折叠起来(写了字的一面叠到里面，所有折叠后的小纸片外面都是空白的)，将它们放在一个袋子里。

(2) 小组成员围在一起。每次轮流请一位成员从袋子中抽取一张小纸片，自己一个人打开查看，注意不要让小组其他成员看见小纸片上所写的词，然后不说话，用表情或一个动作来表达小纸片上的词所体现的情绪、情感，让小组其他成员猜。只要有一位小组成员完全猜对，就算过关，换下一位成员从袋子中抽纸片、表演、让大家猜，不断依次轮流。

(3) 如果表演两次都没有被猜出，或者三次猜错(猜的词要与纸条上的词完全一致，不然还是算错)，则将纸片重新折好，放回袋子，由下一位组员从袋子中继续抽纸片，方法同步骤(2)。

(4) 重复步骤(2)(3)，抽纸片、表演、猜词，直至所有纸片上的词都被猜对，结束游戏。

(5) 游戏中也可以用讲故事来替代无声的表演，组员抽到词后，讲一个与词描绘的情绪、情感有关的情境，让大家猜人物的心情或感受。

(6) 游戏后小组分享、讨论：

- 在游戏中你的感受如何？猜中别人的心情时感觉如何？被人猜中心情时感觉又如何？
- 在游戏中，你的困难在哪里，猜别人，还是让人猜？由此你对自己有什么发现？
- 哪些心情词汇大家容易猜？哪些大家都觉得有困难？
- 当别人说出的词与你要表达的词完全一样时或比较接近时，你的感觉怎样？
- 对于那些难以表达的词，你们小组最后是怎样完成的？有些什么经验？
- 同一个词被不同的组员抽到后，是否增加了被猜中的概率？对此你有什么思考？
- 这个游戏对心理咨询的操作有什么启发？

(7) 在个人的笔记本上写下这个游戏带给自己的对心理咨询的一些思考，如：游戏对觉察来访者的情绪有什么作用，等等。

四、日常思维记录

（一）练习的目的

对一名认知行为治疗取向的咨询师来说，这个练习可以练习较长时间，甚至练习几年。其他取向的咨询师，也可以通过这个练习了解自己的日常思维是怎样影响自己的情绪的。上一个练习帮助我们学习识别、命名情绪，这个练习帮助我们了解影响情绪的最直接的因素。

（二）个人练习

准备一本情绪日记本，可以在练习期间，参照表 7－4“情绪日记表”，记录每天的情绪。

表 7－4　情绪日记表（举例）

<table>
<tr><th>事件</th><th>情绪</th><th>情绪程度
1—10</th><th>引发情绪的想法</th><th>支持想法的证据</th><th>背后可能的
价值观念</th></tr>
<tr><td rowspan="2">雪天出门，汽车的手刹冻住了，影响出行</td><td>急</td><td>9</td><td>要迟到了，影响很不好，可能会影响以后的发展前景</td><td rowspan="2">1. 手刹冻住，无法启动汽车，等热了、冰化了出发，就过了点，而过了点出门，到单位肯定迟到 15 分钟以上
2. 以往领导评价过迟到的职员，认为他们不敬业。以前遇到没有经验的事，通过上网查阅相关信息，就成功地解决了。事先做好准备的话，一些问题是可以避免的</td><td rowspan="2">1. 上班不能迟到。上班迟到是不敬业的行为
2. 有迟到行为的人不能得到肯定
3. 凡事都应该事先做好准备
……</td></tr>
<tr><td>后悔、懊恼</td><td>8</td><td>昨天已经下雪了，汽车停在外面，应该事先做好准备。不知道做哪些准备的话，应该上网查一下</td></tr>
</table>

（1）对你而言，引起你较强情绪反应的生活事件，可以是积极的，也可以是消极的。

（2）当时你的心情可以用哪些关于情绪、情感的词来表达？

（3）当时的情绪强度是多少？（按 1—10 分评分，1 分最平淡，程度最低，10 分最强烈，程度最高。）

（4）你的这些情绪背后对应的想法是什么？或者说，当时你是怎样看待那个生活事件的？

（5）支持你的这些想法的证据有哪些？

（6）从这些想法中是否可以发现你的一些稳定的价值观念？它们是从哪里来的？

（三）团体的练习

小组围坐，每人带上情绪日记本和学习笔记本，从自己的个人情绪日记（参照个人练习）中选取一篇，准备与小组成员一起分享。

（1）小组成员轮流向大家分享自己的练习，首先分享引出情绪的生活事件和场景。

（2）小组成员一起分享组员所述的生活事件带给自己的感受和情绪，并记录在各自的笔记本上。

（3）对每个人报告的生活事件一一进行讨论，不用解释，不用质疑。大家各自说出自己的感受、心情，并尝试说出在这样的感受背后自己的一些具体想法。

（4）倾听其他成员的反馈，尤其是对自己所述的事件的反馈。比较别人的感受与自己的感受的异同，并记录在自己的笔记本上。

五、败中求胜

（一）练习的目的

在上一项练习中我们发现认知对情绪的影响作用是非常直接的，一个人观念的改变可以改变一个人的情绪。所以有弹性的观念可以带来情绪调节的空间，而缺少弹性的观念会引起情绪的固着、绝对化。面对今天文化的多元，让自己的观念不再绝对、刚性，能有助于调控自己的情绪。这个练习能使我们在负面的事件中寻找积极的因素，在面对困境时不再沉溺于负面情绪，而能看到机会与希望。经常做这个练习能帮助我们养成一种在逆境中寻找出路的思维习惯，有助于我们面对困难、解决困难，而这也是在咨询中我们希望带给来访者的新视角。这个练习有助于你与来访者产生同感而又不为他的问题所困。

个人的练习不受时空限制。个人可以根据生活的实际来直接处理自己当下的困境，难点在于个人的视角总是有限的，在处理困境的时候可能会感觉困难重重。而团体的练习可以弥补个人视角的局限，气氛活跃，使人相互激发，带来的启发比较大。但是受时空限制，对于一些个人化的困境的讨论会涉及隐私、威胁到个体的安全。因此，团体练习更适合讨论公众性的题目。将个人练习与团体练习结合，能使个人的成长速度更快。

（二）个人练习

（1）参照表7－5的示例，在笔记本上列出几件你所认为的绝对消极的事件。你可以练习对消极事件的分析。

表7－5　个人练习示例

消极事件	负面影响	视角	改变的视角	新的经验
丢了U盘，一个晚上赶出来的总结和很多还没有备份的材料都在里面	1. 白干了一个晚上，曾经的灵感不会再有 2. 来不及重写，要耽误汇报工作了，会影响部门的工作考评成绩 3. 另外，还不知道有哪些重要文件没了，要到用到时才知道 ……	1. 希望部门的工作成绩得到肯定 2. 希望个人得到领导赏识 3. 希望个人在同事中有威信 4. 希望个人过去的工作不要白干 ……	1. 领导的全局视角 2. 临时的汇报内容修改 3. 同事的期待 4. 日后工作的发展 ……	1. 汇报主题更加简练、突出，给人的印象可能更特别 2. 在犯错的时候，要为同事减轻工作压力 3. 要做好备份，避免在更关键的时刻出现此类问题 ……

（2）在要分析的消极事件下面列出你认为的所有负面影响。

（3）概括这些负面影响是站在哪一个或哪一些角度看到的。（提示：可以是不同的人、不同的时间阶段、不同的事件、不同的需要，等等。）

（4）接下来你可以问自己：除了这些角度，还有没有其他自己认为同样很重要的角度？

（5）从这些新的角度，你能发现哪些新的、有建设性的、积极的观念？

（6）是否有一些过往的证据可以证明从另外一些视角所看到的积极面？

（7）个人的思考：

- 多次练习之后，你有怎样的体会？
- 负面事件真的那么可怕吗？
- 事物是不是那么绝对？
- 你对“危机”是否有“危”与“机”的认识？
- “塞翁失马”的故事是否离我们的生活那么遥远？

（三）团体的练习程序

准备一个黑（白）板，或者大的海报纸。

（1）开始时，团体成员在各自的笔记本上列出一件自己认为的绝对消极的事件（个人找不到任何积极意义的事件）。

（2）将成员写下的事件概括、命名后罗列在黑（白）板或海报纸上，然后请所有成员投票，记下对每个事件表示认同的人数。

（3）根据投票结果，从大家最认同的负面事件开始，将一个个事件改编成一个个辩论辩题：“某某事件利大于弊”或“某某事件弊大于利”等。

（4）把小组成员分成两个辩论组，可以自由组合，也可以随机分组，准备20—30分钟。

（5）开始辩论，两个组轮流阐述自己的观点，首先分别阐述各自所谓的“利”或“弊”，记录员可以记在黑（白）板上。

（6）然后双方各自阐述看待“利”“弊”的出发点，也就是各自是站在什么立场上来讨论利弊的。

（7）接着双方轮流列举生活事例来证明各自的观点。

（8）最后，双方派代表总结各自的观点，可以提出新的观点来完善最初的命题假设。

（9）结束辩论，所有成员回顾辩论历程，写下各自的体验与感受，依次轮流分享：

- 在讨论时个人的困难是什么？
- 在讨论中对命题有什么发现？
- 通过讨论有什么体悟？
- 讨论对于自身的启发是什么？

（10）结束后，成员各自在个人的笔记本上写下辩论过程带给自己的启发，尤其是带给自己的对心理咨询过程及目标的思考。

六、个人成长史

(一) 练习的目的

我们每个人今天的状态都不是一夜铸就的,而是长期的生活影响和个人内在条件相互作用的结果。所以,我们每个人都有各自的生命历史。就像每棵树都有自己岁月的痕迹一样,我们每个人都有各自不同的成长记忆。我们通过观察、了解自身的生命历史,可以更好地了解自己今天的很多特性是怎样形成的。当我们了解了自己的发展史,我们就能更好地接纳自己。如果能了解其他人的生命故事,我们对他们的接纳程度也会提高。

每个人在生命历程中,都曾遭受过不幸的伤害。外伤能得到医治,但一些"内伤"却难以处理,每当我们接触这些"内伤"时,就会产生剧烈的伤痛,影响我们正常的生活。所以,在咨询工作开始之前,有必要先完成下面的几个练习,这些练习可以帮助你更好地了解自己,甚至发现自己尚未愈合的一些创伤,找机会加以处理。不然,带着创伤开始咨询生涯却又不自知的话,咨询过程就常常会触及你自己过往的一些伤痛,影响你的生活,如同风湿病人从事冷库工作比不从事这份工作更容易诱发伤痛一样。

(二) 个人练习

准备一些 A4 打印纸,一些彩笔。

(1) 画成长轴线图。在一张 A4 纸上纵向画一根轴,在轴上以 5 年为单位,标出从出生开始一直到目前的时间刻度(如图 7-1 所示)。

图 7-1　成长轴线图示例

(2) 闭上眼睛,让自己安静下来,逐年往前回忆自己的生命历程,感觉一下有哪些生活事件给你留下了深刻的印象,一直慢慢回忆到你有最初记忆的那一刻。

(3) 睁开眼睛,把每五年中你留有最深刻记忆的事件的发生年月标记在轴线上,可以用不同颜色的笔标注,同时在旁边为那个记忆命名。

(4) 用另一张 A4 纸按时间顺序列出一张个人成长时间表(如表 7-6 所示),在表内记录下事件的简介、涉及的人、发生的地点,以及对自己的影响。可以记下发生前后自己的情绪、想法、生活状态的具体改变,尤其可以概括总结一下事件发生后自己形成了怎样的概念、学到了什么样的经验、个人的行为方式有了怎样的改变,等等。

表 7-6　个人成长时间表示例

时间	事件	当时对我的影响	当时的想法	我的改变	学到的经验
1993 年	被惩罚	恐惧、怕老师	要做乖孩子	躲在同学背后	听老师的话
1997 年	去美国	开心	去美国玩很开心	认真学英语	学习需要动力
2003 年	奶奶去世	难过、有点恐惧	亲人会离开我的	听父母的话	珍惜身边的亲人
2007 年	与男友分手	好像有点麻木	感情靠不住的	大学不谈恋爱	学业比感情靠得住
2012 年	父亲出车祸	悲痛、不知所措	以后只有靠自己了	加紧考外语,准备出国读博	没有可以永远依靠的人
2016 年	订婚	释然	我终于有机会嫁出去了,可以找人靠一靠了	要学习跟另一个人一起生活	敞开心扉,就有男人愿意走近你
……					

(5) 阅读自己的成长时间表,作进一步的整理和思考:

• 我的成长经历可以分为几个阶段?如何命名这些阶段?

• 在我的成长经历中,哪些问题成功地被解决了?哪些问题始终没有被解决?

• 在我的成长经历中,哪些事件对我以后的发展产生了积极的影响?哪些事件的影响是消极的?

• 对照埃里克森的毕生发展阶段理论,我自己已经处理了哪些阶段的发展矛盾?又有哪些矛盾还没有解决?哪些阶段的问题还没有面临?

• 通过对自己生命树的分析,我对自己有哪些新发现?这些发现对我又有怎样的意义?

(6) 这个练习也可以过一段时间重复再做,记录的事件可以发生变化。可能你觉得记忆最深刻的事件已经变了,或者你觉得让你印象最深刻的还是那些事,都没有关系。当然你愿意把单位时间从 5 年缩减为 2—3 年也可以。

(三) 团体练习

小组每个人准备 A4 打印纸和笔(彩笔更好),围坐在一起,最好有可供每个人书写的桌子。

(1) 参照个人练习步骤(1)—(3)，每人画一张成长轴线图。

(2) 回顾图中标出的一些重要事件，列出对自己今天的生活影响最大的1—2件，并进行简单介绍，包括事件中涉及的人、对自己的影响(着重于对自己情绪、观念、行为的影响)。

(3) 在小组中，成员一一展示、分享各自的成长轴线图，介绍对自己影响深刻的事件。其他成员给予各自的反馈，尝试与组员产生同感，澄清事件对于组员成长的意义，判断哪些事件是积极的，哪些是有消极影响的。

(4) 组员在听取大家的反馈后可以看看自己是否有新的发现，愿意的话可以反馈给大家。

(5) 大家逐一分享在听了所有小组成员的生命故事后的感想、小组成员的生命故事对自己的启发。

(6) 在笔记本上写下个人的感悟。

(7) 这个练习也可以和不同的朋友一起做，每次你可以有意识地选择讨论不同的生活事件。

七、放松与练习

(一) 练习的目的

放松技术是在行为治疗中使用最多的一种技术，许多其他的技术如脱敏练习也都建立在放松技术的基础上。放松技术对于我们控制自己的情绪很有帮助，但是放松状态一般不受我们主观控制，它是自主神经活动的结果。想要可控制地进入放松的机体状态，就需要借助经典的条件反射机制，使某一可自我控制的外在刺激的设置与自己内在的放松状态关联起来，形成条件反射。这样我们就可以通过外在刺激促使个体快速进入放松状态。

希望你能在你的头脑中构建一个安全舒适的世界，并以此想象来引导自己的放松状态，帮助自己调节情绪。这个练习与下一个冥想练习相似，可以作为冥想练习的前一步，只是这个练习的目的在于构建一个稳定的意象，而冥想练习在此基础上会进一步进行自我探索、激发自身的潜能。

当然，如果你更接受冥想放松的方式，那你可以直接选择下一个冥想练习。如果你不习惯天马行空地想象，更乐于接受行为暗示的话，你也许更适合进行这一个练习。

(二) 个人练习

找一个安全、舒适、温暖的环境坐下或躺下。可以将放松练习的引导语录制下来，在每次练习时播放，跟着录音中的指导语练习。练习可以按照以下步骤进行。

(1) 做几次深呼吸，缓慢地呼气，缓慢地吸气，吸气和呼气的时候都在心里从1默数到10。

(2) 接着在慢慢吸气的同时，慢慢地握紧拳头，一点一点地握紧，直到双手微微发抖，屏住呼吸 3 秒钟，然后缓慢均匀地呼气，呼气的同时放松双手的拳头。（下面的呼吸方法相同，配合肌肉的紧张与松弛。）

(3) 再次吸气，在从 1 默数到 10 的过程中，伸展五指，尽可能地张开手掌，同样在双手微微发抖的时候，屏住呼吸 3 秒钟，然后缓慢呼气，放松两个手掌。

(4) 慢慢吸气，同时收紧手臂的肱二头肌，一直到双臂微微颤抖，保持 3 秒钟，然后呼气，放松双臂。

(5) 继续缓慢吸气，绷紧肱三头肌，直到双臂微微颤抖，保持 3 秒钟，然后呼气，放松双臂。

(6) 慢慢吸气，双肩向后耸，直到全身有些发抖，保持 3 秒钟，呼气，放松双肩。

(7) 吸气，双肩上提，努力靠向双耳耳垂，屏住呼吸 3 秒钟，慢慢呼气，放松双肩。

(8) 吸气，保持肩部平直，转头向右到极限，保持 3 秒钟，呼气，放松头部。

(9) 吸气，保持肩部平直，转头向左到极限，保持 3 秒钟，呼气，放松头部。

(10) 吸气，低头，尽量用下巴触及胸部，保持 3 秒钟，呼气，放松头部。

(11) 吸气，尽力张大嘴巴，保持 3 秒钟，呼气，放松。

(12) 吸气，咬紧牙关直到头部发抖，保持 3 秒钟，呼气，放松。

(13) 吸气，舌头用力抵住上腭，保持 3 秒钟，呼气，放松。

(14) 吸气，舌头用力抵住下腭，保持 3 秒钟，呼气，放松。

(15) 吸气，用力睁大眼睛，保持 3 秒钟，呼气，放松。

(16) 吸气，用力闭紧双眼，保持 3 秒钟，呼气，放松。

(17) 吸气，收紧臀部肌肉，保持 3 秒钟，呼气，放松。

(18) 吸气，尽力弯脚趾，保持 3 秒钟，呼气，放松。

(19) 吸气，尽力翘起脚趾，保持 3 秒钟，呼气，放松。

(20) 吸气，伸直双腿，绷直脚尖并抬高，直到腹部颤抖，保持 3 秒钟，呼气，放松。

(21) 吸气，收起双腿，并拢，尽可能贴近腹部，脚背上勾，保持 3 秒钟，呼气，放松。

(22) 吸气，挺腹，身体尽可能后躬，保持 3 秒钟，呼气，放松。

(23) 放松，保持均匀呼吸，闭上眼睛，体会全身肌肉放松的感觉。想象自己插上了翅膀，慢慢地飞了起来，看到楼宇……城市……乡村……河流……慢慢飞向一个安静、美丽的地方，那里让你感到安全、舒适、宁静，那里是你的世外桃源，你慢慢地欣赏着，你可以在那里建设你的家园，可以种植你喜欢的植物，可以养殖你喜欢的动物，在那里你可以随心所欲……你可以停留在那里，慢慢欣赏……你感觉非常安逸、放松（想象 5—10 分钟）。

(24) 把美好的景象印在你的记忆里……现在，慢慢离开你的世外桃源，你感觉你正躺着或坐着，你感到非常的放松，你感到一种清凉的感觉，你充满了精力，当数到 3 的时候，你完全清醒了，你可以继续躺着或坐着，也可以慢慢动动你的肢体，1……2……3，你完全地清醒了！

（三）团体练习

这个练习可以在团体辅导人员的带领下，以小组的形式一起进行。团体练习与个人练习的指导语相近。团体练习的好处在于有人陪伴，不孤独，对于一些朋友来说，更有安全感；不利的地方在于如果小组成员多的话，会有一些相互的干扰，另外每个人的进入程度不同，团体的带领者可能无法顾及每一位练习者。总体而言，这个练习以个人练习或少数几个人一起练习为好，指导语可以基本参照个人练习，这里不再重复。多人一起多次练习时，可以轮换引导员，便于每位学员熟悉指导语和引导员的整个带领过程。

八、冥想练习

（一）关于冥想及练习的目的

冥想是一种有漫长历史的开启心灵的精神修习方法。有实验证明，在冥想过程中，大脑皮质的意识活动停止，脑干和丘脑的活动开始变得兴奋，个体开始更多地觉察自主神经活动，潜意识活动也更加敏锐与活跃。此时，我们的想象力、创造力与灵感便会源源不断地涌出，对事物的判断力、理解力都会大幅提升，同时身心会呈现安定、愉快、心旷神怡的感觉。冥想是一次很好的心灵旅程。如果你学习过催眠技术的话就能体会到，其实冥想就是一种自我催眠的过程，先让自己放松，然后进入催眠状态，在催眠状态中更好地体验与观察自己，更好地了解自己，从而成为真实的自己。

研究表明，冥想和深呼吸可以明显地改善人的健康，让身体得到放松。冥想时的耗氧量甚至低于睡眠状态，能量得以储蓄，生命因此延长。冥想时，大脑分泌出“内啡肽”，除保持脑细胞的年轻活力之外，还能使人产生心情愉快的感觉，使免疫功能增强，有助于防止老化。冥想时，大量出现的β波使脑中枢感到爽快、调和，而血液中压力荷尔蒙的降低，可以抵消压力带来的不利影响。冥想还有防癌、减缓衰老、美容、自我修复基因等作用。所以，了解冥想的方法，经常做冥想练习，可以提高我们的自我觉察能力，也可以帮助我们处理一些自身的情绪与压力问题。

冥想的关键在于有意识地叫停大脑中所有想法而让人集中关注自己的感受，从而让人平静。平时，我们已经习惯于思考，且总是将注意力集中在外部发生的事件上，我们喜欢用看电视、上网、阅读等来消磨闲暇时间，用外部的事件来取悦自己，而常常忽略身体的感觉，一直要等到有了强烈的躯体反应才会关注自己的身体感受，可那时常常为时已晚，已经落下了一些疾病。我们往往不能给自己留出一点安静的空间，这让我们的情绪不能自控，时刻受外界环境影响而变得起起伏伏，以致休息、睡觉的时间都为种种事件所困扰。长此以往，我们迷失了自己，心灵世界动荡不安，心理、精神的问题接踵而来。所以，为了健康，我们需要有一些时间让自己彻底地放弃思考而体验身体的感受，关怀自己，用感觉带动自觉，而不是用意识引导感觉，前者是冥想，后者是自我暗示。

瑜伽冥想技术告诉我们：身体的有些生理行为变化是可以控制的，如移动身体、眨眼、吸气、闭气等；而有些是不可控制的，比如指甲、头发的生长，等等。冥想应从可控行为入手，尽量做出身体的极限动作，当到达身体的极限后，身体的感觉开始变得异常强烈。于是，我们的大脑就会暂时停止工作，进入纯感觉状态。例如，你可以让手做一个高度的弯曲，当你弯曲伸展到极限的时候，思维在这个时候就停止了。所以在瑜伽练习中，很多体式都要求无限伸展以至极限，但不用刻意超越极限。例如，烛光冥想要求长时间注视烛光火焰而不眨眼，当眼睛疲劳了，需要眨眼来保护眼睛时，要控制住不眨，这时头脑除了控制这一行为外，其他任何的思维都停止了。呼吸控制也一样，深吸一口气后屏息，在屏息这一瞬间，大脑进入真空状态，无法进行思维。头脑的这种真空状态就反映了身心的统合过程，是一种冥想状态。

冥想没有地点约束，可以在家做，走路的时候做，做饭的时候做，工作的时候做。冥想没有姿势限制，可以站着，可以坐着，可以躺着，可以盘腿，也可以采用各种瑜伽姿势，只要环境相对安静、衣着不要太紧即可。因此，冥想很容易操作。

在冥想练习中，可以不必拘泥于冥想的形式，静心、自觉是练习的关键。如果你已经在练习冥想的话，就按照你自己的方式做，如果你从没做过又不知道如何做，可以参看下面关于瑜伽冥想的方法。

（二）个人练习

（1）练习前，先做好以下一些准备：

① 先了解整个冥想程序、冥想的原理和注意事项，熟记冥想的过程与步骤，也可以使用录音带，可以是现成的一些冥想放松录音带。在熟悉了整个过程以后，可以不用完整的指导语，而是配上一些悦耳、柔和的音乐。

② 选择一个让你感到舒适、安宁、不受打扰的个人空间，空气流通，光线柔和不刺眼，尽量无外界杂音的干扰，关闭手机等个人通信设备。

③ 选择一个理想的时段，进行5—20分钟的练习即可。尽量不要在冥想前进食，因为这会影响你集中精神的状态。请暂时将所有的事务搁在一旁。

④ 穿宽松的运动服装，但也要注意保暖，天凉可以使用毯子。练习前伸展全身的筋骨，至少三次，让气血顺畅，从而更易放松自己。

⑤ 你可以躺下也可以舒服地坐下，可能的话，有意识地让背部、颈部和头部保持在一条直线上。稳定的坐姿很重要，它会影响你的思想、意识状态，否则不宜于较长时间的练习。

⑥ 先做三个深呼吸，然后建立一个有节奏的呼吸结构——吸气数1、2、3，呼气同样数1、2、3，让呼吸变得越来越缓慢且均匀，慢慢地引导自我放松，等待进入一个轻松的意识旅程。

（2）开始冥想练习：

① 眼睛向上看眼睑、眉毛、额头、头皮（约8秒），慢慢闭上眼睛，然后深呼吸，吸气吸到满时，屏住呼吸3秒钟，然后吐气，眼睛保持闭着。让眼睛放松，让身体放松，想象全身的力气都蒸发了，身体、双手及双脚的力气都蒸发了。

② 想象全身轻飘飘的，身体飘浮起来，飘浮在一大朵安全、舒适的白云里，同时全身软绵绵的。你觉得非常舒服，非常轻松，自觉地进入了深沉的放松状态。

③ 想象有一柱光由头部进入自己的身体，白色的光笼罩着自己的额头，有一股暖流进入

自己的额头；白色的光笼罩着自己的眼睛、鼻子、嘴巴，整个头部都充满了这股暖流。你觉得更加放松。

④ 想象白色的光往下扩散到颈部、肩膀、双手，使颈部、肩膀、双手都温暖了起来。你更加放松。

⑤ 想象白色的光进入胸腔，进入肺部与心脏，让肺部与心脏都温暖了起来。想象白色的光随着血液循环，扩散到全身，感觉扩散到的部位都温暖了起来。想象背部、腹部、腰部、臀部、双腿、双脚都充满白色的光。此时，所有的紧张压力完全消失。

⑥ 现在，你全身都笼罩在白色的光里，白色的光让全身的肌肉、神经、皮肤完全放松，你越来越放松，越来越平静，越来越舒服，这时候自觉地进入了深沉的潜能状态。

⑦ 自行从 10 倒数到 1(数数时可以想象成在乘电梯，电梯往下，降至最底层)，数到 1 的时候，就进入了冥想状态。

(3) 进入冥想状态后可以进行的练习：

① 在冥想状态下你可以静静地什么都不想，此时的状态最佳，是一种无念无想的状态，可以净化自我。你可以想象白色的光不断地进入体内，自己不断地吸收补充能量，并开启无限的潜能与智慧。

② 你可以在冥想状态下，作为一名旅行者去参观你个人的历史展览馆，观看你过往的一些生活事件，但是要保持一个身份——旅行者，你在观看自己而不是变成自己，进入历史后，也不要去改变什么，你可以不断提醒自己："我在参观我的历史展览。"

③ 你也可以在冥想状态下，回答类似下面的一些问题：

- 最愿意和什么样的人在一起？
- 最讨厌什么样的人？
- 为什么会这样？
- 什么样的事最会打动你？
- 什么事最让你厌恶或讨厌？
- 为什么会这样？
- 我到底是什么样的人？
- 在别人眼中我又是什么样的人？
- 为什么会有这种不同？
- 到底哪个更接近现实？
- 我的性格是？
- 为什么会形成这样的性格呢？
- 在过往的生活事件当中有哪些事件对我的影响很大呢？
- 我现在的性格和这些事件有什么关系吗？

……

(4) 想结束练习时，自行从 5 数到 1，在数数的过程中，你会感到越来越清醒，越来越精神，数到 1 的时候，就睁开眼睛，大大地睁开眼睛，这时你完全地清醒了，感觉非常舒服。

(5) 你在进行冥想练习时，还需要注意以下事项：

① 最好选择精神状况良好且无外界干扰的时段，通常早上刚起床时练习的效果较佳。若不行，则可利用午休时段。

② 冥想练习是自我练习，不适合进行治疗，如果要进行病症、人际关系或其他问题的探索与治疗，需要有另外的咨询师来引导你。

③ 冷气或电风扇勿直对着人体，尤其是后脑及膝盖。放松状态下风寒容易入侵，导致躯体疾病。

④ 练习时，四肢会有酥麻或沉重感，偶有头晕或头部麻、胀的感觉，身体也有痒、颤动或温热感，都属正常现象。

⑤ 除上述一些现象外，若感觉任何不适，随时可以停止练习，睁开眼睛，完全清醒过来。

⑥ 当意识开始游离不定时，顺其自然，不必强迫自己安定，经过一段时间的练习，游离的思想状态会慢慢消失，最终进入纯净的冥想状态。

(6) 开始时，试着每天做一次，以后可以增加到每天两次，冥想的时间可以由 5 分钟慢慢地增加到 20 分钟或者更长，但不必强迫自己长时间地静坐。

(7) 如果你利用一种冥想方式练习几次都感觉不舒服，你可以放弃这种方式而选择另外一种更适合自己的方式。

(8) 不要急于求成，不要期望在很短的时间内就达到预期的效果。

这里需要再次强调冥想并非只有这一种练习方法，这里只是抛砖引玉而已，你完全可以另外修习。

(三) 团体练习

有些人喜欢一个人静静地练习，尤其是对于一些身体伸展到极限的动作练习，可能会考虑到个人形象问题；而有很多人则喜欢团体练习，团体练习更能帮助他们坚持练习，而且练习中可能还会有相互的指导或者请人引导。团体的练习方法与个体的自我练习基本相似。

(1) 找一个安静的场所，有足够的练习空间，大家可以选择不同的姿势，可以躺下，可以坐着，可以围圈，也可以完全自由，衣着宽松、安全、舒适。

(2) 由一位有经验的练习者或指导者引导大家做放松练习，然后引导大家进入冥想状态，指导语可以参照下面列出的，也可以用自己喜欢的或是根据大家的需要重新处理过的。

(3) 放松与冥想指导语示例：

① 冥想是停止意识之外的一切活动，使人沉心静思，获得心灵满足的一种状态。但冥想并不是让意识消失，而是在意识十分清醒的状态下，让潜意识的活动更加敏锐与活跃。也就是说，冥想中的个体全身进入一种深度休息的生理状态，精神平和沉稳。在冥想中，往日美好的回忆给你注入阳光，失败的教训让你更睿智，你会更清楚地反思过去，认识现在，憧憬未来。最美好的和最失败的时刻都在我们身边，我们就是居中的平衡点。

② 冥想最关键的一点就是关注你真正做的事情。在冥想的过程中可能有很多思绪进入大脑,但不要刻意压制,放松地请它们进来。如果不刻意压抑,你就可以看清你的不断变换的思维。但切记不要根据你的思维来判断自己是好还是坏,而是再请这种思维出去。可能这种思维很强烈,你被这种思维纠缠住,你可以对自己说“让它们走”,重新注视着你现在正在做的事情。

③ 现在一起做 10 次快速的呼吸……然后慢慢地吸气,屏住呼吸 5 秒钟……缓慢地呼气,心中慢慢默数 1、2、3、4、5,数到 5,吐完全部的气。接着继续深吸一口气,屏住,默数自己的心跳,从 1 默数到 10……然后,缓慢地把气呼干净,再吸一口气,这次尝试屏住更长一些的时间,尝试数到 30,把气呼出,转入正常、缓慢的自然呼吸。

④ 现在开始跟自己的身体打招呼,感受身体的各个部位,你常常忽略它们的存在。当听到我报出的身体的部位后,用心感受那个部位,不用始终停留在那里。接着感受下一个听到的部位就可以。可能你会感到那个部位有些发热、发麻或有其他感觉,没有关系,这些都是正常的。如果你错过了一些部位,也没有关系。你可以让自己完全放松下来,我们开始练习。

⑤ 跟你的脚掌打招呼,它每天都在支撑着你,跟它说:“脚掌,你辛苦了!”然后是脚趾(每两个部位之间,间隔一个缓慢的呼吸时间)、脚背、脚踝、小腿、膝盖、大腿、臀部、小腹、胸部、整个后背、肩膀、上臂、胳膊肘、前臂、手腕、手掌心、所有的手指、手背、胳膊、脖子、后脑勺、头顶、额头、眉毛、眼睛、脸颊、耳朵、颧骨、鼻子、嘴唇、牙齿、舌头、下巴……

⑥ 现在你感到浑身都放松了,同时有温暖的感觉,你感觉越来越放松……你感觉正坐在客厅的沙发上,客厅里有一台落地的大电视,电视里正在播放你的个人影像材料,你静静地观看你的成长历程,记录是倒叙的,从你现在开始,一年一年往回播放着……你静静地观看着,那些都已经成为历史,不用评价,你只是一个观众,看着曾经发生的那一幕幕……你不用悲伤、愤怒……也不必兴奋、喜悦……你就是你,你正在观看一部你个人的历史纪录影片,不需要停留在哪一个时间冥思苦想,只需要观看自然进入你视野的影像,也不要停留在一些画面上……影片一直在放,你越来越自由、平静。

⑦ 10—15 分钟以后,你慢慢感到自己开始回到客厅,回到练习场所,你能感受到你的身体,你感觉到有一股清泉没过了你的脚踝,继续向上,没过小腿、大腿,你的整个身体都感受到泉水的清凉。你感到精力充沛。我数 3 个数,当我数到 3 时,睁开你的眼睛,你会感到头脑十分清醒,1……2……3,欢迎你回到我们中间。

(4) 小组围成圈,分享练习的感受,如:

- 在练习中你有哪些感受?
- 在冥想过程中,你是否能保持平静?是否有什么困难?
- 这个练习对咨询辅导有什么启发?

(5) 在笔记本上写下这个练习所带给自己的一些发现。

九、家族与我

（一）练习的目的

不管大家是否学过家庭系统治疗，家庭对个人成长的重要性，相信大家都是认同的。家庭对我们而言，无论是有趣的、令人舒心的，还是压抑的、令人不快的，甚至是令人厌烦的，我们都无法回避。所以，在这个练习中，大家将通过画自己的家谱图来觉察自己的家庭是如何影响自己的心理发展的，以及家庭的关系对自己的人际互动模式产生了怎样的影响，以促进自我的发展与成长。同时，你可以把相关的概念和经验带进你未来日常的学生工作中，而你如果对成为一名家庭治疗师有兴趣的话，家谱图也是必定要用到的工具。

家谱图的使用，源于家庭系统治疗。家谱图是用视觉的方式呈现家庭中的各种关系及各种有关家庭的信息。因此，在一般的心理咨询中，以家谱图作为工具可以很方便、快捷、有效地收集横向维度上的有关家庭的信息，以探索、解释、分析来访者的困扰或问题，分析家庭结构和家庭关系模式。在本次练习中，我们用家谱图来觉察自己以及呈现自己与家庭的关系。

在家谱图中，图形代表人，线代表关系。不同的家谱图使用者可能会用不同的符号绘制家谱图，我们这里借用目前使用得比较普遍的麦戈德里克（M. McGoldrick）和格尔森（R. Gerson）的标准化家谱图符号。

家谱图用特定的线条和图案来描述基本家庭成员以及彼此之间的关系，如图 7－2 所示。

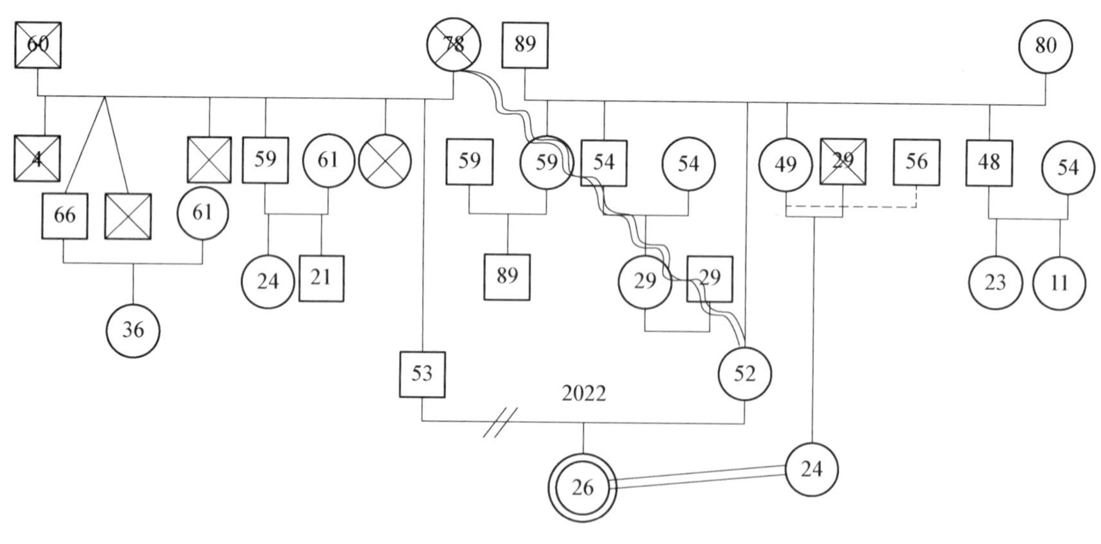

图 7－2　全家家谱图

（1）每一个家庭成员都用一个正方形或圆形表示，正方形表示男，圆形表示女。

（2）用双线的正方形或圆形表示我们主要分析的来访者（在这个练习里就是你自己）。

（3）离世的成员，以在正方形和圆形中画×表示。

(4) 横实线表示婚姻关系。

(5) 横虚线表示同居关系。

(6) 在横实线上加双斜线表示离异。

(7) 在横实线上加单斜线表示分居。

(8) 竖实线表示血亲关系。

(9) 竖虚线表示收养关系。

(10) 折线表示关系紧张。

(11) 家谱图中兄弟姐妹从左向右、从大到小依次排列。

(二) 个人练习

画出自己的家谱图，如图 7－3 所示。

(1) 分别画出父亲、母亲，并在框里写下他们的“名字”“年龄”(如已过世，写出过世的年龄，并在方框或圆圈中打×)、“职业”“嗜好或兴趣”等信息(可选择性地加上“信仰”“籍贯或出生地”“教育程度”等信息)。

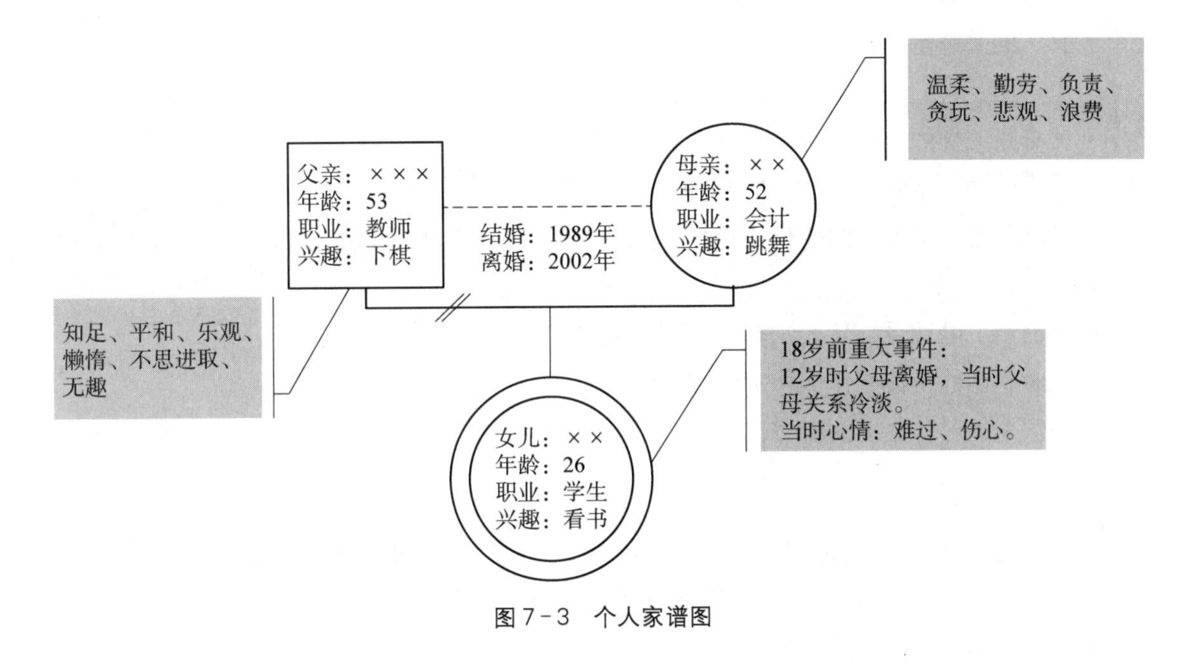

图 7－3　个人家谱图

(2) 写上父母的结婚日期，如已分居/离婚，加上分居/离婚的日期。

(3) 依排行的顺序，写出你的兄弟姐妹及自己的信息，要求同(1)。

(4) 如有兄弟姐妹夭折，也依序写入，写出你所知道的有关他们的任何事实，如：出生日期、名字、性别等。

(5) 回想你“18 岁之前”的心情，并依据当时你对每位家庭成员的记忆，写出他们的个性形容词(每个人 2—3 个正向的个性形容词，以及 2—3 个负向的个性形容词)。

(6) 先找出在你“18 岁之前”家里发生的重大事件，画出在此时刻下家庭成员间的关系线，如果某两人之间有不止一种明显的关系，则同时加上第二种关系线。关系线分成下列四种：

- 细实线：代表普通的、互相接纳的、少冲突的、正向的关系。
- 粗实线：代表纠缠不清的关系。
- 曲折线：代表风暴般的、憎恨的关系。
- 虚线：代表有距离的、负向的、冷淡的关系。

(7) 你完成了自己的“个人家谱图”。当然，我们不可能知道所有的信息，当你无法询问亲人或是以其他方式了解实际的情况时，你可以“猜测”与“想象”，看看最可能的情况是什么，比如：你不知道父母结婚的日期，你就想象一下，可能会是哪一年。这样的“猜测”与“想象”也是很有意义的。

(8) 如果你有兴趣和时间，可以再画出父亲、母亲的“个人家谱图”以及你“现在”的家谱图，这样就会有四张家谱图了。

(9) 用家谱图探索自己和家庭，并在笔记本上记下：

- 在自己的家庭中看到了什么？
- 自己的家庭是怎样的？
- 家谱图让自己联想到了什么，带出了哪些回忆？
- 父母是怎样的人？他们对自己的影响是什么？
- 在自己的原生家庭中，自己的角色是怎样的？
- 家庭曾发生了怎样的变化，对整个家庭产生了哪些重大的影响，对自己产生了什么样的影响？
- 自己当下的感受是什么？有什么情绪生成？
- 此时自己的身体有什么特别的感觉吗？
- 把这个练习与之前的练习比较后，对自己有哪些共同的发现，有哪些不同的新发现？

（三）团体练习

(1) 两人一组，相互采访，在纸上画出对方的家谱图，家谱图的绘制方法同个人练习相似。以下是供借鉴的基本信息点，注意要用朋友式的交谈，避免审问式的生硬的提问。

- 出生日期；
- 结婚、分居、离婚；
- 死亡日期(包括原因)；
- 排行；
- 经济情况；
- 职业；
- 教育程度；
- 所在地；

- 宗教信仰；
- 性格特点；
- 目前的关系状态；
- 产生的任何转变；
- 其他重大事件。

(2) 家谱图绘制完毕后，铺在桌面上，准备与大家一起分享讨论。

(3) 如果没有准备好与大家分享自己绘制的家谱图，可以听听团体中其他成员的分享，体会自己的感受，记下对自己最有触动的部分。

(4) 小组分享。

- 愿意分享的成员，可以在团体里展示自己绘制的家谱图，报告自己在绘制家谱图时的感受。
- 如果前面也做了个人练习，可以说说绘制自己的家谱图与绘制他人的家谱图有什么不同。
- 说说从家谱图的绘制和分享中，你获得了哪些新的觉察和体悟，对自己有什么新的发现。

(5) 在笔记本上写下练习后的感受和体悟。

十、说长论短

(一) 练习的目的

在开始咨询的时候，你最好能认识自己的资源状况，例如有哪些优势，又有哪些弱项和待解决的问题。对于优势，你如何在咨询实践中发挥？对于问题与弱项，你能否接纳？这个练习能让你思考自身作为咨询师的一些特点，评估自身的长短，增强作为咨询师的自信，同时也能让你了解自己的特点，便于形成适合自己的咨询风格。个人的练习会带来更多的自我体察与自我发现，而团体的练习会带来更多启发，是对个人练习的补充，有助于大家理解咨询师的人格特质对咨询可能的影响，从而形成自己的风格。

(二) 个人练习

留给自己 30 分钟安静的时间，并为自己找一个不受打扰的空间。练习前也可以做几分钟的放松练习，当自己能安静下来后，开始下面的练习。

(1) 在纸上写下对自己最欣赏的 10 个特点，比如：漂亮、聪慧、人缘好，等等。

(2) 写出自我欣赏的 10 个特点分别对咨询工作有什么影响，是有利的还是不利的。比如：漂亮可以增加自信，可以让来访者有视觉享受，可以促进咨访关系，但是，对于某些自卑的来访者，漂亮可能会带给他们更大的压力，让他们更加不自信，不利于来访者良好自我意识的形成……

(3) 在纸上写下自己作为一名咨询师的外在有利条件，比如：心理学学位、在大学工作的职位、外表老成，等等。只要是你认为的有利条件都可以。

（4）在每个有利条件后面写出它对来访者会有怎样的积极影响，或者这些条件对你自己从事咨询工作有什么帮助。比如：大学教师的身份，能使来访学生产生信任感，在咨询中更容易了解学生的情况……

（5）在纸上写下作为一名咨询师，你有哪些内在的有利条件，比如：我阅读了大量的相关书籍、我有丰富的阅历、我曾经从重大的感情创伤中恢复过来，等等。写下你认为这些优势能整合成你怎样的咨询风格，它们对你的咨询会有怎样的帮助，比如：我擅长倾听，朋友们都觉得我是一个好的听众，倾听能让我理解别人，能让来访者感觉受到尊重，对我形成人本的咨询模式有帮助……

（6）在纸上写下自己作为一名咨询师，有哪些内在或外在的不利条件，比如：没有经过专业系统的培训、个人经历简单、缺乏自信，等等。

（7）指出不利条件对咨询会有怎样的影响，并尝试发现有什么可以弥补这些不利条件对咨询的影响。比如不够聪明、逻辑思维不够强对咨询可能的不利影响是：不敏感、洞察力不够、缺少帮助来访者解决问题的能力，等等。就个人咨询风格而言，非指导性的咨询模式可能可以弥补这方面的不足带来的不利影响。可以承认自己的弱势，放弃在来访者面前表现自我和求取尊重，而完全关注来访者，倾听、信任来访者，在情感上积极地给予来访者支持，等等。

（8）根据对自己的分析，在笔记本上写下你对自己的咨询理念的一些新的发现和思考。

（三）团体练习

小组围坐，每人都有纸笔，小组的带领者先带领大家做个人练习中针对自我觉察的一些练习，然后主持讨论分享。具体过程可以参照以下示例。

（1）在纸上写下对自己最欣赏的 3 个特点。

（2）每个人在小组内轮流介绍这 3 个特点，其他成员一起讨论这些特点对咨询工作可能产生的影响，积极的和消极的都可以。

（3）在纸上写下 5 个自己作为一名咨询师已经具备的有利条件。

（4）小组成员一起分享每位成员的有利条件，并探讨有利条件带来的积极影响，也可以分享与其他人不同的看法。

（5）在纸上写下自己作为一名咨询师，有哪些内在或外在的不利条件。

（6）小组成员一起讨论每位成员自己认为的不利条件，可以从积极和消极两个方面来思考每位成员的不利条件，并借助小组讨论尝试探讨不利条件可能带来的积极意义。

（7）及时记录小组分享所带来的对个人从事心理咨询的思考，另外可以在结束后把重要的体会整理记录下来。

第八章
心理咨询的面谈技术

心理咨询最基本的方式是面谈，通过面谈传递的咨询师对于来访者的态度和给来访者带来的领悟是十分重要的。咨询师尊重和接纳的态度可以给来访者带来信任的感觉，帮助来访者增加对自我与自己的人际关系、行为的觉察和领悟，这份觉察和领悟还可以帮助来访者增加内在的心理资源，改善情绪状态，提高生活的适应能力。那怎样实现这样的面谈效果呢？为什么日常生活中朋友间的谈话不能总是达到这样的效果呢？这里就涉及心理咨询的面谈技术。谈话最基本的是听、说、问，所谓的面谈技术是：怎样听？怎么说？问什么？这便是这一章要介绍的内容，面谈是心理咨询最基本的技术，它超越心理咨询与治疗的理论流派，普遍适用于一般的心理辅导和心理咨询过程。

第一节　倾听的技术

倾听作为心理咨询的基本功，是咨询师最基本、最重要的能力。倾听的作用贯穿于心理咨询的各个阶段。倾听不是被动地坐在来访者的对面听他讲述自己的故事、自己的困惑，而是包含了主动的含义，是指能听懂来访者讲述的故事背后的情绪、观念、想法、期待、渴望等。倾听传递对来访者的关注，在人际互动中，听的行为更能传递听者对说者的尊重，因此在人际关系中，倾听行为本身具有疗愈的功能。同时倾听也是收集来访者信息、深度理解来访者的基础，可以为咨询师后续的干预提供必要的素材。有效的倾听需要搜集以下四个层次的信息：

(1) 感知、理解来访者的言语与非言语行为。

(2) 了解、把握来访者的需要。

(3) 觉察、判断来访者所面临的问题。

(4) 寻找、探知来访者的优势、资源与发展机会。

倾听，其实不只是“听到”，也包括了听者对言语者的关注和对听到的内容的反馈。繁体字“聽”，《说文解字》中将其解释为由“耳、壬、直、心”四字会意。“壬”就是人直立的样子，整个字的意思就是声音通过耳朵直达于心，用心领悟。由此我们可以看出古时候的人们从造字开始就已经非常重视“听”的行为了。现代也有人将“聽”字拆解为：左侧“耳听为王”，右侧“十目一心”，意为在听的过程中要一心一意、全神贯注地关注着对方，这样能体现出对对方的恭敬尊重。所以，对倾听技术的介绍也将从听的关注和反馈方面展开。

一、倾听的关注技术

关注，又称专注、贯注，指咨询师以身体姿态表现出心向来访者，目的是告诉来访者：咨询师正在注意他们，并鼓励他们开放地谈论自己的想法和感受。当咨询师关注着来访者的时候，来访者会感觉自己是值得被倾听的，自己是有价值的，从而积极地投入到会谈中去。关注可以增加来访者作为主体的参与度，这是咨询起效的基础。

关注技术包含了言语的、非言语的，而且多数时候，关注是通过非言语行为来传递的。这些非言语行为能传递出咨询师想要表达的和不打算表达的，甚至可能是试图掩盖的信息。比如，一个咨询师面对着一个陷于混乱、表达不清的来访者，尽管他很努力地想表现出关注行为，但是他的哈欠与抖动的脚流露出了无趣和不耐烦，把他真实的感受给出卖了。

（一）非言语行为技术

这里借用希尔(C. E. Hill)提出的九种非言语行为来介绍倾听的关注技术。

1. 接触的目光

目光接触是一种重要的非言语行为。注视和目光转移往往起到发起、维持或回避交流的作用。哈珀(Harper)等学者的研究提出，目光可以用来控制谈话、提供反馈、表示理解、调节谈话轮次。相反，避免注视或中断目光接触经常是焦虑、不舒服或不想与别人交流的信号。卡莱克(Kleinke)证明，注视可以传达亲昵、兴趣、顺从或控制等信息。

咨询师和来访者会通过目光接触来协商他们什么时候看对方、看多长时间，这不是一个有意识的协商，而且它发生在非言语的层面上。太少的目光接触会让来访者感觉咨询师没有兴趣并且是在回避参与，而太多的目光接触也会使对方感觉不舒服、被侵犯、被支配、被控制，甚至是被吞没。

目光接触的规则会因文化的不同而不同。美国的研究显示，人们的目光接触习惯同样受东西南北地域文化的影响，也有城乡差异、性别差异、时代差异、身份地位差异等，有些目光泼辣、热情、直接，有些则矜持、含蓄、回避。宗教文化、身份地位等会影响目光接触的规则。当然，随着社会发展与开放，今天我们在正常情况下已经接受了目光的接触，并用它传递对对方的态度。家长教育孩子时，常常要求孩子看着自己，一些演讲者在演讲时非常在意听众的眼神，这些都告诉我们，目光接触，尽管没有言语，依然传递着大量的信息。

总之，咨询师最好使用适度的非侵犯性的目光接触，让来访者感受到被关注，但并不需要目不转睛地注视和凝视。同时，咨询师也需要意识到“要在来访者的文化准则里去看待目光接触”。

2. 应景的表情

面部是最能帮助我们进行非言语交流的，人们可以通过面部表情表达很多的情绪和信息，也可以通过对面部表情的观察来辅助理解言语信息的意义。情商高的人，能更准确地识别表情情绪；而自闭症儿童等一些特殊群体，往往因为缺乏表情的识别能力而陷入人际交往的困境和其他一些困境中。

有研究列举了一些常见的面部表情及其可能传达的意义:皱眉头可能表示不高兴或是困惑,眨眼可能暗示着亲密或一些私人化的内容,收紧下巴肌肉有可能是反映敌意,向上转动眼睛可能表示不信任或是恼怒。大多数的面部表情具有跨文化的一致性。但是尽管不同文化的人分享着共同的面部表情,他们在表达感受的方式和深度上仍然是有差异的。比如,情绪表情在东方文化中会更加含蓄一些。亚洲人经常展现同情、尊重、害羞这些情感,但很少展现可能会影响到公众感受的自我炫耀或是负面的情绪。

咨询师的一个重要的面部特征是微笑。尽管微笑使人看起来很友好,而且能够鼓励探索,但还是要警告咨询师,在咨询辅导中不要笑得太多,因为微笑也可能被认为是讨好或不适宜于当事人的严肃话题。

咨询师在对来访者的表情信息保持敏感的同时,也要意识到自己的表情需要与来访者所说的内容、情感匹配,表达积极的情绪和关心是重要的。

3. 适度地点头

在绝大多数文化里,点头表达了同意、接纳、鼓励、赞许等肯定信息,恰当地点头,特别是在一句话结束时点头,还可以让来访者感受到咨询师正在专注地倾听并且跟随着他所说的内容。事实上,言语信息有时候是不必要的,咨询师可以通过点头向来访者传达他们正和来访者“在一起”,鼓励来访者继续讲下去。点头传递的肯定信息对咨访关系的建立具有非常积极的意义,如果能配合其他的接纳行为、表情和言语就更好了。

当然,点头也需要适度。点头太少可能让来访者缺少肯定的非言语反馈,从而感到焦虑,他们可能认为咨询师并没有在集中注意力听,或咨询师对自己不感兴趣,等等;而点头太过频繁,即使没让来访者产生咨询师在敷衍自己的感觉,也可能让来访者分心,失去了点头传递信息的功能。

4. 灵活开放的坐姿

许多书中推荐给咨询师的一个身体坐姿是向来访者倾斜,并且保持胳膊和腿都不交叉,身体姿势呈开放状态。这种姿势配合着咨询师与来访者 120°的座位夹角,构成理想的咨询的物理空间设置,可以有效地传达咨询师对当事人开放、接纳和专注的态度。不过,这些并不是机械的要求,座位关系应配合具体的场地环境和家具陈设,而咨询师的身体姿势,应根据咨询时长和进入的阶段进行调整。始终保持一个姿势显得机械、僵硬,而且并不能呈现对来访者的同感。

心理学的相关研究表明,在沟通过程中,当沟通双方的身体姿势呈镜像状态、趋向一致时,双方的关系也会趋向积极合作,情感上容易产生同感。

总的来说,姿势和座位关系是固定的,人是灵活的,所以身体姿势需要根据咨询的过程有所调整。开始时,应尽可能呈现开放的状态,手或脚指向来访者,如果座位大的话,不坐满整个椅子,使身体的重心在座位的前部,身体略微前倾,而少用抱臂、搭腿等封闭的身体姿态。随着咨询的进行,可以在理解、接纳、不批判的态度下,自由地呈现对来访者的关注。当无法与来访者同感时,咨询师可以有意识地观察来访者的情绪和身体姿势,与其同步或者保持初始的开放姿势。

5. 接纳的肢体动作

肢体动作也是传递非言语信息最可能的来源,可以提供从言语和面部表情中不能获得的信息,尤其是腿和脚的动作,因为它们都很少受制于有意识的觉察和抑制。如果一个咨询师发现自己不停地抖脚,就很有必要觉察一下自己当下的感受,问问自己:潜意识中是否对来访者的言语感到不耐烦?是否想要离开?此时应关注一下当前的话题以及来访者的言语态度和传递的情绪,这是通过自己反移情的觉察来了解来访者的好时机。

有研究者对一些肢体动作做过相关的研究,列举了它们的可能意义:把手做成尖塔状可能显示这个人感觉有信心、得意或是傲慢;碰触或摩擦鼻子可能是一种负性反应;两手抱着或两腿交叉可能是一个防御或批评的姿势;用手捂住眼睛可能是一种回避的姿态。所以咨询师在咨询过程中觉察自己的手脚和身体的姿势、动作时,请留意自己的手指、手掌、腿脚运动的指向,身体的佝、直与前后移动等。邀请时应尽可能伸开手指,用手掌,不用单根食指和中指,不指向来访者。应避免攻击性的肢体动作,如握实拳、用力挥舞等,也不要架"4 字腿"。肢体动作的变化频率不宜太高、太快。

6. 适合的空间距离

人们在互动中使用的空间距离对个体心理和行为会产生影响,人与人之间需要保持一定的空间距离。每个人都需要在自己的周围有一个自己可以把握的自我空间,一旦这个自我空间被人触犯,就会有不舒服、不安全的感觉,甚至会恼怒。爱德华・霍尔博士(E. T. Hall)的研究显示[①],亲密距离、个人距离、社交距离和公众距离是人际交往的四种空间距离。

(1) 亲密距离大致在半米以内,是人际交往中的最小间隔,可以用"亲密无间"来描述这种距离。亲密距离近的能感受对方的体温、气味和气息,远的也可以挽臂执手、促膝谈心。如果关系未达到该程度而闯入这一空间,会引起对方反感。

(2) 个人距离为半米到 1.2 米之间。陌生人之间保持 1 米左右的距离更能给双方带来安全感和舒适感。

(3) 社交距离为 1.2 米到 2 米左右,通常表现出社交性、礼节性,一般的工作环境和社交聚会大多在这个距离上。更加正式的社交关系,比如招聘面谈、论文答辩等,则需要 2 米到 4 米,以增加庄重的气氛。

(4) 公众距离为 4 米以上,适合公众演讲之类的情境。

在心理咨询中,相对适合的是个人距离,便于实现有效沟通,又保持相对的边界感。当然,这个距离到底是多少,还要视咨询室的空间大小、来访者的性格、民族和文化背景等的差异而定,也跟咨询过程中咨访关系的发展、来访者的性别、来访者的心境等因素有关。通常

---

① 1963 年美国人类学家爱德华・霍尔在《近体行为的符号体系》一文中提出了"近体学"的概念,用以进行对人际交往空间距离的研究。

人们对自己与他人的空间距离的调整是无意识的，所以，我们可以根据来访者在咨询中对空间距离的调整来了解来访者的心理特点与状况。

一些咨询师会在他们的办公室里放多把椅子，这样既可以让他们的来访者自由选择坐在哪里，也可以通过来访者选择的座位信息来推测来访者的需要。比如：首次咨询选择给自己留出更大空间的来访者，可能更在意自己的形象和地位，或者性格相对内向、孤僻，不愿主动接近他人；主动坐得比较靠近咨询师的来访者，相对可能对权威有些依赖，或者性格比较开朗，喜欢交往，更乐意接近别人；那些不排斥较近的距离安排的来访者，可能在以往的人际交往中缺少边界感，性格相对懦弱被动，可能长期处在受支配地位。

当然，这些都只是参考，帮助咨询师觉察与来访者的关系等，咨询期间，必须考虑文化差异因素，而不是模式化地套用、贴标签。

7. 变化的音调语速

在咨询过程中，当咨询师轻柔地、温和地而不是大声地、命令式地说话时，来访者更愿意去探索自己。此外，咨询师需要在一定的范围内配合来访者谈话的语速。当来访者语速慢时，咨询师也要放慢说话的速度。相反，当来访者讲话快时，咨询师也可加快语速。然而，如果一个来访者是急切的，说话速度过快，咨询师就要使用慢一点的语速来鼓励来访者放慢速度，或者当来访者完全沉浸在自己痛苦的情绪中时，咨询师也不妨突然地提高音量，把来访者“吓醒”，将其带回到咨询中。

8. 配合的语言风格

咨询师可以以一种配合来访者的语言风格向来访者传达专注，这里的语言风格指的是咨询师的用语符合来访者特定的文化经历和教育水平，比如用一些方言，或者在跟青少年来访者交谈时使用一些青少年常用的网络流行语，等等。这些都能帮助咨询师和来访者更快地建立联系。咨询师可适当调节一下自己的风格，以便和来访者的风格更接近，但是也不必刻意使用让自己很不舒服的语言风格，比如跟着某些来访者使用平时自己难以出口的“下流”语言等，毕竟我们每个人都有一个行为舒适的范围，作为咨询师可以探索一个合适的尺度，在这个尺度里与来访者构建关系。

9. 温暖平和的沉默

沉默是咨询师和来访者都不说话时的一个停顿。不说什么并不意味着什么都不做，而是留给来访者一个跟自己在一起的空间，也给咨询师更多观察来访者、与来访者同感的空间。沉默可以让来访者在没有打扰的情况下反省或思考他们想说什么。一些来访者会停顿很长时间，因为他们思考的速度很慢，或者他们需要时间去接触自己的想法和感受。“此时无声胜有声”，不被打扰的沉默空间不会给来访者带来非得说些什么来回应咨询师的压力。咨询师温暖的、同感的沉默所体现出来的耐心、平静，可以留给来访者足够的空间来倾听自己内心想流露的任何东西，咨询师可以通过给予来访者这样的空间，鼓励来访者去觉察、表达那些可能转瞬即逝的感受。

沉默可能发生在来访者陈述之后、陈述之中或简单地表示接纳之后。例如，在来访者说了诸如“我感觉很混乱，很生气，但是我不知道怎么说”之后，咨询师不妨停下来，留给来访者一些时间，并观察来访者对这些描述的情感反映，看看来访者是否还有新的内容要增加。又比如：来访者在说一件事情时突然停下来，并且显然在处理情感时，咨询师可适当保持沉默，不打断来访者的思绪。而如果来访者对咨询师所说的话没有反应，咨询师也可以适当地沉默，注视来访者，看看他是否还有其他的想说。

有时候沉默也可能增加来访者的焦虑和不适感，因为来访者不知道咨询师想要什么、有何感受。虽然挑战性的沉默对来访者也是有帮助的，能迫使来访者依赖自己的内在资源去检视自己的想法。但是，它通常应出现在良好的工作同盟关系建立之后。如果咨访的工作同盟关系没有建立，来访者不相信咨询师，或者不了解沉默的目的，那么这种挑战性的沉默就有潜在的破坏性，可能会威胁到那些感到孤立、与咨询师失去联结的来访者，以及那些不知道如何表达自己的来访者。咨询师需要去评估沉默时来访者身上正在发生什么，确定是继续沉默还是打破这种沉默。

咨询师在掌握以上九种传达关注的非言语行为的同时，也应力求避免两种可能会破坏咨访关系的非言语行为：打断和记录。

当来访者进行富有成效的探索时，比如，谈到内心深处的想法和感受时，打断便是一种缺乏关注的行为。咨询师在关系还没有建立时，一定要培养听的耐心。

部分心理治疗技术要求咨询师在咨询问诊中填写一些表格和记录一些要点。当咨询师专注地做记录时，来访者就被晾在了一边，被动地等待咨询师写完，好奇咨询师记录的内容。如果得不到回应，记录便会成为一种潜在的缺乏关注的行为，减弱了来访者当下体验的强度。所以，对于这些咨询师，建议记录尽量限制在最小范围，同时确保和来访者保持目光接触。如果只是想记住咨询中的对话和发生的事情，那么干扰最小的做法就是对咨询内容进行录音，之后听录音并回忆咨询中一些具体的细节。

这些非言语关注行为技术具有操作性。模仿和学习只是粗浅的，作为心理咨询师，需要更多地觉察自己的非言语行为，通过对自己身心状态的调控来对来访者做出恰当的非言语的反应。比如，当感到自己肌肉的紧张程度后，咨询师可以通过“我焦虑了？紧张了？是什么使我产生这样的感觉呢？我的肢体行为正在向来访者传递怎样的信息呢?”等类似的问题来觉察和调整自己的身体语言，一旦能熟练自如地觉察、理解自己的身体反应，咨询师就能更加积极地应用自己的非言语信息去传递对来访者的关注态度。

（二）简单言语技术

倾听的关注技术除了非言语的行为技术，还有两种简单的言语技术：语词鼓励和认可，它们可以促进来访者进行探索。

1. 语词鼓励

语词鼓励是指咨询师通过没有实际意义的声音、插入语或简单的词语对来访者的叙述做出回应，如“嗯”“是的”“哦”等，以及来访者谈话语句的最后的关键词。咨询师可以用点头和与来访者情绪相适应的语气来鼓励来访者继续说下去。语词鼓励可以帮助咨询师确认来访者说的话，并表达专注、提供非侵害的支持、引导咨询的走向。对于来访者来说，轻微的鼓励表明咨询师放弃自己说话的机会，而希望他能够继续讲下去。

不过，语词鼓励使用的频率需要留意，用得太少会有距离感，使用得太多，则会让来访者分心或厌烦，特别是打断来访者的语词鼓励。建议咨询师注意使用的时机，可以在一段对话结束或是转换到来访者谈话时使用。

2. 认可

认可是咨询师对来访者言语中的内容、观点、情感等给出肯定的言语反应，可以是简短的语句，比如“那确实很难对付”“那真是个难得的机会”，等等。认可是一种偶尔使用的助人技术。对来访者的认可可以为来访者提供情感上的支持和保证，让来访者知道他的感觉是正确的并且是可预料到的，也可以帮助咨询师表达对来访者的同感。使用认可的重点是促进探索，让来访者感觉足够安全，从而去谈论他们深层次的问题。对于大多数来访者，咨询师需要帮助他们明白自己的问题是很常见的，他们的感受并不是独有的，这将有助于增强来访者的力量，并帮助他们进一步探索自己的问题。例如：“碰上这种事，我也会跟你一样犹豫、烦躁，没有多少人能坦然面对！”同时，认可可以起到强化的作用，表明咨询师重视来访者所说或所做的事情，并鼓励来访者继续努力改变。例如：“很高兴，你已经开始尝试跟同学表达你的需要了。”

使用认可时，咨询师对来访者要有足够的了解，知道来访者的哪些行为是可以被认可的。咨询师还要小心，不要试图淡化来访者的情感或缩短探索的过程，即试图通过认可来减轻来访者的焦虑和压力、弱化或否认来访者的情感。例如，“就这样，不要在意任何人的想法，做你自己，让自己高兴起来”，这样的认可似乎在暗示来访者他的消极体验需要被替代，从而可能阻止来访者自我探索、妨碍他们接纳自己的感受，对咨询工作会起反作用。

咨询师使用认可向来访者保证“一切都好”也是一种误导，因为问题并不会因为弱化和否认而消失。在一定程度上，觉察、接受和表达感受能够帮助来访者理解那些痛苦的情感（这也是咨询目标中重要的一部分），而不是弱化和否认自身的情感体验。在一些情形下，使用认可确实是有帮助的，但是如果过度、过早或者不真诚地使用，就会让来访者听起来觉得“假”，觉得是在奉承。另外，当认可被用来表达咨询师的偏见时，也同样是有问题的。

积极的关注行为通常会打开沟通之门，鼓励来访者自由表达；消极的关注行为则相反，会关闭沟通之门或抑制表达。在区分积极和消极的关注行为时，很少有普遍的规则，由于来访者的文化背景和学习经验的差异，他们对同一关注行为的认识可能是不同的。对某一位来访者适用的规则，不一定适用于另一位来访者。今天的跨文化心理咨询理论强调咨询师对来访者的关注方式必须根据每个来访者的个人需要、个性风格、家庭和文化背景而变化。咨询师必须尊重个体的文化差异，而不是僵化地、机械地使用所谓的咨询技术。

真正的关注其实是一种内在的态度，是心理咨询师人格的一部分，而非所谓的技术或者行为表现。从根本上来讲，心理咨询师必须对来访者持尊重态度，并特别注意觉察来访者显性或隐性的情绪、情感变化，积极地表达发自内心的对来访者的关注态度，与来访者真诚相待。

二、倾听的言语反馈技术

倾听不只是要听，呈现对来访者的关注，让来访者知道咨询师在听，而且要听到，让来访者知道咨询师能够听懂他的故事。所以，仅仅关注技术中的简单言语技术是不够的，咨询师还需要在事实层面和情感层面用言语对听到的来访者的陈述做出反应，这里常用的技术有关键词重复、重述等。

（一）关键词重复

咨询师要及时地发现来访者的一些陈述语句中的关键词，并及时地反馈来访者，可以告诉对方“我已经听到了你想表达的主要意思”，同时又不破坏对方语言的连贯性，也可以带上一定的语气，比如疑问、好奇等，甚至可以减少开放式提问，避免把咨询谈话演变成一场“情感审讯”。比如：

> 来访者说：“我也不知道从何说起，最近一直睡不好觉，心里慌得很……”
> 咨询师带着疑问语气重复：“慌得很？”

当然，用一些有力、肯定的语气来重复一些关键词，也可以强化来访者的积极暗示。配上“嗯”“是的”等语气词一起表达会更好。如：

> “是的，很开心！”
> “嗯，全忘了！”

（二）重述

相较于对关键字词的重复，重述指咨询师用自己的话对来访者讲过的内容、表述过的意思加以复述或者转述。重述就相当于咨询师告诉来访者：“我不但听了你说的，而且听懂了、理解了你的意思。”

重述聚焦于问题最重要的方面，并使双方在这一问题上有机会更深入地探讨，但不能让来访者获得领悟或有所行动。重述有澄清、聚焦、支持、鼓励宣泄的作用。重述的内容可以是即时的，也可以是之前的会谈内容。

1. 重述的方式

重述时不需要转述来访者所有的言语内容，用语要简短、精确，要抓住来访者言语内容的本质、精髓，更清晰、具体地表达来访者的意思，努力使来访者感觉到自己正在被人倾听，从而鼓励他们继续讲下去，帮助他们讲述、探索事情的经过。

重述的表述句式可以是：

- 我听到你说……
- 听起来……
- 我想……
- 是不是……
- 你是说……

……

2. 重述的注意事项

重述并非重复来访者已经明白的内容，而是去捕捉来访者不确定的、未曾探索过的或尚未完全理解的内容。重述信息的线索来源于来访者对关注最多的、卷入最深的、感到疑问或矛盾的、尚未解决的问题的描述，以及对来访者的声音特征、语气表情等非言语信息的观察。

重述的重点在于来访者的想法，而不是其他人的想法。重述有助于让来访者聚焦于自己的内心，而不是去责怪他人或者担心他人的想法，重述给来访者更多的机会来核对咨询师是否完全明白自己的叙述。使用重述技术时，语气可以是试探性的，也可以是直接、肯定的。需要注意以下几点：

（1）重述基于咨询师对来访者的同感、理解，而不是机器人般的简单重复。

（2）重述聚焦于来访者而不是其他人。

（3）重述聚焦于来访者试图传达的内容。

（4）重述的内容应是来访者的叙述中最重要的、最有能量的、敏感的部分。

（5）重述应跟在来访者讲完一段内容后，最好有些许的停顿。

（6）重述应用支持性的语气。咨询师要善于变换表述的句式，不要千篇一律地重复。

（7）重述时要用积极的词汇来替代来访者语言中的消极措辞，在不经意中，调整来访者对事件的认知视角，调节来访者的情绪。

（8）重述时要抓住来访者叙述的重点，不要过于努力地去抓取内容的完整性，而忽略了表达为理解来访者所做的努力，这可能让来访者感觉自身的感受被忽略，会破坏之前的信任、安全的咨访关系。

3. 重述技术的案例

示例1

来访者：在忙碌了一天的工作后，我喜欢到健身房去跑步，这让我感觉放松很多。

咨询师：哦，去健身房跑步是你缓解压力的一种好方法。

（咨询师用了缓解压力这个近义词来替代放松，重述了来访者要表达的整体意思。）

示例 2

来访者：我爸爸认为我应该自己挣钱。

咨询师：你是说你爸爸不想再给你提供经济支持了。

来访者：当我遇到麻烦时，没有人会和我谈谈。

咨询师：好像每个人都忽视你。

来访者：我终于让自己的生活变得井然有序了，大多数时候我都感觉非常好，我学习也有兴趣了。

咨询师：你现在一切都很顺利。

（三）情感反映

情感反映指咨询师非常清楚地触摸到来访者的具体情绪和情感，同时将这种情绪和情感反映出来。这样的做法会让来访者感觉到自己的感觉被理解了，内心的感觉得到了共鸣。如，来访者诉说自己的妈妈总是唠叨她，咨询师可以说："妈妈的唠叨一定让你非常心烦吧？"

情感反映技术的使用是建立在同感的基础上的，同感技术在下一节中会有具体的展开，这里只是简单地提出情感反映的概念。

来访者往往对自己的情绪是没有觉察的，对话中往往只有对事件内容的描述，而没有对自己感受的表达，这就需要咨询师能觉察来访者言语背后的情绪和情感，通过言语反馈给来访者，这样能很好地让来访者感受到咨询师在认真倾听自己并关注了自己，而不只是事件本身。情感反映到位的话，可以极大地促进咨访关系。

需要提醒的是，情感反映也需要用试探性的措辞，以便给予来访者空间来核对咨询师的反映是否恰当、到位。在反映来访者的情感情绪的时候要具体，直接用情绪词如"悲伤""无助"等，避免用一些带否定表达的含糊的词，如"不舒服""不开心"等。

咨询师要真正听懂来访者，并让来访者知道自己理解了他，就要想象自己处在来访者的位置，从来访者而不是自己的角度去理解来访者的体验。也许有些连来访者自己都没有觉察到的，或者在叙述的过程中都未意识到的东西，咨询师却能敏锐地听到并听懂，甚至还能从来访者的叙述当中"听"出来访者的个性特征、人格特质、在面对问题和冲突时的解决模式、在人际互动中的模式等更深层次的信息，从而全面地了解来访者产生困惑甚至心理疾病的原因。而来访者会因为咨询师到位的倾听而产生被理解、被了解、被关心的感觉，从而能畅所欲言，让咨询师听到更多。这是倾听的高层次境界，这部分在同感技术中会有更多介绍。倾听是行为，同感是倾听需要达到的境界。

三、影响倾听的行为

在倾听过程中，咨询师如果不断思考接下来该说什么，就只能听到来访者说的内容的一部分了，随意插话则更是会打断来访者。诸如此类的行为都需要注意避免，否则就会破坏咨访关系、导致歪曲事实真相的“听”而不闻现象的发生。咨询师要注意倾听的主观性问题，以及倾听行为不当的问题。

（一）避免道德说教和评判

心理咨询不同于思想道德品质教育，应避免陷入道德说教的模式当中。道德说教脱离来访者的现实体验，容易让来访者产生反感、心理防御，导致一些想法的表达受阻，咨询师也就无法了解来访者真实的想法和感受，不能理解来访者的困惑和苦恼。如，咨询师说：“你怎么能这样对待你的父母呢？这样做岂不是让你的父母很伤心？”来访者听了咨询师这样的反问后，也许会产生羞愧、愤怒等感觉，但是很难再说出自己的真实想法和感觉了。

评判指在听取来访者叙述的过程中，带上自己的主观评判、臆断，如进行“好/坏”“对/错”“喜欢/不喜欢”“有关/无关”“可接受/不可接受”之类的判断。这样做不能真正了解事实真相和来访者的感受。个人心理层面上的评判是基于个体的内在需要的满足与适应，个人的好坏评价不同于社会道德的评判，它着重于是否合乎需要。咨询师不应单纯用自己的好恶标准来评价和区分，这样的评价只会让来访者心理负担加重，产生一些不必要的负面感受，导致来访者远离咨询师，损害咨访关系。因此在建立关系之前和未真正了解来访者之前，咨询师应尽可能避免对来访者提到的内容做出直接的评判。尽管“真”也是咨询师需要具备的素质，但是宽容、接纳更是一名咨询师在咨询中需要传递给来访者的。真诚和接纳、允许不同的存在，在心理咨询的设置下是可以共存的，并不冲突。

（二）避免只听情节和过早分析

咨询师在听取来访者叙述的时候，如果是当听一个颇有情节的故事那样听，而没有去认真体会和反映来访者的情绪、情感，就会造成对来访者了解得不全面、肤浅，让来访者感到不被理解，甚至觉得心理咨询师仅仅是在满足自己的好奇心，从而与咨询师心生隔阂，产生心理防御，最终影响咨访关系和信息的收集。

在没有完全了解和掌握来访者及其生活与工作环境的情况下，用心理咨询的理论对来访者做出理论分析，这是很多心理咨询的初学者容易犯的一个“动机良好”的错误。咨询理论是帮助我们理解来访者的一个假设，也是一个工具。没有一个人是完全适合某一种理论的，每个当事人都有自己特殊的情况，需要做详细的了解和心理探索才能准确把握问题所在。在咨询初期还没有全面了解信息的情况下，过早分析往往会偏离方向，而且会给来访者带来一种自己被当作实验品的感觉，因此咨询初期一定要避免过早分析的发生。

（三）避免同情和投射

同情不同于同感，咨询师把自己完全放在同情来访者的位置上去倾听，会代入更多咨询师自身的情绪，产生想要拯救来访者的不恰当立场，从而失去了作为心理咨询师的觉察，失去对案例的客观判断能力。

咨询师的投射是咨询师自身的情感体验而不是对来访者的同感。如果咨询师把自己的情感和想法当作来访者的情感体验和认知观念，就会失去对来访者真正的洞察，如果与来访者的体验冲突，则非但不会让来访者产生被关注、倾听的感受，反而会激起来访者被侵犯、强加的感受，从而激发来访者的心理防御。

（四）避免机械模仿和缺少情感反映

所谓机械模仿就是“鹦鹉学舌”或“录音回放”。不同于倾听技术中的关键词的重复，它是不带任何感情色彩、不加采择地将来访者说的话进行简单的重复和模仿，这将给来访者带来呆板的感受，来访者会觉得在与一台机器说话，或者是在空旷的场所听自己的回音，感觉自己说的话没有得到理解和支持。

前面已经强调过对来访者的情绪、情感的反映的重要性。情感是个体最独特、最深刻的体验，对一个人情绪、情感的关注，最能让当事人感受到被关怀，所以在倾听过程中如果忽略了对情感的反映，倾听的效果就会大打折扣。

下面用两段案例对话来呈现正、反倾听表达。

反例

咨询师：（身体向后靠，双手环抱，看着天花板）那么，你今天为什么来这里呢？

来访者：（很低的声音）我不确定，我只是最近感觉不怎么好，但是我不知道你是否能帮我。

咨询师：（向前移动一下，专注地看着来访者）嗯，到底发生了什么？

来访者：（长时间停顿）我只是不知道要怎么……

咨询师：（打断）只需告诉我真正发生了什么。

来访者：（长时间停顿）我想我真的不知道有什么能说的。很抱歉耽误您的时间了。

这里咨询师没有关注来访者的情绪，只是询问来访者“发生了什么”，来访者没有被关注和被倾听的感觉，也就不知道该如何表达。如果咨询师能像下面这样，来访者的感受就会不一样了。

正例

咨询师：今天我们有一些时间来交谈，你想谈些什么呢？

来访者：（很低的声音）我不确定，我只是最近感觉不怎么好，但是我不知道你是否能帮我。

咨询师:(配合来访者很低的声音)哦,听起来你有点害怕。能告诉我一些你最近的情况吗?

来访者:我最近很消沉。我不能入睡,吃得也少了。每件事情我都拖拉,并且我也没有精力做作业。

咨询师:(停顿一下,轻柔地说)听起来你感觉像被压垮了。

来访者:(轻轻地叹息)是的,那的确是我的感觉。看起来似乎我的大一生活充满了压力。

咨询师:嗯。(点头)

来访者:……

这里咨询师"听"到了来访者有点害怕的情绪,配合着来访者较低的声音进行回应,也关注到了来访者的压力,于是来访者就自然而然地讲出了自己的烦恼。

为了帮助大家更好地、感性地认识倾听技术,下面呈现四位咨询师听了同一段案例后做出的回应,我们一起来看看他们的倾听是否做到位了。

来访者:我有好多天都没有和我妈说话了,我看到她就心烦(用自己的手烦躁地抓自己的头发),为了能避免和她见面,我一到学校就连续几周不回家,我妈打电话给我,我就说周末有辅修课,要么就说和同学约好了要外出。我就是讨厌看到她,她那么唠叨,让我的两个耳朵都快起茧了,烦死了!

咨询师1:你很讨厌你的母亲,你甚至为了避免这样烦人的唠叨而逃避面对母亲。

分析:咨询师1的回应是一种归纳总结,但未倾听到来访者内心烦躁、苦闷与困惑的情绪。

咨询师2:你好多天都没有和你的母亲说话,如果我是你的母亲,心里要伤心死了。只是唠叨这一个毛病怎么会让你产生这么大的反感呢?有没有想过是不是自己的反应太过分了呢?

分析:咨询师2反问的语气,强烈地表达了"孩子应该孝敬母亲,不能说母亲的缺点"的"社会价值观"和咨询师个人的价值观,并以此来衡量来访者的言行。价值观的批判让来访者产生不被理解的感觉,甚至是反感。最后的反问句带有明显的指责和不满。来访者在对母亲的情绪尚未宣泄完时,被咨询师看成不孝、不顺,这可能导致来访者与咨询师的对立,破坏咨访关系。

咨询师3:想想,你从小到大是怎么长大的?如果没有你的母亲,你可能长大吗?更不用说读大学了。如果你能这样想,就能够忍受母亲的唠叨了。

分析:咨询师3的反应像传统的教育者的反应,引导来访者看到母亲的难处,却没有关注到来访者内心的苦闷和烦躁。一味帮着母亲说话、教育当事人,会让来访者明确咨询师不是站在自己这边的、无法体会自己的感觉,导致后面的咨询难有进展。

作为咨询师,以上三个回应都不恰当。尤其是后面两个回应,更像是说教。其实即使作为班主任、辅导员,这样的回应也常常难以起到教育作用。

咨询师4:能感受到你很害怕妈妈的唠叨,听起来,你跟妈妈之间的不和有一段时间了,能跟我具体说说你跟妈妈的关系吗?

分析:咨询师4的回应,概括总结了来访者和母亲的关系状况。咨询师用"害怕"这个中性的情绪词来标记来访者的情绪,不带道德色彩的评判,更从来访者的角度体察他的情绪感受。这样可以增进来访者和咨询师之间的关系,使来访者放下心理防御,有机会进一步地去探索自己跟母亲的关系,觉察其间自己的感情。

即使已经了解倾听对于咨询的重要性和倾听的相关技巧,人们在一起交谈时,往往还是难以做到真正的倾听。影响倾听行为的核心因素,在于对沟通对象的认识和态度。生活中,当我们与重要人物、敬重的领导和长辈等交谈时,若我们真的放平自己的心态去听清对方的语意,那么所有的技巧就都不再是需要学习的技巧,每个人都会本能地体现出来。然而,我们在面对处在情绪困境中的来访者时,往往有莫名的优越感和心理优势,这样容易失去对对方的尊重,也使得倾听变得不容易。咨询师甚至需要通过倾听技巧的训练来觉察自己对待来访者的态度,用咨询目标不断敦促自己努力倾听。

当然,刚开始咨询时容易产生这样或那样的问题,随着咨询经验的丰富,咨询师会逐步将心理咨询背后人本的理念内化。倾听被内化为个人的品质,与咨询的理念相一致,这时便无招胜有招,倾听技巧也就化于无形了。如果那些干扰倾听的行为仍然不断出现,那一定不是技巧的问题,而是个人的心理成长问题,这时咨询师需要的不再是技巧的训练,而是个人成长的心理辅导和督导。

第二节 言语反馈与指导技术

倾听对于构建积极的咨访关系、全面收集来访者的信息是至关重要的,倾听本身就具有一定的治疗功能。但是,仅仅靠倾听行为还是不够的,来访者需要的不仅是被关注,还是被理解、接纳，并通过咨询师的指导建议获得领悟和改变。所以，言语反馈与指导的技术同样是心理咨询的基本技术。这一节将介绍同感、情感反映、自我表露、叙事等心理咨询面谈技术，以及行动反馈指导微技术。

一、同感技术

同感（Empathy）也被翻译成“共情”“同理心”等，最初由罗杰斯提出，现在已经被咨询心理学界普遍接受，已经成为心理咨询的基本技术。作为心理咨询的基本技术，关注、倾听、同感其实在咨询过程中并不是独立的，而是始终同步进行着的，只是为了方便学习和研究，才把它们分开来讲解。倾听技术不可能脱离关注，而同感技术也不可能脱离关注和倾听的过程。倾听强调听的行为，而同感则突出强调了倾听要达成的目标——能同感来访者，充分理解来访者和他们的困扰，并把这种理解以恰当的方式反馈给他们，从而帮助来访者更充分地理解他们自己。

同感可以理解为感同身受，就是咨询师通过来访者的言行等，并借助自身的知识和经验来深入体验来访者的情感、思维，准确理解与其体验相关的经历、人格以及问题的实质，然后把恰当的言语等反馈给来访者，让来访者感受到被咨询师接纳和准确地理解。同感的过程也可以看成是咨询师将自己视作来访者，身临其境地进入来访者的生活中，同时却没有丧失作为独立个体的意识，时时保持着敏感的心，跟随着来访者，感受来访者情感的变化，感受来访者所感受到的一切——恐惧、愤怒、温柔和困惑等——却不对来访者作任何评价。同感可以增进来访者对咨询师的信任，促进积极的咨访关系的建立，并鼓励来访者自我表达、自我探索、深入觉察，从而获得领悟和选择。可以说同感是进一步心理干预的基础。

（一）同感的作用

1. 建立良好的咨访关系

初级同感不涉及对来访者的建议、批评和安慰，主要是为了让来访者体验到被了解、被尊重、被支持的温馨与感动。来访者的种种感觉和想法能从咨询师那里得到共鸣，因此被感动或触动，敞开心扉，与心理咨询师建立起携手合作的良好咨访关系。

2. 深入了解来访者

同感可以帮助咨询师逐步加深或修正对来访者的认识和了解，更深入地了解来访者，将自己所了解到的来访者的事件、情绪等呈现给来访者。来访者如果感到自己的信息未被准确掌握，可以通过纠正或澄清，帮助咨询师完善和加深对自己的了解。咨询师要明了来访者被“卡”在了什么地方、为什么会产生这样的情绪、现在的症状传递了什么象征意义，以及背后的非理性信念或者心理动力的原因等重要的议题，这将极大地保障和推动心理咨询的开展。

3. 协助来访者自我探索

高级同感能将来访者隐含的情绪情感和思想观念反馈给来访者，引导来访者觉察自己未曾觉察或者正在逃避的一些经验、情感、想法，从而协助来访者进一步了解自己。

（二）初级同感技术和高级同感技术

根据咨询师所反馈的信息是“表层的”还是“深入的”，可将同感技术分为两个层次：初级同感技术和高级同感技术。

1. 初级同感技术

初级同感反映的内容往往是来访者明显的言语表达的感觉与想法，也可以是非言语信息，适合在咨访关系建立的初期，或者咨询师与来访者之间关系尚未建立好的阶段使用。例如：

来访者：我父母之间最近关系出现了危机，父亲出轨了，我母亲感到和父亲离婚将会是一件很可耻的事情。而且她几十年来一直默默奉献，操持这个家，很辛苦，一直把父亲当作是她的希望和生活的重心所在，父亲在家里好像是被母亲服侍的主人。现在居然到了这般田地，我觉得我母亲好可怜，我自己也觉得好凄凉。

咨询师：你父母关系出现了危机，你母亲为你父亲付出了太多，因此不能接受离婚这样的结果。你很同情你母亲，自己心中也感到凄凉。

初级同感主要是为了促进积极的咨访关系的建立。

2. 高级同感技术

高级同感反映的内容是来访者的叙述中隐含的深层感觉与想法，它不仅传递了咨询师对来访者的了解，同时还有助于来访者认识到自己先前无法接受或未觉察到的感觉或想法。高级同感涉及来访者尚未意识到的、隐讳的、冲突的情绪与想法，如果在咨访关系没有很好地建立起来的情况下使用，会让来访者感到心理咨询师过早、过深地触及他们内心不愿面对的东西，以及没有得到足够的理解和支持。在这种情况下，来访者会立即把自己保护起来，形成防卫和抗拒，从而影响咨询的推进，甚至导致原本不甚牢固的咨访关系遭到致命破坏，最终导致咨询中断。因此，高级同感技术适用于咨询的中、后期，以及良好的咨访关系建立好之后。

以上面初级同感的示例来说，高级同感的表述可以是：“你觉得你父亲对不起你母亲，你觉得不公平，家庭处于破碎的边缘，你因此感到凄凉。作为女儿，你觉得自己应该为母亲，也为自己能继续有一个完整的家而做点什么，但你似乎还没有找到很有效的办法，因而觉得无助和沮丧。”

咨询师在言语中点出了来访者没有直接说出来的对父亲的不满以及自己的无助，而不仅仅是对母亲的同情和鸣不平。对来访者自身的内在情绪和想法的表述，可以让来访者感受到被深深地洞悉和接纳，无须掩饰。

咨询师使用高级同感时常常会发现，要从来访者的叙述中感受出来访者深层的感觉与想法很困难，这时候需要对来访者的非言语行为进行敏锐观察，帮助自己增加对来访者的觉察。

高级同感的主要目的是促进来访者深入探讨自己的问题。

（三）同感技术的辨析

无论是使用初级同感技术还是高级同感技术，心理咨询师都必须以来访者为中心，以来访者呈现的事实、真切的感受、真实的想法为根本，回应的内容都必须反映来访者的真实状态，而非心理咨询师自己随意猜测、主观臆断的结果。

1. 同感不是投射

来访者和咨询师作为不同文化背景下的两个完全不同的个体，要真正做到同感是非常困难的。咨询师更容易做出的是对来访者的“投射”，而不是对来访者的真实感受和想法的反映。投射不但起不到增进咨访关系的作用，反而还会引起来访者的反感、阻抗、心理防御等消极的情绪及行为，从而使咨询过程停滞、进入困境。例如：

来访者：我和我女朋友正式交往快半年了，当初认识之后，我花了很多心思去追求她，由于我追求她的方法比较有效，她终于答应和我确定恋爱关系了。要知道之前有很多挺优秀的男生追求过她，都被她一一拒绝了，所以我觉得她还是很喜欢我的，要不然也不会答应我。可是寒假期间她居然提出要和我分手，我真是一下子蒙了，我们之间不是好好的吗？（声音提高）怎么会突然有这样的事情发生，真是想不到啊！（双手捂着自己眼睛和额头几秒钟）……我最近一直在想，我们之间到底出了什么问题，我不知道是不是她父母对我或我的家境有看法，反对我们交往。（语速略快）但她的说法是我们不合适，很多问题上看法都不一致，而且她还认为我们在情感表达方面有很大的差异，对感情的预期和步调也不一致，她说她担心将来可能会有很多矛盾出现，不如先分手算了。我一直觉得两个人之间的这些差异根本不算什么问题，为了挽回这段感情，我反复跟她说以后会注意、会改变，可是她还是很坚决。我该怎么办？

咨询师 1：辛苦追来的女朋友莫名其妙地跟你分手，态度还很坚决，你一定很挫败、很伤心，甚至还有一些愤怒吧。很正常，换了谁都不会开心，你把你的愤怒吼出来吧！

咨询师 1 把被女友舍弃后的感受投射到了来访者身上，没有核对来访者的真正情绪体验，来访者会因为咨询师的诱导，用愤怒情绪替代内在受伤害的感觉，从而错过了对这段交往过程的觉察，失去了一次亲密关系相处的学习机会。

2. 同感不是简单的重述

咨询师仅仅概括、复述来访者说过的经历与事件本身，表达来访者的表面的或已经明确的信息，不能反映来访者字面下隐含的信息、情绪情感和内在想法，就不能算作应用同感技术。这样的复述无益于来访者对问题的探索。例如：

面对上面这个案例，咨询师 2 反馈：其实，两个人谈恋爱一段时间后，慢慢会发现彼此的差异和不一致，开始大家都可能会容忍，可时间长了就有一方可能受不了，就会提出分手，这也很正常。谈恋爱就是通过比较密切的交往去检验彼此是否合适的过程，不合适就分手啦，这对双方都好。

咨询师 2 显然没有专注地倾听来访者的语言和非语言信息，所做的是评论性或劝解性的回应，与来访者的想法和感受都相反，相当于是在否定来访者，认为他不应该有这样的苦恼。这不是同感。

咨询师 3 反馈：你和女友之间的关系突然莫名其妙地出现变故，这让你措手不及，不知道如何是好，很是苦恼！

这样的回应虽然关注到了来访者的情绪和想法，但是这些情绪和想法是来访者明白地表露出来的，而且也不是其想法的全部或关键点。这也达不到初级同感。

3. 同感不是认同

认同是咨询师对来访者的相关言语、处境表示肯定和同意的态度，传递了价值评判上的肯定，它会让咨询师跟着来访者一起进入来访者的“死胡同”，而无法自拔。同感要表达的是对来访者心情、情绪、想法的理解，让来访者得到心理上的支持，而不是去赞同来访者的想法、行为等，尤其是无助、无力的行为和想法。

例如，咨询师 4 回应上面的来访者：人心隔肚皮，我们无法知道你女友生活中到底发生了什么，这突然的变化的确让人无所适从，我也无法帮你解释她拒绝你的原因。

咨询师 4 这样的回应，虽然认同了来访者的无助，但是，带给来访者的“咨询师也解决不了”的信息对来访者没有帮助，反而会让他因此感到更加无力。

4. 同感不是同情

同情是看到来访者的状况后产生的一种怜悯、可怜的情绪，它有可能让咨询师做出安慰来访者或试图帮助来访者解决实际生活与学习中的困难的行动。

比如，咨询师 5 回应：你很用心地对待这份感情，你在女朋友身上一定倾注了很深的感情，现在她用你们情感表达方式不一致、担心以后的发展来拒绝你，甚至都不给你机会，真是太残酷了。对你太不公平了！

在咨询的过程当中产生同情是常事，从事咨询服务工作的人员，往往很有悲天悯人的爱心，很容易被来访者勾起同情心。然而，同情会让咨询师丧失中立的客观视角，让咨询师无法从情绪中抽身出来看来访者的问题所在，影响对来访者真实人际关系、行为、观念、情绪等问题的洞察，这会阻碍咨询的进程。

此外，同情对于不同的来访者，也会带来不一样的情绪反应。对于一些内心已经非常脆弱的来访者来说，在看到咨询师的同情目光的时候，他们极可能会产生“自己实在太差了，真的就是无可救药”的负面感觉；一些来访者会觉得咨询师也这样认为，看来自己的遭遇真的太糟糕了，从而增加了无力感；对一些内心极度自卑、外在又希望表现良好的来访者来说，咨询师的同情会让他们产生愤怒和不满，他们不能容忍别人可怜自己，他们不能接受让自己感觉卑微的言行；而对于依赖型的来访者，这样的同情正好让他们抓住了一个可以依赖的机会，他们会“靠”在咨询师的身上，显示出自己的无能为力，让咨询师来拯救他们，将自己生活的责任扔给咨询师。在我们列举的案例中，来访者在得到咨询师的同情、关心后，可能会失去对自己在与异性相处时的情绪表达方式的洞察，失去成长的机会，这比失恋的损失更大。

5. 同感不是过度分析

在与来访者的互动过程当中，咨询师基于个人的理论取向，可以听出、读出很多信息，会在头脑中形成关于来访者的不同理论假设、分析。如果咨询师陷于自己的理论假设，过度分析，会让来访者产生莫名其妙的感觉，甚至觉得自己只是咨询师用来分析的试验品，没有得到咨询师的尊重，从而对咨访关系产生伤害。

在上面的案例中，咨询师可能认为来访者的思维方式比较直接，缺乏对细腻感情的觉察和把握，虽然在专业等方面表现得很优秀，但是无法满足女孩被体贴、呵护的情感需要。这样的分析未必没有道理，但在这时候直接解释给来访者的话，并不能安抚来访者、让他有被支持的感觉。这样的分析可能会让来访者知道自己身上的问题，但是，这不是一时可以改变的，无望的关系修复只会让来访者感到更加无力，陷入失败的消极情绪中，而不会真正引导他去反思自己的个性和情感的表达等问题。

另外，解释和分析无论听起来多么完美，都有可能与来访者的情况不相符、有偏差。因此，建议咨询师用探询的语气，给予来访者一个空间来核对自己的信息，也给自己一个机会核对自己的假设和感觉是否与来访者合拍，而不要把自己的分析强加于来访者。

前面介绍过初级和高级的同感技术，在这一个案例的对话中，初级的同感可以是这样的：“你本来对你们的关系很有信心，没想到其实早已有了危机，你开始并没有觉得你们之间存在问题，对感情危机的真正原因似乎还不是很清楚，你为此感到困惑，也不知道如何是好，很是苦恼！”

心理咨询师通过同感技术回应了来访者所讲述的比较完整的信息，以及他比较明显的情绪感受和想法，但似乎还没有触及来访者的深层感受或想法。当然，这一层次的同感在一定程度上有助于来访者去探讨自己的问题，而且对于咨访关系的建立也有明显帮助。

咨询师可以这样回应：“你原本以为自己的恋情是美满的，突然的变故让你十分惊讶。女友觉得你们之间的不协调让她很难继续下去，并因此提出分手。你并没有觉得彼此的差异是大问题，觉得她有点小题大做，但为了挽回，你还是向她表达了去做出改变的承诺，她却没有丝毫妥协，你因此感到非常沮丧。”

这不仅涉及来访者更为深入的想法和感受，也发掘到他一直没有把双方的差异，尤其是女友非常看重的问题当作一件重要的事情来对待。这一问题上的分歧反映了他对女友的感受缺乏重视，也不够敏感，这是恋爱中的一个重要课题，有待来访者进一步成长。这样的同感是高级层次的同感。

二、情感反映技术

情感反映与同感密不可分，情感反映是咨询师对来访者的同感的具体言语表达，同感是情感反映希望达成的目标。情感反映指咨询师非常清楚地触摸到来访者的具体情绪和情感，同时将这种情绪和情感反映出来。这样的做法会让来访者感觉到自己的感觉被理解了，内心的感觉得到了共鸣。

如：来访者诉说自己的妈妈总是唠叨她，咨询师可以说："妈妈的唠叨一定让你非常心烦吧?"

来访者往往对自己的情绪是没有觉察的，对话中往往只有对事件内容的描述，而没有对自己感受的表达，因此需要咨询师能觉察来访者言语背后的情绪和情感，并通过言语反馈给来访者，这能很好地让来访者感受到咨询师在认真倾听自己，并关注了自己，而不只是关注事件本身。所以情感反映也需要用试探性的措辞，以便给予来访者空间来核对咨询师的反映是否恰当到位。

需要提醒的是，在反映来访者的情感和情绪的时候要具体，如用"悲伤""无助"等词，要避免用一些笼统含糊的表达，如"不舒服""不适"等。

（一）什么是情感反映

如果说同感强调的是对来访者情绪的体验，那么情感反映强调的则是咨询师将对来访者的同感反映给来访者。情感反映基于良好的同感，恰当的情感反映可以体现同感，它是同感技术应用中的一部分。在使用情感反映时，咨询师将来访者的感受和情感以陈述的方式清楚地向来访者表明，这种感受和情感可能是来访者曾经说过的，咨询师可以使用相同或相近的词来表达。

咨询师要通过情感反映帮助来访者识别、澄清并且更深入地体验情感，还要鼓励来访者沉浸于他们的内部体验。除了给情感命名，咨询师还要重视协助来访者体验当下的情感，即体验比解释重要。情感反映的另一个用意是鼓励情感宣泄。

1. 情感反映的四种线索来源

（1）来访者的情感表达，即来访者自己在言谈中表达的对事物的态度体验。

（2）来访者的言语内容。来访者在言谈中虽然没有直接描述自己的情绪，但是可以从他提到的情境，或者他表述的情感体验来推测。

（3）来访者的非言语行为。通过观察来访者的言语内容和非言语的表情之间的一致性，可以感受来访者的情感体验。

(4) 咨询师自己的情感投射。咨询师可以把自己放入来访者描述的情境中去感受自己的体验,以此来觉察来访者的情感。

2. 情感反映的表达句式

当咨询师感受到了来访者的情感体验后,可以用试探性的问询或肯定的陈述来做情感反映,使用的句式可以有以下一些:

(1) 你觉得……,(因为)……

(2) 听起来你感到……

(3) 我想知道你是否觉得……

(4) 也许你感到……

(5) 如果我是你,我可能会觉得……

(6) 从你……我猜你觉得……

(7) 那使你感到……

(8) 听你说你觉得……

(9) 你给我的直觉是你感到……

咨询师可以用探索性的疑问语气直接说出反映来访者情绪的词,例如,“愤怒”或“你感到愤怒”;也可以说出情感和产生情感的原因,如:“你感到沮丧,因为你没能按照你想的去做。”

咨询师可以用一些比喻来反映情感,比如,“感觉像掉进了海洋球堆里,使不上劲儿”“你感觉心口上像压了一块石头”。

(二) 非指导性情感反映和解译性情感反映

根据反映目的的不同,情感反映可分为非指导性情感反映和解译性情感反映。

1. 非指导性情感反映

非指导性情感反映的主要目的是通过一句对情绪方面的重述,使来访者知道咨询师听懂了他们的情绪表达;另一目的是使来访者更能感受到他们得到了咨询师的理解,并鼓励来访者进行进一步的情绪表达。非指导性情感反映主要应用在初级同感中。

非指导性情感反映的基本原则是,只复述或反映咨询师已经清晰地听到的来访者说过的内容,不探究、不解释、不猜测。在建立咨访关系的初期阶段,尝试使用非指导性情感反映能够最大限度地减少情感反映可能带来的消极反应。

2. 解译性情感反映

解译性情感反映是指咨询师做出超越来访者的外在情绪表达的情感陈述,目的在于揭露来访者的情绪。更具体地说,解译性情感反映用于揭露来访者自己只能部分地意识到的情绪。这种技术可能引发来访者的顿悟,也就是说,来访者会意识到某些以前未能意识到或只有部分被意识到的东西,尤其是与强烈情绪有关的内容。解译性情感反映揭露的情绪是隐藏的、潜在的或深层的,而非指导性情感反映的是外显的、明确的和表层的。解译性情感反映更多地出现在高级同感中。

（三）情感反映技术的使用

1. 情感反映技术的使用要点

（1）咨询师要注意倾听来访者潜在的感受，选择来访者当下最突出的情感反馈给来访者，也要尽量注意来访者情感的强度。

（2）聚焦来访者当前的感受，而不是仅仅探讨过去的故事，比如："你一想到曾经被他欺骗过，就会像现在这样有恶心的感觉，是吗？"

（3）一次只反映一种情感，留给来访者思考和感受的空间，而不要急于处理下一个情感。通常一种情感被充分体验和表达后，自然会有新的情感呈现。

（4）解译性情感反映需要在足够安全的咨访关系基础上才能做到。来访者只有在自我表露时不会觉得被贬抑、受窘或羞愧，而是觉得被接纳、有价值以及被尊重，才会冒险去探究自己的情感，这是以同感为基础的。

（5）由于情感反映需要咨询师的同感能力，这就无可避免地涉及咨询师对自己的情绪的接纳和处理。咨询师对自己的情绪的压抑、不接纳对来访者将是消极的示范，所以咨询师需要保持对来访者及其感受的关注，而不是把中心落在自己的感受上。

（6）情感反映的线索可能来源于咨询师的个人投射，所以咨询师需要区分反映的情感是否真的来自来访者。

（7）有些时候，咨询师可能因为无法把自己的情感跟来访者的情感区分开来，过度认同来访者，而无法保持咨询中的客观中立与觉察。所以，咨询师需要对自己的情感保持觉察，此时个人的督导就显得十分必要了。

2. 情感反映技术使用的时机

情感反映的使用，需要在治疗同盟形成的基础上，在咨访双方就来访者的情感探索达成一致后开始，这是必要的前提。但是在之后的咨询中，具体需要使用到情感反映技术的还有下列情况：

（1）来访者做出某种情感逃避反应时。

（2）来访者因为缺乏对情感体验的感知，而产生不协调的情感反应行为时。

（3）来访者需要重新处理过去的一些创伤体验时。

情感反映有适合的时机，当然也就有不适合的使用时机：

（1）咨访关系不牢固时。

（2）来访者因为药物滥用或精神疾病发作，存在明显的阳性精神障碍症状反应时。

（3）来访者正在经历严重的情绪危机，无法承受压力时。

（4）来访者对情感表达强烈抗拒时。

（5）咨询时间不够处理即将"打开"的情感时。

（6）咨询师自己的情绪不稳定，或者无力处理来访者的情绪时。

3. 情感反映技术案例

下面是使用情感反映技术的案例，粗体字部分为技术使用部分。

来访者：我不愿去上课，考试也有好几门没考，觉得没什么意思。老师说这样下去，我要被退学的。我自己觉得退不退都无所谓，但不想让我妈妈知道，所以我挺烦的。

咨询师：**听起来你烦的不是退学问题，而是怕妈妈知道**？

来访者：是，反正我以后也不想做体育老师，现在学的课程都没什么用，什么运动解剖啊，运动生理学啊，我一点兴趣也没有，我不适合。

咨询师：**嗯，对学科没兴趣，又想不到想做的，感觉很迷茫。**

来访者：是的，我不知道要干什么，干什么其实都没劲。

咨询师：这样的状况多久了？一进校就这样吗？

三、自我表露技术

自我表露是指咨询师向来访者主动开放自己的生活经历和情感体验。恰当的自我表露，可以拉近咨询师和来访者的心理距离，对来访者的心理问题起到一般化的作用，帮助来访者接纳自己："咨询师也有同样的困惑，所以我存在这样的情况也还是可以接受的。"同时，咨询师走出心理困境的方法或结果可以给来访者信心和示范，鼓励来访者战胜困难，增强来访者的自信心。

自我表露有领悟性自我表露和情感性自我表露两种。

（一）领悟性自我表露

领悟性自我表露是指咨询师表露自己获得领悟的个人经验。这种表露可以促进治疗关系的发展，因为来访者对自我表露的咨询师会感到更加友好和信任。表露也可以改变治疗关系的平衡从而提高来访者参与的积极性。因为表露会让来访者明白咨询师是普通人，也有自己的困扰，所以来访者不会再把咨询师看成知道答案的专家，并完全依赖其解决自己的问题。咨询师要促进来访者的改变，使其形成新的、更深层次的领悟。

咨询师在做表露之前要思考自己的意图，要明确自己的表露是为了让来访者更好地理解自己的经验，而不是为了解决自己的问题。为了做出合适的表露，咨询师可以思考当他们以前处在与来访者相似的情境中时，是什么推动了自己的行为。

领悟性表露，顾名思义，即表露时将表露的焦点集中在了领悟上，而非对经验的细节描述上。表露时最好选择那些过去发生、现在已经解决好，并给自身带来了新见解的事情，这样不但能帮助来访者，也不会让咨询师感到自身的脆弱。短暂并能够立即把焦点转回到来访者身上的表露是最有效的。

以下这个例子显示了在一次会谈中，咨询师基于领悟的表露（见粗体字部分）。

来访者：我真的不知道死后会发生什么。当然，我父母的信仰告诉我有天堂和地狱，但我并不完全相信。但如果我不相信宗教，那么我真的不知道死亡时会怎样。还有生命的意义究竟是什么？我的意思是说，我们为什么会在这儿？为什么每个人都要四处奔波？我知道这听起来很混乱，但我最近一直都在想这些。

咨询师：我明白你的意思。我想我们所有人都需要探究生命的意义，接受我们都会死去这个事实。嗯，让我来想想看。**当我关注死亡和生命的意义时，我一般正处在一个转折期，并且试图弄清楚我想从生活中得到什么。**我想知道你现在是否正是如此？

来访者：嗯。这很有意思。我就快30岁了，对我来说这好像是一个很大的转折点。我现在有一份我并不喜欢的工作，我该恋爱了但还没有找到合适的对象。

在运用领悟性自我表露技术时要注意以下几点：

(1) 确定你的意图是帮助来访者获得领悟而不是关注自己的问题，切记不要把自我表露变成自我炫耀和自我卖弄，让自己成为谈话的中心。

(2) 选择看起来与来访者相似的经历进行表露，这样的素材对来访者才有借鉴意义，才能带给来访者洞察和学习。

(3) 表述要简短，能让来访者明白理解到就好，冗长的陈述容易让来访者抓不到重点，反客为主，让来访者成为听众。

(4) 不要表露自己还没有处理好的事情，虽然这可以让来访者了解有人与自己有着同样的处境，把自己的问题一般化。没有处理好的问题不能带给来访者对问题解决的信心，反而会让其想到“连咨询师也束手无策，我的问题要解决是没希望的”，增加了担忧和恐惧。

(5) 在表露完后，切记要把注意力和焦点转回到来访者身上，始终记得来访者是咨询谈话的中心。

（二）情感性自我表露

情感性自我表露指咨询师呈现自己在与来访者相似的情境下的感受或情感，其作用是帮助来访者识别并强化情感、鼓励宣泄、澄清、强化感受、注入希望、鼓励自我控制。情感反映的对象是来访者的情感体验，而情感性自我表露的对象是咨询师自身的经验和情感体验，这个技术强调了咨询师自我情感的开放。对咨询师来说，情感表露是避免把自己的感受强加给来访者的一种好方法。情感表露可以为来访者示范如何接纳可能体验到的一些感受，让来访者了解其他人与他们也有着类似的情感，从而使自己的体验正常化，这是情感表露技术不同于情感反映技术的特点。

做情感表露的咨询师要带着同感的态度，试探性地、不带评判地将情感表述给来访者，参考句式：

（1）如果是我，我会觉得……

（2）在你那种处境里，我会感到……

（3）换了我，我会感到……

（4）要是我的话，我会……

情感表露可以是咨询师自己的真实经验，也可以是假设，还可以是咨询师听到来访者所说的话时自己的感受，但是要选择那些你觉得来访者正在经历的感受。在运用解释技术时可能会遇到一些困难：有的咨询师过于被动，害怕自己给出错误解释，因此不敢提出任何自己的想法；有的咨询师太急于给出解释，他们过于热衷运用自己的领悟力，忽略了同感的需要；有的咨询师在一次咨询当中提供了太多的解释；有的咨询师解释的经验不足，不能将所有细节整合形成解释。

因此，在运用解释技术时要注意以下几点：

（1）要注意小心谨慎、温和、尊重、深思熟虑、同感以及有节制。

（2）确保来访者准备好接受。

（3）仔细观察来访者的反应。

（4）与来访者共同构建解释。

（5）解释要简洁。

（6）解释之后，运用开放式提问询问来访者对解释的反应。

四、叙事技术

语言是帮助个体整理经验、进行头脑中的逻辑运算的基本工具，叙事便是语言组织的外显运用，它既能透露个体的经验和思维，同时也能通过叙事方式的改变影响个体的思维，从而影响个体的生活态度与心情。叙事自然成为心理咨询不可或缺的技术路径。今天生活中不乏“心灵鸡汤”，这些大多是生活中富有人生启迪意味的故事或名言警句。生涯叙事和故事觉悟是两种重要的心理咨询技术，即咨询师通过引导来访者讲他们自己的生命故事或通过引用一些心理故事来进行心理咨询工作。

（一）生涯叙事

生涯叙事是让来访者讲自己的故事。精神分析疗法关注的是来访者过去的故事，尤其是童年的经历；后现代的叙事疗法关心的是来访者讲故事的方式以及如何重新讲这些故事——解构和重构。生涯叙事技术，更看重对来访者生命历程的探索能力，并能再次强化以往生命中的积极经验。咨询师可以从来访者生命故事的分享中考察来访者童年的经历对其人格形成的影响，发现一些重复出现的行为模式，寻找来访者经历中的高潮和低谷的特征、规律，并了解来访者自己对生活事件的解读，从而掌握来访者的一些核心的价值观。在叙事中还可以加入对来访者积极生活体验的强化，帮助安抚来访者受伤的情绪。

生涯叙事除了可以让来访者叙述过去、现在的生命故事，也可以面向未来，让来访者设想、描绘未来的生活会发生哪些事件，由此考察来访者的需求和价值观，帮助来访者设立生活和咨询目标。咨询师可以借用画“生命树”、写“临终遗言”之类的活动或作业，帮助来访者完成生涯叙事。

具体使用生涯叙事技术时，可以先让来访者放松，然后请来访者捕捉他生命中对他产生重大影响的一些事件或人，然后选择一段开始讲述。咨询师开始倾听，给出积极的支持和鼓励，帮助来访者完整细致地讲述他的故事，并引导他讨论一些细节。

示例 1

咨询师：刚才你回顾生涯中发生的一些重要事件，并对它们标记上“好事”或“坏事”。在完成这个作业的过程中，你有什么想法？

来访者：有时我觉得很难标记那些事件，有些事原本应该属于“坏事”，但现在想想好像也不那么坏，甚至反而最后变成了一件好事。

咨询师：比如哪件事？

来访者：比如我小时候学乐器的事……

咨询师：那件事给你的启发是？

示例 2

咨询师：你有没有发现你自己不满意的事件有什么共同点？

来访者：确实好像有些共性。

咨询师：能说说看吗？

来访者：它们都是……

咨询师：那你现在要做的事是什么呢？

（二）故事觉悟

故事觉悟技术，就是通过讲故事引发来访者觉悟的技术。德国积极心理治疗创始人佩塞斯基安(N. Peseschkian)在他的治疗中收集了大量的东西方故事供咨询师在咨询时使用，通过这些故事来引发来访者的觉悟。在心理治疗出现并被接受之前，人们是怎样处理自己的心理问题的呢？宗教故事其实起到了相当大的作用，其实这便是利用故事觉悟处理心理问题的现实例证。在中国文化中，佛学所谓的“禅悟”就有相应的功效。对于来访者来说，认知到的道理是抽象的、冷冰冰的，而觉悟到的道理则是生动活泼的，因为道理已经和具象的故事联结在了一起，甚至还伴随着觉悟时的快乐体验以及来访者个体与故事产生共鸣时的震撼。

寓言、禅说、解构和重构了的耳熟能详的典故、“心灵鸡汤”式的隽永小品等，都是咨询师可以使用的工具。

示例

咨询师：你有没有听过六祖慧能关于“风动和幡动”的禅话？

来访者：没有。

咨询师：那个禅话是这样的……（具体内容略）

来访者：（听完禅话，沉默了一会儿）对呀。确实是心动。我们怎么想，就会怎么看世界。我的心乱了，所以，看出来的世界就乱糟糟的！

这种讲故事的方法的效果，既依赖于故事的启发性，也依赖于讲故事的咨询师自身的觉悟能力，当然还与咨询师的人格形象有关。咨询师既需要对来访者的问题有精准把握，还要有能将相应的典故、小品与来访者目前的问题处境相联系的能力，同时还要考虑来访者的认知水平和领悟能力。同样的故事可能有不一样的效果，感动你的故事不一定会感动来访者，生活中年轻学生已经有把“心灵鸡汤”贬义化的倾向。最关键的还是这些故事和来访者生命的联结问题。

五、行动反馈指导微技术

这里将介绍一组给予来访者反馈、指导的微技术。所谓微技术，也就是建立了心理咨询工作联盟关系后，采用的一些面谈小技巧，可能只是一句话，或者一个视角，但是对特定的来访者有意想不到的指点作用。当然这些技巧的使用必须结合其他的面谈技术，仅靠微技术是起不到咨询效果的。

（一）“你已过得很好”假设

许多来访者来咨询时都认为自己的痛苦是天底下最大的，让人难以忍受。同时，其中有相当比例的人，也知道有一些方法可以改善自己的处境，但仍不愿意改变和行动。如小C很想改变自己的人际状态，但其改变仅限于几次咨询室中的模拟尝试，在实际生活中却不做任何改变的尝试。这时，咨询师不妨用微技术，向来访者指出：“你之所以不行动是因为你认为自己已经过得很好，否则你为什么不做改变的尝试呢？答案只有一个，改变会让你更痛苦。也许这恰恰表明，你原本的痛苦并不大，你已经享受了最好的生活。如果你不同意我的看法，你就拿出行动的勇气吧。”

这就是所谓的“你已过得很好”或“你的痛苦还不够大”假设。它一方面让来访者感恩生活，降低自己对生活的抱怨，缓解对生活的不满意；另一方面也有可能促进来访者的自我觉察，并增强来访者用行动改变处境的勇气，以此来启发来访者的自我洞察，激发来访者行为的动机。

当然这个技术必须建立在合作的咨询工作联盟关系上，需要基于对来访者的了解。

（二）行动反馈技术

使用向来访者提供行动改变反馈的微技术，可以强化来访者改变的意愿，在行为上推动来访者实际的改变，同时也能为咨询师提供有益的信息，让咨询变得更有的放矢。

1. 好事报告技术

好事报告技术也是一项把来访者的注意力从负性问题转向积极面的微技术。这是一项咨询后的作业，发生在两次咨询之间，报告在下一次的咨询中进行。咨询师在咨询后布置"进步报告"作业，要求来访者向咨询师报告自己的进步，而不是自己的问题。具体做法是让来访者报告他们生活中的好的情况、改善的状况、自己的进步等。

对于那些认知失调严重的来访者，自动化的非理性观念使得他们非常容易聚焦于自己的问题，通过作业可以有意识地将他们引导到生活中的积极面，更直接地影响和改变他们的认知焦点。下次再咨询时，咨询师将与来访者讨论他的作业，看看那些"好事"是如何发生的、是否越来越多，以及为什么会越来越多。这项作业练习更适合在咨询工作联盟已建立，来访者对自己的困扰、情绪问题有了基本的认知之后进行，完全沉溺于抑郁情绪的来访者在不能识别和控制消极的自动思维时，是较难完成这项练习的。

示例

来访者又陷入了负性认知和情绪中，再次向咨询师求助。来访者进入认知改变的高原期，并对咨询师有依赖感，希望咨询师帮助他进行奇迹般的改善，而不是靠自己努力。

来访者：老师，你帮帮我吧，我又很难过，因为那件事。

咨询师：我们已经咨询了十次，我教了你那些方法，你也试了，似乎没有进步，每次你来还是抱怨同样的问题，看来我也无能为力了。

来访者：不是的，我还是有进步的。只是有时有些想法和情绪我还是控制不住。我相信您能帮我的。

咨询师：真的吗？你真的有进步吗？为什么每次你抱怨的问题还是差不多呢？

来访者：尽管我有抱怨，但也自己成功处理过不少问题。

咨询师：是吗？那这样，为了让我对你、也对自己更有信心，请你以后更多地向我汇报你的进步。请你将有问题的情况记录下来，咨询时带来讨论，而平时若发现某一天或某段时间过得不错，或者某件事处理得让自己满意，请给我打电话，告诉我你的好事、你的进步，这样我也能对自己有信心，相信自己真的能帮到你。好吗？

当然这一技术的使用是有前提的，要在咨询师和来访者关系非常良好、牢固的基础上使用，这样来访者才不会误解咨询师真的对自己已经失去信心。

2. 积极肯定技术

积极肯定是中国孩子在生活中接受得相对较少的。中国家长大多数都是望子成龙，常常盯着孩子的不足，采用批评的方式，或者使用激将法，比如“我看你是做不好的”“你是不可能的”……许多学生因此渐渐丧失了对自己的信心。于是，在咨询中，咨询师应及时捕捉和发现来访者的积极面，通过赞许(Compliment)、欢呼(Cheerleading)等肯定技术，给予来访者积极的标签和定位，帮助来访者建立自信，并学习观察自身好的一面。

使用这一技术一定要真诚自然、发自内心，尤其是要能“无中生有”，在一些来访者不经意的地方，发现来访者值得肯定的方面，而不只是讲一些来访者在生活中也能听到的肯定，那些肯定已经不具备效用了。

咨询师在肯定来访者时，要注意激励性的与正向的语音、语调和身体语言的运用，这是这个技术的一个关键。可以有适度的夸张，咨询师的10分可能让来访者觉得自己有3分，如果咨询师的肯定只有5分，那么在来访者身上就看不到效果了。

示例1

咨询师：你刚才向我描述了这么大的挫折打击，真难以想象你竟然能够撑到现在，你的韧性真的让我感动和佩服。快和我说说，你是怎样做到这一点的？

示例2

咨询师：你说你来自农村，家境的贫寒让你自卑，你觉得自己的才识比不上城里的孩子。

来访者：是呀。

咨询师：你刚才还说到你生活很节俭，学习很拼命，很能吃苦。

来访者：对，不吃苦，又怎么能走到现在，走进大学呢？

咨询师：那么，吃苦是你的优势，是你未来的资源。人生是一条漫长的道路，这个资源会帮你一些什么呢？你能不能让它成为一个让你最终在竞争中胜出的资源或决定因素呢？

来访者：是呀，我为什么没这样想过呢？

心理咨询中还有很多关于咨询师说的技术，关键在于来访者要愿意听，能听进去，听后能有触动和感悟，并愿意做新的尝试。其中愿意听是最关键的第一步，这受到咨访关系的影响，与咨询师真诚关注、无条件接纳来访者的态度有关。尽管心理咨询有很多所谓的技术，但最重要的还是咨询师本身人格的成熟与健康水平。

第三节 提问技术

提问是心理咨询面谈的另一项基本技能，是搜集信息、促成领悟和改变的重要技术。好的、有创意的提问可以增进咨访的工作联盟，可以促进来访者的觉察和领悟，从而有助于做出新的选择。但是提问不得当，不但得不到想要的信息，起不到提醒、领悟的效果，还会破坏咨访关系，导致来访者的防御。本节将介绍心理咨询中常用的一些提问技术。

一、开放式提问

开放式问题是相对于封闭式问题提出的。封闭式的问题是让人选择答案，通常还是二维的，如“是”或“否”，“对”或“不对”，“可以”或“不可以”……封闭式提问的逻辑性很强，回答也确切，理解的准确性也高。在刑侦司法中，这是最重要的问讯技术。但是也正因为它逻辑性强、缺少情感表达、问询中隐藏的攻击性强，在心理咨询中，它不是最常用的技术，尤其是在咨访关系没有构建好、咨询的同盟关系没有建立的时候，封闭式的提问会破坏咨访关系的建立，导致来访者的阻抗。

心理咨询中用得更多的是开放式提问：“你是怎么考虑的?”“告诉我你当时的想法好吗?”“你的心情是怎样的?”……开放式提问可以获得更加个体化的回答，体现来访者不同的思维方式和个体经验。开放式提问给了来访者个人空间和对事物进行不同反应的许可，能够体现心理咨询对来访者的人本关怀。当然，开放式提问也是很有技巧性的，问题太大，或提问忽略了来访者的立场、态度和认识水平等，会导致来访者无从答起，从而影响咨询对话。

开放式提问的要求：

(1) 咨询师对来访者陈述的态度是支持的、非评判的，对其所说的任何内容都给予鼓励，所探讨的主题以及问题的答案都没有所谓的“对”或“错”。

(2) 咨询师要保持适当的专注，始终保持对陈述中来访者面对特定事件、人物时的想法和反应的敏感，善于捕捉影响来访者的关键事件。

(3) 提问方式非常重要，要确保提问是开放的，不是封闭的，声音要温和而低沉，表达出关心和亲近，说话的频率要慢，问句要是试探性的，避免像是审问来访者似的。

(4) 避免多重问题，一次提问只聚焦于问题的一部分，涵盖面不要太广。

(5) 提问的焦点落在现在，而非过去。

(6) 提问的焦点放在来访者身上，不要转换到他人身上。

(7) 咨询师要注意观察来访者对问题的反应，也要注意适当地变换提问的方式，比如“请多说一点好吗”“后来怎样了”……不要千篇一律。

(8) 尽可能避免问“为什么”的问题，因为这种问题难以回答，而且容易引起来访者的防御。人们很少知道他们为什么这样做，如果他们已经知道为什么这样做，他们也许就不会来咨询了。

开放式提问会应用在心理咨询的不同阶段(从基本信息的问询到心理问题和背景信息的收集,再到觉察领悟),也贯穿在行为改变的规划和行动的评估上。

(一) 针对想法的开放式提问

邀请来访者对其想法进行澄清或探索,是心理咨询问题探索、信息收集过程中的常用技术,旨在帮助来访者澄清和探索想法、体验,让来访者辨别适应不良的认知。咨询师不必从来访者那里得到某个明确的答案,或者确认某个事实、想法,而是要显现对来访者的问题的兴趣,跟随来访者所说的重点、关键点,以此鼓励来访者继续说下去。

下面的案例中,咨询师针对想法的开放式提问用粗体字标识。

来访者认为自己的工作、家庭、个人情感等方面都不顺。

咨询师:**那你能跟我说说具体的情况是怎样的吗?你希望的生活是怎样的?现在的生活又是怎样的**?

来访者:希望好一点吧。

咨询师:好一点?

来访者:嗯……不像现在这样。

咨询师:**那你更愿意过现在的生活,还是希望的生活**?

来访者:我希望的。

咨询师:好,**那你希望的生活是什么样的**?

来访者:我希望……我希望我在家里跟爸爸妈妈能好好说话,上班的时候能得心应手一些,然后我自己个人的事情要……要好一点吧,我到现在还没有女朋友……(来访者继续探索)

(二) 针对领悟的开放式提问

这是围绕着来访者的认知、领悟展开的提问,它引导来访者对自己的想法、情感或行为的深层含义进行思考。开放式提问不是像登记表格时那样的僵硬的提问,它的提问方式和语言都可以是灵活的。开放式提问的典型句式有:

- 你对……有什么想法?
- 你对……有什么感受?
- 你在……体会到什么?
- 当……时,你是怎样想的?
- ……带给你什么启发?
- 你刚才的叙述中,有什么不合理的地方?

……

示例

在一次会谈中，当来访者谈到她对男友莫名其妙地大发脾气时，咨询师问道：为什么你的男友能够容忍你对他突然发火？这种问题直指来访者所谈论的话题，并帮助来访者获得她对发脾气的领悟。

在进入来访者思考、领悟的阶段时，咨询的目标在于获得领悟，所以咨询师不责备、指责或者命令来访者，会对来访者理解自己的问题有切实的帮助。为此，咨询师在问“为什么”时，要用一种尊重、温和、真诚的态度来问，具体运用时要注意：

(1) 在问题中传递同感和好奇。

(2) 尽量用温和的语气，并保持一种好奇的态度。

(3) 专注于来访者而不是别人。

(4) 确保你的提问是开放式而非封闭式的。

(5) 要配合来访者的思路和领悟询问。

(6) 观察来访者对问题的反应，避免提问过多。不要一次问很多问题，要确保来访者有一定的时间来反应。

(7) 询问多个问题时，需要采用不同的方式提问，避免问题听起来显得重复。

(三) 针对情感的开放式提问

针对情感的开放式提问主要针对来访者的情感，咨询师要邀请来访者对其情感进行澄清或探索。同样它作为开放式提问技术，使用方法和注意事项与针对想法的开放式提问相似，只是在表达句式上突出的是感觉、感受、体验。可以用以下的典型句式：

- 你对那件事感觉怎么样？
- 请告诉我你当时的感觉好吗？
- 你在那样的情况下，体验到了什么？

……

下面是咨询师在咨询中使用的三个例子(针对情感的开放式提问见粗体字)：

(1) 来访者：我的论文完不成了。
咨询师：**我想知道你对此有什么感受。**

(2) 来访者：我不知道该说些什么。
咨询师：**你现在有什么感受**？

(3) 来访者：我的好朋友都去了国外读高中。
咨询师：**这个让你有什么感觉**？

二、具体化技术

具体化技术是心理咨询中一项非常常用且重要的技术，它是帮助来访者将自己对问题和与问题相关的个人的想法、感受、情感等具体呈现的面谈技术，也被称为“澄清技术”。

语言能对生活中的事物、现象、经验等进行概念化，具有抽象性与概括性，然而在谈到具体的人和事物时，人和人之间必然存在着个体的差异性，所以说者和听者对于同一个概念在理解上可能有着本质的差别，比如面对面的两人同时说的“右面”，是两个完全相反的方向。即使是同一个体，在不同的时间和环境里，或者因为不同的情绪体验，表述的同一个概念也会有不同含义，比如年轻人完成了一天的工作时，会感到一种解脱的轻松，而老人则会感到时日不多的忧伤，所以他们口中的“日落西山”含义不同。因此，在咨询中，咨询师就来访者的言语所表达的内容一定要跟来访者核对，不能想当然。来访者的表达与咨询师的专业术语表达的内涵差异，不具体化是无法看到的，咨询师很容易出现理解上的偏差，很多时候咨询师的理解是自己的投射，这是咨询中不容忽略的问题。

（一）具体化技术的使用

有的来访者在叙述事件、思想、情感时，常常自己都感觉是模糊不清、矛盾、不合理的，这便使得来访者的问题变得更加复杂，也因此困扰着来访者。因此，具体化技术是咨询师在咨询过程中必须掌握的一项面谈技术。

(1) 具体化技术可以运用于咨询的任何时刻、任何阶段。咨询师只要觉得来访者的叙述含糊不清、必须深入探讨，就可以使用具体化技术帮助引导来访者说出他们的故事。咨询师的提问可以帮助自己获得咨询的素材。咨询师的询问可以围绕六个“W”和一个“H”展开，即：什么(What)、什么时候(When)、什么地方(Where)、什么情况下(Which)、为什么(Why)、如何(How)、谁(Who)。例如，来访者诉说自己心里很难受，咨询师可以问：

- 所说的难受是什么意思，是焦虑、抑郁、烦躁、恐惧，还是心慌、气短、胃痛、腰酸……？
- 这种难受是什么时候开始的，持续了多长时间？
- 通常它发生在哪里？
- 在什么情况下发生的？
- 发生时，能感觉到是因为什么吗？
- 这种难受的感受有什么变化吗？怎么变化的？
- 最后要了解求助者是怎样一个人，性格怎么样，家庭情况怎么样，经济状况怎么样，等等。

这就是具体化技术，当然这些“W”“H”只是一种提示，并非每个问题都要时时被问及。之前的开放式提问，也是具体化技术的具体应用。这里特别提出具体化技术，也是为了强化这个概念，丰富它的一些维度，比如时间、地点、人物、事件，以及事件中来访者的想法、感受、体验，等等。

(2) 不同于开放式的提问，具体化技术可以使用封闭式的提问，等待来访者的澄清。比如咨询师对来访者说：“你刚才说你准备好了，是指分手这件事吗？”当然在得到确切的回答后，可以用开放式的提问了解他的打算和感受，等等。

(3) 具体化还包括给各种现象打分，也称量化或刻度化，例如当时的恐惧是几分(最高为10分，最低为0分，下同)、心慌是几分，等等。通过刻度化，当事人会敏感地觉察到种种细微的变化，以及引起变化的各种因素，从而获得“控制感”。

(4) 行为分析也是一种具体化，它主要是评估一种不良习惯的性质、程度、变化和影响因素，以便查清前因和后果。行为主义认为，行为是受前因和后果控制的，改变了前因和后果，就能改变和纠正不良行为。

(5) 危机干预的基本方法也是具体化，主要围绕“什么”展开，例如问当事人发生了什么事，看到了什么(视觉)，听到了什么(听觉)，闻到了什么(嗅觉)，碰到了什么、摸到了什么(触觉)，觉得冷还是热(温度觉)，有没有感到震动(震动觉)，有没有感到摇晃、失重或头晕(位置觉和运动觉)，出现了什么生理反应(如头胀、心慌、胸闷、恶心、胃痛)，当时的心情是什么(情绪变化)，想到了什么(思维)，采取了什么行动(行为)，结果是什么，等等。

在回答这些问题的时候，当事人会想起当时的情境，以及自己的感受、身体变化、心情、思维和行为，仿佛重新经历了一次，因而会出现强烈的情绪反应和生理反应，从而达到宣泄和情绪释放的目的。

通过重新经历，当事人会发现一些由于当时心慌意乱而没有注意到的许多新的情况，从而对整个事件产生新的认识。

(二) 具体化技术的作用

具体化技术指咨询师协助来访者清楚、准确地表达他们真正的意图、观点，以及他们所用的概念、所体验到的情感、所经历的事情等。来访者所面临的情境及对这些情境的反应十分复杂，牵涉的问题的细节常常不是随便就能想象得到的，咨询师如果非要去猜测、推想、判断，难免会加上许多主观臆想成分，不仅费时费力，劳而无功，错误不断，还可能远远脱离来访者的实际情况，不仅不能帮助来访者，还可能产生副作用，造成无法弥补的损失。所以最简单、节省、有效的方法还是作具体化反应。

俗话说:“当局者迷。”来访者往往没有认真、系统地思考过自己的问题，所以理不清头绪，不知道如何下手。通过具体化技术的运用，咨询师能弄清楚来访者的问题，而来访者自己也能明白了。知道了问题是什么、出在哪里，绝大多数求助者自己就能处理，不再需要咨询师了。

示例 1

来访者:昨晚我丈夫好像中邪了，令我沮丧、生气。

咨询师:怎么会令你那么沮丧?

来访者:当我看到他躺在沙发上的可怜样，同时也觉得自己可怜，一下子充满怨气，不知往哪儿出。

咨询师:看来真是件不同寻常的事……

示例 2

来访者：有时我真想彻底摆脱它……

咨询师：你能描述一下“彻底摆脱它”的含义吗？

来访者：我怕落后，负担重，我想摆脱这种难过的感受……

（三）具体化技术使用的时机

在出现下面的一些情况时，通常需要使用具体化技术。

（1）当来访者表达的观念、情感、问题等模糊不清时。如来访者说：“我很烦”“我很自卑”“我最近很苦闷”“我觉得没有前途”……

咨询师为了明确事件、来访者的真实感受等，使来访者表达的信息更清楚、更准确，可以问：

- “你能否告诉我你……的原因是……”
- “你是因为遇到……问题，才感到……的？”
- “什么事情使你……”

……

（2）当来访者有着过分概括化的思维方式，即以偏概全，以点概面，把个别当作一般，把局部当作整体，把问题扩大化、绝对化，把偶然当作必然，将事情越搞越复杂的时候，如来访者说“谁都不喜欢我”“男人没有一个好东西”“我这个人太虚伪”“我是个失败者”……

咨询师可以用具体化提问来帮助来访者检验自己过分概括的倾向，如：

- “不喜欢你的人都有谁？”
- “不是好东西的男人？比如哪几个？”
- “你有哪些事做得不够真心？”
- “能告诉我你最近失败的事吗？”

……

（3）当来访者无法区分情境和对情境的反应时，为了促进来访者表达得更清楚，鼓励来访者将问题引向深入，可以这样提问：“你说你觉得……，能更具体些吗？”“你所说的……是指什么？”

（4）当来访者陷入情绪而搞不清自己的处境时，咨询师可以通过具体化提问，帮助来访者弄清自己的所思、所感，明白自己的真实处境。例如，一位想要离婚的妻子在咨询师这边不断抱怨丈夫懒，在家不做事，在外面又没出息，挣不来钱……咨询师便问：“这么糟糕的一个男人呀，我很好奇，当初你是因为什么嫁给他的？结婚前他是这样的吗？能说说你们婚后的生活情况吗？……”一连串的具体化提问，能使得妻子慢慢明白丈夫懒是自己造成的，自己需要学习鼓励丈夫积极主动。

(5) 当发现来访者常用一些概括性的表达来呈现自己的困惑时，咨询师需要运用具体化技术来看到更加具体的细节，以便作自己的判断。如来访者说："我的儿子情绪控制得不好，自控能力很差，我希望你可以告诉我一些方法，让我知道该怎么帮助他解决这个困扰。"咨询师可以说："看得出来，现在你儿子的问题让你有些焦急，你希望能知道一些方法来协助儿子控制好自己的情绪，我希望你能先举几个具体的例子，让我更清楚你的儿子的哪些表现让你感觉到他自控能力不强，情绪控制不好，以便我们找到适合他的方法来帮助他。"

(6) 一句话、一个词在不同人的心目当中有不同的含义，来访者在对某些概念、含义还没有弄清楚时，易产生一些不准确的理解，咨询师可以通过具体化澄清概念。比如：

来访者：老师，我下学期就不在这个班了。

咨询师：不在这个班的意思是？

来访者：因为我选的科目不同，所以，会去另一个新的班。

咨询师：噢，那你知道哪些同学跟你一块儿分去新班吗？

来访者：我们班有 4 个吧，其他都是女生，男生就我一个。

咨询师：知道这个情况，你的心情是怎样的？

来访者：说不清，我不想为了留在原来的班而选我不擅长的科目，但是听说新班男生很少，以后很难一块儿打球了。

……

通过不断澄清"不在这个班"的含义，来访者的矛盾心理和失落感逐渐呈现出来了。

(四) 具体化技术的使用策略

如果发现来访者概念零乱，可以采用"剥笋"澄清的办法进行层层解析，由表及里：

(1) 选择最关键的一个概念让来访者具体化。

(2) 咨询师不仅要澄清问题，还要帮助来访者学习如何就事论事、对事不对人，让来访者明白自己的思维方式是如何影响自己的情绪和行为的。

(3) 咨询师的应答要针对来访者此时此刻的情况。

下面是一个父亲刚刚因为车祸去世的学生在咨询中与咨询师的一段对话：

来访者：爸爸去世了……我没办法相信，我没办法想象没有爸爸的生活。

咨询师：爸爸的去世让你感到非常突然、非常悲痛，是吗？他走得这么突然，我能大概感受你的伤心和害怕。你刚才两次使用"没办法"，你能说说你对"没办法"是怎么想的吗？

这里咨询师通过引导来访者具体说说“没办法”来引导其寻找“办法”。

（五）具体化技术使用的注意事项

尽管具体化技术在咨询的不同阶段都可以使用，但还是要依据对咨访关系的评估情况来使用。因为，具体化的过程难免会对来访者进行质疑和澄清，没有工作联盟基础，会引起来访者的心理防御，从而使其阻抗咨询过程，甚至破坏已经建立的关系。为此，咨询师需要注意：

（1）具体化技术必须建立在良好合作的咨访关系的基础上，需要搭配其他技术，如开放式提问技术，使得具体化的提问和邀请更能贴近来访者的感觉，让来访者感受到被关注和尊重，从而愿意进一步说明。

（2）提问的语气温和，语调应是探索性的而不是质疑的、批判的。

（3）提问后能倾听来访者的叙述，发现来访者的叙述中含糊不清和可能存在歧义的地方。

（4）如果来访者的叙述有多个不确定的地方，咨询师可以选择从关键性的部分开始，邀请来访者具体描述这部分的细节。

（5）敢于深入地、具体化地提问，不要因为怕给来访者留下“理解力不强”“缺乏领悟力”的印象而不愿意提问，让自己去猜测、判断。

（6）避免用一些心理学术语给来访者贴标签，尤其是对来访者的人格进行负面评价的标签，如“你是个悲观主义者”“你的性格过于内向”“我觉得你太自卑了”，这样的标签对来访者的人格有强烈的批评、暗示、强化作用。

三、创意提问微技术

根据问题形式，提问可以分为开放式提问和封闭式提问。下面就开放式提问在不同情境领域中应用的一些微技术做一点介绍，以激发大家的创意，使得心理咨询的艺术性能得到更多体现。

（一）“装傻”技术

“装傻”是一种温和的提问技术，可以避免来访者产生太多被引领、控制的感觉，减少来访者的心理防御，使咨询更聚焦于来访者和他的问题的展现。往往直到最后，来访者才恍然大悟，这种“顿悟”的效果会带给来访者更深刻的体验。由于是自己领悟的，来访者也更能接受和将其带回生活。

“装傻”靠的是咨询时对语言和非语言表达的把握，比如恰当的好奇、憨憨的提问、诚恳的态度加上频频点头的动作，有时还有一些看上去是自言自语，但实际上是说给来访者听的话。总之，在来访者看来，是咨询师有不明白之处，需要来访者帮忙，把来访者放到了“咨询师”的位置。咨询师就好像把控制权也交给了来访者，营造了一个有利于来访者表述的氛围。

以下是“装傻”技术的示例：

来访者：我担心不替她办这事她会不高兴。

咨询师：她不高兴又怎样？

来访者：她不高兴我们的关系就会受影响。

咨询师：然后呢？

来访者：我们会断交。

咨询师：（自言自语）是啊，这倒挺麻烦的。（问来访者）她要求其他人为她做事吗？

来访者：也要求。

咨询师：那别人面对她过分的要求会怎么做？

来访者：她们会拒绝她。

咨询师：然后呢？

来访者：她就不理她们了。所以，她来找我帮忙，因为她知道我会尽力去帮她的。

咨询师：（自言自语）原来是这样的。（问来访者，好像很好奇的样子）那么，别人为什么不怕与她断交呢？

于是，来访者开始思考自己的问题。

（二）例外技术

短期焦点疗法相信任何问题都有例外。换而言之，我们要相信通常情况下任何问题都有例外，来访者有能力解决自己的问题。咨询师要协助来访者发觉例外，让来访者看到凭借自己的能力和资源来解决问题的可能。例如，当来访者叙述其整日沉溺于忧郁的情绪中无法自拔时，咨询师可以询问其例外情境，也就是"何时忧郁不会发生"或"何时忧郁会少一点"。通过分析来访者如何使例外情境发生，以及如何使这种例外情境更多地发生，这些小小的例外情境就变成了对改变的洞察。

示例1

来访者告诉咨询师他的生活状况非常糟糕，心情也非常恶劣。

咨询师：什么时候你的心情会不那么糟糕呢？

来访者：没有，总是很差。

咨询师：你是说你一直以来都心情很差，从来没有例外的情况吗？

来访者：也不是，看漫画书的时候不是。

咨询师：看漫画书的时候有什么不一样？

来访者：它可以使我忘记所有的烦恼。

咨询师：你觉得有什么办法可以让自己在心情不好的时候，还可以想到去看漫画吗？

来访者：嗯……让我想想（开始思考这种可能）。

咨询师可以从找到的例外情境开始探索，尝试从其间发现改变的途径和可能，从而发现更多使心情改变的途径。

示例 2

咨询师：那你的生活是怎样的？

来访者：你知道的，我总是处于抑郁的状态。

咨询师：什么是抑郁状态？

来访者：情绪低落，什么也不想做，什么也不做……

咨询师：你是说你一睁开眼睛就抑郁，一刻不停地抑郁？

来访者：那倒不是。

咨询师：那就是说，还是有例外的，尽管这种例外不多。

来访者：是的，有一些例外的时间，但不多。

咨询师：好吧，请注意你的这些例外。当这些发生时，报告给我好吗？另外，和我谈谈以前发生的那些例外情况吧……

在咨询中例外技术聚焦于来访者内在资源和积极的一面，而不是聚焦于来访者的问题，所以这个技术比较适合在来访者过分沉浸在自己的负面情绪里的时候使用。当来访者尝试改变和寻求解决方案时，挖掘资源可以帮助来访者增加改变的动力和信心。这个技术在咨询之初——咨访关系建立的时候——使用就不一定理想，尤其是当来访者需要宣泄压抑已久的相关的负面情绪时，“报喜不报忧”会让来访者觉得咨询师忽视他的问题，并非真正理解和关切他的痛苦。

（三）“你是咨询师”技术

“你是咨询师”技术体现的是换位思考，是指邀请来访者扮演咨询师来分析和出主意。

“你是咨询师”技术的作用主要有两点：①将来访者从主观的位置置换出来，鼓励他从客观的角度看问题，减轻其痛苦和困扰的感觉；②让来访者尝试从咨询师的角度，去发现问题的解决之道，强化他按照正确的、能解决问题的方法行事的动力。

示例

咨询师:听上去你的问题确实挺麻烦的。来,让我们假想这样一个场景:如果你现在成了咨询师,我是来访者,我来咨询,向你说了这么一堆看上去很麻烦的问题,你会对我说些什么,给我一些怎样的建议呢?

来访者:(陷入思考后)我想我会说……

(1) 用于两难处境时:当来访者陷入两难困境,寻求两全其美的解决之道时,这一方式尤其适用。“你是咨询师”的换位思考能让他充分意识到正是自己的非理性观念让自己陷入了困境,要解开这个死结,一定要放弃追求完美的失调认知。

示例

咨询师:对于刚才的问题,假想我们换一下角色,如果你是我的话,你会给我什么解决方案呢?

来访者:(陷入思考后)我发现我没解决方案。如果要求这么高的话,根本不可能有解决方案。这根本就是个无解的两难困境。

咨询师:看来也是。那我该怎么办呢?

来访者又开始思考……

(2) 用于行动力的推动:“你是咨询师”技术在某种程度上体现了后现代疗法中“来访者拥有解决问题的能力和资源”的思想。应尽量鼓励来访者自己提出解决方案,当相关解决方案由来访者自己说出时,其实施的行动力会有所加强。

示例

来访者:经过这一段的咨询,我发现自己有的时候会让自己像你一样,给自己做一些认知调整。原来自己以前的一些想法不是很对……有时候把自己当成像你一样的咨询师,给我自己做一些调整,我感觉会好受很多。

咨询师:你会有这样的体验,很好。其实,你可以成为自己的“认知治疗师”,这也是自助的高境界,能够帮助你更好地去面对生活中的困难。

专业咨询师对来访者获取“咨询师”能力的肯定,能够促进来访者对自我功能的肯定及积极发展,更好地促进来访者的改变。

（四）水晶球技术

所谓水晶球技术，就是借由一个“水晶球”让来访者去预想未来，属于后设认知的实用技巧。它是未来导向的，引导来访者去看当自己的问题不再是问题时自己的生活景象。类似的技术还有“奇迹”技术、“时空转移”技术等，都是将来访者的焦点从现在和过去的问题转移到将来的理想的生活上。这样一方面能使心理咨询更有正向引导性和激励性，另一方面也能鼓励来访者深入地澄清自己的价值，建构自己生活的意义，从而强化来访者改变的意愿和动机。这样也会使正向的改变来得更快、更有效。

这个技术在职业生涯辅导中是很有效的方法。面对选择，人们当下常常很难做出决定，但是，如果能把时间往后推，设想进行不同选择后的生活图景，那么来访者可能就能洞察他更需要怎样的生活、目前哪个选择会导向自己想要的生活。“失之毫厘，差之千里”就是告诉我们选择的当下没有太明显的差异，仅仅“毫厘”而已，但是一旦行动，不需千里就能发现毫厘的差别，因为差异在运动中被放大了。所以，让来访者从现在静止的状态运动起来，看向未来、远方，帮助来访者发现问题、做出选择，这就是水晶球技术的奇妙之处。

示例

来访者向咨询师抱怨自己一无是处，既没有什么特长，学习也不好。

咨询师：（适度同感后）假设你的面前有一个水晶球，它能让你看到你的未来。想象一下，当有一天，也许是20年之后，甚至是更久之后，你有所成就的时候，你是怎样的一个人呢？

来访者：让我想一下……我想那时候我是一个很好、很出名的中学老师，有了很多优秀的学生。他们都很尊重我。我对他们也很好。我有一个幸福的家庭，丈夫很照顾我，孩子也很听话……

咨询师：你想要有一个美满的家庭，而且成为一个受人尊敬的老师。

来访者：是的。那样该多好啊！

咨询师：你真的很向往有那样的生活吗？为什么呢？

来访者：当然！因为那样可以让我……

心理咨询的提问技术是引发来访者领悟和改变的重要技术，使用时往往不能仅仅考虑措辞，还要关注使用的语气、结合的语境，以及与来访者之间建立的工作同盟关系。咨询师自己也要有开放的思维和积极的心态，这同样对咨询师的个人成长提出了要求。

第九章
短程心理咨询的半结构化流程与效果评估

短程心理咨询的半结构化流程主要针对学校、企业、个人执业、社区环境中的常规短程心理咨询，涉及人际冲突、情感困惑、职场或学业压力、家庭矛盾、情绪困扰等中青年群体常见的心理问题，不涉及人格障碍、精神类疾病等需要药物治疗或特定治疗方案的问题。

第一节　短程心理咨询的半结构化流程

近三十年来，我国的短程心理咨询取得了蓬勃的发展，为学生、企业员工、社区居民提供的心理咨询服务从数量少、咨询风格随意，逐渐走向了量大质优的专业化发展道路，不但心理咨询本身获得了社会认可，心理咨询的有效性也逐渐得到了较为一致的好评。大部分进行咨询的学生、企业员工与社区居民，困扰于人际、情感、职业发展、家庭矛盾等在特定发展阶段所面临的问题，在咨询内容上具有相当程度的一致性。在此背景下，如何突破不同咨询理论流派的壁垒、综合考虑影响咨询效果的因素、为来访者提供专业有效的短程咨询，已经成为常规心理咨询服务发展的重要问题。短程心理咨询的半结构化流程也正是在这样的背景下提出的，旨在通过半结构化的操作流程，促进咨询进展、推进效果评估，提升心理咨询的服务质量。

一、半结构化的短程心理咨询

半结构化的心理咨询流程是常规心理咨询的一个工作框架，该框架通过时间设置和咨询反馈，不断促进心理咨询工作者与来访者达成咨询目标。具体来说，在设置上注重在整个咨询过程中不断获得来访者的反馈，达成有效的工作同盟，在技术上要求咨询师根据来访者的反馈调整自己的咨询重点、咨询技术，以期与来访者达成最有效的合作，充分发挥高功能来访者的主观能动性。更重要的是，半结构化的心理咨询并不限制咨询师本身擅长的流派取向或是咨询技术，但在整个过程中要聚焦于与来访者合作关系的建立，并以最终带来的临床改变度作为重要的权衡标准。半结构化的心理咨询是一种以咨询效果为导向、有框架却无限制的工作模式。

（一）咨询的时间设置

以大学生心理咨询为例，大学生来访者具有咨询动机高、整体心理功能较好的特点，大多数学生在咨询过程中最为获益的部分往往是获得了足够的情感支持、掌握了一定的问题解决技巧，或是发展了内省觉知的能力。考虑大学生群体的心理特点，综合目前中国台湾、美国等高校心理咨询的经验，作为学校的常规咨询，半结构化的心理咨询应该为短程模式咨询，建议其在5—8次，跨时约两到三个月，总体控制在一个学期之内。咨询师应通过专业陪伴、目标澄清、促使行动，为来访者提供一个寻求改变与突破的空间。在企业的短程咨询服务中，同样需要考虑到时间设置的影响，主动与员工进行咨询次数的约定，并在此前提下共同商定工作目标。

(二) 咨询的疗效因子

无论咨询师采用什么流派、什么策略、什么理论背景的工作方法，咨询效果本身最能反映短程咨询的实际作用。半结构化的心理咨询方案直击要害，同时关注在疗效研究中取得共识的参与者因素、关系因素及技术因素三大类疗效因素的发生，在整个过程中关注与来访者的互动、反馈，促进这些因素的发生与培育。

具体来说，卡斯顿杰(Castonguay)和博伊特勒(Beutler)在2006年基于大量临床实证研究，把对心理咨询发生影响作用的因素分成了参与者因素、关系因素和技术因素。其中参与者因素是指来访者或咨询师所具备的独一无二的性格特点，即在治疗之外的生活中所显露出来的特质，如依恋风格、宗教信仰、期望等；关系因素是指咨访关系的一般性特质，以及咨询师促进或阻碍改变发生的人际交往技巧，如尊重、真诚、自我暴露等；技术因素是指组成咨询模式的特殊过程。

(1) 参与者因素包括咨询师和来访者两方面的作用。其中对预测性变量的研究结果显示：年龄越大的来访者越少从一般心理治疗中获益；有宗教信仰的来访者从团体中获益更多；如果咨询师和来访者有同样或类似的宗教信仰，咨询脱落的比率较小，效果也更好；咨询师如能对不同的宗教观点持开放、宽容的态度，治疗效果会有所增加；对于那些容易冲动、抱怨的人格障碍患者，直接的行为改变和减轻症状的尝试(如学习新的技能、管理冲动)比引发洞察和自我觉知更加有效。

(2) 从关系因素来看，有效的咨询最好界定为咨询师和来访者之间如何互动，即：改变源于咨询师和来访者带来的咨询的质量以及他们之间发展出来的关系。临床实践也表明，咨询过程中积极的关系可以增加咨询师对来访者的影响作用。在良好的咨访关系中，咨询师的建议、解释、家庭作业和其他活动更有可能被接受与遵守。从社会学习理论取向来看，来访者为了取悦咨询师也更愿意尝试改变。

(3) 从技术因素来看，除一小部分心理疾病(如强迫症、焦虑症)很难找到某种优于其他方法的咨询方法外，对患有其他心理疾病的人来说，接受心理咨询显然是有益处的。研究结果表明，不同的咨询方法对改变所产生的影响作用不超过10%。值得一提的是，美国心理协会的疗效研究小组区分了大约150种不同的治疗方法或理论模型，每一种都有不同的指南和针对不同类型来访者的治疗方法，然而研究却表明，这些不同的方法或理论模型对咨询效果的影响微乎其微。由于这些方法都自认为建立在实验研究的基础上，许多人开始怀疑发展更多的指南是否有用或值得。

技术因素包括咨询师的定向程度、洞察程度、咨询的密集度(如长度、频率等)、干预的人际焦点、增强或支持情感等。越来越多的研究支持为来访者提供了各种不同的解释或者治疗原理,它们似乎都有积极的效果,只要咨询师以自信专业的态度呈现解释,并且来访者能够理解和接受这个解释,解释或原理到底是什么似乎并不重要。总之,提供可供来访者选择的生活态度被许多理论家公认为是促进治疗性改变的共同因素。

综上所述,心理咨询如何发挥作用在一定程度上已经不再是个"谜",已有的研究对其发挥作用的内在因素进行了系统的梳理。虽然从实证研究的角度对咨询的作用机制进行探索可能远远没有达到表达清楚的程度,但在咨询过程中对这些重要因素的关注已成为临床工作者不能忽略的工作重点。

(三)短程心理咨询的文化背景

东方文化更强调人际和谐以及对权威的服从,来访者容易把咨询师当作"教师""专家"来看待,这些文化差异引发的角色定位同样是本土化心理咨询方案需要考虑的因素。具体来说,主要包括以下两个方面。

(1)东方文化更加重视人际关系,当人际关系发生矛盾冲突时更强调自我约束,即克己复礼,强调个人对自身的自省、自控,以达到人际关系中的和谐。而源自西方的心理咨询理念往往强调自我表达与情绪梳理,在面对注重人际和谐的东方人群时往往会遇到难以深入、难以表达的困境。中青年来访者所要经历的自我发展之路更需要去考虑家庭、环境、师长等诸多因素的共同影响作用,更多地偏向"关系中的自我"。在工作方法上,东方人的情绪情感表达往往是深沉内敛的,更多地强调"言有尽而意无穷",有时咨询师的沉默或非语言表达的同感反而比明确标注各种情绪词汇更能传递更为深入的理解。

(2)有关权力距离的跨文化研究发现,中国属于较高权力距离国家,即社会等级结构的存在很自然,权力关系在日常生活、工作和交际中起到重要的作用,人们根据不同的权力关系来调整自己的言行。上下级之间的情感距离较大,下级较满意于命令式的管理方式,不太愿意与上级商讨问题或公然反驳。这种高权力距离的文化特性同样反映在咨访关系中。而在西方发展出来的咨询理念中,咨询师与来访者是平等的、互助的,所有工作的核心与理念也着重于发展这样的咨访关系,这种平等互助的咨访关系基于西方低权力距离的文化传统,可以说是水到渠成。但是,这样的咨访关系与理念移植到高权力距离的东方文化下,自然会出现水土不服的问题,比如来访者会自然地把咨询师当成心理专家,求建议、求方法、求改变,请他们对自己的人生进行指点。这也需要咨询师调整与来访者的工作方法,不只是强调平等的关系,而是在咨询中适当地承担"专家"的责任与身份,并在合适的时候把这种责任还给来访者。

为了更好地促进来自东方文化背景下的来访者与咨询师形成有效"合作",我们提出的短程方案在首次、中期咨询时均需要针对疗效因子得到反馈,以促进来访者以平等互助的角色身份看待彼此的咨询，最大程度地投入咨询，最终与咨询师共同促进咨询效果的产生。

因此，半结构化的短程心理咨询方案同时考虑了来访者的心理共性、疗效因子的培育以及文化差异带来的影响，以互动反馈促进咨询同盟的形成，进而促进咨询效果的最大化。

二、短程半结构化心理咨询的操作步骤

短程半结构化心理咨询方案，其特点是在 6—8 次的短程咨询过程中综合考虑来访者的特点、研究证据及咨询师的专业技能，根据首次咨询反馈、中期咨询反馈，不断调整咨询师与来访者的工作重点和工作风格，以促进咨询效果的最大化。

结构化咨询可针对常见的发展类问题，包括学业困扰、人际问题、情感困扰、个人成长等，制定相对系统的、一定程度上标准化的工作方案，突破流派和技术本身的差异，强调咨询师在工作过程中不断发展自身的反思性功能，从而不断改进工作过程，促进短程咨询效果与临床满意度的最大化。

（一）操作阶段

半结构化的短程心理咨询方案主要针对常见的发展类心理咨询。咨询一般为 6—8 次，在整个过程中咨询师对重要的疗效因子进行持续评估，以反馈促进临床行动，帮助自己成为反思式临床工作者，以合作、互惠的理念最大限度地促进来访者的临床改变与咨询满意度。

1. 首次咨询前

咨询师应详细告知反思式短程心理咨询方案的基本设置、权利义务、常规咨询的保密原则、知情同意原则以及涉及录音录像的保密协议等，并请来访者明确勾选想要解决、咨询的主题（1—2 个），帮助自己从首次咨询开始即尽可能聚焦在来访者真正想要面对的问题上。咨询师还可以引入心理咨询效果评估量表来评估来访者的心理健康状况。例如，使用常规临床咨询效果评估表从主观幸福感、整体功能、问题症状、危机四个维度对来访者在开始咨询前的初始状态进行评估，从而细致、快速地了解来访者目前的困境与心理状态，同时关注来访者初始状态的基线，以便与结束咨询时来访者的心理状态进行比对，关注临床改变度[①]。

2. 首次咨询后

咨询师考虑邀请来访者花 3 分钟左右的时间对来访者因素（包括投入程度、期待水平、依恋模式）和咨询师因素（包括咨询态度、同感程度、咨询技术）以及首次咨询的工作目标达成情况（包括明确设置、初步建立关系、明确目标三个方面）进行评估，帮助自己在首次咨询结束后，通过反馈了解首次咨询的进展情况，并根据来访者的特点制定后续咨询方案。此部分问题中还包括旨在评估来访者是否有效答题的题目，帮助咨询师注意到那些无法对咨询师进行负性评价或对咨询师进行掩饰的来访者。当然，根据工作场合的具体要求，评估的内容

---

① 见本章附录 1，第 340 页。

和形式都可以进行调整，例如，可以使用问卷评估，也可以进行口头讨论；可以进行多因素评估，也可以仅考虑某些因素。

咨询师可以通过首次咨询后来访者的评估结果有意识地关注一些来访者自身因素的影响，比如，来访者的投入程度是否足够，来访者是否对咨询有过高或过低的期待，以及影响工作同盟建立的依恋风格的作用。在依恋风格的评估中可使用简单有效的关系问卷，区分不同的依恋风格，这样能提醒咨询师根据来访者不同的依恋风格有意识地采用不同的工作方式。如对于回避型依恋风格的来访者，由于他们本来不太习惯和陌生人建立起亲密的关系，咨询师需要有足够的耐心，不要操之过急，但也要在一定程度上尝试主动与来访者就咨询的设置进行约定，给来访者一个空间，让其学习逐渐去信任咨询师，去分享自己的困扰；而对于矛盾依恋型的来访者，咨询师需要重视来访者想要靠近又害怕靠近咨询师的内在冲突模式，能适度地给予来访者挣扎矛盾的空间，注意在建立有效的工作同盟后再逐步推进咨询的进展。[①]

3. 四次咨询后(中期评估)

咨询师考虑邀请来访者花 3 分钟左右的时间对来访者因素(包括投入程度、期待水平)和咨询师因素(包括咨询师的咨询态度、同感程度、咨询技术)再次进行评估，同时自我报告中期工作任务的达成情况(包括目标推进、关系深化、对下阶段咨询的共识)。此外，中期反馈还引入了工作同盟量表，对四次咨询后的工作同盟是否建立进行评估，旨在帮助咨询师了解此阶段咨询的进展情况，并注意工作同盟的形成与否，从而及时调整后续工作目标与方案。

在四次咨询后，短程咨询进入中期阶段，咨询师在该阶段再次邀请来访者评估自身的投入程度、期待水平，以及对咨询师的工作态度、同感能力和咨询技术的满意程度，以帮助自己看到来访者的动态变化，及时在后期咨询中调整工作方案。此外，引入工作同盟量表也是为了帮助咨询师与来访者共同关注咨询效果的关键性因素——咨访关系，通过评估促进临床工作。如果在四次咨询后工作同盟尚未形成，咨询师则需要再次反思关系的部分，有意识地与来访者讨论咨访关系，促进工作同盟的形成。[②]

4. 结案反馈

咨询师考虑邀请来访者从五个方面对咨询的满意度及咨询带来的改变度进行评估，根据高校心理咨询工作的特点，来访者要对助理工作和咨询师工作的满意度分别进行评估，同时关注咨询带来的改变及目标达成情况。此外，结案时要再次使用常规临床咨询效果评估表对咨询干预后的来访者状态进行评估，以便与咨询前的来访者状态进行比对；并请来访者对咨询工作提出具体意见，通过反馈不断改进临床工作。[③]

---

① 见本章附录 2，第 343 页。
② 见本章附录 3，第 345 页。
③ 见本章附录 4—5，第 347—349 页。

以上半结构化的短程心理咨询方案旨在通过在整个咨询过程中不断获得来访者的反馈，及时调整工作重点。在首次咨询后即关注来访者的依恋风格、期待水平等影响工作同盟建立的因素，能引导咨询师突破流派壁垒，以来访者的反馈为中心调整工作方案。在中期咨询后应注意工作同盟的形成，将心理咨询中最为重要的疗效因素纳入临床实践中，以研究指导临床工作，并通过临床反馈进一步促进咨询效果的产生。

当工作对象变为小学生、中学生时，可以酌情调整首次咨询后、中期咨询后反馈的内容和篇幅，如：设计生动、有趣的反馈卡片，询问小学生的咨询感受；使用简单的五点评分问卷，请中学生反馈咨询后的满意度等。在最终咨询效果的反馈上也可使用常规临床效果评估表的青少年版，该量表仅含 10 个问题，在表述上也可以根据青少年的特点做口语化调整。

（二）目标构建

心理咨询目标的构建，一直是困扰初阶心理咨询师的一个难题，许多心理咨询的有效性低就是因为受到咨询目标不恰当的影响，所以咨询目标一定程度上也决定了心理咨询的疗效。咨询目标构建中最常见的问题是来访者的诉求和咨询师的需要不一致、没有重点，咨询师和来访者无法达成一致的目标，比如：来访者希望让男友回心转意，咨询师则看到了来访者人格中的偏差，其设定的目标是帮助来访者认识自己扭曲的依恋关系和人际相处模式，而在整个咨询过程中，咨询师自己的咨询目标没有得到来访者的确认，咨询师也没有就来访者的人格因素与“恢复和男友的恋爱关系”建立起来访者认同的逻辑关系，所以咨询过程变成了没有交集的交谈，来访者感觉没有效果，咨询师则感到使不上劲儿，一旦强行建议，就违背了心理咨询助人自助的基本理念，变成了德育工作，引起来访者的抵触，个案也就很快脱落了。半结构化的心理咨询方案为咨询师提供了短程咨询目标的构建框架。

1. 半结构化心理咨询的四种咨询目标

半结构化的心理咨询方案尤其强调针对高功能、高动机的学生来访者尽快形成一致的咨询目标，这也是学校心理咨询的工作要点。具体来说，咨询目标有长期与短期之分，有总目标与分目标之别，主要包括以下四种。

（1）总目标：咨询师与来访者在相互沟通的基础上达成的整体目标，代表咨询师心中咨询的总体方向。有时总目标可能是咨询师根据来访者的心理状况设定的，但咨询师需要和来访者有一个达成共识的沟通。总目标一般来说概括性较强，如提升自尊、达到内心的和谐一致、自我成长、具备胜任生活的能力等。

（2）咨询的最终目标：来访者在整个咨询过程结束后想要得到的结果，如希望强迫症状消失、不再恐惧与异性相处等。咨询的最终目标是咨询师同来访者协商的，可以是口头的约定。在整个咨询的过程中，这些目标可能会发生改变，来访者可能想要增加或调整原来想达到的目标，如希望强迫症状消失的来访者可能在咨询中将目标变为希望内心的冲突能够减少。

（3）会谈的目标：每次咨询师和来访者会谈时所设定的一个目标，如在第三次会谈的时候主要是处理来访者对其过世父亲的愧疚的情感，在第五次会谈的时候主要是处理来访者对自己愤怒情绪的控制等。每次会谈的目标都会朝向最终目标迈进，每次会谈也会聚焦于来访者内心的困惑。

（4）逐步目标：在每次会谈当中的一些小的、更具体的小目标，如在第三次会谈时主要是处理来访者对其过世的父亲的愧疚，而这个过程当中又有三个小目标——让来访者打开自己与父亲的情感闸门，让来访者通过各种方式将对父亲的情感宣泄出来，以及在情感宣泄后进行正向情感的探讨。只有在这些逐步目标达成后才能完成会谈的目标。

案例

来访者是一名文静的大二女生，困扰于自己对带有羽毛的一切动物的恐惧，最近泛化到开始对类似羽毛的物品产生恐惧感，如鸡毛掸子、衣服上装饰的鸡毛、鸡毛笔等。她看到这些物品的时候全身会出现不舒服的感觉，呼吸开始变得急促，整个人开始打哆嗦，无法移动脚步，感觉到心悸。她很小的时候被公鸡啄伤过，此后从来不吃鸡肉，后来不吃鸭肉、鹅肉等有羽毛的动物的肉。她在大学一年级的时候因为远离家人，产生了强烈的思乡情绪。大二的课程有实验课，需要解剖鸽子，这让她恐惧不已，特来咨询。

通过与来访者协商和确定，心理咨询师可以确定以下的咨询目标：

（1）总目标：提升来访者面对压力时的处理能力，提升其内在的自尊，使其具备胜任学习和生活的能力。

（2）咨询的最终目标：消除或降低来访者对带羽毛的物体的恐惧，进而消除其对带羽毛的动物的恐惧感。

（3）每次会谈的目标需要根据来访者的情况进行详细的讨论，对于逐步目标，可以进行以下考虑：对带有羽毛的物体的黑白图片进行脱敏，接下来对带有羽毛的物体的彩色图片进行脱敏，再对实际的带有羽毛的物体进行脱敏，进一步对带有羽毛的动物的图片进行脱敏，并对带有羽毛的动物进行脱敏。对于童年创伤的处理可以根据情况安排在不同的时间段内进行。

以上目标构建的过程能促使心理咨询师对于个案走向有整体的把握，这样就可以在大的总目标之下通过一步步完成逐步的小目标，从而达成对心理问题的解决。

2. 咨询目标构建的注意事项

（1）咨询师需要对来访者的心理问题有整体的把握与评估，这可能会花几次的时间，也可能只需要一次，因此，咨询师在确立咨询目标方面的第一步就是熟悉来访者、了解来访者的心理问题。

（2）咨询师需要在评估与诊断的基础上进行最终咨询目标的构建，如帮助来访者消除他的强迫性行为、使来访者与配偶的沟通由负性的转为正性的良性沟通等。一般来说，咨询的最终目标的构建是相对简单的，因为来访者通常在第一次就会告诉咨询师自己希望能达成的咨询结果，这个结果就是两个人共同工作的最终目标。有时候，咨询师就这个目标可能还需要与来访者达成结构化，如这个目标的达成可能需要多长的咨询时间，在其中需要一步步达成一些什么样的咨询效果，需要来访者做一些什么样的努力等。这个结构化的过程有助于来访者了解咨询是怎么回事、在咨询的过程中可能经历什么、自己是否需要积极参与进来等。这也为来访者能够做好心理准备进入咨询的过程作了一个很好的铺垫。

(3) 咨询师需要对咨询的最终目标进行分解。咨询师对咨询的最终目标有多少把握是影响目标细化的关键。在这个细化的过程当中，督导的协助对初学者而言是很好的帮助。若缺少督导的协助，则需要咨询师自己进行相应的训练和实践。

(4) 确定每次会谈的目标。这对咨询师而言是非常重要的，有些咨询师在咨询的过程中容易出现“爆米花综合征”现象，就好像咨询师坐在电影院里，一边吃着爆米花，一边听着来访者讲述他们生活中的琐事。有爆米花综合征的心理咨询师通常会很享受心理咨询的过程，但是他们也经常会感到没有达到什么目的。出现这种情况时，咨询师可能会感到自己迷失在连续的故事叙述当中了，这也恰恰反映了咨询师由于缺乏细化的咨询目标，被来访者的故事给“牵着鼻子走”了。这需要咨询师能够承担起在心理咨询过程中的引导责任，每次咨询都与来访者积极总结以往咨询的效果，在总目标的框架下，根据事先制定的计划，设定每次会谈的目标。

三、个案示范

1. 个案背景

小丽是重点高校外语学院的大二学生，她在来寻求心理咨询之前的一周中鼓起勇气参加了班级里的英语达人比赛，但是在比赛现场竟然一句话都说不出来，这让小丽觉得非常沮丧，又觉得丢人。小丽本来就是个内向的姑娘，自述在高中时就有在社交场合的焦虑反应，进校后自己非常努力地学习，写作和阅读能力都很不错。上了大二之后，教师要求学生们在口语及交流方面加强，小丽开始被自己在众人面前的紧张情绪所困扰，再加上这次的彻底说不出话来的糟糕体验，内向的小丽决定走进咨询室克服自己的问题。

2. 咨询开始前评估

咨询正式开始前，小丽在咨询助理的协助下完成了咨询情况告知书，[①]了解了咨询的基本原则并签了字。小丽还完成了常规心理咨询效果评估表的前测，该量表帮助咨询师了解到小丽主要存在焦虑方面的问题，在整体功能的能力方面表现良好，但在社交、亲密关系方面存在困难。此外，小丽也没有涉及生命安全的危机情况。

---

① 见本章附录 1，第 340 页。

3. 咨询过程

(1) 首次咨询情况

在首次咨询中,咨询师主要了解了小丽目前的困境,这种困境主要表现在她在众人面前演讲方面。咨询师与小丽商定了共同的咨询目标,希望通过8次咨询,一方面在咨询室内进行练习,另一方面在日常生活中按照和咨询师的约定进行尝试,逐渐克服在众人面前演讲以及主动和陌生人交流方面的困难。

此外,在首次咨询中,咨询师还和小丽一起探索了这种紧张焦虑感的来源,小丽提到了自己严苛的父母,他们总觉得自己表现得不够好,总觉得自己一举一动都可能做错,这也让小丽形成了对自己过于负面的核心评价,即"我总是会做错的""我不招人喜欢"。咨询师和小丽一起回忆了过去生活中的几段重要经历,帮助小丽反思自己一直以来习以为常却会带来各种不适应反应的思维方式。

最后咨询师和小丽约定了接下来7次咨询的具体时间,并布置作业,请小丽在下周先尝试主动和班级同学打招呼,同时记得将自己的心理活动和打招呼的结果记录下来,回到咨询室后与咨询师一起来讨论和面对。

(2) 首次咨询后评估与反馈

首次咨询后,小丽在咨询助理的引导下完成了首次咨询后评估表。[①] 通过该评估表,咨询师注意到小丽对咨询师在同感、理解以及技术方面都非常满意,但也自述自己难以批评咨询师或表达自己的不满;此外,咨询师也注意到小丽在依恋模式上偏焦虑型,虽然想要和别人亲密,但总担心别人并不愿意。在接下来的咨询中,咨询师决定根据小丽的特点,一方面鼓励她在咨询师面前表达自己对咨询的期待以及在咨询过程中的担心和不满,另一方面主动和小丽进行各种约定,表达对小丽的肯定,并且说明如果小丽在完成咨询室外的作业时遇到困难,一定要回到咨询室里来和咨询师一起面对。

(3) 中期咨询情况

在接下来的3次咨询中,咨询师一方面在咨询室里和小丽进行各种现场模拟练习(如打招呼时同学们根本没注意到小丽,和陌生人主动说话,被陌生人拒绝,在2—3人面前用英语介绍自己等),在咨询师的不断鼓励下,小丽首先在咨询室里尝试应对各种困难的情况,结束咨询后的一周内在咨询室之外进行锻炼。小丽的进步非常明显。

另一方面,咨询师持续和小丽探索过往经历对她的核心信念的影响,讨论小丽觉得自己有价值、被人喜欢时的情况,也和小丽进行"我是什么样的人"的填空练习,不断挑战小丽本来习以为常的思维方式与核心信念,帮助小丽更加自信地面对大学生活。

(4) 中期咨询后评估与反馈

第4次咨询结束后,小丽在咨询助理的引导下完成了中期评估表。[②] 咨询师用该评估表

---

① 见本章附录2,第343页。
② 见本章附录3,第345页。

再次请小丽评估对咨询师同感能力、咨询态度、咨询技术的满意程度以及中期目标的达成情况，并请小丽完成工作同盟量表，评估咨询师与其建立工作同盟的情况。咨询师通过反馈注意到自己和小丽之间形成了良好的工作同盟。在咨询师的鼓励和引导下，小丽完成了一个个她本来觉得无法达成的小目标，这让小丽增加了自信，也逐渐动摇了她觉得自己不招人喜欢、总是会犯错的想法。但咨询师也注意到，小丽对结束咨询有所担心。咨询师决定在后期咨询中和小丽讨论这种担心，以便平稳地结束咨询。

(5) 后期咨询情况

在第4—8次咨询的过程中，咨询师在和小丽建立了良好的工作同盟的基础上，和小丽开始共同挑战她最大的困境，即在众人面前演讲。在第5次咨询中，咨询师鼓励小丽在咨询中操练演讲，引导她想象面对班级同学介绍她自己。在第5次和第6次咨询的间隙，小丽在班级中进行了课程结果汇报，得到教师和同学的称赞，这给了她极大的信心。在第7次咨询中，咨询师开始和小丽讨论以后如果再遇到在社交场合紧张可以做些什么，陪伴小丽一起完成了温馨提醒卡，并把小丽觉得最有帮助的部分逐一写了下来，为结束咨询做好准备。在最后一次咨询时，小丽已经达成了咨询目标，咨询师和小丽讨论了整个过程中小丽付出的努力，完成了结案。

(6) 结案后评估与反馈

整个咨询结案后，小丽在咨询助理的引导下完成了结案反馈表。[①] 该评估表请小丽评估了对整体咨询的满意度以及咨询带给她的改变度，并请小丽给出改进咨询及咨询接待工作的意见。此外，该评估表还请小丽完成了常规咨询效果评估的后测。与咨询开始前的前测结果相比，小丽在焦虑维度上的得分显著下降，在主观幸福感维度上的得分显著提升，综合小丽对咨询的满意度(9分)及咨询带来的改变度(9分)，本次咨询较好地达成了小丽的咨询目标。咨询师也完成了结案情况记录表。[②]

第二节　常规心理咨询的效果评估

上一节在介绍短程半结构化心理咨询方案的同时也呈现了如何在心理咨询过程中进行效果评估，这一节将围绕心理咨询效果的过程评估，具体介绍相关的评估工具。

一、常见的心理咨询效果评估工具

经历了多年的心理治疗和心理咨询的发展过程后，从20世纪末开始，西方逐步把心理治疗和咨询纳入社会医保体系，也对心理治疗和咨询疗效的实证研究提出了要求，心理咨询的效果评估成为一个越来越受关注的主题，大量的临床实证研究得以展开，并取得了初步的结

① 见本章附录4，第347页。
② 见本章附录5，第349页。

果。但是,我国心理咨询整体起步较晚,对于心理咨询效果的评估也处于初步发展时期,大多关注特定的症状,缺乏统一的标准。

目前常规心理咨询已有的评估方式多为主观评估,如来访者自评咨询满意度、咨询带来的改变度等,缺乏统一的标准。来访者一方面对心理咨询缺乏科学的认识,对心理咨询能起到的作用并不十分了解,难以作出客观的评价;另一方面,还容易在权威崇拜的影响下,向咨询师示好,给予好评。

此外,针对目前中青年群体焦虑、抑郁等严重心理问题频发的情况,有必要采用标准化的疗效评估量表,对危机风险、症状严重程度及自我功能等进行综合的评估与追踪,并对心理咨询的疗效及影响因素进行更为细致的研究,以促进常规心理咨询服务的专业发展,排除流派壁垒以及工作技术本身的不同,以疗效研究辅助、促进、指导咨询师的工作过程,并在首次咨询前通过评估对来访者的整体功能、危机情况等进行预检。

(一) 常规临床咨询效果评估表

常规临床咨询效果评估表(The Clinical Outcomes in Routine Evaluation Outcome Measure,简称 CORE - OM)是一个广泛使用的自评工具。最早该量表用于评估心理治疗的效果,旨在符合心理测量研究的标准,并满足临床常规评估的需要。目前英文版 CORE - OM 量表已被翻译成 20 多种语言,相关研究也证实了该量表在瑞士、意大利等西方国家具有良好的心理测量学特征,也有研究者进一步编制了该量表的简化版,用于常规心理评估中。该量表在中国人群中的应用正在进行中。

CORE - OM 量表包括 34 个问题,有 4 个维度:主观幸福感维度(4 个问题)、问题/症状维度(12 个问题)、生活/社会功能维度(12 个问题)以及对自己和他人的风险维度(6 个问题)。在研究和临床实务中,除了"对自己和他人的风险维度",其他维度建议参考该维度内所有问题的平均分数。

CORE - OM 量表主要应用于:

(1) 对于特殊病人的治疗。

(2) 对于个体的心理治疗。

(3) 在不同治疗中心的治疗及比较。

该量表用于评估服务质量、有效性和效率,因而可以用于心理健康机构、大学的心理咨询机构、工作场所的咨询机构、戒除药物和酒精成瘾的机构以及个人执业的咨询机构。该量表还适用于不同的理论流派及不同的心理治疗模式。

该量表的主要特点为:

(1) 主观幸福感维度能够反映心理咨询中当事人的整体状况,这是现有许多传统单一的评估工具所不具备的。

(2) 该量表的问题/症状维度包括焦虑、抑郁、创伤、躯体化四个子维度,能够对不同心理问题进行评估,适合学校、医院、私人诊所等一般性心理咨询的问题多样化的环境。

(3) 问卷相对简短，通常当事人可以在 5 分钟之内完成，在心理咨询机构中使用时花费的时间成本小，其施测、计分、解释都容易操作。

(4) 该量表还包括一个风险维度(其中又包括对自己和对他人两个子维度)，可以对一般性心理咨询中的危机风险进行有效评估。

(5) 该量表可以在咨询开始前的预检时使用。在咨询过程中可通过重复地施测对来访者的治疗进程进行追踪。

此外，常规临床咨询效果评估表还有针对 12 岁到 16 岁之间的青少年的版本，该量表共有 10 个问题，问卷较为简短，基于常规临床咨询效果评估量表(成人版)的 34 个问题进行了缩减，具有良好的信效度基础。该量表虽然问题较少，但涵盖的维度及评估功能较为全面，同样包括对自己和他人的风险、主观幸福感、问题/症状和生活/社会功能 4 个维度。

(二) 施瓦兹效果量表

常见的咨询效果评估量表还包括施瓦兹效果量表(the Schwartz Outcome Scale-10，简称 SOS-10)。该量表是一个广泛使用的自评工具，最初用于评估心理治疗效果，测量当事人的心理健康水平与幸福感，目的是在心理治疗过程中为来访者和治疗师/咨询师/医生提供一个低负荷的评估工具。该量表能灵敏地反映出来访者在干预过程中发生的变化。

为了测量精神疾病治疗的效果，本量表最初版本的编制团队由来自不同心理健康领域(例如心理学、精神病学、神经外科)的专家组成的小组和患者讨论组(Focus Groups of Patients)构成。专家小组向患者组询问"你希望通过成功的治疗后，生活中的哪些方面得到改善"等问题，然后根据文献综述与患者的回答，提出了 81 个项目，这些项目包括患者接受成功的治疗后可能发生的变化；之后，根据理性分析和经验分析，将项目数量减到 20 项。这 20 个项目具有良好的信度、群体区分度，不存在天花板效应与地板效应。最后，使用拉希(Rasch)模型对 20 个项目进行分析，确保良好的信效度与项目的积极性，得到包含 10 个项目的最终版 SOS-10。

这 10 个项目属于同一个维度。SOS-10 是单因素量表，反映来访者整体的心理健康状况与主观幸福感。测试者根据过去一周内的实际情况，对 10 个项目进行评分，每个项目的分数从 0(从不)至 6(总是)。10 个项目的得分相加后，总分越高，表明整体功能越好(例如，对生活更满意，拥有更高的幸福感)。

SOS-10 主要用于测量：

(1) 个体的一般心理状况。

(2) 特殊患者的治疗效果。

(3) 不同治疗方法的效果及比较。

该量表用于评估治疗质量、有效性与效率，适用于大学心理咨询中心、心理咨询机构、医学中心。该量表还适用于不同的治疗模式和不同的患者群体，不体现性别与种族间的差异。

该量表的特点主要体现在：

(1) 该量表是单因素量表,得分反映当事人整体的心理健康状况与幸福感。

(2) 该量表为低反应性(Low Reactive)、低特异性(Low Specificity)量表,适用于多种咨询与治疗环境。

(3) 问卷简短,容易操作执行,便于计分以及进一步计算。

(4) 该量表在咨询前可作为预检使用,评估当事人接受治疗之前的状态,便于后期对当事人反复施测、追踪治疗。

(5) 该量表能区分临床样本与非临床样本。

(三) 心理咨询效果评估量表

心理咨询效果评估量表(The Outcome Questionnaire 45.2,简称 OQ-45.2)是美国心理咨询效果评估领域中广泛使用的自我报告工具之一,已被翻译成多种语言,是用于对来访者病情发展进行追踪监测的咨询效果评估工具,而非诊断工具。该量表在广泛的实证研究中被证实具有良好的心理测量学特征。

OQ-45.2 共有 45 个条目,分为 3 个子量表,分别对来访者生活中的 3 个方面进行监测评估:困扰症状,评估来访者的主观抑郁和焦虑水平,也包括与物质滥用有关的条目;人际关系,评估来访者人际关系中积极的和消极的方面;社会角色绩效,评估来访者工作、家庭、休闲中的不满、冲突、困扰等。

该量表的主要特点体现在以下几个方面:

(1) 除症状条目外,还包括了对生活质量进行评价的条目,能够较好地反映心理咨询中当事人的整体状况。

(2) 对有不同心理问题及障碍的当事人均适用,使得比较不同的当事人的心理功能和治疗效果成为可能。

(3) 问卷相对来说并不长,当事人可以在 10 分钟内完成,花费成本小,施测、计分及解释都容易操作。

(4) 通过重复测量 OQ-45.2,可对来访者的治疗进程进行追踪,不断评估针对来访者的治疗的效果。

二、学校心理咨询的其他评估工具

20 世纪中叶,新的治疗方法层出不穷,博尔丁(Bordin)呼吁研究者们应该关注那些在不同疗法中起作用的共同因素,只有如此才能使得咨询领域的研究走向整合。他认为工作同盟(Working Alliance)就是这样一个存在于不同疗法中的共同治疗要素,工作同盟的强度决定治疗效果。

在随后的数十年里,工作同盟成为心理治疗领域最受关注的研究变量。工作同盟与治疗效果之间的关系已被大量研究证实。对 200 多个研究的元分析表明,在个体咨询中工作同盟和效果之间的相关系数 $r=0.275$,且不受各种调节变量的影响。

(一) 工作同盟问卷

在对工作同盟的测量中广为使用的问卷是工作同盟问卷(Working Alliance Questionnaire,简称 WAQ)。该问卷包括情感联结、目标任务和投入 3 个维度,共 12 个项目,每个维度有 4 个项目,采用李克特五级记分法(1=很少,3=经常,5=总是)。该问卷有较好的结构效度和预测效度,各维度的内部一致性均在 0.70 以上。

此外,为了更好地对咨询效果进行预测,临床工作中还可以使用依恋关系量表、求助态度量表、自尊水平量表、社会支持量表等对来访者的依恋关系、求助态度、自尊水平、社会支持水平等因素进行早期评估,以更好地了解来访者的个性特点,有针对性地开展临床工作。

(二) 症状自评量表

症状自评量表[Self-Reporting Inventory,即 90 项症状清单(Symptom Checklist 90,简称 SCL90)]是目前世界上广泛使用的心理健康测试量表之一,也是当前使用最为广泛的精神障碍和心理疾病门诊检查量表之一。该量表在国内已得到了较为完备的修订与常模研究。此外,该量表在网络上可以公开获得,很多学校也已经拥有并应用了该量表。但该量表的表面效度高,从字面就能猜出题干是否涉及阳性症状问题,因此容易出现被评估者掩饰评估结果的情况,这就需要学校心理工作者配合临床问诊进行仔细评估。

(三) 焦虑自评问卷、抑郁自评问卷、贝克抑郁自评量表

除了症状自评量表,如果学校心理工作者在临床工作过程中发现学生可能有抑郁、焦虑的倾向,也可配合使用焦虑自评问卷(SAS)、抑郁自评问卷(SDS)、贝克抑郁自评量表(Beck Depression Inventory,简称 BDI)等针对单一症状的评估量表进行评估。这些量表同样可以在网上获取,也同样表面效度高,容易引发被评估者猜测或掩饰评估结果的现象。咨询师需同时使用临床问诊进行仔细评估,必要时应及时转介精神类机构确诊。

附录 1　________心理咨询中心咨询情况告知书

你好！感谢你对我们的信任，在咨询开始之前，需要你花几分钟时间来填写基本信息并仔细阅读咨询说明，希望我们能带给你满意的服务。

基本信息

学校：　　　　申请日期：　年　月　日

姓　名	男 女	出生年月	年　月　日(满　周岁)
学　号		院系年级	
民　族		宗教信仰	
籍　贯		婚姻状况	未婚□　已婚□　分居□　离婚□
固定电话		所属类别	硕士研究生□　博士研究生□　本科生□

家庭情况

	关系	姓名	出生年月日	年龄	学历	职业或身份	父母是否一起居住
家庭成员	父亲						
	母亲						
	如果你有兄弟姐妹，请继续填写他们的相关信息，谢谢！						

重要说明：

关于咨询范围：根据《中华人民共和国精神卫生法》，本中心仅接诊非医疗类心理问题，提供非治疗类心理咨询。如果你正在服用精神类药物或已确诊为心理治疗类问题（如抑郁症、焦虑症、人格障碍等），建议你直接去相关医疗机构接受治疗；如果你可能患有精神障碍或心理疾病，按照法律规定，咨询师有责任建议你去医疗机构进行确诊，避免延误病情，请积极配合，以便接受最佳治疗。

关于保密：你填写的信息以及在咨询过程中的谈话，除非涉及危及人身安全方面的问题（如自杀、伤害他人等）和法律规定需要披露的情况，我们都将为你保密。

关于自愿：咨询的过程是自愿的，如果你对咨询师或咨询有什么要求，可以随时更换咨询师或停止咨询。

关于录音：为了保证中心咨询师的咨询质量、提高咨询师的专业水平，中心会要求咨询师主动与你商定是否可以进行录音/录像，录音/录像只有在征得你的同意并签署一式三份的书面协议之后才会进行；如咨询师因个人需要与你商定是否可以进行录音/录像，录音/录像也会在征得你的同意并签署一式两份的书面协议之后进行。

关于时限：一般情况下，中心为每位来访者提供最多8次的免费心理咨询，在首次咨询、第4次咨询以及最后一次咨询结束时，我们的助理都会请你评估你和咨询师的工作过程，目的是更好地帮助你利用这8次咨询，达成你的咨询目标。如因紧急、危机、特殊情况需要申请8次以上咨询的，请主动和你的咨询师商讨。

★以上信息我都已仔细阅读，并同意填写。在接受本中心的服务期间，我愿意遵守和服从本中心的咨询计划和规章制度。

签名：　　　　日期：

咨询信息登记

注意：以下信息严格保密，除非涉及生命安全或司法调查，仅供咨询师使用。请如实详细地填写，以便咨询师尽快和你进行有效咨询。

你觉得自己的问题是否有危险：是□　否□	你觉得自己的问题是否紧急：是□　否□
你想讨论或咨询的问题(请勾选，可多选，并做详细说明)： □学业问题　□恋爱困扰　□同学关系　□家庭关系　□导师关系　□性困扰　□饮食问题　□睡眠问题　□就业困惑　□网络成瘾　□性格培养　□新生适应　□近期突发事件的影响　□行为问题　□情绪问题　□对自己的想法有困惑　□其他 请详细说明：________________	
如有以下情况，请勾选： □正在服用精神类药物　□曾经服用精神类药物　□觉得自己可能需要服用精神类药物	
你对咨询的期望或希望达成的目标是(你希望走出咨询室的自己是什么样的)：	
你对咨询或咨询师有什么要求：	
过去有没有心理咨询的经历：无□　有□，如果有，请回答下列问题： 咨询机构：________起止时间：________是否服药：________ 咨询的原因或目的：________当时的诊断或结论：________ 如果有，请说明服用药物情况：________	

咨询前预检

请对以下项目进行0—4分的评分，0分表示完全不符合，4分表示完全符合，2分表示中等程度的符合。

1. 我觉得非常孤单。	0	1	2	3	4
2. 我感到焦虑或担忧。	0	1	2	3	4
3. 当我需要的时候我觉得还是有人可以求助的。	0	1	2	3	4
4. 我觉得自己现在还不错。	0	1	2	3	4
5. 我觉得自己精疲力竭，毫无热情。	0	1	2	3	4
6. 我对其他人有肢体暴力。	0	1	2	3	4

续表

7. 当事情变糟糕时我觉得自己能够应对。	0	1	2	3	4
8. 我正受到疼痛或其他身体问题的困扰。	0	1	2	3	4
9. 我想过伤害自己。	0	1	2	3	4
10. 和别人交谈对我来说太难了。	0	1	2	3	4
11. 焦虑和紧张阻碍我做一些重要的事。	0	1	2	3	4
12. 我为我做过的事感到高兴。	0	1	2	3	4
13. 我被并不想要的想法或感觉困扰。	0	1	2	3	4
14. 我有一种想哭的感觉。	0	1	2	3	4
15. 我感到惊慌或恐惧。	0	1	2	3	4
16. 我计划结束自己的生命。	0	1	2	3	4
17. 我被我的困扰压垮了。	0	1	2	3	4
18. 我在入睡或睡眠方面存在困难。	0	1	2	3	4
19. 我能感觉到一些人的温暖或情谊。	0	1	2	3	4
20. 我的问题已经不可能搁置在一边。	0	1	2	3	4
21. 我有能力做大部分我需要做的事情。	0	1	2	3	4
22. 我曾经威胁或恐吓过其他人。	0	1	2	3	4
23. 我觉得绝望或没有希望。	0	1	2	3	4
24. 我觉得我死了更好。	0	1	2	3	4
25. 我觉得自己被别人批评。	0	1	2	3	4
26. 我认为我没有朋友。	0	1	2	3	4
27. 我觉得不开心。	0	1	2	3	4
28. 那些我不想要的画面或回忆让我感到痛苦。	0	1	2	3	4
29. 和别人在一起时我容易烦躁生气。	0	1	2	3	4
30. 我觉得都是我自己造成了目前的困境和问题。	0	1	2	3	4
31. 我对自己的未来感到乐观。	0	1	2	3	4
32. 我完成了我想要做的事。	0	1	2	3	4
33. 我觉得自己被他人羞辱。	0	1	2	3	4
34. 我已经在伤害自己的身体或是拿自己的健康冒险。	0	1	2	3	4

附录2　________心理咨询中心首次咨询后评估表

你好！为了帮助我们的咨询师最大可能地为你提供专业、满意的服务，请在首次咨询后如实填写下列评估表。

第一部分：请对以下项目进行0—4分的评分，0分表示完全不符合，4分表示完全符合，2分表示中等程度的符合。

1. 我觉得我的咨询师是值得信任的。	0	1	2	3	4
2. 我能感觉到咨询师对我的尊重。	0	1	2	3	4
3. 我觉得我的咨询师对我是真诚的。	0	1	2	3	4
4. 我的咨询师认真地聆听了我。	0	1	2	3	4
5. 我的咨询师能够理解我的内在感受。	0	1	2	3	4
6. 首次咨询的确聚焦在了我的问题上。	0	1	2	3	4
7. 咨询师为我提供了有用的思路。	0	1	2	3	4
8. 咨询师使用的工作方法对我来说是有帮助的。	0	1	2	3	4
9. 在咨询过程中我表达了自己的真实感受。	0	1	2	3	4
10. 在咨询中我说出了自己真正的困扰。	0	1	2	3	4
11. 我知道咨询不是咨询师一个人的事，我也需要为此付出努力。	0	1	2	3	4
12. 我对下个阶段的咨询充满期待。	0	1	2	3	4
13. 总之，我相信未来的咨询对我是有帮助的。	0	1	2	3	4
14. 通过首次咨询，我和咨询师就我们的工作目标基本达成了一致。	0	1	2	3	4
15. 通过首次咨询，我了解了咨询是怎么回事以及咨询能做什么。	0	1	2	3	4
16. 通过首次咨询，我开始信任咨询师，觉得可以和他/她讲述更多。	0	1	2	3	4
17. 对我来说如实回答上述问题有些困难。	0	1	2	3	4
18. 对我的咨询师提出批评意见对我来说有些困难。	0	1	2	3	4

第二部分：请对各个项目进行1—7分的评分，1分表示完全不符合，7分表示完全符合，4分表示中等程度的符合。

1. 我很容易与他人形成亲密的关系。对于依靠他人或是让他人依靠我，我都觉得舒服。我不担心忍受孤独，或者其他人不接受我。	1	2	3	4	5	6	7
2. 对于他人的亲密我觉得不舒服，我想要亲密的关系，但是我很难完全信任他人或是依靠他人。我担心如果我让自己与他人过于亲密，我会受到伤害。	1	2	3	4	5	6	7
3. 我想要与他人在情感上完全亲昵，但经常发现他人并不愿意像我希望的那样亲密。没有亲密关系我会觉得不舒服，有时候我担心，他人并不像我看重他们那样看重我。	1	2	3	4	5	6	7
4. 没有亲密的情感关系，我觉得舒服。对我来说，感觉到独立和自足是十分重要的，并且我情愿不依靠他人或是让他人来依靠我。	1	2	3	4	5	6	7

以上四项描述中，与我最符合的是________。(请从1、2、3、4中选择一项)

第三部分：其他对首次咨询的反馈(如实仔细地填写会让你从心理咨询中获益更多)。

来访者________ 咨询师________ 咨询日期________

附录3　________心理咨询中心中期评估表

第一部分:请对以下项目进行0—4分的评分,0分表示完全不符合,4分表示完全符合,2分表示中等程度的符合。

项目					
1. 我认为我的确能够信任我的咨询师。	0	1	2	3	4
2. 我总能感受到咨询师对我的尊重。	0	1	2	3	4
3. 我觉得我的咨询师对我是真诚的。	0	1	2	3	4
4. 我能感觉到咨询师在用心聆听我。	0	1	2	3	4
5. 大部分时候,咨询师都能理解我的内在感受。	0	1	2	3	4
6. 这段时间的咨询始终聚焦在我的咨询目标上。	0	1	2	3	4
7. 咨询师持续为我提供了有用的思路。	0	1	2	3	4
8. 这段时间咨询师使用的工作方法对我来说是有帮助的。	0	1	2	3	4
9. 在咨询过程中我越来越能表达我的真实感受。	0	1	2	3	4
10. 在咨询中我和咨询师越来越深入地探讨了我的困扰。	0	1	2	3	4
11. 在这个阶段中,我为自己的改变付出了努力。	0	1	2	3	4
12. 我对下个阶段的咨询充满期待。	0	1	2	3	4
13. 总之,我相信下个阶段的咨询对我是有帮助的。	0	1	2	3	4
14. 通过4次咨询,我正在逐渐靠近我的咨询目标。	0	1	2	3	4
15. 通过4次咨询,我对自己和自己的问题有了更深入的认识。	0	1	2	3	4
16. 通过4次咨询,我开始有越来越多的新尝试和新行动。	0	1	2	3	4
17. 我开始有点担心咨询结束后我该怎么办。	0	1	2	3	4
18. 我还有一些问题没有如实告诉我的咨询师。	0	1	2	3	4
19. 对我来说如实回答上述问题有些困难。	0	1	2	3	4
20. 对我的咨询师提出批评、意见对我来说有些困难。	0	1	2	3	4

第二部分：请在右侧表格中勾选符合情况的选项。

1. 经过这段时间的咨询，我更加清楚自己该如何改变。	很少	有时	一般	经常	总是
2. 咨询让我有新的视角去看待我的问题。	很少	有时	一般	经常	总是
3. 我相信我的咨询师是喜欢我的。	很少	有时	一般	经常	总是
4. 我和我的咨询师一起制定了咨询的目标。	很少	有时	一般	经常	总是
5. 我和我的咨询师相互尊重。	很少	有时	一般	经常	总是
6. 我和我的咨询师正在为我们共同商定的目标而工作。	很少	有时	一般	经常	总是
7. 我觉得我的咨询师欣赏我。	很少	有时	一般	经常	总是
8. 我和我的咨询师就什么对我来说值得做达成了共识。	很少	有时	一般	经常	总是
9. 即便我做了咨询师并不赞同的事，我觉得他/她依然会关心我。	很少	有时	一般	经常	总是
10. 我觉得我在咨询中所做的事能帮助我实现自己想要的改变。	很少	有时	一般	经常	总是
11. 我和我的咨询师很好地理解了到底什么是对我有益的改变。	很少	有时	一般	经常	总是
12. 我相信我和咨询师就我的问题进行工作的方法是正确的。	很少	有时	一般	经常	总是

来访者________ 咨询师________ 咨询日期________

附录4 ________心理咨询中心咨询结案反馈表

心理咨询中心一直致力于为学生提供专业有效的服务，如果你愿意花几分钟时间完成以下表格，我们衷心表示感谢。你也可以任意地加上自己的感受和评论。你的这些反馈将帮助我们做出改变或提高专业技能。再次感谢！

来访者________ 咨询师________ 评估日期________

请对以下项目进行1—10分的评分，1分表示最低，10分表示最高。

服务质量评估

对咨询师工作态度的满意程度	1	2	3	4	5	6	7	8	9	10
对咨询师提供的支持的满意程度	1	2	3	4	5	6	7	8	9	10
对咨询师工作方法与技术的满意程度	1	2	3	4	5	6	7	8	9	10
对中心预约咨询服务的满意程度	1	2	3	4	5	6	7	8	9	10
对咨询室里每次咨询前后的接待服务的满意程度	1	2	3	4	5	6	7	8	9	10
总体来说对此次心理咨询服务的满意程度	1	2	3	4	5	6	7	8	9	10

咨询效果评估

总体来说此次咨询带来的改变程度	1	2	3	4	5	6	7	8	9	10
总体来说此次咨询带来的目标达成程度	1	2	3	4	5	6	7	8	9	10

我从咨询中学习到了(请勾选)：

□解决问题 □帮助自己做出重要决定 □提高自己的学业成绩 □自我管理的技能(如压力/时间管理) □如何改善人际关系 □管理自己的情绪和行为 □理解我自己及获得比较清楚的自我认同感 □更加接纳自己 □提升自信心或自尊 □过一种更加健康的生活(如合理的睡眠、运动、饮食安排等)

我还学习到了(请补充)：

____

其他建议

请如实填写下列的评估表。对以下项目进行 0—4 分的评分，0 分表示完全不符合，4 分表示完全符合，2 分表示中等程度的符合。

1. 我觉得非常孤单和疏离。	0	1	2	3	4
2. 我感到焦虑或担忧。	0	1	2	3	4
3. 当我需要的时候我觉得还是有人可以求助的。	0	1	2	3	4
4. 我觉得自己现在还不错。	0	1	2	3	4
5. 我觉得自己精疲力竭、毫无热情。	0	1	2	3	4
6. 我对其他人有肢体暴力。	0	1	2	3	4
7. 当事情变糟糕时我觉得自己能够应对。	0	1	2	3	4
8. 我正受到疼痛或其他身体问题的困扰。	0	1	2	3	4
9. 我想过伤害自己。	0	1	2	3	4
10. 和别人交谈对我来说太难了。	0	1	2	3	4
11. 焦虑和紧张阻碍我做一些重要的事。	0	1	2	3	4
12. 我为我做过的事感到高兴。	0	1	2	3	4
13. 我被并不想要的想法或感觉困扰。	0	1	2	3	4
14. 我有一种想哭的感觉。	0	1	2	3	4
15. 我感到惊慌或恐惧。	0	1	2	3	4
16. 我计划结束自己的生命。	0	1	2	3	4
17. 我被我的困扰压垮了。	0	1	2	3	4
18. 我在入睡或睡眠方面存在困难。	0	1	2	3	4
19. 我能感觉到一些人的温暖或情谊。	0	1	2	3	4
20. 我的问题已经不可能搁置在一边。	0	1	2	3	4
21. 我有能力做大部分我需要做的事情。	0	1	2	3	4
22. 我曾经威胁或恐吓过其他人。	0	1	2	3	4
23. 我觉得绝望或没有希望。	0	1	2	3	4
24. 我觉得我死了更好。	0	1	2	3	4
25. 我觉得自己被别人批评。	0	1	2	3	4
26. 我认为我没有朋友。	0	1	2	3	4
27. 我觉得不开心。	0	1	2	3	4
28. 那些我不想要的画面或回忆让我感到痛苦。	0	1	2	3	4
29. 和别人在一起时我容易烦躁生气。	0	1	2	3	4
30. 我觉得都是我自己造成了目前的困境和问题。	0	1	2	3	4
31. 我对自己的未来感到乐观。	0	1	2	3	4
32. 我完成了我想要做的事。	0	1	2	3	4
33. 我觉得自己被他人羞辱。	0	1	2	3	4
34. 我已经在伤害自己的身体或是拿自己的健康冒险。	0	1	2	3	4

附录5　结案情况记录表　咨询师________编号________

姓名________　咨询次数________　结案咨询日期________

结案咨询情况

结案时来访者的改变情况

请勾选：

□问题得到了解决　□做出了重要决定　□提高了学业成绩　□自我管理技能提升(如压力、时间管理技能)　□人际关系得到了改善　□管理自己情绪和行为的能力提升　□对自己有了更清晰的认识　□更加接纳自己　□自信心或自尊得到了提升　□更愿意选择过健康的生活

其他(请补充)：

后续跟踪(可通过电话、邮件进行回访，了解个案情况)

咨询师自评

请你对自己的工作过程进行1—10分的自评，1分为最低分，10分为最高分。

请自评对来访者的咨询态度	1	2	3	4	5	6	7	8	9	10
请自评对来访者提供支持的程度	1	2	3	4	5	6	7	8	9	10
请自评和来访者所使用的工作技术和方法	1	2	3	4	5	6	7	8	9	10
请自评为来访者提供的总体服务的质量	1	2	3	4	5	6	7	8	9	10
请自评本阶段咨询带给来访者的改变程度	1	2	3	4	5	6	7	8	9	10
请自评本阶段咨询目标的达成度	1	2	3	4	5	6	7	8	9	10

第十章
家庭治疗技术在学校心理辅导中的应用

家庭是影响个体改变的重要环境，是情感联结强度最高的社会生活单元。从心理健康角度来说，个体的行为必须在家庭互动模式的脉络系统中才能被充分了解，家庭堪称“发病的场所”。在学校心理辅导中，咨询师往往可以发现在孩子心理问题背后的家庭的重要影响。学校的德育教育中曾有“6＋1＝0”的说法，意思是6天的学校教育成果在孩子回家后的1天就全部被“抹”掉了，恢复如初。家庭同时也是个体成长和治疗的自然环境，是咨询师赖以实现治疗目标的“治疗场所”。因此，学校的心理辅导工作者需要了解一些家庭治疗的概念和方法，以便更系统地了解和认识学生的心理问题，帮助学生走出困境。

第一节　家庭治疗理论及其发展简介

一、家庭治疗的发展简史

家庭治疗被誉为继精神分析、认知行为及人本主义取向的心理治疗流派之后的“心理治疗第四势力”，但它却是在个体治疗发展近五十年之后才发展起来的。

(一) 历史发展的角度

1. 个体治疗对家庭直接参与的排斥

精神分析理论是个体心理治疗的起源，该理论鲜明地反对将家庭直接拉进咨询室共同参与心理咨询工作。弗洛伊德承认心理问题确实与不健康的人际互动关系休戚相关，但他强调的是原生家庭中早年的家庭关系对来访者潜意识的影响和人格形成的影响，他对真实的家庭如何互动并无兴趣。他认为治疗中的关键是来访者与咨询师之间带有矫正性质的关系，主张将家庭排除在治疗室之外，特别是关系紧密的家人，这样才可以让来访者在探索自己的想法和情感时不受外界干扰。他认为只有保证咨询师这一绝对客观的外在观察者在场，才能深入探索个体的真实内心；家庭虽然对个体的心理问题有影响，但只要知道个体内化的家庭影响就足够了，无须请家庭入治疗室。

人本主义个体治疗也曾有过类似的叙述。罗杰斯认为，个体自我实现的本能最容易被追求他人认可的需要所否定、扭曲和破坏，只有抱着完全地倾听、无条件地接纳、温暖和尊重态度的咨询师，才能让来访者逐渐开始接触自己真实的内在情感和冲动。除此之外，与精神分析等个体治疗流派类似，人本主义个体治疗也提倡来访者的隐私需要绝对保护，即使面对的是家庭成员也不例外。

2. 第二次世界大战后的重建对家庭治疗的需要

家庭治疗始于第二次世界大战后的十年间。战后众多普通家庭的破碎和重聚带来了很多问题：丧失创伤、闪婚、婴儿潮、改变中的性别角色期待，等等。这些变化一方面让心理干预得到重视和推动，更多有从业背景的专业工作者备受欢迎。临床心理学家、社会工作者、婚姻顾问、牧师、心理咨询师等从业者都开始处理分居、离婚、行为不良、姻亲问题、亲子问题等各种不需要住院治疗但需要专业帮助的问题。另一方面这些变化让医院资源空前不足，专家们希望家庭能够成为医疗的有效补充。

3. 儿童指导运动发展对家庭治疗的影响

在众多先行者的努力探索之下，20 世纪 40 年代开始兴起了一股儿童指导运动。运动的初期，精神病学家和心理学家、社会工作者一起组成小组指导儿童，关注儿童所处的家庭环境，从社会层面促进对家庭功能的关注和支持。阿德勒认为治疗成长中的儿童是预防成人神经症的最有效方式，他在维也纳建立了儿童指导诊所，为儿童、家庭和教师提供咨询，希望通过乐观和信任的氛围给儿童提供鼓励与支持，帮助儿童缓解自卑、学会建立健康的生活方式、发展能力并成为独立的社会个体。艾克曼(N. Ackerman)任美国梅灵格(Menninger)儿童指导诊所主任精神科医生时，从只与儿童见面、将与父母见面交由社会工作者专门负责，逐步变为同时约见儿童和母亲两人，到最终将家庭作为基本的治疗单元来对待。他同时关注个体内部和个体之间的事情，超越了当时普遍认为的家庭参与儿童治疗只是用来补充病史以弥补儿童自我表达的欠缺的观点，以及治疗时母亲的在场不过是因为治疗儿童的需要，家庭只是儿童的扩展的观点。鲍尔比(J. Bowlby)的主要工作就是观察真实家庭里母亲和孩子的互动，不同质量的母子互动直接关乎孩子的依恋类型，对孩子的心理健康影响巨大。

但与此同时，还出现了“反家庭”的倾向，即人们容易责备父母的“失功能”(它指的是父母未能有效行使养育、教育、保护等基本的父母职责，特别是母亲)。临床工作者们指出，这样的倾向反映了人们一方面希望指出问题来帮助家庭，另一方面却又因为把问题归因于父母而有意无意地打压了家庭。

从 20 世纪五六十年代开始，家庭治疗的概念逐渐被系统地引入儿童治疗，因为专家们意识到理解家庭对诊断问题、治疗儿童作用显著。在儿童指导运动的后期，人们不再相信病因仅仅存在于个体本身，而是认为病因既不是存在于某个儿童身上，也不是存在于某个病态的父亲或糟糕的母亲身上，而是存在于与父母等重要他人的互动关系之中。

4. 婚姻治疗的发展

目前婚姻治疗和家庭治疗没有严格区分，后者有时把前者包含在内。婚姻治疗是家庭治疗产生的前奏，认知行为婚姻治疗、客体关系婚姻治疗、聚焦情感的夫妻治疗等很多有影响的婚姻治疗，在时间上早于现在的家庭治疗。在实践层面，婚姻治疗可以更深入地关注个体的心理和体验，相比对整个家庭进行治疗更容易聚焦。

婚姻中的伴侣作为潜在的合作者，面临着金钱、家务、社会交往、性和抚养孩子等多种挑战。要形成良好的夫妻关系，每一个伴侣都必须要照顾对方的需要，达到付出与回报的平衡。不过很多专业工作者在实践工作中探索出夫妻关系中的互动问题对双方心理健康的影响的规律，普遍认为夫妻是家庭中最基础的子系统，夫妻之间的关系互动应该是相互适应的，夫妻应该共同抵制外来压力，并将孩子排除在夫妻功能之外。

5. 社会工作的影响

社会工作源于19世纪在英美发起的慈善运动，社会工作者关注提高社会中生活水平低下人群的生存条件。他们不仅关注其物质需求，也努力帮助其解决心理困扰，并推动社会力量为来访者的极端贫困和基本权利负责，把家庭看成关键的社会单元以及干预工作的中心内容。其核心理念"在环境中治疗个体"也对家庭治疗产生了很大的推动作用。

社会工作者很早就指出家庭应该被作为一个单元来看待，里士满(M. Richmond)在其著名的教科书《社会诊断》中对家庭治疗的发展做出预见，认为家庭治疗会在20世纪80年代得到关注。他提倡将家庭看成各系统之间的相互作用，认为将家庭成员与其真实的生活情景隔离开的做法具有诸多弊病，并发展出"家庭凝聚力"的概念来说明家庭成员的情感联结程度的重要性，这些对后续的理论体系中的角色理论、结构家庭治疗都有很大的启发作用。不少家庭治疗大师都出身社会工作领域，例如不同家庭治疗流派的奠基人物萨提亚(V. Satir)、帕普(P. Papp)、霍夫曼(L. Hoffman)、沃尔什(F. Walsh)、茵素·金·伯格(I. K. Berg)等。

(二) 相关学科理论的发展与推动

1. 系统论对家庭治疗的推动

系统论由奥地利生物学家贝塔朗菲(L. Bertalanffy)在20世纪40年代作为一门学科正式提出，他将各种系统论与生物学的观点结合起来，从内分泌系统的研究推论到复杂的社会系统，提出了一个普遍适用于生命系统的一般系统理论。系统理论提倡把研究和工作的对象当作一个系统，分析其结构和功能，研究系统、要素和环境三者之间的相互关系与变化规律，要求既见树木又见森林。所有的家庭治疗流派都把家庭看成系统，包括生理、心理、社会三方面的整合性目标，比如各个家庭成员之间的情感联结和交流互动、家庭规则、家庭资源等。系统论的核心思想包括以下三点。

(1) 整体观，即部分之和大于整体。系统的各个因素结合起来成为有机的整体，具有各个部分的机械组合或简单相加所不能具备的特质，共同组成一个新的意义单元。例如：男人和女人加在一起可以称为夫妻或是父女，这不仅仅是一个男女组合，更是具有不同功能特质的系统，身在不同系统内的男女互动行为也会大相径庭。带有整体观的心理健康工作者会看到个体生存在其中的家庭、社区、文化、政治等依次扩展的背景，每个系统都是大系统中的亚系统，逐层接受着更广阔范围的影响，从而使人更好地理解个体行为背后的微环境(如家庭家族)、中环境(如社区或学校)乃至社会的宏观大背景(如通常所言的"80后""90后""00后")。人在用整体观看待个体心理健康时具有整合、全局的视角，这对于理解、干预复杂的家庭人际互动特别有效。每个人看待问题时只是从自己习以为常、想当然的角度去看。破除主观偏见的方法，就是听取所有可能的观点，在对比和理解差异中接近问题的真相，在新的可能性中寻找有效的解决方法。如果要理解一个孩子的行为，只会见孩子本人，不会见其他家庭成员，是不完整的、收效甚微的。

（2）互动与等效关联，即不同的组成成分不断互动，相互作用。开放的系统能鼓励系统元素间的信息交换，而不是使它们僵化地各自为政、失去联结。生命系统是活的有机体，其组成要素之间更有彼此作用、互相影响的特点，而且具有等效性，即通过多种不同方法可以达到某一个既定目标。电影《蝴蝶效应》生动地展示了复杂的等效性，环环相扣、彼此关联的互动成分，牵一发而动全身，系统最后呈现的面貌由互动结果决定，而不是由单个因素的独自运作决定。对于孩子在学校的适应力差这一问题，除了帮助孩子这一个体性的工作内容，改善亲子互动也可以起到效果。任何一个家庭成员的行为必然会影响到家庭整体。开放的家庭系统成员间彼此既有情感联结，又可以回应交流，接受甚至欢迎改变，而不只是固守自我，在个体和家庭的利益之间顾此失彼。

（3）自组织与动态平衡。有生命的系统是发展变化的，如果有来自内部和外部的变化刺激、扰动甚至破坏既有的平衡，系统会首先习惯性地努力保持结构稳定，类似人体体温的基本恒定，但也会积极主动、富有创造性地自行组织变化，以期适应刺激并达到新的平衡，这被称为动态平衡。家庭从二人世界转变到三人世界时，就需要重新组织家庭的结构、功能、分工、边界等等，从而达到新的平衡，缺少有效灵活的自组织能力可能会引起混乱甚至解体——家庭破裂。这时治疗师要帮助家庭理解已经习以为常甚至非常喜好的旧模式，并获得一种新水平的稳态平衡，而不是简单地恢复到旧平衡，从而使整个家庭能够顺利前行。

综上所述，20世纪后期至今，不同家庭治疗流派共享的“系统观”已被心理治疗界广泛接纳，心理治疗界强调从背景和关系的角度来看个体问题的产生与解决。即使问题的缘起只和个体有关，但如果这个问题一直延续，并成为一个难以解决的慢性问题，那么它一定与个体所处的背景和关系有关。只要关系模式不变，问题就很难得到实质性的改变。系统观成为使人类问题概念化和理解人类行为、症状发展，以及解决问题的全新方式。

2. 精神分裂症病因学的革新性研究对家庭治疗的影响

在家庭治疗创建团队中，有一股特别坚定的力量，来自精神分裂症的病因学研究。研究者们发现精神分裂症患者除去生理性病因，其家庭往往具备一些无效或病态的互动关系，特别是父母之间的关系。

弗洛姆·理查曼（F. F. Reichmann）在对儿童精神分裂症的研究中总结出所谓的“引起精神分裂症的母亲”，这类母亲或专断，或攻击，或拒绝，如果父亲又是被动的男人，那么家庭内的互动、沟通一定会给孩子提供病态的教育方式，使孩子分裂的感受非常强烈，无法整合有巨大差异的内外部信息。

利兹（T. Lidz）总结过五种病态的“精神分裂症病人的父亲”：

（1）第一种父亲专横、独断，经常与他们的妻子发生冲突。

（2）第二种父亲对孩子而不是妻子表现出敌对态度，与孩子在一起时的举止行为就像一个充满嫉妒的手足兄弟，而不像成人父母。

（3）第三种父亲表现出妄想狂式的夸张，他们冷漠、难以亲近。

（4）第四种父亲是生活上的失败者，在家中无足轻重，这种家庭中的孩子好像在没有父亲的环境中长大一般。

（5）第五种父亲被动、顺从，他们表现得更像孩子而不是父母，这种顺从的父亲无法平衡妻子的专横影响。

上述关于“引起精神分裂症的父母”的研究虽然革新性地把病因学从生理拓展到心理和社会层面，但这样明确带有指责父母倾向的结论容易引起求助家庭的反感，一场“反家庭”思潮曾由此引发。后来研究者们转换了父母是始作俑者的观点，认为家庭治疗并非旨在“修理”父母，而是应该聚焦于如何邀请家人来共同帮助病人。人们相信主要的路径就是改变病人、父母和重要他人之间的不健康的关系模式。其后利兹在对精神分裂症患者的父母的婚姻关系的研究中发现，在一个成功的相互关系中，只是单方面地成为一个有效的人是不够的，个体还需要同时平衡伴侣的角色关系。精神分裂症患者的父母的婚姻有两类常见的不和谐：一类是“分裂的婚姻”，夫妻长期以来一直削弱对方的价值，并公开竞争以赢取孩子的情感，婚姻是对抗的场所；另一类是“不对称的婚姻”，一方控制着另外一方，一方非常依赖，另一方则表现出强大的父母形象，其实有欺凌弱小者之嫌。

因为血缘关系、孩子与父母间的情感纽带作用，孩子会期待自己同时忠诚于父母双方，而在这种父母婚姻不和谐的家庭中，孩子必须分裂地看待这种“二者兼具”的需要，在忠诚于父亲还是母亲的单选项目中遭受忠诚折磨，这类需要平衡父母不和谐婚姻的压力极具精神病理学特点。

3. 团体动力学和团体治疗对家庭治疗的影响

早期的家庭治疗师把家庭治疗看成是团体治疗的一个特例，只是参与成员都彼此熟悉而已。弗洛伊德在《团体心理学和自我分析》中认为将一群人转变成一个团体的必要条件是领袖的出现，领袖类似一个父母的角色，成员或多或少都要依赖他/她。成员们将领袖视为父母的替身，成员之间则是兄弟姐妹。当成员重复领袖的无意识的言行态度时，即是团体中出现了移情。弗洛伊德的阻抗概念也被运用在团体中，团体成员为了避免焦虑，可能以沉默或敌对来反对治疗的进度。家庭团体通过下列行为来抵制治疗：找替罪羊、进行肤浅的闲谈、长期依赖治疗师、拒绝听从治疗建议等。

比昂（W. Bion）强调小组是个整体，有其自身的动力和结构，团体在外显的和潜在的两个意识层次运作。团体正式的任务在外显的层面起作用，但是人们参加团体也是为了满足潜在的基本需要。家庭也有类似的过程，如一些家庭害怕冲突，就不断地在主要问题旁边兜圈子，目的在于满足其他潜在的内心需要。比如，有些中学生的家庭，父母和孩子之间的交流冲突，表面上是在争论一些琐碎细节，其实是父母中一方，已经习惯了孩子跟自己的亲密，无法接受孩子“突然”出现跟自己拉开距离、寻找自我空间的“叛逆”尝试，同时，自己的另一半也不能及时补充这份缺失的亲密，使得那个潜在的亲密需要没有得到满足。

勒温(K. Lewin)的场域理论认为：先“解冻”团体，再准备改变。一个团体需要挑战旧模式，冲突、竞争是团体生活中不可避免的特征，就好像动物需要自己的地盘，人们也需要自己的“空间”。因为这个原因，个人和团体的需要之间有着内在的张力。与相互间赋予的支持相比，由张力造成的冲突更有赖于团体的有效规则来调节。以家庭为例，当亲子冲突出现时，家中需要清晰的家庭规则来帮助解决冲突，这个规则既要具备在冲突情况下对家人情感连接的保护性，又要不压抑冲突的表达，让冲突情绪可以宣泄。勒温团体张力的模式和以往理论的不同在于，治疗师不再聚焦于过去谁对谁错、谁做了什么，而是聚焦在此时此刻发生了什么。家庭治疗师很少考虑精神疾病的起源，更关注维持患者心理疾患的因素。这些因素包括：性别刻板模式、沟通不畅，以及给予和接受支持的渠道不畅，等等。

各种非结构式治疗团体的一个基本施行原则是：一个规模不太大的稳定的小团体能够充当改变的载体，是一个有意义且真实的单元，对其成员有强烈影响。塔维斯托克诊所(Tavistock Clinic)的团体治疗是一个成功地将过程和内容分开的实例，即把一个某些功能不畅的团体看成一个正在受伤害的失调“病人”，在这个团体中，领导者帮助团体以一种更加平衡、协作、互相强化的方式运行，以便团体能更高效地完成创造性的工作，这与功能失调的家庭治疗机理是相通的。

团体不是单一个体的集合，而是演练位置和角色的集合，团体成员会自行形成领导者、跟随者、挑战者等不同的位置和角色。一旦发生角色僵化，团体动力就会陷入狭窄、刻板的模式中。当个人的选择减少时，团体的灵活性也受到了限制。当需要去处理变动的情况时，团体容易卡在导致故障的固定的角色和不变的结构中。此外，如果灵活性受到威胁，团体就无法为未得到满足的需要进行沟通，从而导致常常令人感到挫败的结果，如团体成员受到症状的干扰。如果团体成员受到剧烈的干扰，并持续得不到解决，症状可能会被角色维持住，团体将围绕“病人”来重新组织。团体动力学适用于家庭治疗。临床上对一些不能上学的“病孩子”怎么都无法确定病因病名，但放回家庭角色中看，如果没有这样一个需要全家人齐心协力照顾的“病孩子”角色，这个家早就分崩离析了。这在后文的“症状的意义、功能的提出”中还有详述。

4. 沟通理论对家庭治疗的贡献

沟通治疗是最早的家庭治疗方法，也是对家庭治疗最有影响的方法之一。发展出沟通模式的代表人物是20世纪初专注于研究精神分裂症的贝特森(G. Bateson)以及帕拉奥图心理研究院的成员，后者中最出名的是杰克逊(D. Jackson)和海利(J. Haley)。萨提亚也认为沟通障碍是家庭困扰的来源，并发展出了极富创意的沟通模式类型。

经典的沟通治疗师借用“黑箱”概念比喻家庭中的人际沟通，指相对忽视人际动力的复杂性，只聚焦于他们的输入和输出，也就是沟通。这些临床心理学家并非否认个体内在的心理，如想法和感受等，他们只是发现忽略它们非常有用，可以脱离抽象的系统概念，通过关注家庭成员之间的沟通模式，将系统的理论和原理显现出来。因此，沟通理论家也自称"系统的进化论者"。

沟通者之间的关系可以被描述为互补的或者对称的。互补关系建立在沟通对象的差异的基础上，这些差异之间相互配合，让沟通得以维系。一个普遍互补的模式就是：甲的强势对应着乙的顺从，双方彼此强化了对方的立场，这是互补型沟通的重要特征。对称关系则是建立在平等的基础上，一方是另一方行为的镜子，同属于一个沟通性质，比如，你强势我也强势，你回避我也回避。现代社会中理想的夫妻互动模式提倡的就是一种对称关系，即双方都需要自由地追求职业、分担家务和照顾孩子。

贝特森认为对称关系不一定会比传统的互补关系更有利于系统的稳定和沟通的有效，沟通中的对称升级和互补固化都会产生家庭问题。

(1) 沟通中的对称升级指互相刺激、同质升级，这会使矛盾愈演愈烈，例如在现代家庭中，夫妻双方受教育水平相当、经济情况更独立，从而开始追求所谓道理上的正确和优势，而忽视建设亲密感受的诉求，导致在竞争性的环境中，赢了对错，输了关系。

(2) 沟通中的互补固化则是分工严格、刻板不变，例如每次家务都是妻子做，丈夫早回家也坚决不做，因为他认为那是"女人的事情"。

很多沟通没有明显起点，但每个参与的谈话者可能都认为自己的话是由别人所说的引起的。夫妻治疗师最熟悉这样的僵局：妻子说她唠叨，是因为丈夫退缩；丈夫说，他退缩，是因为她唠叨。又如，孩子说，如果父母情绪更温和，她就会有情绪去上学；父母则反驳道，如果她正常去上学，他们自然会情绪温和。家庭治疗就是要干预这种"鸡生蛋还是蛋生鸡"的互动模式，即每一方都坚持认为是对方造成这个僵局，都希望对方先做出改变。这种僵局是由一种普遍的偏见决定的：如果谁先去打断这种互动，好像就会让另一方获得控制权，换句话说，谁就失去了权力。孩子们的行为很容易说明这一点，比如打架后争着向父母哭诉说："他先动手的。"这种"告状"型求助基于一种错误的想法之上，即这样的互动顺序有个"因果性"的开始，于是一个人的行为总是由另一个人造成的，行为之间是线性的关系。

沟通理论不接受寻求线性的因果或寻找内在的动机，也不太重视过去的事件。沟通理论认为去探究"什么是因，什么是果"并不重要，在一连串行为中，每个行为既是因也是果。线性因果容易带来概念上的混乱，且缺乏实际的治疗价值。连续的循环因果关系却能提醒治疗师相信，行为系列是一个反馈圈，当一种行为让家庭的问题行为更加恶化时，就构成一个不断加重问题的正向反馈圈，反之，则是减弱问题的负向反馈圈。这类循环因果思维的好处在于它聚焦在维持问题的互动上，问题可以改变，而不涉及根本原因，因为通常所谓的根本原因总是发生在过去，不可观察且不会改变。

二、家庭治疗的工作概念

家庭治疗不仅是心理治疗形式的一种改变，更是一种思维范式的革新，并相应地使一些临床上独特的工作概念得以出现。

（一）循环因果式的反馈回路

正常的家庭被视为一个功能系统，其运作的重要机理就是控制论（Cybernetics），而控制论的核心就是反馈回路。系统通过反馈回路进行系统内部各成分间以及与外界环境的信息交换。这个反馈回路能够完成两个过程：一是当系统面对环境干扰时，使负向反馈维持完整性和稳定性，就像汽车的刹车，一旦车速超过安全范围，刹车就会帮助车速恢复正常，家庭需要负向反馈保持一个基本稳定的结构；二是促进系统根据环境需要，形成发生改变的正向反馈回路，就像汽车的油门，在安全的环境中可以自由加速，但一个稳定的没有变化可能的结构，会因此显得过于呆板、僵化。

前面提到的沟通理论的循环因果思维便是这一反馈回路思想的体现。一个人的言行与家庭中其他一个或多个成员的言行密切相关，大家的言行构成网络式、循环式的因果关系。不是A一定导致B，然后B导致C，而是A可以影响B，但B也接下来会影响C，而C又会影响A，A的状态既是B的原因，又可以是B的间接结果。如果网络中的某个人发生了比较稳定的变化，关系网络就变了，另外的人也相应受到影响而变化，每个人都不是完全独立的行为责任人，都不过是环环相扣的链条上的一环。

影响别人，也受别人影响。例如，家庭中有个“不愿意上学的孩子”，如果专门针对孩子个体，或者针对唠叨的妈妈进行咨询，那还只是线性因果的思维水平。可能的一个循环因果的控制环路如图10－1所示，这个家庭系统中的每个成员都对这个行为序列负有责任和贡献，没有唯一的替罪羊，也没有唯一的解决方案，无论是不上学的孩子还是焦虑、愁苦、无奈的妈妈，都可以放松下来，切断循环回路的任何一个环节都会对整体系统的结果产生影响。这样的循环因果对于家庭治疗特别重要，因为许多家庭最初寻求治疗时就是为了寻找问题的原因，寻找谁该为此负责，这样会带来家庭内部的相互责怪、高度防御和毫无成效。家庭治疗的有效性常常体现在系列互动、循环因果上，谁是始作俑者并不重要，因为改变循环的互动根本无须也无从追溯源头。

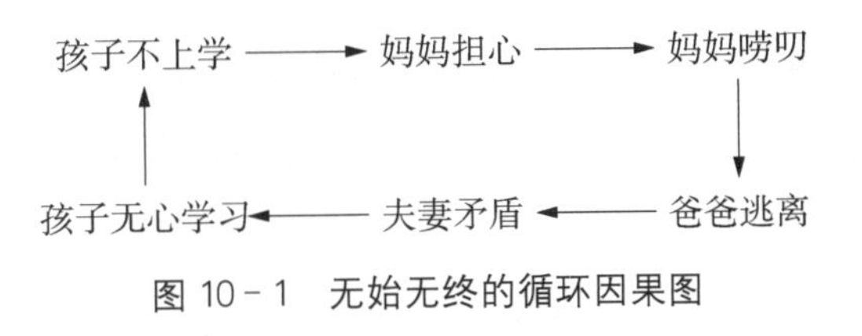

图10－1　无始无终的循环因果图

（二）症状的意义、功能的提出

关于“问题”的认知观念在家庭生活中作用重大，治疗师也不可能是完全客观的专家。很多让人信以为真的“正确”，不过是一种以讹传讹的建构而已。关于“问题”的认知观念在家庭治疗中最直接的一种应用就是改变对问题的看法，重新将问题定义为具有意义、功能的症状。比如,我们把“根本管不好孩子”的父母重新定义为“需要学习和特别活跃的孩子相处”的父母,那么父母的感受就会不同,前者是无能父母的一个失败标签,后者则暗示遭遇养育困难的父母需要学习更多策略。

症状具有意义和功能的概念源于建构主义。个人建构理论认为,大脑不可能像照相机那样对世界做拷贝不走样的反映,任何反映出来的事物、观点都是经由观察者的神经系统加工之后呈现的,个体会透过既有的主观认知体系来对各种事件做出解释和组织,创建自己对世界的独特建构。社会建构主义则强调社会环境的语言和文化的影响。那些个体既有的认知结构,并非天生的,而是来自社会日积月累的塑造和影响。一旦个体缺乏了反思,就会被任意塑造。建构主义有一句名言,没有发现的真实,只有发明的真实。

瓦茨拉维克(P. Waltzlawick)和霍夫曼在家庭治疗领域力争将来访者从专制的根深蒂固的旧信念中解放出来,帮助他们建立新的更灵活、更有希望的观念。比如:所有的行为都有沟通的特性,即使你坐在咨询室里一言不发,也是在表达一种沟通信息,个体的症状因此也是一种转换了形式的信息,是在表达对关系的评论。如果一个症状被视为一种信息交换,那么将信息公开就会排除症状。比如:“孩子不去上学”究竟表达了什么?也许表达的是对父母离异的担忧,想牺牲自己来维系父母的关系,也许表达的是其他的意义。理解了这种表达,家庭做出了相应的改变,孩子就可以恢复上学。

这种理解症状信息的尝试,从改变的角度去赋予症状以针对家庭关系的某种意义或功能,是家庭治疗的一个重要尝试。沃格尔(E. Vogel)和贝尔(N. Bell)在发表于1960年的文章《情绪障碍的孩子是家庭的替罪羊》中总结说,那些有情绪障碍的孩子,都是因为某些偶然的特点而被选中,来扮演不正常家庭成员的角色,成为令人担心的焦点,从而使家长借此忽略自己的冲突或艰难。因此,孩子的症状具有维持家庭平衡、忠诚于父母等为家庭分忧的功能或意义。

这样的建构有利有弊,好处是常常让家庭改换对“索引来访者”(Indexed Patient,简称IP)[①]单纯的担忧或责怪,代之以多多少少的感动、心疼的理解和接受(比如从“他怎么会得这个病”到“原来他生病是为了帮助妈妈留爸爸在家啊”,这样不同的建构会给整个家庭带来不同的感受)。家庭的互动氛围已经开始发生变化,干预的假设也相应地变为“让症状的意义和功能不再是必要的”。弊端则是暗含的“故意得病”容易让家庭和来访者难以接受,特别是带着孩子寻求治疗的家长,他们要背负“自己从孩子的问题中得益”的嫌疑,这会使咨访关系不容易建立,需要特别小心处理。

(三)家庭治疗中过程和内容的关系

在家庭治疗和咨询中,需要理解家庭运作的关键在于过程而非内容,即怎样谈的而不是谈了什么。如果咨询被家庭的细节问题所捕获,治疗师就会失去发现的机会。在解决问题的过程中,家庭成员们还容易在“公说公有理,婆说婆有理”的琐碎的甚至相互矛盾的叙述中

① 指来访家庭中被指出的“问题成员”,通常是家庭中的“弱势”个体。

丧失头绪。比如，一个家庭前来求助时，丈夫想离婚，孩子拒绝上学，而妻子则陷入抑郁情绪，家庭治疗师固然不能忽视与成员一起讨论具体的问题内容，但要对家庭问题的解决有真正的本质性的推动，必须重视在解决问题过程中成员们所做出的种种尝试。当探讨孩子不去上学该怎么办时，治疗师要关注父母的对话过程，如是否倾听、回应，面部表情如何等，而不是聚焦于该如何让孩子上学的内容讨论。内容层面可能千变万化，但过程却具有同质性，如家庭中妈妈在抱怨丈夫各种无能窝囊的行为，爸爸非常愤怒，就抱怨妻子的强势粗鲁，儿子则站出来抱怨自己的家庭非常变态，充满争吵。治疗师可借助对过程的评述，迅速跳出无休止的争执内容，了解过程中成员的相似性：每个人都在抱怨，每个人都希望他人能按自己的心意改变，一旦被抱怨就反击，一旦被反击就酝酿下一次更猛烈的抱怨，整个过程中，谁都不愿给予对方一点理解和赞同。

过程重要，并不代表内容就不重要了。很多同感的素材就来源于内容，同时有些内容也需要特别关注，比如虐待、自杀危机等，这些都需要立即干预。

（四）家庭生命周期的提出

埃里克森描述了个体一生的发展变化的八个阶段。家庭作为有生命的系统，也有周期性的发展变化规律，每个阶段有其特殊的任务和使命，阶段与阶段之间，并非连续稳定发展，其不连续的跳跃性给家庭带来了变化的挑战。目前最为普遍接受的“家庭生命周期”六阶段如表10－1所示，每个阶段有其不同的特点、原则和任务重点，其中的不连续性需要家庭灵活应对。当然，没有适用于所有家庭类型的阶段划分，离婚、复婚、单亲家庭，以及继父母家庭等多元面貌的家庭更是没有标准的阶段划分。咨询师需要关注的是不同阶段之间的非连续性转变，以及这些转变给家庭带来的挑战。

表10－1　家庭生命周期六阶段

家庭生命周期	情绪发展转变关键原则	发展过程带来的家庭变化
年轻人单身离家	接纳心理和经济上的责任	1. 区分原生家庭的自我 2. 发展亲密关系 3. 在工作与经济上取得独立
结婚建立家庭：新夫妻	为新的系统投入情感	1. 建立婚姻系统 2. 重新组织家庭和朋友的关系，以便接纳配偶
有婴儿的家庭	接纳新成员进入系统	1. 调整婚姻系统，给孩子留出空间 2. 增加了养育孩子、财务以及家务的任务 3. 重新组合家庭的关系，包括接纳祖父母的角色等
有青少年的家庭	增加家庭界限的灵活性，允许孩子的独立和祖父母身体的虚弱	1. 转变亲子关系，允许青少年在系统内自由出入 2. 重新关注婚姻和职业发展 3. 开始照顾老人
孩子离开	接受现实并进入家庭系统	1. 重新认识二元婚姻系统 2. 发展成年人之间的关系 3. 重组和公公婆婆、岳父岳母以及孙子辈的关系

续表

家庭生命周期	情绪发展转变关键原则	发展过程带来的家庭变化
晚年生活的家庭	接受改变的辈分、角色	1. 面对心理失落,保持自己、夫妻的功能和兴趣,寻求新的家庭和社会角色 2. 支持家庭中年龄正处于中年阶段的家人 3. 积累知识和经验,在力所能及的范围内支持更老的长辈 4. 处理失去配偶、兄弟姐妹和其他同辈人的伤痛,准备迎接死亡

家庭生命周期和个体社会心理发展阶段两个概念对家庭治疗的启示主要有两点:

(1) 个体面对问题时,可能是家庭和个人同时都遇到了生命发展的新阶段,个体和家庭整体都需要调整适应。

(2) 家庭的不同个体可能会因为身处不同的发展周期有不同的需求,比如一个中年父亲不再迷恋工作,而是渴望亲情,想要更多地回归家庭时,恰逢儿子走向独立需要离开家庭,家庭的互动因此更加复杂。家庭在生命周期不同阶段的转折点上出现问题,不一定是家庭功能失调的标志,而很可能只是因为家庭身处两个生命周期之间的转折过渡。因此家庭成员需要认清旧生命周期阶段的应对行为的有限性,发展新生命周期阶段的应对行为。

第二节 家庭治疗的主要理论流派

20 世纪 90 年代开始至今,家庭治疗领域发展出多个理论流派,这些流派除了共享家庭治疗的基本理论和概念,还创设了独特的问题假设和干预偏好。本节将以青少年作为索引来访者的家庭为案例,介绍家庭治疗各主要流派的代表性的理论假设和治疗技术。

一、精神动力学派的家庭治疗

(一) 基本的理论假设

此流派起源于个体导向的精神动力治疗,注重从无意识材料中激发意识化的自我觉察。代际传递是此流派的一个经典学说:当前问题是过往代际中未解决的议题所致。治疗的主要目标是将家庭从对上代过度的忠诚中解放出来。治疗师的工作就是协助家庭考察与检验过往的伤害和适应不良的行为对当前的影响。如果父母对过去的事情缺乏考察与检验,就会将过去的伤害和适应不良的行为模式无意识地重复表现出来。反之,如果过去的事情经过了考察和检验,父母就可以在抚养子女的过程中意识到,很多亲子冲突不过是父母与其自身的原生家庭的冲突的再现,知道哪些危险是真实的、该如何避免,而哪些危险仅仅是想象出来的,知道如何整合冲突和控制,整合内心的痛苦与人际冲突。

（二）主要代表人物

鲍温（M. Bowen）认为家庭是一个情绪单元，无意识传递的情绪情感压力大于理性，家庭成员为了获得距离感和整体感，必须同时进行“推”和“拉”两个方向的努力。在保持个人与家庭的联结，即“拉”的同时，保持将个人分化为独立个体的“推”也是很重要的。“三角化”（Triangulation）是代际传递的一个重要作用机制，源于家庭结构中由父亲、母亲和子女共同构成的三元人际关系。其病理化的成分在于夫妻两方矛盾过于激烈，无法直面解决，于是有意或无意地拉入第三方——通常是子女来稳固其关系。孩子因为害怕失去父母而过度激活亲子依恋的情绪系统，理性认知受损，容易引起自动化的或难以控制的行为，丧失自我发展功能，甚至引发各种病理性症状。三角化的目的在于减轻紧张，比如面临离婚危机的母亲，总是拉拢女儿痛骂“薄情”的父亲，或者父母会因为自身的问题无法解决，把注意焦点转移到孩子身上的“问题”，以此避免夫妻关系紧张带来的焦虑。

与三角化相对应的概念是“自我分化”，包括个体内部和人际两个层面。低自我分化个体，在个体内部层面易在强烈情感下失去理智，陷在情绪之中将感觉当作现实；而在人际层面则易受他人影响，缺乏独立意志、思想和行动，常把“别人的”误以为是“我的”。个体分化的理想目标是平衡情绪和理智，在人际关系中保持情感联结的同时又能独立。

鲍温认为针对青少年的家庭治疗常常需要帮助家庭成员变得更加独立，为此他会让家庭成员回到原生家庭中，尝试带领家庭成员走出问题性的三角化。这个过程可以通过写信、打电话或者实际见面拜访来完成。无论什么情况，治疗师都应要求来访者聚焦二元关系，去除第三方的干扰，使用家谱图来确认关系的模式。代际重复出现的主要三角关系模式是干预的重点，如特别紧密的母子关系、伴有冲突的同胞关系。

纳吉（I. B. Nagy）提出的家庭账簿概念非常知名，包含多代际、长时间的责任与债务账户的平衡等概念。还债可以跨代实现，不一定要由最初欠债的人来支付。如果太多不公平积累起来，而没有得到偿还，就会有问题发生。这一概念对症状的解释是：个体出于对家族的忠诚而牺牲自己的生活。治疗的焦点是谅解前几代的错误。

（三）对青少年工作的贡献

咨询师可将青少年置于一个三代家庭的情境中，让他们去接触一些小秘密、未解决的困难、丧失的关系和掩藏的感受。青少年会因此表达一些攻击、反叛和不同方面的感受，这些会让整个家庭如坐针毡。咨询师想要知道，青少年子女在迅速成长中的什么东西会让父母感到不安。答案可能与父母的内在生活和他们自己的原生家庭带来的未解决的问题相关，而与有问题的孩子的相关度反而不大。咨询师应提醒来访家庭：不要仅仅从表面上去理解青少年的行为和其他表现。一个女孩子的非常出格的叛逆行为，可能是整个家庭对于孩子的长大非常焦虑的信号；一个男孩子不愿意去上大学，可能是他父亲对于被爱而不是对成就的渴望的表达。在每一种场景中，精神动力学派咨询师都认为，青少年时期是一段无意识的强大驱动力在工作的时期，这会让代际两端的家人都受到巨大扰动。

二、体验式家庭治疗

（一）基本的理论假设

与前一个流派对祖先的关注不同，体验式家庭治疗的重点是此时此地。该流派认为变化产生于治疗关系的当下，治疗师试图打破习以为常的、受限制的家庭互动，引发一些新的自发性的事情。这种治疗模式很重视领悟后的情感和自发性行为的表达，重视在日常生活中发现例外、运用游戏技巧（这是体验式家庭治疗的两个重要技术）。

体验式家庭治疗的焦点在于体验，而不是做出解释和赋予意义；关注怎么做的，而不是怎么想的。这些治疗师和咨询师相信，此时此地的体验变化也会带动深层变化。

（二）主要代表人物

萨提亚创立的家庭治疗模式，至今已经发展成为一种系统的、整合的心理治疗理论，近些年在教育系统的辅导培训中也有较多介绍。萨提亚秉承人本主义的人性观，相信人们具有内在的驱动力使自己变得更加完善。这种驱动力体现为每个人生而具有的平等的内在价值，即自尊。这种自尊永远植根于我们心底，并使我们不断努力以各种形式表现出来，期待由此得到发现、承认和证实，而家庭就是激发自尊的场所。萨提亚的家庭治疗模式有四个核心的助人目标：提高自我价值、做更好的选择、更负责任和更和谐一致。

萨提亚最初是一名教师，她通过在家访过程中与学生家庭打交道，意识到家庭对儿童自尊的重要影响。她相信，家庭成员间的良好沟通和个体的自尊水平紧密关联，而这两者都应该是治疗的目标。她对揭示家庭里的个体差异很感兴趣，并鼓励家庭成员发展足够的自信，在家庭情境中公开发表自己的声音。萨提亚总能在治疗现场保持强烈的情感卷入，一边聚焦于家庭中的积极面，一边也围绕家庭成员的希望和痛苦来与他们建立联结。她与家庭的情绪联结，部分建立在她对非言语因素的敏感性上，这种敏感性依赖于所有的感官，她相信如果家庭成员能学习更多地听、看和触摸，他们就有更多解决问题的资源。

过去的经历可能持续影响如何看待现在，萨提亚将工作重点放在检验代际传承下来的获取自尊的不良模式上，改换新的视角来对其加以看待和转化。咨询现场的沟通、互动新体验，会更新人们的旧体验，并将它们从童年习得的、受限制的或是功能不良的应对模式中分离出来。

萨提亚还发展了冰山理论、生存姿态、家庭重塑、面貌舞会等，也因为其戏剧化、动作导向的技术而闻名。她对咨询现场的沟通体验有非常独特的构建，她会让家庭成员假设出某些标志性的姿态，使用肢体的非言语行为来表达不一致的沟通姿态：讨好、指责、超理智和打岔，让他们具体展示家庭中的规则和角色，甚至使用绳子或眼罩来展现这些角色所受的限制，通过身体的感受带动内心丰富的真实感受。她会在团体治疗的情境中工作，请团体成员中的某人来扮演家庭成员，这个技术叫作家庭重塑，混合了肢体雕塑、指导性的想象和心理剧的元素。她发展的五种家庭人际沟通模式至今仍广泛流传，影响巨大。

维特克(C. Whitaker)是另一位著名的体验式家庭治疗代表人物，他相信人们可以通过非言语或标志信号获得进入体验的渠道。为了做到这点，他试着让家庭成员不带任何社会束缚地彼此相遇。他实践着一种“荒谬疗法”(Therapy of the Absurd)，这是一种通过幽默的话、无聊的话、笑话、俗语、自由联想、隐喻性的话语，甚至是在地板上摔跤而进入潜意识的方法。它能打破僵化的思想和行为模式，正如维特克本人所述，整个治疗过程就是打破面具。

治疗是一种控制和非控制的有效混合。起初，维特克会对治疗过程高度控制，建立各种阻碍，在欲擒故纵的情境下，看看家庭成员是否会“揭竿而起”，真正投入治疗之中。他相信，在游戏真正开始前，他就必须建立起游戏规则，而一旦规则建立起来，他则希望由家庭成员接手过去。他把这个过程比喻成“撑竿跳”，作为一名治疗师，他带家庭来到跳竿的最高处，然后希望地球重力来照料剩下的一切。治疗的过程是寻找未曾预见和期待的东西。这个令人惊讶的过程，是改变的催化剂，维特克称之为“成长的边缘”。他认为当一家人被搞得鸡犬不宁时，很有可能不仅仅是因为索引来访者的焦虑。他试图聚焦家庭隐藏的冲突，正是这个隐藏的冲突，让家庭中的某个成员糊涂地成为替罪羊。维特克在治疗中把他自己看成是与家庭一样获益的角色：他认为自己做治疗的原因是“为了体验更多的自己”。

(三) 对青少年工作的启示

在与青少年工作时，体验模式常常会得到特别的共鸣，因为青少年处于更乐意体验新鲜事物的年龄段，他们的独立思辨能力正在发展之中，更渴望的是自己亲身体会到的经验和结论。体验式治疗师强调对真实的确认，努力让家庭成员间迸发出一些更真诚的感情。同青少年工作时，真诚和自我暴露很重要。体验式家庭治疗经常使用两个重要的方法——幽默和游戏。特别是对肢体动作的调动，是体验式家庭治疗师所高度强调的，也是可以超越流派之别借鉴使用的，特别适用于青少年群体。

三、结构式家庭治疗

(一) 基础的理论假设

此流派聚焦于家庭的正式结构属性的变化，而不是情感或者认知领悟。结构在这里的含义是互动的模式，而不是内容，它的具体概念包括以下几个方面。

(1) 规则：比如，谁的话在家里算数？吃饭时每个人都坐在哪里？

(2) 家庭里的界限：比如，孩子是否能不介入父母的争吵？父母是否具有作为夫妻的独立关系维度？兄弟姐妹之间是否拥有他们自己的关系，并依据年龄和性别被赋予不同的特权与任务？

(3) 家庭与外部世界的界限：比如，家庭是否与局外人谈论他们的问题？他们与局外人是隔绝的还是亲近的？

(4) 代际层级：比如，父母掌权还是青少年操控全局？父母是不是要听从某个祖父母的意见来养育孩子？

结构式家庭治疗师与家庭工作时，通常带着一些正常的家庭概念，也允许根据文化、民族和经济条件做一些变化。他们坚信一个功能良好的家庭，应该具备界限清晰的代际关系，父母应该是明确的主管者，亲子、夫妻、兄弟姐妹这些子系统也应该具备独立性，与外部世界之间有灵活、强大的沟通联系。当孩子处在父母间的权力斗争之中时，常常就是孩子出现问题之时。当家庭对孩子施加太多控制，或是出现跨代之间的三角关系时，即家庭中存在某个孩子与父母一方共享的秘密，而父母的另一方则对此并不知情时，治疗师应当保持特别的警觉。

结构式治疗师抱有聚焦于当下家庭情境的治疗立场，干预目标是：如果家庭的结构完好无缺，症状就会消失。

（二）主要代表人物

米纽钦(S. Minuchin)是公认的结构式家庭治疗之父。他在担任美国费城儿童指导诊所主任时，与大量罹患身心疾病的家庭、住在城市贫民区里的家庭一起工作。他首先会“加入”每个家庭，与每个人建立关系，为其后做好准备，以便重新建构家庭系统，为不同的家庭成员赋予能量。在米纽钦一开始的加入行动中，他会很小心地支持家庭中既有的规则。举例而言，如果父亲是家中的权威，米纽钦会在征得父亲的允许之后，再去与其他家庭成员谈话。他会试图将自己融入每个家庭独特的文化中，模仿家庭的语言，贴近家庭成员的姿态、说话节奏和情绪。接下来，米纽钦要评估父母、亲子、兄弟姐妹这些子系统的界限和功能是否明确。

(1) 界限的评估：看家庭的界限是僵化还是松散，家里是否欢迎外人来访，以及外人是不是频繁出入家庭、提供各种意见。例如，边界僵化的酗酒家庭，会不会因为太羞愧而不能邀请他人来家做客？

(2) 在疏离—缠结连续体上评估家庭的位置：在缠结的家庭中，要对家庭成员的情绪和行为保持警觉与敏感，因为成员难以分化；在疏离的家庭中，成员彼此太分散，需要一个“灾难”来让家庭成员注意到彼此。

在评估阶段之后，米纽钦会使用各种技术来重新建构家庭，可能先从营造一些空间开始，比如让失去控制孩子的能力的父母坐在一起，孩子则坐到屋子的另一个角落，和父母分开。他也会给家庭强加一些沟通规则，比如“只为你自己说话，不要替别人说”，或者“不要跟我谈论你的配偶，请直接与他(她)对话”。

米纽钦的另一类干预是让问题在治疗过程中“活现”(Enact)出来。他曾经有过一个治疗厌食症的家庭案例。米钮钦在治疗现场让父母两个人现场劝他们厌食的女儿吃下热狗，先是两个人一起劝，然后每个人单独劝。当父母一起劝女儿的时候，他们之间权力争斗的三角化就从生活中搬到了治疗现场，这就是问题在治疗现场的“活现”。治疗师根据这种“活现”将问题呈现在所有家人面前，让他们看到索引问题背后的家庭结构也有问题。米纽钦在父母独立劝说女儿吃饭失败之后，引导他们看到夫妻分歧所导致的对女儿的无效工作，再在家人的共同意愿下把父母团结起来，让他们的女儿从夫妻关系的失败中解脱出来。

(三) 对青少年工作的启示

结构式家庭治疗给有青少年的家庭带来了令人憧憬的信心和权威，结构式家庭治疗师特别支持父母的权威、成员间的界限与分化水平。为回应行动不良的青少年，特别是滥用药物或逃学的青少年，此派治疗师会制定出包含所有家庭成员的计划，通过一些行动让家庭成员有所改变，让所有家庭成员都能够负责任和保持彼此的情感联结。相比较之下，此流派的指导性较强。

四、认知行为家庭治疗

(一) 基本的理论假设

1979年开始发行的《儿童行为治疗》杂志，后来很快更名为《儿童与家庭行为治疗》，提倡父母是儿童成长过程中关键的社会强化物，它也是最早提倡将行为主义技术应用到有儿童或青少年的家庭的治疗中的学术刊物。

认知行为治疗首先会从严格的测评开始，用客观指标定义目标行为，确认行为表现与不同情境因素的关联，比如，肚子疼是在学校更严重，还是在家里更严重？测评的方法包括对家人在家里或在治疗室里的行为表现的直接观察、角色扮演、问卷访谈和评估等级等。测评是一个连续的过程，允许治疗师在治疗的进程中反复测量行为的变化。行为干预技术的范围很广，概括而言，这些技术包括反应性条件作用、操作性条件作用、社会学习及模仿、认知行为干预，以及把父母作为替代的行为治疗师等。

(二) 主要代表人物

利伯曼(R. Liberman)等治疗师创造了一种操作性行为技术，即与青少年及其家庭制定“行为契约”，这是此家庭治疗流派的一种重要方法。当青少年的消极行为激起愤怒，注意力总是起起伏伏不受控制的时候，此技术可用来促进合作和积极行为。对一个以冲突为特征的家庭(即家庭成员很难说出和倾听彼此的需要)，行为契约可为家庭系统引入一种非常结构化的互动方式。

行为契约的具体操作方法可以分为六步。

(1) 咨询师帮助青少年和父母确定各自的奖赏性行为。

> **父母：**“我的孩子希望我做什么？”
> **青少年：**“我的父母希望我能做什么？”

(2) 咨询师在过程中跟父母和孩子每一方都确认最想要的是什么，这些往往是开始时各方都无法提供的。

（3）家庭中的各方为愿望清单排序。

（4）青少年和父母在咨询师的指导下，同感对方角色的感受，比如："如果对方为我这样做了，他的感受会怎样？"

（5）各方确定花什么代价来获得希望的奖赏，比如："我（们）要做些什么来满足对方的需要？"

（6）商议谈判：家庭成员确认好每个人愿意做什么来与对方交换自己所想要的。行为治疗师好像一个政府协调员，敲定劳资双方的公平协议，确保每个人都愿意投入协议、逐步完成目标明确的行动序列，每个人都同意集体的和谐价值高于单纯的个人利益。当父母在家中掌控着青少年生活中的大多数奖赏时，这个方法尤其见效。但是，在青少年严重叛逆和父母管理混乱的家庭中，特别是有违法违纪的青少年的家庭中，这个方法的效用很低。

帕特森（G. Patterson）在行为异常的青少年研究方面很有名。他记录家庭成员在家中的行为，聚焦于父母那些强化青少年侵犯或攻击行为的反应。他特别注意观察父母的激惹性的、随性的惩罚，比如威胁孩子不要有侵犯或攻击行为，但没有后续强化。专家们强调父母的行为管理要有计划性和坚持性，以促进孩子们形成责任感和自主性，但实际上这一点很难做到。

（三）对青少年工作的启示

当治疗师和家庭都感觉到无望，感到被强烈的情感和冲突所淹没的时候，行为治疗师为青少年及其父母提供了重要的工作方法。这些方法有助于所有参与者系统地解决问题，治疗师可以与家庭协商出安全的方法，并指导家庭具体地操作。公平协商是这种方法的一个重点，所有的治疗至少都会有两个视角，即父母和孩子的视角，每一个视角都需要得到尊重并承担起自己的责任。

五、系统式家庭治疗

（一）基本的理论假设

系统式家庭治疗有三个源头：MRI（Mental Research Institute）简短治疗模型、策略治疗模型和米兰系统模型。这三个模型都非常擅于应用控制论和系统论，其理论假设的关键在于引发家庭的改变，且能应对家庭面临改变时的一个悖论性诉求——"请帮我们解决问题，但别让我们改变"，不易引起家庭对改变的抵抗。

1. MRI 简短治疗模型

MRI 一般把治疗限制在 10 次以内，聚焦于家庭内部的沟通模式。治疗师们认为家庭是持续变化的，一定会遭遇很多困难，但困难是否会变成"问题"，则取决于家庭对这个困难的反应方式。如果不适应变化，看似稳定，其实僵化地卡在那里，会出现各种症状。换句话说，家庭成员常常会做一些习以为常但却是错误的尝试来解决问题。当发现问题继续存在甚至恶化时，他们会继续采用更多类似的方法，却不知道换一种视角去看问题和解决问题，好比忘记了“门可能不是拉的，而是推的”，你再怎么加劲儿，都拉不开门。如果只改变“系统中的一个具体行为”，而没有改变“系统的规则”，那么，再怎么努力也无法带来实质性的改变。比如孩子以前不听话，爸妈一直都靠打的方式教育，越不听话打得越厉害，但是并没有积极的效果。如果有一天父母不打了，改为理解支持的方式，这时“系统的规则”就改变了，积极的亲子沟通的实质性的改变才可能真正开始。

MRI 发展了两种重要技术。

（1）直接干预，通过重新赋义来引入新的意义。

（2）间接干预，通过新的仪式活动来让家庭提出他们自己的新意义。向家庭引入仪式，并非一种行为指导，而是一种行为实验，一种象征性的符号，一种转换过渡。咨询师并不要求家庭一定要不折不扣地实施仪式，也不认为家庭违背咨询师的建议就是一种失败。他们认为真正重要的是仪式所带来的新想法和新观念，仪式可以给家庭带来变化。例如，为了让家庭能够同时实践两种不同的行为，采取单双日作业，轮流施行两种方案。又比如，当家庭意见不同时，可以让家庭尝试听从孩子和听从父母这两种沟通规则，通过游戏式的实验，实践新的沟通方法，让多种可能性都得以呈现。

2. 策略治疗模型和米兰系统模型

策略治疗模型和米兰系统模型对于问题的成因做了三种解释。

（1）当解决方式是无效的正反馈时，困难被转化为慢性问题。

（2）问题是不协调的等级的结果，比如三角化。

（3）症状有维护系统稳定的功能。

所以这两个模型的理论假设较之于 MRI 更多元，不仅仅关注沟通。

策略派特别重视再定义（Reframe）和悖论干预（Paradox Intervention）。有一个著名的案例是把唠叨的妻子和退缩的丈夫的沟通问题定义为“谈判过程的崩溃”。谈判中妻子不是唠叨，而是在提出请求；丈夫不是害怕逃跑，而是成了一个在谈判中有所诉求的人。这样的再定义会让夫妻二人更愿意投入沟通，而且聚焦诉求，更容易加深对彼此的理解，从而促进沟通。悖论干预则是治疗师指导家庭成员去持续表现他们的症状，如果他们顺从，就是承认了可以控制症状，因此他们有能力改善；如果他们反抗，则代表他们放弃了症状，即无论他们怎么做都能够改变症状。这样就巧妙地让他们避开对改变的抵抗。

米兰系统模型有个著名的标准化“五步治疗结构”：

第一步，会谈前（Presession），时长为 5—20 分钟，治疗团队基于已有信息、理论和临床经验讨论最初的假设（比如“谁打来的第一个电话?”“电话上听到的语气怎么样?”）。

第二步，会谈（Interview），时长为 50—90 分钟，治疗师与家庭会面，团队其他成员则在单面玻璃后面观察。治疗师使用循环提问在家庭成员间建立起隐含的关系，并不要求家庭成员去改变，证实或证伪会谈前提出的假设。

第三步，会谈期间(Intersession)，时长为5—15分钟，全部团队成员共同细化初始假设，设计此次会面结束时的干预方法。这种干预可能是系统的，或者是对家庭信念的再定义，是一种仪式。通常，这种干预旨在介绍足够的新信息给家庭，通常是令人惊讶和困惑的，同时又会让家庭感到被听到和被理解。

第四步，干预(Intervention)，时长为10—20分钟，治疗师回到会谈室，把团队的干预意见告诉家庭，与家庭共同讨论他们离开会谈室后可以采取的新行动。

最后一步，会谈后讨论阶段(Postsession)，时长为10—20分钟，团队成员会努力去评价他们的假设的有效性，讨论家庭对这些干预的即时反应，如果还有下一次访谈，也可以利用这个阶段的集体讨论设计下一次的访谈。

米兰系统模型还有三个相辅相成的核心概念：假设、循环和中立。

(1) 假设可以使人在系统中看到更多的可能性；

(2) 循环则是指一种思维方法，旨在使人系统性地看到可能性；

(3) 保持中立才能有让系统呈现出来的可能性。

循环提问是实现这些概念的重要技术，设计这些提问是为了让问题去中心化，通过提问每个家人，能让来访者在相关联的背景中看到自己。如："你猜妈妈会怎么评价你这件事情？爸爸又会怎么看？"这类灵活的循环提问能够帮助个体从其他家庭成员的角度看问题，在差异性的回答中体现出问题背景的完整性(如：谁最认为这是个问题？谁最不认为这是个问题？)。治疗师会对维持问题的互动网络保持好奇，而这种非评判的、好奇的治疗态度就是所谓的中立的含义。这是一种对系统表达尊重、接纳和钦佩的治疗态度，不会批评系统中的任何个体或者任何促进变化的做法。

(二) 主要代表人物

系统式家庭治疗流派的代表人物是一个集合。首先是贝特森在帕罗奥图(Palo Alto)邀请海利、杰克逊等一批策略派治疗的领军人物加盟。其次是杰克逊创建的MRI小组，而米兰学派的著名代表人物当属帕拉佐莉(M. S. Palazzoli)等。最后，整个策略派治疗师都受到艾瑞克森(D. M. Erickson)的影响，他特别强调治疗的实用性，强调目标是实际的行为变化，而不是对于变化的领悟，即行为应该产生在领悟之前。

(三) 对青少年工作的启示

青少年常常拥有高度的自我意识，但又因为无法完全独立而仍然需要父母的指导、关爱和保护。他们在治疗中容易心生对抗之意，如同对父母师长的叛逆。通常在开始治疗之前，青少年就已经被各种各样的人反反复复地告知过他们有多少缺陷和不足。同样，父母其实也对他们的孩子的负面看法极度厌烦，但又不知道如何从中解脱出来。系统式治疗因其明确的承诺(不批评的中立和积极搜集多种观点)而可以化解父母和青少年之间的负面互动模式。再定义和仪式的使用看上去也很适用于青少年。有效的再定义使家庭里没有受害者或者恶棍，相反，所有的成员都在一个互相关联的网络里。仪式可以用来分开两个同时发生的行为，让家庭成员将之放到不同的时间里实施，这种方法也很适用于青少年。青少年期是一个矛盾期，青少年们既是儿童却又想象着作为成人的未来；既需要父母的指导又需要父母鼓励他们独立。当来自个体内部和来自家庭的彼此不相容的期待引发未曾预期的困惑时，仪式有助于厘清问题。悖论干预也很适用于叛逆的青少年人群，比如"你不一定要改变，你可以继续维持问题生活下去"，无论青少年听从或反对，其实都是在改变。

六、后现代家庭治疗

（一）基本的理论假设

20 世纪 90 年代以来，越来越多的人开始批评治疗师的操控性，后现代主义的哲学思潮也开始影响心理健康领域。多元化、去中心、去专家化、推崇合作平等的咨访关系得到越来越广泛的推行，来访者才是自己的问题的专家。家庭治疗特别符合现代家庭组织形式发展的多样性现实和多元可能性，强调文化、性别敏感性等元素。目前有影响的后现代家庭治疗流派主要包括四类：叙事、短期焦点、合作对话、焦点团体。

文化的话语(Cultural Discourse)，是后现代特别重视的概念，时代背景体现在话语表达上，什么被说出来了，什么没有被说出来，都是一种文化和价值观的体现。问题的存在是因为我们选择称呼它为问题。所有谈论某个问题的个体组成一个系统，系统的成员是流动的，而且不一定与家庭单元有同一个意义。治疗师的工作就是与所有定义问题的个体一起讨论，来逐步消解所谓的问题。叙事流派的治疗师相信家庭成员会告诉他们：青少年必然遇到一个可怕的叛逆期。青少年期正是一个让疼爱和关心青少年们的成人担心、惧怕的时期，青少年期和更年期一样，似乎必然遭遇生理、心理等多个层面的巨变，并因此遭遇危机。另外一个广泛传播的观点是青少年必须和他们的父母切断联系，这样才能进入一个合适的个体化进程。这个观点导致的结果就是男孩子们如果没有和他们的母亲保持一定的距离，就要承担没法长大成为男人的风险。母女之间则要经历一段频繁冲突的时期，这样女儿才能长大成为独立的女人。青少年期是个被高度向往和尊重的阶段，同时却又令成人害怕。对于叙事流派的治疗师而言，文化话语可能与家人各自坚持的心理信念一样对人有约束作用，很多情形下都可以找到文化话语的内容，包括电影、书籍、广告和科学研究。叙事治疗师将挑战主流文化对于青少年的看法，同时也对家庭动力保持同样的好奇和开放。

此流派也发展了很多独特的技术，"反思团队"(Reflecting Team)就是其中一个重要技术。反思团队的具体做法是一组临床工作者在单面镜后面观察、倾听对家庭的访谈，访谈之后，调亮观察室的灯光，观察者和被观察者的角色对换。治疗师和家庭一起观察、倾听反思团队的即时反馈，反馈他们旁观访谈的观察和思考。反馈者们可以提供评论、问题、家庭作业以及对治疗师和家庭言语与非言语行为的假设，所有的发言都是非批评性和尝试性的。咨询师鼓励家庭去接受对他们有用(印象深刻)的对话，直接忽略没用(没记住)的话。

反思团队依据的叙事假设有很多，如：

（1）团队产生的大量观点可以帮助家庭放松，从某些家庭成员有限的词语意义表达中松绑；咨访关系不应该是垂直地给予与接受，咨访关系的重点应该是共同分享。

（2）人们不能在负面叙述的情况下做改变，比如批评、指责。

（3）没有什么对或错的观点，只有对家庭帮助大或小的区别。

另外一个重要的技术是用故事去解构（Deconstruct），即把问题与正在经历的人分开，然后进行重构（Reconstruct），帮助家庭重新创作他们讲述的生命故事。解构和重构的互补过程在外化问题（Externalizing the Problem）的技术中都有所体现。在外化的过程中，治疗师和来访者合作，为问题取个名字，体现出问题的负面意向和欺骗性的策略。

当治疗师在家庭治疗中与一个总是拖延着不能完成写书任务的女性共同工作时，叙事派治疗师可能会这样提问："完美主义这样破坏你的写作有多久了，而且还骗你相信它是你最好的朋友？"治疗师也会询问这个问题的破坏程度，以及它给来访者的生活带来负面影响的时间跨度。

其后治疗师可以继续询问例外问题（Unique Outcomes），聚焦哪一次或哪几次的例外情况中来访者解决了问题，没有让问题破坏自己的生活。来访者会被要求去思考什么让与主流故事相悖的抵挡有可能而且真实实现。

接下来，这些非同寻常的抵挡时刻会被放大，加入更多体现来访者有能力摆脱完美主义的束缚的故事。

最后，治疗师和来访者寻找或者创造倾听这些新故事的听众，塑造出一个摆脱完美主义桎梏的身份认同。比如在治疗的最后，来访者可以做个录音，录下自己学到的新知识，与朋友、家人或者正在和"完美主义"恶魔斗争的其他人分享。

后现代家庭治疗师注重家庭每个成员的资源，用不同的形式转化从家庭那里得来的基本故事，更精准地抓住丰富的语言、语调和细微差别，高度关注被忽视的小故事片段。

（二）主要代表人物

福柯（M. Foucault）是后现代思想的领军人物，他提倡要关注谁拥有定义问题的权力和话语权，对心理健康、精神卫生领域的权力和知识有独到的观点。

安德森（H. Anderson）是合作对话家庭治疗的代表人物，她建议治疗师接受自己不知情（Not-Knowing）的位置，这样才可以与来访者真诚对话，建立治疗师和来访者双方都尽力解决问题的关系。怀特（M. White）、沙泽尔（S. D. Shazer）与格根（K. Gergen）一起将叙事运用到自我发展的领域，强调故事的力量，帮助家庭成员从不同的意义上体验自我和彼此。

最早用讲故事来治疗的例子是加德纳（R. Gardner）的工作，他用互相讲故事技术（Mutual Storytelling Technique）邀请儿童来访者运用想象力、发挥冒险精神，与治疗师共同编写一个故事。治疗师再把这个故事讲述给孩子听，沿用同样的人物和主题，把孩子无意识提供的材料详细地说明一番。讲故事的过程不仅是治疗师与来访者共同合作的冒险之旅，而且是治疗师介绍更高水平的解决儿童内在难题的技巧的良机。

茵素·金·伯格是短期焦点治疗(Brief Solution-Focused Therapy)的代表人物,这个流派的一个重要技术是提问,比如"奇迹问题"(Miracle Question):"假设今天晚上你睡着以后,发生了一个奇迹,你要治疗的那个问题瞬间解决了。但因为你那个时候是睡着的,你并不知道奇迹发生了。那么明天一早你醒来的时候,你怎么能够发现奇迹发生了? 如果你不告诉别人,别人怎么可以知道奇迹已经发生了?"这些问题帮助来访者从一开始就聚焦于治疗的成功和结束。治疗师认为来访者越是能够谈论例外情况,这些情况就会越发真实。比如,回应一个总是抱怨青春期的儿子与自己疏远、从来不听她讲话的妈妈的例外问题可能是:"跟我说说,你儿子最近一次在认真听你讲话的情况。"

(三) 对青少年工作的启示

后现代家庭治疗的各种方法都避开批评或者病理,这容易让青少年及其父母感到放松,因为他们常常会因为对结果不满意而互相指责。用量尺法(Scales)、奇迹问题法和编写故事法(讲讲家庭故事或者把问题变成一个讨厌的侵入者)重新解读问题,比直接询问痛苦的感受要更有趣。后现代治疗师不认为有效的改变必须是痛苦和严肃的。

举例而言,量尺法就特别适用于在治疗中不愿意讲话的反抗的青少年人群,因为数字和语言一样有魔力,而数字更加具体和真实,相比之下语言更加模糊和不确定。如果青少年非常不愿意来参加家庭治疗,那么用数字来交谈是较少暴露自己的方法:"如果 10 是你的问题彻底得到解决,1 是根本没有变化,你觉得自己在哪个分值上?"这个问题允许治疗师和家庭成员使用彼此可以理解的字词。量尺法还隐含着一个意义,即否定了全或无(All-or-Nothing)的思维方式,因为 1 到 10 这样的量尺允许了大量灰色区域。即使是对达成 10 非常悲观的家庭成员,也可以问他:"当你从 3 移动到 4 的时候,你的生活中会有什么不同? 谁会第一个关注到你身上的变化? 当你的父母、兄弟姐妹和老师注意到你身上发生的变化时,他们会有什么不同的表现?"

第三节　家庭治疗技术在学校中的应用

在今天的学校心理辅导中,很多青少年的心理和行为问题都不只是靠辅导就可以解决的,就如下面的这个故事所讲的那样:

> 一只老鼠在咨询室里接受完颇有启发的心理辅导工作,信心满满地告别咨询师准备开始改变,可它刚走到咨询室门外又迅速折了回来:"不行啊,老师,虽然我知道要改变了,但门口那只虎视眈眈的猫不知道啊。"

家庭治疗技术的应用包括从代际影响角度(家谱图)理解所谓的问题行为,注重面对强烈的情感和冲突时的工作框架，注重行为层面的指导、情感方面的体验、知识方面的探索和意志方面的支持，保持资源取向和中立的态度来应对青少年的反叛特性，等等。

一、与家庭建立联结

（一）融入家庭

1. 贴近和尊重家庭的“本土文化”

在学校情境中，前来寻求家庭咨询的索引来访者多是有问题行为或症状的学生，所以无论索引来访者是学生还是学生父母，进入咨询室前通常都已做好要遭受批评的心理准备。这时，咨询师要注意尊重家庭的“本土文化”，毕竟家庭过往的数十年，甚至上百年所经历过的传承和历史，都不可能为咨询师所了解。因此需要对家庭进行谨慎的系统评估。

纵向和横向两个方向的系统评估内容如图 10－2 所示。

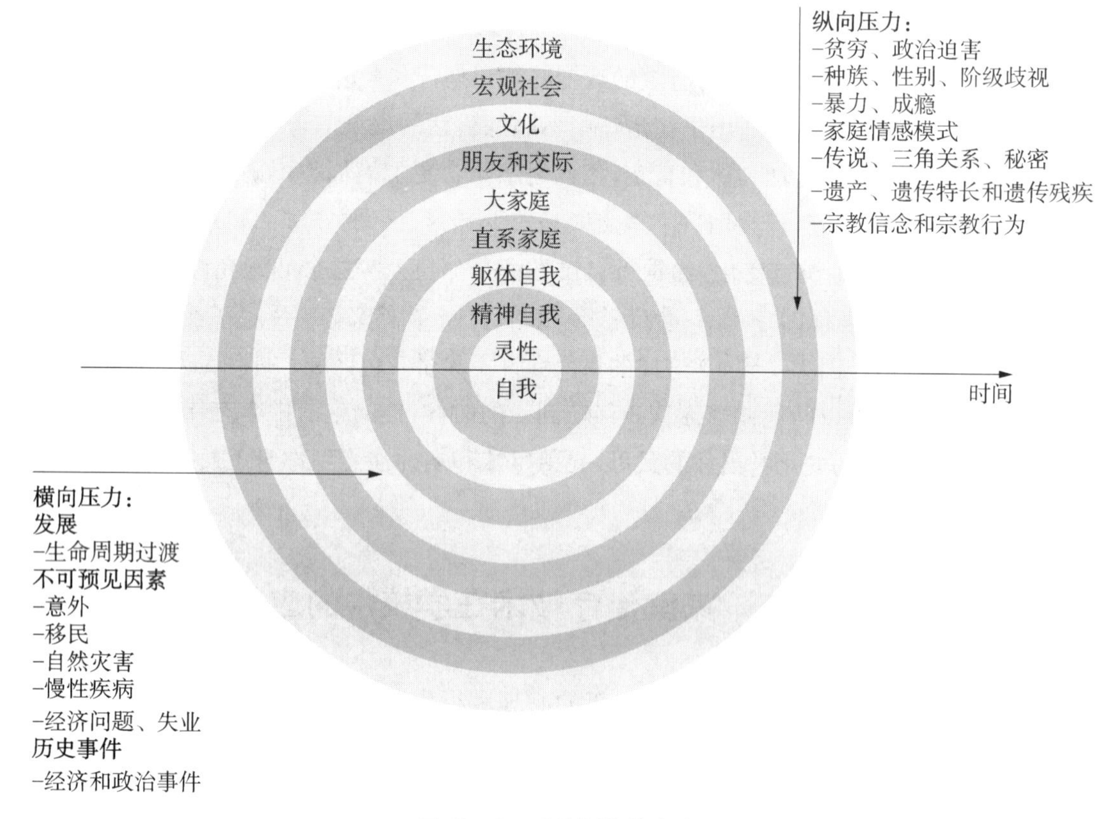

图 10－2 系统评估的内容

咨询师需要相信：即使是当下已经完全失功能的家庭信念、行为，曾经也一定是适应功能良好的生存智慧的积累，值得得到尊重、倾听、了解和认可，这样才可能建立开放的、不带防御的合作式咨访关系。面对受教育水平很低的父母，咨询师需要在融入家庭之前看到这样的父母在教育孩子的过程中有哪些努力、哪些成绩，比如尽力保持体面，比如以身作则教育孩子要勤奋，比如努力保持家庭完整等。在挖掘出家庭的这些成功事件的基础上，还要看到他们的困难、不足和背后的不容易，对此加以认可和尊重，这样才能和家庭的每一个人同感。如果咨询师见到家庭就立即去找问题、解决问题，会很容易找到家庭的替罪羊，陷入和家庭一样的"就怪××""如果不是因为××，根本就不会有问题"之类的僵化思维模式当中。

安德森2012年曾在上海现场与一对工读学校的母子面谈，据学校教师介绍，几乎所有人都对这位患有强迫性行为的孩子的单亲母亲很失望，学校的教师曾主动提出要帮助无业贫困的她介绍一份工作，她的回应是："我天性是爱自由的，无法接受约束。"安德森接见这对母子时，首先是非常客气地向母亲介绍自己，询问她："你觉得有什么重要的、需要我知道的事情要告诉我吗?"安德森对母亲的各种抱怨的反馈是："你一直在尽力做一个好妈妈，希望能给儿子最好的。"就这样随着咨询的推进，所有在场者都亲眼见证了母亲从瘫坐在椅子上到渐渐地直起背来，母亲在咨询过程中的变化清晰可见。仅仅一次咨询之后，那所工读学校的教师就反馈说，孩子的母亲在那之后的变化特别大，孩子也有很大进步。安德森的那种尊重家庭"本土文化"的力量，让来访者母子得到了平生从未有过的体验，有了追求新目标的愿望。

2. 寻找共同的目标

家庭咨询的最大难点是帮助家庭找到家庭成员们共同的利益诉求。同时面对多个家庭成员，他们经常是众说纷纭、各怀心事，使咨询的进程缓慢而低效。萨提亚在咨询伊始一般都会去询问家庭：希望通过咨询改变什么以让生活更美好。她会打断任何的指责或负面的沟通。她会询问细微互动中的每个细节，让家庭知道她对每个成员的感受和观点都感兴趣，寻找大家的良好意愿作为每个人都认可的工作目标，从而调动每个人的积极性，使其专注地投入到咨询中来。萨提亚这类正向的指向变化的目标确立技术，经常需要同时使用再定义技术。比如父母的求助目标是让孩子赶紧回去上学，孩子的目标是让父母少唠叨自己，理解自己不上学的苦衷，咨询师这时可以再定义各自的目标，让每个家人看到不同目标背后的良好愿望，找到家人共同认可的统一目标。比如将父母的目标再定义为：希望找到孩子的困难所在，竭尽全力帮助孩子。将孩子的目标再定义为：希望与父母和平相处，不要因为自己暂时的困难而影响家庭氛围和亲子感情。这样的再定义更容易得到全家人的赞同，而且目标一致可以进一步带来良好的咨访关系、家庭成员主动改变的意愿。

3. 邀请不愿意参加咨询的家庭

通常家长不认为孩子的问题行为跟自己有关，或者跟自己的家庭有关，所以，他们一方面缺少家庭咨询的意识，另一方面还会在家庭咨询过程中表现出不合作，甚至怀有敌意。

(1) 不愿意参加家庭咨询的，根据时间可以分为咨询前和咨询中两个类型，需要根据不同的理由区别对待。

① 咨询前拒绝参与的理由可能有：

• 没准备好改变，希望保持原状，害怕改变可能会引发的后果，因此可能需要犹豫较长时间。

• 归属性差，没意识到自己也是问题的一部分，也可以对问题起作用，特别是重组家庭。

• 否定问题的存在，没有清晰地意识到问题所在，把自己的感受作为他人的感受等。

② 咨询中抗拒咨询的原因可能有：

• 缺乏效能感上的支持和鼓励，对坚持努力、投入更多时间和精力的信心不足。

• 来访者通过抗拒来测试咨询师或家人的反应："我是不是足够重要？你们是不是对我还抱有希望？"这时候咨询师的坚持就更加重要了。这种原因不可小觑。

（2）探索抗拒原因的一条线索是情绪。咨询师可以和家庭一起探索抗拒的情绪，比如担心、害怕、回避、焦虑、厌烦、无聊等，然后顺藤摸瓜，对症下药。阻抗并不意味着家庭完全不想改变，阻抗是家庭成员可能对改变持有不同观点的信号，需要多方同感，一同探讨，一同拓展可能性。

青少年对咨询有害怕、担心是极其正常的，费舍尔（A. Fishel）曾经给这样的青少年写过一封信，由家长转交孩子或直接告知：

假如你很积极主动，甚至非常高兴来我这里，我会非常担心。因为我觉得，没有一个有自尊心的十来岁的孩子愿意来这里。同时，如果你还想回来，我也会很惊讶。但我相信，你的父母不应该在没有见到你的情况下，在你不在场、在你没有发表你自己意见的情况下，就做出影响你生活的决定。我认为你已经到了足够大的年纪，我们不应该背着你做出任何改变你生活的决定。所以，如果你决定来我这里，我绝不会误以为你喜欢来，我知道这是你不想让父母做出太离谱的决定的信号。

如果不是孩子抗拒前来咨询，也可以对抗拒前来的其他家人传递这类书信，书信的撰写前提是要对家人传递充分的同感，正如上面那封针对孩子的书信。

同感的力量在于不是去批评家人为什么不来参加咨询，也不是教育劝导家人赶紧参加咨询，而是去尽力理解家庭成员的困难和需要。

① 对父母或祖父母的同感

• 从父母或祖父母角色的需求出发。父母或祖父母总希望给孩子最好的东西，尤其是自己缺乏的。父母或祖父母也需要被理解、被支持，而不是被专家直接提要求和改变。

• 理解和支持父母或祖父母，他们需要在教养孩子的过程中感受到自己的力量、付出、意义和自我认同，他们需要在各种不同的育儿意见中寻找信念、坚持和自主等。

② 对夫妻角色的同感

• 从发掘伴侣关系的需求出发。婚姻的不同阶段，夫妻都有对关系的不同梦想、责任和期待。

• 双方各自忠于自己的大家族的需要。

- 夫妻在冲突争执中需要安抚自己和对方。
- 夫妻在面对危机时，仍然需要对彼此敏感、互相表达关怀。
- 工业社会给双职工家庭带来很多挑战，伴侣二人需要组成一个生理、心理、社会三位一体的亲密团队。

(3) 如果抗拒咨询是因为缺乏改变动机，可以尝试引入新的信息。

咨询师可以当面询问抗拒咨询的索引来访者或家人，也可以委托班主任、教师、家人等第三方来询问，通过提问引入新的信息。比如：

- “你对现状满意吗？如果不满意，靠你自己的力量可以改变吗?”
- “如果不去考虑能不能成功，你的愿望是什么?”
- “你内心一定有你的期待，你需要家庭的支持。”

如果家庭成员担心自主权受到侵犯，可以向他们强调说：“关键时刻不能没有你的参与，缺了你的决定肯定不靠谱。”这样，家庭成员会觉得前来参加咨询不但不会削弱自主权，反而会助长自主权。咨询师在遭到拒绝后需要自我鼓励，可以尝试用系统、辩证的眼光看到一个硬币的两面，比如：阻抗常常是改变的前兆；家人在用推开别人的方法来渴望接近；家庭在拒绝咨询师的时刻，也是他们在自主决定自我负责的时刻；等等。

当然，最后，如果整个家庭或者某个家人强烈坚持拒绝咨询，那也是家庭需要空间、时间处理问题的真实需求，需要得到尊重。

(二) 为家庭寻找资源

1. 资源取向

伴随着病理学研究的发展，精神病学的历史多年来一直被缺陷取向(Defect-Oriented)主导，但近40年的研究发现，如果以资源为靶向，而不是以病理为靶向，可能会取得更多的疗效进展。

(1) 家庭咨询很重视资源取向。咨询师会寻找、确认每个家庭成员身上的力量，相信虽然每个人的外显言行多少总会有消极之处和欠缺，但背后的动力却总是良善和积极的。咨询的任务就在于帮助个体理解自己的行为动力并学习用优雅、有效的方式表达自己，比如看到学生冲突叛逆的行为方式背后是渴望表现自己，看到冷漠僵硬的表情背后是不知道如何化解紧张焦虑。理解这些原本的“初心”就是一种最基础的资源，能带领家庭去学习如何表现自己、化解焦虑。

① 在建立关系的初期使用资源取向，可以建立相互尊重的咨访关系，比如把每个前来求助的来访者或家庭看成是有勇气面对问题的人或家庭，而不是弱者。

② 在评估阶段使用资源取向，可以帮助来访者认识自身的力量。比如来访者说自己什么优点都没有，已经做到的成绩都“微不足道”“是最起码的”，咨询师便可以问问他：“即使是‘微不足道’‘最起码的’，也不是人人都能做到的，你面对那么多困难，是怎么坚持完成这些事情的?”

③ 在建议改变阶段使用资源取向，则有利于开拓思路，寻找新的可能性。比如在一个单亲家庭案例中，父亲一直没怎么出现过，母亲将父亲描述为“自私自利，根本不管孩子，不可能来学校”，咨询师却坚持尝试邀请父亲前来学校，邀请的理由是“因为有些功能母亲无法完全代替，孩子需要父亲的出席”，结果父亲非常爽快地出席了，对孩子问题的好转起到了关键性的作用。

(2) 资源取向的对话。除物质基础、行为表现、心理能力外，内在的动机、愿望、渴望也是一种潜在的资源，可以激发人们向往变化的信心。因此，资源取向的对话可以分成两大类：

① 对成功事件深度挖掘，锚定优秀的品质作为资源，不把每一个细微的成功当作偶然。

《叙事治疗的工作地图》一书中有一个案例：来自单亲家庭的母子二人前来咨询，15 岁的儿子遇到各种挫折，遭到来自各方面的批评指责，咨询师却能在短短的一次咨询中让儿子低垂的头重新抬起来。咨询刚刚开始时儿子并不愿意和咨询师说话，当咨询师问起父亲殴打母子二人的家暴情况对母子二人的影响时，资源悄悄出现了。

儿子：我妈比我更痛苦。

咨询师：你在意她的状况吗？

儿子：你觉得呢？

咨询师：有时人们会因为长时间身处暴力而变得不敏感。

儿子：嗯……我并不会不在意，我当然很在意他对她做的事，很可怕。

咨询师：告诉我，你比较在意妈妈还是自己，还是一样在意？

儿子：当然是我妈。

咨询师(问妈妈)：听到这些话惊讶吗？

妈妈：不惊讶。

咨询师：儿子关心你比他自己还要多，你觉得这说明他看重什么？

妈妈(有些迷茫)：我知道我们的生活起起伏伏，最近儿子似乎不太喜欢我出现在他生活中，但我还是知道我对他是重要的。

咨询师：你怎么知道的？

妈妈：当妈妈的就是知道。

咨询师：你能举个例子让我了解你儿子认为什么对他很重要吗？从任何事情开始说都可以，你可以告诉我他曾怎么表现出对你的重视。那会对我很有帮助。

妈妈：好。在他 8 岁时他爸爸打我，他故意跑过来用石头砸窗户，惹他爸爸生气来转移他的注意力，让他顾不得再打我……

咨询师：哦。虽然他知道这样做会被打，但他还是这样做。(问儿子)你记得这件事吗？

儿子：不记得。

咨询师:(问妈妈)这种举动是否符合他说过的对生活的无力感?能否证明他只是被动地接受命运?

妈妈:不是,当然不是。一点都不符合。

咨询师:那有什么词可以形容?

妈妈最终和儿子一起找出他们认同的品质形容词:公平,勇气。

② 在失败的事件中找到亮点,变“废”(失败)为“宝”(成功愿望、成功潜力、良好的品质和人格等),找到内在闪耀的良好品质、动机和愿望。举个例子,教师和孩子进行了下面的对话。

师:你最近一直没怎么去考试,是吧?不过我听说你曾经去参加考试了?而且考得不错?

生(不屑):那也叫不错?

师:看来还可以考得更好,或者是希望考得更好。

生:我以前……这次只是最低谷时的小反弹吧,不值一提。

师:等一会儿,我知道你还不是很满意,但我觉得这件事情很重要,这里面有一些非偶然的因素,一些你可能在低谷中已经忘掉的东西,比如你的能力、性格、习惯、人生目标什么的。我先问你一个问题,你是怎么做到那一次小反弹的?

生:搞不清,闲着太难受了吧。

师:闲着可以去看手机啊,看视频,打游戏,聊天……

生:(开始沉思)那些做够了吧?

师:做够了?那就是你渴望去做点什么其他的事情?

生:是的,我渴望成就感。其实我并不是一个不爱学习的人。(资源开始出现)

(3) 寻找与资源有关的重要句式。“一方面……另一方面……”的句式可以呈现问题的多个方面,体现出“虽然目前现实还不尽如人意,但不能完全抹杀潜在的资源”。比如下面的一段对话。

生:老师,能不能别把我的烂成绩告诉我爸妈?我都不敢回家了。

师:看来以前都是考得不错的,爸妈不习惯你考得差。

生:你是不知道我爸妈,简直凶神恶煞,特别是我爸,这成绩回去非被他骂死。

师:他们好像特别相信你能考好,或者说应该考好?你有什么表现让他们会这样?

生(思考):他们对我逼得很紧。不过我小时候确实学习不错,好像智力还不错的样子,从小学到高中学习有点起伏,但基本都还算优秀,爸妈虽然严厉,但生活上对我还是关心的。大学里嘛,课程虽多,其实难的也就那么几门,是我自己不争气。

师:这些话我要分成两部分听,一部分是现状让人不太满意,有些困难,另一部分却是柳暗花明的感觉,面对现实层面的困难总能找到克服的可能性。是这样吗?

生:好像是啊。

师:对呀,你对自己每次都能"逢凶化吉"怎么看?你猜自己有什么"护身符"带在身边?(调动学生一起发掘资源)

资源取向不同于积极心理学,后者强调以确定的正向特质为努力目标,如勇敢、乐观、坚毅等,旨在激励不同的个体追求同样的积极品质;而前者强调的是在"既成事实"的基础上挖掘资源,没有"放之四海而皆准"的既定资源列表,有再定义、重构、循环提问等技巧,强调任何一个个体此时此刻就存在诸多资源。

2. 家庭弹性

家庭作为一个功能单位,也有应对风险和危机的应变能力,这种应变力被称为家庭弹性。虽然重大的压力源(如严重的危机),或压力的积累(如持续的困境),对整个家庭都有影响,但家庭所有成员也会因此而增强凝聚力,团结起来调整应对,缓解压力,减少形成长期功能障碍的风险,显示出最佳的适应性,这就是家庭弹性的表现。研究证明,家庭弹性的概念在与高危学生的家庭工作时特别重要。

沃尔什的研究团队首创家庭弹性的概念,并不断发展深化相关的临床研究。她认为当家庭在漫长的生命历程中呈现出日益丰富的多元性时,专业从业者需要审慎反思"正常家庭"的概念,一种家庭模式可能在某个系统层次上功能正常,但在另一个层次上却是失功能的。比如回避冲突可以让脆弱的夫妻关系暂时维持平衡,但对孩子而言,父母的功能是有重大缺失的。所以,对家庭功能进行评估时必须对所有可利用的资源以及其他系统的影响做评价。咨询师需要包容、广阔的视角、辩证的思维、强洞察力和创造性,真正帮助家庭做到终身学习,在复杂多变、充满不确定性的生活中,寻找一致性和安全感。家有学子的家庭处在特殊的家庭生命周期,需要为孩子营造稳定安心的学习环境,资源取向的家庭弹性工作就变成了"以不变应万变"的实用工具。

沃尔什总结了自己的实践工作,提出细致的"强化家庭弹性的实践指南":

(1) 对所有家庭成员的价值与尊严表达敬意。

(2) 传递相信家庭有潜力共同努力、克服逆境的信心。

(3) 使用尊重的语言,将问题定义为共同的困境,并从情境化的角度来理解具体的困境:将困境视为遭遇逆境时可理解的正常的反应,如创伤性的事件可理解为对异常和极端情境的正常反应；减少羞愧、责备、污名化和病理化。

(4) 提供安全的避风港，让家庭分享痛苦、担心和挑战，对家庭的痛苦和挣扎表示同情。

(5) 建立家庭成员之间的沟通、同感和相互支持。

(6) 辨认和肯定家庭的优势、资源、弱点和局限。

(7) 发现、构建、掌控疗愈和成长的潜力。

(8) 善用亲属、社区和灵性资源，如宗教、民族习俗，建立一个生命线来应对挑战。

(9) 视危机为学习、改变和成长的机会。

(10) 从聚焦问题转变为聚焦可能性：在逆境中获得掌控、疗愈和转化；重燃对未来的希望与梦想。

(11) 把逆境的经验及弹性整合到个人和家庭的生活过程中。

二、家庭问题评估和干预方案设计

(一) 从症状到关系的提问

在实践操作中，从关注个体内心转换到关注关系背景，是需要专业训练和学习的，主要的提问类型有以下几种。

1. 针对症状与原生家庭的联系的提问

我们常常会好奇个体的行为或性格特点是从哪里学来的，是完全复制家人的模式，还是与家人的模式完全不同，呈现为另一个极端？这两种来源是同一个性质，属于一个维度的两端，都是因为与家庭成员紧密联系而受到影响。咨询师在下面的案例中的提问便是这类提问。

来访者：我做这件事情的时候想着时间有限，应该去做那件事才对，但真的去做的时候又开始焦虑：这件事情还没做啊！成天活在焦虑之中，没个安心的时候。做什么都觉得好像不对头。

咨询师：好像总是听到一种自我质疑的声音？

来访者：是。

咨询师：那种声音是从哪里来的？像家里的什么人吗？

……

咨询师：家里的人会这样和你说话吗？

……

咨询师：爸爸(妈妈)听到这样的声音会怎么说？

……

2. 针对问题的关系性背景提问

这类提问关注的是:问题是在什么背景下开始、存在、恶化、弱化、改善和消失的。下面这段是一个担心女儿有忧郁症的爸爸和他们的家庭咨询师的对话。

爸爸:孩子情绪不稳定,她在和她妈妈出去旅游的路上,居然要跳车!

咨询师:为什么你不去一起旅游呢?

爸爸:她不爱和我一起,她对我很反感。青春期了吧。

咨询师:她青春期之前和你的关系不是这样的?

3. 循环提问

循环提问是米兰学派最先发展出来的访谈工具,意指通过问某个人关于其他人的事情来发现系统内的差异信息和循环因果,比如:

(1) 问女儿:爸爸妈妈的关系怎么样?

(2) 问妈妈:如果你和儿子一起去旅游,你先生会怎么想?

(3) 问孩子:如果你妈妈看这个问题,你觉得她会怎么说? 你爸爸对你妈妈的这种想法认可吗?

用同一个问题问所有在场的家人,比较和探究其中的差异及原因也是一种循环提问。各种形式的循环提问旨在通过提问展现出系统的多面向及其内在逻辑因果。

循环提问是一类技术,每个提问的共性在于都是围绕人际关系展开的,而个性化差异表现在不同的焦点上,包括专注于凸显不同视角的差异性提问,比如:你父母这么不同,你会听谁的多一点? 一般这种情况下,都是谁在做最后的决定? 谁会最强烈地坚持认为这是个问题? 谁压根不会认为这是个问题?

4. 专注于情境改换的奇迹提问

家庭咨询的系统思想关注问题的情境,不同情境中的人、物、事等因素会彼此产生复杂作用,让问题呈现出不同的样貌。奇迹提问会脱离确定的问题情境限制,直接跳转到问题程度较轻甚至完全好转的情境中,询问那时候会有什么不同。

例如:如果有个人站出来提出反对意见,那会是谁? 如果突然好转,你会注意到父母有什么变化吗,你父母会发现你有什么变化吗? 如果问题完全消失了,谁会第一个发现,通过观察到什么线索发现的?

5. 其他切入家庭关系的各种提问

在家庭咨询中,咨询师要引领参与咨询的来访者,无论是对多个家庭成员还是单独的个体,都要使其注意力迅速从吸引眼球的症状转到关系上,这需要咨询师具有对关系提问的高度敏感性,而不仅仅是对症状的同感。

下面这个案例是:一位初中刚毕业的女生,她有抑郁倾向,总是觉得自己不够好,她曾经考过全市第八名，学习成绩特别好，她的父母对她要求很高。那么咨询师可以有哪些自然地切入家庭关系的提问呢？

（1）你现在心情不太好，都和谁住在一起啊？

（2）你这样的情况父母知道吗？

（3）你这方面的特点很特别啊，像谁啊？你们家里有谁也是这样吗？

（4）你父母对你的要求很高，如果今天爸爸或妈妈在场，听到你这些话会说什么呢？

（5）你对自己的这些要求，是自己给自己的吗？

（二）家庭咨询的目标

家庭咨询的目标在于鼓励家庭学会挖掘自身资源，咨询师一般不直接给出建议，特别是在回应家人询问时，要警觉自己有无替代沟通，着急地充当“家庭翻译”。咨询师还要避免过度指导和控制，否则会导致家庭产生依赖，不能发展家庭自己的相处方式。咨询师的目标是发现家庭里有谁可以担当此“翻译”重任，一般孩子可以出其不意地说出父母都视为秘密的话。当然，如果家庭焦虑升级到破坏性沟通时，就必须打断，让每个家人只跟咨询师对话，但最终要靠挑战家庭内部的无效沟通鼓励各种新的尝试（特别是家人之间的彼此疗愈），激发和培养出属于家庭自己的潜力资源。

（三）沟通互动模式

很多人对“有效沟通”的理解就是对方能按照“我”的意思去做，认为那就是“沟”且“通”了，否则就是“沟”且“痛”。研究发现，家庭成员如果能够学会带有理解地去倾听对方，可能就会发现，不需要改变对方，问题就可以解决。沟通的目的在于理解，而不在于说服和改变。

沟通不仅限于言语，非言语的信息也非常重要。瓦茨拉维克将沟通分为四种类型：拒绝沟通、接受沟通、无效沟通、借助症状来沟通。

沟通理论的实践者会聚焦在维持问题的沟通上，不追究问题的根本原因，因为过去的原因不可观察且不可改变。只要是一再重复出现的事物，就可能存在某种模式。模式是一种认识论意义上的确定思维的方式，一旦形成就排斥例外或不同的行为表现。突然出现一个不同以往模式的方式，就可能会被怀疑为“他装的”。模式标志着隐藏的规律关系，而这种规律关系在人类生活和社会秩序中必不可少，每个人从出生开始就都会被卷入习得沟通规则的复杂过程中，每个人也一定都会存在某种人际互动模式。这些互动模式不能用“好”或“坏”来简单评判，基于生存需要学来的互动模式肯定曾经具有某种功能，但这种功能是否仍然适用值得考量。家庭咨询的目标就是改变维持问题的特定的互动模式。

1. 找到互动的“规则”

找寻使用过程性诠释的语句探索行为周期性循环的规则，脱离沟通内容，转向更高的抽象水平的沟通规则，比如“我们家的人从来说话都文质彬彬的”“我们家不会公开谈论痛苦或悲伤”“这家人不是凶巴巴就是可怜兮兮的”。

2. 看清互动的过程

在繁琐的互动中，找出即时互动的序列、结构、非言语的情绪内容，通过观察外在刺激与其反应之间的紧密联系，找到有组织且可预期的方式、循环的互动程序，以及相关影响因素，常用的探索句式有：

(1) 反思型："刚才你皱了眉头，是想起什么了？"

(2) 联结型："每次你一……妈妈就……"

(3) 重构型："是不是因为……所以你才……"

(4) 标准型："这么大的男孩子一般……而你却很不一样……"

例如：

来访者：她(妈妈)又找理由进我房间找我说话，我心里烦得要命，却又没办法，只好听着。结果越听越烦，对她态度很凶，然后两个人对吵起来，她就又开始哭，说我如何伤害了她。她就一直哭，没办法，我只好又去给她道歉。唉……

从上述一段话中，对冲突模式敏感的咨询师，可以初步假设出母子的冲突模式：来访者回家独自相处——母亲进入其独立空间——来访者态度很凶——母子开吵——母亲长时间哭泣——来访者道歉——母子重新"和好"。

在此假设基础上，咨询师可以通过问"每一次都这样一环套一环吗？每一个环节中你心情如何？你们怎么形成的这套程序？爸爸在这套程序中可以发挥的作用是什么？"进一步展示和确认这一模式，带领家庭逐渐识别和打破恶性循环，最终阻断促发和强化症状的行为模式，鼓励家庭和咨询师共同发展出更具适应性的新模式。

3. 理解旧模式，建立新模式

在新旧模式更替的过程中，需要特别关注的是认同发源于父母及以上的代际形成的旧模式。帮助家庭理解旧模式，建立改变行为的新模式，可以按照下面的四个步骤施行：

(1) 将隐藏的信息公开化：你们有这样的模式一定有你们的道理，它在特定的时代背景下有什么重要的意义和作用？

(2) 挑战旧模式：为什么没有用，你们却一直这样做？如果能有一点小小的变化，增加一点新元素，你希望是什么？可以怎么实现？曾经有过什么例外吗？

(3) 鼓励家庭尝试新模式，摆脱过于守旧、刻板和僵化的模式，但也要提醒家庭不要变化得太多太快，因为新旧更替可能会带来混乱，而旧模式可以为混乱期保留一些熟悉的指导，在避免系统崩溃的同时为新模式保留调整和适应的空间。

(4) 帮助家庭聚焦新模式，允许不同模式出现，对不同的新模式保持敏感度，即使出现的频率很低，也要给予新模式以反思和认可，给新模式时间和空间来增强弹性、完成与旧模式的整合。

4. 沟通姿态的使用

沟通姿态技术很适用于青少年，可以外化青少年面对外来压力和威胁的应对方式，并让人们以此洞悉青少年的“自我”“他人”和“情境”这三者的关系。

沟通姿态有以下几种。

(1) 讨好型的沟通姿态。单膝跪地，向上伸出一只手，另一只手紧捂胸口，向人们表明：我愿意为你做任何事，脸上常常有一种令人愉快的表情（如图 10－3 所示）。这类孩子在人际交往中容易得到外界的接纳和喜爱，与令人愉快的一致性的沟通姿态不同的是，讨好者是言行不一致的，自我内心有反对的声音，却压抑隐忍。这种沟通姿态有低自尊的实质，人一旦没有因为讨好而得到外界认可或回报，沟通姿态很可能会立即转化为指责型：我都这么忍辱负重了，你们还得寸进尺！

图 10－3 讨好型的沟通姿态

讨好型的惯用语言是“这全是我的错”“没有你我什么也不是”“我不值一提，我不值得被爱”，对应的内心体验是“我毫无价值”，常见的行为表现是遇到冲突就道歉、请求宽恕、哀诉、乞求。

持讨好型沟通姿态的人，“自我”成分是盲区，会对“他人”和“情境”高度重视与尊重，却忽视掉自我的真实感受。

(2) 指责型的沟通姿态。挺直脊背，用挺直的食指指向他人，另一只手置于腰间，皱起眉毛，绷紧脸（如图 10－4 所示）。有这种沟通姿态的人言行无不透露出敌意、霸道、挑剔、拒绝、找麻烦，他们爱提反对意见，容易敏锐地发现事物不够完满的地方。他们因为传递出不尊重他人的信息而深陷孤独。惯用的句型是：“这全是你的错！”“你怎么回事？什么事情都做不好！”对应的内心体验是“我是孤独且失败的”。与害怕冲突的讨好型沟通姿态相比，指责的爆发性，常常会激发他人心中的恐惧，激化冲突。指责型的人忽略“他人”的需要，只关注“自我”和“情境”两个部分。

图 10－4 指责型的沟通姿态

青少年特别是出自强调秩序和安静的家庭的青少年，常常会因为自主独立的需要，在压力或冲突下选择以这种姿态表达自己，但这种姿态同样有低自尊的实质，持指责型沟通姿态的人并未真实表达自己的需要，而且还可能会长时间身处紧张和孤独的困境之中。

(3) 超理智的沟通姿态。标准姿势是笔直僵硬，不动弹（如图 10－5 所示）。这个状态的人，只重视情境的需求，表现为极度客观，思维、语言、行为只是强调客观数据、正确道理和清晰逻辑。这种姿态的优势是强调科学和知识逻辑，使人表现得非常博学冷

图 10－5 超理智的沟通姿态

静，但劣势是使人缺乏人特有的喜怒哀乐，即丰富的情感情绪，显得干瘪而单调。言语特征是不说自己的任何感受，对应的内心体验是“我不能表现出任何感受”，僵化、强迫、理性化的行动表现让人感觉无法接近。

超理智与智慧不同，它缺乏任何情感体验和表达，自尊水平也很低，压制感受只是因为怕表现软弱的一面，害怕和回避冲突。采用超理智沟通姿态的人，通过聚焦于环境——第三者事物，来回避关系中的人，“自我”和“他人”是盲区。

(4) 打岔的沟通姿态。看上去滑稽、扭曲，可能是低头，双臂在头前摆动；或者是做难度更大的扭曲状，姿势夸张，头偏向一边，表情抽搐（如图 10－6 所示）。他们的行为脱离重点，不断变化想法，缺少关联的话语，似乎一刻都不能静止，好像很欢乐和自主，但其实各种行为不过是冲突之下的慌乱的表现。校园里一些多动的孩子或是“小丑”类的孩子，他们的言行表面看上去还有“开心果”的作用，但实质可能是低自尊、回避或害怕冲突。言语特征是离题千里、没有重点或东拉西扯，无法集中注意力于一个稳定的话题。对应的内心体验是“心烦意乱”“没有属于我的地方”“冲突太可怕”“必须一直轻松愉快”。行为特点是貌似有趣，善于打断沉默、尴尬或绝望，但有不合时宜和打断别人之嫌。打岔的人就像闭上了眼睛，回避了自己、他人和环境。

图 10－6　打岔的沟通姿态

上述四种沟通姿态都折射出不平衡、低自尊、非一致性的内心状态。

(5) 一致性的沟通姿态。面对冲突或巨大的生存压力也能保持言语与身体姿态、语调以及内心感受相匹配，内心体验是和谐、平衡、高自尊，行为表现是有活力的、负责任的、有创造性的，灵活又不乏稳定。

值得注意的是，四种非一致性沟通姿态不是孤立、静止的，人们往往会随着人际互动而“翩翩起舞”，从一个姿态转变到另一个姿态，比如从讨好转为指责，又从指责转为打岔……但是始终在这四种姿态中舞蹈。这些姿态也常用于对家庭关系的雕塑中，咨询师要帮助家庭成员看清他们的人际互动关系。在学校情境中，咨询师可以带领学生通过动作体验不同的沟通姿态（沟通姿态可以外化心理状态，反映彼此的人际关系以及在此关系中每个人的感受），从而更容易帮助学生觉察，有机会学习如何从自我、他人和情境三个方面反思自己与家人在冲突或压力之下的沟通姿态，努力尝试身心一致地有效表达自己的感受、想法和需要。

（四）家谱图

家谱图是家庭心理治疗领域国际通用的临床工具，曾被译为“代际图”“遗传图”。它基于系统观思想发展而来，由鲍温等在其注重原生家庭的家庭治疗实践中开创使用，麦戈德里克等人统一了标准化家谱图的图形符号。

家谱图以图形符号的形式显示家庭中三代及以上的关系，可以从生物、心理和社会等多方面提供关于家庭的整体信息。

1. 家谱图主要的优点

（1）家谱图绘制快捷、形象易懂，可以用来在咨询过程中随时记录、补充和更新三代以上的家庭复杂信息，包括家庭历史、家庭关系模式以及对当事人咨询有持续影响的重要事件。

（2）家谱图这一与家庭建立关系、搜集信息的方式十分温和，可以超越家庭成员的文化背景和语言表达发挥作用。

（3）有助于建立个人和系统的连接。家谱图对家庭信息的持续搜集和呈现，能够帮助当事人和家人以家庭人际为背景了解家庭，认识和接纳多元的信息，理解个人变化与家庭系统变化间的关联性。

（4）直观全面的家庭信息汇总更有利于系统地进行临床评估、深入了解和理解家庭与个人的现状和发展史、规划咨询方法以及评价咨询的效果等。

2. 家谱图的制图规则

首先要注意各种图形符号代表的生理信息，如出生、疾病、死亡、性别、子女排行等。比如方形代表男性，圆形代表女性，兄弟姐妹按年龄大小从左到右排（如图 10－7 所示）。具体可参看第七章中的家谱图。

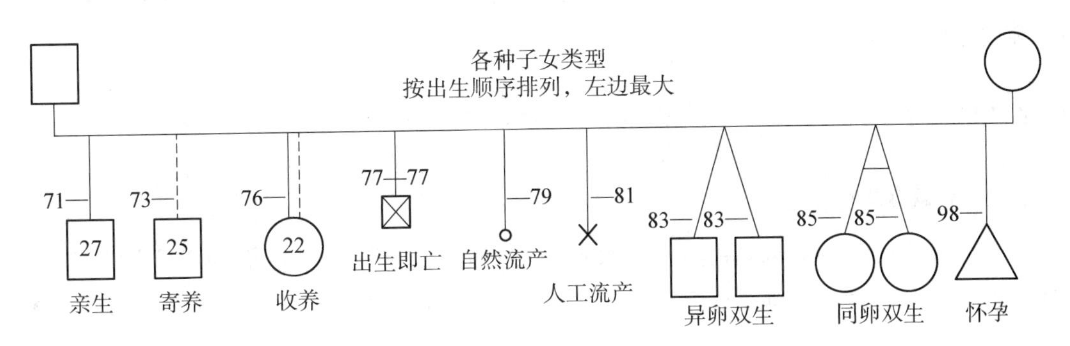

图 10－7　家谱图生理信息主要图示

心理信息主要包括各种人际关系状态，比如亲密、纠缠或疏离，具体如图 10－8 所示。符号不便标明的还可以加注文字。

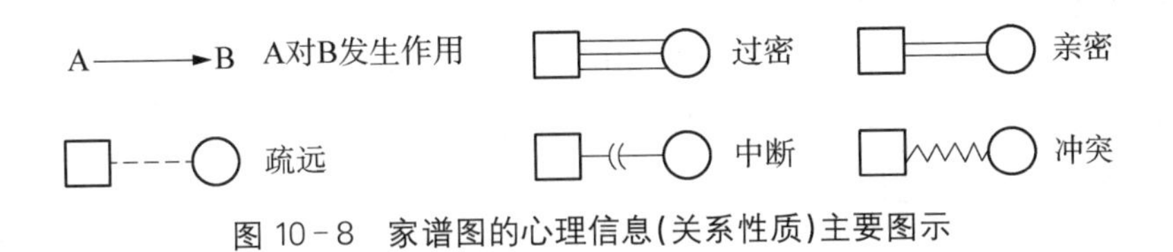

图 10－8　家谱图的心理信息（关系性质）主要图示

（1）谁和谁住一起或来往密切，谁被排斥在外，谁与谁之间关系特殊（爱或恨）。

（2）性格特征信息。确定几位最主要的家庭成员，逐个归纳出每个人的三个性格特点。

（3）家庭气氛的特征。和谐的或喜好争吵的；家庭中特定的会引发争吵的问题，如“吃醋”或“财产继承”。

家谱图需标注社会信息，有的需要用文字在相应的地方注明，比如婚外情、成长史、居住地、祖籍、居住地变化和原因（如逃亡）、疾病名、死亡原因、职业和职位、教育背景等，还可包括少数民族、宗教信仰、特殊的社会背景、政治和历史背景等。

家谱图会标注多个时间，比如出生日期、结婚日期（相识的日期）、离婚日期等。图尾需要标注制图时间。

制家谱图时需要特别注意的事项包括代际关系、暴力、躯体疾病、精神障碍、流产、秘密、禁忌、死亡原因等，在家谱图中的“空缺之处”有时可发现秘密和信息断裂：哪一位祖先的传承线没有连续下来？家庭所有的信息中缺少谁或哪些事件？

用一张图表将众多信息组合呈现，便于系统观思维的运用，使人很容易看出这个家族的信息，并对此进行针对性的假设和探索。咨询师可以让来访者把家谱图带入咨询室，在不断添加和完善信息的过程中形成对来访者的背景系统的科学假设。

目前家谱图在临床实践、健康促进、教育科学、社会工作等医疗和教育、人文领域都有迅速的发展与创新。比如根据不同的关注焦点和特定问题需要，家谱图可有多种变式：时间轴家谱图、游戏家谱图、性家谱图、事业发展家谱图、性别图等。同时，对家谱图的使用也存在一些争议，如批评家谱图将祖辈关系对当下的影响夸大化，质疑家谱图并不一定是家庭咨询中必须应用的步骤。

三、结束咨询

（一）家庭作业

为巩固家庭咨询的效果，在家庭咨询的结束阶段布置一些行为层面的作业是个好方法，且适合求知欲和行动力较强的学生个体。家庭作业的重要原则是异于平常的行为或思维习惯，家庭作业既是一个开始改变的试验，又是一个将咨询室中的干预效果延伸到日常生活中去的手段。

常见的作业类型有：

（1）家人秘密地互相记录彼此的优点，咨询时再统一宣告，看看能记到多少条优点，看看大家把挑毛病的思维换成认可优点的思维后感受如何。

（2）观察记录。记录某种行为或语言发生的频率和情境。

（3）家庭讨论会。家人寻找合适的时间定期讨论某个话题，确定新的家庭规则。

（4）共同出游等。家庭共度时光，促进家庭良性互动。

（二）家庭咨询的终结标准

当咨询经历了一个过程，也看到了来访者们在家庭沟通中的改变时，咨询师便会产生关于是否该结束和什么时候结束的问题。如“什么时候可以结束咨询？”“有什么‘到这里就可以结束’的指标吗？”“是不是问题行为结束就一切都好了？”“父母不吵架了是不是就表示家庭关系好转了?”……

这里为学校情境推荐三个参考的“金指标”。

1. 家庭自己满意

在学校情境中,学生是服务对象的主体,而非父母或其他家庭成员,家庭咨询大多数情况下只是致力于改善学生的“症状问题”,不一定会去深挖家庭成员并未感到不满或需要改变的某些状况,不鼓励咨询师按照某些专业框架去评判问题、解决问题,很多改变的方向只是点到为止。因为原生家庭文化需要得到绝对的尊重,而且在学校情境中,学生致力于学业,心理咨询服务的时间安排也需要平衡兼顾,不要让学生缺席很多课程来参与大量的心理咨询。因此,家庭觉得最核心的问题得到改善或开始改变后,学校情境中的家庭咨询就可以考虑拉长咨询间隙,让家庭自己找到更多的解决之道。

2. 症状问题与家庭关系方面开始解构,即“症状”和“关系”之间开始关联

症状解决之道在于在关系层面找到突破口。整个家庭的关系结构、互动模式等会因为某个家庭成员的症状问题开始发生改变。家庭成员开始关注各自的利益,将压抑在心里的抱怨表达出来,而不再像以往一样,表面压抑,内心受伤,积累到某一时刻统一以激烈的冲突或以某种症状的形式爆发。

3. 有利于学生个体的自我分化

根据鲍温的“三角化”理论,学生个体作为家庭中的新生代际,不再因为和父亲或母亲的亲密情感,而失去自我发展的动力和独立边界。孩子个体内心层面达到情绪和理智的分化,在人际互动上达到亲密和独立的平衡。随着孩子独立需求日益增强的青春期前后的发展,结合家庭发展周期不同阶段的重点任务,孩子健康的自我分化的需求和实际发展水平不再受到家庭关系三角化的束缚。

四、家庭咨询流派的后期发展

(一) 学校情境中“没有家庭的家庭咨询”

“没有家庭的家庭咨询”又名“个体的系统咨询”或“系统个体咨询”,目前在国外心理咨询、创伤咨询和青少年服务机构中都得到了越来越多的应用,是传统家庭咨询的后续拓展,意指依据家庭咨询的系统理论和技术,与个体来访者开展工作。

1. 个体的系统咨询与传统的必须多位家庭成员出席的家庭咨询比较

二者主要有以下几点不同:

(1) 个体的系统咨询会通过呈现系统的技术方法来间接呈现家庭互动,而不是现实呈现。

(2) 个体的系统咨询聚焦某个人、某个话题,而不是多方参与。

(3) 个体的系统咨询允许更多的情绪卷入,而不会苛求中立,也不严格要求家庭成员的

合作和分工，其灵活多元的方式特别适合个体不愿意邀请家庭成员，或家庭成员无法全部到场的情况，比如大学生家人因为客观的物理距离而不便参与现场咨询等。

下面是一个中学生准备离家出走的案例，咨询时中学生说：

> 我想一走了之，真的烦死了。但心中有另外一个声音，我应该对他们（父母）好，爱他们。但被（妈妈）时刻抓住的感觉真的好恐怖，太不正常了……

在咨询情境中，来访者强烈或频繁地情绪表达，有时是一种邀请，邀请互动对象更接近自己。比如上述案例中，咨询师就需要回到来访学生的生活情境中，去理解他和父母之间那种亲密又纠缠的情感，并进而寻找不良的情绪体验背后僵化的家庭互动模式。面对这类个案情绪表达，咨询师不仅要同感，更要坚持紧跟来访者的话题，继续朝着人际互动的方向推进，通过关系性的提问，引领个案努力挣脱情绪的束缚，紧贴个案的话语来理性对话。咨询师要问自己："关系互动的细节是什么？""个案怎么会那么为难？""问题的具体情境对咨询师和个案而言都足够清晰吗？"咨询师可以提问："为什么那么想离开父母？他们是怎样让你走不开的？其实你已经是中学生了，跟父母应该有平等交流的能力了，为什么你那么为难呢？这两个需要：做自己和爱爸妈，哪个你更想要？"

咨询师如果仅仅是同感，不仅会偏离咨询方向，而且容易和个案一起陷入个体内在的矛盾体验之中，让情绪淹没思考。咨询师需要擅于使用使提问由个体症状转向人际关系的能力，保持高度的思考能力。

概括而言，个体的系统咨询中可能会出现个体咨询和系统工作的混淆困境，如系统的理念还呈现得不够清晰具体，个体的系统咨询中的一些实操技术，包括家谱图、循环提问、假设和中立、雕塑等掌握得还不够贴切，缺少示范和督导，无法有效地将一个人的有限视角拓展为家庭的多元视野等。

咨询师在访谈中，一旦发现平行关系，就需要抓住关系话题跟下去，包括现在的和原生家庭中的重要他人、社会中的重要关系、自己与自己的关系、咨访关系，要对比关系的具体情景，保持系统的思维方式来理解来访者呈现的丰富资料，否则可能被来访者带着不断开启新话题而失去关系主线。

2. 其他形式的"没有家庭的家庭咨询"

除了一个人的家庭咨询形式，还可以根据参加家庭咨询的来访者的情况灵活组合，例如为了清晰地区分父母事务与孩子事务，涉及父母婚姻的问题时可让孩子不要出席，有时还可以分批见不同的家庭成员，组合进行亚系统的家庭咨询，比如母子、父子、继子女与父母等，关键就是系统的思维、关系的咨询取向。

（二）家庭治疗的后现代发展

后现代学派非常重视语言的运用，不同的言语表达同样的意思时会作用迥异。后现代学派认为，咨询性语言可能会使家庭病态化，特别是在咨询中使用带有责备、让人羞耻或内疚的语言，容易对家庭造成破坏性影响。家庭咨询的一个重要发展方向是日益尊重家庭成员的感受，逐渐脱离早期专家主宰型的咨询模式，也避免采取主宰型策略来为病态的不良家庭咨询。因此，咨访关系变得更加融洽，咨询更加强调家庭的自身能力，人们意识到家庭咨询的有效干预在于激活家庭的自身能力。干预的目的是减少家庭应激、增强积极互动、支持有效协作，运用家庭及相关资源，激发家庭良性功能的发挥，促进家庭和谐健康。

学校与家庭的教育功能紧密关联，“家校互动”也是当代教育的必经之路。学生处于可塑性很强的人生阶段，家庭和学校在塑造其人格和心理健康的过程中各自发挥着不可替代的作用，研究如何在学校里推广家庭教育的理念和技术非常必要。

第十一章
心理危机干预

世界上每天都有可能发生洪涝、水灾、地震、雪灾、台风、泥石流、滑坡等自然灾害，与战争、交通事故、火灾、泄毒、化学爆炸、环境污染、工程事故、运营事故等人为灾害。除此以外，在个人生活中也可能因患疾病、人际矛盾、学习与工作压力、家庭冲突等带来心理的严重干扰甚至失衡状态。为了有效地帮助人们应对困境、渡过心理难关、恢复心理平衡状态，数十年来，精神病学家、心理学家发展出了一种有效的心理社会干预方法，即危机干预，旨在在尽可能短的时间里帮助当事人疏泄压抑的情感，撼动扭曲的认知，发现自身的内外部资源，学习问题的解决技巧和应对方式，恢复与建设有力的支持系统，并且不断推动当事人在实践中巩固新习得的应对策略与技巧，恢复已经失衡的心理状态。

第一节　危机与心理危机概述

随着应激的增加以及社会的迅速变迁，出现了比以往相对更多、更为凸显的危机，危机防御与干预工作已成为促进社会大众心理健康必备的诸多功能之一。作为专业人员，首先需要对危机与心理危机有基本的认识与了解。

一、危机的一般定义与相关概念

从一般意义上来说，危机是指严重的危害，甚至是到了生死成败的紧迫关头。无论是在社会政治、经济、生活领域还是自然灾害、人为灾害，凡是严重的、可能造成直接或间接后果的，突发、来势凶猛或出乎意料的，具有紧迫时限性并可能在特定时空迅速产生重大后果的，都属于危机的范畴。

（一）广义与狭义的危机

仅仅从字面解释来看，危机是有危险又有机会的时刻，是测试决策和体现问题解决能力的关键一刻，是人生、团体、社会发展的转折点，是生死攸关、利益转移、犹如分岔路口的紧迫关头。一般来说，危机具有意外性、聚焦性、破坏性和紧迫性等特点。在中国的传统文化中，危机这个词汇具有辩证思维的智慧，即体现危险与机遇并存的时刻。从心理学而言，狭义的危机是指心理上的严重困境，当事人遭遇到超出其自身承受能力范围的紧张刺激而陷入极度焦虑抑郁、失去自主性与控制性且难以自拔的状态。

（二）与危机相关的若干概念

危机与应激、压力、创伤、挫折等概念含义较为接近，也确实存在着相关性，但是它们之间又不能够画上等号。为了明确心理危机的研究范畴，有必要对这些相关概念予以厘清。

1. 危机与应激、压力的关系

应激是由紧张刺激引起的、伴有躯体机能以及心理活动改变的一种身心紧张状态。应激这个词汇对应于英语中的“stress”，它亦可解释为压力，所以我们可以把应激与压力视作同义词。心理学研究表明，在当事人遭遇到超出个体正常承受水平的刺激强度，或是由刺激物引起自身陷入两种或两种以上的矛盾情境而难以做出抉择，抑或是当事人因为刺激物不随自己行为而变化和转移，从而引发紧张恐惧的心理时，这些就构成了可能威胁当事人的具备超负荷、冲突、不可控制性这三个基本特点的应激源。但是应激源不一定会带来破坏性的情绪体验。相反，适度的应激或压力能够帮助个体增强警觉性，使个体的感知功能敏锐，注意力集中，思维活跃性提升，从而有利于当事人应对外界的挑战与威胁，这就是所谓的正应激。那些能积极参与和投入相应的学习、工作与生活，自认为有能力控制生活变故及紧张的状况，以及能把生活、学习、工作的变化作为对自己的挑战的个体，更可能在紧张性刺激或情境面前表现出特别的耐受力。可见，对同样的应激源，不同的当事人可能做出不同的应激反应，反之则相反。只有当应激或者压力大到当事人无法承受时危机才可能产生。

2. 危机与挫折、创伤的关系

挫折在心理学上是指个体有目的的行为受到阻碍而产生的情绪反应。一般情况下，挫折情境的严重程度与挫折反应的强烈程度呈正相关，但是个体对挫折情境的认知会对其挫折反应的性质与程度带来很大影响。对某些人可能构成挫折的情境与事件，对另一些人则可能相反，这就是个体感受的差异。就心理学而言，创伤是指可能引起或加剧心理不适的事件或经历。创伤通常会让人感到无能为力或是产生无助感和麻痹感，甚至对当事人的身心产生广泛严重的影响。但是创伤状态不一定会导致创伤模式甚至陷入危机，如果当事人从主观上发展出一种创伤代偿模式，主动寻求平衡与应对资源，就有可能使行为方式发生积极的变化。可见，危机是一种心理状态，挫折、创伤与危机之间存在着关联，但并非必然的因果关系。

二、心理危机的定义

（一）如何定义心理危机

现实生活中的人们不可能永远生存在顺境之中，遭遇各种应激与挫折在所难免。当这种应激与挫折超出自身能够应对的限度时，就可能产生心理的失衡，而这种心理的失衡状态就被称为心理危机。

目前，常用的心理危机定义有 6 种。

（1）人们在追求自身重要生活目标时遭遇到阻碍而产生的一种状态，就是危机。这里所说的阻碍是指在一定时间之内，当事人运用其常规的解决问题的方式应对而没有奏效，因而导致了自身在一段时间里处于精神迷茫与情绪紊乱的状态之中。

（2）危机产生于通向自身生活目标时所遭遇的阻碍，且当事人相信使用常规的选择与行为无法克服这种阻碍。

（3）危机之所以称为危机，是因为当事人知道自己无法对某种境遇做出反应。

（4）危机是当事人面对困境时不仅无能为力，同时完全丧失了对自己生活的主动控制力。

（5）危机是一种生活解体状态，身处此状态的当事人经历着重要生活目标的挫折，或者其生活周期与应对挫折的方式受到严重的破坏。这里主要指的是当事人因这种破坏而产生的害怕、震惊与悲伤等感觉，而不是这种状态本身。

（6）从危机发展的过程来做定义，首先是当事人生活中出现了重要的变故或关键性的境遇，当事人将对此进行分析，判断自身通常的应对机制能否顺利应对；其次是随着事态的发展，当事人的紧张与混乱程度不断增加，逐渐超出其个人的应对能力；再次是当事人产生了对外部帮助资源诸如心理咨询的需求；最后是求助于专业心理治疗以解决当事人主要的人格解体问题。

综合上述观点，可以认为危机是个体面临突然或重大的生活逆遇，既无法回避，又无法运用自身寻常的应对机制去解决问题，因而陷入的心理失衡状态。一般说来，确定危机应包含如下三方面的内容：①存在对当事人具有重大心理影响的应激事件；②导致了当事人在认知、情感与行为方面出现急性的功能紊乱；③当事人以自己惯常的应对方式应对无效或者暂时无法应对。

实际上心理危机在实践应用中很难准确地定义，它涉及一系列生理、心理、社会的复杂因素。有些生活事件在一些人的眼中可能具有应激性，但是在其他人眼中也许并非如此。如果我们忽视这一点，就可能在必要时看不到危机的存在，或者反之做出令当事人过度确认危机的判断。因此把危机理解为一个内容宽泛的综合征可能更加合适。

（二）关于危机的理论溯源

关于危机的理论很难在某种单一的理论或者学派中进行系统的阐述和全面的归纳。我们仅在此概要地介绍基本危机理论、扩展危机理论和应用危机理论等相关的内容。

1. 基本危机理论

这是由林德曼（E. Lindeman）和卡普兰等创立的。该理论对理解亲人死亡所导致的悲哀性危机作出了实质性的贡献。他们认为，经历亲人丧失时当事人出现悲哀是正常的、暂时的行为反应，林德曼主要关注丧失亲人所导致的悲哀这一特殊形式的危机反应的即时解决。卡普兰则将林德曼的观点进一步扩展运用到由全部创伤事件所构成的所有危机领域。他认为，危机是一种状态，造成这种状态的原因是生活目标的实现受到阻碍，且当事人用常规的行为无法克服；它既可以是关乎人生发展的，也可以是境遇性的；人在自己的生命历程中都会在某些时候遭受心理创伤。应激和创伤的紧急状况本身都不构成危机。只有当创伤性事件被当事人主观上认为威胁到自身需要的满足、安全和有意义地存在时，个体才会进入应激状态。危机既伴随着暂时的不平衡，也蕴藏着成长的契机，危机的解决有可能产生积极的、富有建设性的结果，如提升自身的应对能力，减少消极的、自我挫败的与功能失调的行为。

2. 扩展危机理论

扩展危机理论是在继承了林德曼等的基本危机理论的同时，又吸取了其他较为先进的理论成分，如心理分析理论、系统理论、适应理论和人际关系理论等的基础上形成的。

心理分析理论假设某些儿童早期的固着可能是某一事件是否会演化成危机的主要原因。通过获得个体的无意识思想和过去情绪经历的路径，可以理解危机当事人不平衡状态的内在动力和原因。

系统理论不是只单独强调处于危机中的个体的内部反应，而是关注构成系统的所有要素之间的相互联系和影响。在人与人、人与事的关联中，任何一个成分的改变都会导致整个系统的改变。需要说明的是，这里涉及的是一个情绪系统、一个沟通系统和一个需要满足系统。

适应理论认为当事人的适应不良行为、消极的思想和破坏性的防御机制会对危机起到引发与维持的作用。当通过学习过程将适应不良行为改变为适应性行为时，危机就会消退。

人际关系理论认为如果人们将自我评价的权利让给别人，他们就会依赖于从外部获得自信，这就意味着失去了对自己命运的主宰。将控制点外移给他人多久，危机就将持续多久。如果人们既相信自己，也相信别人，并且具有自我实现和战胜危机的信心，那么个人的危机就不会持续很长的时间。

3. 应用危机理论

危机理论的应用需要有一种弹性灵活的态度，因为每一个人和每一次危机都是独特的。布拉默(Brammer)在实际中将危机分为正常发展性危机、境遇性危机和存在性危机。正常发展性危机指个体在正常发展成长的过程中，急剧变化或转折所导致的异常反应，这虽然对于大多数人而言属于正常范畴之内，但必须重点关注个体的差异性；境遇性危机是指当事人面对无法预测和控制的超乎寻常的事件所产生的危机反应，它无论在强度还是突发性等方面都超出一般；存在性危机更明显是基于压倒性、持续性的问题或者伴随自身重要的人生问题等而出现的内部冲突与焦虑。

当今危机干预的理论研究更多地将各种理论和方法结合在一起，并从任务指向操作。因此，心理危机防御与干预不应局限于任何教条式的理论方法，我们需要从所有危机干预的方法中，有意识地、系统地选择和整合各种有效的概念与策略，以切合当事人的需求，有效地帮助危机个体。

三、心理危机的一般特征

了解心理危机的一般特征可以对危机的定义获得更为深切的认识。心理危机的特征主要包含以下 6 个方面。

（一）危险与机会共存

顾名思义，危机自然包含有危险之意。因为，它可能导致当事人严重的病态反应，甚至在极端的情形下危及自身与他人的生命。但是危机同样也意味着机会。因为遭遇危机的当事人如果能够有效地应对危机，从中获得经验，发展自己，那就有可能摆脱威胁或危险，使心理平衡恢复甚至超过危机前的水平，达成积极的、富有建设性的改变，最终获得个体成长和自我实现的机会。当然，如果当事人将与危机相伴随的负性情绪情感阻隔在意识之外，没有觉知，那么通过消极的心理防御机制即使度过了危机，也可能给自己的未来生活带来困扰。还有的当事人在面对危机时心理彻底崩溃，甚至丧失了伸手求助的欲望，就可能导致危险的结果。预后取决于个人的素质、适应能力和主动作用，以及他人的帮助或干预。

（二）诱因、表现与结果的复杂性

危机的发生常常是多因素综合作用的结果，而不是某一个因素单独造成的独特结果。不仅急性应激强度和长期慢性的心理压力与危机存在着关联，他们之间的相互作用也会带来影响。事实上，我们通常难以找到特殊的容易导致危机发生的生活事件，危机常常是负性生活事件导致的心理累加效应所致；当事人的个人素质、所处的环境、社会支持系统等都是诱发危机的可能影响因素。总之，我们难以从简单的因果关系去分析危机产生的诱因。与危机相伴随的各种症状亦是复杂多样，涉及当事人生活的各个方面。危机干预的效果也同样受到个体所处生活环境与自身资源条件等的影响，诸如家庭背景、支持系统和其他内外部资源等，它们直接关系到问题的解决和新的平衡的建立。

（三）成长的契机

身处危机的失衡状态，当事人一般都存在强烈或持久的焦虑情绪。这种情绪在困扰当事人的同时也存在正向意义，因为它导致的紧张、冲突为当事人的改变提供了内在的动力。可以说，危机在一定意义上是个体成长的契机或催化剂，它能够打破当事人原有的定势与平衡，在被唤醒的警觉反应中去寻求新的解决问题的路径与方法，这一过程也是增强自身对挫折的耐受性、提升适应环境能力的过程。但要注意的是，当事人常常会在焦虑情绪达到自己的顶点时，因为强烈的生理与心理的痛苦才会承认问题失去了控制，进而寻求帮助。事实上，当事人的求助欲望与问题的严重程度之间呈现倒 U 曲线的关系，如果种种阻碍导致当事人没有伸出求援之手或者求助无门，危险就有可能发生。我们尤其需要关注青少年，由于结伴的需要强烈，他们在有需求时更倾向于向同龄人求援，但同龄人可能同样缺乏资源，因而导致可能的危险出现。

（四）问题解决的困难性

帮助当事人摆脱危机、恢复心理平衡可以采用很多干预方法，也有着很多成功的经验。

一般来说，较多运用简单心理咨询与治疗的方法，诸如支持、理解、家庭干预、认知干预、行为干预、情绪干预等，其中一些方法被称为短程疗法。当然还有围绕问题解决的危机干预策略。但是由于当事人陷入危机常常是多因素作用的结果，其中的一部分人处于沉疴已久的状态，难以找到普适、快速、有效的解决方法。而且处于痛苦中的当事人常常迫切地想要迅速解决问题，虽然必要时需要进行药物治疗，但在心理与社会层面的康复仅仅通过药物治疗是难以奏效的。因此，问题解决的困难性是危机的特征之一。

（五）选择的必要性

无论是否承认，生活本身就是由一系列挑战与危机构成的。面对危机，因为问题的紧迫性，当事人无可避免地要做出选择。选择面对，选择求助，选择尝试采取某种积极的计划与行动，这就为超越危机、恢复平衡、达成未来的成长与发展带来可能。因为在任何时候、任何情况下，一个人实际拥有的资源与支持者，一定比其意识到的要多得多。如果在危机中被动等待，甚至任其泛滥而无动于衷，其实也是一种选择，这就是放弃改变的任何可能，从长远而言只能面对消极与破坏性的结果。

（六）普遍性与特殊性

之所以说危机具有普遍性，是因为任何人、任何形式的危机都包含有当事人生活的失衡与解体状况。身处特定情形下，没有人能够幸免危机的发生。纵观人的一生，没有人可以绝对确保个人的应对机制能永远有效地避免危机的发生。但是危机又具有特殊性，这是指即使面对同样的环境事件，有的人能够有效地应对甚至摆脱、战胜危机，有的人则反之。这里相关联的影响因素包括个体的机体特点、过往的生活经验、个性特征的不同、个体的认知评价、个体的应对能力、个体的社会支持状况等。具体是指：个体的机体特点，在机体状态不佳的情况下对应激的反应更加敏感；过往的生活经验，曾经的适应不良或应对失败会导致自身愈加难以承受当下的应激；个性特征的不同，会影响个体面对应激而产生不同的耐受性；个体的认知评价，在对面临的应激与应对做出有意义的评价时，更可能动员自身内外部的资源进行努力的调整与适应，反之则很可能放弃这种努力，最终导致心理障碍甚至心理失衡的发生；个体的应对能力，如果能够恰当地进行估计，更容易适应良好，反之任何高估或者低估都可能导致挫折或自暴自弃；个体的社会支持状况，它的多寡会直接影响其应对危机的资源，也间接影响当事人对应激的认知评价和对自身应对能力的估计。

四、心理危机的演变过程与一般表现形式

（一）心理危机演变的四阶段说

1964 年，卡普兰在他的危机理论中将心理危机的形成和演变过程分为四个阶段。

1. 警觉阶段

遭遇到创伤性应激事件的当事人，感受到生活的突变或即将发生突变，内心原有的平衡

被打破了，出现了警觉性提高的反应，情绪的焦虑水平上升，并影响到自己的日常生活。此时，为了抵抗应激反应带给自己的种种不适，恢复原有的心理平衡，当事人会采用自身惯常的应对机制做出行动。此时当事人很少有求助的欲望。

2. 功能恶化阶段

当事人经过努力与尝试，发现惯常的应对机制难以奏效，创伤性的应激反应不仅持续存在，而且生理与心理的问题表现不断加重甚至恶化，自身的社会适应功能明显损害或减退，于是当事人开始进行新的尝试以期摆脱困境。但由于过度的紧张焦虑的情绪影响其理性的思考与有效的行为选择，采取的应对方式很可能是无效的甚至是错误的。此阶段的当事人即便开始有了求助动机，但那也可能只是他尝试错误的一种方式。

3. 求助阶段

在尝试错误的情况之下依然没能有效地应对问题，当事人的情绪、行为与精神症状可能进一步加重，当事人在内心持续增强的紧张促使之下进一步探寻一切可能的解决问题的应对途径与方式，以减轻心理危机和情绪困扰。此时常常可见当事人表现出强烈的求助动机，也可能采取一些超乎寻常的无效行动，宣泄情绪。事实上，诸如无规律的饮食起居、酗酒、放弃学习与工作、沉迷网络等行为不仅无助于问题的解决，反而更易增加当事人的紧张程度与挫折感，使得其自我评价更低，且有害身体健康。此阶段的当事人最容易受到他人的影响和暗示，因而也是咨询师对当事人可能产生最大影响的时机。

4. 危机阶段

在经历了前面三个阶段之后，如果依然没能有效解决问题，当事人可能丧失了对未来的希望和对自己的信心，甚至对生命的意义与价值产生动摇。强大的心理压力有可能触发其从未完全解决的、曾被各种方式掩盖的内心深层冲突，有的当事人出现精神崩溃和人格解体，有的甚至企图以放弃生命的方式帮助自己摆脱困境和痛苦。此时，生命中重要的人的关怀、理解、支持和从事心理帮助的专业人员等的外源性帮助十分必要，通过帮助当事人加深其对自己处境和内心情感的理解、逐步恢复自信与自尊，进而帮助其学习建设性地解决问题、摆脱困境。

（二）心理危机的一般表现形式

心理危机的表现形式多种多样，这里，我们仅从常见的危机表现来加以描述。

1. 行为方面

心理危机的当事人多以不同于常人的行为方式表现出危机状态。这些反常的行为表现包括：逃避工作，逃避学业，或者工作、学习的效率明显下降，表现得混乱糟糕；社交退缩，逃避与疏离，或者冲突加剧，抱有敌意，自责或者责怪他人；滥用酒精或者药物；故意超越行为规范，甚至故意违法；不注意个人卫生，明显不关注对自己的照料，打破生活规律，尤其是改变睡眠习惯；行为明显不同于大多数人或者自己以往的情形等。

2. 情绪方面

情绪是人与动物都具有的心理活动，是有机体对于客观事物是否符合自身主观需要而产生的态度和体验。心理危机的当事人在情绪方面的表现一般包括：

(1) 焦虑。莫名地紧张、担心、不安，总感觉有潜在的威胁存在，常常伴有心悸、出汗、胸闷、四肢发冷、震颤等自主神经功能失调的表现，严重的情况下还可能出现惊恐发作。如果焦虑泛化，可能影响个体在面临环境变化时的有效应对。

(2) 恐惧。表现出强烈的心慌、极度不安、逃避或进攻以及强烈的自主神经功能紊乱，且涉及具体的恐惧对象或者事件。恐惧中个体的意识、认知和行为均会发生改变，行为的有效性几乎丧失。

(3) 抑郁。内心悲观、失望、沮丧、冷漠、无助、无望感强烈，活动性、反应性降低，对任何人和事物都缺乏兴趣，过分伤感流泪，情绪易激惹、易怒或者过分冷淡，乏力，饮食和睡眠习惯都发生改变。抑郁常常是个体面临无法应对的困境和严重后果的情绪反应，它进一步影响个体对环境和自身的认知评价，消极的评价又会反过来加重抑郁。

(4) 愤怒。对人或事情的反应超乎寻常，出现语言或行为暴力，并且可能伴随有一系列的生理反应，诸如出现与愤怒相关的表情和姿态，血压升高、心跳加快，冲动明显，难以理性地对待人和事等。

3. 认知方面

心理危机的当事人常常表现出认知方面的失调。因心理失衡、心理挫败感强烈，当事人的思维变得窄化和消极，使其对危机的认知常常与真实情况缺乏一致性，对危机的解释通常是夸大的，改变危机的想法随着危机程度的加剧而逐渐减弱。可见，危机常常使得当事人的认知功能遭受严重的损害，甚至可能达到认知功能障碍的程度，消极情绪又会与其负性扭曲的认知形成恶性循环，不断加剧认知的扭曲。

4. 生理方面

危机中的生理反应涉及全身各个器官与系统。危机中的当事人在受到应激源的作用时，其自主神经系统、下丘脑—腺垂体—靶线轴和免疫系统调节着自身的生理反应，会出现心跳加快、血压升高、通气量加大、血糖升高、中枢神经系统兴奋性增高等生理表现，以及出现“全身适应综合征”，特别是强烈的消极情绪会导致免疫系统的功能受到抑制。

第二节　危机干预的基本理论与技术

一、危机干预的定义

（一）危机干预的概念

危机干预是对处于困境或者遭受挫折的当事人予以关怀和帮助的一种有效的心理社会

干预方法。具体说来，危机干预指的是借用简单心理治疗的手段，帮助当事人处理迫在眉睫的问题，恢复心理平衡，安全度过危机。

尽管大多数国家将此列为精神医学服务的范围，但是危机干预的对象不一定是“患者”，以下都是危机干预的适用人群：由某一特别诱发事件直接引发心理失衡状态的人群；有急性的极度焦虑、紧张、抑郁等情绪反应或有自杀风险的当事人；因内外部原因近期丧失解决问题能力的当事人；求助动机明确并且有潜在能力改善的当事人；尚未从适应不良性应对方式中继发性获益的当事人。

(二) 危机干预的目标

在当事人陷入混乱不安的状态时，通过危机干预这种积极主动影响其心理社会运作的方式，能够有效减少具有破坏性的生活事件给当事人带来的冲击，协助激活当事人明显的与潜在的心理能力与社会支持资源，以便能适当地应对生活压力事件与自身内在因素相互作用带来的结果。因此，危机干预的目的在于：帮助危机当事人获得生理心理上的安全感，帮助减轻情感压力，缓解乃至稳定由危机引发的强烈的负性情绪，预防进一步的应激发生；帮助危机当事人组织调动其支持系统以应对需要，处理引起危机的特殊因素，减少出现慢性适应障碍的危险；帮助当事人恢复心理平衡与动力，对自己近期的生活有所调整，并学习到应对危机有效的策略与健康的行为，增进心理健康。

因此，危机干预目标通常包括公共卫生干预目标与医疗体系的危机预防目标，是干预性目标与预防性目标的整合。

公共卫生危机干预目标是：

第一级：努力减轻当事人经历的危机状况；

第二级：降低危机状态的严重性，缩短危机造成的功能受损时间，减轻或消除心理行为的功能失调状况；

第三级：预防危机当事人在当前或在未来生活中的精神崩溃。

医疗体系危机预防目标是：

第一级：针对特殊人群的预防性干预，以减少他们可能面对压倒性危机时的压力；

第二级：针对群体或个人突然处于危机事件时所进行的选择性干预；

第三级：为经历过突发性生活压力事件而出现功能失调、创伤后应激障碍和急性情感危机等症状的当事人提供象征性干预。

二、危机干预的基本理论

实施危机干预可以有很多不同的策略和技术方法，但是它们需要以一定的理论作为基础。在危机干预领域中，具有代表性的理论和模型包含以下几种。

(一) 平衡模型

平衡模型实际上应该称之为平衡/失衡模型。该模型认为，危机中的当事人处于一种心理失衡状态,他们原有的应对机制和解决问题的方法失去了效用,难以满足他们当前的紧迫需要。危机干预的工作重点应放在稳定当事人的情绪,帮助其恢复到危机前的平衡状态上。

平衡模型主要适用于进行危机的早期干预。在危机的早期,当事人极度茫然、混乱、无措,失去了对自己的控制,分不清解决问题的方向且难以做出适当的选择,此时的干预重点在于帮助其稳定情绪,在达到相当程度的稳定性之前,不适合也不能够采取进一步的干预举措。影响危机当事人心理平衡状态的打破及其恢复的因素包括:对危机事件是否能有切合实际的知觉、是否拥有充分的情境支持、是否拥有充分的应对机制等。

(二)认知模型

危机干预的认知模型认为,危机导致心理伤害的主要原因是植根于对事件和围绕事件的境遇的错误认知,而不是事件本身或与事件、境遇有关的事实。基于此观点,该模型的干预目标在于帮助危机当事人认清危机事件或境遇的真相,改变他们对此扭曲的观点与信念,从而重新获得思维中的理性和自我肯定的成分,进而实现对生活中的危机予以控制。

认知模型主要适合于危机稳定下来并回到了接近危机前平衡状态的求助者。在危机事件中,持续的、折磨人的处境使人衰竭,不知不觉之中推动着当事人对境遇的内部感知向着越来越消极、扭曲的方向发展,这种扭曲往往与危机的实际情境大相径庭,直到任何人都无法使他们接受危机情境中客观存在的某些积极因素。伴随着消极认知的发展,他们的行为也变得消极,最终在恶性循环之中导致任何见不到解决危机情境的希望。如果通过认知模型帮助当事人改变思维方式,尤其是通过认识其认知中的非理性和自我否定部分,发现、接受、反复强化巩固关于危机情境的积极思想,从而排挤掉原来的扭曲部分,那么他们的情绪和行为也会发生相应的转变并带来对危机局面的控制。

(三)心理社会转换模型

心理社会转换模型认为,人同时具有自然属性与社会属性,人是遗传禀赋和特定的社会环境中的学习经验共同作用的结果。个体一生都处在发展变化之中,作为个体的变化着的背景的社会环境以及由此产生的社会影响也同样如此。因此,考察危机、干预危机时,个体内外部因素及其相互影响都应该成为关键的关注点。

危机绝不仅仅是个体的一种内部状态,它的产生既可能与当事人的内部因素诸如心理困难等有关,也可能与外部的社会及环境困境有关。在心理社会模型视角下,实施危机干预需要与当事人合作,评估其与危机有关的内外部因素及其对危机的影响程度,进而帮助他们调整现有的行为、态度,学习充分发现或挖掘环境资源,并将适当的内部应对方式与社会支持、环境资源相结合,以获得对自己生活的自主控制。心理社会转换模型与认知模型一样,在当事人的情绪到了相当的稳定程度之后才适合使用。

(四)折中的危机干预模型

折中的危机干预模型是指在危机干预的任务指向下,自觉而系统地从所有危机干预理论中汲取相应的概念与策略，并加以整合，以帮助危机当事人。这种整合不关注理论概念的探讨，而是以危机干预的实际工作为导向，并在此基础上，关注以下几个方面：其一，分析所有危机干预体系中的有效成分，并将其整合成为一个内部一致的整体，以包容所有需要阐述的行为资料；其二，分析所有相关的理论、方法和标准，以形成一个综合模式，用以对临床资料加以评价处理；其三，不拘泥于任何理论，以开放的态度去检验那些在实践中获得成功的方法和策略。

折中的危机干预模型将两个看似对立，实则并不排斥的普遍主题融合在一起。第一个主题是所有的人和所有的危机都是独特的；第二个主题是所有的人和所有的危机都是类似的。独特性是因为每个人都是独一无二的，不同个体即使遭遇同样的危机情境也可能产生不同的反应，针对不同人群、不同应激情境做深度拓展，发挥干预的特异性效果，这是必须关注的；类似性是因为所有特殊而具体的危机都具有普遍的共性成分，危机干预的一般指导原则依然必要和有效。折中的危机干预模型强调针对不同阶段、不同的危机当事人，将不同的干预模式、支持资源加以整合，使干预的效果达到最佳水平。

三、危机干预的主要技术

专业人员实施危机干预可以有很多途径，其中主要包括：便捷、匿名、经济但仅有声音信息传递的热线电话危机干预；主要内容为建立各种自助组织以获取心理支持，普及心理卫生知识以提升公众意识，识别高危人群，预防危机产生不良后果的以社区为基础的危机干预；现场通过面谈进行倾听、评价及干预的现场面谈危机干预。实施危机干预还可以建立由心理咨询师、精神科医护人员、社工、志愿者等相关人员组成的危机快速反应服务组，在危机发生时进入现场提供有效的危机干预服务。

危机干预的主要技术分为四大类：沟通技术、支持技术、干预技术、提供应对技巧及社会支持。

（一）沟通技术

心理咨询师与当事人建立关系、探寻问题、寻求改变，这一切都伴随彼此之间逐步深入的交流过程，因此，沟通技术是心理咨询过程中不可或缺的、最为基本的专业技术之一。对于危机干预而言，咨询师与危机当事人能否通过良好的沟通建立信任、合作的治疗同盟关系，是能否实现有效干预的最为基础的前提条件，因为达不成这个前提，危机干预以及有关的处理策略难以得到贯彻实施，干预的效果很大程度上受到制约。

影响人际沟通的因素很多，不仅涉及心理学，还涉及社会学、文化人类学、生态学、社会语言学等诸多方面。在治疗性的咨访关系中，尤其是在帮助当事人恢复心理平衡的危机干预过程中，更加强调危机干预工作者应注意以下几个问题：

（1）尽力消除内外部的各种干扰，以免影响双方的诚恳沟通与表达；

（2）避免双重的、矛盾的信息交流，从言语、非言语等一致的信息传递过程中达成良好沟通的目的；

(3) 避免给予危机当事人过多的不切实际的承诺，因为专业人员的能力资源毕竟有限，言过其实容易让人感觉不真诚；

(4) 避免运用过于专业的、难以让一般人理解的术语进行沟通交流，毕竟交流最基本的目的是让对方能够理解含义所在；

(5) 具备必要的自信，以在干预过程中能把握必要的机会，有力量去改善和促进当事人的自我内省、自我感知。

（二）支持技术

通过为危机当事人提供心理支持，帮助其表达内心的积郁，感受来自危机干预工作者的同感、尊重、温暖、真诚、积极的关注、无条件的接纳，获得必要的指导和保证，必要时运用环境改变或转介精神卫生医疗机构以获得必要的医疗资源帮助，使得当事人的失衡情绪恢复稳定。

支持技术主要包含以下几种：

(1) 倾听。倾听是心理咨询的基本、核心技术，也是危机干预支持技术最为基本的内容。倾听要求危机干预工作者以认真、投入、理解、换位体验和思考的态度对待当事人，尽可能多地去获得对方想要表达的信息与真实内涵，使得当事人感受到危机干预工作者对其的关怀与理解。

(2) 减轻痛苦。鼓励当事人通过表达自己的情绪来减轻苦恼，合适的内心情感的表达对情绪宣泄、情绪稳定和缓解心理痛苦具有一定的效果。

(3) 解释与指导。以当事人能够理解的方式就其对自己、对他人与环境的扭曲认识进行解释，尤其要聚焦于帮助其认识自身关于自杀观念的误区。此时的解释与指导避免过多就自杀原因作分析，避免进行深入的心理教育，这是在危机解除之后的康复过程中才可能面对的任务。

（三）干预技术

干预技术也称为问题解决技术，这是一种融合了认知、情绪、行为干预的综合方法。通过聚焦当事人面对的现实与心理困境，运用解决问题的技术，帮助其提高适应水平，学会应对困难与挫折的一般方法，度过当下的危机，也有助于危机后的适应，这是危机干预的重要目标。

干预技术在实施时应注意以下两点：

(1) 提供的心理支持本身包含干预功能。主动倾听、热情关怀，鼓励当事人表达内心情感，通过解释与指导使其理解自身对目前境遇和认知的扭曲部分，帮助当事人看到希望、提高信心，鼓励当事人自我帮助并愿意努力寻求社会支持，这些都有助于当事人走出危机。

(2) 有步骤的问题解决技术旨在帮助当事人通过应对问题，逐步看到、恢复和巩固发展自身应对问题的能力，恢复心理平衡，并不强调改变长期存在的人格问题。

（四）提供应对技巧及社会支持

当事人在遭遇过度的应激事件时，诸如突发的严重的天灾人祸，或是由丧失、适应、冲突、激烈的人际纠纷所带来的激烈的情绪波动，难以用通常的应对方式去处理问题。此时需要危机干预工作者帮助当事人拓展自己的思路，发现和学习一些积极有效的应对技巧。同时，调动一切可能调动的社会资源给予危机当事人支持和帮助，比如，来自当事人家庭、朋友、同事、同学、社会组织等的支持。尤其是面对突发的灾难，当事人如果得不到足够的社会支持，罹患创伤后应激障碍的可能性便会增加，反之则相反。

四、危机干预的实施步骤

可能引发危机的急性应激因素有很大的不同，个体在生活当中遭遇的慢性应激因素更是千差万别，再叠加上个体的独特的个性基础，当事人所面对的各种危机不可能一概而论，更难以提供简单划一的应对方式。但是，危机干预工作者还是希望能够有一个相对简单、明了且行之有效的危机干预模型。在吉利兰（Burl E. Gilliland）和詹姆斯（Richard K. James）的《危机干预策略》一书中，介绍了危机干预六步骤，是一个被广泛运用的危机干预模型，它将各种有效的危机干预策略整合到解决问题的全过程之中，而且系统化、结构化、渐进化，可用于帮助多种类型危机的当事人。

（一）确定问题

这是危机干预的起始步骤。此时需要专业人员运用积极倾听的技术去理解和确定当事人面对困境所认知的问题，即从当事人的角度探索并界定其问题的性质。如果没有对当事人的同感、理解、尊重、真诚、积极的关注、无条件地接纳等基本的态度，就难以以当事人同样的方式感知、理解其危机情境，准确贴切的评估就无从谈起，随后所有的干预也将是无的放矢，不具有任何意义。可以说，危机干预工作者能否很好地运用倾听技术是能够有效实施危机干预的基本点所在。

（二）确保求助者的安全

这是危机干预的第二个步骤。尽管这里将确保求助者的安全置于危机干预的第二个步骤，事实上，它是危机干预的首要目标，而且必须贯穿危机干预的始终。这里所说的安全，指的是当事人无论在身体上还是在心理上，如若存在着对自己或者对他人与社会造成危险的可能性，危机干预工作者需要尽最大努力去降低这种危险，尽力保证安全。评估当事人的安全风险，采取各种有效措施努力确保安全，在危机干预工作中最为基本和重要，因为生命一旦丧失，其他都将无从谈起。确保求助者的安全需要采取各种有效的措施，此时需要正当泄密。

（三）给予当事人支持

这是危机干预的第三个步骤。在危机干预过程中，给予当事人最为直接的支持来自危机干预工作者。因为陷入心理失衡状态，当事人事实上缺乏或者难以感知到自己存在的支持资源，自觉孤立无助，此时来自专业助人者的心理支持非常重要甚至极为关键。由于专业伦理的避免多重关系的要求，一般说来，专业人员与当事人不存在相识、相知的关系。因此，单靠着危机干预工作者的言语保证是无法让当事人接受的，需要强调专业人员与当事人的沟通交流，使当事人深深感受到自己被理解、被尊重、被关注、被无条件地接纳，确信危机干预工作者就是一个愿意也能够给予自己支持的人。

（四）共同探寻可变通的应对方式

这是危机干预的第四个步骤。此前三个步骤的侧重点在于倾听，自本步骤及以后的三个步骤则更多地侧重在干预之上。严重受创而陷入危机的当事人思维常常变得窄化，能动性下降，难以看到或难以判断自己所拥有的可能的选择机会，一些深陷绝望的当事人甚至认为自己已经陷入绝境、无路可走。此时的专业人员需要帮助当事人一起去探寻可变通的应对方式，并且去验证当事人的哪些应对方式会更加可行、有效。作为专业人员，可以协助当事人从如下几个角度去思考探究。

（1）外部支持。这是指当事人自身以外的，在其过往以及当下已经或者可能给其帮助资源的人。即便当事人一时看不到，但并不等于外部支持也就是环境支持绝对不存在。

（2）应对机制。这是指通过专业人员的帮助，协助当事人去探寻为了摆脱困境自己可以采取的行动，以调动自身与外部的资源去应对危机。

（3）积极的、富有建设性的思维方式。认知扭曲常常是危机当事人心理失衡的重要原因与结果。帮助当事人重新审视自身面对的危机情境，改变自己对问题的不合理的想法，可能减轻与缓解当事人的激烈的应激反应。

（五）制定行动计划

这是危机干预的第五个步骤。失去心理平衡的危机当事人即便通过专业人员的协助探寻到对自身而言有意义的可变通的应对方式，但要把想法付诸行动还是一个艰难的过程，因为情绪的波动、动机与动力的不足或动摇等都是可能的阻力。因此，危机干预工作者与当事人协商，制定出切合危机干预目标的切实可行的行动计划，帮助当事人恢复情绪平衡，是一个必要、重要的步骤。这里需要注意的是：

（1）行动计划需要与当事人共同商讨制定。不能让当事人感觉自己的权利、独立与自尊被剥夺，感觉计划是被强加的，这不仅可能导致计划实施过程中的阻力，也可能导致当事人对专业人员的依赖。

（2）实施计划的过程中要有支持者。这个支持者无论是个体、团体还是其他相关机构，只要能够在当事人实施计划的过程中提供必要的帮助、支持即可。

（3）提供应对机制。这里所说的应对机制是指当事人能够立即着手去做的、具体积极的事情。如果行动计划所涉及的内容，不切合当事人的实际，或是其现实能力难以达成的行动，将使当事人产生挫败感。

（六）给出承诺

这是危机干预的第六个步骤。此步骤可以视作第五个步骤的自然延伸，前者的任务完成得是否满意与后者的顺利实施直接相关。获得当事人对于执行行动计划的诚实、直接、恰当的承诺，表达认真履行行动计划中的具体内容的决心，会对当事人积极、建设性的行为改变带来进一步的推力。

专业人员在此过程中特别要关注持续评估当事人的控制性与自主性是否在逐步恢复，因为干预的目标在于帮助当事人重新获得对于生活的控制感。因此，评估贯穿危机干预的始终，它以行动为导向，以情境为基础，是一个积极果断、主动连续的过程，从评估到倾听再到行动，以帮助当事人恢复到危机之前的平衡状态。

第三节　青少年心理危机防御与干预

在对心理危机的研究中，最具挑战和最为困难的就是原因分析。大量研究显示，个体心理危机的发生与诸多原因有关。其中就人口学因素而言，涉及年龄、性别、婚姻状况与阶层等；就遗传学因素而言，与诸多遗传基因有关；就躯体疾病而言，许多躯体疾病可能增加自杀的危险性；就社会和环境因素而言，涉及负性生活事件、社会支持系统、家庭功能失调等；就个体心理因素而言，涉及自杀态度、人格特征、自我概念、精神疾患等。处于成长发展阶段的青少年，他们的心理危机除了共性的影响因素和特征，还具有独特之处，因而青少年心理危机的防御与干预亦应有相应的系统构建。

一、青少年心理危机的特点及主要影响因素

青少年面临特定的身体、认知、情绪和其他成长问题。因此，发展中的青少年的心理危机无论在其特点还是主要影响因素方面，都具有区别于成年人的独特之处。

（一）青少年心理危机的主要特点

1. 发展性

青少年身处不同的年龄阶段，而发展性却是他们的共同特征。人在一生的各个不同阶段有着各阶段的重要发展课题与任务。对青少年而言，认识自己、接纳自己；学习发展良好的人际关系，培养合群性、同理心；适应学校的生活环境，热爱学校生活；发展学习能力，培养正确的学习观念、良好的学习习惯与兴趣；提升承受挫折的能力，培养良好的意志品质；在生活中学会调控自己的情绪，经常保持乐观、平和、愉快的心境；培养独立自主的精神，懂得对自己的行为负责；培养创造力和创造精神；完善性别角色，正确处理两性关系；树立作为社会成员所需具备的人生价值观；确立和完善自己的社会角色与任务；为选择职业和生涯发展做准备等，都是重要的发展任务。这些角色的适应、发展与完善本身就会导致他们的角色压力，再加上处在发展转变尤其是迅速变化中的个体极易受到应激事件的影响，青少年心理危

机在急慢性应激作用下的发展性特点显而易见。

2. 交互性

青少年心理危机的发生常常是各种因素共同作用的结果。面临其当前阶段刻不容缓的发展任务，而个体身心的不成熟性又使得自身在应对应激时资源不足，如果同时叠加上特定的生活事件，各种问题互相缠绕、相互牵涉、互为因果，很容易引发青少年的心理危机。

3. 易发性

心理危机的产生是个体内外部条件共同作用的结果。青少年在成长历程中，尤其是进入青年期之初及以后，生理逐渐成熟，身体内部机能增强，性发育也走向成熟，但是心理的发展却处于由不成熟到成熟的过渡期。而且当今时代青少年的生物性成熟超前，社会性成熟滞后，有着漫长的过渡期，其间伴随的积极与消极、自负与自卑等矛盾冲突十分突出。任何一个也许在成年人眼中的寻常现象都可能引发青少年的心理危机，如果得不到及时和有效的发现与干预，很可能导致悲剧性的后果。青少年的冲动自杀和激情犯罪多与此特征有关。

4. 潜在性

青少年的心理危机有时并非以直接爆发的方式体现，而是潜藏于个体之中的非典型表现，当遭遇到激发事件时，在个体的易感性之下，才引发心理危机。尤其是进入青年期之后，他们的心理特点更加表现出闭锁而动荡的特征，一如平静的海面下掩藏着湍流漩涡，负性心理的累积与渐进，恰似一个潜在的量变过程，一旦达到质变，就可能使潜在的危机变成现实的危机。这一特点也为我们觉察青少年心理危机的警号带来了挑战。

（二）青少年心理危机的主要影响因素

总体来说，人往往在极度生气、悲痛和低自尊时容易出现心理危机，甚至消极、绝望等负性情感会导致自我伤害行为。然而危机甚至自杀究竟缘何发生？虽经循证研究也难以得出确定、可靠的结论，但是大量的研究还是给出了重要的因果关系结论。

青少年心理危机的发生，主要的影响因素来自以下四个方面。

1. 个性特点因素

（1）缺乏问题解决能力。这样的青少年在遭遇问题困扰时，会更多依赖他人，解决问题的思维不够活跃，缺少自己在问题解决方面对未来途径的思考，容易产生明显的不良情绪反应。（2）冲动。这样的青少年在面对困境时缺乏必要的思考，冲动性和攻击性行为倾向使他们更容易在面对自己眼中的困境时发生针对自己或他人的冲动甚至极端的行为，很多研究发现绝大多数的青少年自杀都具有冲动指征。（3）绝望。这样的青少年可能因为伴随抑郁症状或障碍出现的绝望而做出自杀的构想。（4）愤怒和敌意。有自杀企图的青年人和具有可比性的其他人相对照，他们更加对人充满敌意。

2. 精神障碍因素

对青少年而言，心理健康问题会增加出现致命和非致命的自杀行为的危险性，比如抑郁、成瘾行为、行为障碍等,越来越多的针对青少年的研究支持了这一结论。而且有研究显示,有自杀行为的青少年存在多种精神障碍的共病现象。

3. 家庭因素

虽然有心理危机甚至自杀问题的青少年不一定来自破碎的家庭,但是家庭关系不良、过高的家庭期待、缺少温暖、家庭不稳定以及父母离异、单亲、留守儿童等都成为青少年心理危机的重要的家庭危险因素。

4. 媒体因素

研究发现,自杀可以通过模仿而习得。媒体对自杀行为进行具体、渲染、扭曲的描述,作简单的自杀归因,但同时缺乏对帮助资源的介绍,缺乏对心理健康问题与自杀行为之间关联的分析,缺乏对青少年人生观、生死观的正确导引,从而导致因模仿效应而使青少年自杀的继发连锁反应。

简而言之,青少年内外部因素的交互作用,对心理危机的发生起到重要甚至是决定性的影响。

二、青少年心理危机干预中的评估

评估是实施青少年心理危机干预的重要内容,而且它必须贯穿整个危机干预的始终。评估一般包括危机严重程度的评估、情绪状态的评估、应对方式与支持系统的评估和自杀危险评估。

(一) 危机严重程度的评估

心理咨询师在必要时可与来访者建立危机导向的咨访关系。然而要提供这样的专业服务,需在最初的咨询过程,并且从评估当事人面临的危险程度和危机水平开始建立。危机严重程度的评估一般从认知状态、情绪反应和精神活动等方面进行。

1. 认知状态评估

在急性情绪创伤或自杀准备阶段,当事人的注意力往往过分集中于自己眼中看到的“灾难”和悲伤反应,认知能力下降或窄化,思维模式消极扭曲。咨询师需要对当事人的认知状态进行评估,敏锐地观察其对于危机的认识是否符合真实情况,是否存在偏差和曲解以及偏差与扭曲的程度、持续时间,是否对自己的扭曲的认知存在质疑等。扭曲程度越大,持续时间越长,自我反思越弱,一般表示危机越严重。

2. 情绪反应评估

情绪的变化十分敏感,情绪异常一般是危机中的当事人最先出现的心理征象。心理咨询师在评估危机严重程度时,需通过观察、会谈和心理测验,了解当事人的情绪状态是否与引发情绪的情境相一致,是否在情绪的极性、强度、持续时间等方面表现适当,是否有情绪的过度激动与失控或低落与淡漠等。

3. 精神活动评估

处于危机情境中的当事人常常会出现精神活动的失衡，有的表现为迟滞、退缩、回避甚至无所适从，有的可能无比亢奋。当事人的精神活动体现了其承受危机的能力，咨询师可以通过对当事人精神活动的评估判断其危机的严重程度。

（二）情绪状态的评估

因为情绪常常是危机的首发征象，因而在危机的评估中还需对当事人的当前情绪状态进行评估，其中危机的持续时间和当事人对当下危机的情绪承受能力是主要要素。

1. 情绪反应频度的评估

要评估当事人情绪反应的频度、何时出现、持续多长时间以及变化规律等。青少年生活中应激的发生有时是急性的，可能强度比较大，但呈现一过性，有的则可能是较为长期的应激，二者在干预时的关注点是有区别的。对于急性应激所导致的危机，干预时需要了解当前当事人遭遇的社会生活事件与压力构成，引导其应用合适的应对方法，努力寻求社会的帮助资源与自身的应对机制，尽可能独立地走出危机境遇，恢复情绪平衡状态。对于慢性应激所导致的危机，干预时则需要更为全面地评估构成当事人危机的整体因素，干预的过程也可能更加艰巨，渐进地帮助当事人建立信心、构建新的应对策略、恢复情绪平衡是咨询师必须要有的心理准备。

2. 情绪控制能力的评估

面对不同的危机，当事人在情绪控制能力方面存在着个体差异，而且处于危机之中的当事人残存的情绪力量也不同。有的人基本绝望，可以说情绪力量趋近于零；有的人则还有一定的情绪力量，也就是尚有一定的情绪控制能力。心理咨询师需要对危机当事人的情绪控制能力进行评估，不仅关注个体差异，更关注其当前的情绪状态。

评估当事人当前的情绪状态，需要全面了解影响危机青少年情绪控制能力的各种个体相关因素，诸如年龄、个性特征、智力水平、学业状况、经济状况、人际关系、健康状况、家庭状况、亲子关系、过往经历等，客观地对当事人的自我情绪控制能力做出评估。

（三）应对方式与支持系统的评估

心理咨询师在对青少年进行危机评估的过程中，不可忽视的是对其应对方式与支持系统的关注。身处危机的青少年出于趋利避害的本能，会采取自认为合适的方式进行应对，但事实上这些应对方式可能是错误的，也可能是无力的或无效的。应对方式越是错误、无力，危机就可能越是严重。社会支持系统对危机当事人而言就是生命的拉力，当事人可利用的社会支持系统越少，危机就越是严重。

对危机当事人应对方式与支持系统的评估不仅是危机评估的关键之处，而且干预和影响本身就在此过程当中。

(四) 自杀危险评估

心理咨询师必须对危机青少年的自杀危险性评估予以高度重视，切不可掉以轻心，因为生命的丧失无可挽回。

表 11-1 是一份在自杀危险性评估中常用的工具，分数越高则提示当事人自杀的危险性越高。

表 11-1 自杀的危险性评估

与自杀企图有关的事项	
1. 孤立	0 身边有人伴随 1 附近有人或保持联系(如通过电话) 2 附近无人或失去联系
2. 时间	0 有时间给予干预 1 不大可能有时间干预 2 几乎不可能有干预的时间
3. 警惕被发现/或干预	0 不警惕 1 被动警惕，如回避他人，但并不阻止他人对自己的干预(一人在房间中，但不锁上门) 2 不与帮助者联系或不告知他
4. 在企图自杀期间或之后有想得到帮助的行动	0 有自杀企图时能告知帮助者 1 有自杀企图时与帮助者保持联系但并不特别告知他 2 不与帮助者联系或不告知他
5. 预料死亡期间的最后行动	0 没有 1 不完全的准备或设想 2 制定了明确计划
6. 自杀遗书	0 没有写遗书 1 写了遗书但又撕毁 2 留下遗书
自我报告	
1. 当事人对致死性的陈述	0 认为他的所作所为不会对他构成生命危险 1 不能确定他的所作所为是否有生命危险 2 坚信他的所作所为将对他构成生命危险
2. 陈述的意图	0 不想去死 1 不能肯定或者不能保证继续活着还是死去 2 想去死
3. 预谋	0 感情冲动的，没有预谋 1 对自杀行动考虑的时间不足 1 小时 2 对自杀行动考虑的时间不足 1 天 3 对自杀行动考虑的时间大于 1 天
4. 对自杀行为的反应	0 当事人很乐意他被抢救脱险 1 当事人能确定他是感到高兴还是后悔 2 当事人后悔他被抢救脱险

续表

危　险　性	
1. 根据当事人行为的致死性和已知有关事项来推测可能的结果	0 肯定能活着 1 不大可能会死亡 2 可能或者肯定死亡
2. 如果没有专业处理，当事人会发生死亡吗？	0 不会死亡 1 不一定 2 会死亡

* 评分达到或超过 10 分提示有较高的自杀危险性。

青少年危机干预中的评估有别于一般心理咨询中的评估，其显著的特征是需要在尽可能短的时间里收集有关信息资料，快速判断，并为进一步的或必要的联系其监护人、转介、有针对性地干预作好准备。

三、青少年心理危机的前瞻性防御

就青少年心理危机的前瞻性防御而言，一个重要任务就是及时发现并阻断危机发展的历程。由于个体和情境的差异，危机警号与线索也将有不同形式的呈现。但是，如果能够通过各类面向社会大众的宣传教育，使得人们能够对此提高觉察能力，同时提升应对处置能力，那么更多的危机能够被前瞻性地识别并得到有效干预。

(1) 传递危机警号的直接言语信息包括："我不活了""我希望我已经死了""我想要自杀""我想让这一切都结束""如果……无法实现，我就会杀了自己"等。

(2) 传递危机警号的间接言语信息包括："我已经对生活厌倦了""还有什么好继续下去的""我除了给家人添麻烦，没别的""如果我死了，不会有人在乎""我不想再继续下去了""我就是想离开""我对一切都已经厌倦了""如果没有我，你会更好""生活已经没有意义""很快我就解脱了""一切都没有意思""你会为你对待我的方式而后悔的""拿走吧，我不再需要了""没有人再需要我了"等。

(3) 传递危机警号的行为线索包括：沉迷网络，放弃学业；整理个人物品；将自己心爱的东西送给他人；新建或改变一个愿望；与同学、朋友和家人的关系突然改变(断绝或和解)；行为的改变，诸如尖叫、捶打、扔东西等；删除自己电脑中的所有资料；对过去感兴趣的事物失去了兴趣；丧失技能，心智混乱，失去理解力、判断力或丧失记忆；烦躁并激越；极度懒惰、拖延，甚至懒于打理自己；等等。

(4) 传递危机警号的情境线索包括：学业失败或重要的阶段目标挫折；失恋；人际关系疏离；罹患绝症或长期难以治愈的慢性疾病；搬家或转学，尤其是在并非出自本人意愿的情况下；丧失同学、朋友、家人，尤其是在自杀或意外导致的情形下；不明原因地对亲友发怒；等等。

通过我们的专业努力，在学校、家庭、社区之中，普及危机防御的有关知识，一定能够有效地降低危机的风险，为处于危机风险中的青少年带来更多的希望。

第十二章
心理咨询个案概念化与个案报告的撰写

在了解了心理咨询实践中常用的面谈技术和一些心理咨询理论与技术后，本章作为教材的总结单元，将通过介绍个案记录报告的撰写，进一步介绍心理咨询理论在个案心理问题的概念化上的作用，并回顾之前介绍过的心理咨询过程的理论与技术，旨在帮助学习者学习评估案例咨询实践，并能在此基础上寻求督导支持。

第一节　个案记录报告的撰写

个案记录包括机构的工作记录、咨询师的业务档案、来访者的咨询档案、咨询师个人的咨询过程记录、咨询师的督导案例记录，还包括专业督导的案例报告、讨论学习的案例报告、用于咨询师业务考核的案例报告和用于公开的科普案例报告，等等。所以，根据个案记录的不同用途，个案记录和个案报告的要求与内容侧重都有不同。

机构的工作记录、咨询师业务档案和来访者咨询档案通常被作为咨询机构的业务档案，有各机构的要求和文本格式规范，总体内容包括：案例的发生时间、地点，咨访者的姓名或代号，接案次数，个案性质，是否为危机个案，依据机构流程的处理方式等。要求简洁、明确，便于统计和数据化管理。另外，对档案的保管有要求，需要集中放置、专人专柜保管，严格执行档案保密措施。

咨询师个人在心理咨询过程中以及每次心理咨询面谈后的案例记录，通常用于咨询师备忘，以及用于个人业务学习、督导，偏个人化。案例记录需要征得来访者的同意，如果涉及录音、录像或用于案例督导、讨论、报告或发表，必须签署相关的知情同意书。在案例的记录内容和形式方面，可以根据咨询师个人的风格和需要来决定。而用于参加认证答辩的个案记录，另有一定的格式建议。这一节将介绍常用的案例记录的一般原则，以及答辩个案的撰写格式。

一、个案记录的一般原则

一般个案记录的整理在咨询后进行，就具体个案记录，有下列参考原则。

1. 个案记录，知情同意

咨询师做个案记录，需要征得来访者的同意，跟来访者明确交代和解释缘由，消除来访者的猜忌，减少不信任。如果咨询过程需要录像、录音记录，更要做必要的说明解释。一般来说，录音、录像前都要和来访者签订相关协议。

2. 记录内容，简洁扼要

个案记录要便于记忆提取，如果内容繁复、重点不突出，会影响再次阅读的效率，最终会影响使用。详细的逐字稿记录，一般用于个案报告、个案研究和个案督导。根据工作需要，记录要求略有不同。

3. 记录描述，用词客观

个案记录主要描述的是可以被观察的事实和症状、现象，应尽可能避免过度记录咨询师个人的看法，尤其是对来访者的评价，避免主观臆测和对来访者的投射，这些会影响再次阅读时的思考。例如："来访者咨询时无法与咨询师目光接触"是可以观察的现象，而"来访者胆怯、退缩，害怕与人交流"是咨询师的感受，是咨询师对来访者的主观猜测。

4. 来访隐私，谨记保护

这也是心理咨询伦理的要求，个案记录中尤其要注意对事关第三方的一些隐私的保护。个案记录是咨询师的工作记录，相关信息的记录是为了帮助咨询师更好地理解来访者、和来访者一起工作。个案记录不是小说读物，不需要取悦观众。这里特别提醒的是，需要防止对第三方隐私的无意扩散，例如与来访者的问题无关的第三人的职业身份、家庭隐私等。咨询师要了解的家庭情况，只是那些对来访者造成影响的家庭生活事件，咨询师不能从来访者的口中去调查其他人的隐私，例如通过学生了解其导师的个人情况，或者通过来访者了解他的朋友的隐私等。

5. 好恶评价，力求避免

过度记录咨询师个人的看法，尤其是对来访者的评价，甚至出现一些可能会伤及来访者的言语，都是不可取的。比如"这是一个邪恶的想法""他太贪得无厌了""他简直就是一个人渣"等言辞偏离了咨询师中立的立场，也会影响咨询师与来访者的关系。

6. 记录重点，不忘来访

咨询笔记记录了关键字词，辅以一些线条，帮助咨询师厘清案情或记忆一些关键点。但千万不可忙着一字不落地埋头做笔记而忽略了来访者，这可能影响来访者对咨询的感受，让来访者觉得咨询师更关心故事而不是来访者本人，同时这也背离了来访者中心原则。同时，记录时也不适合遮遮掩掩，以免让来访者以为有什么不适当的内容，给来访者一种"你无权知道"的暗示，这同样影响信任关系。

另外，如果要录音、录像，那么过程中咨询师自身的自然、放松也是必要的，可以帮助来访者尽快适应记录环境与记录过程。

二、日常个案的记录

一些咨询师需要记录个案用于备忘，因为个案的咨询通常不止一次，时间久了或者个案多了，可能无法清楚地记得个案的一些重要细节。这样的备忘个案记录可以记录以下一些信息。

（1）来访者的基本信息，包括学校和家庭的情况、主要人际关系、重大的生活事件等。有时候，这些虽是基本信息，但依然可以从侧面反映来访者的一些基本状况，比如从来访者在中学里被分在某些特殊班级，可以大概猜测来访者的学业水平，从来访者作为独生子跟随母亲姓，可以推测来访者的家庭状况信息等。这些信息的获得对于快速了解来访者、分析来访者是有积极意义的。

（2）来访者的主诉问题，涉及事件的概述、情绪状况、对事件的想法、事件带来的影响等，可以从知、情、意、行几方面来记录。

（3）对来访者的观察，包括对来访者的身体语言、来访者陈述过程中的情绪反应、来访者对一些提问的回答方式等的观察。这往往是录音记录缺失的信息内容。有时候，一些非言语的观察，对培养来访者的觉察非常有帮助。

（4）对来访者的问题的简单分析与处理措施，包括对来访者问题的诊断、说明，对问题成因的理论分析，对问题处理的设想，对咨询方案的设想以及向来访者提出的具体建议等。

（5）对来访者对咨询的反馈情况的记录，同样包括言语的和非言语的。

这样的记录便于全面了解个案的情况，以及咨询的进程与方向，以便在必要时提供督导或转介。

三、SOAP 个案记录

SOAP 是一种常用的咨询记录模板，“SOAP”是主诉情况（Subjective Data）、客观数据（Objective Data）、分析评估（Assessment）、咨询计划（Plan）的英文首字母组合，显示了个案记录的四项主要内容。

1. 主诉情况(S)

它指来访者告诉咨询师的内容，包括基本信息、事件、来访者的想法和感受，其中有来访者对生活事件的主观感受，也有来访者对与重要他人的关系的主观感受。记录时注意尽量使用来访者自己的语言和言语方式。

2. 客观数据(O)

它指咨询师对来访者的观察记录，相关的测量、诊断报告以及他人的情况反映，包括：

（1）来访者的外表、言谈举止等。

（2）临床量表的测量结果等。

（3）家长、教师、领导、同事、同学等来访者生活中关系密切的人对来访者行为的描述，以及转介的咨询师提供的书面报告等。

（4）其他相关信息，包括其他医疗档案、学籍管理信息等资料。

这里需要强调的是客观数据报告内容的客观性。报告记录的应尽量是观察到的信息而不是主观臆断的内容或猜测、想象。所谓观察到的，是指由咨询师自己或由第三者转述的看到和听到的关于来访者的行为、表情等的信息，不包括咨询师和他人对来访者的评价。这些内容信息往往很重要，当它们跟来访者的主诉对照在一起的时候，往往会反映出很多容易被忽视和掩盖的信息，它们反映了来访者和他人对环境的不同心理建构。这部分信息对于后面的评估分析来说也非常重要。

3. 分析评估(A)

咨询师的分析评估包括可能的临床评估、危机评估，最主要的还是对来访者心理状态和心理问题的评估与分析，它们能帮助咨询师判断咨询内容是不是心理咨询和心理辅导范围内的内容，或者其中哪些是心理咨询能解决的和支持的，哪些是需要转介的。这部分的分析需要有工具的辅助和专业理论的支撑，不可以是个人的主观想象和随意的标签化。测评需要提供数据，诊断需要进行症状描述和排除症状的分析等。分析时需要注意理论模型的完整性，不可以进行拼盘式的没有逻辑关联的分析，乱贴一堆标签。

4. 咨询计划(P)

咨询计划是根据 S、O、A 所做出的个案问题的处理计划，内容包括可能的心理咨询策略、心理咨询的时间及周期、咨询中会用的技术方法、需对来访者采取的必要的防护措施，以及家庭作业等。

当然，咨询计划的记录还包括计划执行的反馈，即：计划是否得到了实施？计划实施是否顺利？实施结果跟预期有什么差异？之后又有什么调整？等等。

SOAP 只是个案记录的一种模式，适合咨询辅导的初学者学习使用，适用于日常的咨询工作反思和个案工作的督导。

四、答辩个案的记录

对于参加认证答辩的上报个案，考评专家需要借由详细的个案报告考查咨询师的咨询实践情况以及咨询师对咨询技术的应用情况，对咨询师的咨询技能掌握水平进行评价。所以，这份个案记录是一份详细的临床个案记录，包括基本信息、简要分析、过程记录和个案评价四个部分。

在正式个案报告上，需要咨询师写下自己的相关信息，比如姓名、学校、工作性质、从事咨询工作年限、实习接案数量、曾接受督导的时间，以及督导机构信息等。

1. 基本信息

这一部分主要介绍来访者的一般身份背景，来访者的主诉，以及初步的测试结果或诊断情况。

(1) 一般身份背景情况。包括来访者的称呼（一般使用化名）、性别、年龄、身份等。咨询师还要大概地写一些有关的家庭状况，包括主要的家庭成员以及他们跟来访者的关系，比如来访者长期跟谁一起生活、监护人的一般情况、父母的大致情况、来访者对亲子关系的表述，等等。

例如:爱莲,女,15 岁,初三学生,一直跟外公外婆生活,关系亲近,老人们身体健康。父母在国外工作,和爱莲每周通话一到二次。爱莲对父母没有什么特别的眷恋,感觉有点陌生。

(2) 来访者的主诉。这也就是来访者自己对来咨询的问题的说明。

例如:"我考试时总是很紧张,本来知道的,一到考场就全忘了,等考试结束以后,又明白了。总是这样,我现在越来越害怕考试了。"

这里要特别说明的是,有时咨询师会把自己对来访者的印象、看法当成来访者的主诉写进个案报告,比如,"来访者的问题是考试焦虑",甚至还会根据其他信息加以推测,比如,"来访者自我要求太高导致考试焦虑"。

如果咨询师有这样的意识,能区分来访者的主诉问题和咨询师自己对来访者问题的解读,将有助于咨询师更加客观地了解个案情况。例如:

来访者:"我以前打游戏,功课落下了。现在我想好好学习了,但是我的基础差,现在难度大了,我怕自己跟不上。"

在以上这段表述中,来访者的重点是目前自己想读书,要求上进,但没信心。但是如果咨询师的理解是来访者把大量的时间用在游戏上,缺少学习动力和自控能力,那在之后的工作中,工作重点就会非常不同。因此,在个案记录中,咨询师需要区分来访者的主诉和咨询师自己对来访者问题的判断,以及咨询师自己对来访者的印象。

(3) 初步的心理测试结果或咨询师的诊断情况。如果来访者做过心理测试,咨询师需要注意测试的结果。比如来访者在咨询前做了 SAS 问卷,她的焦虑得分为 42 分,显然偏高,我们就要在报告中提及其焦虑得分情况,并要求特别留意对来访者的诊断。

不过,并非每个来访者都必须做心理测试,做心理测试也需要咨询师获得相关测评的使用资质。所以,不是每个来访者都会有一个测试报告,这时,就需要咨询师根据来访者的心理评估或者精神科给出的诊断情况,判断来访者总体有什么样的问题:是精神疾病还是神经症? 是否属于人格障碍? 是一般性适应障碍还是发展性问题? 并且说明有关的诊断依据。不过,根据相关法规的规定,心理咨询师无权对来访者做出心理异常的病理学诊断,所以咨询师在报告中可以建议性地写下某一心理问题,而不是直接报告个案的心理疾病诊断。比如:"主诉入职 2 周开始跟同事处不好关系(来咨询时已经过去近半年了),目前晚上一直只睡 4—5 小时,对工作、生活都没兴趣,觉得自己没用、不受欢迎,极端的时候想过还不如死了算了……”符合 4 条以上 CCMD 关于抑郁症的诊断标准，并且症状持续时间超过 2 周的，可以建议考虑抑郁症。

不过多数个案的症状并不典型，而且有的咨询师缺乏经验，很难给出一个明确的诊断建议，这时咨询师也可以采用排除法报告，指出来访者有哪些症状，其中哪些症状不明显，怀疑可能是什么问题等。这一步也可以在咨询结束后，对照有关的诊断标准来写。

个案报告基本信息撰写示例（小张）：

▪ **咨询师信息：**

陈×，男，××咨询中心咨询师，从业 2 年，曾经接案 21 例，接受所在机构的团体督导（每 2 周 1 次）。

▪ **来访者信息：**

第 1 次咨询记录：

小张，男，23 岁，大学刚毕业，准备赴德国留学，暂时未就业。

家庭成员：生父，50 岁，高中文化，乡镇企业家，健康；继母，40 岁，小学文化，家庭主妇，健康。

▪ **来访者主诉的问题：**

我最近特别容易紧张、担心，感觉自己心脏负荷特别大，有时觉得喘不过气来，有时觉得心脏好像悬在半空，荡了一下，怀疑是不是得心脏病了。我性格内向，容易害羞，加之最近确诊身患腰肌劳损，情绪很糟糕，为此很烦恼，很想摆脱这种状态。

最近面临的生活事件有：准备 4 月的德福考试，很担心自己考不过，不能去德国；由于身体不好，刚刚拒绝了一名女生的追求，却对高中喜欢过的女生念念不忘；自己作为一名准备留学而毕业后暂时没有就业的青年，对于将来的发展很迷惘，不知道自己可以做什么；经常有紧张、不安的感觉，失眠，身体疲劳，注意力不集中，手心容易出汗、冰凉。很担心自己身体的这些状况，觉得自己会不会得了什么严重的疾病，以后什么都做不了了。

▪ **心理评估及诊断：**

根据来访者的陈述和经验，来访者表现出的是焦虑症状。他面临的许多生活事件给他带来了很多的压力，让他处于一个较高的应激水平，容易焦虑不安。经医院诊断，已排除器质性心脏疾病或其他生理疾病导致的继发性焦虑。

施测了焦虑自评量表（SAS），统计的初步结果为 45 分，高于正常临界水平 40 分。数据表明，来访者焦虑情绪明显。来访者被焦虑情绪困扰。焦虑原因涉及本身个性特点、应激事件（考试、就业、感情等）。

2. 简要分析

这一部分需要咨询师在评估的基础上，根据咨询的结果，简单地给出对来访者问题成因的一些分析看法，如果能结合一定的咨询理论来描述则更好。在此基础上，咨询师可提出咨询的目标设置和咨询的计划。

(1) 个案的基本分析。结合心理咨询的相关理论，指出咨询师对来访者问题背后的成因的看法。例如：

爱莲以前成绩一直保持在班级的前3名。老师夸她学习自觉、努力，让同学们向她学习。父母不在身边，外公外婆对她要求严格，但是没有能力辅导，爱莲的学习完全靠自己。初二开始，学习科目和难度都增加了，爱莲觉得学习有点力不从心。爱莲的心理负担很重，为了不让老师、家长失望，她每天都不断做题，晚上睡得很晚。因为长期睡眠不足，胃口也不好，她常常感觉很累。进入初三后，考试频率增加，爱莲更加担忧，尤其是爱莲连续两次物理测验成绩都不理想，只排到第10名之后。此后，爱莲每逢考试(小测验)便开始出现严重的焦虑症状，担心不能取得好成绩。最严重的一次，她看试卷时，只觉得眼前字迹模糊不清，头脑中一片空白。

爱莲的焦虑源于要满足家长和老师对自己的期待，对自己的要求也高。这说明她对学习和考试的重视。她努力了，但是效果不明显。考试失利的经验让她感到紧张，她也没有更多的经验处理焦虑情绪，在考试时更多考虑的是结果，导致过度紧张，影响考试的发挥。这样的恶性循环，加重了爱莲考试时的焦虑症状。

(2) 制定与来访者达成共识的心理咨询目标。咨询师要根据对来访者问题的分析，找到可以通过心理咨询来调整的咨询目标，向来访者解释，跟来访者商量是否把这一目标作为咨询的目标，双方一起努力，来完成咨询计划。例如：

爱莲的个案是要消除考试焦虑的症状。从分析来看，快速提高学习成绩比较困难，而改善焦虑症状，降低对自己过高的期望，接纳“达不到老师、家长要求”的自己，把注意力集中在学习知识的本身，不再过分看重成绩排名，也许是短时间内可以达成的咨询目标。

根据这一分析，咨询师要和爱莲讨论她考试焦虑的根源，教给爱莲一些可以缓解焦虑的放松方法。另外，一起讨论合适的自我定位以及规划未来的学习目标，将有助于爱莲减轻考试焦虑症状。咨询师要征询爱莲的意见，如果爱莲接受，就开始下一阶段的咨询。

(3) 心理咨询计划的实施及心理干预后的反馈。一旦来访者接受咨询目标，下一步就要向来访者介绍心理咨询的计划，帮助来访者实施计划，并在多次的咨询过程中获取咨询计划实施的效果反馈情况。

在爱莲接受咨询目标后，咨询师教给爱莲一些可以操作的放松方法，并让她回家练习。咨询师和爱莲一起探讨了她未来的发展计划、评估她的兴趣和优势，同时也鼓励她与外公外婆、父母以及老师交流，听听他们对自己的真实期望，并把自己的痛苦告诉他们，听听他们的回应。结果第二次咨询时，爱莲告诉咨询师，家人的回应非常积极：外公外婆虽然要求严格，但是更希望她身体健康，知道她一直很要强，也一直在为她担心。不管她考第几，他们都不会认为她是不努力的。父母也知道爱莲是努力的，他们打算在她初中毕业或高中毕业后接她到国外读书，只要她愿意，读什么他们并不介意。不能亲自照顾爱莲，父母感觉对爱莲亏欠了很多，他们希望能跟孩子一起生活，只想她开心一些。当得到这些信息后，爱莲紧张的心宽松了许多。只是她的压力还没有完全解除，需要与班主任老师有进一步的交流……

以上所列出的各个方面，目的在于提供分析与思考的方向。在操作中，可根据个案的具体情况有所偏重，甚至有所取舍。

个案报告简要分析示例(小张)：

▪ **基本分析：**

小张内心对自己的期望值很高，但是对自己目前的状态又极不满意：身体有病痛，人际交往不顺，还有多次感情挫折。对此，他自己找不到原因和解决办法，随着时间的持续和一些时间节点的到来，不能满足的内在需要演变成一种弥漫性的焦虑状态，甚至以躯体症状来表达，最终躯体不适成为他解释挫败感和不如意的理由。

▪ **心理咨询目标：**

基于以上的分析，建议：

1. 教授小张学习身体放松技术以缓解躯体的紧张焦虑症状。

2. 在认知上，帮助小张认识自身的发展需求，调整生涯规划，接纳自己的内在要求。

• 首先，帮助小张分析现状，区分哪些因素是自己可以控制的，哪些是不受自己的意志转移的，接受差距的客观性，从而真正地对自己负起责任，做好可以做的，坦然接受结果。

• 然后，和小张一起制定下一阶段的生涯规划，具体到可以落实的行为。

心理咨询计划与干预情况：

咨询分为3个阶段：

1. 第一阶段：了解小张的基本背景情况，讨论他对自我的看法与要求的来源。教会小张身体的放松技术，缓解焦虑症状。

2. 第二阶段：与小张一起分析遇到挫折时，包括身体出现各种症状时他的想法和感受，帮助他明白这些想法是如何影响自己的情绪的。然后让小张学习区分在带给他负面情绪感受的想法中，有哪些想法是夸张失真的，从而探讨自己改变的可能性与方向。接着，讨论如何进行职业生涯规划。

3. 第三阶段：与小张一起检讨生涯发展计划的实际执行情况，并进一步讨论计划的可行性，进行修正，明确下一阶段自身发展的主要目标。同时让小张检查身体的状况是否得到改善，如果产生效果，可以询问其是否有新的咨询要求，如果没有进一步的请求，可以结案。

来访者的实际情况反馈：

1. 第一阶段进行了2次咨询。咨询师教小张学会放松。放松练习时小张感觉效果明显。但是，作为家庭作业的放松训练小张只做了两次，没有耐心继续练习，效果不佳。咨询师进一步强调了来访者自身参与的重要性，增强小张的参与性和求询动机。与咨询师的讨论让小张比较放松，感觉得到理解、接纳、支持和陪伴。

2. 第二阶段进行了2次咨询。小张认为对于想法和情绪的探讨有启发，但是要放弃那些对自己过分的要求有点难，但他愿意尝试。小张可以根据实际情况制定自己目前的学习计划。小张在职业生涯的规划方面，愿意根据自己的兴趣、专业、特长了解目前可能的职业选择和职业要求。焦虑的症状得到缓解，心脏的不舒服也缓解了。

3. 第三阶段进行了2次咨询。小张可以完成制定的计划，有兴趣把制订计划的方法用于其他的学习过程。但是他对自己有些担心：是否有能力坚持。在得到咨询师的鼓励后，小张愿意继续努力，巩固有效的行为。小张报告身体症状明显改善。他对今后的职业发展有了一些想法，表示自己愿意先做一些思考和尝试，如果以后遇到进一步的困难，还会来寻求帮助。咨询师与小张做结案告别。

3. 过程记录

咨询师进行个案答辩时，需要通过咨询过程的呈现来展现基本会谈技术与咨询技巧的应用能力。对个案的分析能力不足以替代心理咨询的实践能力，就像考核外科医生不可能仅考核书面知识和理论分析一样，心理咨询的实践能力主要体现在其与来访者的语言交流过程中，通过对话记录可以了解咨询师对咨询过程的实际掌控能力，体现咨询师的实际经验与咨询水平。也有一些咨询技术的使用需要通过状态的描述来展示，比如展现脱敏、放松、空椅子等具体的方法时，还需要描述来访者在接受咨询师语言引导后的非言语反应，如表情、行为等，这些可以作为过程记录的一部分，用不同的字体来标识说明。

对于个案的对话部分，理想的是采用录音或录像来记录，音像材料可以更加直观、真实地体现咨询师的水平，但是由于目前硬件条件的限制，主要还是采用文字来记录。建议选择相对最能体现咨询师的咨询风格或技术应用情况的过程来记录，采用对话的直接引用方式来表现。节选的对话要求真实，能够体现咨访关系的构建、咨询目标的商榷过程，可以展示某一心理治疗技术的应用，或者可以体现对来访者的引导、分析。

示例 1

来访者：我现在很急，也很痛苦。周围有的同学谈朋友了，或者开始找工作了。我这样可能会对自己将来的生活有不好的影响。

咨询师：我感觉到你的担忧和内心的挣扎。一方面很想做些什么，另一方面又不知道做什么好。让我们一起来努力试试吧，也许状况会有所好转。你以前做过咨询吗？

来访者：没有。听说过，但是也不知道具体怎么样，只是我憋了好久，实在没有什么办法，想来试试。

咨询师：我们可以根据你的情况一起讨论，希望你能在其中有所获益。我可以陪你走过这段时期。你觉得怎么样？

来访者：那我们试试吧。你告诉我，我该怎么办？

咨询师：那我先把心理咨询的工作方式（一般设置）给你介绍一下。一般来说，心理咨询不是一次就完成的，一般会根据问题的不同需要进行一段时间的咨询，频率是每周一次，每次进行的时间大约为 45 分钟。除了一些特殊情况，我会为你的情况保密的。

来访者：这样啊！那我要多久呢？

咨询师：那我要先对你有所了解。在今天咨询的最后 10 分钟，我会就我所了解的情况跟你具体讨论，你看怎么样？

来访者：好的，好的！从哪儿开始说呢？

咨询师：你的困扰听上去和你目前的状态以及周围同学的状态有关，可以具体谈谈吗？

（在这一过程中，咨询师向来访者阐述了心理咨询的一些程序及相关设置，做了一个结构化的工作。为了进一步了解来访者的处境，可以让来访者具体谈谈情况，把问题具体化，这样在进一步的工作中更有针对性。）

示例 2

来访者:如果在最需要的时候他不在身边,那就谈不上是我的男朋友。我们为此发生了很多次的争吵,最后一次,就是前天他提出了分手(默默流泪)。

咨询师:(等待了来访者1分多钟)我感觉你对他似乎有些不满,同时你自己也很不好受。如果5分表示心情很好,0分表示心情很差,你现在给自己的心情打几分?

来访者:2分吧,反正心情很低落,整天也不想上课,老是发呆。没有兴致,不想动弹。

咨询师:听起来你最近状态不太好,心情有些糟糕,似乎还沉浸在难受、委屈之中,很难走出来。失恋让你最难受的是什么?

来访者:少了个人关心我、宠我、疼我。我的爸爸在一年前过世了,他又能挣钱,也疼爱我,从小我就受宠。现在再也没有人疼我了。我很孤独。

(此段对话可以体现出咨询师的同感促进了关系的建立,同时也显示了咨询师对情绪评估技术的灵活使用。)

示例 3

来访者:我现在很困惑,不知道女孩子是怎么想的。她要么就直接拒绝我,干脆点,我也就不那么纠结了。

咨询师:你现在似乎很想了解女孩子的心思,而这种不明不白的关系似乎让你很痛苦。现在你的生活有没有受到影响?

来访者:影响了我的睡眠质量,有时很难入睡。其他还好,上课的时候,有时会走神。

咨询师:那我可不可以这样理解:你现在就是由于这个女孩子对你的态度不明确而感到困惑,希望通过咨询来理清思路,摆脱目前的这种困惑。

来访者:嗯,是呀。

(此段咨询记录中,咨询师在初步了解情况的基础上,对咨询目标进一步确认,双方达成共识。对话也展示了咨询师的倾听技术和同感能力。)

示例 4

咨询师:我想了解一下,你最近的感觉如何啊?

来访者:很糟糕,我感觉很低落而且焦虑,我不知道应该怎么做,有时候都不想去上课了。

咨询师：你能说得更具体一点吗？什么问题对你的生活产生这么大的影响，使你感觉非常糟糕？

来访者：我感觉班上的同学都在疏远我，排斥我，我和他们之间有很多距离。而且与寝室同学也相处不好。

咨询师：他们怎么排斥你？

来访者：上课的时候，当我把目光移过去的时候，他们马上躲开我的目光，装作没看见。这样，我更没有办法专心听课了，就会不断地去瞄别的同学有没有在看我。我真的很想改掉这个毛病。

咨询师：哦，你怎么知道他们发现了你的行为？

来访者：他们会避开我的目光，或者装没看见。有时，旁边的女同学要么把头转过去，要么把头发放下来，遮住脸。

咨询师：这样的情况从一开始到现在，持续多长时间了？

（这段对话记录，表现了咨询师对来访者问题的敏感，展示了评估性的问话技术。但是评估问话不完整，最终到底是要评估为妄想还是评估为强迫，这个没有完成。如果是节选对话，希望有意识地完整地节选，自己思考对话的完整性："我需要通过这段对话展示什么？"不要让对话缺乏完整性，显得没头没脑。）

4. 个案评价

对咨询过程进行反省，做出较为客观的评价是个案报告中非常重要的一部分，能反映咨询师对咨询过程的自知能力，也是使咨询师在职业道路上进一步成长的重要特质。咨询师的自知能力在考核中也是极其重要的一个指标，它既反映出一个咨询师运用已经学过的理论技术的能力以及咨询师职业生涯的成长空间，也能预示该咨询师是否适合开始独立的咨询接案工作，它是咨询师职业专业能力的特征之一。

个案评价的目的在于发现咨询过程的不足或遗漏，从而改进与提升咨询的专业水平。咨询没有标准答案，能对来访者产生积极效果就是好的，没有最好。任何一位咨询师在实际咨询的过程中，总会存在这样或那样的遗漏，但也总有收获。即使是咨询名家，在面对一些个案时，也会有所疏漏，甚至会出现自己书中所批评的问题。所以，只有来访者能感受咨询的作用，没有人可以对咨询做出好坏成败的绝对评判。咨询师可以通过自我评估咨询过程，发现遗漏的信息，找到新的视角，发现更有价值的线索，也可以检讨不足之处，发现影响积极咨访关系的因素，找出技术使用中可以改进的地方，最终更好地处理个案，客观地了解自己的咨询实践经验和咨询能力。

在对个案进行反省评价时，可以从多方面着手进行：关系的建立、目标的商榷、咨询技术的使用、来访者的改变、咨询师个人的特点对咨询的影响，等等。这些方面可以是该个案成功的亮点，也可以是做得不够的地方。甚至在某些情况下，咨询本身的效果也许并非很理想，但咨询师在反省评价中可以就咨询过程中一些技术的使用、情绪察觉、咨询的推进速度等问题有所意识，并在反省评价中思考改进方向。有时，咨询师的某些特点是不可改变的，例如性别，咨询师也需要意识到这些特点对来访者或者对咨询进程的影响。相反，对咨询中的较大失误不能察觉是非常危险的。咨询师个人对个案的反省和接受督导后对个案理解的深入，都能体现咨询师的自省能力。

另外，咨询伦理问题也是个案报告中需要检讨和反省的内容，例如对于知情同意原则和保密原则的执行、危机干预的处置与转介、多重关系的界定与处理、未成年人的特殊问题，等等。

示例

来访者：反正在家里没劲，和他们在一起开心。我就愿意和他们在一起，和他们交朋友。我想这也没有什么不好。

咨询师：我明白了。你做事只凭自己的感觉，从来不考虑对与错，是吗？照你这么说，饥饿的时候去偷东西也是情有可原的？

来访者：老师，我是不是很糊涂，不分是非，总凭感觉。是这样吗？

咨询师：你说呢？

来访者：好像是吧。我妈妈平时总是这么说我，说我稀里糊涂，心血来潮，不动脑子。

咨询师：你这次出走的原因又是什么呢？

来访者：我问妈妈要钱去买一件看中好久的衣服，可是她就是不给钱，还打了我一顿，我就跑出来了。

咨询师：你妈不给钱，肯定有她的道理。你有没有替你妈想过？

对话是咨询时发生的，咨询师不可改变，但咨询结束后，可以进行反思。

在以上这段对话中，咨询师面对一个离家出走的学生，更多是站在一个长辈的角度进行说教，没有同感，未体察和接纳来访者的感受与想法，有明显的价值观倾向，未能与学生建立良好的咨访关系。可能的改进是：带着对来访者的关心，进一步探索来访者对一些具体人物、事件的感受，尽可能把自己放在来访者的位置上，增加对来访者的接纳和同感理解。咨询师可以了解来访者对父母的态度、期待，与父母的关系以及感受，来访者与朋友的关系以及感受等，减少或消除对话中直接评判的语句。

总之，个案可以做得不尽如人意，但如果能在个案报告中对咨询的过程进行充分的反思，及时发现问题并找到今后的突破口，那么这份个案报告依然是成功的。

第二节　个案概念化

如同中西医关于同一生理疾病的理论和概念完全不同，使得病因解释和处理疾病的方法也大相径庭一样，心理咨询理论的不同体现在对同一心理现象或心理问题的不同概念表述与理论规律的阐释上，如精神分析和行为主义对于抑郁的理论解释与使用的概念完全是两套体系。所以，心理问题的概念化反映了其背后的咨询理论思想与假设。而个案概念化则为对个案的理解提供了一种框架，为个案的处理提供了思路。咨询师的个案概念化能力体现了咨询师对心理咨询理论的理解、掌握和运用水平。本节将通过介绍如何运用不同的心理咨询理论对同一案例的不同个案进行概念化来帮助大家回顾复习这些理论，并进一步帮助大家在比较中领会心理咨询理论的实践应用，提高心理咨询的实践应用能力。

一、个案概念化

个案概念化是指心理咨询师依据特定的心理咨询理论，使用该理论的概念来对来访者的问题进行分析和理论假设。个案概念化需要咨询师熟悉特定的心理咨询理论，然后用这个理论的概念对来访者的问题进行调研、访谈。咨询师需要确定要获得哪些信息、如何对获得的信息进行综合分析，然后利用信息进行临床预测和假设，并通过这种预测和假设进一步形成咨询计划和策略。打个比方，概念化就像给物件装上了把手，把手不影响物体的本质，却能帮助人们更方便地搬动、整理。个案的概念化便是对来访者的经验现象做整理，并予以命名，以便让来访者自己和咨询师快速地检索到这些经验或者对这些经验进行梳理，从中找到问题所在，为咨询辅导策略的形成提供帮助。

个案概念化的水平是咨询师心理咨询技能评价的重要指标，是咨询师应用心理咨询理论的能力和水平的体现。个案概念化也为咨询师寻求和接受专业的督导提供了基本的技术话语基础，保证了督导工作的效率和层次。对咨询师的案例考核其实是对咨询师的专业能力的考核，所以个案的概念化是个案报告的专业基础。

二、个案概念化在咨询中的功能

（一）有助于做到准确同感

同感是一种能力，使咨询师能准确地感知他人内在的参考构架，并能够将他人内在世界的情绪要素和意义表达出来。准确地同感有助于咨询师和来访者建立良好的工作联盟，工作联盟是咨询工作的基础。如果咨询师不打游戏，也不知道什么叫“打副本”“满血复活”“做任务”，就很难想象他如何与一个沉迷网络游戏的来访者进行有效交流。如果咨询师对网络游戏成瘾的相关理论有了解的话，便能将网络成瘾青少年的心理现象和行为规律概念化，以此来指导自己更快地了解来访者的沉溺程度、发现来访者沉溺行为背后的家庭亲子关系、学校的人际交往和学业能力水平等情况，了解来访者的感受，从而更好地共情来访者的孤独、恐惧、无助、无奈等感受和体验。

又如，咨询师有了扭曲情感的概念后，就能迅速识别出来访者愤怒情绪背后的真正的哀伤情绪，能更深层次地同感到来访者。准确地同感有助于咨询师对来访者做出准确的评估，从而使用有效的咨询技术帮助来访者。

（二）有助于选择恰当的工作切入点

通常来访者的主诉很多，实际上来访者的内心冲突有不同的表现形式，如果看不到它们之间的联系，咨询师便很难找到咨询方向。例如，来访者小马在生活中不断与人产生冲突，一会儿是和任课老师因对某概念的理解不同产生争论；一会儿是认为篮球队队长偏袒其他队员，与对方大打出手；一会儿是怀疑班长给自己穿小鞋，心怀怨怼；甚至认为楼组长说洗衣机坏了，是故意不让他用。咨询师如果看到这些冲突对象的特点都是具有某种权威特征，那么探讨小马和生命中早期权威形象（通常是父母）的关系，可能就会成为咨询的焦点议题之一。如果看不到这些冲突事件的内在联系，可能就会一直纠缠于对解决人际冲突的人际技巧的讨论。此时，利用动力分析、家庭治疗等咨询理论对这一案例概念化就能帮助咨询师把握来访者的核心议题，有助于咨询师选择适当的工作切入点，并对干预策略的效果有适当的评估。

（三）有助于确定适当的干预方向

咨询师可通过对来访者的问题的概念化，准确同感并找到合适的切入点，同时明确咨询的干预方向，根据把握的核心议题，选择适宜的干预策略和干预技巧，让技术得到更好的应用，提高干预的效率。

就像前面提到的，若咨询师能觉察到来访者愤怒背后被掩盖的哀伤，那咨询师便会陪伴来访者探讨他内心的哀伤，并将哀伤表达出来。但是，如果来访者的愤怒是受到侵犯后的真实的感受，那咨询师要做的是肯定愤怒情绪的保护意义，与来访者一起寻求表达不满的有效方式。

对于前面提到的小马的案例，在找到他早年与父母、权威的关系的切入点后，有两条路径可以选择：一条是探索他与父母的关系，帮助他在现实中改善父子或母子关系，从而改善他和其他具有权威特征人士的关系；另一条则是帮助他区别现实中其他关系与亲子关系的异同，从而选择更现实的处理方式。可以两条路径同时展开。概念化背后的理论会起到方向指引的作用。

（四）有助于把握适当的进程

在咨询中难免有不顺利或进展缓慢的情况，这些情况有的是来自来访者的防御和阻抗，有的是来自咨询师的反移情，有些是咨询师和来访者的互动导致的，有些是咨询过程中必然出现的。当对个案有了概念化的认识以后，咨询师在咨询不顺利的时候，便有了理解阻力来源的框架和工具，可以知道阻力背后的原因，对推进个案进程也就有信心和耐心了。

例如，咨询师通过来访者无法完成咨询中承诺的家庭作业，可能发现：

（1）来访者并不想完成承诺的事情，只是习惯于讨好权威，而在生活中来访者也常常因为答应不想做的事情又完不成，而使自己陷入尴尬的境地。

（2）由于咨询师喜欢挑战难一些的任务，所以布置的家庭作业对来访者而言，难度过大。

（3）来访者之前的几次家庭作业也没有完成，咨询师没有与来访者讨论，听之任之了。

（4）来访者低估了作业的难度和完成作业所需要的时间。

显然针对这四种不同的可能，需要用不同的处理方法，来推进咨询进程。

三、个案概念化的方法与步骤

个案概念化并非一蹴而就，它是一个动态的过程，是在咨询师与来访者的互动过程中不断形成和完善的。

个案概念化的工作在咨询师和来访者接触之初就开始了，咨询师有自己的理论学习背景，有在此基础上掌握的概念，就像每个人都至少掌握一门语言（不管是中文还是英文、法文、西班牙文……），用来给不同的事物命名，用来与人沟通和表达自己的思想、情感。随着与来访者的接触，咨询师便开始描述来访者及其故事，然后会根据自己的经验，把这故事进行概括总结。随着不断地概念化，咨询师对来访者的故事有了越来越清晰的解读，甚至可以基于以往经验通过概念化引导自己去预见故事的发展和结局，或者给出不同的结局，对来访者形成影响。心理咨询的过程也是如此，咨询师根据自己学习到的心理咨询理论中的概念，来理解与解读来访者的故事和问题，用所学的关于心理问题的理论来分析个案的情况，并提出可能的假设，之后，便跟来访者一起核对假设的真实性和来访者对假设的接受性。假设被证实，咨询师便深入一步，假设被推翻或拒绝，则尝试用新的概念化来解读和假设。最终咨询师会贴近个案、贴近个案认同的“真相”，从而让来访者感受到被人理解和接纳，或者通过咨询师的解读，借助咨询师的概念重新理解自己的问题，同时也改变自己原来的建构。概念化便是这样随着咨询的进程，伴随着与来访者的互动、概念交换，逐步建立起来的。

心理咨询的过程是一种科学，即个案的发展遵循着一定的个体发展规律；同时也是一门艺术，每个个案的叙事都有自己的特点，每位咨询师的工作也都有特定的风格。两个人相遇后，只有通过两个人共同努力、共同建构，心理咨询才能达到最好的效果。与个案确认概念化的准确性和可接受性，有助于增进个案对自己的理解，也会增进咨询师和个案的咨访关系，使咨询取得效果。

需要特别强调的是，个案概念化不是由咨询师给来访者强行扣上标签，那是心理咨询中的野蛮分析。这样的野蛮分析会引起来访者的阻抗，破坏咨访关系。个案概念化是用来帮助咨询师理解来访者的，而不是让咨询师用专业术语“解剖”他人的。没有得到允许的概念化，会成为伤害来访者的利器。对来访者的尊重是咨询师的基本职业操守，是无论哪个流派都特别强调、毋庸置疑的要义。个案概念化是专业的要求，而其根本是出于对来访者福祉的考虑。

个案概念化的具体步骤可以是：

（1）广泛收集来访者及其主诉问题的资料，确认来访者最突出的问题。资料一般包括与来访者相关的人口统计学信息、主诉问题及重要事件，如：来访者为什么选择现在来咨询？在问题出现前后的时间线上的相关事件排列，来访者的成长史、重大生活事件、重要的人际关系、生活环境、人格特征等。

（2）将收集到的信息进行归类，划分为有意义的组群，并形成个案假设和主要议题。这是一项系统性的工作，这一归类方式根据各个不同的咨询理论流派而各有不同，详见下一节的个案概念化示例。咨询师要继续收集信息，支持假设，同时根据新的资料修改假设，思考这些议题如何在情绪、认知、行为等层面影响来访者，以及对来访者的意义何在。

（3）尝试以某种心理咨询理论统合和解释来访者的问题，以此为基础确定咨询目标，选择适当的方法和技术。

第三节　个案概念化示例

本节将结合一个案例，用家庭治疗理论呈现个案概念化的分析过程，介绍个案概念化在心理咨询实践中的运用。

一、案例介绍

（一）个案基本信息

王小明（化名），男，20岁，是一名工科类专业的大二学生，主动寻求心理咨询帮助。

（二）个案主诉情况

“我最近开始失眠，总是想着：我该怎么办？但是没有什么答案。我对自己的专业课没什么兴趣，缺了几次课以后，跟上课程有点吃力。晚上睡不着，导致早上起不来，起来上课也是昏昏沉沉的。听不懂老师在讲些什么。一年级时，我虽然成绩不是最差，但是我知道，这是因为自己高中时期的底子还可以，有好多基础课是在吃老本。但是这个学期，开学两个月以后，我开始上课走神，课后作业不会做。开始还勉强自学，但是后来越掉越多。我看到其他同学会抄作业，但是，我和同学的关系一般，没有特别好的朋友，也不好意思开这个口。”

（三）个案背景资料

小明不喜欢自己的专业，他比较喜欢画漫画。但是，小明的爱好并没有得到家人的支持。小明的妈妈认为，只有考上大学才是正道，然后找一个好的工作，有一份稳定的收入，画画出不了名的话，找工作都难，并不能当饭吃，那是富家子弟的消遣。在高考复习最紧张的时候，小明想画画缓解一下，妈妈也会斥责他不务正业。在妈妈的监督下，小明把画的画都撕了。妈妈认为，多亏她管教严格，小明才考上了重点大学。

小明目前的专业是母亲帮他选的。来到大学以后，小明没有了母亲每天的耳提面命，在学校里参加了美术社团。只要画画他就很愉悦。业余时间里，小明自己都没什么感觉，时间飞快，一画就是好几个小时。

小明和班级里的同学并不是非常热络，和他们相处时客客气气的。小明看得出来，有些同学是真心喜欢自己的专业，有时寝室里的同学也会为了题目争到面红耳赤，但是小明没什么兴趣。小明也不擅长社交，跟同学没什么话，大家见面只是笑笑，来往并不多。刚入学的时候，有几次板报评选，板报是小明画的，所以同学知道小明爱画画，但是之后，再也没有这类的评比或比赛，小明也就淡出了大家的视线。社团的同学觉得小明有一手，鼓励小明花更多的时间画画，老师也觉得小明有潜质。小明因为去采风落下了几节课，后面专业课就学得很吃力。他对自己越来越没有信心。他也不敢说换专业。小明心里很矛盾。

在小明 4 岁的时候，他的父母就离异了。小明的妈妈带着他回到娘家。虽然妈妈的家里人没有明说，但是小明也感受到了异样的眼光。妈妈在家里也是没有地位的。舅舅家的小妹妹很跋扈，小明觉得比他小 10 岁的小屁孩也欺负他。长大点以后，小明从姥姥姥爷的只言片语中知道，他们不同意妈妈的婚姻，妈妈离婚回到娘家，更是印证了他们的预言。小明觉得自己大大降低了妈妈再婚的可能性。妈妈没有再婚，一边工作一边一个人把小明带大。上小学时，有一次学校要唱关于爸爸的歌，小明没有参加。有的小朋友就开始说小明是野孩子。从此，小明变得与人疏离。

小明妈妈从小就教育小明“要争气”。小明也决定争口气，为了妈妈。中学二年级以后，小明慢慢从一个默默无闻的学生，变成了班上的尖子生，他考上了当地的重点高中，然后，进入到重点大学。能在毕业后找一个好工作，赚钱、养家，让母亲不要太辛苦，也是小明的期望之一。小明曾经提过想学画，但是母亲一边哭一边骂他为什么喜欢这么不靠谱的东西，坚决反对，认为小明不务正业。小明也知道，学艺术要花很多钱，而且不一定能找到好工作。从此，小明不敢再提把画画变成专业。现在的专业，找工作是没问题的，已经毕业的师兄起薪也比平均工资要高很多，的确是个踏实稳健的专业。

大二的功课越来越难，不花时间是学不好的。但是小明也不太想放弃好不容易得来的学习画画的机会。最近的一次小测验他不及格，眼看着要期中考试了，他觉得自己的状态越来越差，越来越没有心思学，看书时也是发呆。他非常焦虑，晚上在床上翻来覆去睡不着，白天都是昏昏沉沉的。小明非常担心自己的状况，觉得对不起母亲，但是他也不知道何去何从。他也没什么朋友，连说话的人都没有，他有时候想，要是有个朋友就好了。

辅导员觉得他状态不对，推荐他来学校心理咨询中心做咨询。

二、SOAP 个案记录

SOAP 个案记录不是个案概念化的过程，但是它有助于咨询师进行个案概念化，下面是小明第一次咨询后的 SOAP 个案记录表。

表 12-1 小明的 SOAP 记录

姓名:王小明	性别:男	年级:大学二年级	专业:计算机
S	• 主要症状:焦虑、失眠,感觉迷茫。 • 咨询目标:希望找到学习动力,改善人际关系。 • 情况介绍:觉得自己应该孝顺母亲,学好专业。但是,上课听不进去,成绩逐渐退步。想到母亲为了自己作出很多牺牲,对自己有很多期望,自己却不能达成母亲的期望,感到愧疚和自责。同时又觉得,自己不能做自己喜欢的事情,生活没有希望。在情绪低落的时候发现,自己没有朋友,都没有人可以去讲讲,也没有人理解自己,感到很孤独。所以也希望能够和同学交朋友,但是又担心自己成绩不好,同学不喜欢自己。缺乏建立人际关系的技巧。		
O	• 来访者穿着整洁,行为拘谨,特别是在咨询刚开始的时候,讲话还有些结巴。讲完一段话后,谨慎地看看咨询师,在咨询师安抚他,让他“慢慢讲”以后,才逐渐顺畅起来。 • 来访者在叙述中,用了很多书面语,语调干涩,声音低沉、轻。这和他 1.8 米的个子形成鲜明对比。 • 来访者在咨询过程中经常陷入沉思,显露出迷茫和痛苦的神色。		
A	• 对照危机干预手册可知,来访者目前没有危机状况产生。 • 根据观察,来访者主要表现出焦虑情绪,伴随有抑郁倾向。 • 来访者不习惯寻求他人帮助,很多时候都是自己解决问题,对咨询将信将疑。看到咨询师一直专注地听自己的讲述,慢慢地,他的语言变得更加连贯了。咨询师需要不断巩固咨访工作联盟。		
P	针对来访者的情况,做下列的咨询计划: 1. 做抑郁和焦虑的医学评估。 2. 降低焦虑,改善来访者的睡眠状况(针对来访者的情况,已经教会来访者放松方式,并要求来访者将其作为家庭作业进行练习)。 3. 和来访者探讨其职业规划以及人生理想。 4. 与来访者探讨他与母亲的关系和与其他重要他人的关系。		

三、用家庭治疗理论对小明个案的概念化分析

家庭治疗的流派众多,各有侧重。与个体治疗不同,家庭治疗更关注家庭系统。通常一个家庭来做治疗的时候会出现一个家人认为的索引来访者,对于家庭治疗师来说,会把整个家庭作为工作对象,这个索引来访者的症状是对整个家庭系统进行了解的入口之一。家庭治疗师的评估除了聚焦于了解个体的情况,还聚焦于系统,包括系统是如何运作的,系统内部的子系统、个体之间是如何互动的,子系统的边界如何。一般来说,重点考虑夫妻子系统。有孩子的夫妻,也会被看作是父母子系统。亲子子系统也是评估的重点(包括母子系统、父子系统、母女系统、父女系统),对多子女家庭也会评估孩子们形成的兄弟姐妹系统。家庭中的每三个人会形成一个三角关系,通常需要关注的三角关系是父母和一个孩子形成的三角关系。三角化往往是在三角关系中出现症状的原因之一。

简单来说,咨询师要通过症状去了解家庭成员之间的关系。咨询师要了解:这些关系的模式如何?这些关系模式是如何发生以及被维护的,和家庭成员的过去经验有什么联系吗?在对个案进行评估和概念化之后,咨询师可以开始和家庭一起探索如何改善目前的状态,有什么不一样的可能性。家庭治疗的重点可能会放在调整人们之间的关系以更适合当前的状

况上。

因为家庭治疗流派众多，概念也相应地比较多，我们只能罗列一部分可能性。对个案有比较全面的考量当然会让咨询师更深入地理解个案，但是在实际操作中，可能不是每个点都能深入讨论的。所以，一方面咨询师要有自己的地图，借以评估个案或者进行个案概念化工作；另一方面，咨询师要跟随家庭的需要，做更聚焦有效的工作。下面，我们对小明的个案做概念化分析，第一部分我们尽量给出一个概括的框架，第二部分我们会假设小明这一个案在咨询辅导实践中可能的焦点。

1. 个案对应的家庭治疗概念

家庭类似适应性机体，家庭结构是某种形式的家庭内部组织，是一套看不见的功能性需求，它决定了家庭成员怎样、何时以及与谁相关联。家庭成员的相互作用和互动模式构成了家庭结构。家庭治疗要对来访家庭的结构进行了解、概念化和评估。

家谱图可以让咨询师直观地看到家庭成员的构成，也是家庭治疗中对家庭进行评估的重要工具，咨询师可以按图找到家庭的脉络，并开始工作。画家谱图基本上在访谈的初期就开始进行。咨询师可以和个案一起画，也可以根据个案的叙述，自己画。了解个案家庭信息的过程，也是建立良好咨访关系的契机。图 12－1 是小明的家谱图（图中的人名出于隐私处理需要，为虚构）。

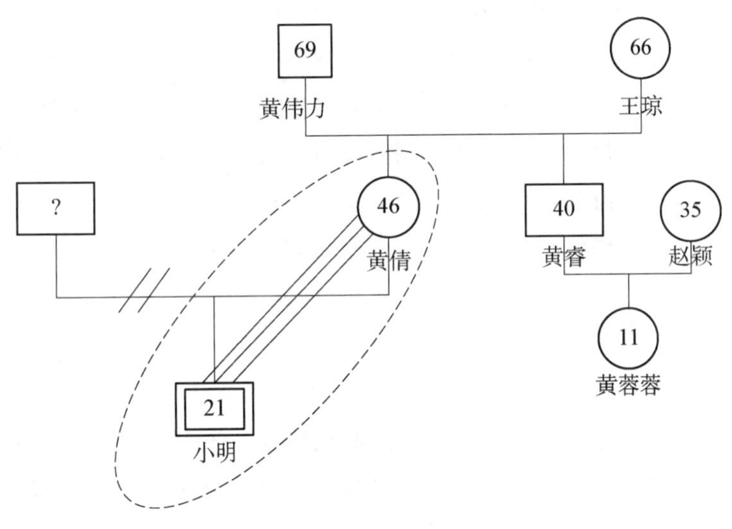

图 12－1　小明的家谱图

在小明的家谱图中，我们可以逐一对以下议题进行个案概念化。请注意有下划线的部分是需要重点考虑的部分。可以按照从家庭结构的两人关系到三角关系，再到其他主要关系的顺序进行。

（1）<u>小明和母亲的关系（亲子关系）</u>：小明和母亲是小明最重要的人际关系。他们两人的关系非常紧密、纠缠。平时基本上是母亲做决定，小明执行。小明虽然有些许自我意识的流露，但是仍然囫囵吞枣般地接纳母亲关于学习、专业以及工作的信念。

小明害怕母亲，希望跟母亲保持一些距离。他听从母亲的安排，选择目前的专业，同时又选择了离家最远的城市读书。他有能力学好专业，偏偏把自己搞得一塌糊涂。小明这样的情况可能有两个解释：一是小明希望母亲关心他，只有他“不好”，妈妈才会注意到他。二是小明在保护母亲，他这样可以把母亲“召唤”过来（如果超过一定的科目不及格，学校会通知家长），母亲就不会因为小明的长大或者离开而“失业”（不再行使母亲的保护照顾职责）。

小明的母亲要求儿子的电话要保持畅通，每天哪怕只有问候，也要通话。只要小明说在学习，她就满意地放下电话。母亲对小明有很强的控制欲。

由此可以看到，小明和母亲的关系基本上是融合共生的关系。小明到目前为止没有完成自我分化的任务。

(2) 小明和父亲的关系：小明说，不记得 6 岁以前的事情，他可能是在回避与父亲的关系中的痛苦回忆。母亲没有再婚。也没有其他重要他人替代小明父亲的角色。但是，这些都并不意味着小明跟父亲就不再有任何关系。小明对父亲有什么想象，他期待中的父亲是怎么样的，他对父亲所作所为的感受是什么（愤怒、哀伤）等，都是需要和小明进一步探讨的。

(3) 小明的父母之间的关系：小明的父母离异了。其中父亲也斩断了和孩子的联系，这在众多的离异家庭中还是有些不寻常的。小明的父母是怎么认识的？婚姻关系怎么样？因为什么离异？这些信息，在这个家庭中是作为秘密隐而不谈的。小明可能对此也会有些猜测。要了解这些，咨询师可能只能从小明母亲那里得到信息。

(4) 家庭中的三角关系：小明的母亲是一个没有丈夫支持的妻子，没有父亲合作的母亲，她就是在这样的情况下独自抚养小明的，缺少来自外界的支持，所以这个家庭的结构简单，但这也导致功能的缺失。母子关系是非常紧密、纠缠的，也只有这样，才可以相依为命。母亲看护小明，小明同样也看护母亲，完成母亲的意愿，顺从母亲。

父母的关系，在这个家庭当中，被当作是一个不可言说的秘密。父亲在和母亲离婚以后就离开了，在孩子的生活当中再也没有出现过，而且成为不能言说的禁忌，但是禁忌和秘密的影响不会因为不说就不存在。这在很大程度上影响了孩子的成长。

母亲为了孩子没有再嫁，是否对孩子有怨怼？儿子长大了，来自父亲的遗传肯定是存在的，看到那个男人的影子，母亲是什么心情？这些情绪对儿子有什么影响？

(5) 家庭功能：这个家庭中没有父亲，很容易给人父亲功能缺失的印象。但是这个家庭在过去可以正常运作，那么除了母亲的功能，母亲是否也承担了一部分父亲的功能？孩子在家庭中又承担了家庭的什么责任和义务？目前母子遇到了家庭成长周期的转折期，这是巨大挑战，家庭如何继续运作下去？在这个家庭中有什么资源能够帮助他们走出困境？这些都值得进一步探讨。

(6) 家庭成长周期：这个家庭目前到了空巢期，儿子的离开，宣布了这个家庭中的母亲进入空巢期，母亲到了中年危机的时候，也处于更年期。儿子离开家，将要开始自己的人生新旅程。这是家庭成长的重要的转折点。

家庭中的水平的压力在于，孩子要离开家开始自己的独立生活，而母亲需要跟下一辈有一个分离，这对于母子双方来说都是非常艰难的过程。儿子真的能独立吗？母亲真的可以放手吗？他们各自能作为相对独立的子系统分别良好运转吗？这个家庭如何继续运作，母子关系将走向何方？

(7) 家庭弹性：在这个家庭当中，母亲说了算，处于控制的地位；小明长期顺从。这样的母子互动，导致家庭弹性比较低。所以小明在面对自己的学业选择时，不知道有什么办法可以帮助自己，他的思考相对缺乏弹性。

(8) 界限：这个家庭中的界限非常模糊，子女的将来是由母亲给予的，母亲具有强有力的控制和指导权。而从表面上看，孩子似乎也接受母亲的这种控制和指导。

儿子和母亲组成的这个系统与外界之间有一个非常明晰的僵硬的界限。他们不允许其他人轻易介入他们的生活。咨询师发现要进入这个家庭是一件非常不容易的事情。在和小明谈论他的家庭时，小明最初的回答是，他的这些情况以及出现的症状和家庭没有关系，都是他自己的错。可见外人或者外力要介入这个家庭，是非常困难的。

(9) 自我分化：小明和母亲的自我分化程度低，融合程度高。小明的自我分化程度在25分左右。他将自己和母亲的情感相融合。他让情感主导他的生活、决定自己目前的状况，丧失了独立思考能力。小明虽然有目标导向的行为，但执行的目的在于获得母亲的赞同。他倾向于讨好母亲，缺少自主能力，以安全为主要的需求，尽量避免冲突。小明独立达成决定和解决问题的能力较弱。

(10) 核心家庭情绪系统：在小明的家庭系统中，由于父亲的功能的缺失，母亲基本上担任所有的家庭职责，而且母亲将注意力全部放在小明的身上，在某种程度上也忽视了她自己，因而缺乏分化。家庭中的情绪以压抑、焦虑为主。核心家庭情绪系统不稳定。

(11) 家庭投射历程：在小明的家庭中，小明是母亲焦虑投射的主要的，也是唯一的对象，这导致小明的分化程度低。小明的母亲要稳固家庭系统，对小明有过度的控制和保护。小明反过来也变得需要保护，而且功能受损。这在某种意义上亦可以理解为小明希望保护母亲不被伤害。

(12) 情绪截断：小明上大学离家可以看作是一种情绪截断的表达，他在不能对自己的议题给出合适的解决方案和选择的时候，并没有寻求家庭的帮助，而是自己默默地忍受。他和母亲之间的关系纠缠。一方面，面对过度的融合，他希望拉开距离以求自保，他没有把自己的真实情况告诉母亲；另一方面，他目前的状况，很可能会导致校方通知他的母亲，或者引起母亲更大的焦虑而吸引母亲的注意。

(13) 家庭规条：小明家有很多的家庭规条，例如，必须要听母亲的话，否则就是不孝顺；必须要努力，要让人看得起，不能丢脸！

(14) 需要注意的母亲的个人议题：母亲的原生家庭情况如何？有哪些因素影响了她自己的家庭？母亲对于分离、抛弃是怎么看的？母亲是怎么看待这个儿子的？儿子长得是否像他的爸爸？母亲会不会想起她的前夫？母亲对孩子一方面是保护的、控制的，另外一方面，会不会有愤怒？

(15) 子系统:虽然这个家庭只有两个人,但是我们看到有多个子系统在运作。一个子系统是父母系统,但在小明的家庭中,缺失了父亲,这个系统是母亲一个人在运作。夫妻子系统不存在,但成为秘密影响着这个家庭。另外一个子系统是作为子女系统的小明本身。母子系统纠缠、自我分化低,母子的相互陪伴导致了一部分亲职化的功能的出现。这个系统关系紧密,所以当人们要打破这个系统原有的平衡时,常常会使用罪疚感的策略来阻止想要离开的人离开。我们可以看到当小明有自己想法的时候,接下来他就会出现罪疚感,无疑这个策略已经起效了。

(16) 家庭秘密:家庭中的禁忌——父亲,以及与父亲相关的各种关系,虽然不允许被提及,但是它的力量却无时无刻不在影响着这个家庭。

(17) 家庭的外部压力:这个家庭的现实的经济问题成为母亲帮助孩子选择现有专业时的重要考量。经济压力可能在一段时间内长期存在于这个家庭。

2. 概念化在小明案例中的应用

(1) 对个案的分析。不同流派的家庭治疗师对小明的个案的具体处理可能会有所不同。高校学生的短程咨询可能关注的重点在于:小明的自我分化、小明的家庭结构、小明和母亲的关系、小明原生家庭的家庭成长周期、小明的家庭核心情绪系统以及情绪截断给小明及母亲带来的影响。

对于个案概念化中出现的关于小明的父亲部分,咨询师既要做到心中有数,又要在工作中有节制,只有在当事人希望在这个议题上做工作,或者必须要谈及这个议题时,才能进行探索。如果小明的情况改善了,小明和母亲的互动有了变化,彼此相互适应,而且当事人都没有意愿谈及小明的父亲,那么所有关于小明父亲的议题就可以不去触及。

(2) 可能的切入点和干预方向。从大的方向上来说,咨询师的工作目标是帮助小明实现自我分化,使他在现实中能够处理自己的事务,更加独立。小明和母亲的互动方式需要改变,母子间需要合适的距离,同时又要相互联结。母子关系是循环因果的根本原因,之前的情况可以说是恶性循环:小明状态差,母亲担心焦虑,母亲更控制,小明更内疚、更焦虑,小明状态更差,母亲更担心、更焦虑……

要改善小明目前的状态:母子间的关系要拉开一些,母亲要放手,小明要独立。母亲的放手有助于小明自我分化的实现。但是母亲对小明是不放心的。咨询师可以帮助小明,或者和他一起探索如何在现实问题的处理上多用一些技能,更好地处理自己的情绪。小明在现实中的成功可以帮助他实现个人成长、获得信心,也可以让小明的母亲对儿子多些信任和放心。如果小明的状态改善了,母亲的放手也会容易些。

咨询中通常是来访者个人来进行咨询,其家人并不在身边,甚至也不一起居住,能邀请加入咨询的概率不高。所以小明很可能是他一个人进行咨询的。即便如此,家庭治疗师也应从系统的角度看待小明,小明的个人子系统运作良好,也会有助于他的家庭系统的良好运作。家庭结构对小明的影响必须考虑在内。

工作中的难点在于，小明的家庭系统的边界僵化，而且排斥他人的介入，所以在开始的时候，咨询师可能难以进入。开始工作以后，咨询师需要注意自己和小明、小明母亲组成的这个三角关系中的互动。咨询师可能会被作为父亲的功能引入，小明和母亲可能都会信赖甚至依赖咨询师，听从咨询师的建议。这时，母亲的合作有利于孩子的成长。也可能因为小明的自我分化、要求独立，而使母亲再次体验被抛弃的恐惧感，认为咨询师在和自己抢孩子，那么咨询师就可能成为母亲的对立面。这些情况可能在咨询的不同阶段出现，咨询师需要有所觉察。

四、结语

本节借用家庭治疗理论对案例进行了个案概念化分析，并在此基础上，对心理咨询的目标、重点和难点做出了假设，为下一步的咨询实践工作提供了基于心理治疗理论的策略与行动方案。这里呈现的只是一种家庭治疗理论的个案概念化分析，心理咨询理论非常多，当然可以使用不同的心理咨询理论来对同一案例做个案概念化分析。不同的理论，个案分析使用的术语、概念、原理和干预策略都是不同的，工作同盟关系的建构和咨询目标的设置等也都有很大的区别，所以，这里强调的是，个案的咨询实践过程需要遵循咨询师自己的个案概念化分析，不要将个案概念化分析跟咨询实践分离、脱节，这是在咨询师初期就需要养成的习惯，它也能促进咨询师的专业理论水平的成长和专业技能的提高。

主要参考文献

中文文献

1. 艾琳·戈登堡,赫伯特·戈登堡.家庭治疗概论(第六版)[M].李正云,等译.西安:陕西师范大学出版社,2005.
2. 安妮·安娜斯塔西,苏珊娜·厄比纳.心理测验[M].缪小春,竺培梁,译.杭州:浙江教育出版社,2001.
3. 奥古斯都·纳皮尔,卡尔·惠特克.热锅上的家庭:家庭问题背后的心理真相[M].李瑞玲,译.北京:北京联合出版公司,2015.
4. 芭芭拉·奥昆.如何有效地助人:会谈与咨询的技术[M].高申春,等译.北京:高等教育出版社,2009.
5. 伯尔·吉利兰,理查德·詹姆斯.危机干预策略[M].肖水源,等译.北京:中国轻工业出版社,2000.
6. 陈福国.实用认知心理治疗学[M].上海:上海人民出版社,2012.
7. 陈福国.医学心理学[M].上海:上海科学技术出版社,2012.
8. 戴海崎,张锋,陈雪枫.心理与教育测量[M].广州:暨南大学出版社,2007.
9. 丹尼斯·博伊德,海伦·比.发展心理学:孩子的成长[M].范翠英,田媛,等译.周宗奎,审校.北京:机械工业出版社,2011.
10. 樊富珉,张天舒.自杀及其预防与干预研究[M].北京:清华大学出版社,2009.
11. 费立鹏.中国的自杀现状及未来的工作方向[J].中华流行病学杂志,2004,(04):8-10.
12. 弗洛玛·沃希.正常家庭过程:多元性和复杂性(第四版)[M].刘翠莲,等译.上海:上海三联书店,2013.
13. 傅安球.心理咨询师培训教程[M].上海:华东师范大学出版社,2010.
14. 顾海根.应用心理测量学[M].北京:北京大学出版社,2010.
15. 郭本禹.西方心理学史[M].北京:人民卫生出版社,2007.
16. 黄晞建,朱健.高校心理健康教育理论与实践[M].上海:上海交通大学出版社,2015.
17. 吉拉德·伊根.高明的心理助人者:处理问题并发展机会的助人途径(第8版)[M].郑维廉,译.上海:上海教育出版社,2008.

18. 季建林,赵静波.心理咨询和心理治疗的伦理学问题[M].上海:复旦大学出版社,2006.
19. 季建林,赵静波.自杀预防与危机干预[M].上海:华东师范大学出版社,2007.
20. 江光荣.人性的迷失与复归——罗杰斯的人本心理学[M].武汉:湖北教育出版社,2000.
21. 杰拉尔德·科里.心理咨询与治疗的理论及实践(第八版)[M].谭晨,译.北京:中国轻工业出版社,2010.
22. 杰拉尔德·科里.咨商与心理治疗的理论与实务[M].李茂兴,译.台北:扬智文化事业股份有限公司,1994.
23. 金瑜.心理测量[M].上海:华东师范大学出版社,2001.
24. 凯温·墨菲,查尔斯·大卫夏弗.心理测验:原理和应用(第6版)[M].张娜,杨艳苏,徐爱华,译.上海:上海社会科学院出版社,2006.
25. 克拉拉·希尔.助人技术:探索、领悟、行动三阶段模式(第3版)[M].胡博,等译.江光荣,段昌明,等审校.北京:中国人民大学出版社,2013.
26. 莱恩·斯佩里.心理咨询的伦理与实践[M].侯志瑾,等译.北京:中国人民大学出版社,2012.
27. 莱斯·帕罗特.咨询与心理治疗[M].郭本禹,等译.北京:高等教育出版社,2009.
28. 乐国安.咨询心理学[M].天津:南开大学出版社,2002.
29. 理查德·詹姆斯,伯尔·吉利兰.危机干预策略(第五版)[M].高申春,等译.北京:高等教育出版社,2009.
30. 林孟平.辅导与心理治疗[M].香港:商务印书馆(香港)公司,1988.
31. 凌文辁,方俐洛.心理与行为测量[M].北京:机械工业出版社,2003.
32. 罗纳德·科恩,马克·斯维尔德里克,爱德华·斯特曼.心理测验与评估(第8版)(英文版)[M].北京:人民邮电出版社,2015.
33. 马建青.大学生心理卫生[M].杭州:浙江大学出版社,1992.
34. 迈克尔·尼克尔斯,理查德·施瓦茨.家庭治疗基础(第二版)[M].林丹华,等译.北京:中国轻工业出版社,2005.
35. 美国精神医学学会.精神障碍诊断与统计手册[M].张道龙,等译.北京:北京大学出版社,2016.
36. 莫妮卡·麦戈德里克,等.家谱图:评估与干预(第三版)[M].霍莉钦,吴朝霞,等译.谢忠垚,刘丹,审校.北京:当代中国出版社,2015.
37. 倪竞,侯志瑾,邵瑾.咨询关系:主要成分及其交互作用[J].中国临床心理学杂志,2011,19(06):845-849,852.

38. 牛格正，王智弘. 助人专业伦理[M]. 上海：华东师范大学出版社，2008.

39. 钱铭怡，武国城，朱荣春，等. 艾森克人格问卷简式量表中国版（EPQ RSC）的修订[J]. 心理学报，2000(03)：317-323.

40. 钱铭怡. 心理咨询与心理治疗[M]. 北京：北京师范大学出版社，1994.

41. 荣格. 荣格文集[M]. 冯川，苏克，译. 北京：改革出版社，1997.

42. 桑德拉·麦金太尔，莱斯利·米勒. 心理测量（第二版）[M]. 骆方，孙晓敏，译. 北京：中国轻工业出版社，2009.

43. 时蓉华. 社会心理学[M]. 杭州：浙江教育出版社，1998.

44. 汪向东，王希林，马弘. 心理卫生评定量表手册[M]. 北京：中国心理卫生杂志社，1993.

45. 王明旭，李小龙. 大学生自杀与干预[M]. 北京：人民卫生出版社，2012.

46. 王晓刚. 高校心理健康教育规范化发展探索[M]. 杭州：杭州出版社，2009.

47. 王岳. 精神卫生法律问题研究[M]. 北京：中国检察出版社，2014.

48. 吴武典. 辅导原理[M]. 台北：心理出版社，1990.

49. 希尔达·洛克伦. 不同理论视角下的危机心理干预[M]. 曾红，等译. 北京：知识产权出版社，2013.

50. 叶澜. 教育概论[M]. 北京：人民教育出版社，1991.

51. 伊丽莎白·雷诺兹·维尔福. 心理咨询与治疗伦理[M]. 侯志瑾，等译. 北京：世界图书出版公司，2010.

52. 伊丽莎白·韦尔费勒，刘易斯·帕特森. 心理咨询的过程——多元理论取向的整合探索（第六版）[M]. 高申春，等译. 北京：高等教育出版社，2009.

53. 约翰·索莫斯·弗拉纳根，丽塔·索莫斯·弗拉纳根. 心理咨询面谈技术（第 4 版）[M]. 陈祉妍，江兰，黄峥，译. 北京：中国轻工业出版社，2014.

54. 张春兴. 张氏心理学辞典[M]. 上海：上海辞书出版社，1992.

55. 张卿. 学与教的历史轨迹——20 世纪的教育心理学[M]. 济南：山东教育出版社，1995.

56. 郑日昌，蔡永红，周益群. 心理测量学[M]. 北京：人民教育出版社，1999.

57. 朱旭，江光荣. 当事人眼里的工作同盟：质的分析[J]. 心理学报，2011，43(04)：420-431.

英文文献

1. Bordin, E. S. The generaliz ability of the psychoanalytic concept of the working alliance [J]. Psychotherapy, 1979(16): 252-260.

2. C. Patterson. What is counseling psychology? [J]. Journal of Counseling Psychology, 1969,16(01):23 - 29.

3. Castonguay, L. G. , Beutler, L. E. Principles of therapeutic change A task force on participants, relationships and techniques factors [M]. Oxford: Oxford University Press, 2006.

4. Ekman,Paul. Friesen, Wallace V. Unmasking the face [M]. Palo Alto,California,U. S. A. :Consulting Psychologists Pr: 1984.

5. Evans, C. , Connell, J. , Barkham, M. et al. Towards a standardised brief outcome measure: Psychometric properties and utility of the CORE-OM [J]. The British Journal of Psychiatry, 2002,180(01):51 - 60.

6. Flückiger,C. ,Del Re,A. C. ,Wampold,B. E. , Symonds,D. How central is the alliance in psychotherapy ? A multilevel longitudinal meta-analysis [J]. Journal of Counseling Psychology 2012,59(01):10 - 17.

7. Garfield Psychotherapy an eclectic-integrative approach (2nd ed) [M]. NJ: John Wiley & Sons,1995.

8. Gilliland B. E. , James R. K. Crisis intervention strategies [M]. Thomson Brooks: Cole Publishing Co,1988.

9. Harper,R. G. ,Wiens,A. N. ,Matarazzo,J. D. Nonverbal communication:The state of the art [M]. NJ:John Wiley & Sons:1978.

10. Hatcher,R. L. , Gillaspy,J. A. Development and validation of arevised short version of the working alliance inventory [J]. Psychotherapy Research,2006,16(01):12 - 25.

11. Hofstede, G. Culture's consequences: Comparing values, behaviors, institutions, and organizations across nations [M]. 2nd Edition, Thousand Oaks, CA:Sage, 2001.

12. Horvath, A. O. , Del Re, A. C. , Flückiger C & Symonds D Alliance in individual psychotherapy [J]. Psychotherapy,2011,48(01):9 - 16.

13. Jones, Edward E. Selected guidance system components related to instruction [J]. Psychology in the school,1970,7(02):153 - 158.

14. Kleinke, C. L. Gaze and eye contact: A research review [J]. Psychological Bulletin, 1986:100(01):78 - 100.

15. Lambert,M. J. ,Gregersen,A. T. , Burlingame,G. M. The Outcome Questionnaire - 45 [M]// In M. E. Maruish (Ed.), The use of psychological testing for treatment planning and outcomes assessment: Instruments for adults [M]. Mahwah, New Jersey:Lawrence Erlbaum Associates Publishers,2004:191 - 234.

16. Markus, H. R. , Kitayama, S. Culture and the self: Implications for cognition, emotion, and motivation [J]. Psychological Review, 1991, 98(02): 224 - 253.

17. Orlinsky, D. E. Rønnestad, M. H. Willutzki, U. Fifty years of process-outcome research: Continuity and change [M]//In M. J. Lambert (Ed), Bergin and Garfield's handbook of psychotherapy and behavior change (5th ed). NewYork: Wiley, 2004: 307 - 390.

18. Rogers, C. R. Counseling and psychotherapy: Newer concepts in practice [M]. Oxford, England: Houghton Mifflin, 1942.

19. Scherer, K. R. , Matsumoto, D. Wallbott, H. G. , Kudoh, T. Emotional experience in cultural context: A comparison between Europe, Japan, and the United States. [M]// In K. R. Scherer (Ed). Facets of emotion: Recent research. Lawrence Erlbaum Associates, Inc, 1988: 5 - 30.

20. Wolman, B. B. International Encyclopedia of Psychiatry Psychology Psychoanalysis and Neurology [M]. New York: Aesculapius Publishers, 1977.

后　记

本教材作为心理辅导与服务能力考试的配套教材，得到了上海市心理咨询实务与教学领域专家们的鼎力支持。

《心理咨询与辅导专业理论与实务》分为上下两篇，上篇侧重对心理咨询的基本理论、过程和伦理的概述，以及对心理异常有一个基本的概念介绍，李正云教授编写了第一章“心理咨询概述”，本书主编之一的吴增强教授编写了第二章“心理咨询基本流派与技术”，陈福国教授编撰了第三章“心理健康与异常心理”，第四章“心理测评”由顾海根教授编写，第五章“心理咨询的过程”由刘明波副教授编写，第六章“心理咨询的伦理规范”由本书主编之一的张海燕教授撰写。

下篇侧重心理咨询、辅导的实务性知识的介绍与训练，结合了编者自身的实务工作经验与相关研究成果。张亚副教授编写的第九章“短程心理咨询的半结构化流程与效果评估”，包含了近年关于心理咨询疗效因子的研究成果，姚玉红教授编写的第十章“家庭治疗技术在学校心理辅导中的应用”，结合了她多年来家庭系统治疗实践与培训的经验，张海燕教授编撰的第十一章“心理危机干预”汇集了她三十年一线心理危机处理的经验，张麒副教授作为本书的主编之一，整理了他多年心理咨询实务培训的经验，承担了第七章“心理咨询师的成长”、第八章“心理咨询的面谈技术”和第十二章“心理咨询个案概念化与个案报告的撰写”的编写，其间也得到了张磊副教授的支持。

教材的编写与出版要感谢上海市心理学会、上海市教育人才交流协会和华东师范大学出版社，上海市心理学会为心理辅导与服务人才的培养承担起了专业发展科学性的引领责任，上海市教育人才交流协会推进了社会心理服务人才培养的组织推进工作，华东师范大学出版社对于教材出版给予了热情支持与帮助！

感谢在本教材编写过程中给予大力支持和帮助的庞维国教授、席居哲教授、葛文老师、上海赢鑫心理研究院和华东师范大学应用心理专业的硕士研究生们。

2023 年 11 月